INTRODUÇÃO
ÀS FUNÇÕES ELEMENTARES

Blucher

INTRODUÇÃO

ÀS FUNÇÕES ELEMENTARES

Ludmila Bourchtein

Andrei Bourchtein

Introdução às funções elementares
© 2023 Ludmila Bourchtein, Andrei Bourchtein
Editora Edgard Blücher Ltda.

Publisher Edgard Blücher
Editor Eduardo Blücher
Coordenação editorial Jonatas Eliakim
Produção editorial Kedma Marques
Diagramação Autores
Revisão de texto Lidiane Gonçalves
Capa Laércio Flenic
Imagem da capa Autor

Editora Blucher
Rua Pedroso Alvarenga, 1245, 4° andar
CEP 04531-934 – São Paulo – SP – Brasil
Tel.: 55 11 3078-5366
contato@blucher.com.br
www.blucher.com.br

Dados Internacionais de Catalogação na Publicação (CIP)
Angélica Ilacqua CRB-8/7057

Bourchtein, Ludmila.

Introdução às funções elementares / Ludmila Bourchtein, Andrei Bourchtein. — São Paulo: Blucher, 2023.

469 p.

ISBN 978-65-5506-778-1 (impresso)

ISBN 978-65-5506-779-8 (eletrônico)

1. Matemática 2. Cálculo 3. Funções. I. Título II. Bourchtein, Andrei

23-0947 CDD 510

Índice para catálogo sistemático: 1. Matemática

A Haim e Maria, com melhores memórias.

A Maxim e Natalia, com melhores desejos.

A Victoria, corajosa sobrevivente de inúmeros exercícios matemáticos.

A Valentina, autora do ensaio memorável sobre dever de casa para crianças.

Prefácio

Este texto contém a matéria do Pré-Cálculo relacionada a funções elementares, que corresponde ao nível de disciplinas universitárias introdutórias do assunto e ao nível avançado dos cursos de Álgebra no ensino médio.

Diferentemente de outros livros de Pré-Cálculo, este texto faz ênfase no estudo de funções elementares com rigor apropriado para os cursos universitários de Matemática, embora a exposição fique restrita pelos tópicos e técnicas pertinentes a parte de pré-limites, ou seja, as ferramentas de estudo de funções ligadas a derivada (nem o próprio conceito da diferenciablidade) não são consideradas. Isso faz com que o texto seja útil, por um lado, como introdução às técnicas de raciocínio e métodos de demonstração em Análise matemática, e, por outro lado, como um curso preparatório para estudo de propriedades de funções elementares, usando ferramentas simples de pré-limites. As abordagens de investigações analíticas efetuadas mostram como as propriedades importantes de funções elementares podem ser deduzidas seguindo um caminho lógico rigoroso, sem necessidade de suposições adicionais e memorização mecânica. Desse modo, esse material deve preparar estudantes para uso de raciocínio matemático nas disciplinas matemáticas mais avançadas e criar a base inicial sólida para cursar as disciplinas de Cálculo e Análise.

O texto é dividido em quatro partes (capítulos). O Capítulo 1 apresenta uma revisão dos conceitos de conjuntos numéricos e suas representações geométricas na reta coordenada e no plano coordenado. Os tópicos revisados incluem a descrição de números racionais e reais, a relação de equivalência entre o conjunto dos reais e o conjunto dos pontos de uma reta coordenada, coordenadas cartesianas no plano e algumas características de figuras geométricas, tais como distâncias e simetrias, determinadas com o uso de coordenadas. O Capítulo 2 é dedicado as definições e caracterizações de propriedades básicas e relevantes de funções, começando com diferentes modos da definição de uma função, passando para propriedades de simetria, prosseguindo com monotonia e extremos, e depois com concavidade e inflexão, finalizando com funções injetivas, sobrejetivas e inversíveis. Cada conceito e propriedade são ilustrados por meio de exemplos de diferentes tipos de funções elementares. O Capítulo 3 trata de funções algébricas, especificando aplicação de propriedades estudadas no Capítulo 2 no caso de funções polinomiais, racionais e irracionais. De maneira semelhante, no Capítulo 4, as caracterizações gerais de funções são usadas para estabelecer as propriedades de funções transcendentais: exponenciais, logarítmicas e trigonométricas. As duas últimas partes contêm tanto a investigação de famílias específicas de funções como o estudo de funções particulares do tipo considerado.

Cada capítulo é composto de seções e subseções, com numeração separada dentro de cada capítulo, levando o número sequencial da seção e o número da subseção nas referências dentro do mesmo capítulo. Por exemplo, a seção 3 pode ser encontrada em cada um dos quatro capítulos, enquanto a subseção 3.2 significa a segunda subseção dentro da terceira seção. Quando uma seção ou subseção é referenciada fora do seu próprio capítulo, então o número do capítulo relativo é indicado. As fórmulas e figuras são numerados de modo sequencial dentro de cada capítulo, sem levar em consideração a seção onde eles se encontram. Desse modo, a fórmula (2.5) representa referência à quinta fórmula do segundo capítulo, enquanto Figura 3.4 indica a quarta figura do terceiro capítulo. As definições, teoremas, proposições, lemas e exemplos são numerados independentemente dentro de cada seção.

O texto contém um grande número de exemplos e exercícios, o que torna a obra apropriada tanto para uso em sala de aula da disciplina correspondente como para um estudo autônomo da matéria apresentada. Vários exemplos usuais estão incluídos em cada seção a fim de possibilitar o aprendizado e o desenvolvimento de técnicas básicas e também para testar a aprendizagem de conceitos. Outros problemas colocados são mais complicados, eles servem tanto para ilustrar alguns pontos mais finos da teoria, como para mostrar os métodos de resolução de questões mais complexas e técnicas não tradicionais, mais sofisticadas de resolução. Diferentes problemas complementares são propostos como exercícios de trabalho de casa durante a exposição da matéria e também no final dos capítulos.

O texto é direcionado, primeiramente, para estudantes ingressantes nos cursos universitários de Matemática, e, também, para estudantes de cursos afins que gostariam de receber uma base sólida para posterior estudo de funções elementares de nível mais avançado de Cálculo e Análise e que queiram desenvolver suas habilidades de raciocínio lógico. O texto pode ser aproveitado também nas disciplinas mais avançadas de matemática do ensino médio, uma vez que os tópicos abordados representam uma extensão da matéria escolar e as técnicas usadas na resolução de problemas são rudimentares, sem exigir algum conhecimento matemático adicional, além do programado no ensino médio.

O pré-requisito necessário para compreensão deste livro é o domínio do curso de Álgebra do ensino médio. Todos os conceitos iniciais e resultados relativos às funções elementares, usados para o desenvolvimento da matéria, são expostos na parte inicial do texto e, quando for necessário, no início da apresentação de cada tópico. Isso faz com que a obra seja autossuficiente e o leitor seja independente de outras fontes dos assuntos em consideração. Consequentemente, a obra pode ser usada como livro-texto nas disciplinas introdutórias de matemática nos cursos de graduação e também no estudo avançado de matemática no ensino médio, além de servir como base para estudo autônomo dos tópicos apresentados.

Conteúdo

Capítulo 1

Conjuntos numéricos e coordenadas cartesianas

A matéria de Funções Elementares é uma disciplina preliminar, preparatória para estudo de Cálculo que, por sua vez, é a versão simplificada de Análise Real. Um dos principais objetivos de Análise é o estudo de propriedades gerais e específicas de funções partindo da sua definição analítica. Seguindo essa relação natural entre três disciplinas, podemos formular o principal problema no estudo de funções elementares como a investigação de propriedades de funções simples usando os métodos analíticos elementares. Quando falamos de funções simples então temos em vista funções de uma variável real, cuja forma é bastante compreensível (até conhecida da escola), e quando referimos a métodos analíticos elementares, então entendemos aqueles que não envolvem os conceitos e resultados mais finos relacionados a limite (e consequentemente, a continuidade, derivada, etc.) de uma função.

Em Análise/Cálculo, a função usualmente é dada em sua forma analítica (via fórmula) e a partir disso temos que descobrir suas propriedades essenciais, incluindo suas características geométricas refletidas na forma do seu gráfico. A visualização geométrica de uma função é uma ferramenta importante de avaliação do seu comportamento, mas ela normalmente é obtida como resultado de um estudo detalhado de suas propriedades analíticas.

Tendo determinado o problema principal da disciplina de Funções Elementares, podemos ver que, antes de começar o estudo analítico de funções e revelar suas propriedades geométricas, precisamos ter um conhecimento básico de alguns conceitos preliminares usados nesse estudo. Realmente, entre propriedades geométricas de funções que buscamos determinar são: a propriedade do gráfico subir ou descer, de ter a forma de um copo ou de um sino, se o gráfico alcança pontos máximos e mínimos, se ele tem algum tipo de simetria, etc. Para investigar e provar a maioria dessas propriedades precisamos aplicar os métodos analíticos de estudo, trabalhando com números reais, localização de pontos no plano coordenado, critérios de simetria, etc. Dessa forma, o primeiro Capítulo é dedicado a uma revisão concisa desses tópicos, os quais são estudados, num nível básico, no ensino médio, mas requerem uma representação mais sistemática, formal e precisa para estudo analítico de funções nos capítulos posteriores.

1 Conjuntos

Em Análise e Cálculo, e consequentemente em Funções Elementares, o conjunto é considerado geralmente um dos conceitos básicos, intuitivamente claros, que não são definiveis por via de outros conceitos. Portanto, vamos dar apenas uma descrição desse conceito.

1.1 Descrição de um conjunto

Conjunto. Um *conjunto* é uma coleção de objetos unidos por alguma característica comum. Em particular, essa característica pode ser só a propriedade de estar incluído no mesmo conjunto. Os objetos usados na construção de certo conjunto são chamados de elementos desse conjunto.

Obviamente, esta não é uma definição formal, mas simplesmente é uma descrição intuitiva que faz referência aos outros conceitos, que podem parecer intuitivamente claros, mas cuja definição pode ser ainda mais complicada do que a definição do próprio conjunto. No entanto, essa descrição será suficiente para estudar a matéria de Funções Elementares (e até muito mais, para estudar Cálculo e Análise). Nessa definição intuitiva, as palavras "coleção", "família" e "classe" podem ser usadas como sinônimos de conjunto.

Um conjunto pode ser *finito* ou *infinito*, isto é, contendo número finito ou infinito de elementos, respectivamente.

A descrição de conjuntos vai ser feita, por enquanto, usando a representação dos seus elementos. Essa representação pode ser ou exaustiva (citando todos os elementos), o que é possivel só para conjuntos finitos, ou pela característica específica dos seus elementos, o que se aplica tanto a conjuntos finitos como a infinitos. No primeiro caso, os elementos são colocados em alguma ordem (que pode ser modificada), separados por virgula, e, no segundo caso, os elementos são representados de alguma forma apropriada com especificação posterior da característica dos elementos. Em ambos os casos se usam parênteses (usualmente, parênteses-chave) para compreender os elementos do conjunto. Por exemplo, um conjunto A, contendo os dois elementos a e b, pode ser denotado na forma $A = \{a, b\}$. O conjunto B de todos os dias de uma semana pode ser descrito na forma: $B = \{b : b = \textit{dia de uma semana}\}$ (o símbolo ":" nessa descrição significa "tal que"). Daqui em diante, vamos usar letras maiúsculas para denotar conjuntos e letras minúsculas para seus elementos.

Relação entre conjunto e elemento. Um elemento pode pertencer ou não a um conjunto. Para denotar a pertinência é usado símbolo $\in$ e para não pertinência $\notin$. Usando exemplo do conjunto A, podemos afirmar que $a \in A$ e $b \in A$, mas $c \notin A$.

Exemplos

1. Conjuntos finitos: conjunto dos números naturais de 1 até 5: $A=\{1,2,3,4,5\}$; conjunto B das letras num alfabeto. Para estes dois conjuntos, $2 \in A$, mas $a \notin A$; $a \in B$, mas $3 \notin B$.

2. Conjuntos infinitos: conjunto dos números naturais (aqueles que usamos na contagem de objetos): $\mathbb{N} = \{1, 2, 3, ...\}$ (mais formalmente, este conjunto é definido como aquele que contém primeiro elemento 1 e cada próximo elemento é obtido do anterior acrescentando 1); conjunto dos números naturais pares, isto é, $A = \{n \in \mathbb{N} : n = 2k, k \in \mathbb{N}\}$. Para os dois últimos conjuntos, $2 \in \mathbb{N}$, mas $-2 \notin \mathbb{N}$; $2 \in A$, mas $3 \notin A$. (A notação $\mathbb{N}$ é tradicional para o conjunto dos naturais.)

Conjuntos especiais. Os dois conjuntos especiais são o *conjunto vazio*, que não contém nenhum elemento, e o *conjunto universal*, que contém todos os objetos da natureza em consideração. O primeiro é denotado por $\varnothing$ e o segundo muitas vezes é denotado por U. O primeiro sempre é o mesmo, mas o segundo pode mudar, dependendo dos objetivos do estudo. Por exemplo, se o nosso interesse é restrito aos números pares, então esse pode ser o conjunto universal, mas se ampliamos nossa consideração para os números naturais, então $\mathbb{N}$ pode ser o conjunto universal.

Nesse estudo, vamos usar várias relações e operações elementares entre conjuntos que são estudadas ainda na escola. Mas, para manter o texto completo e, também, para fixar a terminologia e notação, reproduzimos essas definições e propriedades a seguir.

1.2 Operações elementares com conjuntos

Relações entre conjuntos. Um conjunto A pode ser parte de outro B (se diz, também, que A está contido em B), isto é, qualquer elemento de A pertence a

B. Nesse caso, A é chamado de *subconjunto* de B e se usa a seguinte notação: $A \subset B$. Em particular, o conjunto B é seu próprio subconjunto, qualquer conjunto é subconjunto do conjunto universal e, por convênio, o conjunto vazio é subconjunto de qualquer conjunto.

Se A é subconjunto de B e B é subconjunto de A, então os dois conjuntos são *iguais* (coincidem) e usamos a notação $A = B$. Em outras palavras, dois conjuntos são iguais se, e somente se, eles têm os mesmos elementos. Caso os dois conjuntos não são iguais, escrevemos $A \neq B$. Pode acontecer, também, que nenhum dos dois conjuntos está contido no outro, mesmo quando há elementos em comum entre os dois.

Exemplos

Se $A = \{1, 2, 3, 4, 5\}$ e $B = \{2, 3, 4\}$, então $B \subset A$ (B está contido em A) ou $A \supset B$ (A contém B). Se $A = \{a, b, c, d\}$ e B é conjunto de todas as letras do alfabeto latino, então $A \subset B$. Se A é conjunto de todas as letras do alfabeto cirílico e B é conjunto de todas as letras do alfabeto latino, então nenhum dos dois conjuntos é subconjunto do outro.

Operações entre conjuntos

1. **União de conjuntos**. A *união de dois conjuntos* A e B é o conjunto C que contém todos os elementos de A e de B (lembramos que os elementos que pertencem tanto a A como a B são tomados uma vez só em C). A notação padrão é $C = A \cup B$. Essa definição é facilmente extendida a união de qualquer número de conjuntos: $C = \bigcup\limits_i A_i$ se para qualquer $x \in C$ existe tal conjunto A_i, entre os considerados na união, que $x \in A_i$.

2. **Interseção de conjuntos**. A *interseção de dois conjuntos* A e B é o conjunto C que contém todos os elementos que pertencem tanto a A como a B. A notação usada é $C = A \cap B$. Extendendo a definição a qualquer número de conjuntos, temos $C = \bigcap\limits_i A_i$ se qualquer elemento $x \in C$ pertence a todos os conjuntos da interseção: $x \in A_i$, $\forall i$.

3. **Diferença de conjuntos**. A *diferença de dois conjuntos* A e B (nessa ordem específica) é o conjunto C, denotado $C = A \backslash B$, que contém todos aqueles elementos de A que não pertencem a B.

4. **Produto cartesiano**. O *produto cartesiano* de dois conjuntos A e B (nessa ordem específica) é o conjunto C cujos elementos são todos os pares ordenados $c = (a, b)$ tais que $a \in A, b \in B$. A notação usual é $C = A \times B$.

Exemplos

1. Se $A = \{2, 3, 4, 5\}$ e $B = \{1, 2, 3\}$, então $A \cup B = \{1, 2, 3, 4, 5\}$. Se

$A = \{a, b, c, d\}$ e $B = \{d, e\}$, então $A \cup B = \{a, b, c, d, e\}$. Se $A = \{a, b, c, d\}$ e $B = \{g, h\}$, então $A \cup B = \{a, b, c, d, g, h\}$. Se $A = \{2, 3, 4, 5\}$ e $B = \mathbb{N}$, então $A \cup B = \mathbb{N}$.

2. Se $A = \{2, 3, 4, 5\}$ e $B = \{1, 2, 3\}$, então $A \cap B = \{2, 3\}$. Se $A = \{a, b, c, d\}$ e $B = \{d, e\}$, então $A \cap B = \{d\}$. Se $A = \{a, b, c, d\}$ e $B = \{g, h\}$, então $A \cap B = \varnothing$. Se $A = \{2, 3, 4, 5\}$ e $B = \mathbb{N}$, então $A \cap B = A$.

3. Se $A = \{2, 3, 4, 5\}$ e $B = \{1, 2, 3\}$, então $A \backslash B = \{4, 5\}$ e $B \backslash A = \{1\}$. Se $A = \{a, b, c, d\}$ e $B = \{d, e\}$, então $A \backslash B = \{a, b, c\}$ e $B \backslash A = \{e\}$. Se $A = \{a, b, c, d\}$ e $B = \{g, h\}$, então $A \backslash B = \{a, b, c, d\}$ e $B \backslash A = \{g, h\}$. Se $A = \{2, 3, 4, 5\}$ e $B = \mathbb{N}$, então $A \backslash B = \varnothing$ e $B \backslash A = \{1, 6, 7, \ldots\}$.

4. Se $A = \{2,3,4\}$ e $B = \{1,2\}$, então $A \times B = \{(2,1), (2,2), (3,1), (3,2), (4,1), (4,2)\}$ e $B \times A = \{(1, 2), (1, 3), (1, 4), (2, 2), (2, 3), (2, 4)\}$. Se $A = \{b\}$ e $B = \{a, b\}$, então $A \times B = \{(b, a), (b, b)\}$ e $B \times A = \{(a, b), (b, b)\}$.

1.3 Propriedades elementares de conjuntos

1. **Lei comutativa**: $A \cup B = B \cup A$, $A \cap B = B \cap A$. Notamos que $A \backslash B \neq B \backslash A$ e $A \times B \neq B \times A$ (os exemplos acima mostram isso claramente).

2. **Lei associativa**: $(A \cup B) \cup C = A \cup (B \cup C)$, $(A \cap B) \cap C = A \cap (B \cap C)$.

3. **Lei distributiva**: $A \cup (B \cap C) = (A \cup B) \cap (A \cup C)$, $A \cap (B \cup C) = (A \cap B) \cup (A \cap C)$.

4. **Relações com conjunto vazio**: $\varnothing \subset A$, $A \cup \varnothing = A$, $A \cap \varnothing = \varnothing$, $A \backslash \varnothing = A$, $A \times \varnothing = \varnothing$. Notamos que essas relações são válidas para qualquer conjunto A.

5. **Relações com conjunto universal** U: $A \subset U$, $A \cup U = U$, $A \cap U = A$, $A \backslash U = \varnothing$. Notamos que essas relações são válidas para qualquer conjunto A.

6. **Número de elementos de conjuntos finitos**: se A e B são conjuntos finitos com m e n elementos, respectivamente, e $A \cap B$ tem k elementos, então, $A \cup B$ tem $m + n - k$ elementos, $A \backslash B$ tem $m - k$ elementos, $B \backslash A$ tem $n - k$ elementos, e $A \times B$ tem mn elementos (assim como $B \times A$).

As demonstrações dessas propriedades são bastante simples, feitas com emprego das definições acima e lógica elementar. Embora isso fuja do escopo deste texto, vamos dar alguns exemplos de tais demonstrações para os leitores interessados.

Demonstração da comutatividade para união: $A \cup B = B \cup A$. Qualquer elemento $x \in A \cup B$, pela definição, tem propriedade de que $x \in A$ ou $x \in B$, o que é o mesmo que dizer que $x \in B$ ou $x \in A$, isto é, $x \in B \cup A$. Do mesmo jeito, qualquer $y \in B \cup A$ também é elemento de $A \cup B$. Assim, os elementos de $A \cup B$ e $B \cup A$ coincidem, isto é, os dois conjuntos são iguais.

Demonstração da associatividade para interseção: $(A \cap B) \cap C = A \cap (B \cap C)$. Qualquer elemento $x \in (A \cap B) \cap C$, pela definição, tem propriedade de que $x \in A \cap B$ e, ao mesmo tempo, $x \in C$. Especificando ainda a primeira inclusão, concluímos que x pertence simultaneamente aos três conjuntos – A, B e C. Por outro lado, qualquer $y \in A \cap (B \cap C)$, pela definição, tem propriedade de que $y \in A$ e, ao mesmo tempo, $y \in B \cap C$. Ou, abrindo a última relação, concluímos que y pertence simultaneamente aos três conjuntos – A, B e C. Assim, os elementos de $(A \cap B) \cap C$ e $A \cap (B \cap C)$ têm as mesmas propriedades e, portanto, esses dois conjuntos são compostos pelos mesmos elementos, isto é, são iguais.

Demonstração da primeira lei distributiva: $A \cup (B \cap C) = (A \cup B) \cap (A \cup C)$. Vamos começar da parte direita. Qualquer elemento x do conjunto $(A \cup B) \cap (A \cup C)$ pertence ao mesmo tempo a $A \cup B$ e $A \cup C$. Como esses dois conjuntos têm a parte idêntica que é o conjunto A, então a sua interseção pode ser dividida em duas partes – a primeira é A e a segunda é a parte comum entre B e C. Portanto, têm duas opções para x - ele pertence a A ou a $B \cap C$, isso significa que $x \in A \cup (B \cap C)$. Agora começamos do lado esquerdo. Tomamos qualquer elemento y do conjunto $A \cup (B \cap C)$. Pela definição da união, y ou pertence a A ou a parte comum entre B e C. Mas já vimos na passagem do lado direito para esquerdo que essa é a propriedade de qualquer elemento x de $(A \cup B) \cap (A \cup C)$. Consequentemente, $y \in (A \cup B) \cap (A \cup C)$. Assim, foi demonstrado que qualquer elemento de $(A \cup B) \cap (A \cup C)$ é elemento de $A \cup (B \cap C)$ e vice-versa. Isso significa que os dois conjuntos são iguais.

Exemplos

1. Demonstrar que $A \backslash B = B \backslash A$ se, e somente se, $A = B$.

Solução.

Supomos que os dois conjuntos são diferentes. Nesse caso, pelo menos um deles tem pelo menos um elemento não contido no outro. Sem perda de generalidade, podemos supor que esse é o elemento a do conjunto A (caso contrário, simplesmente renomeamos os conjuntos). Então, a diferença $A \backslash B$ contém o elemento a, mas $B \backslash A$ não contém esse elemento, porque a não pertence a B. Por outro lado, se $A = B$, então $A \backslash B = B \backslash A = \varnothing$.

2. Seja A conjunto de números pares entre 11 e 19 e B conjunto de múltiplos de 3 entre os mesmos 11 e 19. Encontrar $A \cup B$, $A \cap B$, $A \backslash B$ e $B \backslash A$.

Solução.

Primeiro, especificamos que $A = \{12, 14, 16, 18\}$ e $B = \{12, 15, 18\}$. Efetuando operações, obtemos $A \cup B = \{12, 14, 15, 16, 18\}$, $A \cap B = \{12, 18\}$, $A \backslash B = \{14, 16\}$, $B \backslash A = \{15\}$.

2 Números racionais e suas propriedades

Nessa seção consideremos conjuntos numéricos infinitos mais simples que o conjunto de números reais. Como vamos ver, eles fazem parte do conjunto dos reais e também são importantes por si só no desenvolvimento posterior dessa matéria.

Conjunto de números naturais

Vamos começar por um conjunto numérico infinito mais simples entre todos os conjuntos infinitos considerados em Análise, mas ao mesmo tempo muito importante – do conjunto dos números naturais.

Conjunto de *números naturais* $\mathbb{N}$ consiste em números utilizados para contagem $\mathbb{N} = \{1, 2, 3, ...\}$. Essa descrição intuitiva, embora esteja longe de ser uma definição formal, é suficiente para os objetivos dessa matéria.

Conjunto de números inteiros

O próximo conjunto simples infinito, mais amplo que $\mathbb{N}$, é o de inteiros, cuja descrição vem a seguir.

Conjunto dos *números inteiros* $\mathbb{Z}$ é composto dos números naturais, naturais negativos e zero: $\mathbb{Z} = \{..., -3, -2, -1, 0, 1, 2, 3, ...\}$.

Conjunto de números racionais

Com base nos conjuntos $\mathbb{N}$ e $\mathbb{Z}$, podemos agora definir de modo exato o próximo conjunto infinito, mais amplo que $\mathbb{Z}$, o conjunto de racionais.

Conjunto dos *números racionais* $\mathbb{Q}$ consiste em frações na forma $\frac{p}{q}$, onde $p \in \mathbb{Z}$ e $q \in \mathbb{N}$.

Observação. Se usar $q \in \mathbb{Z}\backslash\{0\}$, então obtemos o mesmo conjunto.

Obviamente, a relação entre três conjuntos introduzidos é: $\mathbb{N} \subset \mathbb{Z} \subset \mathbb{Q}$.

A pergunta natural que pode surgir é por que precisamos “aumentar” os conjuntos de $\mathbb{N}$ para $\mathbb{Q}$? Tem certas operações aritméticas em relação as quais os dois primeiros conjuntos são “fechados”. Por exemplo, $\mathbb{N}$ é “fechado” em relação à adição e multiplicação, e $\mathbb{Z}$ é “fechado” em relação à adição, subtração e multiplicação (isto é, essas operações resultam em elementos do mesmo conjunto). No entanto, há operações aritméticas que levam para fora dos dois conjuntos. Para $\mathbb{N}$, isso é subtração e divisão e para $\mathbb{Z}$ é divisão. Vamos verificar que todas as quatro operações aritméticas não levam para fora de $\mathbb{Q}$. Para ver isso, vamos lembrar as definições dessas operações e suas propriedades conhecidas da escola. Faremos isso do modo mais formal, representado a seguir, dentro dos padrões usados em matemática universitária.

Propriedades de números racionais

1. **Soma dos racionais**. Para quaisquer números racionais $a = \frac{m}{n}$ e $b = \frac{p}{q}$ a sua soma é o número racional c definido pela fórmula $c = a + b = \frac{mq+pn}{nq}$.

2. **Produto dos racionais**. Para quaisquer números racionais $a = \frac{m}{n}$ e $b = \frac{p}{q}$ o seu produto é o número racional c definido pela fórmula $c = ab = \frac{mp}{nq}$.

3. **Propriedades de adição e multiplicação**. Para quaisquer $a, b, c, d \in \mathbb{Q}$ são válidas as seguintes propriedades:
1) comutatividade da adição e da multiplicação: $a + b = b + a, ab = ba$.
2) associatividade da adição e da multiplicação: $(a + b) + c = a + (b + c), (ab)c = a(bc)$.
3) distributividade: $(a + b)c = ac + bc$.
4) monotonia da adição: se $a > b$, então $a + c > b + c$; se $a > b$ e $c > d$, então $a + c > b + d$.
5) monotonia da multiplicação: se $a > b$ e $c > 0$, então $ac > bc$; se $a > b$ e $c < 0$, então $ac < bc$.
6) existência do elemento identidade (neutro) em relação à adição e multiplicação: $a + 0 = 0 + a = a\,,\ \forall a \in \mathbb{Q}$; $a \cdot 1 = 1 \cdot a = a\,,\ \forall a \in \mathbb{Q}$.
7) existência dos elementos inversos em relação à adição e à multiplicação: para qualquer número racional a existe um número racional $-a$ inverso em relação à adição, isto é, $a + (-a) = 0$; para qualquer número racional $a \neq 0$ existe um número racional $a^{-1} = \frac{1}{a}$ inverso em relação à multiplicação, isto é, $a \cdot a^{-1} = 1$.

Assim, as propriedades 1. e 2. garantem que a soma e o produto de dois números racionais $a = \frac{m}{n}$ e $b = \frac{p}{q}$ é de novo um número racional determinado na forma $a + b = \frac{mq+pn}{nq}$ e $ab = \frac{mp}{nq}$, respectivamente. A propriedade 3.7) define a subtração e divisão de dois números racionais $a = \frac{m}{n}$ e $b = \frac{p}{q}$ na forma $a - b = a + (-b) = \frac{mq-pn}{nq}$ e $a : b = a \cdot \frac{1}{b} = \frac{mq}{np}$, respectivamente (na segunda operação, deve ser $b \neq 0$).

Podemos acrescentar três propriedades de comparação que aprendemos usar intuitivamente na escola.

4. **Ordenação do conjunto de racionais**. Para quaisquer dois números racionais a e b sempre é válida uma e somente uma das seguintes relações: $a = b$, $a < b$ ou $a > b$. Assim, o conjunto dos números racionais é ordenado.

5. **Propriedades de ordenação** (transitividade de sinais "maior", "menor", "igual"). Se $a > b$ e $b > c$, então $a > c$; se $a < b$ e $b < c$, então $a < c$; se $a = b$ e $b = c$, então $a = c$.

6. **Axioma de Arquimedes**. Para qualquer número racional a existe um número natural n tal que $n > a$. Ou uma formulação equivalente: para qualquer número racional $a > 0$ existe um número natural n tal que $\frac{1}{n} < a$.

Observação. Um conjunto que satisfaz as propriedades 1.-6. listadas acima é chamado em matemática de *corpo ordenado.*

Exemplos

1. Mostrar que a expressão $\frac{\frac{13}{2}-\frac{7\cdot2+1}{4}}{(\frac{1}{2})^3+2}$ é um número racional.

Solução.

Primeiro, notamos que a expressão é composta das operações aritméticas – soma, diferença, multiplicação, divisão e elevação numa potência – aplicadas aos números racionais – $\frac{13}{2}$, 7, 2, 1, 4, $\frac{1}{2}$. Como todas essas operações deixam o resultado dentro do conjunto dos racionais, e todas são realizáveis na expressão dada (não tem divisão por 0 ou potência 0^0), então a expressão representa um número racional. Outra maneira de demonstrar isso é levar a expressão à forma da definição, efetuando as operações: $\frac{\frac{13}{2}-\frac{7\cdot2+1}{4}}{(\frac{1}{2})^3+2} = \frac{\frac{13}{2}-\frac{15}{4}}{\frac{1}{8}+2} = \frac{\frac{11}{4}}{\frac{17}{8}} = \frac{22}{17}$. Assim, chegamos a uma fração com numerador e denominador dos números naturais, o que corresponde à definição de um número racional.

2. Comparar os números racionais $\frac{5}{2^{10}}$ e $\frac{1}{10^2}$.

Solução.

Uma das formas de resolver é reescrever as duas frações com o denominador comum e depois disso comparar os numeradores. Temos então $\frac{5}{2^{10}} = \frac{5\cdot10^2}{2^{10}.10^2}$ e $\frac{2^{10}}{2^{10}.10^2}$. Como $5\cdot10^2 = 500 < 1024 = 2^{10}$, então a primeira fração é menor que a segunda. Nesse exercício, o modo de resolução mais rápido é notar que $2^{10} = 1024 > 10^3$ e, portanto, $\frac{5}{2^{10}} < \frac{5}{10^3} < \frac{10}{10^3} = \frac{1}{10^2}$.

3. Mostrar que um número natural é par se o seu quadrado é par.

Solução.

Denotamos o número dado por p e vamos supor, por absurdo, que p seja um número ímpar, isto é, $p = 2m+1$, $m \in \mathbb{N}$. Então, $p^2 = (2m+1)^2 = 4m^2+4m+1 = 2(2m^2+2m)+1 = 2k+1$, onde $k = 2m^2+2m \in \mathbb{N}$, o que significa que p^2 também é ímpar. Isso contradiz a condição dada de que p^2 é par e, portanto, a nossa suposição de que p pode ser ímpar é falsa. Assim, p é par.

Observação. O método usado na demonstração desse resultado é chamado do método de contradição.

4. Pode ser demonstrado que $1+2+\ldots+n = \frac{n(n+1)}{2}$ para qualquer $n \in \mathbb{N}$. Nessa fórmula, do lado esquerdo, temos a soma dos naturais que é um número natural, enquanto do lado direito, temos uma fração. Explicar se este resultado é contraditório ou não.

Solução.

Mostremos que o numerador do lado direito é divisível por 2. Realmente, se

n for par, então $n(n+1)$ também é par. Se n for ímpar, então $n+1$ é par e, consequentemente, $n(n+1)$ também é par. Logo, para qualquer n natural, o produto $n(n+1)$ sempre é um número par, isto é, múltiplo de 2, e, portanto, $\frac{n(n+1)}{2}$ é um número natural. Assim, não há nenhuma contradição na fórmula.

Observação. A fórmula do último exemplo é conhecida da escola e a sua dedução é simples. Denotamos a soma $S = 1 + 2 + \ldots + n$ e observamos que $2S = S+S = (1+2+\ldots+(n-1)+n)+(1+2+\ldots+(n-1)+n) = (1+2+\ldots+(n-1)+n)+(n+(n-1)+\ldots+2+1) = (1+n)+(2+n-1)+\ldots+(n-1+2)+(n+1)$. Do lado direito obtemos então a soma n vezes do mesmo termo $n+1$, o que resulta em $2S = n(n+1)$. Finalmente, isolando S dessa relação, obtemos a fórmula dada na formulação do exercício.

3 Números reais e suas propriedades

3.1 Números decimais e reais

O conjunto dos racionais é fechado em relação às quatro operações aritméticas, isso quer dizer que a aplicação de qualquer uma dessas quatro operações a quaisquer números racionais resulta de novo em um número racional (exceto na divisão por 0 que não está definida). Naturalmente, surge a pergunta: o conjunto $\mathbb{Q}$ pode ser considerado universal, contendo todos os números que vamos precisar? A resposta é não. Mais uma operação importante é a radiciação, que leva para fora de $\mathbb{Q}$. A necessidade dessa operação surge, por exemplo, na consideração do problema de cálculo da hipotenusa de um triângulo. Conforme o teorema de Pitágoras, o comprimento l da hipotenusa de um triângulo retângulo com dois catetos de comprimento 1 é igual a $l^2 = 1^2 + 1^2$, ou seja $l = \sqrt{2}$. Vamos mostrar que $\sqrt{2}$ não é um número racional.

Proposição. $\sqrt{2}$ não é um número racional.

Demonstração. Vamos supor, por absurdo, que $\sqrt{2}$ é um número racional e mostrar que essa suposição leva a contradição lógica, o que significa que essa suposição é falsa. Se $\sqrt{2}$ é racional, então $\sqrt{2} = \frac{p}{q}$, onde p, $q \in \mathbb{N}$ (como $\sqrt{2} > 0$, então ambos os números p e q são naturais). Sem perda de generalidade, podemos supor que a última fração é irredutível (numerador e denominador não têm divisores comuns). Então, elevando os dois lados dessa igualdade ao quadrado, temos $2 = \frac{p^2}{q^2}$, donde $p^2 = 2q^2$. Isso significa que o número p^2 é divisível por 2, isto é, p^2 é um número par, e então p é um número par também, isto é, podemos representar o numerador na forma $p = 2m, m \in \mathbb{N}$ (veja exemplo 3 da seção 2). Logo, a relação entre p e q pode ser reescrita na forma: $4m^2 = 2q^2$ ou, simplificando, $2m^2 = q^2$. Daqui segue que q^2 é um número par, e então q é um número par também, isto é, $q = 2n, n \in \mathbb{N}$. Consequentemente, $\frac{p}{q} = \frac{2m}{2n}$, isto é, a fração original é redutível, o que contradiz a nossa suposição. Portanto, a suposição de que $\sqrt{2}$ é um número racional não é válida, isto é, o número $\sqrt{2}$ não é racional.

Observação. O método usado na demonstração desse resultado é chamado de método de contradição. Em geral, ele consiste em assumir, por absurdo, que um resultado conhecidamente falso, contraditório àquilo que pretendemos demonstrar, é válido e, a partir disso, desenvolvendo raciocínio lógico, chegar à contradição com as condições dadas do problema, ou com um fato verdadeiro conhecido, ou com a própria suposição. Nesse caso específico, a suposição falsa, contrária à afirmação verdadeira, foi de que $\sqrt{2}$ é um número racional. Isso nós levou, após algumas transformações aritméticas equivalentes, à contradição com essa própria suposição. O mesmo método foi usado na resolução do exemplo 3 da seção 2. Lá, a suposição falsa foi de que p é um número ímpar, o que nós levou a conclusão de que p^2 também é ímpar, contradizendo a condição dada do exercício de que p^2 deve ser par.

Para incorporar todas as raízes dos números não negativos (e vários outros que, também, não são números racionais) e construir um conjunto numérico "sem furos", vamos introduzir o conceito de *números decimais* que, assim como os racionais, são de uso comum, incluindo seu estudo na escola, embora numa forma menos rigorosa e formal que precisaremos neste texto. Vamos começar partindo da definição.

Números decimais. Um *número decimal* a é a cadeia de *dígitos* (*algarismos*) *decimais* representada na forma $a = (\pm)\, a_0, a_1 a_2 \ldots a_n \ldots$, onde $a_0 \in \mathbb{N} \cup \{0\}$ e os dígitos $a_i \in \mathbb{N} \cup \{0\}$, $0 \le a_i \le 9$, $i = 1, 2, \ldots, n, \ldots$. A parte a_0 é chamada de *parte inteira* de a e toda a parte depois da vírgula é chamada de *parte fracionária* de a.

A referência ao *sistema decimal* se deve ao fato de usar 10 como a base de representação de posição. Para a parte inteira, isso significa que $a_0 = b_n \ldots b_2 b_1 b_0$, $b_i \in \mathbb{N} \cup \{0\}$, $0 \le b_i \le 9$, $i = 0, 1, 2, \ldots, n$, onde b_0 é a parte das unidades, b_1 é a parte de dezenas, b_2 é a parte de centenas, etc., ou expressando em fórmula: $a_0 = b_0 + b_1 \cdot 10^1 + b_2 \cdot 10^2 + \ldots + b_n \cdot 10^n$. Para a parte fracionária, isso significa que a_1 indica a parte de décimos, a_2 – a parte de centésimos, etc., levando a seguinte representação $0, a_1 a_2 \ldots a_n \ldots = a_1 \cdot 10^{-1} + a_2 \cdot 10^{-2} + \ldots + a_n \cdot 10^{-n} + \ldots$. A última é mais importante para nossos objetivos, porque para a parte inteira vai ser suficiente usar a informação de que ela é um número natural ou zero.

Um número decimal é chamado de *finito* se $a_i = 0$ para todos $i \ge m$, onde m é algum número natural. Caso contrário, o número decimal é chamado de *infinito*. Um número decimal é chamado de *periódico* se $a_{k+i} = a_{k+i+p}$ para alguns

$k \in \mathbb{N} \cup \{0\}$, $p \in \mathbb{N}$, e todos $i \in \mathbb{N}$, ou seja, existe uma cadeia finita de dígitos (de comprimento p), que se repete infinitamente começando do $(k+1)$-ésimo dígito. Um número decimal finito pode ser considerado o caso especial de um decimal periódico (com todos os dígitos nulos a partir de uma posição). Para os decimais periódicos é usada a seguinte notação: $a = (\pm)\, a_0, a_1 a_2 \ldots a_k (a_{k+1} a_{k+2} \ldots a_{k+p})$, onde os dígitos $a_1 a_2 \ldots a_k$ são da parte antes do período, $a_{k+1} a_{k+2} \ldots a_{k+p}$ é o período e os parênteses indicam a repetição de digitos dentro deles. Finalmente, um número decimal não finito e não periódico é chamado de *infinito aperiódico* ou simplesmente *aperiódico*.

Exemplos

1. Número decimal finito: $1,34 = 1 + \frac{3}{10} + \frac{4}{100}$.
2. Número decimal finito: $-64,84524 = -64 - \frac{8}{10} - \frac{4}{100} - \frac{5}{10^3} - \frac{2}{10^4} - \frac{4}{10^5}$.
3. Número decimal infinito periódico: $0,333\ldots = 0,(3) = 0 + \frac{3}{10} + \frac{3}{100} + \frac{3}{10^3} + \ldots + \frac{3}{10^n} + \ldots$.
4. Número decimal infinito periódico: $0,1272727\ldots = 0,1(27) = 0 + \frac{1}{10} + \frac{2}{100} + \frac{7}{10^3} + \ldots + \frac{2}{10^{2n}} + \frac{7}{10^{2n+1}} + \ldots$.
5. Número decimal infinito não periódico: $0,1010010001\ldots = 0 + \frac{1}{10} + \frac{1}{10^3} + \frac{1}{10^6} + \frac{1}{10^{10}} + \ldots$.

Números reais. O conjunto $\mathbb{R}$ dos *números reais* é o conjunto de todos os números decimais.

Observação. O uso de números decimais é uma maneira vantajosa de representar os números reais por ser intuitivamente clara e diretamente ligada com os números e operações entre eles que costumamos efetuar desde a escola. Há outras abordagens no estudo dos números reais, sendo uma delas a introdução axiomática, quando as propriedades desse conjunto são postuladas na forma de axiomas. O sistema de números decimais pode ser considerado como uma das realizações específicas, mais usada na prática, do conjunto axiomático dos números reais. Essas questões, mais teóricas, do estudo dos números reais estão fora do escopo deste texto, mas é importante notar que todas essas abordagens são equivalentes, isto é, qualquer que seja a definição do conjunto dos números reais, ela pode ser transformada em conjunto de números decimais com propriedades respectivas, as quais vamos considerar nessa seção.

Relação entre $\mathbb{Q}$ e $\mathbb{R}$.

Vamos demonstrar que o conjunto $\mathbb{R}$ representa a ampliação de $\mathbb{Q}$. Mais especificamente, vamos mostrar que $\mathbb{Q}$ é igual ao conjunto de todos os números decimais finitos ou infinitos periódicos, que no momento vamos denotar por $\tilde{\mathbb{Q}}$.

Primeiro, vamos tomar qualquer elemento de $\mathbb{Q}$ e mostrar que ele pode ser representado via número decimal finito ou infinito periódico. Sem perda de generalidade, podemos considerar a fração $\frac{p}{q}$ positiva, porque a generalização aos números negativos é elementar. Vamos efetuar uma simples divisão de números inteiros, seguindo as regras comuns conhecidas da escola. Se $p \geq q$, então começamos destacando na divisão a parte inteira do número dado. O resto é uma fração própria $\frac{m}{q}$ onde $m < q$. Na divisão do número $m \cdot 10$ e números posteriores por denominador q, podem ocorrer os seguintes restos: $0; 1; 2; ...; q-1$. Se for obtido o resto 0 em algum dos passos da divisão, então a divisão está terminada e temos uma fração decimal finita. Se o resto nunca for igual a 0, então a divisão continua infinitamente. No entanto, como existem só $q-1$ restos distintos (diferentes de 0) na divisão por q, então, no máximo, dentro de q passos dessa divisão encontramos um resto que já foi obtido anteriormente e, portanto, os algarismos do número decimal começam a se repetir a partir desse momento. Assim, se o resto nunca se anula, obtemos uma fração decimal infinita com período menor ou igual a $q-1$ algarismos.

Agora mostremos a implicação recíproca: qualquer elemento de $\tilde{\mathbb{Q}}$ pode ser representado na forma $\frac{p}{q}$, onde $p \in \mathbb{Z}$ e $q \in \mathbb{N}$. De novo, é suficiente considerar os números positivos. Seja a um elemento positivo de $\tilde{\mathbb{Q}}$. Há duas opções: a é um número finito ou periódico. Vamos começar da opção mais simples, quando a é finito. Então, $a = a_0, a_1 a_2 ... a_n = a_0 + \frac{a_1}{10} + \frac{a_2}{10^2} + \ldots + \frac{a_n}{10^n} = a_0 + \frac{a_1 \cdot 10^{n-1} + a_2 \cdot 10^{n-2} + \ldots + a_n}{10^n} = a_0 + \frac{a_1 a_2 ... a_n}{10^n}$. A última fração do lado direito tem a forma $\frac{p}{q}$, onde $p = a_1 a_2 \ldots a_n \in \mathbb{N}$ e $q = 10^n \in \mathbb{N}$, ou seja, este é um número racional. A soma de um número natural com outro racional é de novo um número racional, o que mostra que um número decimal finito é, ao mesmo tempo, um número racional. Consideremos agora um decimal periódico: $a = a_0, a_1 a_2 ... a_n b_1 b_2 ... b_k b_1 b_2 ... b_k ... = a_0, a_1 a_2 ... a_n\,(b_1 b_2 ... b_k)$ onde os parênteses são usados para representar, na forma abreviada, o período desse número que contém k dígitos. Separamos esse número em duas partes – a sem período e o próprio período: $a = a_0, a_1 \ldots a_n + 0, 0 \ldots 0\,(b_1 b_2 ... b_k)$. A primeira parte já foi considerada antes e foi demonstrado que ela é um número racional. Resta então demonstrar o mesmo resultado para a parte periódica. Para isso, denotamos $s = 0, 0 \ldots 0\,(b_1 b_2 ... b_k)$ e $t = s \cdot 10^n = 0, (b_1 b_2 ... b_k)$. Observamos que $t \cdot 10^k = b_1 b_2 ... b_k, (b_1 b_2 ... b_k)$, isto é, $t \cdot 10^k - t = b_1 b_2 ... b_k$ é um número natural. Então $t = \frac{b_1 b_2 ... b_k}{10^k - 1}$ é um número racional como a razão de dois números naturais. Portanto, $s = \frac{t}{10^n}$ também é um número racional e, consequentemente, a é um número racional. Dessa maneira, provamos que qualquer elemento de $\tilde{\mathbb{Q}}$ pertence também a $\mathbb{Q}$. Junto com a primeira parte da demonstração, isso comprova que os conjuntos $\mathbb{Q}$ e $\tilde{\mathbb{Q}}$ contêm os mesmos elementos, isto é, são iguais.

Desse resultado segue que o conjunto $\mathbb{Q}$ dos números racionais pode ser definido, de modo equivalente, como o conjunto de todos os números reais finitos e periódicos. A parte restante do conjunto dos reais representa todos os números decimais aperiódicos chamados de números *irracionais*. Assim, o conjunto dos irracionais $\mathbb{I}$ é composto de todos os números decimais aperiódicos.

Observação 1. Embora $\mathbb{I}$ não seja uma notação comum para o conjunto dos números irracionais, vamos usar esse símbolo para abreviar notações (outra opção, mais comum, é $\mathbb{R}\backslash\mathbb{Q}$).

Observação 2. Da mesma igualdade entre $\mathbb{Q}$ e $\tilde{\mathbb{Q}}$, seguem as seguintes relações entre os conjuntos: $\mathbb{N} \subset \mathbb{Z} \subset \mathbb{Q} \subset \mathbb{R}$, $\mathbb{I} \subset \mathbb{R}$, $\mathbb{Q} \cup \mathbb{I} = \mathbb{R}$, $\mathbb{Q} \cap \mathbb{I} = \varnothing$.

Exemplos

1. Transformar os números decimais finitos e infinitos periódicos dos Exemplos anteriores em frações simples.

Solução.

Para os número decimais finitos $1,34$ e $-64,84524$ temos direto $1,34 = \frac{134}{100}$ e $-64,84524 = -\frac{6484524}{10^5}$.

Para o número decimal infinito periódico $a = 0,(3)$, aplicamos o procedimento geral de transformação. Primeiro, multiplicamos por 10 para trazer o primeiro período para a parte inteira: $10a = 3,(3)$. Depois, subtraindo a de $10a$, obtemos: $10a - a = 9a = 3$. Consequentemente, $a = \frac{1}{3}$.

Para o número periódico $a = 0,1(27)$, aplicamos o mesmo procedimento geral. Primeiro, separamos o período da parte restante: $a = 0,1 + 0,0(27) = 0,1 + b$ e denotamos $t = 10b = 0,(27)$. Para transformar t, multiplicamos ele por 100 para trazer o primeiro período para a parte inteira: $100t = 27,(27)$. Subtraindo t de $100t$, obtemos $100t - t = 99t = 27$, ou, isolando t e simplificando, $t = \frac{27}{99} = \frac{3}{11}$. Logo, $b = \frac{t}{10} = \frac{3}{110}$ e, acrescentando a parte finita, obtemos $a = 0,1 + b = \frac{1}{10} + \frac{3}{110} = \frac{11+3}{110} = \frac{7}{55}$.

2. Transformar a fração simples $-\frac{13}{7}$ em número decimal.

Solução.

Na transformação desse número, simplesmente usamos o algoritmo comum da divisão de dois números inteiros.

A divisão de 13 por 7 leva ao seguinte resultado:

$$
\begin{array}{r|l}
-\;13 & 7 \\
\cline{2-2}
7 & 1{,}857142\ldots \\
\hline
-\;\mathbf{60} & \\
56 & \\
\hline
-\;\mathbf{40} & \\
35 & \\
\hline
-\;\mathbf{50} & \\
49 & \\
\hline
-\;\mathbf{10} & \\
7 & \\
\hline
-\;\mathbf{30} & \\
28 & \\
\hline
-\;\mathbf{20} & \\
14 & \\
\hline
\mathbf{6} & \\
\ldots &
\end{array}
$$

Notemos que, na divisão da parte fracionária por 7, podem ocorrer, no máximo, 6 restos diferentes. Essa sequência máxima se encontra na fração dada, cujos resíduos da divisão em cada passo estão marcados em negrito: $r_1 = 6$, $r_2 = 4$, $r_3 = 5$, $r_4 = 1$, $r_5 = 3$, $r_6 = 2$. O próximo resíduo necessariamente deve coincidir com um dos já encontrados. Nesse exemplo, ele coincide com o primeiro resíduo $r_1 = r_7 = 6$ e, por isso, a partir do sétimo passo da divisão, as contas vão se repetir, apresentando os mesmos resultados que já foram encontrados nos primeiros seis passos. Assim, $\frac{13}{7} = 1,(857142)$ e o resultado final é $-\frac{13}{7} = -1,(857142)$.

3.2 Propriedades dos números reais

Propriedades: aritméticas, ordenação, densidade e completude

Com base na representação decimal (ou alguma representação equivalente) pode ser mostrado que os números reais satisfazem as mesmas *propriedades aritméticas* e de *ordenação* que já foram listadas antes para os racionais (propriedades 1-6 da seção 2). Isso significa, em particular, que o conjunto $\mathbb{R}$ é um *corpo ordenado*. Adicionalmente, os números reais satisfazem as seguintes propriedades:

1. *Densidade* de $\mathbb{Q}$ em $\mathbb{R}$. Para quaisquer dois números reais a e b tais que $a < b$ existe um número racional r que satisfaz a relação $a < r < b$.

O Corolário dessa propriedade trata da densidade de $\mathbb{I}$ em $\mathbb{R}$: para quaisquer dois números reais a e b tais que $a < b$ existe um número irracional t que satisfaz a relação $a < t < b$.

2. *Completude* do conjunto $\mathbb{R}$. Em termos muito vagos, o conjunto dos reais é aquele que "não tem furos" (diferentemente do conjunto dos racionais). A ilustração intuitiva desse fato é o resultado sobre equivalência entre $\mathbb{R}$ e a reta coordenada que demonstraremos a seguir.

Observação. Para os leitores interessados, podemos mencionar que a formulação exata da completude pode ser dada em termos de limites ou de supremos/ínfimos: a primeira forma diz que qualquer sequência de Cauchy é convergente e a segunda que qualquer conjunto limitado superiormente (e não vazio) possui supremo. Pode ser visto que a mera formulação da última propriedade numa forma rigorosa exige um conhecimento maior da área de análise. É evidente que a demonstração desses resultados vai muito além do contexto desta obra e os leitores interessados são direcionados para leitura dos livros de Análise Real.

Operações aritméticas entre elementos do conjunto dos reais

Sabemos que da adição, da subtração, da multiplicação e da divisão com números racionais resultam números racionais. Vamos ver o que acontece nas mesmas operações com números irracionais, e entre racionais e irracionais.

Adição: $\mathbb{I} + \mathbb{I}$. A soma de dois números irracionais pode ser tanto irracional quanto racional, por exemplo, $\sqrt{2}+\sqrt{2} = 2\sqrt{2}$ é um irracional, mas $\sqrt{2}+(-\sqrt{2}) = 0$ é racional.

Adição: $\mathbb{Q} + \mathbb{I}$. Seja a racional e b irracional. Vamos mostrar que $c = a + b$ é irracional. Usamos método de contradição: vamos supor , por absurdo, que c é racional. Então, $b = c + (-a)$ e, como sabemos que a soma de dois racionais é racional, b é racional. Mas isso contradiz a condição original de que b é irracional. Portanto, c é irracional.

Observação. Para a subtração temos os mesmos resultados.

Multiplicação: $\mathbb{I} \cdot \mathbb{I}$. O produto de dois números irracionais pode ser tanto irracional quanto racional, por exemplo, $\sqrt{2} \cdot \sqrt{3} = \sqrt{6}$ é um irracional, mas $\sqrt{2} \cdot \sqrt{2} = 2$ é racional.

Multiplicação: $\mathbb{Q} \cdot \mathbb{I}$. Seja a racional diferente de zero e b irracional. Vamos mostrar que $c = ab$ é irracional. Usamos método de contradição: vamos supor que c é racional. Então, $b = \frac{c}{a}$ e, como sabemos que o quociente de dois racionais é racional, b é racional. Mas isso contradiz a condição original de que b é irracional. Portanto, c é irracional. Só no caso singular, quando $a = 0$, o produto vai ser racional 0.

Divisão: $\mathbb{I} : \mathbb{I}$. O quociente de dois números irracionais pode ser tanto irracional quanto racional, por exemplo, $\frac{\sqrt{6}}{\sqrt{2}} = \sqrt{3}$ é um irracional, mas $\frac{\sqrt{8}}{\sqrt{2}} = 2$ é racional.

Divisão: $\mathbb{Q} : \mathbb{I}$. Seja a racional diferente de zero e b irracional. Vamos mostrar que $c = \frac{a}{b}$ é irracional. Usamos método de contradição: vamos supor que c é racional. Então, $b = \frac{a}{c}$ (como $a \neq 0$, então $c \neq 0$) e, como sabemos que o quociente de dois racionais é racional, b é racional. Mas isso contradiz a condição original de que b é irracional. Portanto, c é irracional. Só no caso singular, quando $a = 0$, o quociente vai ser racional 0.

Observação. Para a divisão $\mathbb{I} : \mathbb{Q}$ as considerações são análogas.

Exemplos

1. Transformar o número decimal $5,42(376)$ em uma fração.

Solução.

Primeiro, separamos a parte periódica, representando o número na forma $5{,}42(376) = 5,42 + 0,00(376)$. Para primeira parte, temos $5,42 = \frac{542}{100}$ e a segunda parte reescrevemos como $0,00(376) = 0,(376) \cdot 10^{-2}$. O número $t = 0,(376)$ vamos transformar seguindo o procedimento geral: $t \cdot 10^3 - t = 376,(376) - 0,(376) = 376$ e, portanto, $t = \frac{376}{10^3 - 1} = \frac{376}{999}$. Juntando as partes, encontramos $5,42(376) = \frac{542}{100} + \frac{376}{999} \cdot 10^{-2} = \frac{542 \cdot 999 + 376}{999 \cdot 100}$, o que é uma fração com o numerador inteiro e o denominador natural, isto é, a representação procurada.

2. Responder às seguintes questões:

1) o produto de um número racional com um irracional é sempre um número irracional?
2) existem ou não dois números irracionais cuja soma e produto são racionais?
3) se as potências a^2 e a^3 são irracionais, a potência a^4 deve ser irracional também?

Solução.

1) Caso o número racional seja zero, então o produto vai ser o número racional – 0. Em todos os outros casos, o resultado vai ser um número irracional. Realmente, se o produto $c = a \cdot b$ com $a \neq 0$ racional e b irracional fosse racional, então dividindo c por a deveriamos encontrar um número racional, mas b é irracional, o que leva à contradição.
2) Existem, basta tomar $a = \sqrt{2}$ e $b = -\sqrt{2}$.
3) Não necessariamente, basta considerar $a = \sqrt[4]{2}$.

3. Verificar se os seguintes números são racionais ou irracionais:

1) $\sqrt[5]{50}$;
2) $\sqrt{2} + \sqrt{6}$;
3) $\sqrt{3 - 2\sqrt{2}} - \sqrt{3 + 2\sqrt{2}}$.

Solução.

1) Vamos supor que $\sqrt[5]{50}$ é um número racional, isto é, $\sqrt[5]{50} = \frac{m}{n}$, m, $n \in \mathbb{N}$. Sem perda de generalidade, podemos supor que a última fração é simplificada, isto é, m e n são primos entre si (não têm divisores comuns); caso não seja assim, então cancelamos todos os divisores comuns de m e n antes de iniciar o próximo passo do raciocínio. Da suposição que $\sqrt[5]{50} = \frac{m}{n}$, segue que $50 = \frac{m^5}{n^5}$, donde $m^5 = 50n^5$. Então, o número m^5 é par e, consequentemente, m é um número par também, isto é, $m = 2k, k \in \mathbb{N}$. Substituindo essa representação na relação entre m e n, obtemos $2^5k^5 = 50n^5$ ou $25n^5 = 2^4k^5$. Como 25 é um número ímpar, então n^5 deve ser um número par e então o mesmo é válido para n. Por isso, m e n têm divisor comum 2, o que contradiz a nossa suposição. Assim, o número $\sqrt[5]{50}$ é irracional.

2) Vamos supor que $\sqrt{2} + \sqrt{6}$ seja um número racional. Então, o seu quadrado – $(\sqrt{2}+\sqrt{6})^2 = 2+6+2\sqrt{12} = 8+4\sqrt{3}$ – também deve ser racional. Disso segue que $\sqrt{3}$ é racional, o que não é verdade (esse último resultado pode ser demonstrado do mesmo modo como foi feita a demonstração para $\sqrt{2}$). Portanto, o número dado é irracional.

3) Observamos, primeiro, que as expressões dentro das raízes externas podem ser transformadas em quadrados completos: $3 - 2\sqrt{2} = (1 - \sqrt{2})^2$ e $3 + 2\sqrt{2} = (1 + \sqrt{2})^2$. Então, $\sqrt{3 - 2\sqrt{2}} - \sqrt{3 + 2\sqrt{2}} = \sqrt{(1 - \sqrt{2})^2} - \sqrt{(1 + \sqrt{2})^2} = -(1 - \sqrt{2}) - (1 + \sqrt{2}) = -2$, o que é um número racional.

3.3 Módulo

Como veremos em seguida, a operação do *módulo* (aplicada a números e expressões reais) surge naturalmente e frequentemente nas construções geométricas. Portanto, vale a pena relembrar a definição dessa operação e suas propriedades elementares (embora elas sejam conhecidas da escola).

Definição do módulo. O *módulo* de $a \in \mathbb{R}$ é denotado por $|a|$ e é definido analiticamente na forma $|a| = \begin{cases} a\,, & a \geq 0 \\ -a\,, & a < 0 \end{cases}$.

Propriedades básicas do módulo. Para quaisquer $a, b \in \mathbb{R}$ são válidas as seguintes propriedades:

1. $|a| \geq 0$, $|a| = 0 \leftrightarrow a = 0$;
2. $|a + b| \leq |a| + |b|$;
3. $|a - b| \geq ||a| - |b||$;
4. $|ab| = |a||b|$;
5. $|\frac{a}{b}| = \frac{|a|}{|b|}$, $b \neq 0$.

As demonstrações são elementares e ficarão como exercícios para os leitores.

Equações e desigualdades elementares com o módulo

A *equação elementar modular* tem a forma $|x| = c$. Caso $c > 0$, então essa equação tem duas soluções $x = \pm c$. Realmente, se $x \geq 0$, então a equação $|x| = c$ equivale a $x = c$ e essa é solução da equação original uma vez que $c > 0$. Se $x < 0$, então a equação $|x| = c$ se torna $-x = c$ ou $x = -c$ que é a segunda solução da equação modular, porque $-c < 0$.

Caso $c = 0$, a solução é única $x = 0$. Finalmente, se $c < 0$, então não há soluções, uma vez que $|x|$ é uma grandeza não negativa pela definição.

As *desigualdades elementares modulares* têm uma das quatro formas: $|x| < c$, $|x| \leq c$, $|x| > c$ e $|x| \geq c$. Vamos resolver a primeira e a última e as duas outras deixamos a cargo do leitor (elas têm considerações semelhantes).

Consideremos primeiro a desigualdade $|x| < c$. O caso $c \leq 0$ não gera soluções, porque implica que $|x|$ deve ser negativo, o que é impossível de acordo com a definição. Então tomamos $c > 0$ e consideremos duas aberturas de $|x|$. Se $x \geq 0$, então a desigualdade $|x| < c$ equivale a $x < c$ e a solução da desigualdade original (a sua primeira parte) fica $0 \leq x < c$. Se $x < 0$, então a desigualdade $|x| < c$ se torna $-x < c$ ou $x > -c$ e obtemos a segunda parte da solução da desigualdade original $-c < x < 0$. Juntando essas duas partes, obtemos a solução $-c < x < c$.

Para desigualdade $|x| \geq c$, o caso $c \leq 0$ leva a qualquer número real ser a solução, porque o módulo de qualquer número é não negativo. Então, nesse caso, o conjunto da solução é $\mathbb{R}$. Se $c > 0$, então para encontrar soluções, temos que abrir o módulo. Se $x \geq 0$, então a desigualdade $|x| \geq c$ equivale a $x \geq c$ e, como $c > 0$, a primeira parte da solução da desigualdade original fica $x \geq c$. Se $x < 0$, então a desigualdade $|x| \geq c$ se torna $-x \geq c$ ou $x \leq -c$ e essa é a segunda parte da solução da desigualdade original. Juntando as duas partes, obtemos a solução na forma $S = \{x : x \geq c\} \cup \{x : x \leq -c\}$.

Exemplos

1. Resolver a equação $|2x-1|=5$ e a desigualdade $|3x-2|<4$.

Solução.

1) A equação modular equivale às duas equações sem módulo: $2x - 1 = 5$ e $2x - 1 = -5$ (lembremos que $|a| = 5$ significa que $a = 5$ e $a = -5$). Resolvendo a primeira, obtemos $x_1 = 3$, e para segunda temos $x_2 = -2$. Essas são as duas soluções da equação modular.

2) Reescrevemos a desigualdade modular na forma sem módulo $-4 < 3x - 2 < 4$ (lembremos que $|a| < 4$ significa que $-4 < a < 4$). Essa desigualdade dupla pode ser reescrita na forma $-2 < 3x < 6$ ou, isolando x, $-\frac{2}{3} < x < 2$. Essa é a a

solução da desigualdade original. Ela pode ser escrita em termos de conjuntos: $S = \{x : -\frac{2}{3} < x < 2\}$.

2. Resolver a equação $\left|\frac{x-1}{x+2}\right| = 3$ e a desigualdade $\left|\frac{x-1}{x+2}\right| < 3$.

Solução.

1) A equação modular equivale às duas equações sem módulo: $\frac{x-1}{x+2} = 3$ e $\frac{x-1}{x+2} = -3$ (lembremos que $|a| = 3$ significa que $a = 3$ e $a = -3$). Resolvendo a primeira, obtemos $x - 1 = 3x + 6$ e então $x_1 = -\frac{7}{2}$. Da segunda temos $x - 1 = -3x - 6$ e então $x_2 = -\frac{5}{4}$. Essas são as duas soluções da equação modular.

2) Reescrevemos a desigualdade modular na forma sem módulo $-3 < \frac{x-1}{x+2} < 3$ (lembremos que $|a| < 3$ significa que $-3 < a < 3$). Para resolver a desigualdade à direita, temos que considerar duas situações. Primeiro, se $x + 2 > 0$, então a desigualdade direita se reduz a $x - 1 < 3x + 6$, cuja solução é $x > -\frac{7}{2}$. Como a última solução deve ser escolhida do conjunto $x > -2$ (onde $x + 2 > 0$), então a primeira solução é $x > -2$. Segundo, se $x + 2 < 0$, então a desigualdade direita se reduz a $x - 1 > 3x + 6$ com a solução $x < -\frac{7}{2}$. Como essa solução satisfaz a condição $x < -2$ (i.e. $x + 2 < 0$), então ela é a segunda solução. Portanto, a solução da desigualdade direita é $x > -2$ e $x < -\frac{7}{2}$, expressando essa em termos de conjuntos, temos $S_d = \{x : x > -2\} \cup \{x : x < -\frac{7}{2}\}$. Passamos à desigualdade esquerda, que resolvemos seguindo o mesmo algoritmo. Se $x + 2 > 0$, então a desigualdade esquerda se reescreve como $x - 1 > -3x - 6$, levando à solução $x > -\frac{5}{4}$. Essa última satisfaz a condição $x > -2$ e, por isso, toda ela é a primeira parte da solução. Se $x + 2 < 0$, então a desigualdade esquerda se reduz a $x - 1 < -3x - 6$, cuja solução é $x < -\frac{5}{4}$. Dela, temos que tomar a parte que satisfaz a condição $x < -2$ e, portanto, a segunda parte da solução é $x < -2$. Portanto, a solução da desigualdade esquerda é $x > -\frac{5}{4}$ e $x < -2$, ou, em termos de conjuntos, $S_e = \{x : x > -\frac{5}{4}\} \cup \{x : x < -2\}$. Finalmente, voltamos à desigualdade original. Como as desigualdades direita e esquerda devem ser satisfeitas ao mesmo tempo, temos que considerar a interseção das soluções das duas. Assim, a solução da desigualdade original é $x < -\frac{7}{2}$ e $x > -\frac{5}{4}$, ou, em termos de conjuntos, $S = S_d \cap S_e = \{x : x < -\frac{7}{2}\} \cup \{x : x > -\frac{5}{4}\}$.

Notamos que, nesse algoritmo, resolvemos primeiro a desigualdade direita, depois a esquerda (para cada uma delas considerando ambas as opções do denominador) e depois achamos a solução final como interseção das duas soluções obtidas. Naturalmente, alguns passos da resolução podem mudar de ordem. Por exemplo, primeiro, poderíamos fixar o sinal positivo do denominador e resolver a desigualdade dupla correspondente. Depois, fixamos o sinal negativo do denominador e resolvemos a segunda desigualdade dupla. Para finalizar, encontramos a união das soluções obtidas para os sinais diferentes. Obviamente, os dois algoritmos levam à mesma solução. Recomendamos ao leitor efetuar esse segundo procedimento e conferir dessa maneira a solução obtida acima.

Observação. O método de solução pode ser representado na forma mais transparente se juntarmos abordagem analítica e geométrica no método chamado de método de intervalos. Exploramos essa possibilidade nos exercícios da seção 5.2, depois de introduzir a relação entre números reais e pontos da reta, necessária para aplicação desse método.

4 Reta coordenada e sua equivalência com o conjunto dos reais

Definição da reta coordenada. Uma *reta coordenada* é a reta com as seguintes características introduzidas: o *ponto origem*, o *sentido positivo e negativo*, e, finalmente, a *unidade de medida*. É preciso fazer alguns comentários sobre essas características. Notamos que a origem O é um ponto escolhido de modo arbitrário, mas, depois de ser escolhido, ele é fixo. O sentido positivo é a parte da reta que fica de um dos lados do ponto origem, e então o negativo fica do lado oposto. A escolha da parte positiva é arbitrária, mas, caso a reta tenha orientação horizontal, então é tradicional chamar a parte à direita da origem de sentido positivo e, então, a parte negativa fica à esquerda da origem. Se a reta tem orientação vertical, então, normalmente, o sentido positivo é a parte acima da origem e o negativo fica abaixo. O sentido positivo é marcado pela letra x (ou qualquer outra letra apropriada) (veja Fig.1.1). Finalmente, a unidade de medida é da escolha arbitrária que representa a distância igual a 1 entre ponto origem e o ponto específico I (usualmente) localizado na parte positiva da reta coordenada (veja Fig.1.1). A reta coordenada também é chamada de *eixo coordenado* ou eixo Ox (caso x seja usado para marcar o sentido positivo).

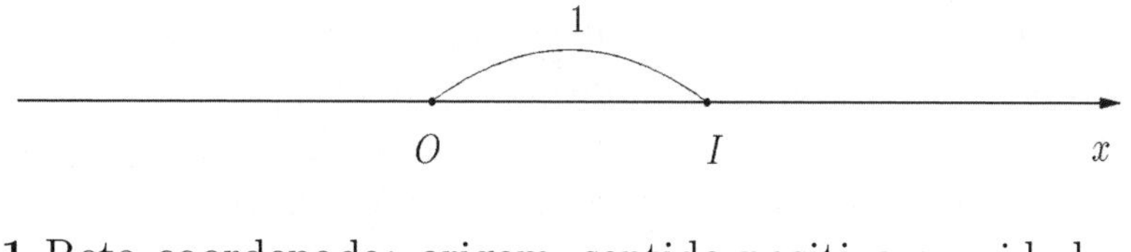

Figura 1.1 Reta coordenada: origem, sentido positivo e unidade de medida.

Equivalência entre reta coordenada e o conjunto dos reais

Vamos estabelecer uma relação de *equivalência* entre o conjunto de todos os pontos de uma reta coordenada e todos os números reais, isto é, vamos associar a cada ponto um único número real, e vice-versa, a cada número real vai corresponder um único ponto da reta (tal relação também é chamada de biunívoca ou bijetora). Notamos que há diferentes formas de gerar uma relação de equivalência entre os dois conjuntos. A especificidade da relação que vamos introduzir é que ela está intimamente ligada com a medida da distância do ponto origem até o ponto corrente da reta coordenada.

Primeiramente, observamos que basta nós conseguirmos estabelecer a equivalência procurada entre a parte positiva da reta coordenada e o conjunto dos números reais positivos. De fato, relacionamos (de modo único) o ponto origem com o número 0 e, usando a equivalência construída entre as partes positivas dos dois conjuntos, a cada ponto P_- da parte negativa, que é simétrico (em relação à origem) ao ponto P da parte positiva, associamos o número negativo $-x_P$, onde x_P é aquele número positivo que corresponde a P. Assim, a relação entre as partes positivas é realmente o problema principal, cuja resolução será suficiente para solucionar todo o problema de imediato.

Vamos fixar que o ponto origem O corresponde ao número 0. Marcamos um ponto arbitrário P e elaboramos o algoritmo que possibilita associar a P um único número real positivo. Inicialmente, marcamos os pontos (à direita de O) que correspondem aos múltiplos da unidade de medida: $I_1 \equiv I$ corresponde à unidade da medida, I_2 a duas unidades (têm distância igual a 2 até a origem), ..., I_n a n unidades (têm distância igual a n até a origem), etc. (veja Fig.1.2). A cada um desses pontos, associamos o número positivo igual àquela distância que o ponto tem até a origem: $I_1 \leftrightarrow 1$, $I_2 \leftrightarrow 2$, ..., $I_n \leftrightarrow n$, ... (veja Fig.1.2). Dessa maneira, nós estabelecemos a equivalência entre todos os pontos múltiplos da unidade de medida e todos os números naturais. Se P coincide com um desses pontos, por exemplo, com I_n, então o número correspondente x já é encontrado – $x = n$ – e o algoritmo terminou. Caso isso não ocorra, como P não coincide com nenhum dos I_n, então ele deve ficar entre os dois pontos consecutivos destes. Vamos supor (sem perda da generalidade) que ele fica entre I_n e I_{n+1}. Nesse caso, determinamos a parte inteira do número procurado x na forma $x_0 = n$ e finalizamos o passo 0 do nosso algoritmo, prosseguindo então para o próximo passo. Começamos este passo dividindo o segmento $[I_n, I_{n+1}]$ com uso de um décimo da medida original. Obviamente, neste caso, $[I_n, I_{n+1}]$ (cujo comprimento é igual a 1) será dividido em dez partes de mesmo comprimento e os pontos da divisão marcaremos por (na ordem de esquerda para direita) $A_{1,0} \equiv I_n$, $A_{1,1}$, $A_{1,2}$, $A_{1,3}$, $A_{1,4}$, $A_{1,5}$, $A_{1,6}$, $A_{1,7}$, $A_{1,8}$, $A_{1,9}$,$A_{1,10} \equiv I_{n+1}$ (veja Fig.1.3). Se P coincidir com um desses pontos da primeira subdivisão, por exemplo, com $A_{1,7}$, então o número procurado já foi encontrado – $x = n,7$ – e terminamos o algoritmo. Caso contrário, supondo que P fica entre $A_{1,7}$ e $A_{1,8}$, determinamos o primeiro algarismo decimal após a vírgula, $x_1 = 7$, na representação decimal do número real $x = x_0, x_1 x_2 \ldots x_i \ldots$ e finalizamos o passo número 1. Já é possível deduzir como determinamos o segundo algarismo decimal de x no passo número 2. Faremos uma subdivisão do intervalo $[A_{1,7}, A_{1,8}]$ da localização corrente de P em dez partes iguais, usando, então, um centésimo da medida original da unidade, e marcamos os pontos dessa subdivisão por $A_{2,0} \equiv A_{1,7}$, $A_{2,1}$, $A_{2,2}$, $A_{2,3}$, $A_{2,4}$, $A_{2,5}$, $A_{2,6}$, $A_{2,7}$, $A_{2,8}$, $A_{2,9}$, $A_{2,10} \equiv A_{1,8}$ (veja Fig.1.4). Se P coincidir com um dos pontos dessa segunda subdivisão, por exemplo, com $A_{2,3}$, então o número procurado já foi encontrado – $x = n, 73$ – e terminamos o algoritmo. Caso contrário, supondo que P fica entre $A_{2,3}$ e $A_{2,4}$, determinamos o segundo algarismo decimal de x após a vírgula $x_2 = 3$ e finalizamos o passo número 2. E assim por diante.

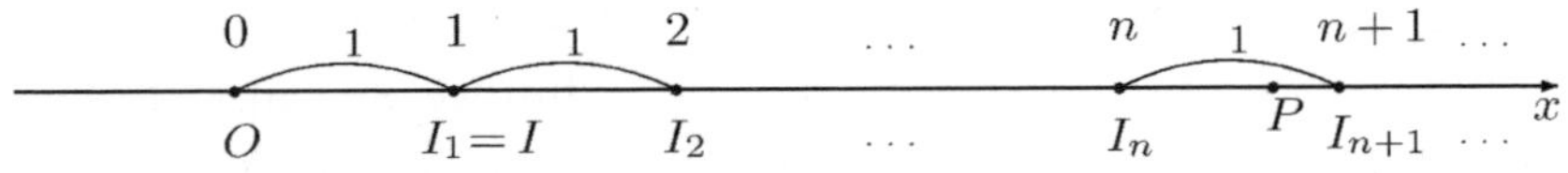

Figura 1.2 Determinação da parte inteira de x.

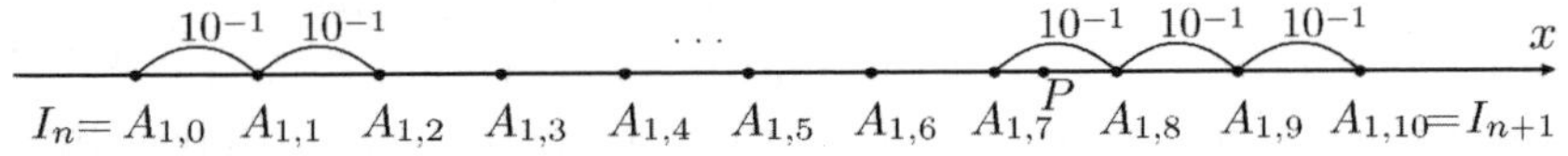

Figura 1.3 Determinação do primeiro algarismo decimal de x.

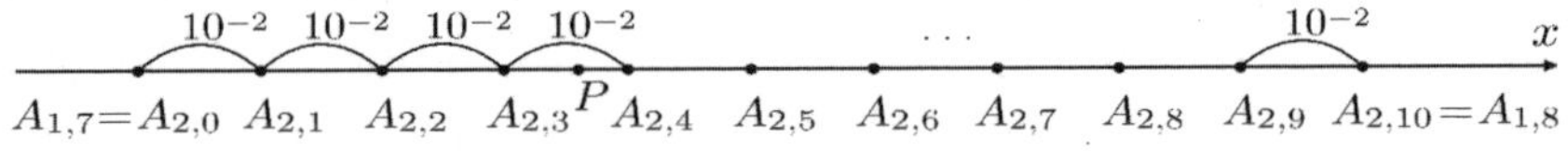

Figura 1.4 Determinação do segundo algarismo decimal de x.

No i-ésimo passo, determinamos o i-ésimo algarismo decimal x_i usando a i-ésima subdivisão do intervalo corrente de localização de P em dez partes de comprimento igual a 10^{-i} da medida unitária original. Se P coincidir com um dos pontos da i-ésima subdivisão, por exemplo, com $A_{i,1}$, então $x_i = 1$ e o número procurado é $x = x_0, x_1 x_2 \ldots x_i$, finalizando o algoritmo neste passo. Caso contrário, supondo que P fica entre $A_{i,1}$ e $A_{i,2}$, determinamos $x_i = 1$, finalizamos o passo número i e passamos para o próximo. Dessa maneira, em cada passo do algoritmo, determinamos o algarismo corrente e, dependendo da localização de P, ou paramos o algoritmo (o que significa que os demais algarismos são nulos) ou passamos para o próximo passo, no qual será encontrado o próximo algarismo de x. Em qualquer uma das duas situações – um algoritmo finito ou infinito –, todos os algarismos de x serão definidos de modo único e, assim, vamos construir um único número x correspondente ao ponto escolhido P.

É importante notar que o número encontrado representa a distância de O a P, que denotamos via $d(O,P)$. Realmente, no passo 0, encontramos a distância de O até o primeiro ponto I_n à esquerda de P. Se $P = I_n$, então o número $x_P = n$ é igual à distância $d(O,P) = n$. Caso contrário, temos uma aproximação $x_0 = n$, inferior, para essa distância, sabendo que $d(O,P)$ é maior que n e menor que $n+1$ (uma vez que P fica entre I_n e I_{n+1}). Isso quer dizer que temos avaliação com erro $\epsilon_0 = d(O,P) - x_0$ menor que 1. No passo número 1, encontramos a distância exata x_0, x_1 caso P coincidir com um dos pontos da primeira subdivisão, ou sua aproximação inferior com precisão melhor que 10^{-1}. E assim por diante. No i-ésimo passo, ou encontramos a distância exata $d(O,P) = x_0, x_1x_2 \ldots x_i$ caso P coincida com um dos pontos da i-ésima subdivisão, ou achamos sua aproximação inferior $x_0, x_1x_2 \ldots x_i$ com erro $\epsilon_i = d(O,P) - x_0, x_1x_2 \ldots x_i$ menor que 10^{-i} (uma vez que, no último caso, P fica entre os dois pontos consecutivos da subdivisão com distância entre estes igual a 10^{-i}). Notamos que, em cada passo, o erro ϵ_i definido acima é a diferença entre a distância exata $d(O,P)$ e a sua aproximação inferior $x_0, x_1x_2 \ldots x_i$, isto é, $\epsilon_i \geq 0$ em todos os passos do algoritmo. Assim, se o algoritmo for finito, então determinamos a distância exata em i passos. Se for infinito, então, depois do i-ésimo passo, encontramos a aproximação para distância com erro menor que 10^{-i} e, em cada passo posterior, melhoramos a precisão de avaliação em 10 vezes comparando com o passo anterior. Dessa maneira, efetuando um número bastante grande de passos, faremos com que o erro ϵ_i de aproximação da distância seja menor que qualquer número positivo. Como o erro considerado de aproximação é uma grandeza não negativa e o único número não negativo menor que qualquer positivo é 0, então, no final do algoritmo, encontramos a distância exata de O até P.

Usando o algoritmo similar no sentido inverso, isto é, partindo de um número real positivo e gerando o único ponto correspondente, podemos ver que a cada número real positivo corresponde um único ponto da reta coordenada (deixamos os detalhes desse algoritmo inverso como exercício para os leitores). Assim, a cada ponto da parte positiva da reta coordenada corresponde um único número real positivo e vice-versa. Isso significa que entre os dois conjuntos – o da parte positiva da reta coordenada e o dos números reais positivos – foi estabelecida uma relação de equivalência.

Como já foi comentado anteriormente, o resto é simples: o ponto O corresponde ao número 0 e, para qualquer ponto P_- da parte negativa da reta coordenada, basta encontrar o ponto simétrico P (que fica na mesma distância de

O, mas na parte positiva), tomar o número positivo x_P correspondente a P e acrescentar a ele sinal menos – o número negativo $-x_P$ vai ser aquele que corresponde a P_-. Assim, usando o algoritmo proposto, é estabelecida uma relação de equivalência entre todos os pontos da reta coordenada e todos os números reais. O número x_P que corresponde a P é chamado de *coordenada do ponto* P. Devido à relação de equivalência, vamos usar com frequência a notação $P = x_P$, o que não significa a igualdade entre um ponto e um número e sim a equivalência entre os dois.

É importante notar que a aplicação do algoritmo específico na elaboração da equivalência permitiu gerar as coordenadas intimamente ligadas com as distâncias até o ponto origem: se $P = O$, então a coordenada correspondente $x_P = 0$ representa a distância entre dois pontos coincidentes; se P fica na parte positiva, então x_P é igual à distância de O até P; finalmente, para qualquer P da parte negativa, x_P representa a distância de O até P acrescida do sinal negativo. Usando, como antes, a notação $d(O,P)$ para distâncias, reescrevemos isso na forma: $d(O,P) = 0$ caso $x_P = 0$ (o que equivale à condição $P = O$); $d(O,P) = x_P$ caso $x_P > 0$ (a última desigualdade equivale à condição de que P fica à direita de O); $d(O,P) = -x_P$ caso $x_P < 0$ (a última desigualdade equivale à condição de que P fica à esquerda de O). Lembrando a definição de *módulo* de uma grandeza, concluímos, imediatamente, que $d(O,P) = |x_P|$.

Observação 1. Devido à relação de equivalência entre o conjunto dos reais e o dos pontos de uma reta coordenada, muitas vezes, os números reais são chamados de pontos reais e os pontos são chamados de números. A reta coordenada (eixo coordenado) é chamada de *reta real* (*eixo real*). Prosseguindo com essa analogia, dizer que o ponto A fica à direita de B é dar a mesma informação que pode ser expressa em termos das suas coordenadas como $x_A > x_B$; afirmar que o ponto A fica entre B e C (com C localizado mais à direita entre os três pontos) é o mesmo que relacionar suas coordenadas via desigualdade $x_B < x_A < x_C$; e assim por diante. Isso quer dizer que, daqui para frente, podemos misturar no texto os conceitos de pontos e suas coordenadas, sem perder a precisão de raciocínio.

Observação 2. Às vezes, é conveniente considerar o *eixo real extendido*, incluindo infinitos positivo ($+\infty$) e negativo ($-\infty$). Nesse caso, todos os pontos reais (geométricos) são chamados de *pontos finitos* e os infinitos são chamados de *pontos infinitos*.

Exemplos

1. Marcar (aproximadamente) os pontos A e B com coordenadas $\sqrt{5} - \sqrt{3}$ e $\sqrt{2}$, respectivamente, explicando porque um fica à esquerda/direita de outro.

Solução.

Usamos as seguintes avaliações simples dos números irracionais: $\sqrt{5} < 2,5$, $\sqrt{3} > 1,5$, $\sqrt{2} > 1$. Então $\sqrt{5} - \sqrt{3} < 2,5 - 1,5 = 1 < \sqrt{2}$. Assim, o ponto A fica à esquerda de B (veja Fig.1.5).

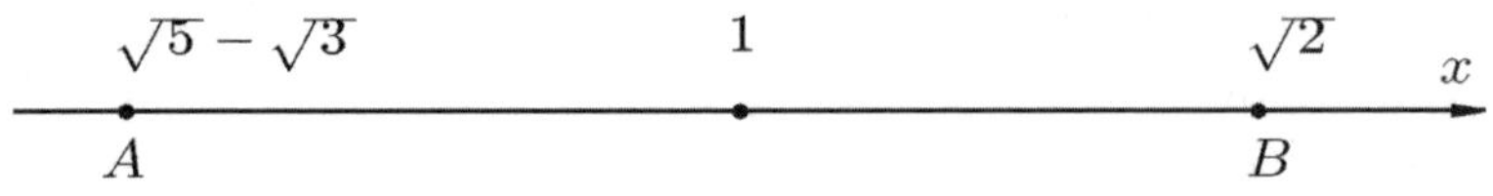

Figura 1.5 Pontos $\sqrt{5} - \sqrt{3}$ e $\sqrt{2}$ na reta coordenada.

Outra maneira de comparar a localização de A e B, é usando as propriedades das expressões envolvidas. Podemos mostrar que, em geral, o ponto A de coordenada $x_A = \sqrt{a} - \sqrt{b}$ fica à esquerda de B de coordenada $x_B = \sqrt{a-b}$ se $a > b \geq 0$. Realmente, como as duas coordenadas são positivas, podemos elevar ao quadrado sem modificar a sua relação: $x_A^2 = a + b - 2\sqrt{ab}$ e $x_B^2 = a - b$. Então, temos que comparar $b - 2\sqrt{ab}$ e $-b$. Como $a > b$, segue que $b - 2\sqrt{ab} < b - 2\sqrt{b^2} = b - 2b = -b$, isto é, x_A é menor que x_B e, portanto, A fica à esquerda de B.

2. Encontrar as coordenadas de todos os pontos cuja distância até a origem é igual a π.

Solução.

A distância pode ser medida tanto para direita da origem O como para esquerda (isto é, na parte positiva e negativa da reta coordenada). A coordenada do ponto A à direita de O é igual à distância dada, isto é, $x_A = \pi$. A coordenada do ponto B à esquerda de O é igual à distância com sinal menos, isto é, $x_B = -\pi$.

5 Alguns conjuntos e suas propriedades

5.1 Distância entre dois pontos

Usando o módulo, podemos expressar a *distância entre quaisquer dois pontos* de uma reta coordenada numa forma compacta. Primeiro, lembramos mais uma vez que a distância de qualquer ponto P até a origem O é o módulo da coordenada de P: $d(O,P) = |x_P|$. Consideremos agora dois pontos arbitrários A e B. Vamos supor, inicialmente, que B fica à direita de A, ou seja, $x_B > x_A$. Se ambos os pontos ficam na parte positiva da reta coordenada, então $d(A,B) = d(O,B) - d(O,A) = x_B - x_A$ (Fig.1.6). Se a origem fica entre A e B, então $d(A,B) = d(O,B) + d(O,A) = x_B + (-x_A) = x_B - x_A$ (Fig.1.7). Finalmente, se A e B ficam à esquerda do ponto O, então $d(A,B) = d(O,A) - d(O,B) = -x_A - (-x_B) =$

$x_B - x_A$ (Fig.1.8). Portanto, em qualquer situação, temos $d(A,B) = x_B - x_A$. Se a relacão entre os pontos é diferente – A fica à direita de B – então basta trocar a nomeação dos pontos e suas coordenadas na fórmula já deduzida e obtemos $d(A,B) = x_A - x_B$. Assim, se $x_B > x_A$ (B fica à direita de A), logo $d(A,B) = x_B - x_A$, se $x_A > x_B$ (A fica à direita de B), então $d(A,B) = x_A - x_B$, e se $x_B = x_A$ (A coincide com B), então $d(A,B) = 0$. Expressando com o módulo, temos

$$d(A,B) = |x_A - x_B| \tag{1.1}$$

qualquer que seja a posição de A e B.

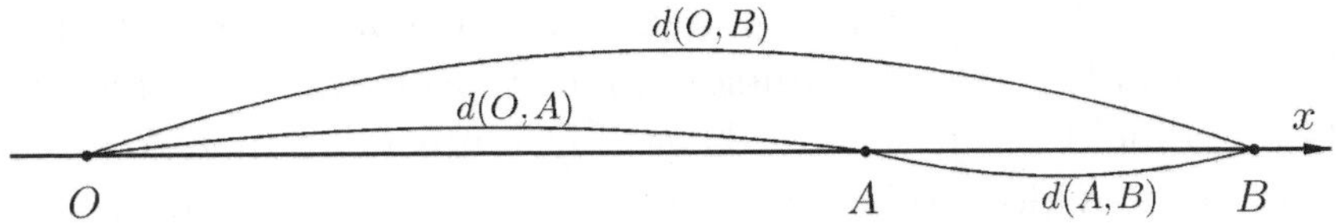

Figura 1.6 Distância entre A e B: B fica à direita de A, que fica à direita de O.

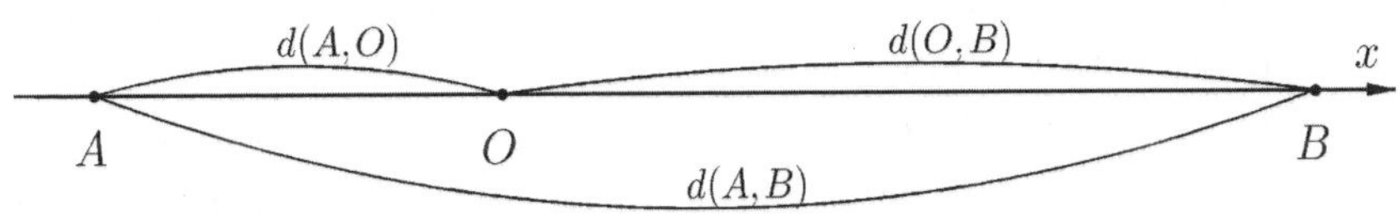

Figura 1.7 Distância entre A e B: B fica à direita de O, que fica à direita de A.

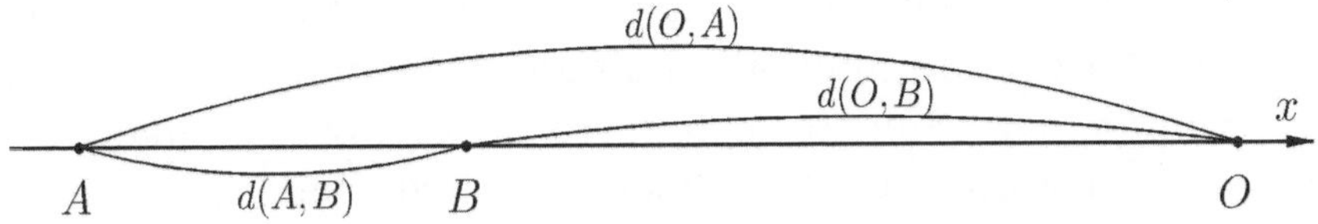

Figura 1.8 Distância entre A e B: O fica à direita de B, que fica à direita de A.

5.2 Intervalos, ponto médio, ponto simétrico, vizinhança

A seguir, vamos usar as seguintes notações naturais para coordenadas de pontos: a coordenada do ponto A denotamos por a, de B – por b, de C – por c, etc.

Intervalo. Um *intervalo (segmento)* é o conjunto de todos os pontos da reta coordenada que ficam entre dois pontos dados A e B. Em termos de coordenadas, a formulação equivalente pode ser dada na forma: um intervalo é o conjunto de todos os números reais que ficam entre os dois dados a e b. Os pontos A e B (ou a e b), chamados de extremidades do intervalo, podem fazer ou não parte do intervalo. Dependendo disso, são diferenciados os seguintes tipos de intervalos: $a < x < b$ (*intervalo aberto*), ou $a \leq x \leq b$ (*intervalo fechado*), ou $a \leq x < b$, ou $a < x \leq b$ (os dois últimos intervalos são chamados *semi-abertos ou semi-fechados*). A notação comum é (a, b), $[a, b]$, $[a, b)$ e $(a, b]$, respectivamente. Em termos de pontos da reta coordenada, as notações correspondentes são (A, B), $[A, B]$, $[A, B)$ e $(A, B]$. A menos que seja dito o contrário, vamos considerar os intervalos "normais", isto é, aqueles onde a primeira extremidade A fica à esquerda da ou coincide com a segunda B (ou, equivalentemente, $a \leq b$).

Observação 1. Devido à relação de equivalência entre conjuntos numéricos e geométricos, o convênio comum, já apontado na seção anterior, é usar as notações de intervalos numéricos para os geométricos e vice-versa, quando for conveniente.

Observação 2. No caso de uma desigualdade estrita, o ponto a pode ser $-\infty$ e o ponto b pode ser $+\infty$. No primeiro caso, a desigualdade formal $-\infty < x < b$ (ou $-\infty < x \leq b$) significa simplesmente $x < b$ (ou $x \leq b$), e uma interpretação similar é usada no segundo caso.

Observação 3. Em alguns problemas, o tipo de intervalo (aberto, fechado ou semi-aberto) não importa. Em particular, isso vale quando encontramos o comprimento de um intervalo ou o seu ponto médio. Nesses casos, não vamos especificar o tipo de intervalo.

Intervalo limitado. Um intervalo aberto (a, b) é *limitado* quando a e b são pontos finitos (ou seja, alguns pontos do eixo real). Se a ou b são infinitos, então o intervalo é *ilimitado*. Um intervalo fechado $[a, b]$ é considerado sempre limitado.

Observação. Às vezes, um intervalo limitado é chamado *intervalo finito* e um ilimitado de *infinito*. Obviamente, o número de pontos em qualquer intervalo não singular ($a < b$) é infinito. Usualmente, o significado específico do termo "finito/infinito" aplicado a intervalos fica claro no contexto em consideração.

A definição de um intervalo limitado naturalmente se estende à definição de um conjunto limitado.

Conjunto limitado. Um conjunto S dos números reais é chamado *limitado superiormente* (ou *limitado à direita*) se existe um número real M tal que para qualquer $x \in S$ temos $x \leq M$. Da mesma maneira, um conjunto S dos números reais é chamado *limitado inferiormente* (ou *limitado à esquerda*) se existe um número real m tal que para qualquer $x \in S$ temos $x \geq m$. Finalmente, um conjunto dos números reais é chamado *limitado* se ele é limitado tanto superiormente como inferiormente.

Observação. Como podemos ver, um intervalo limitado (a, b) (ou $[a, b]$) é um caso particular de um conjunto limitado, porque qualquer x de (a, b) (ou $[a, b]$) é limitado superiormente pelo número b e inferiormente – por a: $a \leq x \leq b$, $\forall x \in (a, b)$ (ou $\forall x \in [a, b]$).

Comprimento de intervalo. Pela definição, o *comprimento de um intervalo* é a distância entre suas extremidades. (Obviamente, o tipo do intervalo aqui não importa.)

Ponto médio. O *ponto médio de um intervalo* é definido como aquele ponto que equidista das suas extremidades.

Para encontrar a coordenada do ponto médio C do intervalo $[A, B]$, expressamos a sua definição geométrica em termos analíticos: $d(A, C) = d(C, B)$ ou $c - a = b - c$ (veja Fig.1.9) ou, explicitando c:

$$c = \frac{a + b}{2}. \tag{1.2}$$

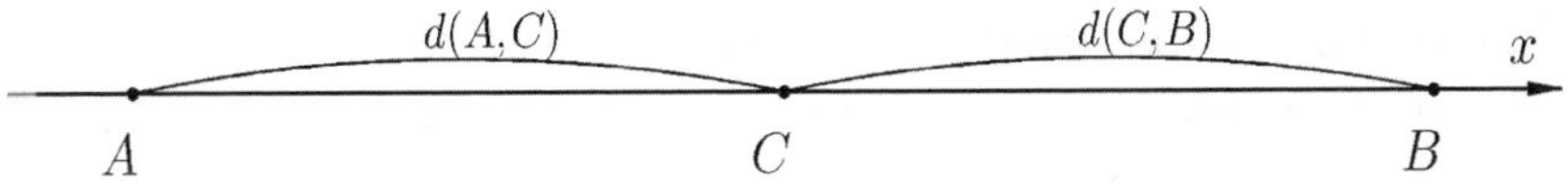

Figura 1.9 Encontro do ponto médio C do intervalo $[A, B]$.

Ponto simétrico. O *ponto B é simétrico* ao ponto dado A em relação a um terceiro ponto C (chamado de *centro de simetria*), se B e A equidistam de C (sendo B e A dois pontos diferentes).

A partir da definição, notamos que a condição $d(B, C) = d(A, C)$ significa que C é o ponto médio do intervalo $[A, B]$ (veja Fig.1.9). Então, $c = \frac{a+b}{2}$ e, isolando b, obtemos

$$b = 2c - a. \tag{1.3}$$

Num caso particular, mais simples, quando o centro de simetria é a origem O, obtemos $b = -a$, a relação que já foi observada antes.

Observação. O conceito de simetria de um par de pontos em relação a um ponto C naturalmente se estende a um conjunto de pontos: um conjunto é simétrico em relação a C se qualquer ponto desse conjunto tem o ponto simétrico que também pertence a esse conjunto. Como vamos ver no estudo de funções, os domínios de funções pares e ímpares são conjuntos simétricos em relação à origem.

Vizinhança. Uma *vizinhança* de ponto a é o intervalo aberto centralizado em a. Para determinar a extensão de uma vizinhança se usa a distância de a até as suas extremidades, chamada de *raio da vizinhança*. Desse modo, a vizinhança de a de raio r é o intervalo aberto $(a-r, a+r)$.

Obviamente, o ponto central a é o ponto médio da sua vizinhança $(a-r, a+r)$. Em termos de módulos, a equação de vizinhança de a de raio r pode ser escrita na forma $|x-a| < r$. Realmente, denotando $t = x - a$, temos a desigualdade elementar $|t| < r$ cuja solução é $-r < t < r$ ou, voltando a x, $-r < x - a < r$. Isolando x, obtemos então $a - r < x < a + r$.

Vizinhança direita/esquerda. Uma *vizinhança direita* de a é o intervalo aberto a direita de a de comprimento r: $(a, a+r)$, onde r continua sendo chamado de raio. Analogamente, uma *vizinhança esquerda* de a é o intervalo aberto a esquerda de a: $(a-r, a)$. Claramente, a vizinhança direita representa a metade direita da vizinhança "completa" e a esquerda representa a metade esquerda. A união das duas vizinhanças laterais é a vizinhança completa sem o seu ponto central.

Ponto interior. Dado um conjunto S, um ponto c é chamado *interior* em relação a S se ele pertence a S junto com alguma sua vizinhança. Por exemplo, qualquer ponto do intervalo aberto (a, b) é o seu ponto interior. Obviamente, um ponto interior deve pertencer ao conjunto em consideração, mas essa é somente a condição necessária: nem todos pontos de um conjunto são obrigatoriamente seus pontos interiores. Por exemplo, qualquer ponto $c \in (a, b)$ do intervalo fechado $[a, b]$ é o seu ponto interior, mas as extremidades do intervalo não são pontos interiores (embora pertençam a $[a, b]$).

Ponto exterior. Dado um conjunto S, um ponto c é chamado *exterior* em relação a S se ele não pertence a S junto com alguma sua vizinhança. Por exemplo, qualquer ponto que não pertence a $[a, b]$ é o seu ponto exterior. No entanto, se considerarmos um intervalo aberto (a, b), então qualquer ponto $c < a$ ou $c > b$ é o seu ponto exterior, mas as extremidades a e b não são pontos exteriores (embora não pertençam a (a, b)).

Ponto de fronteira. Dado um conjunto S, um ponto c é chamado *ponto de fronteira* em relação a S se qualquer vizinhança de c contém tanto pontos de S como os fora de S. Por exemplo, as extremidades do intervalo (a, b) são seus pontos de fronteira. O mesmo é válido para as extremidades do intervalo $[a, b]$.

Exemplos

1. Caracterizar geometricamente os pontos cujas coordenadas satisfazem as seguintes relações:

1) $|1 + 3x| \leq 2$;

2) $x^3 + x^2 - 12x > 0$;
3) $\left|\frac{3-x}{x+1}\right| = 2$;
4) $\left|\frac{x-1}{x+2}\right| < 3$.

Solução.

Notamos que existem poucas situações em que as relações dadas admitem uma solução geométrica direta, isto é, podem ser interpretadas geometricamente sem a prévia solução analítica. A maioria absoluta das equações e desigualdades é tratada, primeiro, analiticamente e só depois de uma solução ser encontrada na forma analítica, se aplica sua interpretação geométrica. Nesse ponto, o uso das coordenadas se revela como uma ferramenta importante e até indispensável com maior clareza.

1) Reescrevemos a desigualdade dada na forma $-2 \le 1 + 3x \le 2$ (lembrando que $|a| \le 2$ equivale a $-2 \le a \le 2$). Daí, segue que $-3 \le 3x \le 1$ ou $-1 \le x \le \frac{1}{3}$. Assim, a solução geométrica é o intervalo fechado $[-1, \frac{1}{3}]$. Observamos que, nesse caso particular simples, a desigualdade pode ser resolvida diretamente do modo geométrico, aplicando a caracterização do módulo. Realmente, a desigualdade original pode ser reescrita na forma $|x - (-\frac{1}{3})| \le \frac{2}{3}$, o que significa que os pontos procurados devem ficar afastados do ponto $-\frac{1}{3}$ numa distância menor ou igual a $\frac{2}{3}$ (para esquerda e para direita). Então, marcamos o ponto central $-\frac{1}{3}$ do intervalo procurado e medimos dele a distância $\frac{2}{3}$ para os dois lados, obtendo à esquerda o ponto -1 e à direita $\frac{1}{3}$ (veja Fig.1.10). Todos os pontos desse intervalo $[-1, \frac{1}{3}]$ (incluindo as suas extremidades) representam soluções da desigualdade original.

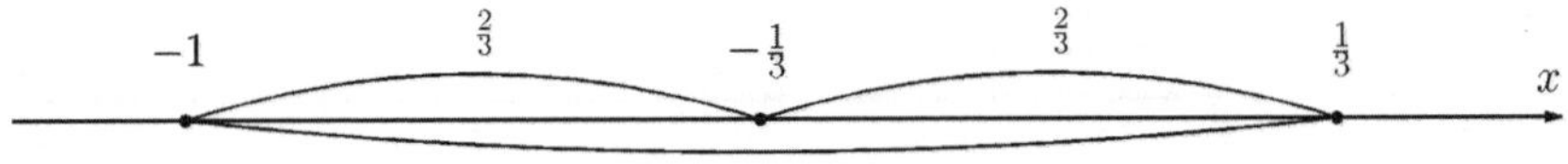

Figura 1.10 Solução geométrica da desigualdade $|x - (-\frac{1}{3})| \le \frac{2}{3}$.

2) A desigualdade $x^3+x^2-12x > 0$ não se resolve geometricamente direto. Temos que, primeiro, procurar sua solução analítica. Para isso, fatoramos o polinômio do lado esquerdo: $x(x-3)(x+4) > 0$ (isso é simples de fazer colocando x em evidência e encontrando duas raízes do polinômio quadrático restante). Observamos que os pontos críticos, onde cada termo linear muda seu sinal, são (na ordem crescente) -4, 0 e 3. Por conveniência, colocamos os fatores na mesma ordem: $(x+4)x(x-3) > 0$. Se $x < -4$, então todos os fatores são negativos e, consequentemente, o produto é negativo, isto é, a desigualdade não está satisfeita; se $-4 < x < 0$, então o primeiro fator é positivo e os dois restantes – negativos, resultando em produto positivo, isto é, a desigualdade está satisfeita; para $0 < x < 3$, os dois primeiros

fatores são positivos e o último é negativo, resultando em produto negativo, isto é, a desigualdade não está satisfeita; finalmente, para $x > 3$, todos os três fatores são positivos e, portanto, o produto positivo, isto é, a desigualdade está satisfeita. Assim, a solução analítica é a união dos intervalos abertos $(-4, 0)$ e $(3, +\infty)$, e a sua forma geométrica são dois intervalos correspondentes na reta coordenada.

Podemos chegar à mesma solução usando o método analítico-geométrico de intervalos. O raciocínio segue as considerações acima, mas, para melhor visualização, é acompanhado pela representação geométrica. Então, comecemos da desigualdade $(x + 4)x(x - 3) > 0$ e seus pontos críticos -4, 0 e 3. Marcamos na reta coordenada os intervalos de sinal positivo e negativo para cada fator do lado esquerdo e, depois, interceptando esses sinais, fazemos a conclusão sobre o sinal do produto. Na Fig.1.11, são mostrados os intervalos do sinal fixo para os primeiros dois fatores (marcação do primeiro termo fica em cima e do segundo – abaixo da reta). A Fig.1.12 representa os intervalos do terceiro fator acima da reta coordenada e o sinal resultante do produto abaixo da reta, com a parte ondular representando a solução da desigualdade.

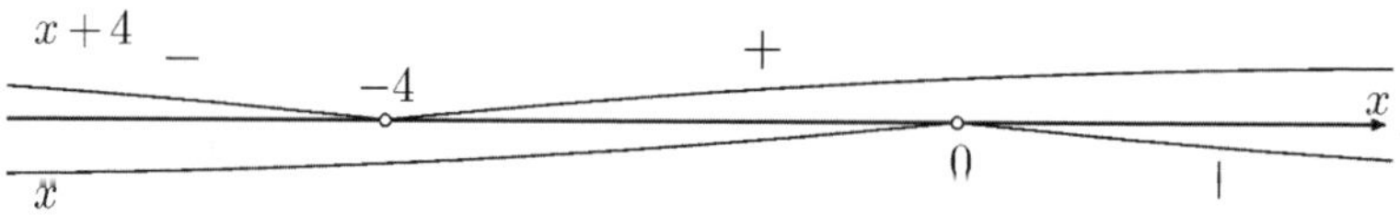

Figura 1.11 Pontos críticos e sinais dos termos $x + 4$ e x.

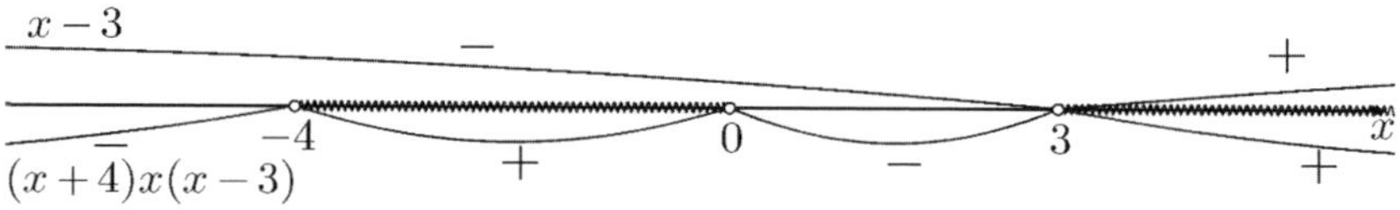

Figura 1.12 Pontos críticos e sinais do termo x–3 e do lado esquerdo $(x$+4$)x(x$–3$)$.

3) A equação modular equivale às duas sem módulo: $\frac{3-x}{x+1} = 2$ e $\frac{3-x}{x+1} = -2$ (lembramos que $|a| = 2$ significa $a = 2$ e $a = -2$). Resolvendo a primeira, obtemos $x_1 = \frac{1}{3}$ e da segunda temos $x_2 = -5$. Assim, temos dois pontos na reta real com coordenadas $\frac{1}{3}$ e -5. Notemos que, nesse caso, embora a resolução analítica seja simples, a equação não dispõe de uma solução geométrica direta.

4) A desigualdade modular $\left|\frac{x-1}{x+2}\right| < 3$ já foi resolvida analiticamente no Exercício 2 da seção 3.3. Vamos refazê-la usando método analítico-geométrico de intervalos. Reescrevemos essa desigualdade na forma sem módulo $-3 < \frac{x-1}{x+2} < 3$. A desigualdade direita pode ser reescrita na forma $\frac{x-1}{x+2} - 3 = \frac{-2x-7}{x+2} < 0$ ou ainda $\frac{2x+7}{x+2} > 0$.

Os zeros do numerador e denominador são $x = -\frac{7}{2}$ e $x = -2$, respectivamente. Marcamos esses pontos na reta coordenada e anotamos os intervalos onde o numerador e denominador mantêm o mesmo sinal com símbolos "+" e "−": para não confundir, as anotações para o numerador fazemos acima da reta coordenada e para o denominador, abaixo (veja Fig.1.13). A razão $\frac{2x+7}{x+2}$ fica positiva quando os sinais do numerador e denominador coincidem, e essa parte da reta é marcada na forma ondulada. Da mesma maneira, a desigualdade esquerda pode ser reescrita na forma $\frac{x-1}{x+2} + 3 = \frac{4x+5}{x+2} > 0$. Fazendo as marcações semelhantes em relação aos zeros $x = -\frac{5}{4}$ e $x = -2$, concluímos imediatamente que a razão $\frac{4x+5}{x+2}$ tem sinal positivo na parte ondulada da reta coordenada (veja Fig.1.14). Para satisfazer ambas as desigualdades, devemos escolher a parte comum (fazer interseção) das partes onduladas no primeiro e segundo desenho. Assim, chegamos à solução final $S = \{x : x < -\frac{7}{2}\} \cup \{x : x > -\frac{5}{4}\}$.

Figura 1.13 Pontos críticos e sinais das expressões da desigualdade direita.

Figura 1.14 Pontos críticos e sinais das expressões da desigualdade esquerda.

2. Encontrar o ponto médio do intervalo AB, onde $A = -2$, $B = 6$.

Solução.

Da fórmula (2.2), segue imediatamente que o ponto médio D tem coordenada $d = \frac{-2+6}{2} = 2$.

3. Encontrar o ponto B simétrico a A em relação a C se:

1) $A = 5$ e $C = -1$;

2) $A = -1$ e $d(A, C) = 3$;

3) $d(A, B) = 6$ e $C = 2$.

Solução.

1) Usando fórmula (2.3), obtemos imediatamente $B = 2 \cdot (-1) - 5 = -7$.

2) Nas condições desse problema, temos duas opções. Se C ficar à direita de A, então $C = 2$ e $B = 2 \cdot 2 - (-1) = 5$. Se C ficar à esquerda de A, então $C = -4$ e $B = 2 \cdot (-4) - (-1) = -7$.
3) Nas condições desse problema, temos duas opções. Se A ficar à direita de B, então $A = 2 + 3 = 5$ e $B = 2 - 3 = -1$. Caso contrário, $A = -1$ e $B = 5$.

6 Coordenadas cartesianas no plano

6.1 Definição das coordenadas

Definimos o *sistema cartesiano* no plano em dois passos: primeiro, introduzimos os *eixos de coordenadas* e depois descrevemos o algoritmo que permite associar a cada ponto do plano uma única *dupla ordenada dos números reais* e vice-versa.

Os *eixos de coordenadas* são introduzidos da seguinte maneira. Inicialmente, escolhemos uma reta qualquer no plano e fazemos dela uma reta coordenada, isto é, atribuímos a ela três características – ponto origem, unidade de medida e orientação positiva. Em seguida, construímos a segunda reta coordenada de tal maneira que ela é perpendicular à primeira, seu ponto origem coincide com o da primeira reta, a sua unidade de medida é igual à da primeira reta e, finalmente, a sua orientação positiva se encontra rotacionando a parte positiva da primeira reta no ângulo de $\frac{\pi}{2}$ no sentido anti-horário (que normalmente é considerado sentido positivo de rotação no plano). A primeira reta coordenada usualmente é chamada de eixo Ox e a segunda de Oy. Dessa maneira, os dois eixos coordenados são bem definidos e podemos passar à segunda etapa.

Agora, com eixos coordenados à nossa disposição, elaboramos o algoritmo (um dos vários possíveis) que leva à definição de *coordenadas cartesianas*. Consideremos um ponto arbitrário P no plano e encontremos os pontos respectivos da sua *projeção sobre eixos Ox e Oy*. Para isso, passamos por P uma reta perpendicular a Ox (paralela a Oy) e o ponto P_x, de interseção dessa reta com Ox, chamamos de *projeção de P sobre Ox*. Da mesma maneira, passando por P uma reta perpendicular a Oy (paralela a Ox), encontramos o ponto P_y de interseção dela com Oy e este é chamado de *projeção de P sobre Oy* (veja Fig.1.15). Como P_x fica na reta coordenada Ox, então a esse ponto corresponde, de modo único, a coordenada x. Da mesma maneira, o ponto P_y da reta coordenada Oy gera uma única coordenada y. O par ordenado (x, y) é chamado de *coordenadas cartesianas do ponto P*, a primeira coordenada é chamada de *abscissa* e a segunda, de *ordenada*. Como, nesse algoritmo, P gera de modo único os pontos de projeção P_x e P_y, os quais, em sua vez, geram os únicos números reais x e y, então a dupla

(x, y) é unicamente definida pela escolha de P. Notamos que, caso P tenha coordenadas (x, y), então suas projeções P_x e P_y têm as coordenadas $(x, 0)$ e $(0, y)$, respectivamente.

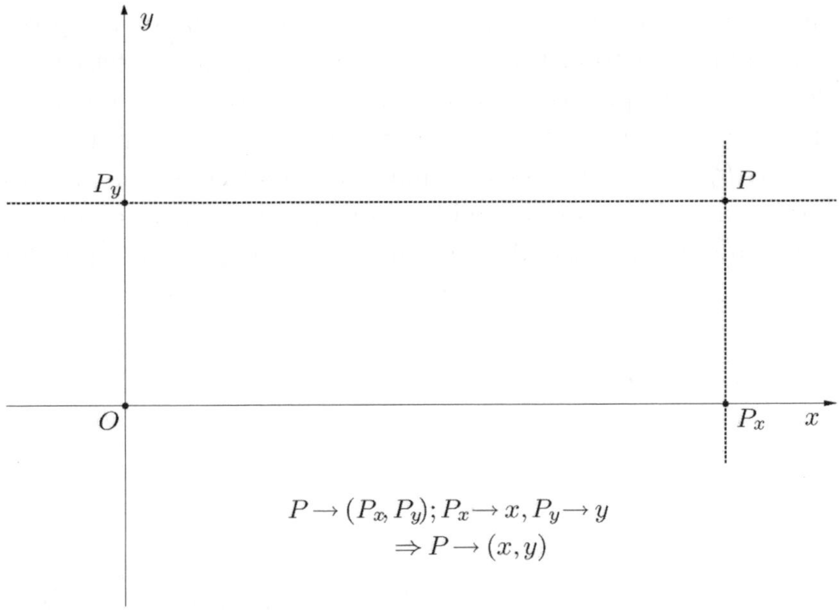

Figura 1.15 Determinição de coordenadas cartesianas de um ponto no plano.

Usando a mesma construção na direção inversa (partindo da dupla arbitrária (x, y) e chegando a um único ponto correspondente P), pode ser visto que cada par ordenado dos números reais (x, y) define um único ponto no plano (deixamos os detalhes dessa implicação inversa a cargo do leitor). Assim, o algoritmo proposto estabelece a relação de equivalência entre todos os pontos do plano e todos os pares ordenados de números reais. Em virtude dessa equivalência, vamos usar a seguinte notação para os pontos e suas coordenadas $P = (x, y)$, entendendo aqui que a igualdade indica a relação de equivalência. Como os pares ordenados dos números reais podem ser obtidos considerando a operação do produto cartesiano $\mathbb{R} \times \mathbb{R}$, o plano com coordenadas cartesianas muitas vezes é denotado por $\mathbb{R}^2$.

6.2 Linhas coordenadas

De acordo com a definição geral, as *linhas coordenadas cartesianas* são definidas como conjuntos que satisfazem as equações $x = C_1$ e $y = C_2$, onde C_1 e C_2 são constantes. Em particular, se $y = 0$, então temos o conjunto de todos os pontos cuja projeção no eixo Oy fica na origem das coordenadas. Obviamente, todos os pontos com essa propriedade ficam na reta perpendicular a Oy que passa pela origem, ou seja, esses pontos representam o eixo Ox. Analogamente, os pontos da linha coordenada $x = 0$ formam o eixo Oy. Essas são duas *retas coordenadas principais*. As demais curvas coordenadas também são visualisadas de modo simples. A equação $y = C_2$ define o conjunto dos pontos no plano cuja projeção sobre Oy tem a ordenada C_2, isto é, todos os pontos que ficam na reta perpendicular a Oy (paralela a Ox) e que passa pelo ponto $P_y = (0, C_2)$ (veja Fig.1.16). De modo análogo, $x = C_1$ representa a reta perpendicular a Ox (paralela a Oy) que passa pelo ponto $P_x = (C_1, 0)$. Assim, qualquer linha coordenada em coordenadas cartesianas é uma reta que coincide com um dos eixos de coordenadas (as *duas retas coordenadas principais*) ou é paralela a um dos eixos (as *demais retas coordenadas*).

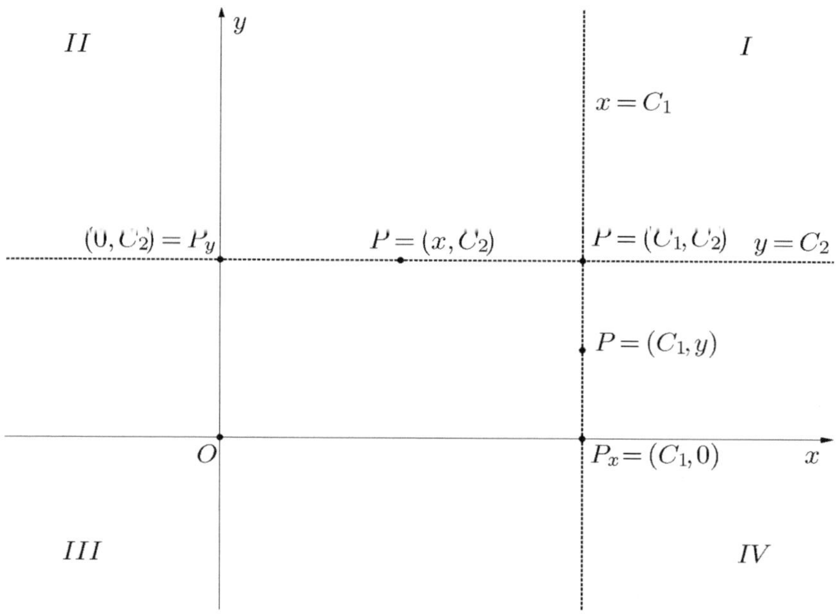

Figura 1.16 Retas coordenadas cartesianas.

Os eixos de coordenadas dividem todo o plano em quatro partes chamadas *quadrantes*: a região do plano localizada entre as partes positivas de Ox e Oy é chamada de I quadrante; a próxima no sentido anti-horário, que fica entre a parte negativa de Ox e a positiva de Oy, é o II quadrante; a terceira no sentido anti-horário é o III quadrante; e a última, entre a parte positiva de Ox e a negativa de Oy, é o IV quadrante (veja Fig.1.16).

6.3 Projeções sobre retas coordenadas

Já definimos antes as projeções de um ponto sobre eixos de coordenadas. Essa definição é facilmente estendida a *projeções sobre qualquer reta coordenada.* Consideremos o ponto $P = (x, y)$ e a reta coordenada $y = C$. A projeção de P sobre $y = C$ é o ponto $P_{y=C}$ de interseção dessa reta com a reta perpendicular a $y = C$ (ela também é perpendicular ao eixo Ox) que passa por P. Obviamente, as coordenadas desse ponto são $P_{y=C} = (x, C)$. Da mesma maneira se define o ponto $P_{x=C}$ de projeção de $P = (x, y)$ sobre $x = C$ cujas coordenadas são $P_{x=C} = (C, y)$. No caso particular de $C = 0$, voltamos às projeções sobre eixos de coordenadas.

Na próxima seção vamos deduzir a fórmula simples da distância entre dois pontos. No entanto, a situação é ainda mais simples quando os pontos ficam na mesma reta coordenada, pois essa situação é equivalente ao caso uni-dimensional, e podemos dar as fórmulas correspondentes agora mesmo. Realmente, se os pontos P_1 e P_2 pertencem ao eixo Ox, então suas coordenadas são $P_1 = (x_1, 0)$ e $P_2 = (x_2, 0)$, e a distância entre eles depende somente da primeira coordenada x, como foi no caso da reta real. Portanto, usando a fórmula conhecida para pontos da reta coordenada, obtemos prontamente que $d(P_2, P_1) = |x_2 - x_1|$. No caso quando P_1 e P_2 pertencem à linha coordenada $y = C$, suas coordenadas são $P_1 = (x_1, C)$ e $P_2 = (x_2, C)$. De novo, a segunda coordenada é a mesma e podemos usar a mesma fórmula da reta real: $d(P_2, P_1) = |x_2 - x_1|$. (De modo um pouco mais rigoroso e formal: a distância entre $P_1 = (x_1, C)$ e $P_2 = (x_2, C)$ é igual a distância entre suas projeções sobre o eixo Ox – $P_{1x} = (x_1, 0)$ e $P_{2x} = (x_2, 0)$ –, ou seja, $d(P_2, P_1) = d(P_{2x}, P_{1x}) = |x_2 - x_1|$.) O mesmo raciocínio se aplica aos pontos $P_1 = (C, y_1)$ e $P_2 = (C, y_2)$ que ficam na mesma linha coordenada $x = C$: a distância entre eles é $d(P_2, P_1) = |y_2 - y_1|$.

Consideremos agora a *projeção de um intervalo* P_1P_2 sobre o eixo Ox. Primeiramente, definimos (na forma geométrica) o que é um *intervalo* (*segmento*) no plano.

Definição (geométrica) de um intervalo. Um *intervalo* (*segmento*) P_1P_2 é a parte da reta passando por pontos P_1 e P_2 que fica entre esses dois pontos. Obviamente, P_2P_1 determina o mesmo intervalo que P_1P_2. Em particular, vamos considerar intervalos OP onde um dos pontos é a origem O das coordenadas (a ordem dos pontos não importa, mas, por conveniência, vamos colocar a origem como o primeiro ponto na denotação desses segmentos).

De modo semelhante a um intervalo numa reta coordenada, os intervalos no plano podem ser *fechados* (incluindo extremidades), *abertos* (excluindo extremidades) ou *semi-abertos/semi-fechados*. De agora em diante, neste texto, a menos que se diga o contrário, toda vez que nos referirmos a segmentos, eles serão considerados fechados.

A definição da projeção de um intervalo P_1P_2 sobre Ox se reduz à projeção das extremidades $P_1 = (x_1, y_1)$ e $P_2 = (x_2, y_2)$ sobre Ox.

Definição da projeção de um intervalo. Sejam $P_{1x} = (x_1, 0)$ e $P_{2x} = (x_2, 0)$ projeções sobre Ox das extremidades P_1 e P_2, respectivamente, do intervalo P_1P_2. O intervalo $P_{1x}P_{2x}$ é chamado de *projeção do intervalo* P_1P_2 *sobre o eixo* Ox (veja Fig.1.17).

De modo semelhante se define a *projeção sobre o eixo* Oy (veja Fig.1.17).

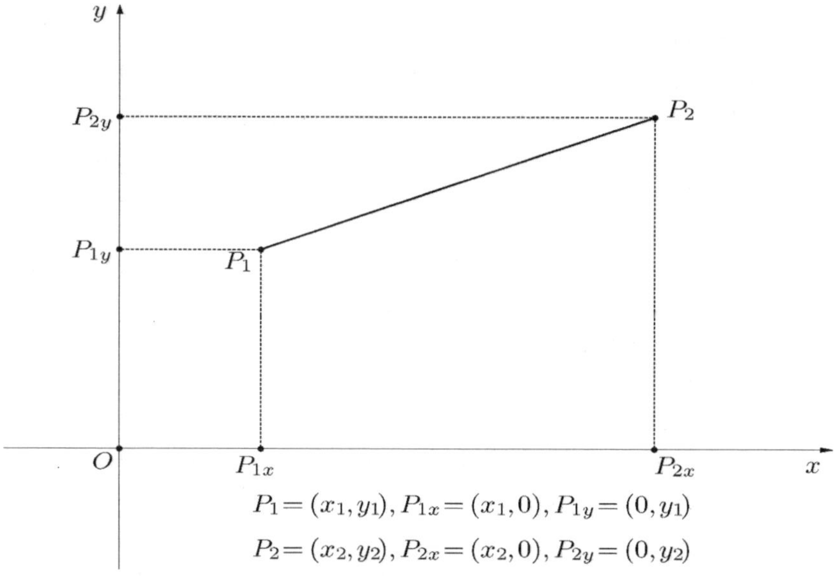

Figura 1.17 Projeção de um segmento.

Notamos que essa projeção pode resultar num intervalo "anormal" $P_{1x}P_{2x}$ para o qual $x_1 > x_2$. O mesmo pode ser dito sobre o intervalo $P_{1y}P_{2y}$, com $P_{1y} = (0, y_1)$ e $P_{2y} = (0, y_2)$, que representa a projeção do P_1P_2 sobre o eixo Oy (veja Fig.1.18). Vamos esclarecer por que um intervalo "anormal" de projeção pode surgir. Lembramos que há uma notação natural (normal) de intervalos numa reta coordenada: um intervalo é denotado AB se o ponto A fica à esquerda do ou coincide com o ponto B (caso contrário, a notação normal é BA). A possibilidade de estabelecer essa regra se deve ao fato de $\mathbb{R}$ ser um conjunto ordenado. A situação é diferente no plano: se $x_1 < x_2$, mas $y_1 > y_2$ (ou contrário), então não há uma forma natural de estabelecer uma regra se o ponto P_1 precede o ponto P_2 ou contrário, isto é, se o intervalo P_1P_2 é um intervalo normal ou P_2P_1. Isso

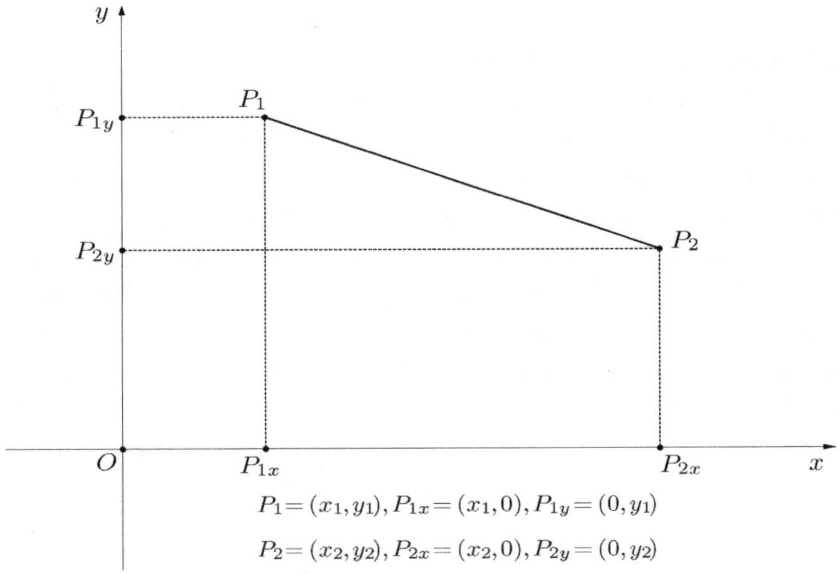

Figura 1.18 Projeção de um segmento, ordem invertida.

está ligado com a impossibilidade de estabelecer a ordenação no conjunto $\mathbb{R}^2$ da mesma maneira como foi feito em $\mathbb{R}$.

Devido a essa ambiguidade da notação de intervalos no plano e, consequentemente, a possibilidade de encontrar intervalos "anormais" na projeção, às vezes, a definição da projeção de um intervalo é dada da seguinte maneira: a projeção de P_1P_2 sobre o eixo Ox é o intervalo $P_{1x}P_{2x}$ se $x_1 \leq x_2$, e $P_{2x}P_{1x}$ caso $x_1 > x_2$. E o mesmo se faz com a projeção sobre Oy. Isso evita os intervalos "anormais" nas retas coordenadas. Nos problemas a seguir (por exemplo, na divisão de um intervalo ou encontro do ponto simétrico), é mais conveniente seguir a primeira definição da projeção que mantém a ordem dos pontos observada no intervalo original. De qualquer maneira, a ambiguidade vai ser eliminada dentro do contexto específico de cada problema.

A projeção de um intervalo sobre eixo de coordenadas é naturalmente estendida ao caso de retas coordenadas. No caso de uma reta coordenada $y = C$, a definição é a seguinte: o intervalo $P_{1C}P_{2C}$ é chamado de *projeção do intervalo* P_1P_2 *sobre a reta* $y = C$ se P_{1C} e P_{2C} são projeções sobre $y = C$ dos pontos P_1 e P_2, respectivamente, ou seja, se $P_{1C} = (x_1, C)$ e $P_{2C} = (x_2, C)$. A definição análoga é válida para projeção sobre $x = C$.

Exemplos

1. Marcar o ponto cujas coordenadas cartesianas são $A = (-3, 4)$ e encontrar suas projeções para os eixos coordenados e para as retas $x = 1$ e $y = -2$.

Solução.

De acordo com a relação de equivalência estabelecida na parte teórica, para encontrar o ponto no plano a partir das suas coordenadas cartesianas x_0 e y_0 precisamos, primeiro, localizar os pontos auxiliares (pontos de projeção) A_x e A_y nos eixos Ox e Oy, respectivamente. Como $x_0 = -3$, então temos que medir distância de 3 unidades à esquerda da origem no eixo Ox e lá marcar o ponto A_x. Em seguida, medimos 4 unidades para cima ($y_0 = 4$) da origem no eixo Oy e marcamos o ponto A_y. Traçamos agora a reta paralela ao eixo Oy que passa por A_x e a segunda, que é paralela a Ox e passa por A_y. Essas duas retas são perpendiculares e, portanto, possuem um único ponto de interseção que é o ponto procurado A (veja a Fig.1.19).

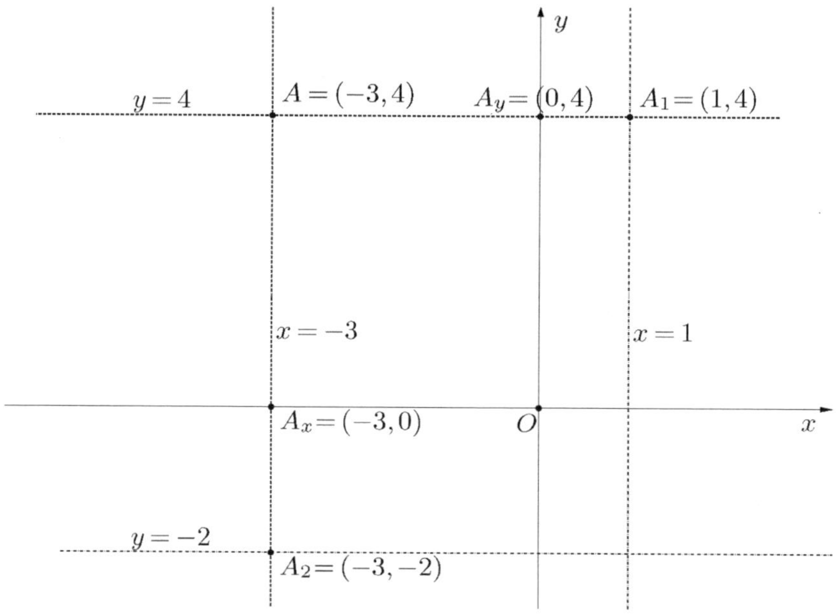

Figura 1.19 Construção do ponto e suas projeções a partir das coordenadas.

No meio do procedimento acima, criamos as projeções $A_x = (-3, 0)$ e $A_y = (0, 4)$ nos eixos Ox e Oy, respectivamente. Para encontrar a projeção sobre a reta $x = 1$, devemos passar pelo ponto A a reta paralela ao eixo Ox (isto é, a reta coordenada $y = 4$). O ponto de interseção dessa reta com $x = 1$ é a projeção procurada com coordenadas $A_1 = (1, 4)$. Da mesma maneira, passando por A a reta paralela ao eixo Oy (isto é, a reta coordenada $x = -3$), encontramos a sua interseção com $y = -2$ que é a última projeção procurada com coordenadas $A_2 = (-3, -2)$. (Veja a ilustração na Fig.1.19.)

2. Encontrar o lugar geométrico dos pontos cujas coordenadas satisfazem a

relação $x - y < 0$.

Solução.

Primeiro, consideremos a equação correspondente $x - y = 0$. Como as coordenadas têm o mesmo sinal ($x = y$), então os pontos respectivos são localizados no I e III quadrantes. No I quadrante, o ponto $P_0 = (x_0, x_0)$ fica na mesma distância x_0 de cada um dos eixos coordenados: a distância até Ox é a distância entre P_0 e sua projeção $P_{0x} = (x_0, 0)$, ambos pertencendo à reta coordenada $x = x_0$ (e por isso sabemos como medir essa distância); analogamente, a distância até Oy é a distância entre P_0 e sua projeção $P_{0y} = (0, x_0)$ que ficam na reta coordenada $y = x_0$. Da mesma maneira, no III quadrante, as distâncias de P_0 até os eixos Ox e Oy também coincidem e são iguais a $-x_0$. Assim, temos o conjunto de todos os pontos equidistantes dos dois eixos de coordenadas, o que quer dizer que $y = x$ é a equação da bissetriz do I e III quadrantes. (Veja a ilustração na Fig.1.20.)

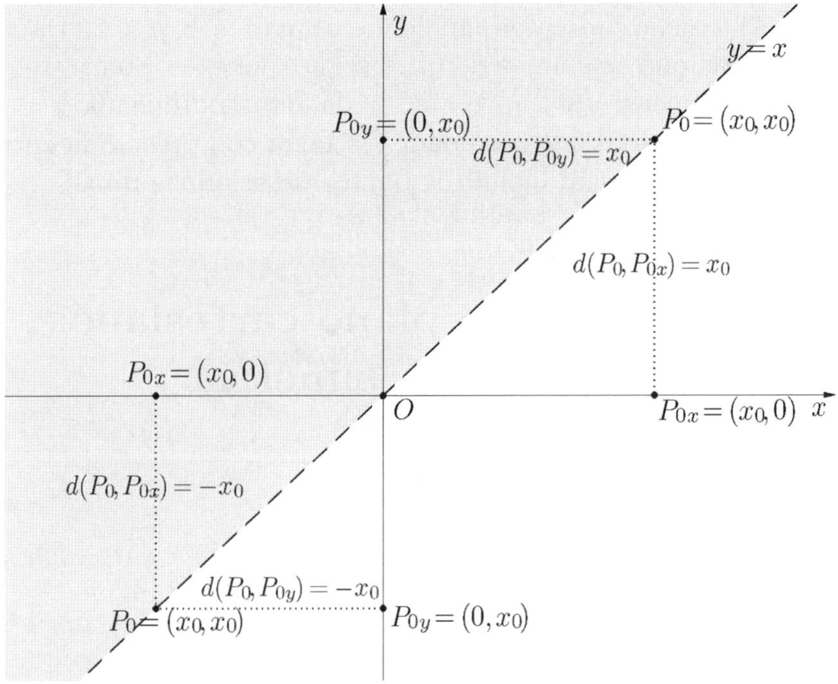

Figura 1.20 Encontro dos pontos a partir da relação $x - y < 0$, relações na bissetriz $y = x$.

Voltando à desigualdade original, vemos que precisamos escolher os pontos cuja ordenada é maior que a abscissa. Como os pontos com abscissas e ordenadas iguais ficam na reta-bissetriz $y = x$, então a solução da desigualdade representa todos os pontos acima dessa bissetriz. (Veja a ilustração na Fig.1.20.)

3. Encontrar o lugar geométrico dos pontos cujas coordenadas satisfazem a desigualdade $4y^2 - 7y - 2 < 0$.

Solução.

Comecemos, de novo, da equação correspondente $4y^2 - 7y - 2 = 0$. As raízes dessa equação são $y_1 = -\frac{1}{4}$ e $y_2 = 2$, o que quer dizer que a expressão quadrática original pode ser fatorada em termos lineares $4y^2 - 7y - 2 = (4y+1)(y-2) = 0$ e as duas soluções $y = y_1$ e $y = y_2$ representam, como sabemos da teoria, duas retas coordenadas (paralelas ao eixo Ox).

Voltando à desigualdade original, a reescrevemos de modo respectivo $(4y+1)(y-2) < 0$. A última desigualdade é satisfeita quando os dois fatores lineares têm sinais opostos, o que ocorre nos dois casos: 1) $4y+1 > 0$ e $y-2 < 0$, e 2) $4y+1 < 0$ e $y-2 > 0$. No primeiro caso, temos a solução que pode ser reescrita na forma $-\frac{1}{4} < y < 2$, enquanto no segundo não há soluções, porque uma desigualdade $y < -\frac{1}{4}$ contradiz a outra $y > 2$. Assim, os pontos procurados têm as ordenadas satisfazendo a desigualdade dupla $-\frac{1}{4} < y < 2$. Da análise das equações respectivas que acabamos de fazer segue que esses pontos têm que ficar acima da reta coordenada $y = -\frac{1}{4}$ e abaixo da reta coordenada $y = 2$, ou, em outras palavras, a solução da desigualdade é a faixa compreendida entre as retas paralelas $y = -\frac{1}{4}$ e $y = 2$ (sem incluir os pontos dessas duas retas).

7 Algumas relações no plano cartesiano: distância, ponto médio, simetria

7.1 Distância entre dois pontos

Deduzimos a fórmula conhecida da escola da *distância entre dois pontos* arbitrários $P_1 = (x_1, y_1)$ e $P_2 = (x_2, y_2)$. Do triângulo retângulo $P_1P_2P_3$, onde $P_3 = (x_2, y_1)$, segue que $d^2(P_1, P_2) = d^2(P_1, P_3) + d^2(P_3, P_2)$ (veja Fig.1.21). Como P_1 e P_3 ficam na mesma reta coordenada $y = y_1$, então $d(P_1, P_3) = |x_2 - x_1|$; como P_3 e P_2 ficam na mesma reta coordenada $x = x_2$, então $d(P_3, P_2) = |y_2 - y_1|$. Portanto, $d^2(P_1, P_2) = (x_2 - x_1)^2 + (y_2 - y_1)^2$ ou

$$d(P_1, P_2) = \sqrt{(x_2 - x_1)^2 + (y_2 - y_1)^2}\,. \tag{1.4}$$

A mesma distância representa o *comprimento do intervalo* P_1P_2.

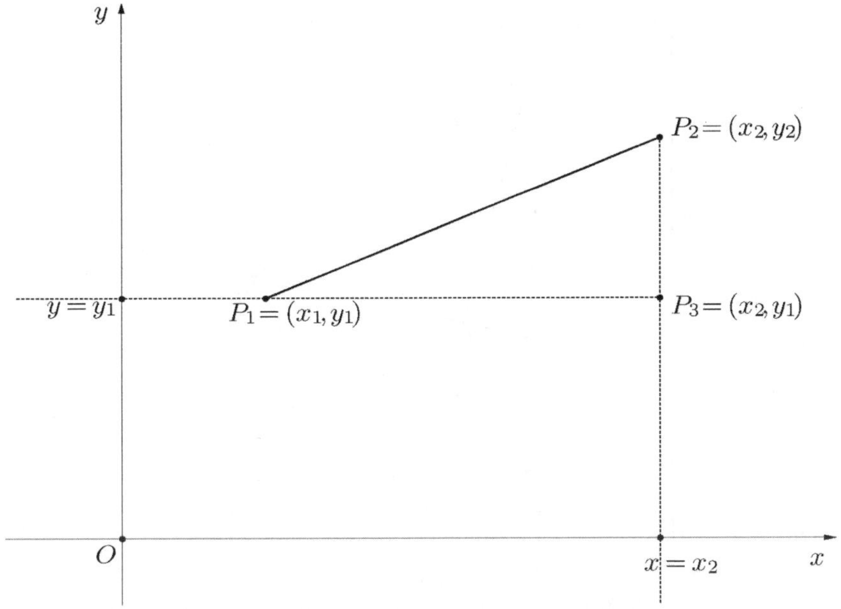

Figura 1.21 Distância entre dois pontos.

7.2 Distância de um ponto até uma reta coordenada

No caso de uma reta geral, a *distância entre um ponto e uma reta* pode ser definida da seguinte maneira.

Definição. Chamamos de *distância $d(P, R)$ entre um ponto P e uma reta R* a distância entre P e o ponto Q obtido na interseção de R e a reta perpendicular a R que passa por P. O ponto Q é chamado de projeção de P sobre R (veja Fig.1.22). Em particular, se P pertence a R, então, pela definição, a distância é igual a 0.

Observação. Naturalmente a distância de P até a reta R é a menor distância entre P e todos os pontos da reta R (veja Fig.1.22).

Agora, nos restringimos às retas coordenadas. Na seção 6.3, já foram definidas as projeções dos pontos sobre retas coordenadas. Pela definição, a projeção $P_{y=C}$ do ponto P sobre a reta coordenada $y = C$ é o ponto de interseção da reta $y = C$ com a reta perpendicular a $y = C$ que passa por P, ou seja, $P_{y=C}$ é o ponto procurado Q da Definição da distância entre P e R. Como as coordenadas $P_{y=C}$ são $P_{y=C} = (x, C)$, então, aplicando a fórmula da distância entre dois pontos, encontramos que

$$d(P, y = C) = d(P, P_{y=C}) = \sqrt{(x - x)^2 + (y - C)^2} = |y - C| \,. \tag{1.5}$$

Em particular, a distância de P até o eixo Ox é igual a $|y|$.

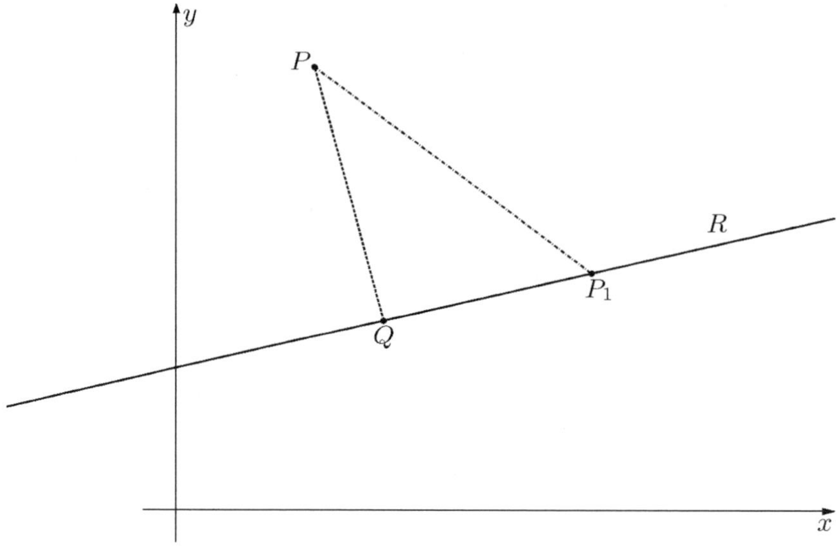

Figura 1.22 Distância de um ponto até uma reta.

Do mesmo modo, a distância do ponto P até a reta coordenada $x = C$ é a distância entre P e sua projeção sobre $x = C$ que é o ponto $P_{x=C} = (C,y)$. Então,

$$d(P, x = C) = d(P, P_{x=C}) = \sqrt{(x - C)^2 + (y - y)^2} = |x - C| . \qquad (1.6)$$

Em particular, a distância de P até o eixo Oy é igual a $|x|$.

7.3 Ponto médio de um intervalo

Definição. Dados dois pontos $P_1 = (x_1, y_1)$ e $P_2 = (x_2, y_2)$, definimos o *ponto médio* P_m do intervalo P_1P_2 como o ponto equidistante de P_1 e P_2: $d(P_1, P_m) = d(P_2, P_m)$.

Para encontrar as coordenadas (x_m, y_m) de P_m, reduzimos este problema ao caso unidimensional. Para isso, passamos as retas coordenadas $x = x_1, x = x_2$ e $x = x_m$ por pontos P_1, P_2 e P_m (veja Fig.1.23). As projeções destes pontos $P_{1x} = (x_1, 0)$, $P_{2x} = (x_2, 0)$ e $P_{mx} = (x_m, 0)$ ficam na mesma reta coordenada $y = 0$ e, por isso, são unicamente caracterizadas pela sua abscissa. Como as três retas $x = x_1, x = x_2$ e $x = x_m$ são paralelas, os segmentos $P_{1x}P_{mx}$ e $P_{mx}P_{2x}$ mantêm a relação dos segmentos originais: $d(P_{1x}, P_{mx}) = d(P_{2x}, P_{mx})$, ou seja, P_{mx} é o ponto médio do intervalo $P_{1x}P_{2x}$ no eixo Ox (veja Fig.1.23). A coordenada x do ponto médio de um segmento na reta coordenada se encontra pela fórmula $x_m = \frac{x_1+x_2}{2}$, conforme foi deduzido na seção 5.2 (veja fórmula (2.2)). Da mesma maneira, fazendo projeções sobre Oy, encontramos os pontos $P_{1y} = (0, y_1)$, $P_{2y} = (0, y_2)$

e $P_{my} = (0, y_m)$, cujas coordenadas satisfazem a relação $y_m = \frac{y_1+y_2}{2}$. Assim, as coordenadas do ponto médio são definidas:

$$P_m = (x_m, y_m) : \; x_m = \frac{x_1 + x_2}{2}, \; y_m = \frac{y_1 + y_2}{2}. \tag{1.7}$$

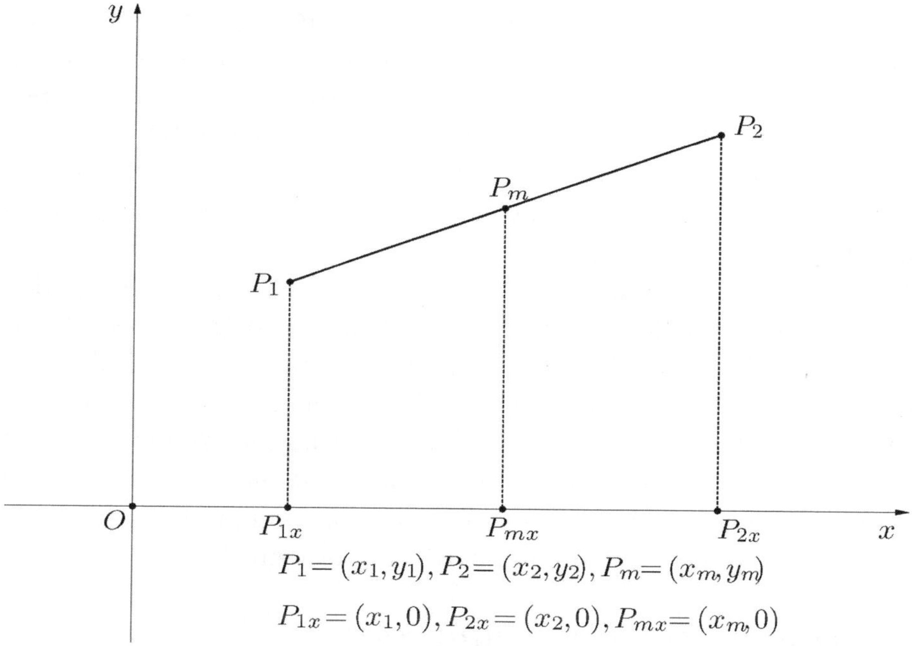

Figura 1.23 Ponto médio.

7.4 Simetria em relação a um ponto

Consideremos agora o problema de encontro de um ponto P_2 simétrico ao ponto dado P_1 em relação ao ponto central da simetria P_0.

Definição. Dado um ponto $P_1 = (x_1, y_1)$, chamamos $P_2 = (x_2, y_2)$ de *ponto simétrico a P_1 em relação ao ponto central $P_0 = (x_0, y_0)$*, se todos os três pontos ficam na mesma reta e os pontos P_1 e P_2 são equidistantes de P_0, isto é, $d(P_1, P_0) = d(P_2, P_0)$.

Da definição segue que P_0 é o ponto médio do segmento P_1P_2 (isto é, P_0 coincide com P_m da Fig.1.23). Portanto, $x_0 = \frac{x_1+x_2}{2}$, $y_0 = \frac{y_1+y_2}{2}$, donde obtemos

$$P_2 = (x_2, y_2) : x_2 = 2x_0 - x_1 \, , \; y_2 = 2y_0 - y_1 \, . \tag{1.8}$$

Em particular, se a simetria é realizada em relação à origem das coordenadas, isto é, $P_0 = O = (0, 0)$, então o ponto P_2 simétrico a $P_1 = (x_1, y_1)$ tem coordenadas $P_2 = (-x_1, -y_1)$.

Uma outra maneira de representar as relações (1.8) é escolhendo a forma mais simétrica das coordenadas dos pontos P_1 e P_2 (simétricos em relação a P_0):

$$P_1 = (x_0 - x_1, y_0 - y_1), P_2 = (x_0 + x_1, y_0 + y_1). \quad (1.9)$$

Observação 1. O conceito de simetria de um par de pontos em relação a um ponto P_0 naturalmente se estende a um conjunto de pontos ou uma figura no plano. Uma *figura é simétrica em relação a* P_0 se todos os seus pontos podem ser divididos em duplas, cada uma delas representando um par simétrico em relação a P_0. Em outras palavras, uma figura é simétrica em relação a P_0 se para qualquer ponto P dessa figura o seu ponto simétrico P_s em relação a P_0 também pertence a essa figura.

Observação 2. Como vamos ver no estudo de funções, os gráficos de *funções ímpares* têm a propriedade de simetria em relação à origem. Detalhando, isso significa que qualquer ponto $P_1 = (x_1, y_1)$, que pertence ao gráfico de uma função ímpar, tem o seu ponto simétrico (em relação a origem) $P_2 = (-x_1, -y_1)$ também pertencendo ao gráfico dessa função. Essa situação naturalmente se estende à *simetria em relação a um ponto* $P_0 = (x_0, y_0)$ *diferente da origem.* No entanto, em Cálculo e Análise, a simetria dos gráficos em relação a um ponto é frequentemente restrita ao caso em que o centro da simetria é a origem.

7.5 Simetria em relação a uma reta

Outro tipo importante de simetria é a simetria em relação a uma reta.

Definição. Dado ponto P_1 e reta R, chamamos o ponto $P_2 \neq P_1$ de *ponto simétrico a* P_1 *em relação à reta* R (*eixo de simetria*), se P_1 e P_2 ficam na reta S perpendicular a R e são equidistantes do ponto P_0 da interseção entre R e S.

Dessa definição segue que a simetria em relação a uma reta se reduz à simetria em relação a um ponto específico – projeção do ponto original sobre a reta.

A última definição é válida para qualquer reta, mas a fórmula para encontro das coordenadas de P_2 vamos deduzir só no caso de uma reta coordenada.

Consideremos a reta coordenada $R : x = C$. Nesse caso, a reta perpendicular a R que passa pelo ponto $P_1 = (x_1, y_1)$ é a reta coordenada $S : y = y_1$. A interseção de R e S é o ponto $P_0 = (C, y_1)$ de projeção de P_1 sobre R (veja Fig.1.24). A condição de equidistância de P_1 até P_0 e de P_0 até o ponto procurado $P_2 = (x_2, y_2)$ – $d(P_1, P_0) = d(P_0, P_2)$ – diz que o ponto P_0 é o ponto médio do segmento P_1P_2 da reta S e, portanto, as suas coordenadas são $P_0 = (C, y_1) = (\frac{x_1+x_2}{2}, \frac{y_1+y_2}{2})$, donde segue imediatamente que

$$P_2 = (x_2, y_2) : \; x_2 = 2C - x_1 \, , \; y_2 = y_1 \, . \quad (1.10)$$

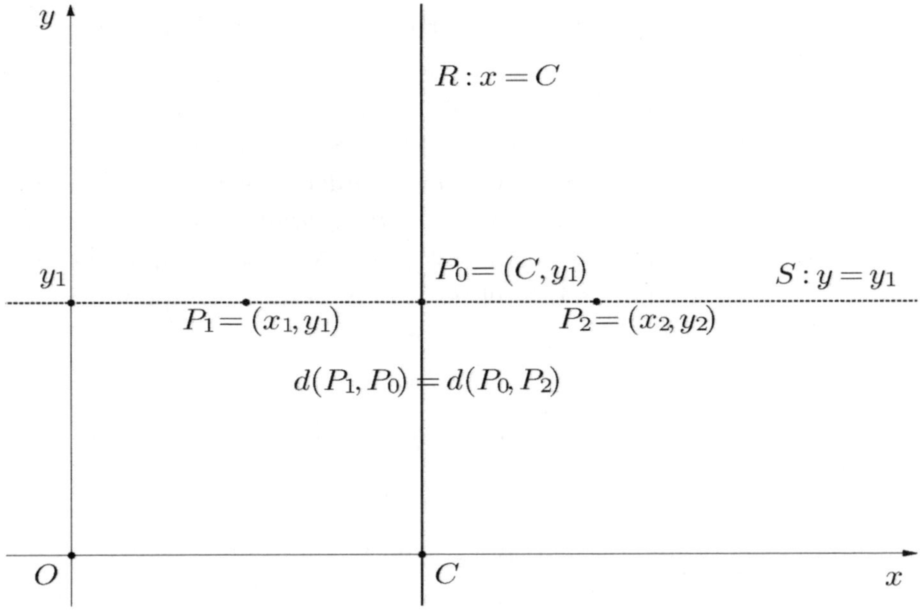

Figura 1.24 Ponto simétrico em relação à reta coordenada $x = C$.

Em particular, se a simetria é realizada em relação ao eixo Oy (isto é, $C = 0$), então o ponto P_2 simétrico a $P_1 = (x_1, y_1)$ tem coordenadas $P_2 = (-x_1, y_1)$. A forma mais simples de lembrar as relações (1.10) é utilizando a representação simétrica das coordenadas de P_1 e P_2:

$$P_1 = (C - x_1, y_1), P_2 = (C + x_1, y_1) . \tag{1.11}$$

De modo análogo, o ponto P_3 simétrico a $P_1 = (x_1, y_1)$ em relação à reta coordenada $y = C$ tem coordenadas

$$P_3 = (x_3, y_3) : \ x_3 = x_1 \, , \ y_3 = 2C - y_1 \, . \tag{1.12}$$

Em particular, se a simetria é realizada em relação ao eixo Ox, então o ponto P_3 simétrico a $P_1 = (x_1, y_1)$ tem coordenadas $P_3 = (x_1, -y_1)$.

As duas Observações semelhantes às dadas no item de simetria em relação a um ponto estão em ordem aqui.

Observação 1. O conceito de simetria de um par dos pontos em relação a uma reta R naturalmente se estende a um conjunto de pontos ou uma figura no plano. Uma *figura é simétrica em relação a R* se todos os seus pontos puderem ser divididos em duplas, cada uma delas representando um par simétrico em relação a R. Em outras palavras, uma figura é simétrica em relação a R se para qualquer ponto P dessa figura o seu ponto simétrico P_s em relação a R também faz parte dessa figura.

Observação 2. Posteriormente, no estudo de propriedades geométricas de funções, vamos ver que gráficos de *funções pares* têm a propriedade de simetria em relação ao eixo Oy. Detalhando, isso significa que qualquer ponto $P_1 = (x_1, y_1)$, que pertence ao gráfico de uma função par, tem o seu ponto simétrico (em relação a Oy) $P_3 = (-x_1, y_1)$ também pertencendo ao gráfico dessa função. Essa situação naturalmente se estende à *simetria em relação a uma reta coordenada* $x = x_0$ diferente do eixo Oy. No entanto, em Cálculo e Análise, a simetria de gráficos em relação a linhas coordenadas diferentes do eixo Oy é raramente considerada.

Exemplos

1. Calcular a distância entre os pontos $A = (-4, 3)$ e $B = (2, -1)$. Encontrar o ponto médio do intervalo AB.

Solução.

Substituindo as coordenadas dos pontos na fórmula (1.4), encontramos a distância $d(A, B) = \sqrt{(x_A - x_B)^2 + (y_A - y_B)^2} = \sqrt{(-4-2)^2 + (3-(-1))^2} = \sqrt{52}$. As coordenadas do ponto médio encontramos a partir das fórmulas (2.6): $x_m = \frac{x_A + x_B}{2} = \frac{-4+2}{2} = -1$, $y_m = \frac{3+(-1)}{2} = 1$.

2. Os pontos $A = (5, 5)$ e $B = (x, y)$ ficam na bissetriz do I e III quadrantes e a distância entre os pontos é igual a 8. Encontrar as coordenadas do ponto B.

Solução.

Como B pertence à bissetriz do I e III quadrantes, então $B = (x, x)$. Da condição da distância encontramos $d(A, B) = \sqrt{(5-x)^2 + (5-x)^2} = \sqrt{2}|5 - x| = 8$. A última equação tem duas raízes: $x - 5 = \pm 4\sqrt{2}$, ou seja, $x_1 = 5 - 4\sqrt{2}$ e $x_2 = 5 + 4\sqrt{2}$. Assim, temos dois pontos que satisfazem às condições do problema: primeiro, $B_1 = (5 - 4\sqrt{2}, 5 - 4\sqrt{2})$ fica no III quadrante e o segundo, $B_2 = (5 + 4\sqrt{2}, 5 + 4\sqrt{2})$ fica no I quadrante.

3. Encontrar os pontos simétricos a $A = (-3, 2)$ em relação à origem das coordenadas, em relação aos eixos coordenados e em relação às retas coordenadas $x = 1$ e $y = -\frac{3}{2}$.

Solução.

Das fórmulas de simetria (1.8), (1.10) e (1.12) segue imediatamente que:
1) para simetria em relação à origem, temos $B = (3, -2)$;
2) para simetria em relação ao eixo Ox, temos $C = (-3, -2)$;
3) para simetria em relação ao eixo Oy, temos $D = (3, 2)$;
4) para simetria em relação à reta $x = 1$, temos $E = (5, 2)$;
5) para simetria em relação à reta $y = -\frac{3}{2}$, temos $F = (-3, -5)$.
(A ilustração se encontra na Fig.1.25.)

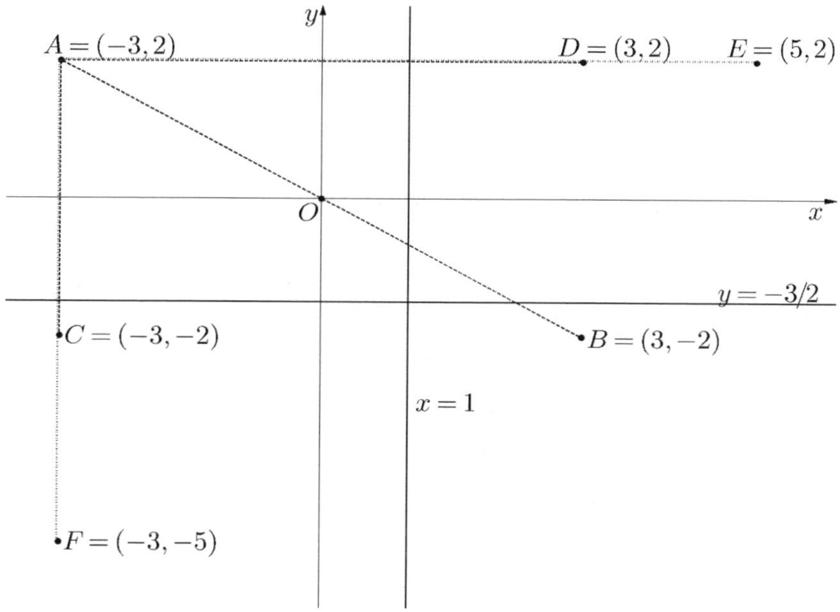

Figura 1.25 Pontos simétricos a $A = (-3, 2)$.

4. Dados os pontos médios $D = (7, 8)$, $E = (-4, 5)$ e $F = (1, -4)$ de três lados de um triângulo, encontrar os seus vértices.

Solução.

Denotamos os vértices procurados de $A = (x_A, y_A)$, $B = (x_B, y_B)$ e $C = (x_C, y_C)$ de tal modo que D é o ponto médio de AB, E, de AC e F, de BC. De acordo com as fórmulas do ponto médio, temos as seguintes relações: $\frac{x_A+x_B}{2} = 7$, $\frac{y_A+y_B}{2} = 8$, $\frac{x_A+x_C}{2} = -4$, $\frac{y_A+y_C}{2} = 5$ e $\frac{x_B+x_C}{2} = 1$, $\frac{y_B+y_C}{2} = -4$. As relações ímpares formam o subsitema separado:

$$x_A + x_B = 14\,, \ x_A + x_C = -8\,, \ x_B + x_C = 2\,.$$

A resolução desse é elementar. Por exemplo, somando as duas primeiras equações, obtemos $2x_A + x_B + x_C = 6$ e, com ajuda da terceira, concluímos que $2x_A + 2 = 6$, isto é, $x_A = 2$. Então, das primeiras duas equações imediatamente encontramos $x_B = 12$ e $x_C = -10$. Outro sistema desacoplado é formado pelas equações com ordenadas:

$$y_A + y_B = 16\,, \ y_A + y_C = 10\,, \ y_B + y_C = -8\,.$$

Resolvendo o último de maneira semelhante, obtemos $y_A = 17$, $y_B = -1$ e $y_C = -7$. Assim, os vértices são $A = (2, 17)$, $B = (12, -1)$ e $C = (-10, -7)$.

Exercícios

Conjuntos

1. Demonstrar as seguintes propriedades:
a) $A \cap B = B \cap A$;
b) $(A \cup B) \cup C = A \cup (B \cup C)$;
c) $A \cap (B \cup C) = (A \cap B) \cup (A \cap C)$.

2. Demonstrar que $(A \backslash B) \backslash C = A \backslash (B \backslash C)$ se, e somente se, $A \cap C = \varnothing$.

3. Encontrar os conjuntos iguais entre os dados: $A = \{x : x^2 - 4x + 3 = 0\}$, $B = \{x : x^2 + x - 2 = 0\}$, $C = \{x : \frac{x^2-4x+3}{x-3} = 0\}$, $D = \{1, 3\}$, $E = \{1, -2\}$, $F = \{-2, 3, 1\}$, $G = A \cup B$, $H = A \cap B$.

4. Encontrar $A \cup B$, $A \cap B$, $A \cup C$, $A \cap C$, $B \times C$, $C \times B$, $A \backslash (B \cup C)$ e $(A \backslash B) \cup C$ se $A = \{1, 3, 4, 5\}$, $B = \{3, 7\}$ e $C = \{1, 4, 7\}$.

5. Dar um exemplo quando $A \cap B = A \cap C$, mas $B \neq C$

Números racionais

1. Escrever os seguintes números racionais na forma de inteiros:
a) $-\frac{14}{2}$;
b) $\frac{-21}{-7}$;
c) $\frac{12-60}{6 \cdot 3-22}$.
Quais desses números são positivos e quais são negativos?

2. Escrever o número racional cujo numerador é o menor número natural de 5 dígitos e o denominador é o maior número natural de 3 dígitos. Qual é a parte inteira desse número?

3. Simplificar a representação dos dois números racionais e compará-los:
a) $\frac{14+6}{2 \cdot 6-30}$ e $\frac{17-32}{25-5 \cdot 19}$;
b) $\frac{1}{3^2}$ e $\frac{1}{2^3}$.

4. Descrever o procedimento geral na comparação dos dois números racionais. (Começar em positivos com o mesmo denominador, depois passar para positivos gerais e zero, e, finalmente, extender a regra a todos os racionais.)

5. Encontrar n natural tal que $\frac{1}{n}$ é menor que o número racional dado:
a) $\frac{1}{99}$;

b) $\frac{13}{2778}$.

6. Descrever, na forma geral, como encontrar um número natural n tal que $\frac{1}{n}$ é menor que o número racional positivo $\frac{p}{q}$. (Começar notando que o número natural p é maior ou igual a 1.)

7. A soma $1^2 + 2^2 + \cdots + n^2$, $n \in \mathbb{N}$, que contém os quadrados de números naturais e deveria então resultar num número natural, é dada via fração $\frac{n(n+1)(2n+1)}{6}$. Explicar se há contradição nesse resultado.

8. Verificar se a afirmação abaixo é falsa ou verdadeira:

a) qualquer número inteiro é racional;

b) qualquer número racional positivo é natural;

c) qualquer número racional tem infinitas representações via frações $\frac{p}{q}$, onde $p \in \mathbb{Z}, q \in \mathbb{N}$;

d) o conjunto dos números racionais consiste de frações $\frac{p}{q}$, onde $p \in \mathbb{Z}$, $q \in \mathbb{Z} \backslash \{0\}$;

e) qualquer número racional $\frac{p}{q}$ com p positivo é maior que 0;

f) se o numerador p do número racional $\frac{p}{q}$ é maior que o numerador m do número racional $\frac{m}{n}$, então a primeira fração é maior que a segunda;

g) a diferença entre dois números racionais negativos é um número negativo;

h) se o produto de dois números racionais é dado, então, sabendo um dos fatores, sempre podemos encontrar o segundo.

Números reais

1. Transformar as frações dadas em números decimais:

a) $\frac{3}{10}$;

b) $\frac{10}{3}$;

c) $-\frac{15}{8}$;

d) $-\frac{19}{12}$;

e) $-\frac{20}{7}$.

2. Transformar os números decimais em frações:

a) $0,3$;

b) $0,(3)$;

c) $-2,7(25)$;

d) $-5,617(23)$;

e) $6,01(522)$.

3. Indicar quais números são racionais e quais são irracionais:
a) $0,111111...$;
b) $0,101010...$;
c) $0,110111011101...$;
d) $0,101101011010110...$;
e) $0,01011011101111...$.

4. Verificar se os números dados são racionais ou irracionais:
a) $\sqrt{3}$;
b) $\sqrt[3]{3}$;
c) $\sqrt[3]{49}$;
d) $\sqrt[4]{7}$;
e) $\sqrt{2}+\sqrt{3}$;
f) $\sqrt{3-2\sqrt{2}}+\sqrt{3+2\sqrt{2}}$;
g) $\sqrt[3]{\sqrt{5}-2}+\sqrt[3]{\sqrt{5}+2}$;
h) $\sqrt[3]{\sqrt{5}-2}-\sqrt[3]{\sqrt{5}+2}$.

5. Sejam p e q números racionais, e a e b irracionais. Analisar se os seguintes números sao racionais ou irracionais:
a) $p+q$;
b) $a+b$;
c) $p+a$;
d) $p\cdot q$;
e) $a\cdot b$;
f) $p\cdot a$;
g) p^2;
h) a^2;
i) $\sqrt{p}$;
j) $\sqrt{a}$.

6. Comparar os números reais:
a) $\sqrt{2}$ e $1,4$;
b) $-\frac{2}{3}$ e $-0,(6)$;
c) $\sqrt{3}-\sqrt{2}$ e 1;
d) $\sqrt{3}+\sqrt{2}$ e $\sqrt{5}$;
e) $\sqrt{a}+\sqrt{b}$ e $\sqrt{a+b}$;
f) $\sqrt{2ab}$ e $\sqrt{a^2+b^2}$;

g) $\sqrt[3]{3}$ e $\sqrt{2}$;
h) π^2 e 2^π.

7. Encontrar todos os números reais x tais que
a) $10 - x^2 < 6$;
b) $(x-1)^2 \leq 12$;
c) $(x-1)(x-5) < 0$;
d) $x^2 - 6x + 5 \geq 0$;
e) $(x-\sqrt{3})(x-2)(x+3) > 0$;
f) $10^x < \frac{1}{100}$;
g) $\frac{2}{x} - \frac{1}{1+x} \leq 0$;
h) $x + 2^x < 3$.

8. Verificar se afirmação abaixo é falsa ou verdadeira:
a) qualquer número racional é real;
b) qualquer número irracional é real;
c) existem números que são racionais e irracionais ao mesmo tempo;
d) o conjunto dos irracionais é o conjunto de todas as raízes junto com o número π e o número e;
e) o conjunto dos irracionais é o conjunto de todos os números que não são racionais;
f) o produto de dois números irracionais é um número irracional;
g) entre dois números irracionais sempre existe um racional;
h) se o produto dos dois números irracionais é dado, então, sabendo um dos fatores, sempre podemos encontrar o segundo.

9. Resolver as seguintes equações modulares:
a) $|x| = 2$;
b) $|2x-1| = 3$;
c) $|2+x| = 2$;
d) $\left|\frac{2-x}{x-1}\right| = 0$;
e) $\left|\frac{2x-1}{x-2}\right| = 1$.

10. Resolver as seguintes desigualdades modulares:
a) $|x| < 2$;
b) $|x| \geq 2$;
c) $|2x-1| \leq 3$;
d) $|2x-1| > 3$;

e) $\left|\frac{2-x}{x-1}\right| < 2$;

f) $\left|\frac{2x-1}{x-2}\right| > 1$.

Reta coordenada

1. Marcar os pontos cujas coordenadas são:

a) $x = 2$;

b) $x = -3$;

c) $x = \frac{5}{3}$;

d) $x = -\frac{3}{5}$;

e) $x = \sqrt{2}$;

f) $x = -\sqrt{5}$.

2. Marcar (aproximadamente) os dois pontos com coordenadas dadas, explicando porque um fica à esquerda/direita de outro:

a) $\sqrt{2}$ e $1,4$;

b) $-\frac{2}{3}$ e $-0,(6)$;

c) $\sqrt{2} - \sqrt{3}$ e -1;

d) $\sqrt{3} + \sqrt{2}$ e $\sqrt{5}$;

e) $-\pi$ e $-3,14$;

f) $(-\pi)^2$ e $(-3,14)^2$.

3. Marcar os pontos cujas coordenadas são:

a) três números naturais menores que π;

b) três números inteiros que ficam entre $-\sqrt{3}$ e $\sqrt{3}$;

c) três números racionais que ficam entre $\sqrt{2}$ e $\sqrt{3}$;

d) três números irracionais múltiplos de $-\sqrt{5}$;

e) três números reais que satisfazem a relação $x^3 = 2x$.

Alguns conjuntos numéricos

1. Marcar pontos cujas coordenadas satisfazem as seguintes equações:

a) $|x| = 2$;

b) $|2x - 1| = 3$;

c) $|2 + x| = 2$;

d) $x^2 + x - 2 = 0$;

e) $x^2 + x + 2 = 0$;

f) $x^2 - 2x + 1 = 0$;

g) $x^2 - 8x + 15 = 0$;
h) $x^3 + 2x^2 - 3x = 0$;
i) $\frac{2-x}{x-1} = 0$;
i) $\frac{2x-1}{x-2} = 1$;
k) $\left|\frac{2-x}{x-1}\right| = 0$;
l) $\left|\frac{2x-1}{x-2}\right| = 1$.

2. Caracterizar geometricamente todos os pontos cujas coordenadas satisfazem as seguintes relações:
a) $x < 2$;
b) $|x| < 2$;
c) $|x| \geq 2$;
d) $|2x - 1| \leq 3$;
e) $|2x - 1| > 3$;
f) $x^2 + x - 2 \leq 0$;
g) $x^3 + 2x^2 - 3x \geq 0$;
h) $x^3 + 2x^2 - 3x < 0$;
i) $\frac{2-x}{x-1} < 0$;
j) $\frac{2x-1}{x-2} > 1$;
k) $\left|\frac{2-x}{x-1}\right| < 2$;
l) $\left|\frac{2x-1}{x-2}\right| > 1$.

3. Encontrar a distância entre os pontos A e B cujas coordenadas são:
a) $a = 3$ e $b = 11$;
b) $a = 5$ e $b = 2$;
c) $a = -1$ e $b = 3$;
d) $a = -1$ e $b = -3$;
e) $a = 4$ e $b = -6$.

4. Encontrar o ponto médio entre os pontos A e B do Exercício 3.

5. Encontrar o ponto A se:
a) $B = -1$, $d(A, B) = 5$ e A fica à direita de B;
b) $B = -1$, $d(A, B) = 5$ e A fica à esquerda de B;
c) $B = -2$, e o ponto médio de AB é $C = 3$;
d) $B = -2$, e o ponto médio de AB é $C = -3$.

6. Encontrar o ponto B simétrico a A em relação a C se:
a) $A = 2$ e $C = 0$;

b) $A = 2$ e $C = 4$;
c) $A = -6$ e $C = 3$;
d) $A = -3$ e $d(A, C) = 4$;
e) $d(A, B) = 5$ e $C = -1$;
f) $A = 4$ e $d(C, B) = 3$.

7. Considerando que A e B são simétricos em relação a C, responder as seguintes questões:
a) todos os três pontos podem ficar na parte negativa da reta coordenada?
b) qual é a condição que garante que A e B fiquem nos lados opostos da reta coordenada?
c) se a coordenada de A é irracional, a coordenada de B também deve ser?
d) se as coordenadas de A e C são racionais, a de B também deve ser?
e) se as coordenadas de A e B são racionais, a de C também deve ser?
f) se as coordenadas de A e C são inteiros pares, a de B também deve ser?
g) existe um quarto ponto D simétrico tanto a A quanto a B em relação a C?

Coordenadas cartesianas no plano

1. Marcar os pontos cujas coordenadas cartesianas são:
a) $A = (2, 3)$;
b) $B = (-\frac{5}{3}, \frac{2}{3})$;
c) $C = (-\frac{3}{5}, -2)$;
d) $D = (1, -\sqrt{2})$.
Encontrar projeções destes pontos sobre os eixos coordenados e, também, sobre as retas coordenadas $x = -1$ e $y = 2$.

2. Encontrar o lugar geométrico dos pontos cujas coordenadas satisfazem as seguintes relações:
a) $x = 3$;
b) $y = -2$;
c) $xy = 0$;
d) $\frac{y}{x} = 1$;
e) $x + y = 0$;
f) $xy < 0$;
g) $x - y \geq 0$;
h) $x + y < 0$.

3. Encontrar o lugar geométrico dos pontos cujas coordenadas satisfazem as seguintes equações:

a) $|x| = 2$;
b) $|2y - 1| = 3$;
c) $x^2 + x - 2 = 0$;
d) $y^2 - 8y + 15 = 0$;
e) $\frac{2x+1}{y-2} = 0$;
f) $(2x + 1)(y - 2) = 0$;
g) $\left|\frac{2x+1}{y-2}\right| = 0$;
h) $|(2x + 1)(y - 2)| = 0$.

4. Encontrar o lugar geométrico dos pontos cujas coordenadas satisfazem as seguintes desigualdades:
a) $x > 2$;
b) $2y - 1 \leq 3$;
c) $|x| > 2$;
d) $|2y - 1| \leq 3$;
e) $y^2 + y - 2 < 0$;
f) $\frac{y}{x} \geq 1$;
g) $(2x + 1)(y - 2) > 0$;
h) $\frac{2x+1}{y-2} < 0$.

Algumas relações no plano cartesiano

1. Calcular a distância entre dois pontos dados:
a) $A = (2, 3)$ e $B = O = (0, 0)$;
b) $A = O = (0, 0)$ e $B = (1, -\sqrt{8})$;
c) $A = (2, 3)$ e $B = (-2, 6)$;
d) $A = (-3, -7)$ e $B = (5, -1)$.
Encontrar o ponto médio do intervalo AB.

2. Os pontos $A = (-4, 2)$ e $B = (x, y)$ ficam numa reta paralela ao eixo Ox e a distância entre eles é igual a 2. Encontrar as coordenadas do ponto B.

3. Os pontos $A = (-5, 2)$ e $B = (x, y)$ ficam numa reta paralela ao eixo Oy e a distância entre eles é igual a 6. Encontrar as coordenadas do ponto B.

4. Os pontos $A = (5, 5)$ e $B = (x, y)$ ficam na bissetriz do I e III quadrantes e a distância entre eles é igual a 4. Encontrar as coordenadas do ponto B.

5. Os pontos $A = (-3, 3)$ e $B = (x, y)$ ficam na bissetriz do II e IV quadrantes e a distância entre eles é igual a 6. Encontrar as coordenadas do ponto B.

6. Determinar o tipo do triângulo (agudo, retângulo ou obtuso) se os seus vértices são:
a) $A = (2, 3)$, $B = (6, 7)$, $C = (-7, 2)$;
b) $A = (2, -5)$, $B = (-7, -4)$, $C = (-1, 6)$;
c) $A = (0, 0)$, $B = (4, 2)$, $C = (-2, 4)$.

7. Calcular as coordenadas do ponto médio do segmento AB:
a) $A = (2, 3)$, $B = (6, 7)$;
b) $A = (-2, 4)$, $B = (-4, 10)$;
c) $A = (-7, 5)$, $B = (11, -9)$.

8. Dados a extremidade A e o ponto médio C do segmento AB, encontrar a segunda extremidade:
a) $A = (-5, -7)$, $C = (-9, -12)$;
b) $A = (-4, 2)$, $C = (-6, 5)$.

9. Encontrar os pontos simétricos ao dado em relação à origem das coordenadas e em relação aos eixos coordenados:
a) $A = (2, 3)$;
b)$B = (-1, -3)$;
c)$C = (-2, 1)$;
d)$D = (1, -4)$.

10. Dados os pontos $A = (2, -3)$ e $B = (-1, 4)$, encontrar:
a) o ponto C simétrico a A em relação a B;
b) o ponto D simétrico a B em relação a A.

11. Dados os pontos médios $D = (2, -1)$, $E = (-1, 4)$ e $F = (-2, 2)$ de três lados de um triângulo, encontrar os seus vértices.

12. Dados três vértices $A = (2, 3)$, $B = (4, -1)$ e $C = (0, 5)$ do paralelogramo $ABCD$. Encontrar o quarto vértice.

Capítulo 2

Funções e suas propriedades analíticas

Neste capítulo introduzimos o conceito mais importante da área de análise, e provavelmente de toda matemática, que é a função. Vamos conhecer os modos diferentes da definição de uma função e, o que é mais importante para análise, as formas diferentes de definição de uma função via fórmula. Vamos considerar, numa forma geral, propriedades essenciais de funções que podem ser tratadas usando técnicas rudimentares do ensino médio (técnicas pertinentes a Pré-Cálculo, disponíveis antes de estudo de limites). Essas propriedades serão definidas e investigadas com todo o rigor matemático tanto na forma geral como nos exemplos ilustrativos. Algumas propriedades complementares, como tendências de uma função, cujo estudo exato exige o uso de conceitos mais avançados de Cálculo (limites e continuidade), vão ter tratamento aproximado acessível para nível de Pré-Cálculo.

O estudo de qualquer função em Análise, e consequentemente, em Cálculo, começa pela definição analítica dessa função e consiste na investigação de suas propriedades principais usando métodos analíticos, o que, no final, leva à possibilidade de visualizar a forma geométrica da mesma função (construir o seu gráfico). Nesse texto vamos seguir esse esquema comum no estudo de funções elementares, usando as técnicas matemáticas mais simples de Pré-Calculo (pré-limites).

1 Função: definição, domínio e imagem

Definição de função. Uma *função* é uma relação entre dois conjuntos X e Y tal que a cada elemento do conjunto X corresponde um e somente um elemento do conjunto Y. O conjunto X é chamado de *domínio* da função e o conjunto Y é chamado de *contradomínio*.

A própria função, chamada também de função de X em Y, pode ser denotada da seguinte maneira: $f : X \to Y$, ou $f(x) : X \to Y$, ou $X \xrightarrow{f} Y$, ou $y = f(x), x \in X$ sem especificação de Y, ou ainda $y = f(x)$ sem especificação de X e de Y. As primeiras três notações destacam os três elementos da definição da função – domínio X, contradomínio Y e a regra f da relação entre os dois primeiros. As duas últimas mostram que a indicação do conjunto contradomínio é desnecessária, uma vez que na qualidade desse conjunto sempre podemos tomar o conjunto universal $\mathbb{R}$. Os elementos x são chamados de *variável independente* ou *argumento* da função e os elementos y de *variável dependente* ou *valor* da função. Os últimos são usualmente denotados como $y = f(x)$, da mesma maneira como uma das notações de uma função, sem especificação do domínio e contradomínio. Embora essa notação seja ambígua, pois a própria regra f e o resultado da sua ação $f(x)$ são coisas diferentes, é comum e conveniente usar a notação $y = f(x)$ ou $f(x)$ tanto para os valores da função como para a própria função. O significado específico desse símbolo fica usualmente claro no contexto. Nesse texto vamos considerar somente as funções cujo domínio e codomínio são subconjuntos de $\mathbb{R}$.

Como já foi notado, o conjunto contradomínio tem pouca (se tiver alguma) relevância na definição de funções na disciplina de Funções Elementares, porque o tipo geral de funções é pre-determinado: são estudadas funções que levam alguns números reais (isto é, o domínio $X \subset \mathbb{R}$) em outros números reais (isto é, o contradomínio $Y \subset \mathbb{R}$). Por essa razão, na qualidade do contradomínio sempre podemos tomar o conjunto $\mathbb{R}$, o que não especifica nada em relação à função. A próxima definição corrige essa deficiência do contradomínio.

Definição da imagem de uma função. A *imagem* (conjunto imagem) de função $y = f(x)$ é tal parte do seu contradomínio em qual cada elemento y tem pelo menos um valor correspondente x do domínio que a função transforma em y. Grosso modo, a imagem é o menor contradomínio de todos.

Muitas vezes, o conjunto contradomínio não vai nos interessar (já que ele não traz nenhuma informação sobre função, sempre podendo ser $\mathbb{R}$) e se nós conseguirmos determinar a imagem da função (o que pode ser um problema não simples), então vamos usar a notação Y para o conjunto imagem. Isso não vai gerar confusão, porque o uso do símbolo Y (como contradomínio ou imagem) vai ficar claro do contexto específico. Caso o contradomínio e a imagem sejam considerados ao mesmo tempo, vamos manter a notação Y para contradomínio e usar $\tilde{Y}$ ou $f(X)$ para imagem.

Às vezes é importante considerar as propriedades de uma função numa parte do seu domínio, digamos num subconjunto S de X. Em particular, pode ser necessário determinar a *imagem do conjunto* S, que então vamos denotar de $f(S)$. Naturalmente, $f(S)$ é tal conjunto que cada um dos seus elementos y tem pelo menos um valor correspondente de S que a função transforma em y.

Exemplos: Relações entre conjuntos

1. Dados conjuntos $X = \{1\}$ e $Y = \{1, 2\}$, a relação $f : X \to Y$ que leva o elemento $1 \in X$ em $1 \in Y$ e esse mesmo $1 \in X$ em $2 \in Y$ não é uma função, porque ao mesmo elemento de X correspondem dois elementos de Y (veja Fig.2.1).

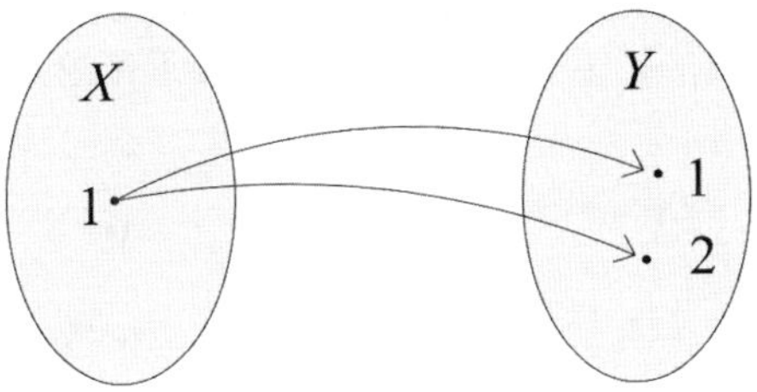

Figura 2.1 Relação entre conjuntos $X = \{1\}$ e $Y = \{1, 2\}$.

2. Dados conjuntos $X = \{1, 2\}$ e $Y = \{3\}$, a relação $f : X \to Y$ que somente associa ao elemento $1 \in X$ o elemento $3 \in Y$ não é uma função, uma vez que tem elementos de X (número 2) não associados a elemento algum de Y (veja Fig.2.2).

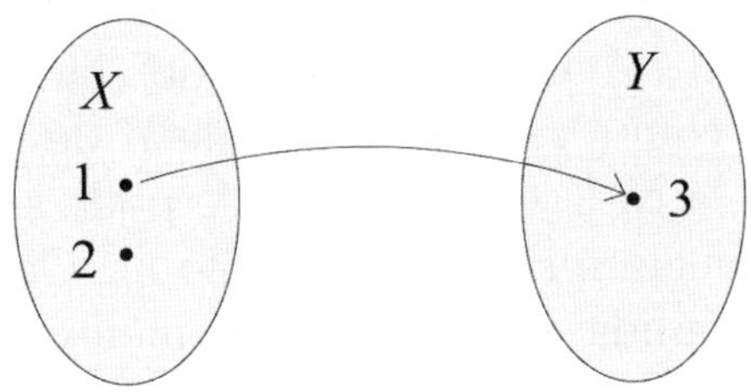

Figura 2.2 Relação entre conjuntos $X = \{1, 2\}$ e $Y = \{3\}$.

3. Dados conjuntos $X = \{1, 2\}$ e $Y = \{3, 4\}$, a relação $f : X \to Y$ que associa ao elemento $1 \in X$ o elemento $3 \in Y$ e ao elemento $2 \in X$ – o elemento $4 \in Y$ é uma função, conforme a definição. O conjunto X é seu domínio e Y é a imagem (veja Fig.2.3).

4. Dados conjuntos $X = \{1, 2\}$ e $Y = \{3, 4\}$, a relação $f : X \to Y$ que associa ao elemento $1 \in X$ o elemento $3 \in Y$ e ao elemento $2 \in X$ – o mesmo elemento

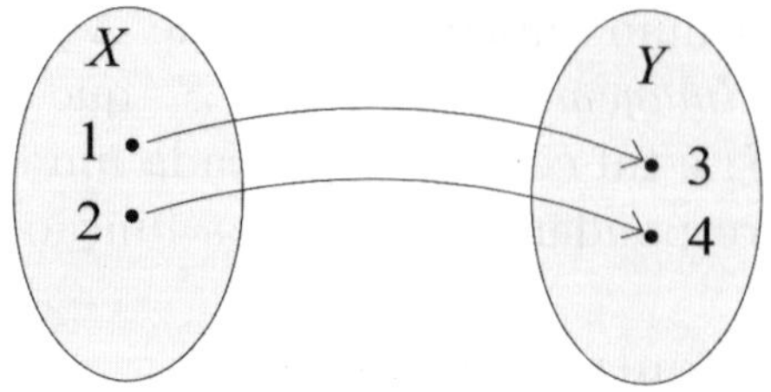

Figura 2.3 Relação entre conjuntos $X = \{1, 2\}$ e $Y = \{3, 4\}$.

$3 \in Y$ é uma função, conforme a definição. O conjunto X é seu domínio, Y é contradomínio e $\tilde{Y} = \{3\} \subset Y$ é a imagem (veja Fig.2.4).

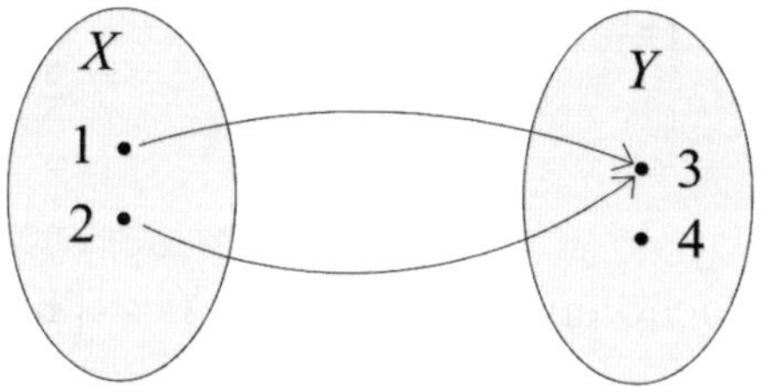

Figura 2.4 Relação entre conjuntos $X = \{1, 2\}$ e $Y = \{3, 4\}$.

Observação. Notamos que, pela definição da função, os papeis do domínio X e do contradomínio Y são, em geral, diferentes. Primeiro, a função é uma relação de X em Y e não o contrário. Segundo, para cada elemento de X a regra de correspondência com algum elemento de Y deve ser definida (isso faltou no Exemplo 2). Terceiro, a cada elemento de X pode ser associado somente um elemento de Y (isso não foi cumprido no Exemplo 1). Cada uma das duas últimas regras do domínio não é válida para Y: um elemento de Y pode ser associado a diferentes elementos de X (como no Exemplo 4) e pode haver elementos de Y não relacionados a nenhum elemento de X (de novo o Exemplo 4). A última possibilidade é eliminada se na qualidade do contradomínio é usada a imagem.

2 Modos de definição de uma função

Há diferentes maneiras de definir a forma de uma função. Normalmente são usadas o modo analítico, geométrico, numérico e descritivo, ou alguma combinação desses tipos. Em Análise/Cálculo e, consequentemente, em Funções Elementares o modo primário da definição é analítico, e, portanto, vamos nos focar a seguir, em primeiro lugar, nesse tipo da definição.

2.1 Modo analítico (algébrico)

Na *definição analítica*, a função está definida via fórmula, em que o domínio X é dado (na forma explícita ou implícita), Y pode ser sempre considerado $\mathbb{R}$ e a forma da correspondência f entre X e Y é dada pela fórmula que liga elementos dos dois conjuntos. Caso X seja especificado explicitamente na definição da função, temos que usar esse conjunto como domínio. Caso X não seja indicado explicitamente (dado implicitamente), pelo convênio, na qualidade de X é considerado o maior subconjunto de $\mathbb{R}$ para o qual a fórmula dada tem significado.

Exemplos

1. $f(x) = x + 2$ (ou $y = x + 2$).

Nesse caso, o domínio não está definido por explícito, mas a fórmula $x + 2$ tem sentido para qualquer $x \in \mathbb{R}$ e, então, $X = \mathbb{R}$. O contradomínio pode ser $Y = \mathbb{R}$, e regra que faz corresponder a cada $x \in \mathbb{R}$ um único valor $y \in \mathbb{R}$ é a fórmula $y = x + 2$.

Nesse exemplo, a imagem da função é $Y = \mathbb{R}$, porque qualquer $y \in \mathbb{R}$ tem um valor do domínio (que se encontra pela fórmula $x = y - 2$, basta resolver a fórmula em relação a x) que a função leva em y.

2. $f(x) = x + 2$, $X = [0, +\infty)$.

Nesse caso, o domínio está definido por explícito, portanto temos que tomar $X = [0, +\infty)$, mesmo que a fórmula $x + 2$ tenha sentido para qualquer $x \in \mathbb{R}$. O contradomínio pode ser $Y = \mathbb{R}$, e a regra que faz corresponder a cada $x \in [0, +\infty)$ um único valor $y \in \mathbb{R}$ é a fórmula $y = f(x) = x + 2$.

Obviamente, nesse exemplo, a imagem não é $\mathbb{R}$, uma vez que tem números reais, por exemplo, $y = 0$, para os quais não tem nenhum número correspondente $x \in [0, +\infty)$, porque $y = x + 2 \geq 2$ para qualquer $x \geq 0$. Mas a última observação já permite determinar a imagem na forma $\tilde{Y} = [2, +\infty)$. Realmente, para qualquer $y \in [2, +\infty)$ existe valor correspondente $x \in [0, +\infty)$ (encontrado pela fórmula $x = y - 2$) que a função transforma nesse y.

3. $f(x) = \frac{1}{x}$.

O domínio não está definido por explícito, então temos que encontrar todos x reais para os quais a fórmula $\frac{1}{x}$ pode ser executada. Obviamente, a única restrição que temos é o anulamento do denominador, que ocorre quando $x = 0$. Então, a fórmula tem sentido para qualquer $x \neq 0$, isto é, $X = \mathbb{R}\backslash\{0\}$. O contradomínio, como sempre, pode ser $Y = \mathbb{R}$. A regra que faz corresponder a cada $x \in X$ um único valor $y \in \mathbb{R}$ é a fórmula $y = \frac{1}{x}$.

Nesse caso, encontrar a imagem é simples: basta notar que a fórmula $y = \frac{1}{x}$ pode ser resolvida em x na forma $x = \frac{1}{y}$, o que quer dizer que para qualquer $y \neq 0$ existe um elemento x do domínio (que se encontra pela fórmula $x = \frac{1}{y}$) que a função leva em y. Logo, $\tilde{Y} = \mathbb{R}\backslash\{0\}$.

4. $f(x) = \sqrt{x}$.

Como o domínio não está definido por explícito, temos que encontrar todos x reais para os quais a fórmula $\sqrt{x}$ tem significado. Lembramos que raiz quadrada (real) está definida somente para os números não negativos, o que quer dizer que $X = [0, +\infty)$. O contradomínio, como sempre, pode ser $Y = \mathbb{R}$. A regra que faz corresponder a cada $x \in X$ um único valor $y \in \mathbb{R}$ é a fórmula $y = \sqrt{x}$.

Para encontrar a imagem, lembramos que, pela definição da raiz quadrada, o seu valor sempre é não negativo e, portanto, a imagem está contida em $[0, +\infty)$. Por outro lado, dado qualquer $y \geq 0$, sempre existe $x = y^2$ e então, pela definição da raiz quadrada, $y = \sqrt{x}$ (a raiz quadrada $\sqrt{x}$, $x \geq 0$ é tal número $y \geq 0$ que $y^2 = x$). Isso quer dizer que qualquer número não negativo pertence à imagem e, portanto, a imagem é $\tilde{Y} = [0, +\infty)$.

5. $f(x) = |x| = \begin{cases} x, & x \geq 0 \\ -x, & x < 0 \end{cases}$

Essa função pode ser definida via uma única fórmula $f(x) = |x|$ ou via fórmula com duas sentenças, usando a abertura do módulo: $f(x) = \begin{cases} x, & x \geq 0 \\ -x, & x < 0 \end{cases}$. Evidentemente, tudo isso é relativo, basta definir uma função (operação) especial (nesse caso o módulo), que engloba todas as sentenças (nesse caso as duas) para passar de forma com várias sentenças a forma com uma só. Lembrando as propriedades do módulo, concluímos que a função desse exemplo tem o domínio $X = \mathbb{R}$ e a imagem $Y = [0, +\infty)$.

6. $f(x) = \begin{cases} x^2, & x \geq 0 \\ x, & x < 0 \end{cases}$

Essa função é definida via duas sentenças, mas não tem um símbolo comum usado para denotar esse tipo da função. Portanto, não vamos inventar uma nova notação e deixamos a fórmula com duas sentenças. O domínio dessa função é $X = \mathbb{R}$ (não tem nenhuma restrição para os valores de x) e a imagem é $Y = \mathbb{R}$ (todos os valores y negativos são obtidos usando a segunda sentença, e todos os positivos – a primeira).

Gráfico de uma função

Embora o modo analítico da definição de uma função seja primário em Funções Elementares, a sua representação geométrica é muito importante, tanto que um dos problemas principais é a elaboração da sua forma geométrica a partir da definição analítica.

A representação geométrica de uma função é chamada de gráfico, e a definição exata desse conceito se encontra a seguir.

Definição. O *gráfico* Γ de uma função $y = f(x)$ é o conjunto (lugar geométrico) de todos os pontos do plano cartesiano, cujas coordenadas satisfazem a definição analítica da função, isto é, todos os pontos (x, y) tais que $x \in X$ e $y = f(x)$.

Observação. Notamos que essa definição do gráfico corresponde à definição analítica tomada como original. A definição geométrica de uma função sem referência à forma analítica será dada na seção 2.2.

A construção do gráfico de uma função definida via fórmula é um resultado de estudo de várias propriedades dessa função que determinam as característricas principais do gráfico. Nesse momento, somente para efeitos da ilustração geométrica, representamos os gráficos das funções dos Exemplos 1-6 da forma explícita sem qualquer investigação (veja Figs.2.5-2.10), observando que essas funções são simples e, em parte, os seus gráficos podem ser obtidos marcando vários pontos no plano cartesiano e juntando-os de uma forma suave.

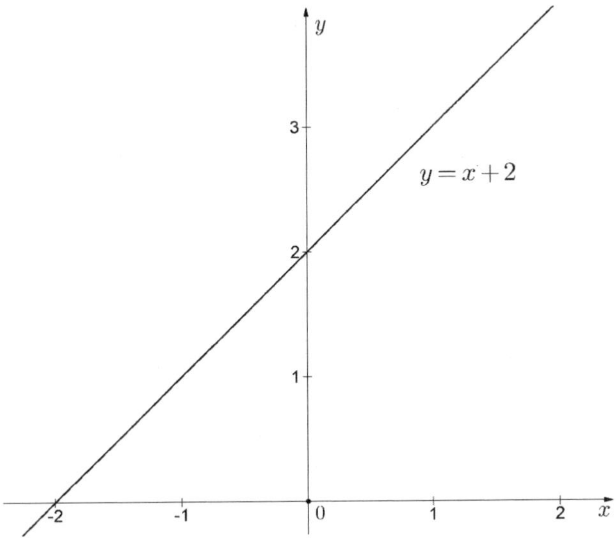

Figura 2.5 O gráfico da função $y = x + 2$.

Notamos que há várias funções importantes em Cálculo e Análise, cuja forma analítica é simples, mas realizar o desenho do seu gráfico é impossível (embora dê para imaginar o seu comportamento geométrico). Um exemplo de tal função é a função de Dirichlet $D(x) = \begin{cases} 1, & x \in \mathbb{Q} \\ 0, & x \in \mathbb{I} \end{cases}$. Seus valores sofrem alterações de 0

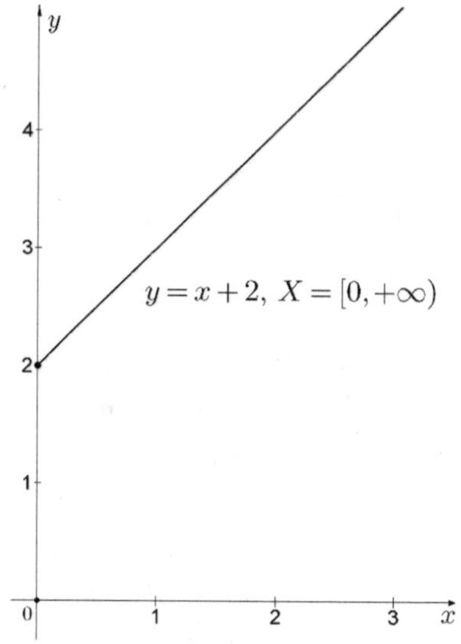

Figura 2.6 O gráfico da função $y = x + 2,\ X = [0, +\infty)$.

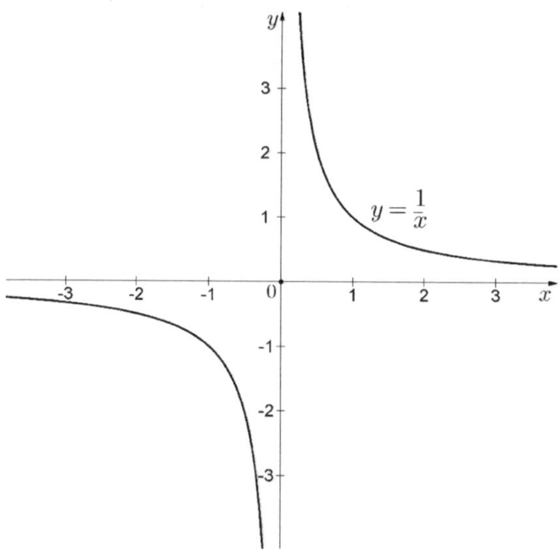

Figura 2.7 O gráfico da função $y = \frac{1}{x}$.

para 1 num espaço "infinitesimal" da reta de abscissas uma vez que não existe um racional mais próximo a um irracional escolhido e vice-versa. Portanto, a distância entre dois pontos x que correspondem à alteração dos valores da função, se for definida, é nula. Só podemos imaginar uma aproximação do gráfico da função, separando os pontos onde ela assume valores diferentes por uma distância, mesmo

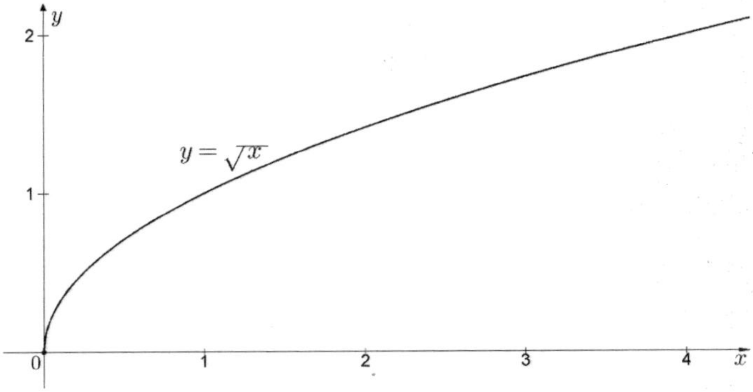

Figura 2.8 O gráfico da função $y = \sqrt{x}$.

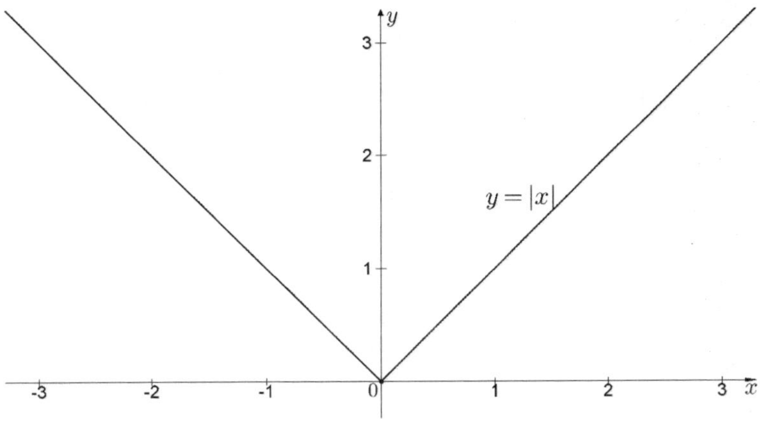

Figura 2.9 O gráfico da função $y = |x|$.

muito pequena, como na Fig.2.11. Outra função desse tipo é $f(x) = \sin \frac{1}{x}$, cujas oscilações se acumulam infinitamente perto do eixo das ordenadas. Como em qualquer vizinhança pequena de $x = 0$ a função sofre infinitas oscilações, não há jeito de representar o seu gráfico. De novo, só podemos imaginar sua aproximação, mostrando um acúmulo de oscilações na direção do eixo Oy, como apresenta a Fig.2.12.

Formas analíticas da definição de uma função

Existem três tipos gerais de fórmulas usadas na definição analítica.

Forma explícita. A primeira forma é *explícita*, que tem a representação $y = f(x)$, ou seja, nessa forma a variável y fica isolada.

Esse tipo da fórmula é mais simples, todos os seis exemplos anteriores têm essa forma.

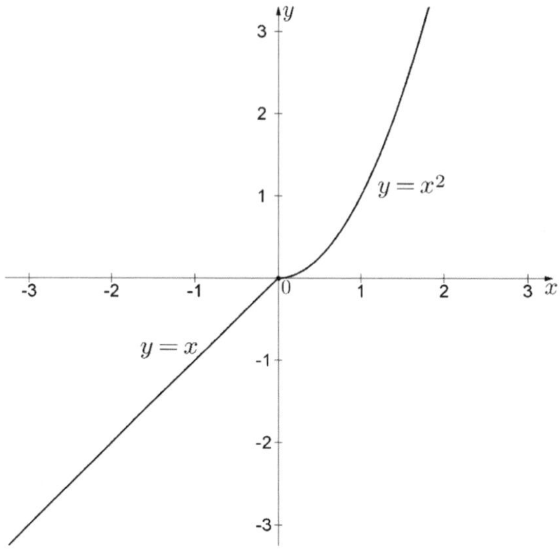

Figura 2.10 O gráfico da função $f(x) = x^2,\ x \geq 0; x,\ x < 0$.

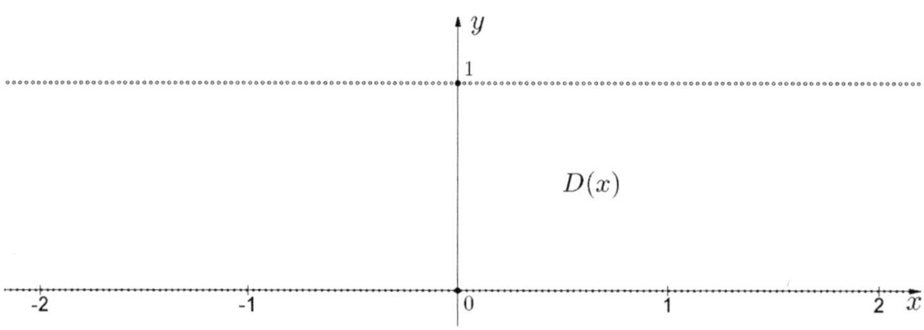

Figura 2.11 O gráfico da função $y = D(x)$.

Forma implícita. O segundo tipo é *implícito*, quando a relação entre x e y não é resolvida para y e tem a seguinte forma $g(x, y) = 0$.

Formalmente, qualquer um dos seis exemplos anteriores pode ser reescrito nessa forma, juntando x e y num lado da equação. Por exemplo, para os Exemplos 2 e 4, isso vai dar as fórmulas $y - x - 2 = 0$, $X = [0, +\infty)$ e $y - \sqrt{x} = 0$, com $g(x, y) = y - x - 2$ e $g(x, y) = y - \sqrt{x}$, respectivamente. Isso é a consequência do resultado geral que qualquer forma explícita $y = f(x)$ pode ser transformada a implícita $g(x, y) = y - f(x) = 0$. A recíproca não é válida: algumas fórmulas implícitas podem ser convertidas em explícitas e outras não. Por exemplo, a forma implícita $(x+y-1)^{1/3} = 0$ pode ser facilmente transformada na forma equivalente explícita $y = 1 - x$; a forma implícita $\ln y - x = 0$ pode ser reduzida à forma

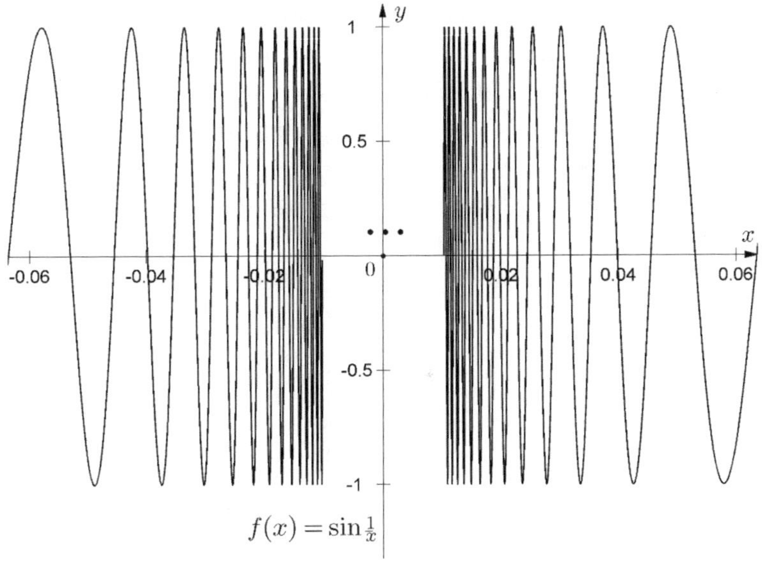

Figura 2.12 O gráfico da função $y = \sin\frac{1}{x}$.

equivalente explícita $y = e^x$. Por outro lado, a forma implícita $y^5+2y^3+3y-x = 0$ não tem transformação para a explícita, assim como $e^y + y + x = 0$, embora possa ser mostrado que as duas fórmulas definem funções $y = f(x)$ com domínio $X = \mathbb{R}$. Assim, a fórmulação implícita é mais genérica que explítica. Como vários problemas matemáticos e de aplicação levam a esse tipo de funções, precisamos estudar essa forma também, embora o tratamento da explícita seja usualmente mais simples.

Notamos que algumas fórmulas implícitas definem um conjunto de funções e não uma função só. Por exemplo, a relação implícita $x^2 + y^2 = 1$ é a equação da circunferência unitária com centro na origem (conjunto de todos os pontos do plano equidistantes da origem). Tanto a forma analítica como sua representação geométrica indicam que essa equação não define uma função (veja Fig.2.13). Realmente, na forma analítica, temos duas soluções dessa equação $y = \pm\sqrt{1-x^2}$ para qualquer $|x| < 1$ (para $x = \pm 1$ temos uma única solução $y = 0$ e para $|x| > 1$ não temos nenhuma), o que significa que a relação implícita define duas funções diferentes ao mesmo tempo. Em termos geométricos, isso significa que qualquer reta $x = x_0$, $|x_0| < 1$ tem dois pontos de interseção com a circunferência. Para definir uma função da relação $x^2+y^2 = 1$ temos que acrescentar alguma condição que descarta uma das duas possíveis relações entre x e y. Por exemplo, na forma analítica uma função pode ser definida via duas relações $x^2 + y^2 = 1$, $y \geq 0$, o que corresponde, de modo geométrico, a escolha da semicircunferência superior (veja Fig.2.13). Às vezes, quando a forma implícita define várias funções, não há indicação direta sobre qual função deve ser considerada. Nesses casos, temos que escolher uma das possíveis opções ou todas as funções definidas na forma implícita. No exemplo de $x^2 + y^2 = 1$, isso significa considerar duas funções, $y = \sqrt{1-x^2}$ e $y = -\sqrt{1-x^2}$ (semicircunferências superior e inferior), ambas com o domínio $X = [-1, 1]$.

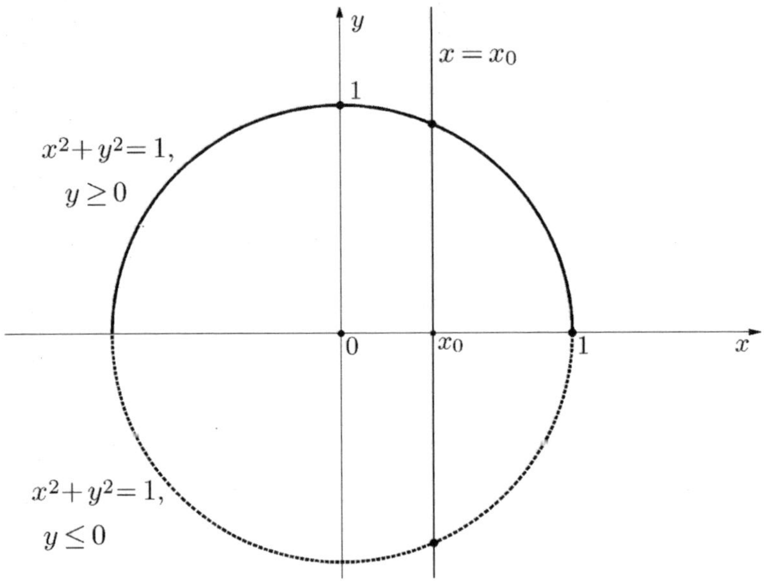

Figura 2.13 Definição implícita $x^2 + y^2 = 1$.

Forma paramétrica. O terceito tipo é *paramétrico*, quando não tem relação direta entre x e y, mas as duas variáveis são ligadas via parâmetro. A fórmula tem a forma $\begin{cases} \varphi(t,x) = 0 \\ \psi(t,y) = 0 \end{cases}$, onde t é parâmetro.

Essa forma é a mais genérica de todas as três e ela tem, usualmente, um tratamento mais complicado. A forma implícita geral $g(x, y) = 0$ pode ser facilmente transformada em paramétrica usando o parâmetro $t = x$: $\begin{cases} \varphi(t,x) = t - x = 0 \\ \psi(t,y) = g(t,y) = 0 \end{cases}$. A recíproca não é válida: em geral, não é possível reduzir uma forma paramétrica a implícita.

Se temos possibilidade de expressar t em termos de x (ou y) na forma explícita, então a forma paramétrica pode ser reduzida a implícita e, às vezes, até explícita. Isso ocorre, por exemplo, com a seguinte fórmula paramétrica:

$\begin{cases} \varphi(t,x) = t - x = 0 \\ \psi(t,y) = t^2 - y = 0 \end{cases}$. Nesse caso, substituindo $t = x$ da primeira relação na segunda, obtemos $x^2 - y = 0$ e isolando y chegamos à forma explícita $y = x^2$.

No entanto, em vários casos isso não é possível de realizar, como, por exemplo, na forma paramétrica $\begin{cases} t^5 + t^3 + t + x = 0 \\ t^7 + 2t^3 + 3t + y = 0 \end{cases}$. Essa fórmula define a função $y = f(x)$, mas não é possível obter a sua representação implícita (sem falar da explícita).

2.2 Modo geométrico

Uma função pode ser definida na *forma geométrica* via curva no plano cartesiano que satisfaz a condição de que qualquer reta vertical (paralela ao eixo Oy) intersepta a curva, no máximo, num ponto. Se a curva satisfaz essa condição, ela determina uma função e, nesse caso, ela é chamada do gráfico de uma função. Essa verificação, se uma curva planar representa ou não uma função, frequentemente é chamada do *teste da reta vertical.*

Na definição geométrica, um ponto x_0 pertence ao domínio da função se, e somente se, a reta vertical correspondente $x = x_0$ intersepta a curva da função. Veja na Fig.2.14 a definição geométrica de uma função (com ilustração do teste vertical) e na Fig.2.15 a representação de uma curva que não define uma função $y = f(x)$ (o teste vertical não está satisfeito).

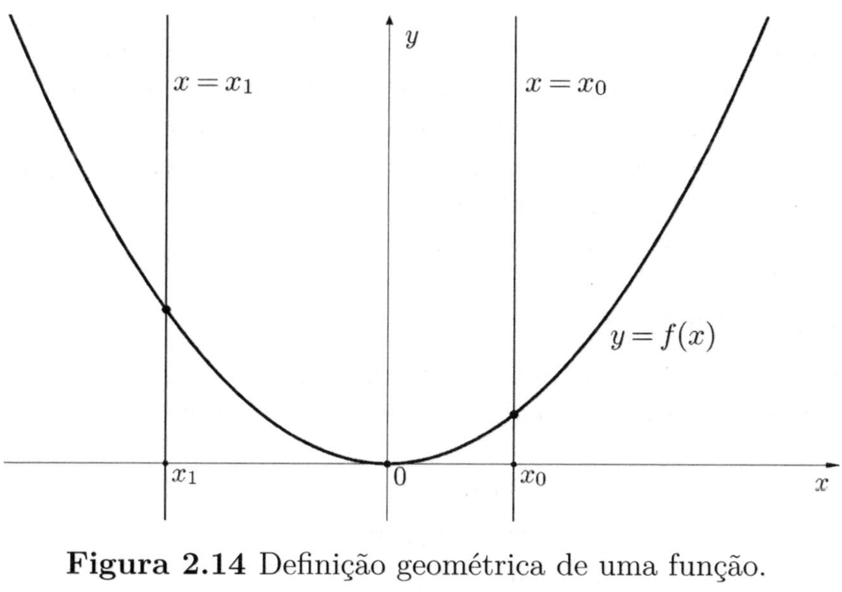

Figura 2.14 Definição geométrica de uma função.

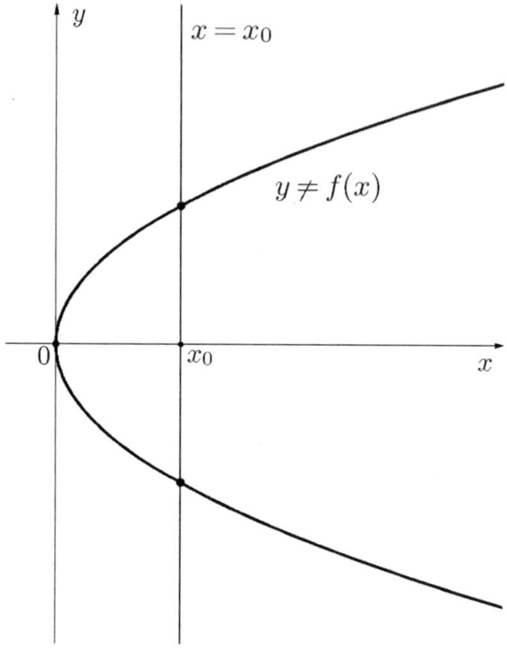

Figura 2.15 Definição geométrica de uma curva que não representa uma função $y = f(x)$.

Notamos que o gráfico de uma função definida analiticamente satisfaz o Teste da reta vertical automaticamente: primeiro, se um valor x_0 não pertence ao domínio, então nenhum ponto (x_0, y) qualquer que for y vai pertencer ao gráfico da função, isto é, a reta vertical $x = x_0$ não vai interceptar o gráfico; segundo, se x_0 pertence ao domínio, então (pela definição da função) existe exatamente um valor $y_0 = f(x_0)$ que corresponde a x_0, isto é, existe exatamente um ponto (x_0, y_0) do gráfico cuja primeira coordenada é x_0 e, nesse caso, a reta vertical $x = x_0$ vai interseptar o gráfico somente nesse ponto (x_0, y_0).

2.3 Modo numérico

A *forma numérica* pode ser definida via tabela, ou conjunto de pares de valores guardados na memória de uma calculadora ou computador.

Exemplos

Tabela 1. Relação entre variável independente x e dependente y.

x	0	1	2	3
y	1	2	3	4

Essa tabela define uma função (a definição geral da função está satisfeita).

Tabela 2. Relação entre variável independente x e dependente y.

x	0	2	2	3
y	1	2	3	4

Essa tabela não representa uma função, uma vez que temos dois valores diferentes de y para o mesmo valor de $x = 2$.

2.4 Modo descritivo

A *definição descritiva* é uma forma narrativa que expressa uma associação entre domínio e contradomínio em palavras.

Exemplo. "f é uma função que faz corresponder a cada ponto da reta real a distância desse ponto até a origem."

Transformando na forma analítica, lembramos da equivalência entre conjunto de todos os pontos da reta real e conjunto dos números reais. Além disso, lembramos que o módulo é a operação analítica no conjunto dos reais cujo significado geométrico é a distãncia até a origem. Com isso, temos a função f definida no domínio $X = \mathbb{R}$ pela fórmula $y = f(x) = |x|$. A imagem dessa função é o conjunto dos reais não negativos $\tilde{Y} = [0, +\infty)$, porque, por um lado, o módulo de qualquer x é um número não negativo e, por outro lado, para qualquer $y \geq 0$ podemos resolver a fórmula original em relação a x: $x = \pm y$ e encontramos aqueles valores do domínio cuja imagem é y.

2.5 Relação entre formas da definição de funções

Em Análise/Cálculo e consequente em Funções Elementares, a questão principal é investigar propriedades de uma função definida na forma analítica e usando os métodos analíticos. Entre essas propriedades se encontra a sua visualização geométrica (esboço do seu gráfico) que muitas vezes permite entender melhor o comportamento de uma função. A construção do gráfico de uma função é feita com base nas propriedades analíticas principais estabelecidas via raciocínio lógico aplicado à fórmula analítica da definição, sem impor qualquer conhecimento prévio sobre esse gráfico. Resolução desse problema no nível de Pré-Cálculo é muito importante por, pelo menos, três razões. Primeiro, isso oferece um treinamento de procedimentos lógicos usados em Cálculo/Análise, embora lá estejam envolvidas ferramentas mais avançadas. Segundo, isso mostra a relação entre certas fórmulas analíticas (decorrentes da definição da função) e propricdades geométricas da função. Finalmente, isso é importante do ponto de vista didático, porque os gráficos de funções mostrados na escola, usualmente, são curvas dadas sem dedução ou, na melhor das hipóteses, construídas aproximadamente, usando valores de função em alguns pontos ou aplicando um software gráfico.

O ponto principal dessa conexão lógica entre propriedades analíticas e geométricas de uma função, dentro do contexto de Pré-Cálculo, é que não podemos fazer conclusões sobre propriedades analíticas partindo da forma geométrica de uma função. Ao contrário, o gráfico é o último passo de representação na forma geométrica de propriedades analíticas já estabelecidas. No entanto, embora o gráfico não possa ser usado para deduzir propriedades analíticas, a sua forma aproximada pode ser usada como a primeira sugestão sobre propriedades de uma função que devem ser confirmadas ou rejeitadas durante o estudo analítico. Além disso, na ilustração de algumas propriedades analíticas, às vezes, é apropriado usar a forma geométrica da definição de algumas funções, cujas propriedades analíticas ainda não foram investigadas.

3 Funções limitadas

Definição. Uma função $y = f(x)$ é chamada *limitada superiormente* num subconjunto S do seu domínio X, se a imagem $f(S)$ é um conjunto limitado superiormente. Em outras palavras (abrindo o conceito de um conjunto limitado superiormente), uma função $y = f(x)$ é chamada limitada superiormente num subconjunto S do seu domínio X, se existe constante M tal que para qualquer $x \in S$ temos $f(x) \leq M$. A constante M frequentemente é chamada de *cota superior*.

Uma função $y = f(x)$ é chamada *limitada inferiormente* num subconjunto S do seu domínio X, se a imagem $f(S)$ é um conjunto limitado inferiormente. Em outras palavras, uma função $y = f(x)$ é chamada limitada inferiormente num subconjunto S do seu domínio X, se existe constante m tal que para qualquer $x \in S$ temos $f(x) \geq m$. A constante m frequentemente é chamada de *cota inferior*.

Uma função $y = f(x)$ é chamada *limitada* num subconjunto S do seu domínio X se ela é limitada superiormente e inferiormente em S, ou seja, se existem constantes m e M tais que $m \leq f(x) \leq M$ para qualquer $x \in S$. Caso contrário, a função é chamada *ilimitada*.

Note que a última definição pode ser formulada equivalentemente da seguinte maneira: uma função $y = f(x)$ é *limitada* num subconjunto S do seu domínio X se existe constante C tal que $|f(x)| \leq C$ para qualquer $x \in S$. Realmente, se essa definição está satisfeita, então a anterior é válida com $m = -C$ e $M = C$. Na direção oposta, se a anterior é válida, então escolhendo $C = \max\{|m|, |M|\}$ obtemos a última formulação.

Na maioria dos casos, S é o próprio domínio X da função.

Propriedade geométrica

Na forma geométrica, a propriedade de limitação significa que o gráfico da função $f(x)$ fica entre duas retas coordenadas $y = m$ e $y = M$. Isso se refere ao todo gráfico de $S = X$ ou a sua parte relativa ao conjunto S.

Exemplos

1a. Função $f(x) = x$, $S = X = \mathbb{R}$ não é limitada superiormente nem inferiormente.

1b. Função $f(x) = x$, $S = [0, +\infty)$ é limitada inferiormente pela constante $m = 0$ (ou qualquer outra menor que 0), mas não é limitada superiormente.

1c. Função $f(x) = x$, $S = [0, 1]$ é limitada superiormente pela constante $M = 1$ (ou qualquer outra maior que 1) e inferiormente pela constante $m = 0$ (ou qualquer outra menor que 0).

2a. Função $f(x) = x^2$, $S = X = \mathbb{R}$ é limitada inferiormente pela constante $m = 0$ (ou qualquer outra menor que 0), mas não é limitada superiormente.

2b. Função $f(x) = x^2$, $S = [0, +\infty)$ é limitada inferiormente pela constante $m = 0$ (ou qualquer outra menor que 0), mas não é limitada superiormente.

2c. Função $f(x) = x^2$, $S = [-1, 2]$ é limitada superiormente pela constante $M = 4$ (ou qualquer outra maior que 4) e inferiormente pela constante $m = 0$ (ou qualquer outra menor que 0).

3a. Função $f(x) = \cos x$, $S = X = \mathbb{R}$ é limitada superiormente pela constante $M = 1$ (ou qualquer outra maior que 1) e inferiormente pela constante $m = -1$ (ou qualquer outra menor que -1). Consequentemente, essa função é limitada em todo o seu domínio e em qualquer subconjunto do seu domínio.

4 Propriedades de simetria

4.1 Funções pares

Definição. Uma função $y = f(x)$ é chamada *par* se para qualquer x do seu domínio ($\forall x \in X$) é válida a seguinte propriedade: $f(-x) = f(x)$, $\forall x \in X$.

Propriedades

Propriedade do domínio

Imediatamente da definição seque que o domínio X de função par é simétrico em relação à origem, porque se $x \in X$, então $-x \in X$ conforme a propriedade de funções pares.

Propriedade do gráfico

Vamos demonstrar que o gráfico Γ de uma função par é simétrico em relação ao eixo Oy. Lembremos que uma curva (em particular, um gráfico de função) é simétrica em relação ao eixo Oy se qualquer ponto $P_1 = (x_1, y_1)$, que pertence ao gráfico de uma função par, tem o seu ponto simétrico $P_2 = (-x_1, y_1)$ também pertencendo ao gráfico dessa função (veja seção 7.5 do Capítulo 1). Tomamos um ponto arbitrário $P_1 = (x_1, y_1)$ do gráfico Γ de função par $f(x)$ e mostramos que o ponto simétrico $P_2 = (x_2, y_2) = (-x_1, y_1))$ também pertence a Γ. O fato de que $P_1 = (x_1, y_1) \in \Gamma$ significa que $y_1 = f(x_1)$. Como $f(x)$ é par, então $x_1 \in X$ implica em $-x_1 \in X$, e tomando $x_2 = -x_1$, temos $y_2 = f(x_2) = f(-x_1) = f(x_1) = y_1$. Isso quer dizer que o ponto $P_2 = (-x_1, y_1)$ também pertence a Γ. Portanto, pela definição da simetria, o gráfico de uma função par é simétrico em relação ao eixo Oy. Veja os gráficos de algumas funções pares e pontos simétricos correspondentes nas Figs.2.16, 2.17, 2.18.

Exemplos

1. $y = f(x) = x^2$. Essa é uma função par, pois temos que $f(-x) = (-x)^2 = x^2 = f(x)$, $\forall x \in X = \mathbb{R}$. O gráfico dessa função é mostrado na Fig.2.16.

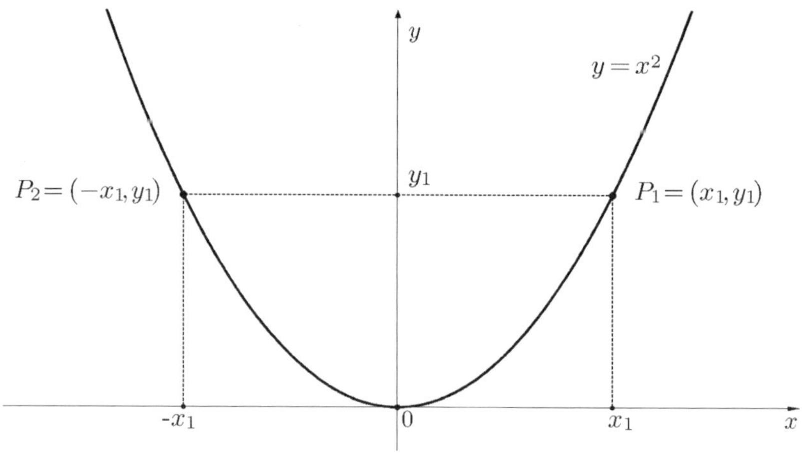

Figura 2.16 O gráfico da função $y = x^2$.

2. $y = f(x) = |x|$. Essa é uma função par, pois temos que $f(-x) = |-x| = |x| = f(x)$, $\forall x \in X = \mathbb{R}$. O gráfico dela é mostrado na Fig.2.17.

3. $y = f(x) = \cos x$. Essa é uma função par, pois temos que $f(-x) = \cos(-x) = \cos x = f(x)$, $\forall x \in X = \mathbb{R}$. O gráfico dela é mostrado na Fig.2.18.

4.2 Funções ímpares

Definição. Uma função $y = f(x)$ é chamada *ímpar* se para qualquer x do seu domínio ($\forall x \in X$) é válida a seguinte propriedade: $f(-x) = -f(x)$.

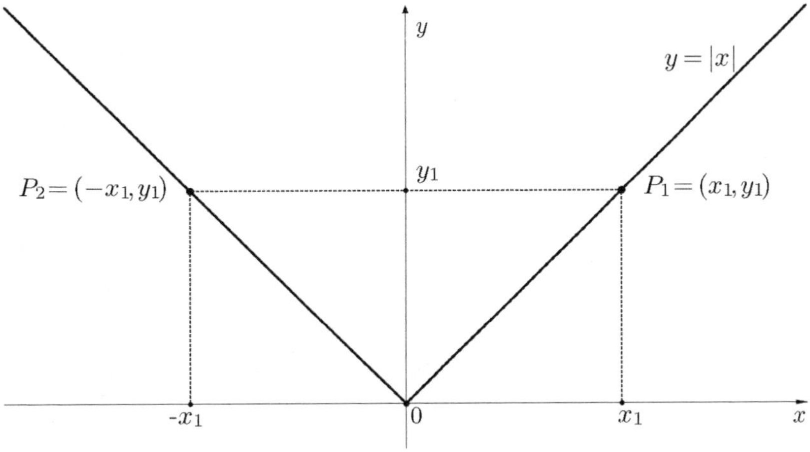

Figura 2.17 O gráfico da função $y = |x|$.

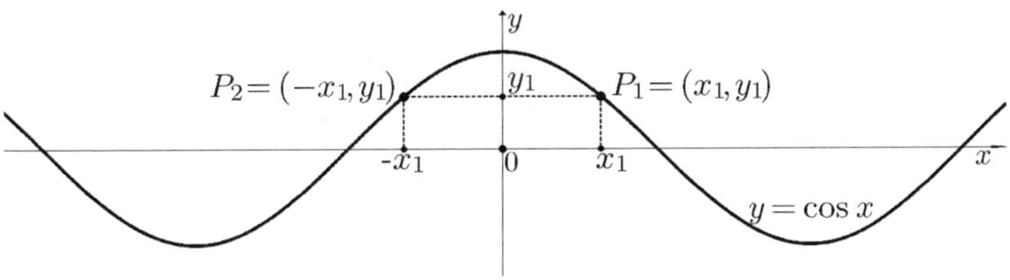

Figura 2.18 O gráfico da função $y = \cos x$.

Propriedades

Propriedade do domínio

Seque imediatamente da definição que o domínio X de função ímpar é simétrico em relação à origem, porque se $x \in X$, então $-x \in X$ conforme a propriedade de funções ímpares.

Propriedade do gráfico

Vamos demonstrar que o gráfico Γ de uma função ímpar é simétrico em relação à origem. Lembremos que uma curva (em particular, um gráfico de função) é simétrica em relação à origem se qualquer ponto $P_1 = (x_1, y_1)$, que pertence ao gráfico de uma função ímpar, tem o seu ponto simétrico (em relação à origem) $P_2 = (-x_1, -y_1)$ também pertencendo ao gráfico dessa função (veja seção 7.4 do Capítulo 1). Então tomamos um ponto arbitrário $P_1 = (x_1, y_1)$ do gráfico Γ de função ímpar $f(x)$ e mostramos que o ponto simétrico $P_2 = (x_2, y_2) = (-x_1, -y_1))$ também pertence a Γ. O fato de que $P_1 = (x_1, y_1) \in \Gamma$ significa que $y_1 = f(x_1)$.

Como $f(x)$ é ímpar, então $x_1 \in X$ implica em $-x_1 \in X$, e tomando $x_2 = -x_1$, temos $y_2 = f(x_2) = f(-x_1) = -f(x_1) = -y_1$. Isso quer dizer que o ponto $P_2 = (-x_1, -y_1)$ também pertence a Γ. Portanto, pela definição da simetria, o gráfico de uma função ímpar é simétrico em relação à origem. Veja os gráficos de algumas funções ímpares e pontos simétricos correspondentes nas Figs.2.19, 2.20, 2.21.

Exemplos

1. $y = f(x) = x$. Essa é uma função ímpar, pois temos que $f(-x) = -x = -f(x)$, $\forall x \in X = \mathbb{R}$. O gráfico dessa função é mostrado na Fig.2.19.

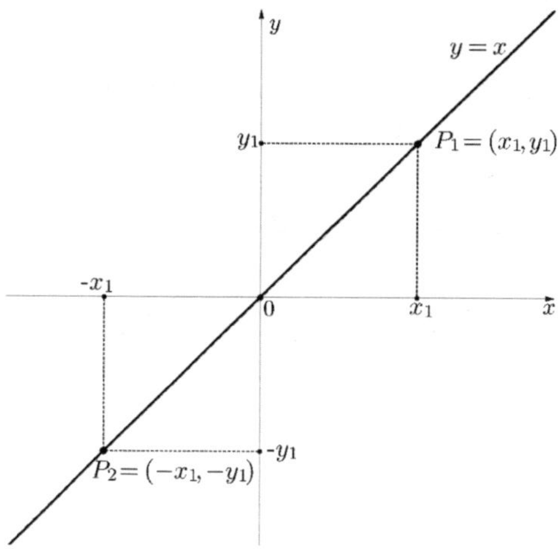

Figura 2.19 O gráfico da função $y = x$.

2. $y = f(x) = \frac{1}{x}$. Essa é uma função ímpar, pois temos que $f(-x) = \frac{1}{-x} = -\frac{1}{x} = -f(x)$, $\forall x \in X = \mathbb{R}\backslash\{0\}$. O gráfico dela é mostrado na Fig.2.20.

3. $y = f(x) = \sin x$. Essa é uma função ímpar, pois temos que $f(-x) = \sin(-x) = -\sin x = -f(x)$, $\forall x \in X = \mathbb{R}$. O gráfico dela é mostrado na Fig.2.21.

Exemplos de paridade

1. $f(x) = x^2, X = (-1,1)$. A função é par, porque $f(-x) = f(x)$ para qualquer $x \in X = (-1,1)$.

2. $f(x) = \frac{x^3-x^2}{x-1}$. Essa função não é par nem ímpar, porque o seu domínio $X = (-\infty,1) \cup (1,+\infty)$ não é simétrico em relação à origem. Embora $f(x) = \frac{x^3-x^2}{x-1} = x^2$, $\forall x \neq 1$ e, consequentemente, $f(-x) = f(x)$, para $\forall x \neq \pm 1$, o fato de que a função é definida no ponto $x = -1$ e não é definida em $x = 1$ implica que para o par dos pontos $x = \pm 1$ a propriedade da paridade não é válida. Para

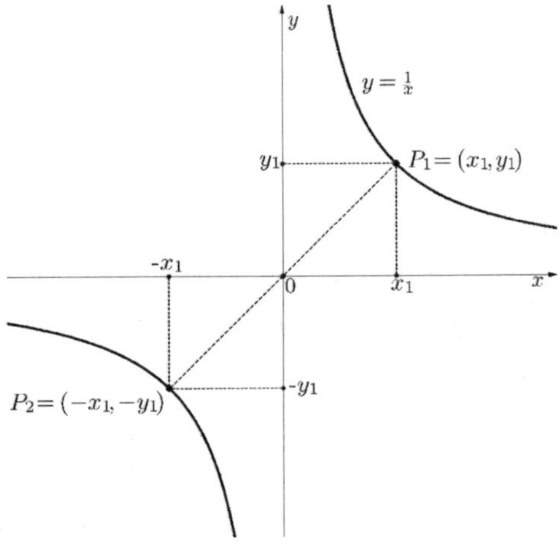

Figura 2.20 O gráfico da função $y = \frac{1}{x}$.

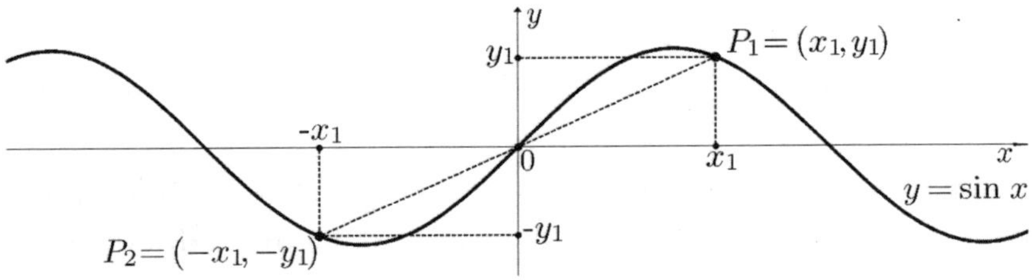

Figura 2.21 O gráfico da função $y = \sin x$.

restituir a paridade da função, temos que devolver simetria ao domínio, usando, por exemplo, $X = (-\infty, -1) \cup (-1, 1) \cup (1, +\infty)$.

3. $f(x) = \sqrt{x}$. A função não é par nem ímpar, porque o seu domínio $X = [0, +\infty)$ não é simétrico em relação à origem; não tem como restituir a simetria do domínio, a menos que escolher $X = \{0\}$ o que leva a um caso singular, não interessante da função definida num ponto só.

4.3 Operações aritméticas com funções pares e ímpares

Observação. Quando consideramos operações entre funções, vamos supor, para simplificar considerações, que as funções envolvidas têm o mesmo domínio. Se os domímios não são iguais, é preciso considerar funções na interseção de seus domínios (isso pode levar a situação em que a operação não está definida se a interseção é o conjunto vazio). Supomos, também, que na divisão são considerados os pontos do domínio onde o denominador não se anula.

1. Funções pares

Sejam $f(x) : X \to \mathbb{R}$ e $g(x) : X \to \mathbb{R}$ funções pares. Então $f(x)+g(x) : X \to \mathbb{R}$, $f(x) - g(x) : X \to \mathbb{R}$, $f(x) \cdot g(x) : X \to \mathbb{R}$ e $\frac{f(x)}{g(x)} : \tilde{X} \to \mathbb{R}$ são funções pares, a última no conjunto $\tilde{X}$ onde $g(x) \neq 0$.

As demonstrações são simples e vamos efetuá-las para a soma e o quociente, deixando outras duas operações para os leitores.

Denotamos $h(x) = f(x)+g(x)$ e observamos que $h(x)$ é definida em X. Então, $h(-x) = f(-x) + g(-x) = f(x) + g(x) = h(x)$, $\forall x \in X$, ou seja, $h(x)$ é uma função par.

Da mesma maneira, denotamos $h(x) = \frac{f(x)}{g(x)}$ e observamos que $h(x)$ é definida no conjunto $\tilde{X}$ onde $g(x) \neq 0$. Como $g(x)$ é par, então os pontos x onde ela se anula são simétricos em relação a origem e, por isso, $\tilde{X}$ é simétrico em relação a origem. Logo, $h(-x) = \frac{f(-x)}{g(-x)} = \frac{f(x)}{g(x)} = h(x)$, $\forall x \in \tilde{X}$, ou seja, $h(x)$ é uma função par.

2. Funções ímpares

Sejam $f(x) : X \to \mathbb{R}$ e $g(x) : X \to \mathbb{R}$ funções ímpares. Então $f(x) + g(x) : X \to \mathbb{R}$ e $f(x)-g(x) : X \to \mathbb{R}$ são funções ímpares, enquanto $f(x)\cdot g(x) : X \to \mathbb{R}$ e $\frac{f(x)}{g(x)} : \tilde{X} \to \mathbb{R}$ são funções pares, a última no conjunto $\tilde{X}$ onde $g(x) \neq 0$.

As demonstrações são simples e vamos efetuá-las para a diferença e o produto, deixando outras duas operações para os leitores.

Denotamos $h(x) = f(x)-g(x)$ e observamos que $h(x)$ é definida em X. Então, $h(-x) = f(-x) - g(-x) = -f(x) - (-g(x)) = -(f(x) - g(x)) = -h(x)$, $\forall x \in X$, ou seja, $h(x)$ é uma função ímpar.

De maneira semelhante, denotamos $h(x) = f(x) \cdot g(x)$ e observamos que $h(x)$ é definida em X. Então, $h(-x) = f(-x) \cdot g(-x) = -f(x) \cdot (-g(x)) = h(x)$, $\forall x \in X$, ou seja, $h(x)$ é uma função par.

3. Funções pares e ímpares

Seja $f(x) : X \to \mathbb{R}$ função par e $g(x) : X \to \mathbb{R}$ função ímpar. Então $f(x) + g(x) : X \to \mathbb{R}$ e $f(x) - g(x) : X \to \mathbb{R}$ não são funções pares ou ímpares, a menos que uma das funções $f(x)$ ou $g(x)$ é nula. Ao mesmo tempo, $f(x) \cdot g(x) : X \to \mathbb{R}$ e $\frac{f(x)}{g(x)} : \tilde{X} \to \mathbb{R}$ são funções ímpares, a última no conjunto $\tilde{X}$ onde $g(x) \neq 0$.

Vamos demonstrar os resultados para soma e produto, deixando outras duas operações para os leitores.

Denotamos $h(x) = f(x) + g(x)$ e observamos que $h(x)$ é definida em X. Vamos supor, por absurdo, que $h(x)$ é par. Então, de acordo com propriedades anteriores, $g(x) = h(x) - f(x)$ deve ser par, o que contradiz a condição (a menos que $g(x) \equiv 0$ e, nesse caso, ela é tanto par como ímpar). Da mesma maneira, chegamos a uma contradição se supomos que $h(x)$ é ímpar. Portanto, $h(x)$ não é par nem ímpar (a menos que $f(x)$ ou $g(x)$ é nula).

Denotamos $h(x) = f(x) \cdot g(x)$ e observamos que $h(x)$ é definida em X. Então, $h(-x) = f(-x) \cdot g(-x) = f(x) \cdot (-g(x)) = -h(x)$, $\forall x \in X$, ou seja, $h(x)$ é uma função ímpar.

Exemplos

1. $f(x) = x^2 + \cos x$. Essa função é par em $\mathbb{R}$ como soma de duas funções pares em $\mathbb{R}$.

2. $f(x) = x \cos x$. O produto da função ímpar x com a função par $\cos x$, ambas definidas em $\mathbb{R}$, é uma função ímpar em $\mathbb{R}$.

3. $f(x) = \frac{\sin x}{x^3}$. Essa função é par em $\mathbb{R}\backslash\{0\}$ como quociente de duas funções ímpares, com denominador nulo no ponto $x = 0$.

4. $f(x) = x - |x|$. A diferença entre a função ímpar x e a função par $|x|$ resulta numa função que não é par nem ímpar. Outra maneira de demonstrar isso, tomando alguns pontos específicos: por exemplo, para $x = -1$ temos $f(-1) = -2$, enquanto para $x = 1$ temos $f(1) = 0$.

4.4 Funções periódicas

Definição. Uma função $y = f(x)$ é dita *periódica* se existe uma constante não nula T ($\exists T \neq 0$) tal que para qualquer x do domínio dessa função ($\forall x \in X$) é válida a seguinte propriedade: $f(x + T) = f(x)$. A constante T é chamada de *período*.

Se existe um número mínimo positivo T tal que a propriedade seja válida, então esse número é chamado de *período mínimo* ou *período fundamental*.

Propriedades

Propriedade do domínio

Antes de formular e demonstrar a propriedade do domínio, faremos algumas observações preliminares importantes.

Primeiro, notamos que da definição segue direto que caso x pertence ao domínio X, então $x+T$ também pertence, uma vez que os dois pontos estão envolvidos na fórmula principal da definição. Da mesma maneira, se $x_1 = x + T$ fica no domínio, então $x_2 = x_1 + T = x + 2T$ também fica. Continuindo dessa maneira, concluímos que caso $x \in X$, então $(x + nT) \in X$ para $\forall n \in \mathbb{N}$.

Notamos ainda que $x - T$ também fica em X, porque usando a notação $\tilde{x} = x + T$, a fórmula principal pode ser reescrita na forma $f(\tilde{x}) = f(\tilde{x} - T)$. Consequentemente, $(x - nT) \in X$ para $\forall n \in \mathbb{N}$ se $x \in X$. Assim, caso $x \in X$, então $(x + nT) \in X$ para $\forall n \in \mathbb{Z}$.

Notamos também que a fórmula $f(\tilde{x}) = f(\tilde{x} - T)$ mostra que caso T é período de $f(x)$, então $-T$ também é.

Vamos também relembrar as definições de conjuntos limitados (veja seção 5.2 do Capítulo 1). Um conjunto é chamado *limitado à direita* se existe um número real M tal que para qualquer x do conjunto escolhido temos $x \leq M$. Da mesma maneira, um conjunto é chamado *limitado à esquerda* se existe um número real m tal que para qualquer x do conjunto em consideração temos $x \geq m$. Finalmente, um conjunto é chamado *limitado* se ele é limitado tanto à direita como à esquerda.

Formulamos agora a primeira propriedade do domínio.

Propriedade 1 do domínio. O domínio de uma função periódica não pode ser limitado nem à direita nem à esquerda.

Demonstração. Primeiro, demonstremos que o domínio não é limitado à direita. Sem perda de generalidade, podemos considerar o período T positivo (se T for negativo, usaremos $-T$). Vamos usar o método de contradição: supomos que existe constante M tal que $x \leq M$, $\forall x \in X$. Tomamos algum $x_0 \in X$ e calculamos a distância entre x_0 e M: $d(x_0, M) = M - x_0$. Comparamos essa distância com o período T: $a = \frac{M - x_0}{T}$. Agora tomamos qualquer número natural n maior que a, por exemplo, $n = [a] + 1$, onde $[a]$ significa a parte inteira de a. Nesse caso, de $n > a = \frac{M - x_0}{T}$ segue que $nT > M - x_0$ e $x_0 + nT > M$. Mas, como foi discutido antes, $x_0 + nT$ é um ponto do domínio X e, portanto, chegamos à contradição com a suposição. Logo, X não é limitado à direita.

Da mesma maneira pode ser demonstrado que X não é limitado à esquerda, o que deixamos a cargo do leitor.

Como já foi discutido, grosso modo, qualquer propriedade de uma função periódica válida para $x \in X$ deve ser satisfeita também para $x + nT \in X$, $\forall n \in \mathbb{Z}$. Em particular, se X é o domínio, então $X + nT = \{x + nT, \forall x \in X\}$, $\forall n \in \mathbb{Z}$ deve ser o mesmo domínio. Isso leva à seguinte propriedade útil na prática.

Propriedade 2 do domínio. Uma função periódica não pode ser indefinida em um número finito de pontos.

Demonstração. Seja T um período positivo da função. Supomos, por contradição, que o domínio não contém um número finito de pontos: $X = \mathbb{R} \backslash \{x_1, \ldots, x_n\}$. Então sempre podemos encontrar o maior número entre $x_1, \ldots, x_n$. Podemos supor, sem perda de generalidade, que esse número é x_n. Pela propriedade de funções periódicas, o número $x_0 = x_n + T$ também deve ficar fora do domínio, porque se $x_0 \in X$, isso implicaria que $x_0 - T = x_n \in X$, o que não é verdade. No entanto, não x_0 e sim x_n deve ser o maior ponto que está fora do domínio. Assim, chegamos a uma contradição.

Propriedade da imagem. Uma função periódica não pode tomar um valor em um número finito dos pontos do domínio. Em particular, uma função periódica não pode ter um número finito de zeros.

Demonstração. Se $f(x_0) = a$, então a função deve ter o mesmo valor a num conjunto infinito dos pontos $\{x_0 + kT, \forall k \in \mathbb{Z}\}$, onde T é o período da função.

Propriedade do período. Se T é período da função $f(x)$, então qualquer número na forma nT, $\forall n \in \mathbb{Z}\backslash\{0\}$ também é período dessa função.

Essa propriedade tem ligação íntima com a propriedade do domínio e na sua demonstração vamos aproveitar algumas considerações feitas antes.

Demonstração. Primeiro, notamos que caso $x \in X$, então $(x + nT) \in X$ para $\forall n \in \mathbb{Z}$, conforme demonstrado na propriedade do domínio.

Vamos inicialmente provar que se T é período, então $2T$ também é. Assim, ficará mais fácil compreender a demonstração para nT, pois seguiremos os mesmos passos. Se T é período da função $f(x) : X \to \mathbb{R}$, então $f(x+T) = f(x), \forall x \in X$. Logo, denotando $x_1 = x+T$, podemos escrever $f(x+2T) = f(x_1+T) = f(x_1) = f(x + T) = f(x)$, isto é, $2T$ é período da mesma função. Agora vamos aplicar o mesmo raciocínio para nT, $\forall n \in \mathbb{N}$:

$$f(x + nT) = f(x + (n-1)T + T) = f(x + (n-1)T) = f(x + (n-2)T + T)$$
$$= f(x + (n-2)T) = \ldots = f(x + T) = f(x),$$

o que mostra que nT é o período. Notamos ainda que $-T$ também é período: denotando $x_1 = x - T$, temos $f(x - T) = f(x_1) = f(x_1 + T) = f(x)$ (isso já foi observado na propriedade do domínio). Então, do fato que nT, $\forall n \in \mathbb{N}$ é período segue que $-nT$, $\forall n \in \mathbb{N}$ também é. Isso finaliza a demonstração.

Propriedade do gráfico. Seja $f(x)$ uma função periódica com período T. Se o gráfico dessa função é conhecido num intervalo do comprimento T, então o gráfico completo pode ser encontrado via repetição (translação horizontal) da parte original à direita e à esquerda em um número infinito de vezes.

Observação. O intervalo principal do comprimento T deve ser semi-aberto (ou fechado), se a função é definida nas extremidades desse intervalo, ou aberto se a função não está definida nas extremidades.

Demonstração. Para precisar as considerações, vamos supor que $f(x)$ é definida nas extremidades do intervalo principal $[a, a+T]$. Então o gráfico da função $f(x)$ no intervalo $[a, a + T]$ é conhecido e pretendemos encontrar esse gráfico em todo o domínio de $f(x)$. Sem perda de generalidade, podemos supor também que $T > 0$.

Para estender o gráfico à direita, consideremos, primeiro, o intervalo $[a + T, a + 2T]$. Tomamos qualquer ponto $P_0 = (x_0, f(x_0))$ do gráfico Γ da função e mostramos que o ponto $P_1 = (x_0 + T, f(x_0))$, $x_0 \in [a, a+T]$, obtido via translação horizontal de P_0 em T unidades à direita, também pertence a Γ. Realmente, se $x_0 \in X$, então $(x_0 + T) \in X$ e, pela definição de periodicidade, $f(x_0+T) = f(x_0)$. Logo, $P_1 = (x_0 + T, f(x_0)) \in \Gamma$. Como essa propriedade é válida para qualquer x_0 da parte original do gráfico, então o gráfico no intervalo $[a+T, a+2T]$ é obtido via deslocamento horizontal da parte original em T unidades à direita.

Da mesma maneira, o gráfico de $f(x)$ no intervalo $[a+2T, a+3T]$ é obtido via deslocamento horizontal da parte original em $2T$ unidades à direita, etc. Em geral, o gráfico de $f(x)$ no intervalo $[a+nT, a+(n+1)T]$, $\forall n \in \mathbb{N}$ é obtido via deslocamento horizontal da parte original em nT unidades à direita.

De modo semelhante pode ser demonstrado que o gráfico de $f(x)$ no intervalo $[a-nT, a-(n-1)T]$, $\forall n \in \mathbb{N}$ é obtido via deslocamento horizontal da parte original em nT unidades à esquerda. Deixamos essa parte como um exercício para o leitor.

Várias funções periódicas podem ser vistas nas Figs.2.22, 2.24, 2.25, 2.26 dos exemplos que seguem.

Exemplos

1. A função constante $f(x) = 1$ é periódica, uma vez que $f(x+T) = f(x) = 1, \forall T \neq 0$. Ela não tem período mínimo porque para qualquer número $T > 0$ sempre podemos tomar um positivo menor $\frac{T}{2}$ que também é o período da função. Veja o gráfico dessa função na Fig.2.22.

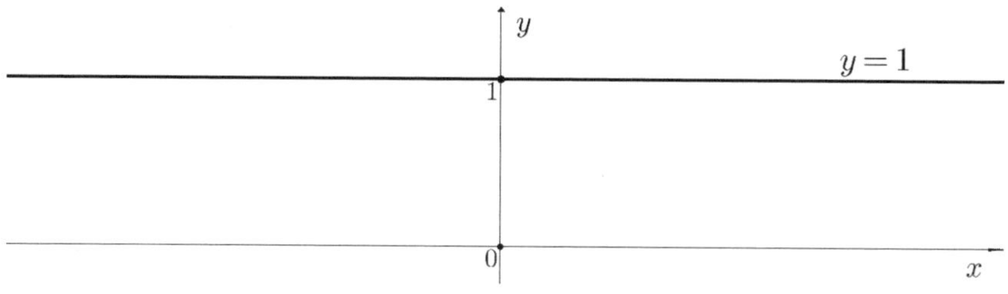

Figura 2.22 O gráfico da função $y = 1$.

2. $f(x) = [x] = n, \forall x \in [n, n+1), \forall n \in \mathbb{Z}$ (função parte inteira de x).

Em outras palavras, a função $[x]$ tem como imagem apenas números inteiros, transformando cada número real x em maior número inteiro entre aqueles que são menores ou iguais a x (geometricamente falando, em primeiro inteiro que fica à esquerda do número dado x ou coincide com x). Por exemplo, $[1,234] = 1$, $[-4,67] = -5$, $\left[\sqrt{2}\right] = 1$, $[\pi] = 3$. A imagem dessa função é $\mathbb{Z}$.

Para melhor compreender o comportamento dessa função veja seu gráfico na Fig.2.23 ou faça sua própria visualização geométrica.

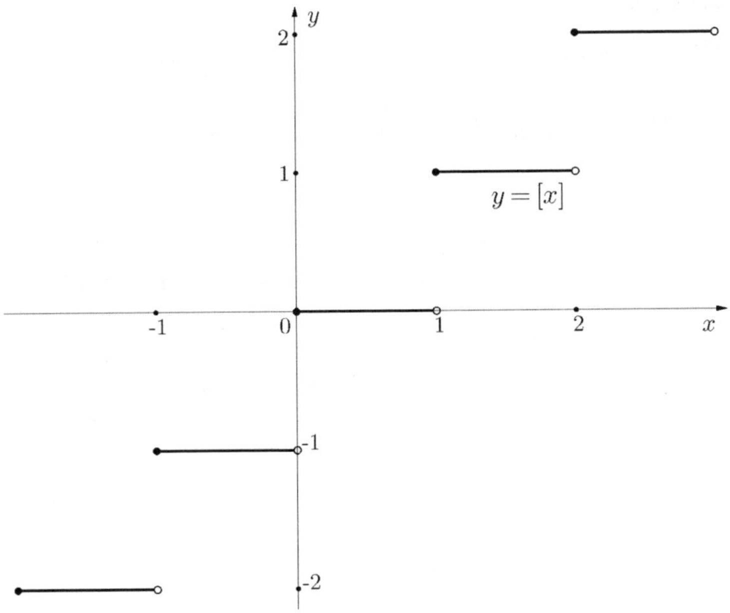

Figura 2.23 O gráfico da função $y = [x]$.

Essa função não é periódica, pois seus valores nos dois intervalos diferentes $[n, n+1)$ e $[m, m+1)$, $n, m \in \mathbb{Z}$, $n \neq m$ são distintos.

3. $f(x) = x - [x]$. Essa é uma função periódica com período mínimo igual a 1: $f(x+1) = x + 1 - [x+1] = x - [x] = f(x)$. O seu gráfico é representado na Fig.2.24.

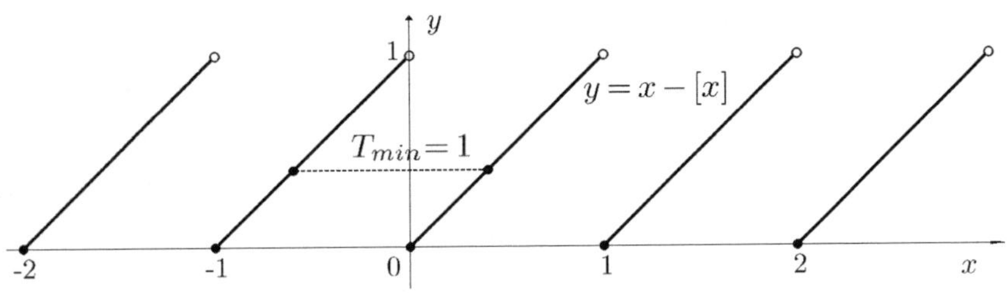

Figura 2.24 O gráfico da função $y = x \quad [x]$.

4. $f(x) = \cos x$. A função é periódica e seu período mínimo é 2π: $f(x+2\pi) = \cos(x+2\pi) = \cos x = f(x)$. O seu gráfico é representado na Fig.2.25.

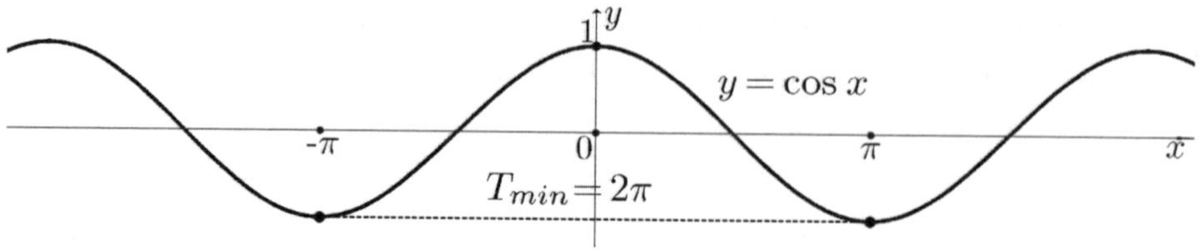

Figura 2.25 O gráfico da função $y = \cos x$.

5. $f(x) = \sin x$. A função é periódica e seu período mínimo é 2π: $f(x+2\pi) = \sin(x+2\pi) = \sin x = f(x)$. O seu gráfico é mostrado na Fig.2.26.

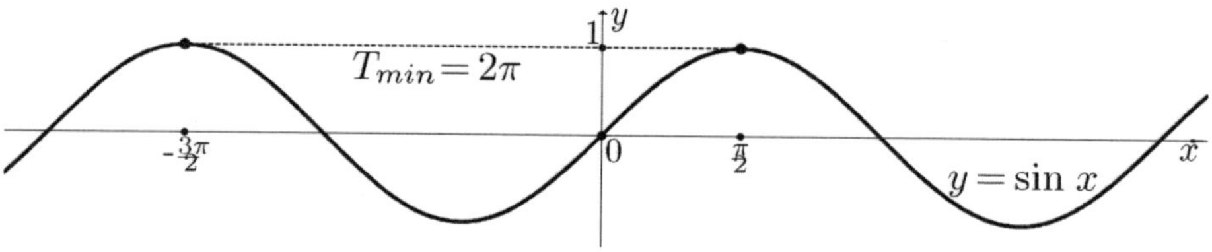

Figura 2.26 O gráfico da função $y = \sin x$.

4.5 Operações elementares com funções periódicas

Operações aritméticas com funções periódicas.

Observação. Quando consideramos operações entre funções, vamos supor, para simplificar considerações, que as funções envolvidas têm o mesmo domínio. Se os domímios não são iguais, é preciso considerar funções na interseção de seus domínios (isso pode levar a situação quando a operação não está definida, se a interseção é o conjunto vazio). Supomos também que na divisão são considerados os pontos do domínio onde o denominador não se anula.

Sejam $f(x) : X \to \mathbb{R}$ e $g(x) : X \to \mathbb{R}$ funções periódicas de mesmo período T. Então $f(x) + g(x) : X \to \mathbb{R}$, $f(x) - g(x) : X \to \mathbb{R}$, $f(x) \cdot g(x) : X \to \mathbb{R}$ e $\frac{f(x)}{g(x)} : \tilde{X} \to \mathbb{R}$ são funções periódicas de mesmo período T, a última no conjunto $\tilde{X}$ onde $g(x) \neq 0$.

As demonstrações são simples e vamos efetua-las para a soma e produto, deixando outras duas operações para os leitores.

Demonstração.

Denotamos $h(x) = f(x)+g(x)$ e observamos que $h(x)$ é definida em X. Então, $h(x+T) = f(x+T) + g(x+T) = f(x) + g(x) = h(x)$, $\forall x \in X$, ou seja, $h(x)$ é uma função periódica do período T.

De maneira semelhante, denotamos $h(x) = f(x) \cdot g(x)$ e observamos que $h(x)$ é definida em X. Então, $h(x+T) = f(x+T) \cdot g(x+T) = f(x) \cdot g(x) = h(x)$, $\forall x \in X$, ou seja, $h(x)$ é uma função periódica do período T.

Observação 1. A mesma afirmação para o período mínimo não é válida, mesmo se ambas funções têm o período mínimo igual. Um exemplo simples disso é $f(x) = \sin x$, $g(x) = -\sin x$, ambas definidas em $X = \mathbb{R}$ e tendo o período mínimo 2π, mas a sua soma é a função constante $h(x) = f(x) + g(x) \equiv 0$ que nem tem o período mínimo (qualquer número real não zero é o seu período). Um exemplo menos trivial é as funções $f(x) = \sin x$, $g(x) = \cos x$ e operação de multiplicação: a função $h(x) = f(x) \cdot g(x) = \frac{1}{2}\sin 2x$ tem o período mínimo π.

Em geral, o que pode se afirmar sobre o período mínimo é o seguinte: se $f(x)$ e $g(x)$ são funções periódicas com o mesmo domínio e mesmo período mínimo T, então a sua soma, diferença, produto e quociente é uma função periódica com período T (no caso do quociente, se ele estar definido). Esse período T pode ser período mínimo do resultado, mas pode ser que não (inclusive a função resultante pode não ter período mínimo).

Observação 2. No caso particular, quando uma das funções, digamos $g(x)$, é uma constante $g(x) = C$, as funções $f(x) + C$, $f(x) - C$, $Cf(x)$ e $\frac{f(x)}{C}, C \neq 0$ são periódicas de período T (de acordo com a afirmação da propriedade) e, além disso, elas mantêm o mesmo período mínimo da função $f(x)$.

Operações com argumento de funções periódicas.

Observação. Para simplificar considerações, a seguir vamos supor que as funções envolvidas estão definidas em $\mathbb{R}$.

Se $f(x) : \mathbb{R} \to \mathbb{R}$ é uma função periódica de período T, então $f(x+c)$, $c = constante$ é função periódica de período T e $f(cx)$, $c \neq 0$ é função periódica de período $\frac{T}{c}$. Além disso, se $T > 0$ é o período mínimo de $f(x)$, então T é o período mínimo de $f(x+c)$ e $\frac{T}{|c|}$ é o período mínimo de $f(cx)$.

Demonstração. Denotamos $g(x) = f(x+c)$ e, usando periodicidade de $f(x)$, temos $g(x+T) = f(x+c+T) = f(x+c) = g(x)$. Para mostrar que $T > 0$ é o período mínimo de $g(x)$ supomos, por absurdo, que existe o período menor $0 < \tilde{T} < T$. Então, $f(x+\tilde{T}) = g(x-c+\tilde{T}) = g(x-c) = f(x)$, o que significa que $\tilde{T}$ é o período de $f(x)$ menor que o período mínimo T, o que contradiz a definição do período mínimo.

Analogamente, denotamos $g(x) = f(cx)$ e, usando periodicidade de $f(x)$, temos $g(x + \frac{T}{c}) = f(cx+T) = f(cx) = g(x)$. Para mostrar que $\frac{T}{|c|} > 0$ é o período mínimo de $g(x)$ supomos, por absurdo, que existe o período menor $0 < \frac{\tilde{T}}{|c|} < \frac{T}{|c|}$. Notamos que, nesse caso, tanto $\frac{\tilde{T}}{|c|}$ como $\frac{\tilde{T}}{c}$ é o período de $g(x)$. Então, $f(x+\tilde{T}) = g(\frac{x+\tilde{T}}{c}) = g(\frac{x}{c} + \frac{\tilde{T}}{c}) = g(\frac{x}{c}) = f(x)$, o que significa que $\tilde{T}$ é o período de $f(x)$ menor que o período mínimo T, o que contradiz a definição do período mínimo.

Exemplos

1. A função $f(x) = \cos x + \sin x$ é periódica com período $T = 2\pi$ como combinação linear de duas funções periódicas com período 2π. Embora, em geral, a combinação linear não mantenha o período mínimo das funções envolvidas, nesse caso, $T = 2\pi$ é o período mínimo de $f(x)$. Realmente, usando fórmulas trigonométricas, podemos reescrever a expressão da função na forma $f(x) = \cos x + \sin x = \sqrt{2}\left(\frac{\sqrt{2}}{2}\cos x + \frac{\sqrt{2}}{2}\sin x\right) = \sqrt{2}\left(\cos\frac{\pi}{4}\cos x + \sin\frac{\pi}{4}\sin x\right) = \sqrt{2}\cos\left(x - \frac{\pi}{4}\right)$. Como $\cos\left(x - \frac{\pi}{4}\right)$ tem período mínimo 2π (de acordo com propriedades do argumento de funções periódicas), então $f(x)$ também tem período mínimo 2π.

2. A função $f(x) = \sin x \cos x$ é periódica com período $T = 2\pi$ como o produto de duas funções com período 2π. Nesse caso, o período mínimo 2π das funções originais não é mantido e para $f(x)$ ele é igual a π. Isso segue direto da aplicação da fórmula trigonométrica $f(x) = \sin x \cos x = \frac{1}{2}\sin 2x$ e da propriedade do argumento de funções periódicas.

3. A função $f(x) = \frac{\sin x}{\cos x} = \tan x$ (chamada de tangente) é periódica com período $T = 2\pi$ no domínio $X = \mathbb{R}\backslash\{\frac{\pi}{2} + k\pi, k \in \mathbb{Z}\}$ (onde o denominador não se anula) como o quociente de duas funções com período 2π. Nesse caso, o período mínimo 2π das funções originais não é mantido e para $f(x)$ ele é igual a π. Realmente, por um lado, $f(x+\pi) = \frac{\sin(x+\pi)}{\cos(x+\pi)} = \frac{-\sin x}{-\cos x} = f(x)$, isto é, $\tilde{T} = \pi$ é o período de $f(x)$, e, por outro lado, o valor 0 a função assume somente nos pontos $k\pi, k \in \mathbb{Z}$ (onde o numerador $\sin x$ se anula), com a distância mínima entre eles igual a π, e, portanto, não pode existir um período menor que $\tilde{T} = \pi$.

4. A função $f(x) = \cos\left(\frac{x}{3} - 2\right)$ é periódica com período mínimo $T = \frac{2\pi}{1/3} = 6\pi$ de acordo com as propriedades do argumento de funções periódicas.

5 Monotonia de uma função

5.1 Definições e exemplos

Crescimento e decrescimento num conjunto

Definição. Uma função $f(x) : X \to \mathbb{R}$ é chamada *crescente (estritamente crescente)* num subconjunto S do seu domínio X se para quaisquer $x_1, x_2 \in S$, $x_1 < x_2$ segue que $f(x_1) \leq f(x_2)$ $(f(x_1) < f(x_2))$. Da mesma maneira, uma função $f(x) : X \to \mathbb{R}$ é chamada *decrescente (estritamente decrescente)* num subconjunto S do seu domínio X se para quaisquer $x_1, x_2 \in S$, $x_1 < x_2$ segue que $f(x_1) \geq f(x_2)$ $(f(x_1) > f(x_2))$.

Observação. O conjunto S nessa definição pode ser tanto uma parte do domínio X como todo o domínio. Se o conjunto S não é especificado, então, usualmente, é considerado todo o domínio X.

O caso particular quando conjunto S é um intervalo vai ser de maior importância para nós. Por isso vamos reformular a mesma definição mais uma vez nesse caso específico.

Definição. Uma função $f(x) : X \to \mathbb{R}$ é chamada *crescente (estritamente crescente) num intervalo* $I \subset X$ se para quaisquer $x_1, x_2 \in I$, $x_1 < x_2$ segue que $f(x_1) \leq f(x_2)$ $(f(x_1) < f(x_2))$. Analogamente, uma função $f(x) : X \to \mathbb{R}$ é chamada *decrescente (estritamente decrescente) num intervalo* $I \subset X$ se para quaisquer $x_1, x_2 \in I$, $x_1 < x_2$ segue que $f(x_1) \geq f(x_2)$ $(f(x_1) > f(x_2))$.

Observação. O intervalo I nessa definição pode ser de qualquer tipo (aberto, semi-aberto ou fechado, finito ou infinito).

Crescimento e decrescimento num ponto

Definição. Função $f(x)$ é chamada *crescente (estritamente crescente) num ponto* do seu domínio se existe vizinhança desse ponto onde a função é crescente (estritamente crescente). De modo semelhante, função $f(x)$ é chamada *decrescente (estritamente decrescente) num ponto* do seu domínio se existe vizinhança desse ponto onde a função é decrescente (estritamente decrescente).

Definição. Uma função é chamada *monótona* num conjunto, intervalo ou ponto se ela é crescente ou decrescente nesse conjunto, intervalo ou ponto. Isso se refere tanto à *monotonia geral* como à *monotonia estrita.*

Observação. Notamos que, conforme a definição, um ponto de monotonia deve pertencer ao domínio junto com alguma sua vizinhança.

Exemplos

1. $f(x) = x$. Essa função é crescente estritamente em todo o seu domínio $X = \mathbb{R}$:

$$\forall x_1, x_2 \in \mathbb{R}, x_1 < x_2 \to f(x_1) < f(x_2).$$

Notamos que em qualquer parte do seu domínio, essa função tem o mesmo tipo de monotonia. Notamos também que, pela definição, qualquer ponto do domínio dessa função é o ponto de crescimento estrito.

O gráfico da função é a bissetriz dos quadrantes ímpares (Fig.2.27).

2. $f(x) = |x|$. De acordo com a definição do módulo, consideremos separadamente o comportamento da função nos intervalos $(-\infty, 0]$ e $[0, +\infty)$.

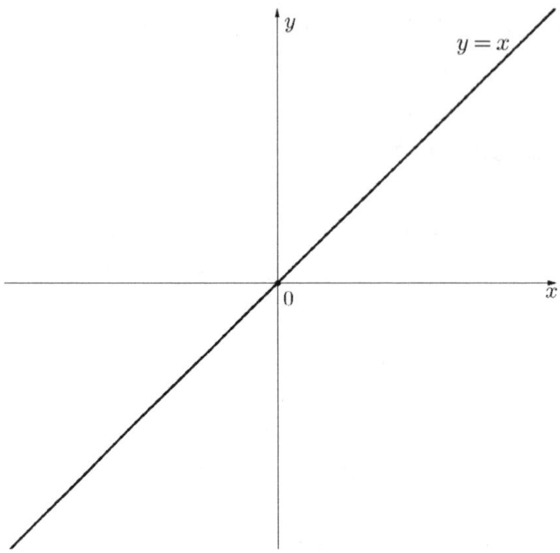

Figura 2.27 O gráfico da função $y = x$.

Primeiro, vamos considerar o intervalo $(-\infty, 0]$. Tomamos dois pontos arbitrários $x_1 < x_2$ nesse intervalo, isto é, $x_1 < x_2 \leq 0$ e comparamos os valores respectivos da função: $f(x_1) = -x_1 > -x_2 = f(x_2)$. Então, pela definição, a função $f(x) = |x|$ é estritamente decrescente em $(-\infty, 0]$.

Segundo, consideramos o intervalo $[0, +\infty)$, em que efetuamos raciocínios semelhantes. Tomamos dois pontos arbitrários $0 \leq x_1 < x_2$ e comparamos os valores respectivos da função: $f(x_1) = x_1 < x_2 = f(x_2)$. Isso significa que a função $f(x) = |x|$ é estritamente crescente em $[0, +\infty)$ conforme a definição.

Desses resultados segue que qualquer ponto do intervalo $(-\infty, 0)$ é o ponto de decrescimento estrito (por ser um ponto interior de $(-\infty, 0)$) e qualquer ponto do intervalo $(0, +\infty)$ é o ponto de crescimento estrito (por ser um ponto interior de $(0, +\infty)$). O ponto $x = 0$ não é ponto de crescimento ou de decrescimento (ele não é um ponto interior de $(-\infty, 0)$ nem de $(0, +\infty)$). Em qualquer vizinhança desse ponto, para $x < 0$ temos $f(0) < f(x)$ (propriedade de decrescimento), mas para $x > 0$ temos também $f(0) < f(x)$ (propriedade de crescimento).

O gráfico da função é mostrado na Fig.2.28.

3. $f(x) = x^2$. Lembrando o gráfico dessa função, conhecido da escola, podemos observar que a função é decrescente no intervalo $(-\infty, 0]$ e crescente no intervalo $[0, +\infty)$. Embora, em Funções Elementares, o gráfico normalmente não seja usado para deduzir propriedades analíticas, a sua forma aproximada pode ser usada como a primeira sugestão sobre propriedades de uma função que devem ser confirmadas ou rejeitadas durante o estudo analítico. Nesse sentido, podemos

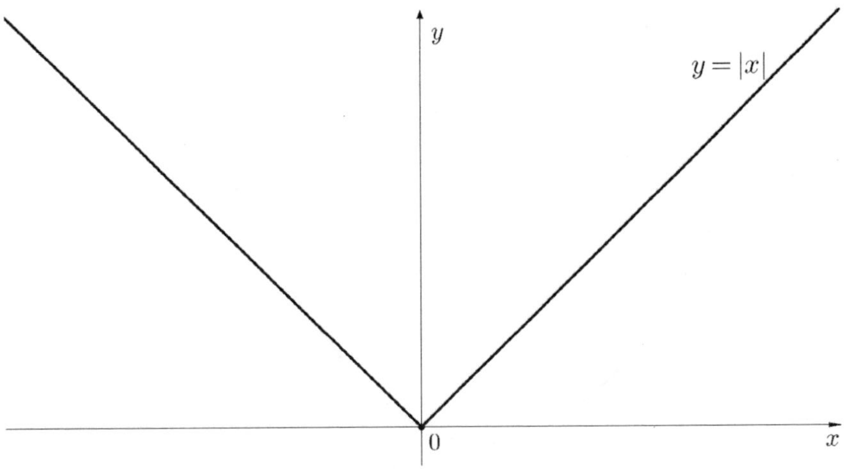

Figura 2.28 O gráfico da função $y = |x|$.

supor que $f(x) = x^2$ decresce no intervalo $(-\infty, 0]$ e cresce no intervalo $[0, +\infty)$. Mas isso é só uma suposição intuitiva que agora temos que conferir usando um método analítico exato.

Primeiro, vamos considerar o intervalo $(-\infty, 0]$. Tomamos dois pontos arbitrários $x_1 < x_2$ nesse intervalo, isto é, $x_1 < x_2 \leq 0$ e avaliamos a diferença entre os valores respectivos da função:

$$f(x_2) - f(x_1) = x_2^2 - x_1^2 = (x_2 - x_1)(x_2 + x_1).$$

O primeiro fator é positivo, pois $x_1 < x_2$, e o segundo é negativo, pois $x_1 < x_2 \leq 0$. Portanto, o produto é negativo, isto é, $f(x_2) - f(x_1) < 0$ e, consequentemente, $f(x_2) < f(x_1)$. Assim, pela definição, a função $f(x) = x^2$ é estritamente decrescente em $(-\infty, 0]$.

Passamos ao intervalo $[0, +\infty)$, em que efetuamos raciocínios semelhantes. Tomamos dois pontos arbitrários $0 \leq x_1 < x_2$ e avaliamos a diferença entre os valores respectivos da função:

$$f(x_2) - f(x_1) = x_2^2 - x_1^2 = (x_2 - x_1)(x_2 + x_1).$$

O primeiro fator é positivo, pois $x_1 < x_2$, e o segundo também é positivo, pois $0 \leq x_1 < x_2$. Portanto, $f(x_2) - f(x_1) > 0$ e, consequentemente, $f(x_2) > f(x_1)$, isto é, a função $f(x) = x^2$ é estritamente crescente em $[0, +\infty)$ conforme a definição.

O gráfico da função é mostrado na Fig.2.29.

Notamos que, pela definição, qualquer ponto do intervalo $(-\infty, 0)$ é ponto de decrescimento, e qualquer ponto do intervalo $(0, +\infty)$ é ponto de crescimento.

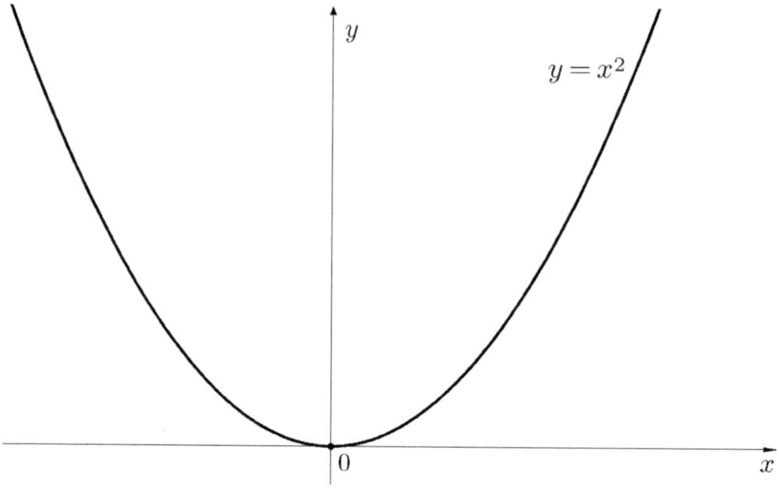

Figura 2.29 O gráfico da função $y = x^2$.

Ao mesmo tempo, o ponto 0, embora esteja incluído em dois intervalos diferentes de monotonia, não é um ponto de monotonia, porque não existe uma vizinhança dele onde a função está crescendo ou decrescendo: à esquerda de 0 temos decrescimento e à direita – crescimento.

4. $f(x) = [x]$. Para qualquer dupla $x_1 < x_2$ temos duas opções: se $x_1, x_2 \in [n, n+1), n \in \mathbb{Z}$, então $f(x_1) = f(x_2)$; se $x_1 \in [n, n+1), n \in \mathbb{Z}$ e $x_2 \in [m, m+1), m \in \mathbb{Z}$, $m > n$, então $f(x_1) < f(x_2)$. Assim, pela definição, $f(x)$ é crescente (não estritamente) em todo o seu domínio $X = \mathbb{R}$.

O gráfico da função é mostrado na Fig.2.30.

5. $f(x) = x - [x]$. Escolhendo um intervalo específico $[n, n+1), n \in \mathbb{Z}$, notamos que dentro desse intervalo $f(x) = x - [x] = x - n$, onde n é uma constante, e, portanto, para qualquer dupla $n \leq x_1 < x_2 < n+1$ temos $f(x_1) = x_1 - n < x_2 - n = f(x_2)$, isto é, $f(x)$ é estritamente crescente em qualquer intervalo separado $[n, n+1), n \in \mathbb{Z}$.

Se considerar qualquer intervalo de comprimento maior que 1 (em particular, todo o domínio $X = \mathbb{R}$), então a função não mantém monotonia. Realmente, qualquer intervalo desses vai ter um ponto inteiro n onde $f(n) = 0$ e também pontos a esquerda de n e a direita de n onde $f(x) > 0 = f(n)$. Então na parte direita de uma vizinhança de n de raio menor que 1 vamos ter $x > n$ e $f(x) > f(n)$, enquanto na parte esquerda dessa vizinhança de n vamos ter $x < n$ e $f(x) > f(n)$. Assim, nenhum tipo de monotonia é observado, $f(x)$ não é uma função monótona em qualquer intervalo de comprimento maior que 1.

Pelas mesmas razões, a função não é monótona em qualquer intervalo que tem

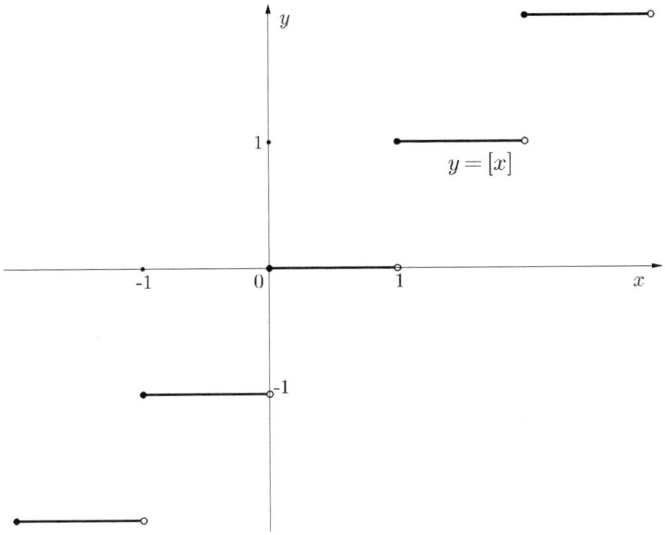

Figura 2.30 O gráfico da função $y = [x]$.

um ponto inteiro dentro, mesmo quando o comprimento desse intervalo é menor que 1.

O gráfico da função é mostrado na Fig.2.31.

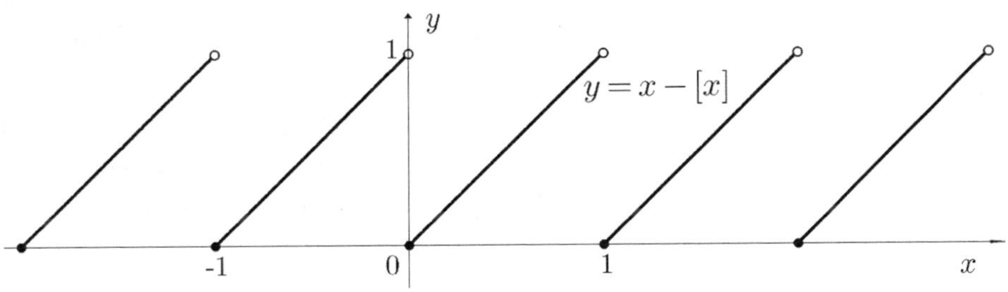

Figura 2.31 O gráfico da função $y = x - [x]$.

5.2 Operações aritméticas com funções monótonas

Propriedade 1. Se $f(x)$ e $g(x)$ são funções estritamente crescentes no mesmo domínio X, então $f(x)+g(x)$ é estritamente crescente em X. Da mesma maneira, se $f(x)$ e $g(x)$ são estritamente decrescentes no mesmo domínio X, então $f(x) + g(x)$ é estritamente decrescente em X. Os resultados análogos são válidos para monotonia não estrita.

Demonstraçao. Faremos demonstração só no caso de funções crescentes estritamente. Tomando dois pontos quaisquer $x_1, x_2 \in X$, $x_1 < x_2$, temos $h(x_1) = f(x_1) + g(x_1) < f(x_2) + g(x_2) = h(x_2)$, o que significa que $h(x) = f(x) + g(x)$ é estritamente crescente em X.

Observaçao. Obviamente, a diferença de duas funções com o mesmo tipo de monotonia não produz, em geral, uma função monótona. Por exemplo, $f(x) = x$ e $g(x) = 2x$ são duas funções estritamente crescentes em $\mathbb{R}$, mas $f(x) - g(x) = -x$ é estritamente decrescente em $\mathbb{R}$, enquanto $g(x) - f(x) = x$ é estritamente crescente em $\mathbb{R}$. Mais que isso, tomando funções $f(x) = x$ e $g(x) = x^2$, ambas estritamente crescentes em $[0, +\infty)$, obtemos a função $f(x) - g(x) = x - x^2$ estritamente crescente em $[0, \frac{1}{2}]$ e decrescente em $[\frac{1}{2}, +\infty)$.

Propriedade 2. Se $f(x)$ e $g(x)$ são funções estritamente crescentes no mesmo domínio X e, além disso, são positivas em X, então $f(x)g(x)$ é estritamente crescente (e positiva) em X. De maneira semelhante, se $f(x)$ e $g(x)$ são estritamente crescentes no mesmo domínio X e, além disso, são negativas em X, então $f(x)g(x)$ é estritamente decrescente (e positiva) em X. Os resultados análogos são válidos para monotonia não estrita.

Demonstraçao. Faremos demonstração só no caso de funções crescentes. A positividade do produto $f(x)g(x)$ é óbvia, portanto, temos que provar somente o crescimento estrito da função $h(x) = f(x)g(x)$. Tomando dois pontos quaisquer $x_1, x_2 \in X$, $x_1 < x_2$, temos $h(x_1) = f(x_1)g(x_1) < f(x_2)g(x_1) < f(x_2)g(x_2) = h(x_2)$, onde a primeira desigualdade segue do crescimento de $f(x)$ (e da positividade de $g(x)$) e a segunda – do crescimento de $g(x)$ (e da positividade de $f(x)$). Então, $h(x) = f(x)g(x)$ é estritamente crescente em X.

Observaçao. Se as funções não mantêm o devido sinal, a propriedade se torna inválida. Por exemplo, $f(x) = x$ e $g(x) = x$ são duas funções estritamente crescentes em $\mathbb{R}$, mas $f(x)g(x) = x^2$ tem decrescimento estrito em $(-\infty, 0]$ e crescimento estrito em $[0, +\infty)$.

Propriedade 3. Se $f(x)$ e $g(x)$ são funções estritamente decrescentes no mesmo domínio X e, além disso, são positivas em X, então $f(x)g(x)$ é estritamente decrescente (e positiva) em X. De maneira semelhante, se $f(x)$ e $g(x)$ são estritamente decrescentes no mesmo domínio X e, além disso, são negativas em X, então $f(x)g(x)$ é estritamente crescente (e positiva) em X. Os resultados análogos são válidos para monotonia não estrita.

Demonstraçao. Essa propriedade e sua demonstração são completamente análogas às da Propriedade 2.

Observaçao. A mistura de uma função crescente e outra decrescente num produto geralmente não assegura uma específica monotonia do produto, mesmo quando ambos os fatores mantêm o mesmo sinal. Por exemplo, $f(x) = x$ é estritamente crescente e positiva em $(0,1)$, $g(x) = 1-x$ é estritamente decrescente e positiva em $(0,1)$, mas o produto $f(x)g(x) = x - x^2$ é estritamente crescente em $(0, \frac{1}{2}]$ e estritamente decrescente em $[\frac{1}{2}, 1)$.

6 Extremos de uma função

6.1 Extremos globais

Definição. Um ponto x_0 é chamado de *máximo global (máximo global estrito)* de função $y = f(x)$ num conjunto S do seu domínio se para qualquer x desse conjunto, diferente de x_0, é válida a seguinte propriedade: $f(x) \leq f(x_0)$ $(f(x) < f(x_0))$.

Da mesma maneira, um ponto x_0 é chamado de *mínimo global (mínimo global estrito)* de função $y = f(x)$ num conjunto S do seu domínio se para qualquer x desse conjunto, diferente de x_0, é válida a seguinte propriedade: $f(x) \geq f(x_0)$ $(f(x) > f(x_0))$.

O ponto máximo ou mínimo global (estrito) é chamado de *extremo global (estrito)*.

Observação. Um extremo global também é chamado de extremo absoluto.

Relação entre extremos e monotonia

Às vezes, no estudo de extremos é útil usar informação sobre monotonia da função se ela já foi investigada. Mais especificamente, fica bastante evidente que caso um ponto x_0 é o ponto de monotonia estrita, então ele não pode ser um ponto extremo. Realmente, supomos que x_0 é um ponto de crescimento estrito de $f(x)$. Então, numa vizinhança desse ponto (x_0-r, x_0+r), a função $f(x)$ cresce estritamente. Portanto, tomando o ponto médio entre x_0 e $x_0 + r$, $x_1 = x_0 + \frac{r}{2}$, temos $f(x_1) > f(x_0)$, o que mostra que x_0 não é o ponto máximo. Por outro lado, tomando o ponto médio entre x_0 e $x_0 - r$, $x_2 = x_0 - \frac{r}{2}$, temos $f(x_2) < f(x_0)$, o que mostra que x_0 não é o ponto mínimo. O mesmo raciocínio é válido para um ponto de decrescimento estrito.

Notamos que um extremo global pode pertencer ao intervalo de monotonia estrita, como no caso da função $f(x) = x$ no conjunto $S = [0,1]$. Todo o intervalo $S = [0,1]$ é intervalo de crescimento estrito da função $f(x) = x$ (a demonstração é trivial), mas as extremidades desse intervalo são extremos globais: $f(x) = x > 0 = f(0)$, $\forall x \in (0,1]$ e $f(x) = x < 1 = f(1)$, $\forall x \in [0,1)$, isto é, $x_1 = 0$ é o mínimo global e $x_2 = 1$ é o máximo global no conjunto $S = [0,1]$ (veja Fig.2.32). Isso não contradiz a afirmação anterior, porque os pontos 0 e 1, embora pertençam ao intervalo de crescimento estrito, não são pontos de crescimento, porque não pertencem a $S = [0,1]$ junto com alguma sua vizinhança.

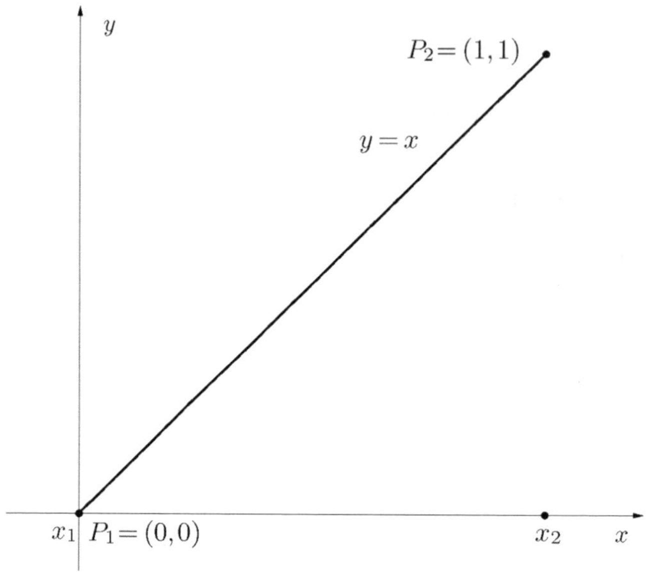

Figura 2.32 A função $y = x, x \in [0,1]$ e seus extremos globais.

Quando a monotonia não é estrita, então os pontos correspondentes ainda podem ser extremos globais (embora não estritos). Consideremos como exemplo a função $f(x) = \begin{cases} -x, & x \le -1 \\ 1, & -1 < x < 1 \\ x, & x \ge 1 \end{cases}$. A construção do seu gráfico é elementar (ele consiste em três partes retilíneas) e possibilita visualizar melhor o comportamento dessa função (veja Fig.2.33). Evidentemente, todo o intervalo $(-\infty, 1]$ é o intervalo de decrescimento (não estrito) de $f(x)$ e, ao mesmo tempo, qualquer ponto do intervalo $[-1, 1]$ é o ponto do mínimo global (não estrito) no dominio $\mathbb{R}$ dessa função.

Mais uma relação entre monotonia e extremos não é tão simples como pode parecer. Se consideremos uma função estritamente decrescente no intervalo $(-\infty, x_0)$ e estritamente crescente em $(x_0, +\infty)$, então pode parecer, da primeira vista, que x_0 deve ser o ponto mínimo global. Isso pode acontecer com algumas funções, como por exemplo, no caso de $f(x) = |x|$ com $x_0 = 0$, mas em geral isso não é verdade. Primeiro, se uma função não está definida no ponto x_0, então esse ponto não pode ser seu mínimo, como no caso da função $g(x) = \frac{x^2}{|x|}$ igual a $f(x) = |x|$ em todos os pontos, exceto a origem, onde a função $g(x)$ não está definida. Mas

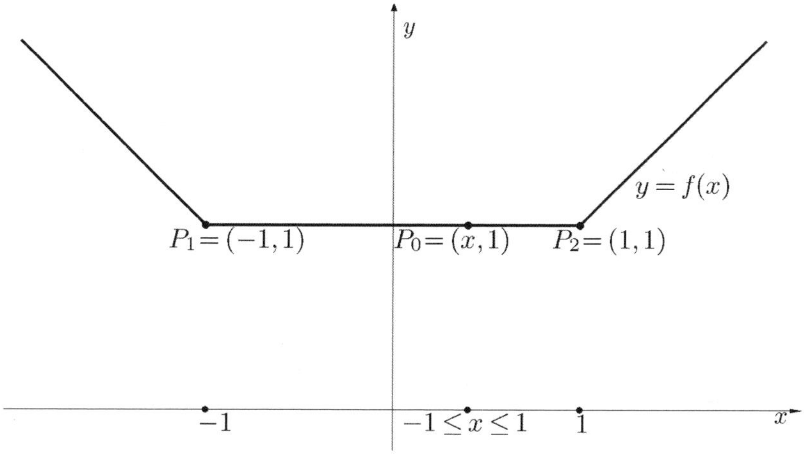

Figura 2.33 A função $y = f(x)$ e seus mínimos globais não estritos.

mesmo quando uma função está definida em x_0 não há garantia que esse é o seu ponto mínimo. Realmente, consideremos a função $h(x) = \begin{cases} -x, \ x < 0 \\ x+1, \ x \geq 0 \end{cases}$. O seu gráfico é simples (ele consiste em duas partes retilíneas) e possibilita ver melhor o que está acontecendo perto do ponto $x_0 = 0$ (veja Fig.2.34). Assim como $f(x) = |x|$, a função $h(x)$ tem decrescimento estrito no intervalo $(-\infty, 0)$ e crescimento estrito no intervalo $(0, +\infty)$, mas $x_0 = 0$ não é o ponto mínimo dessa função (mesmo no sentido não estrito). Realmente, a simples comparação $h(0) = 1 > \frac{1}{2} = h(-\frac{1}{2})$ já mostra que $x_0 = 0$ não é mínimo. Em geral, $h(x)$ não tem mínimo global, embora seu comportamento seja bem semelhante ao de $f(x) = |x|$. De fato, qualquer ponto $x_0 \geq 0$ não é mínimo pela mesma avaliação $h(x_0) \geq 1 > \frac{1}{2} = h(-\frac{1}{2})$. Ao mesmo tempo, qualquer ponto $x_0 < 0$ não é mínimo de $h(x)$, porque escolhendo $x_1 = \frac{x_0}{2}$ temos $h(x_0) > h(x_1)$.

Naturalmente, as mesmas considerações são válidas para relação entre monotonia e máximos globais.

Recomendamos ao leitor analisar monotonia e extremos de funções $f(x) = \begin{cases} |x|, \ x \neq 0 \\ 1, \ x = 0 \end{cases}$ e $g(x) = \begin{cases} |x|, \ x \neq 0 \\ -1, \ x = 0 \end{cases}$.

Observação. Existe certa ambiguidade em terminologia de pontos extremos. O ponto extremo x_0, o valor da função nesse ponto $f(x_0)$ e o ponto do gráfico da função $P_0 = (x_0, f(x_0))$ podem ser chamados de ponto extremo. Normalmente isso não gera confusão alguma porque o significado específico desse termo fica claro no contexto considerado.

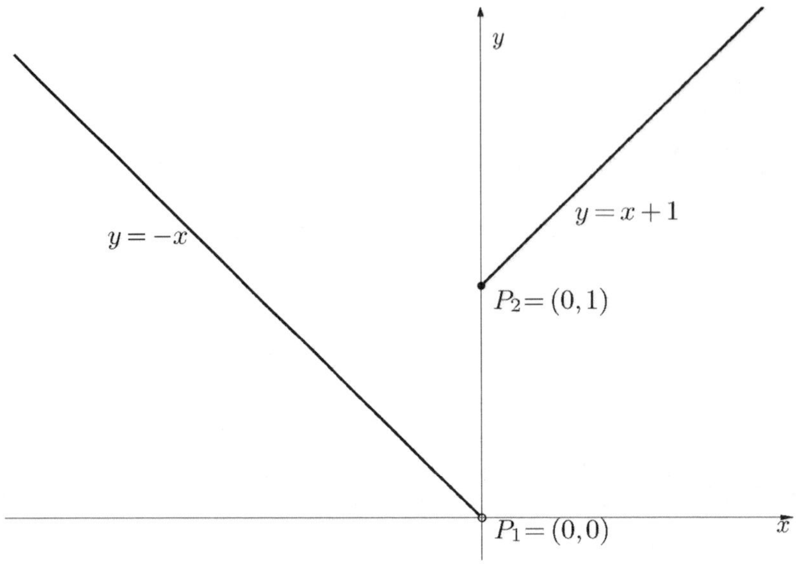

Figura 2.34 A função $y = h(x)$ que não tem extremos globais.

Exemplos.
1a. $f(x) = x$, $S = X = \mathbb{R}$.

Como $f(x)$ cresce estritamente em todo o seu domínio $\mathbb{R}$, não pode haver máximo ou mínimo, pois qualquer que for o ponto x_0, a direita dele $f(x)$ assume valores maiores e a esquerda – menores. Outra justificativa vem direto do fato de que qualquer ponto dessa função é o ponto de crescimento estrito.

1b. $f(x) = x$, $S = [0, +\infty)$.

No conjunto $S = [0, +\infty)$, a função $f(x)$ tem mínimo global estrito $x_0 = 0$, pois $f(x) = x > 0 = f(0)$, $\forall x > 0$. Mas o máximo global não existe, porque qualquer que for o ponto $x_0 \in S$, a direita dele $f(x)$ assume valores maiores.

1c. $f(x) = x$, $S = [0, 10]$.

No conjunto $S = [0, 10]$, a função tem tanto mínimo como máximo global: o ponto $x_1 = 0$ é o mínimo global estrito, pois $f(x) = x > 0 = f(0)$, $\forall x \in (0, 10]$; e o ponto $x_2 = 10$ é o máximo global estrito, pois $f(x) = x < 10 = f(10)$, $\forall x \in [0, 10)$.

1d. $f(x) = x$, $S = (0, 10)$.

No conjunto $S = (0, 10)$, a função não tem nem mínimo nem máximo global. Realmente, escolhendo qualquer $x_0 \in (0, 10)$, sempre podemos encontrar um ponto, por exemplo, o ponto médio entre 0 e x_0, $x_1 = \frac{x_0}{2} \in (0, 10)$, onde $f(x_1) < f(x_0)$, isto é, x_0 não pode ser mínimo global. Pelas mesmas razões, escolhendo qualquer $x_0 \in (0, 10)$, sempre podemos encontrar um ponto, por exemplo, o ponto médio entre x_0 e 10, $x_2 = \frac{x_0+10}{2} \in (0,10)$, onde $f(x_2) > f(x_0)$, isto é, x_0 não é máximo global. Apesar disso, a função é limitada em S, porque todos os seus valores satisfazem a desigualdade $0 < f(x) = x < 10$, $\forall x \in (0,10)$.

2a. $f(x) = |x|$, $S = X = \mathbb{R}$.

Considerando todos os reais, a função $f(x) = |x|$ tem apenas mínimo global estrito no ponto $x_0 = 0$. Realmente, conforme definição do mínimo, $f(x) = |x| > 0 = f(0)$, $\forall x \neq 0$.

Para mostrar que não há máximo global, podemos notar que $x_0 = 0$ não pode ser máximo, porque ele é o mínimo estrito, e qualquer outro ponto x_0 é ponto de monotonia estrita (decrescimento estrito para $x_0 < 0$ e crescimento estrito para $x_0 > 0$), e por isso também não pode ser máximo.

Outra maneira de mostrar ausência de máximo global é via definição. Tomando qualquer ponto $x_0 \neq 0$, podemos escolher $x_1 = 2x_0$ e temos $f(x_1) = 2|x_0| > |x_0| = f(x_0)$ o que contradiz a definição do máximo no ponto x_0. Para $x_0 = 0$ simplesmente tomamos qualquer $x_1 \neq 0$, por exemplo, $x_1 = 1$, e temos $f(x_1) = |x_1| = 1 > 0 = f(0)$.

2b. $f(x) = |x|$, $S = (-3, 2]$.

No intervalo $(-3, 2]$, a função $f(x) = |x|$ tem o mínimo global estrito no ponto $x_0 = 0$, mas não tem máximo global. Realmente, para qualquer $x \in (-3, 2], x \neq 0$ temos $f(x) = |x| > 0 = f(0)$, e, portanto, $x_0 = 0$ é o mínimo global estrito. Para mostrar que não há máximo, notamos, primeiro, que qualquer $x_0 \in [-2, 2]$ não pode ser máximo, uma vez que $f(x_0) \leq f(2) = 2 < f(-2.5) = 2.5$, onde o ponto $x_1 = -2.5$ é do intervalo $(-3, 2]$. Tomamos agora qualquer $x_0 \in (-3, -2)$ e escolhemos o ponto médio entre -3 e x_0: $x_1 = \frac{-3+x_0}{2} \in (-3, -2)$. Então $f(x_0) = -x_0 < \frac{3-x_0}{2} = f(x_1)$, o que significa que x_0 não é ponto máximo.

2c. $f(x) = |x|$, $S = [-3, 2)$.

No intervalo $[-3, 2)$, a função $f(x) = |x|$ tem o mínimo global estrito no ponto $x_0 = 0$ e máximo global estrito no ponto $x_1 = -3$. Realmente, para qualquer $x \in [-3, 2), x \neq 0$ temos $f(x) = |x| > 0 = f(0)$, e, portanto, $x_0 = 0$ é o mínimo global estrito. Ao mesmo tempo, para qualquer $x \in (-3, 2)$ temos $f(x) = |x| < 3 = f(-3)$, o que mostra que $x_1 = -3$ é o máximo global estrito.

2d. $f(x) = |x|$, $S = (1, 2)$.

No intervalo $(1, 2)$, a função $f(x) = |x|$ não tem mínimo global nem máximo global. Realmente, para qualquer $x_0 \in (1, 2)$ escolhemos o ponto médio entre 1 e x_0, $x_1 = \frac{1+x_0}{2} \in (1, 2)$ e obtemos $f(x_0) = x_0 > \frac{1+x_0}{2} = f(x_1)$. Isso mostra que x_0 não é ponto mínimo. De maneira semelhante, para $x_0 \in (1, 2)$ escolhemos o ponto médio entre x_0 e 2, $x_1 = \frac{x_0+2}{2} \in (1, 2)$ e obtemos $f(x_0) = x_0 < \frac{x_0+2}{2} = f(x_1)$. Isso significa que x_0 não é ponto máximo.

3a. $f(x) = -x^2$, $S = X = \mathbb{R}$.

Considerando todos os reais, a função $f(x) = -x^2$ tem apenas máximo global estrito em $x_0 = 0$: pela definição do máximo, $f(x) = -x^2 < 0 = f(0)$, $\forall x \neq 0$.

Para mostrar que não há mínimo global, podemos notar que $x_0 = 0$ não pode ser mínimo, porque ele é o máximo estrito, e qualquer outro ponto x_0 é ponto de monotonia estrita (crescimento estrito para $x_0 < 0$ e decrescimento estrito para $x_0 > 0$), e por isso também não pode ser mínimo.

Outra maneira de mostrar ausência de mínimo global é via definição. Tomando qualquer ponto $x_0 \neq 0$, podemos escolher $x_1 = 2x_0$ e temos $f(x_1) = -4x_0^2 < -x_0^2 = f(x_0)$, o que contradiz a definição do mínimo no ponto x_0. Para $x_0 = 0$ simplesmente tomamos qualquer $x_1 \neq 0$, por exemplo, $x_1 = 1$, e temos $f(x_1) = -x_1^2 = -1 < 0 = f(0)$.

3b. $f(x) = -x^2$, $S = [-1, 2]$.

No intervalo $[-1, 2]$, a função $f(x) = -x^2$ tem o máximo global estrito no ponto $x_0 = 0$ e mínimo global estrito no ponto $x_1 = 2$. Realmente, para qualquer $x \neq 0$ temos $f(x) = -x^2 < 0 = f(0)$ e, para qualquer $-1 \leq x < 2$, temos $f(x) = -x^2 > -4 = f(2)$.

3c. $f(x) = -x^2$, $S = [-1, 1]$.

No intervalo $[-1, 1]$, a função $f(x) = -x^2$ tem o máximo global estrito no ponto $x_0 = 0$ e o mínimo global não estrito nos dois pontos $x_1 = -1$ e $x_2 = 1$. Realmente, para qualquer $x \neq 0$ temos $f(x) = -x^2 < 0 = f(0)$, e para qualquer $-1 < x < 1$ temos $f(x) = -x^2 > -1 = f(-1) = f(1)$.

3d. $f(x) = -x^2$, $S = (0, 1]$.

No intervalo $(0, 1]$, a função $f(x) = -x^2$ tem o mínimo global estrito no ponto $x_1 = 1$ e não tem máximo global. Realmente, para qualquer $0 < x < 1$ temos $f(x) = -x^2 > -1 = f(1)$. Por outro lado, para qualquer $0 < x_0 \leq 1$ podemos escolher $x_2 = \frac{x_0}{2} \in (0, 1]$ com a propriedade que $f(x_0) = -x_0^2 < -\frac{x_0^2}{4} = f(\frac{x_0}{2})$, o que significa que x_0 não é máximo global.

6.2 Extremos locais

Definição. Um ponto x_0 é chamado de *máximo local (máximo local estrito)* de função $f(x)$, se existe vizinhança desse ponto, pertencendo ao domínio de $f(x)$, onde x_0 é o máximo global (máximo global estrito). Lembrando a definição do máximo global, podemos detalhar essa definição da seguinte maneira: um ponto x_0 é chamado de *máximo local (máximo local estrito)* de função $f(x)$, se existe vizinhança desse ponto, pertencendo ao domínio de $f(x)$, tal que para qualquer x dessa vizinhança diferente de x_0, é válida a seguinte propriedade: $f(x) \leq f(x_0)$ ($f(x) < f(x_0)$).

Da mesma maneira, um ponto x_0 é chamado de *mínimo local (mínimo local estrito)* de função $f(x)$, se existe vizinhança desse ponto, pertencendo ao domínio de $f(x)$, onde x_0 é o mínimo global (mínimo global estrito). Detalhando a definição do mínimo global, podemos reformular a definição da seguinte maneira: um ponto x_0 é chamado de *mínimo local (mínimo local estrito)* de função $f(x)$, se existe vizinhança desse ponto, pertencendo ao domínio de $f(x)$, tal que para qualquer x dessa vizinhança diferente de x_0, é válida a seguinte propriedade: $f(x) \geq f(x_0)$ $(f(x) > f(x_0))$.

Observação. Conforme a definição, um ponto de máximo/mínimo local deve pertencer ao domínio junto com sua vizinhança.

Definição. O ponto máximo ou mínimo local (estrito) é chamado de *extremo local (estrito)*.

Observação. Um extremo local às vezes é chamado de extremo relativo.

Observação 1. O mesmo tipo de relação entre extremos e monotonia, que já foi discutido no caso de extremos globais, observa-se também para extremos locais, mantendo as mesmas razões e mesmos exemplos. Especificando:
1. Caso um ponto x_0 é o ponto de monotonia estrita, então ele não pode ser um ponto extremo local.
2. Se a monotonia não é estrita, então os pontos correspondentes ainda podem ser extremos locais (embora não estritos).
3. Uma função estritamente decrescente no intervalo $(x_0 - r, x_0)$ e estritamente crescente em $(x_0, x_0 + r)$ (ou vice-versa) não necessariamente tem o ponto mínimo local em x_0 (no caso invertido, pode não ter o máximo local em x_0).

A única excessão é a ocorrência de um extremo global na extremidade de um intervalo, o que não pode acontecer com extremo local.

Observação 2. O mesmo tipo de ambiguidade na terminologia, que foi notado para extremos globais, existe para extremos locais: o ponto extremo x_0, o valor da função nesse ponto $f(x_0)$ e o ponto do gráfico da função $P_0 = (x_0, f(x_0))$ podem ser chamados de ponto extremo local.

Relação entre extremos locais e globais

Naturalmente, um extremo local pode ser ou pode não ser um extremo global. Por exemplo, a função $f(x) = x^2$ (com domínio $\mathbb{R}$) tem o mínimo local $x_0 = 0$ e ele também é o mínimo global. Por outro lado, lembrando o gráfico da função $f(x) = \sin x$ (com domínio $\mathbb{R}$), notamos que qualquer ponto $x_k = \frac{\pi}{2} + 2k\pi$, $\forall k \in \mathbb{Z}$ é o máximo local estrito, e qualquer ponto $x_n = -\frac{\pi}{2} + 2n\pi$, $\forall n \in \mathbb{Z}$ é o mínimo local estrito. Ao mesmo tempo, esses pontos são extremos globais não estritos (veja os gráficos dessas duas funções nas Figs.2.29 e 2.26).

Podemos dar um exemplo mais radical usando o gráfico mostrado na Fig.2.35

(a forma analítica dessa função é $f(x) = |x| \sin x$). Os mínimos e máximos locais estritos dessa função ocorrem nos pontos próximos dos extremos da função $\sin x$, mas nenhum deles é o extremo global de $f(x)$, porque, com afastamento da origem, os valores da função nos mínimos locais diminuem cada vez mais e nos máximos locais aumentam cada vez mais.

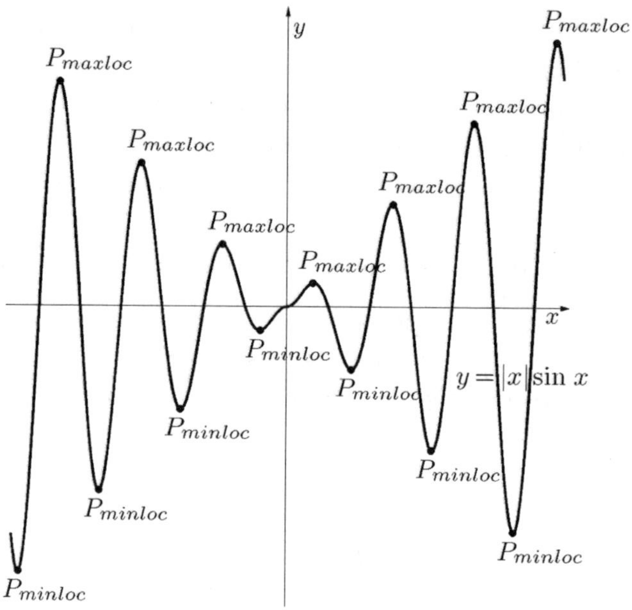

Figura 2.35 A função $y = |x| \sin x$ com um número infinito de extremos locais, mas sem extremos globais.

Acontece que um extremo global também não é necessariamente um extremo local. Por exemplo, a função $f(x) = x^2$ tem o mínimo global $x_0 = 0$ em $\mathbb{R}$ e esse ponto, também, é o mínimo local. Ao mesmo tempo, a função $f(x) = x^2$ com domínio $[0, 1]$ tem tanto o mínimo global $x_0 = 0$, como o máximo global $x_1 = 1$, mas ela não tem nenhum extremo local nesse intervalo: pela definição, um extremo local não pode ocorrer nas extremidades de um intervalo e os demais pontos são pontos de crescimento estrito da função (veja Fig.2.36). Em geral, se um extremo global ocorre num ponto que pertence ao domínio junto com sua vizinhança, então, pela definição, ele é extremo local também. No entanto, quando um extremo global se encontra na extremidade do intervalo, então ele não é um extremo local.

Exemplos

1a. $f(x) = x$, $S = X = \mathbb{R}$. Como $f(x)$ cresce estritamente em todo o seu

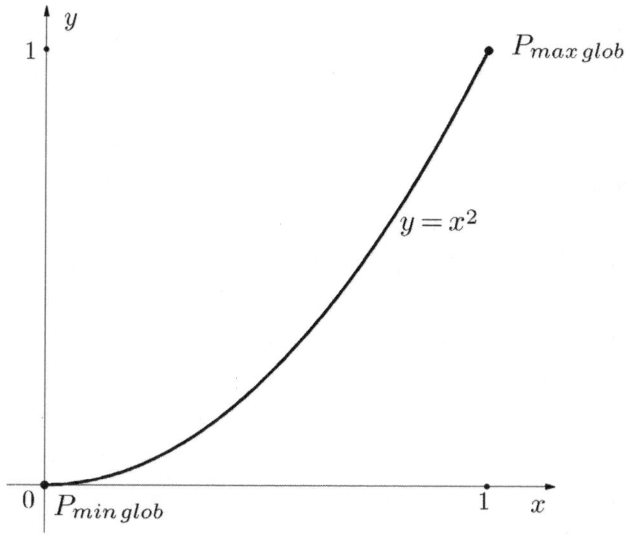

Figura 2.36 A função $y = x^2$, $x \in [0, 1]$ com extremos globais, mas sem locais.

domínio $\mathbb{R}$, não pode haver extremo local, pois qualquer ponto $x_0 \in \mathbb{R}$ é ponto de crescimento estrito.

1b. $f(x) = x$, $S = [0, +\infty)$. No conjunto $S = [0, +\infty)$, a função $f(x)$ não tem extremo local, pois qualquer ponto do intervalo aberto $(0, +\infty)$ é o ponto de crescimento estrito e nas extremidades não existe um extremo local. Ao mesmo tempo, a extremidade $x = 0$ é o mínimo global: $f(0) = 0 < x = f(x)$, $\forall x > 0$.

1c. $f(x) = x$, $S = (a, b)$. Qualquer ponto do intervalo aberto (a, b) é o ponto de crescimento estrito da função e, por isso, não há extremos locais (nem globais).

1d. $f(x) = x$, $S = [a, b]$. No conjunto $S = [a, b]$, a função não tem extremos locais, porque qualquer ponto do intervalo aberto (a, b) é o ponto de crescimento estrito e nas extremidades não existe um extremo local. Ao mesmo tempo, a extremidade $x = a$ é o mínimo global e $x = b$ é o máximo global: $f(a) = a < x = f(x) < b = f(b)$, $\forall x \in (a, b)$.

2a. $f(x) = |x|$, $S = X = \mathbb{R}$. Já foi mostrado que a função $f(x) = |x|$ tem mínimo global estrito no ponto $x_0 = 0$. Como esse ponto pertence a $\mathbb{R}$ junto com qualquer sua vizinhança, então ele é o mínimo local também.

Vamos ver que não há outros extremos locais. Realmente, qualquer ponto $x_0 \in (-\infty, 0)$ é o ponto de decrescimento estrito, e qualquer ponto $x_0 \in (0, +\infty)$ é o ponto de crescimento estrito, portanto, nenhum deles pode ser um extremo local.

2b. $f(x) = |x|$, $S = (a, b)$, $0 \leq a < b$. No intervalo (a, b), $a \geq 0$ a função

$f(x) = |x| = x$ cresce estritamente e, por isso, não tem nenhum extremo local. Também não há extremos globais, porque cada ponto de (a, b) é o ponto interior desse intervalo.

2c. $f(x) = |x|$, $S = [a, b]$, $0 \leq a < b$. No intervalo $[a, b]$, $a \geq 0$ a função $f(x) = |x| = x$ cresce estritamente, o que significa que qualquer ponto interior $x_0 \in (a, b)$ é o ponto de crescimento estrito e, portanto, não é um extremo local. Nos pontos restantes (nas extremidades) um extremo local não pode ocorrer, porque não existe uma vizinhança da extremidade contida em $[a, b]$. Ao mesmo tempo, a função tem o mínimo global no ponto $x = a$ e o máximo global em $x = b$: $f(a) = a < x = f(x) < b = f(b)$, $\forall x \in (a, b)$, $a \geq 0$.

2d. $f(x) = |x|$, $S = (a, b)$, $a < 0 < b$. Como o mínimo global $x_0 = 0$ ficou dentro do intervalo (a, b), então ele é o mínimo local. Nenhum outro ponto pode ser extremo local, porque no intervalo $(a, 0)$ a função decresce estritamente e no intervalo $(0, b)$ ela cresce estritamente. O mesmo pode ser dito sobre intervalo $S = [a, b]$, $a < 0 < b$.

Note que a situação com extremos globais é diferente nos intervalos (a, b) e $[a, b]$, $a < 0 < b$. No primeiro, a função tem um único extremo global que é o mínimo global $x_0 = 0$, enquanto no segundo, a função tem também o máximo global que ocorre numa das extremidades do intervalo: no ponto a se $|a| > b$, no ponto b se $|a| < b$ ou nas duas extremidades se $|a| = b$.

3a. $f(x) = -x^2$, $S = X = \mathbb{R}$. Já foi mostrado que a função $f(x) = -x^2$ tem máximo global estrito no ponto $x_0 = 0$. Como esse ponto pertence a $\mathbb{R}$ junto com qualquer sua vizinhança, então ele é o máximo local também.

Vamos ver que não há outros extremos locais. Realmente, qualquer ponto $x_0 \in (-\infty, 0)$ é o ponto de crescimento estrito, e qualquer ponto $x_0 \in (0, +\infty)$ é o ponto de decrescimento estrito, portanto, nenhum deles pode ser um extremo local.

3b. $f(x) = -x^2$, $S = (a, b)$, $0 \leq a < b$. No intervalo (a, b), $a \geq 0$ a função $f(x) = -x^2$ decresce estritamente e, por isso, não tem nenhum extremo local. Também não há extremos globais, porque cada ponto de (a, b) é o ponto interior desse intervalo.

3c. $f(x) = -x^2$, $S = [a, b]$, $0 \leq a < b$. No intervalo $[a, b]$, $a \geq 0$ a função $f(x) = -x^2$ decresce estritamente, o que significa que qualquer ponto interior $x_0 \in (a, b)$ é o ponto de decrescimento estrito e, portanto, não é um extremo local. Nos pontos restantes das extremidades um extremo local não pode ocorrer, porque não existe uma vizinhança da extremidade contida em $[a, b]$. Ao mesmo tempo, a função tem o máximo global no ponto $x = a$ e o mínimo global em $x = b$: $f(a) = -a^2 > -x^2 = f(x) > -b^2 = f(b)$, $\forall x \in (a, b)$, $a \geq 0$.

3d. $f(x) = -x^2$, $S = (a, b)$, $a < 0 < b$. Como o máximo global $x_0 = 0$ ficou dentro do intervalo (a, b), então ele é o máximo local. Nenhum outro ponto pode ser extremo local, porque no intervalo $(a, 0)$ a função cresce estritamente e no intervalo $(0, b)$ ela decresce estritamente. O mesmo pode ser dito sobre intervalo $S = [a, b]$, $a < 0 < b$.

Note que a situação com extremos globais é diferente nos intervalos (a, b) e $[a, b]$, $a < 0 < b$. No primeiro, a função tem um único extremo global que é o máximo global $x_0 = 0$, enquanto no segundo, a função tem também o mínimo global que ocorre numa das extremidades do intervalo: no ponto a se $|a| > b$, no ponto b se $|a| < b$ ou nas duas extremidades se $|a| = b$.

6.3 Monotonia, extremos e simetria

Propriedade 1. Se $f(x)$ é uma função par e estritamente crescente em intervalo $[a, b], 0 \leq a < b$, então ela é estritamente decrescente no intervalo $[-b, -a]$.

Demonstraçao. Obviamente, o intervalo $[-b, -a]$ é simétrico a $[a, b]$ em relação à origem e, portanto, $f(x)$ é definida em $[-b, -a]$ uma vez que ela é definida em $[a, b]$. Tomamos dois pontos arbitrários $x_1 < x_2$ de $[-b, -a]$ e notamos que os pontos correspondentes $-x_1 > -x_2$ ficam em $[a, b]$. Então, da paridade e do crescimento em $[a, b]$ segue que $f(x_1) = f(-x_1) > f(-x_2) = f(x_2)$, o que comprova o decrescimento estrito de $f(x)$ em $[-b, -a]$.

Observaçao 1. A mesma afirmação (e demonstração) é válida para qualquer tipo do intervalo (fechado, aberto ou semi-aberto, limitado ou não). Podemos formulá-la na forma geral do modo seguinte: se $f(x)$ é uma função par e estritamente crescente no intervalo $I \subset [0, +\infty)$, então ela é estritamente decrescente no intervalo $\tilde{I}$ simétrico a I em relação à origem.

Em particular, se o intervalo original é $[0, b)$ (onde b pode ser $+\infty$), então $f(x)$ decresce estritamente em $(-b, 0]$ e, por isso, 0 é o mínimo estrito de $f(x)$ em $(-b, b)$ (se $b = +\infty$, então 0 é o mínimo estrito local e global em $\mathbb{R}$).

Observaçao 2. No caso de decrescimento temos uma afirmação semelhante: se $f(x)$ é uma função par e estritamente decrescente no intervalo $I \subset [0, +\infty)$, então ela é estritamente crescente no intervalo $\tilde{I}$ simétrico a I em relação à origem. Em particular, se o intervalo original é $[0, b)$ (onde b pode ser $+\infty$), então $f(x)$ cresce estritamente em $(-b, 0]$ e, por isso, 0 é o máximo estrito de $f(x)$ em $(-b, b)$ (se $b = +\infty$, então 0 é o máximo estrito local e global em $\mathbb{R}$).

Propriedade 2. Se $f(x)$ é uma função ímpar e estritamente crescente em intervalo $I \subset [0, +\infty)$, então ela é estritamente crescente no intervalo $\tilde{I}$ simétrico a I em relação a origem.

Demonstraçao. A verificação é absolutamente análoga a da Propriedade 1 e deixamos ela a cargo do leitor.

Observaçao 1. Se o intervalo original é $[0, b)$ (onde b pode ser $+\infty$), então $f(x)$ cresce estritamente em todo o intervalo $(-b, b)$ (se $b = +\infty$, então $f(x)$ cresce estritamente em $\mathbb{R}$).

Observaçao 2. No caso de decrescimento temos uma afirmação semelhante: se $f(x)$ é uma função ímpar e estritamente decrescente em intervalo $I \subset [0, +\infty)$, então ela é estritamente decrescente no intervalo $\tilde{I}$ simétrico a I em relação a origem. Em particular, se o intervalo original é $[0, b)$ (onde b pode ser $+\infty$), então $f(x)$ decresce estritamente em todo o intervalo $(-b, b)$ (se $b = +\infty$, então $f(x)$ decresce estritamente em $\mathbb{R}$).

Observaçao 1g. Naturalmente, o papel dos intervalos da parte positiva e negativa pode ser trocado nas duas propriedades.

Observaçao 2g. As afirmações semelhantes são válidas para monotonia não estrita.

Propriedade 3. Se $f(x)$ é uma função periódica de período T e estritamente crescente em intervalo $[a, b]$, então ela é estritamente crescente no intervalo $[a + T, b + T]$.

Demonstraçao. Obviamente, o intervalo $[a+T, b+T]$ pertence ao domínio de $f(x)$ uma vez que $[a, b]$ é do seu domínio. Então, tomando dois pontos arbitrários $x_1 < x_2$ de $[a+T, b+T]$, notamos que $x_1 - T$ e $x_2 - T$ pertencem a $[a, b]$ e temos $f(x_1) = f(x_1 - T) < f(x_2 - T) = f(x_2)$, o que comprova o crescimento estrito de $f(x)$ em $[a + T, b + T]$.

Observaçao 1. A mesma afirmação (e demonstração) é válida para qualquer tipo do intervalo (fechado, aberto ou semi-aberto).

Observaçao 2. Uma afirmação semelhante é válida no caso de decrescimento.

Observaçao 3. As afirmações semelhantes são válidas para monotonia não estrita.

7 Concavidade e pontos de inflexão

7.1 Concavidade geral

Nessa seção o nosso objetivo é definir mais uma característica, mais fina, de funções que permite precisar melhor o seu comportamento e a forma do seu gráfico. Vamos estabelecer tanto a condição geométrica como a analítica que determina essa característica. A primeira é natural e vem da distinção entre gráficos de funções, a segunda é essencial para poder investigá-la na forma exata em diferentes funções.

Vamos começar com uma ilustração geométrica. Consideremos os gráficos de duas funções $f(x) = x^2$ e $g(x) = \sqrt{|x|}$, que tomamos, no momento, como conhecidos ou construídos usando calculadora/computador, mas logo em seguida vamos deduzir analiticamente todas as propriedades dessas funções que são refletidas nesses gráficos. Os dois gráficos se encontram nas figuras a seguir (Fig.2.37 e Fig.2.38).

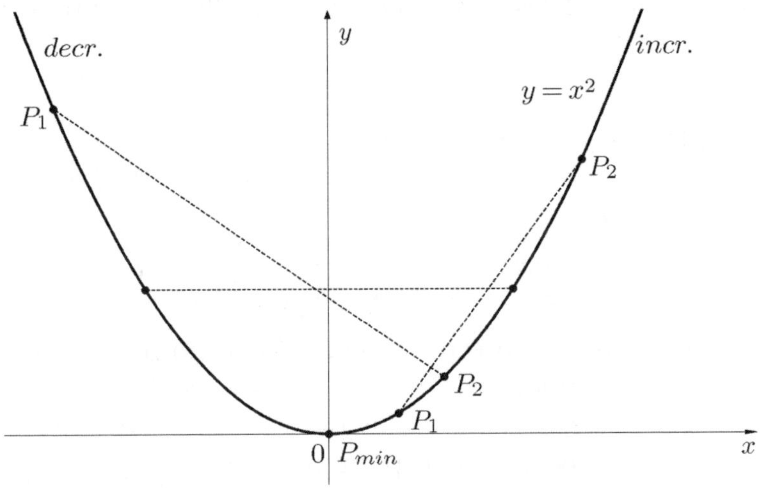

Figura 2.37 O gráfico e concavidade da função $y = x^2$.

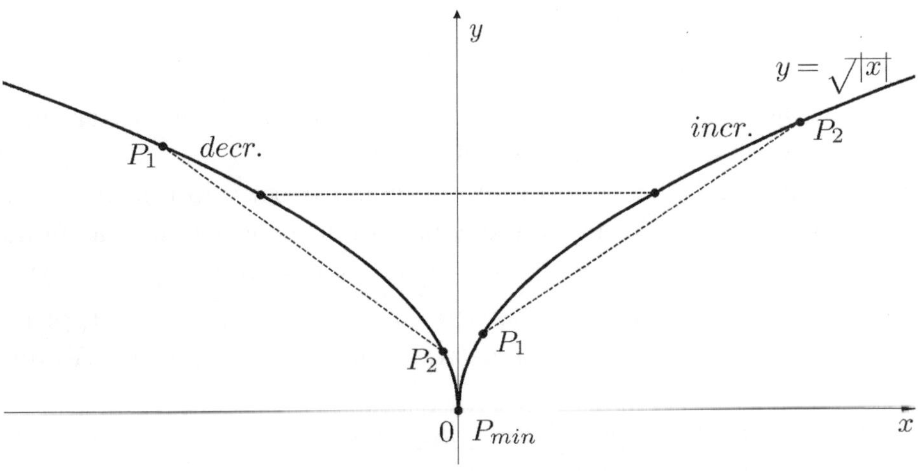

Figura 2.38 O gráfico e concavidade da função $y = \sqrt{|x|}$.

Podemos notar que os dois têm várias propriedades comuns. Primeiro, os dois gráficos são simétricos em relação ao eixo Oy, o que reflete a paridade das duas funções: $f(-x) = (-x)^2 = x^2 = f(x)$ e $g(-x) = \sqrt{|-x|} = \sqrt{|x|} = g(x)$, $\forall x \in \mathbb{R}$.

Segundo, os dois gráficos mostram decrescimento estrito das funções no intervalo $(-\infty, 0]$ e crescimento estrito em $[0, +\infty)$. Isso é a consequência de propriedades analíticas dessas duas funções. Realmente, tomando $x_1 < x_2 \leq 0$, temos $f(x_2) - f(x_1) = x_2^2 - x_1^2 = (x_2 - x_1)(x_2 + x_1) < 0$, porque o primeiro fator é positivo e o segundo é negativo. De maneira semelhante, para segunda função temos

$$g(x_2) - g(x_1) = \sqrt{|x_2|} - \sqrt{|x_1|} = \frac{(\sqrt{|x_2|} - \sqrt{|x_1|})(\sqrt{|x_2|} + \sqrt{|x_1|})}{\sqrt{|x_2|} + \sqrt{|x_1|}}$$

$$= \frac{|x_2| - |x_1|}{\sqrt{|x_2|} + \sqrt{|x_1|}} = \frac{x_1 - x_2}{\sqrt{|x_2|} + \sqrt{|x_1|}} < 0,$$

porque o numerador é negativo e o denominador é positivo. Isso significa que as duas funções são estritamente decrescentes em $(-\infty, 0]$. Da mesma maneira, tomando $0 \leq x_1 < x_2$, temos $f(x_2) - f(x_1) = x_2^2 - x_1^2 = (x_2 - x_1)(x_2 + x_1) > 0$, porque ambos fatores são positivos. E para $g(x)$ temos

$$g(x_2) - g(x_1) = \sqrt{|x_2|} - \sqrt{|x_1|} = \frac{(\sqrt{|x_2|} - \sqrt{|x_1|})(\sqrt{|x_2|} + \sqrt{|x_1|})}{\sqrt{|x_2|} + \sqrt{|x_1|}}$$

$$= \frac{|x_2| - |x_1|}{\sqrt{|x_2|} + \sqrt{|x_1|}} = \frac{x_2 - x_1}{\sqrt{|x_2|} + \sqrt{|x_1|}} > 0,$$

porque o numerador e denominador são positivos. Isso quer dizer que ambas funções são estritamente crescentes em $[0, +\infty)$.

Terceiro, os dois gráficos têm o mínimo global estrito no ponto 0 (e não têm nenhum outro extremo local ou global devido às suas propriedades de monotonia). De fato, $f(x) = x^2 > 0 = f(0)$ e $g(x) = \sqrt{|x|} > 0 = g(0)$, $\forall x \neq 0$. Da última propriedade segue que as duas funções são limitadas inferiormente (por exemplo, pelo valor 0). Além disso, pode ser mostrado que as duas funções são ilimitadas superiormente.

Assim, os dois gráficos, que refletem as propriedades analíticas comprovadas, têm muitas caractrerísticas comuns, mas, ao mesmo tempo, eles são visivelmente diferentes. O que faz eles distintos é mais uma propriedade de funções que vamos detectar agora. Grosso modo, o primeiro gráfico (parábola x^2) tem a forma de um copo virado para cima, que mantém o líquido dentro, enquanto o segundo tem forma de dois semicopos invertidos, que não seguram o líquido. Na forma um pouco mais precisa, o gráfico de x^2 é flexionado para cima, enquanto o de $\sqrt{|x|}$ tem duas partes, cada uma delas flexionada para baixo. Essa caracterização ainda é longe de ser exata, mas podemos precisá-la, notando que avaliamos a forma de flexionar via comparação com a posição de retas correspondentes. Para isso, vamos introduzir retas secantes do gráfico de uma função. Esse conceito é simples.

Definição. Dados dois pontos (diferentes) $P_1 = (x_1, f(x_1))$ e $P_2 = (x_2, f(x_2))$ do gráfico de função $f(x)$, chamamos de *reta secante* P_1P_2 aquela que passa por esses dois pontos.

Notamos agora que num gráfico flexionado para cima (como o de x^2), o segmento da reta secante que fica entre pontos de interseção $P_1 = (x_1, f(x_1))$ e $P_2 = (x_2, f(x_2))$ é localizado acima do gráfico. Ao contrário, num gráfico flexionado para baixo (como a parte esquerda ou direita de $\sqrt{|x|}$) o segmento da secante entre pontos de interseção P_1 e P_2 fica abaixo do gráfico. Essa é caracterização geométrica exata do tipo de flexão que sofre a curva e ela é chamada de concavidade. No primeiro caso temos a concavidade para cima e no segundo – para baixo. Formalizando e generalizando essa descrição, chegamos à seguinte definição.

Definição (geométrica). Seja I um intervalo arbitrário (aberto, fechado ou semi-aberto, finito ou infinito) contido no domínio X de função $f(x)$. Vamos dizer que $f(x)$ é *côncava para cima* no intervalo I, se para quaisquer dois pontos $x_1 \neq x_2$ desse intervalo, o segmento retilíneo entre os pontos $P_1 = (x_1, f(x_1))$ e $P_2 = (x_2, f(x_2))$ fica acima do gráfico de $f(x)$.

Da mesma maneira, $f(x)$ é chamada *côncava para baixo* no intervalo I, se para quaisquer dois pontos diferentes $x_1, x_2 \in I$, o segmento retilíneo entre os pontos $P_1 = (x_1, f(x_1))$ e $P_2 = (x_2, f(x_2))$ fica abaixo do gráfico de $f(x)$.

Esses dois tipos de concavidade são chamados também de *concavidade estrita.* Se qualquer segmento retilíneo P_1P_2 fica não abaixo (não acima) do gráfico da função, então a função tem *concavidade para cima (para baixo) não estrita.*

Observação 1. O segmento retilíneo P_1P_2 é aquele segmento da reta secante P_1P_2 que fica entre pontos de interseção $P_1 = (x_1, f(x_1))$ e $P_2 = (x_2, f(x_2))$.

Observação 2. A terminologia introduzida acima é comum em Cálculos. No entanto, em Análise é mais popular outra terminologia: uma função côncava para cima é chamada de convexa e a côncava para baixo – simplesmente de côncava (mantendo a mesma distinção entre estrita e não estrita). Além disso, somente funções convexas são usualmente estudadas em Análise, uma vez que as propriedades de qualquer função côncava $f(x)$ podem ser deduzidas diretamente das propriedades da função convexa associada $-f(x)$. Nesse texto, seguimos a terminologia e abordagem mais detalhada de Cálculos.

Vamos traduzir essas definições geométricas para a forma analítica, essencial para verificação dessa propriedade em funções não triviais. Primeiro, escrevemos a equação da reta secante P_1P_2: $\frac{\tilde{y}-y_1}{y_2-y_1} = \frac{x-x_1}{x_2-x_1}$ ou $\tilde{y} = f(x_1) + \frac{f(x_2)-f(x_1)}{x_2-x_1}(x-x_1)$. O segmento entre os pontos P_1 e P_2 é definido então na forma $\tilde{y} = f(x_1) + \frac{f(x_2)-f(x_1)}{x_2-x_1}(x-x_1)$, $\forall x \in (x_1, x_2)$ (tomamos somente os pontos interiores desse segmento, porque nas extremidades os valores da função e da secante coincidem). Logo, a condição de concavidade para cima (estrita) assume a forma.

Definição (analítica). Vamos dizer que $f(x)$ é *côncava para cima* no intervalo $I \subset X$, se para quaisquer dois pontos diferentes $x_1, x_2 \in I$, é válida a desigualdade

$$f(x) < f(x_1) + \frac{f(x_2)-f(x_1)}{x_2-x_1}(x-x_1), \forall x \in (x_1, x_2). \tag{2.1}$$

Da mesma maneira, $f(x)$ é *côncava para baixo* no intervalo $I \subset X$, se para quaisquer dois pontos diferentes $x_1, x_2 \in I$, é válida a desigualdade

$$f(x) > f(x_1) + \frac{f(x_2)-f(x_1)}{x_2-x_1}(x-x_1), \forall x \in (x_1, x_2). \tag{2.2}$$

Essa é a *concavidade no sentido estrito.* Caso nas duas definições o sinal de desigualdade estrita é trocado por o de não estrita, então a *concavidade é chamada de não estrita.*

Vamos mostrar que as duas funções $f(x) = x^2$ e $g(x) = \sqrt{|x|}$ têm a concavidade esperada de acordo com as definições analíticas exatas.

Realmente, para $f(x) = x^2$ vamos considerar $I = X = \mathbb{R}$ e, para precisar considerações, podemos escolher, sem perda de generalidade, $x_1 < x < x_2$, $\forall x_1, x_2 \in \mathbb{R}$. Então, avaliando a diferença entre os valores da secante $\tilde{y} = f(x_1) + \frac{f(x_2)-f(x_1)}{x_2-x_1}(x-x_1)$ e valores correspondentes da função $y = f(x) = x^2$ no intervalo (x_1, x_2), temos:

$$y - \tilde{y} = x^2 - \left[x_1^2 + \frac{x_2^2 - x_1^2}{x_2 - x_1}(x - x_1)\right]$$

$$= x^2 - x_1^2 - (x_2 + x_1)(x - x_1) = (x - x_1)(x - x_2) < 0.$$

A última desigualdade segue do fato de que o primeiro fator é positivo e o segundo é negativo. Ela mostra, de acordo com a definição analítica, que a função $f(x) =$

x^2 tem concavidade para cima (estrita) em todo o seu domínio. Isso era esperado da forma do seu gráfico.

Para avaliação de $g(x) = \sqrt{|x|}$ temos que considerar duas partes diferentes do seu domínio. Vamos começar do intervalo $I_1 = [0, +\infty)$. De novo, podemos escolher, sem perda de generalidade, $0 \leq x_1 < x < x_2$ e, avaliando a diferença entre os valores da secante $\tilde{y} = g(x_1) + \frac{g(x_2)-g(x_1)}{x_2-x_1}(x - x_1)$ e valores correspondentes da função $y = g(x) = \sqrt{|x|}$ no intervalo (x_1, x_2), temos:

$$y - \tilde{y} = \sqrt{x} - \left[\sqrt{x_1} + \frac{\sqrt{x_2} - \sqrt{x_1}}{x_2 - x_1}(x - x_1)\right]$$

$$= \sqrt{x} - \sqrt{x_1} - \frac{\sqrt{x_2} - \sqrt{x_1}}{(\sqrt{x_2} - \sqrt{x_1})(\sqrt{x_2} + \sqrt{x_1})}(x - x_1)$$

$$= \sqrt{x} - \sqrt{x_1} - \frac{1}{\sqrt{x_2} + \sqrt{x_1}}(\sqrt{x} - \sqrt{x_1})(\sqrt{x} + \sqrt{x_1}) = \frac{\sqrt{x} - \sqrt{x_1}}{\sqrt{x_2} + \sqrt{x_1}}(\sqrt{x_2} - \sqrt{x}) > 0.$$

A última desigualdade segue da positividade de todos os três fatores. Então, pela definição analítica, a função $g(x) = \sqrt{|x|}$ tem concavidade para baixo (estrita) em todo o intervalo $I_1 = [0, +\infty)$. Isso reflete a forma de flexão do seu gráfico.

Da mesma maneira, pode ser demonstrado que $g(x) = \sqrt{|x|}$ tem concavidade para baixo (estrita) em todo o intervalo $I_2 = (-\infty, 0]$. Deixamos essa tarefa para o leitor.

Obviamente, não podemos concluir que $g(x) = \sqrt{|x|}$ é côncava para baixo em todo o seu domínio $X = \mathbb{R}$. Realmente, considerando intervalo $I_3 = [-1, 1]$ e tomando os pontos $x_1 = -1$ e $x_2 = 1$, encontramos o segmento secante na forma $\tilde{y} = 1$, $x \in (-1, 1)$, enquanto para os valores da função temos $y = \sqrt{|x|} < 1$, porque $|x| < 1$ quando $x \in (-1, 1)$. Isso quer dizer que esse segmento secante fica acima da parte correspondente do gráfico da função.

7.2 Concavidade do ponto médio

Notamos que, embora as condições (2.1) e (2.2) sejam traduções diretas de características geométricas para analíticas, a sua aplicação pode gerar problemas técnicos até para funções relativamente simples, sem falar de mais complicadas. A função simples $g(x) = \sqrt{|x|}$ já exigiu um pequeno esforço de manipulação para chegar à conclusão sobre concavidade. Em primeiro lugar, o que pode dificultar a comparação entre valores da secante e da função é a necessidade de comparar duas funções em todos os pontos do intervalo (x_1, x_2). Se seria possível reduzir essa comparação a um ponto só desse intervalo e se ainda esse ponto for um ponto especial, então isso poderia simplificar bastante a investigação de concavidade. Acontece que essa simplificação pode ser feita para todas as funções elementares e ela consiste na comparação dos valores da secante e da função somente no ponto médio do segmento secante (no ponto médio do intervalo (x_1, x_2)). O conceito respectivo é chamado de concavidade do ponto médio e ele pode ser formulado da seguinte maneira.

Definição. Vamos dizer que $f(x)$ tem *concavidade para cima do ponto médio* no intervalo $I \subset X$, se para quaisquer dois pontos diferentes $x_1, x_2 \in I$, é válida a desigualdade

$$f\left(\frac{x_1 + x_2}{2}\right) < \frac{f(x_1) + f(x_2)}{2}. \tag{2.3}$$

Da mesma maneira, $f(x)$ é *côncava para baixo no ponto médio* no intervalo $I \subset X$, se para quaisquer dois pontos diferentes $x_1, x_2 \in I$, é válida a desigualdade

$$f\left(\frac{x_1 + x_2}{2}\right) > \frac{f(x_1) + f(x_2)}{2}. \tag{2.4}$$

Observação. Às vezes, é mais conveniente reescrever as fórmulas (2.3) e (2.4) na forma

$$2f(x) < f(x - h) + f(x + h) \tag{2.5}$$

e

$$2f(x) > f(x - h) + f(x + h)], \tag{2.6}$$

respectivamente, onde x é qualquer ponto de I e h é qualquer incremento, tal que ambos, $x - h$ e $x + h$, pertencem a I.

Essa é a *concavidade no sentido estrito.* Caso nas duas definições o sinal de desigualdade estrita seja trocado pelo sinal de não estrita, então a *concavidade é chamada não estrita.*

Obviamente, as desigualdades (2.1) e (2.2) implicam em (2.3) e (2.4), respectivamente. Em geral, a recíproca não é válida. No entanto, ela é válida para todas as funções elementares, o que é suficiente para nosso estudo. A demonstração da recíproca para funções elementares é bem complicada e fica muito além do escopo deste texto (e até do escopo de Cálculo). No entanto, vamos sistematicamente usar esse resultado da equivalência entre concavidade geral e concavidade do ponto médio para simplificar trabalho técnico na verificação de concavidade.

Mesmo para funções simples como $f(x) = x^2$ e $g(x) = \sqrt{|x|}$, as desigualdades do ponto médio (2.3) e (2.4) trazem certo alívio técnico. Para função $f(x) = x^2$ temos

$$\left(\frac{x_1 + x_2}{2}\right)^2 - \frac{x_1^2 + x_2^2}{2} = \frac{2x_1x_2 - x_1^2 - x_2^2}{4} = -\frac{(x_1 - x_2)^2}{4} < 0,$$

o que corresponde à concavidade para cima em todo o domínio de $f(x) = x^2$. Para função $g(x) = \sqrt{|x|}$ no intervalo $I_1 = [0, +\infty)$ a condição do ponto médio pode ser aplicada da seguinte maneira. A comparação entre grandezas $\sqrt{\frac{x_1+x_2}{2}}$ e $\frac{\sqrt{x_1}+\sqrt{x_2}}{2}$ equivale à comparação entre seus quadrados $\frac{x_1+x_2}{2}$ e $\frac{x_1+x_2+2\sqrt{x_1x_2}}{4}$, uma vez que todos os valores são positivos. Logo, temos:

$$\frac{x_1+x_2}{2} - \frac{x_1+x_2+2\sqrt{x_1x_2}}{4} = \frac{(\sqrt{x_1})^2+(\sqrt{x_2})^2-2\sqrt{x_1x_2}}{4} = \frac{(\sqrt{x_1}-\sqrt{x_2})^2}{4} > 0,$$

o que mostra a concavidade para baixo em $I_1 = [0, +\infty)$. A avaliação em $I_2 = (-\infty, 0]$ é absolutamente análoga.

Exemplos

Além dos casos já resolvidos de funções $f(x) = x^2$ e $g(x) = \sqrt{|x|}$, vamos considerar mais dois exemplos de estudo de concavidade.

1. $f(x) = |x|$. Vamos aplicar, primeiro, a definição da concavidade geral. Consideremos $I = X = \mathbb{R}$ e, sem perda de generalidade, escolhemos $x_1 < x < x_2$, $\forall x_1, x_2 \in \mathbb{R}$. Então, avaliando a diferença entre os valores da secante $\tilde{y} = f(x_1) + \frac{f(x_2)-f(x_1)}{x_2-x_1}(x - x_1)$ e valores da função $y = f(x) = |x|$ no intervalo (x_1, x_2), temos:

$$D \equiv y - \tilde{y} = |x| - \left[|x_1| + \frac{|x_2| - |x_1|}{x_2 - x_1}(x - x_1)\right].$$

Para determinar o sinal da diferença D, avaliamos separadamente quatro casos que podem surgir. Primeiro, se $x_1 < x_2 \leq 0$, então

$$D = -x + x_1 - \frac{-x_2 + x_1}{x_2 - x_1}(x - x_1) = -x + x_1 + (x - x_1) = 0.$$

Segundo, para $0 \leq x_1 < x_2$, temos

$$D = x - x_1 - \frac{x_2 - x_1}{x_2 - x_1}(x - x_1) = x - x_1 - (x - x_1) = 0.$$

Terceiro, se $x_1 < 0 \leq x < x_2$, então

$$D = x + x_1 - \frac{x_2 + x_1}{x_2 - x_1}(x - x_1) = \frac{(x+x_1)(x_2-x_1) - (x_2+x_1)(x-x_1)}{x_2 - x_1} = \frac{2x_1(x_2-x)}{x_2-x_1} < 0.$$

Finalmente, se $x_1 < x \leq 0 < x_2$, então

$$D = -x + x_1 - \frac{x_2+x_1}{x_2-x_1}(x-x_1) = \frac{x-x_1}{x_2-x_1}(-(x_2-x_1)-(x_2+x_1)) = \frac{x-x_1}{x_2-x_1}(-2x_2) < 0.$$

Assim, para $\forall x_1, x_2 \in \mathbb{R}$ temos $D \equiv y - \tilde{y} \leq 0$, isto é, a função é côncava para cima (não estritamente), o que era para esperar, de acordo com a forma do seu gráfico.

Agora, usamos a definição da concavidade do ponto médio. (De acordo com a afirmação geral sobre a equivalência dos dois tipos da concavidade, esperamos chegar ao mesmo resultado.) Num intervalo arbitrário (x_1, x_2), temos que comparar o valor da função no ponto médio $f\left(\frac{x_1+x_2}{2}\right)$ com o valor médio da respectiva secante $\frac{f(x_1)+f(x_2)}{2}$ (o qual coincide com o valor da secante no ponto médio). No caso da função $f(x) = |x|$, isso significa demonstrar que $\left|\frac{x_1+x_2}{2}\right| \leq \frac{|x_1|+|x_2|}{2}$, mas a última desigualdade é a consequência direta da propriedade conhecida de módulos: $|x_1 + x_2| \leq |x_1| + |x_2|$, $\forall x_1, x_2 \in \mathbb{R}$.

A ilustração geométrica é dada na Fig.2.39.

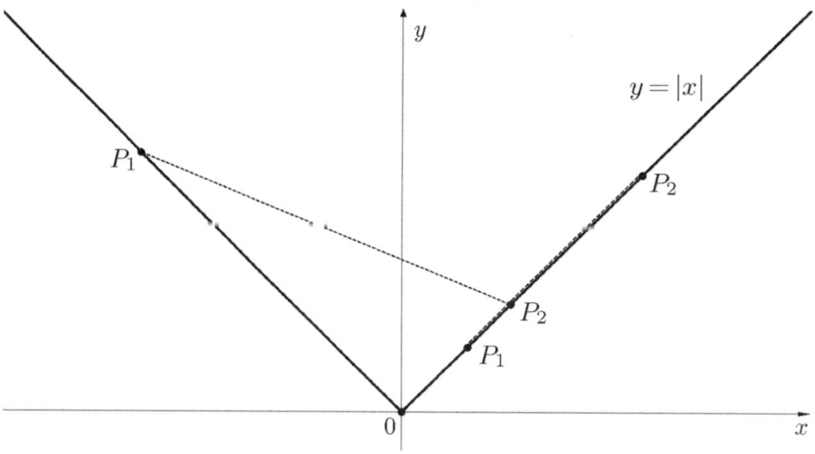

Figura 2.39 O gráfico e concavidade da função $y = |x|$.

2. $f(x) = 3 + 2x - x^2$. Primeiro, aplicamos a definição da concavidade geral. Vamos considerar $I = X = \mathbb{R}$ e, sem perda de generalidade, escolhemos $x_1 < x < x_2$, $\forall x_1, x_2 \in \mathbb{R}$. Então, avaliando a diferença entre os valores da secante $\tilde{y} = f(x_1) + \frac{f(x_2)-f(x_1)}{x_2-x_1}(x - x_1)$ e valores da função $y = f(x) = 3 + 2x - x^2$ no intervalo (x_1, x_2), temos:

$$y - \tilde{y} = 3 + 2x - x^2 - \left[3+2x_1-x_1^2 + \frac{(3+2x_2-x_2^2) - (3+2x_1-x_1^2)}{x_2 - x_1}(x-x_1)\right]$$

$$= 2(x - x_1) - (x^2 - x_1^2) - \frac{2(x_2 - x_1) - (x_2^2 - x_1^2)}{x_2 - x_1}(x - x_1)$$

$$= (x - x_1)\left[2 - (x + x_1) - (2 - (x_2 + x_1))\right] = (x - x_1)(x_2 - x) > 0.$$

A última desigualdade segue do fato de que os dois fatores são positivos. Portanto, a função $f(x) = 3 + 2x - x^2$ tem concavidade para baixo (estrita) em todo o seu domínio.

Agora, usamos a definição da concavidade do ponto médio. Temos que comparar o valor da função no ponto médio $f\left(\frac{x_1+x_2}{2}\right)$ com o valor médio da secante $\frac{f(x_1)+f(x_2)}{2}$. No caso da função $f(x) = 3 + 2x - x^2$, isso significa avaliar a diferença

$$3 + 2\frac{x_1 + x_2}{2} - \left(\frac{x_1 + x_2}{2}\right)^2 - \frac{1}{2}\left[3 + 2x_1 - x_1^2 + (3 + 2x_2 - x_2^2)\right]$$

$$= -\frac{(x_1 + x_2)^2}{4} + \frac{x_1^2 + x_2^2}{2} = \frac{(x_1 - x_2)^2}{4} > 0, \forall x_1, x_2 \in \mathbb{R}.$$

Como foi esperado, conferimos mais uma vez que $f(x) = 3 + 2x - x^2$ é côncava para baixo em $\mathbb{R}$.

A ilustração geométrica é dada na Fig.2.40.

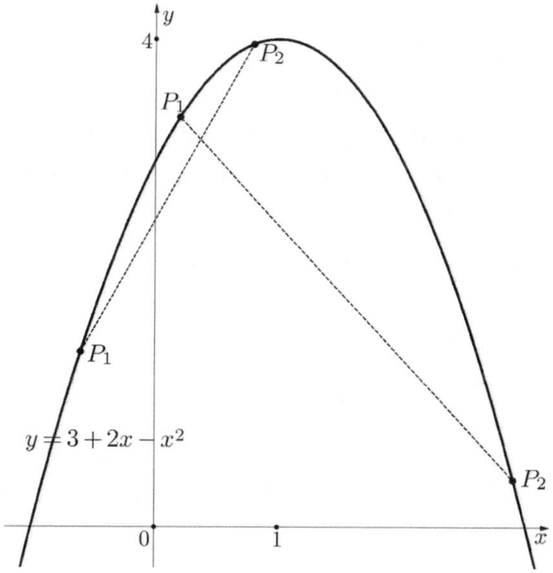

Figura 2.40 O gráfico e concavidade da função $y = 3 + 2x - x^2$.

7.3 Algumas propriedades elementares de funções côncavas

Formulamos e demonstramos aqui algumas propriedades de funções côncavas para cima, deixando para o leitor a mesma tarefa para funções côncavas para baixo. Na maioria das demonstrações usamos a concavidade no sentido geral.

Propriedade 1. Se $f(x)$ e $g(x)$ são côncavas estritamente para cima no intervalo I, então $f(x)+g(x)$ também é côncava estritamente para cima em I.

Demonstração. De acordo com a definição, para quaisquer $x_1, x_2 \in I$ são válidas as seguintes duas desigualdades:

$$f(x) < f(x_1) + \frac{f(x_2)-f(x_1)}{x_2-x_1}(x-x_1), \forall x \in (x_1, x_2)$$

e

$$g(x) < g(x_1) + \frac{g(x_2)-g(x_1)}{x_2-x_1}(x-x_1), \forall x \in (x_1, x_2).$$

Então para função $h(x) = f(x) + g(x)$ temos

$$h(x) < f(x_1) + \frac{f(x_2)-f(x_1)}{x_2-x_1}(x-x_1) + g(x_1) + \frac{g(x_2)-g(x_1)}{x_2-x_1}(x-x_1)$$

$$= f(x_1) + g(x_1) + \frac{f(x_2)+g(x_2) - (f(x_1)+g(x_1))}{x_2-x_1}(x-x_1)$$

$$= h(x_1) + \frac{h(x_2) - h(x_1)}{x_2-x_1}(x-x_1), \forall x \in (x_1, x_2),$$

o que é a definição da concavidade para cima da função $h(x)$ no intervalo I.

Observação. A propriedade análoga é válida para concavidade não estrita, com a prova igualmente elementar.

Propriedade 2. Se $f(x)$ é côncava estritamente para cima no intervalo I, então:

1) $\alpha f(x)$ é côncava estritamente para cima em I se $\alpha > 0$;
2) $\alpha f(x)$ é côncava estritamente para baixo em I se $\alpha < 0$.

Demonstração. Faremos a prova, que é trivial, somente no caso da concavidade estrita e $\alpha > 0$. De acordo com a definição, para quaisquer $x_1, x_2 \in I$ temos:

$$f(x) < f(x_1) + \frac{f(x_2)-f(x_1)}{x_2-x_1}(x-x_1), \forall x \in (x_1, x_2).$$

Logo,

$$\alpha f(x) < \alpha f(x_1) + \frac{\alpha f(x_2)-\alpha f(x_1)}{x_2-x_1}(x-x_1), \forall x \in (x_1, x_2),$$

o que significa que $\alpha f(x)$ é côncava para cima em I.

Observação. A propriedade análoga é válida para concavidade não estrita, com a prova igualmente elementar.

Propriedade 3. Se $f(x)$ é côncava estritamente para cima no intervalo I e tem mínimo local no ponto $x_0 \in I$, então esse ponto é o mínimo global em I.

Demonstração. A idéia da demonstração segue da ilustração geométrica da concavidade. Supomos, por absurdo, que existe $x_1 \in I$ tal que $f(x_1) < f(x_0)$. Para precisar considerações, seja $x_1 > x_0$. Então, consideremos o intervalo $[x_0, x_1] \in I$ e notamos, primeiro, que todos os pontos do segmento secante P_0P_1, $P_0 = (x_0, f(x_0))$, $P_1 = (x_1, f(x_1))$ ficam abaixo do ponto P_0, e segundo, que a parte respectiva do gráfico da função $f(x)$ (entre P_0 e P_1) fica abaixo do segmento secante P_0P_1 devido à concavidade para cima (veja Fig.2.41). Em particular, em qualquer proximidade de P_0, têm pontos do gráfico que ficam abaixo de P_0, o que contradiz ao fato que P_0 é o mínimo local.

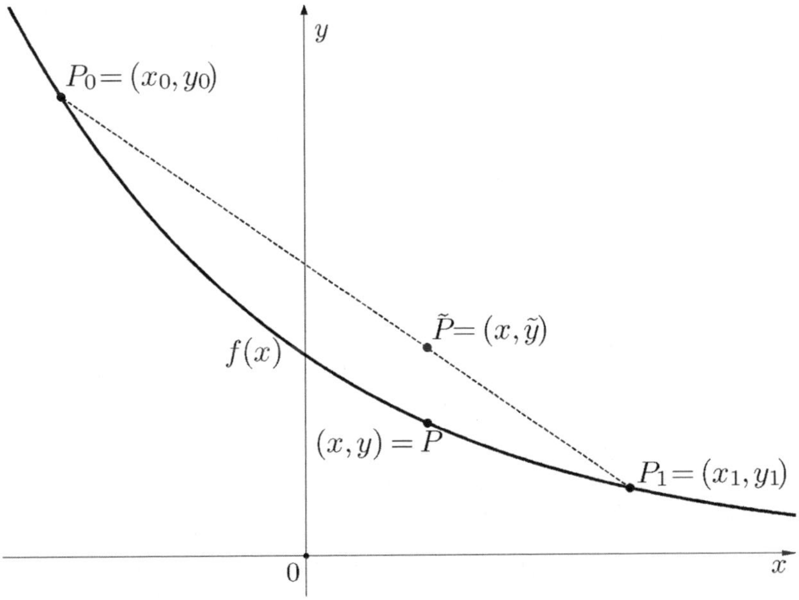

Figura 2.41 A suposição falsa do mínimo global no ponto $x_1 > x_0$.

Formalizando essas considerações analiticamente, no intervalo $(x_0, x_1) \in I$, de acordo com a concavidade para cima (2.1), temos

$$f(x) < f(x_0) + \frac{f(x_1) - f(x_0)}{x_1 - x_0}(x - x_0), \forall x \in (x_0, x_1).$$

Como $x - x_0 > 0$, $x_1 - x_0 > 0$ e $f(x_1) - f(x_0) < 0$, então $\frac{f(x_1)-f(x_0)}{x_1-x_0}(x - x_0) < 0$ e, consequentemente, $f(x) < f(x_0)$, $\forall x \in (x_0, x_1)$. Em particular, isso é válido para pontos de qualquer vizinhança direita de x_0, o que contradiz a definição do mínimo local.

No caso $x_1 < x_0$, basta considerar o intervalo (x_1, x_0) e usar a mesma desigualdade principal da concavidade para cima nesse intervalo.

Observação 1. Da demonstração realizada segue que caso a função $f(x)$, côncava para cima no intervalo I, tenha mínimo local num ponto desse intervalo, então esse mínimo local é único em I.

Observação 2. A propriedade semelhante pode ser formulada para funções côncavas para baixo: se $f(x)$ é côncava estritamente para baixo no intervalo I e tem máximo local no ponto $x_0 \in I$, então esse ponto é o máximo global em I e não há outros máximos locais em I. A demonstração segue as mesmas linhas.

Propriedade 4. Se $f(x)$ é côncava estritamente para cima no intervalo $I = [a, b]$, então $f(x)$ atinge seu máximo global em I no ponto a ou b, ou nos dois.

Demonstração. Para precisar a situação, vamos supor que $f(a) \geq f(b)$. Nesse caso, usamos a fórmula (2.1) da definição da concavidade para cima com $x_1 = a$ e $x_2 = b$:

$$f(x) < f(a) + \frac{f(b) - f(a)}{b - a}(x - a), \forall x \in (a, b).$$

Notando que $x - a > 0$, $b - a > 0$ e $f(b) - f(a) \leq 0$, temos que $\frac{f(b)-f(a)}{b-a}(x - a) \leq 0$ e, consequentemente, $f(x) < f(a)$, $\forall x \in (a, b)$. Logo, $x = a$ é o máximo global de $f(x)$ no intervalo $[a, b]$. (Se $f(a) = f(b)$, então $x = b$ também é o máximo global.)

O caso $f(a) < f(b)$ pode ser demonstrado de maneira semelhante com o uso da fórmula (2.1) com $x_1 = b$ e $x_2 = a$.

Recomendamos esboçar uma ilustração geométrica que pode esclarecer mais as considerações analíticas, assim como na Propriedade 3.

Observação. A propriedade análoga é válida para funções côncavas para baixo: se $f(x)$ é côncava estritamente para baixo no intervalo $I = [a, b]$, então $f(x)$ atinge seu mínimo global em I no ponto a ou b, ou nos dois.

Propriedade 5. Se $f(x)$ é côncava estritamente para cima no intervalo I, então seus incrementos (nos subintervalos de igual comprimento) aumentam nesse intervalo. Em particular, se $f(x)$ é crescente em I, então ela vai crescer mais rápido com aumento de x; se $f(x)$ é decrescente numa parte de I, então ela vai decrescer mais lentamente com aumento de x ou vai se tornar crescente na parte posterior de I.

Demonstração. Essa propriedade segue direto da concavidade do ponto médio: a fórmula (2.5) pode ser reescrita na forma $f(x) - f(x - h) < f(x + h) - f(x)$, onde $x - h, x, x + h \in I$, $h > 0$, o que evidencia que no subintervalo $[x, x + h]$ o incremento da função é maior que no subintervalo anterior $[x - h, x]$ (ambos os subintervalos têm o comprimento h).

O mesmo resultado pode ser expresso em termos de incrementos relativos: $\frac{f(x)-f(x-h)}{h} < \frac{f(x+h)-f(x)}{h}$. Os dois quocientes, nessa fórmula, representam as inclinações das retas secantes que passam por pontos $P_1 = (x-h, f(x-h))$ e $P = (x, f(x))$ para o primeiro quociente e $P = (x, f(x))$ e $P_2 = (x+h, f(x+h))$ para o segundo. Nessa forma, o resultado pode ser generalizado para subintervalos de comprimento arbitrário, usando a concavidade na forma geral. Realmente, de acordo com a definição analítica, a função $y = f(x)$ é côncava para cima no intervalo I se para quaisquer dois pontos diferentes, $x_1, x_2 \in I$, é válida a desigualdade $y = f(x) < \tilde{f}(x) = \tilde{y}$, onde x é qualquer ponto entre x_1, x_2 e $\tilde{y} = \tilde{f}(x)$ é a reta secante que passa por pontos $P_1 = (x_1, y_1)$ e $P_2 = (x_2, y_2)$, onde $y_1 = f(x_1)$ e $y_2 = f(x_2)$ (veja Fig.2.42). Para precisar considerações posteriores, sempre podemos supor, sem perda de generalidade, que $x_1 < x_2$ (se não for assim, só renumeramos os pontos).

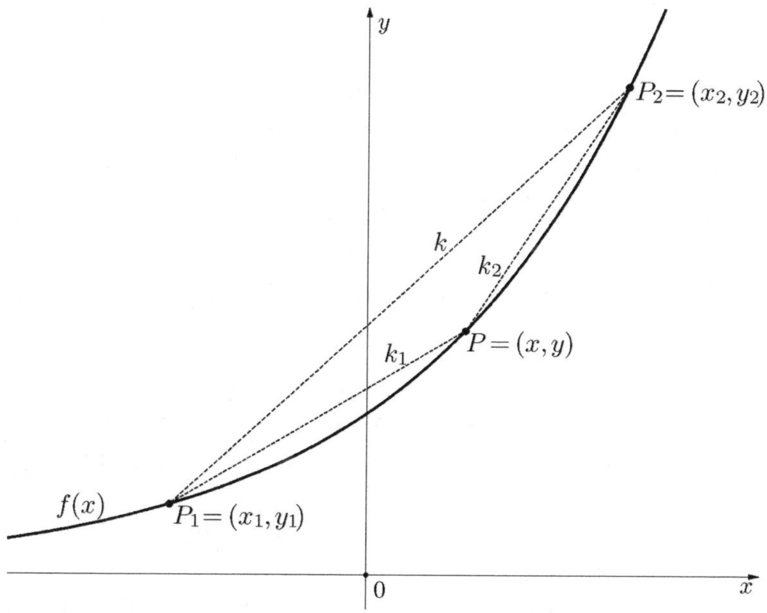

Figura 2.42 Relações entre secantes e o gráfico de uma função côncava para cima.

Vamos reescrever a condição de concavidade geral nas duas formas equivalentes, usando duas formas da reta secante. A equação da reta secante pode ser escrita como $\tilde{f}(x) = f(x_1) + \frac{f(x_2)-f(x_1)}{x_2-x_1}(x - x_1)$, ou equivalentemente, $\tilde{f}(x) = f(x_2) + \frac{f(x_2)-f(x_1)}{x_2-x_1}(x - x_2)$. Usando a primeira forma, obtemos a fórmula (2.1) da definição da concavidade para cima da seção 7.1:

$$f(x) < f(x_1) + \frac{f(x_2) - f(x_1)}{x_2 - x_1}(x - x_1), \forall x \in (x_1, x_2),$$

que pode ser reescrita em termos de incrementos relativos da seguinte maneira:

$$\frac{f(x) - f(x_1)}{x - x_1} < \frac{f(x_2) - f(x_1)}{x_2 - x_1}, \forall x \in (x_1, x_2). \tag{2.7}$$

Usando a segunda forma da reta secante, chegamos à condição da concavidade para cima na forma

$$f(x) < f(x_2) + \frac{f(x_2) - f(x_1)}{x_2 - x_1}(x - x_2), \forall x \in (x_1, x_2),$$

ou equivalentemente, em termos de incrementos relativos,

$$\frac{f(x) - f(x_2)}{x - x_2} > \frac{f(x_2) - f(x_1)}{x_2 - x_1}, \forall x \in (x_1, x_2). \tag{2.8}$$

Notamos que todas essas desigualdades são equivalentes e expressam a mesma relação geométrica: qualquer segmento secante fica acima da parte respectiva do gráfico da função. Ao mesmo tempo, a condição (2.7) tem a seguinte interpretação geométrica: a inclinação $k = \frac{f(x_2) - f(x_1)}{x_2 - x_1}$ da reta secante que passa por pontos P_1 e P_2 é maior que a inclinação $k_1 = \frac{f(x) - f(x_1)}{x - x_1}$ da reta secante que passa por pontos P_1 e P, sendo que $P = (x, y)$ qualquer ponto do gráfico entre P_1 e P_2. Analogamente, a condição (2.8) expressa a informação geométrica que a inclinação $k = \frac{f(x_2) - f(x_1)}{x_2 - x_1}$ é menor que a inclinação $k_2 = \frac{f(x_2) - f(x)}{x_2 - x}$ da reta secante que passa por pontos P e P_2. Assim, para inclinações de retas secantes (ou incrementos relativos) de uma função côncava estritamente para cima temos as desigualdades

$$k_1 = \frac{f(x) - f(x_1)}{x - x_1} < k = \frac{f(x_2) - f(x_1)}{x_2 - x_1} < k_2 = \frac{f(x_2) - f(x)}{x_2 - x} \tag{2.9}$$

(veja Fig.2.42). Assim, tinhamos provado a seguinte generalização da Propriedade 5:

Propriedade 5'. Se $f(x)$ é côncava estritamente para cima no intervalo I, então as inclinações de retas secantes aumentam com crescimento da abscissa x dos pontos de interseção das retas secantes.

Da mesma maneira, a concavidade estrita para baixo pode ser expressa via seguintes desigualdades equivalentes:

$$\frac{f(x) - f(x_1)}{x - x_1} > \frac{f(x_2) - f(x_1)}{x_2 - x_1}, \forall x \in (x_1, x_2) \tag{2.10}$$

ou

$$\frac{f(x) - f(x_2)}{x - x_2} < \frac{f(x_2) - f(x_1)}{x_2 - x_1}, \forall x \in (x_1, x_2). \qquad (2.11)$$

Deixamos para o leitor especificar o significado geométrico dessas duas condições em termos de inclinações de retas secantes.

7.4 Pontos de inflexão

Até agora nós vimos exemplos de funções que têm o mesmo tipo de concavidade em todo o seu domínio ou em diferentes partes do domiínio. Naturalmente, há funções que mudam o tipo de concavidade. Um exemplo típico disso é a função $y = f(x) = x^3$, cujo gráfico é mostrado abaixo (Fig.2.43).

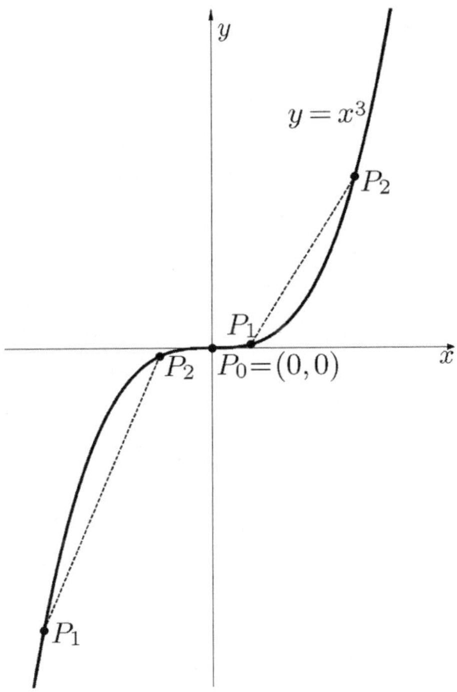

Figura 2.43 O gráfico, concavidade e o ponto de inflexão P_0 da função $y = x^3$.

Como antes abordado nessa seção, primeiro aceitamos esse gráfico como dado para tentar tirar conclusões geométricas, e depois confirmamos isso com análise exata. Podemos ver no gráfico que no intervalo $(-\infty, 0]$ a função tem concavidade voltada para baixo, enquanto no intervalo $[0, +\infty)$ o tipo de concavidade é para cima. O ponto 0 onde a função muda o tipo de concavidade é chamado de ponto de inflexão. Esse exemplo específico é facilmente generalizado na seguinte definição.

Definição. O ponto x_0 do domínio de função $f(x)$ é chamado do *ponto de inflexão* se $f(x)$ muda o tipo de concavidade passando esse ponto.

Observação 1. Nessa definição a concavidade é usualmente considerada no sentido estrito nos dois lados do ponto de inflexão. Nesse texto, vamos seguir esse acordo padrão.

Observação 2. A direção de mudança de concavidade em ponto de inflexão – a esquerda para cima e a direita para baixo ou vice-versa – não importa.

Observação 3. Como no caso de extremos, a terminologia de ponto de inflexão tem certa ambiguidade: o ponto de inflexão pode ser x_0 ou o ponto correspondente do gráfico $P_0 = (x_0, f(x_0))$.

Vamos agora verificar as propriedades da função $y = f(x) = x^3$ que justificam a representação do seu gráfico dada na Fig.2.43. Em particular, vamos conferir que $x_0 = 0$ é o ponto de inflexão.

Primeiro, notamos que $f(x) = x^3$ é uma função ímpar: $f(-x) = (-x)^3 = -x^3 = -f(x)$, o que implica em simetria do seu gráfico em relação à origem. Segundo, a função é estritamente crescente em todo o seu domínio $X = \mathbb{R}$ devido a seguinte avaliação, válida para qualquer dupla de pontos $x_1 < x_2$: $f(x_2) - f(x_1) = x_2^3 - x_1^3 = (x_2 - x_1)(x_2^2 + x_2x_1 + x_1^2) = (x_2 - x_1)\left((x_2 + \frac{1}{2}x_1)^2 + \frac{3}{4}x_1^2\right) > 0$. Como a função é estritamente crescente em $\mathbb{R}$, então ela não tem pontos extremos, nem locais nem globais. Finalmente, vamos investigar a concavidade da função, usando a concavidade do ponto médio. Começamos de uma avaliação preliminar da diferença entre o valor da função no ponto médio $f\left(\frac{x_1+x_2}{2}\right)$ e o valor médio da secante $\frac{f(x_1)+f(x_2)}{2}$:

$$D \equiv \left(\frac{x_1 + x_2}{2}\right)^3 - \frac{x_1^3 + x_2^3}{2} = \frac{1}{8}\left(x_1^3 + x_2^3 + 3x_1^2x_2 + 3x_1x_2^2 - 4x_1^3 - 4x_2^3\right)$$
$$= \frac{3}{8}\left(-x_1^3 - x_2^3 + x_1^2x_2 + x_1x_2^2\right) = \frac{3}{8}\left(x_1^2(x_2 - x_1) - x_2^2(x_2 - x_1)\right)$$
$$= -\frac{3}{8}(x_2 - x_1)^2(x_2 + x_1).$$

Escolhendo dois pontos arbitrários $x_1 < x_2 \le 0$, temos então $D = -\frac{3}{8}(x_2 - x_1)^2(x_2 + x_1) > 0$, porque o terceiro fator é negativo. Isso significa que $f(x) = x^3$ é côncava para baixo no intervalo $(-\infty, 0]$. Para os valores $0 \le x_1 < x_2$, temos $D = -\frac{3}{8}(x_2 - x_1)^2(x_2 + x_1) < 0$, porque o terceiro fator é positivo. Isso significa que $f(x) = x^3$ é côncava para cima no intervalo $[0, +\infty)$. Como a função muda o tipo de concavidade passando o ponto $x_0 = 0$, esse ponto é o ponto de inflexão.

Consideremos mais um exemplo do ponto de inflexão no caso da função $f(x) = 3x^2 - x^3$. Para determinar a sua concavidade, usamos a desigualdade mais simples do ponto médio. Começamos de uma avaliação preliminar da diferença entre o valor da função no ponto médio $f\left(\frac{x_1+x_2}{2}\right)$ e o valor médio da secante $\frac{f(x_1)+f(x_2)}{2}$:

$$D \equiv 3\left(\frac{x_1+x_2}{2}\right)^2 - \left(\frac{x_1+x_2}{2}\right)^3 - \frac{3x_1^2 - x_1^3 + 3x_2^2 - x_2^3}{2}$$

$$= \frac{3}{4}\left(x_1^2 + 2x_1x_2 + x_2^2 - 2x_1^2 - 2x_2^2\right) - \frac{1}{8}\left(x_1^3 + x_2^3 + 3x_1^2x_2 + 3x_1x_2^2 - 4x_1^3 - 4x_2^3\right)$$

$$= \frac{3}{4}\left(-x_1^2 - x_2^2 + 2x_1x_2\right) + \frac{3}{8}\left(x_1^3 + x_2^3 - x_1^2x_2 - x_1x_2^2\right)$$

$$= -\frac{3}{4}(x_2 - x_1)^2 + \frac{3}{8}(x_2 - x_1)^2(x_2 + x_1) = \frac{3}{8}(x_2 - x_1)^2(x_2 + x_1 - 2).$$

Escolhendo dois pontos arbitrários $x_1 < x_2 \leq 1$, temos então $D = \frac{3}{8}(x_2 - x_1)^2(x_2 + x_1 - 2) < 0$, porque o terceiro fator é negativo. Isso significa que $f(x)$ é côncava para cima no intervalo $(-\infty, 1]$. Para os valores $1 \leq x_1 < x_2$, temos $D = \frac{3}{8}(x_2 - x_1)^2(x_2 + x_1 - 2) > 0$, porque o terceiro fator é positivo. Isso significa que $f(x)$ é côncava para baixo no intervalo $[1, +\infty)$. Como a função muda o tipo de concavidade passando o ponto $x_0 = 1$, esse ponto é o ponto de inflexão (veja Fig.2.44).

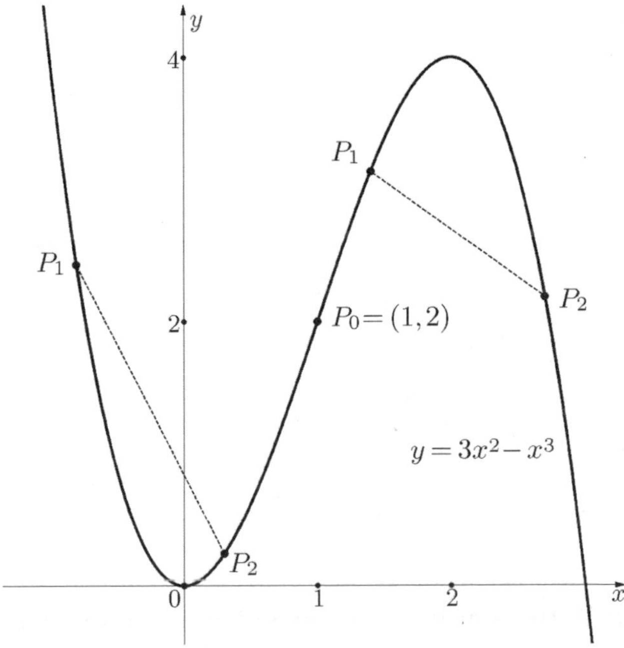

Figura 2.44 O gráfico, concavidade e inflexão P_0 da função $y = 3x^2 - x^3$.

Daremos também um exemplo quando função tem concavidade diferente dos dois lados de um ponto x_0, mas esse ponto não é um ponto de inflexão. Consideremos a função $f(x) = \frac{1}{x}$. Fazendo avaliação preliminar da diferença entre o valor da função no ponto médio $f\left(\frac{x_1+x_2}{2}\right)$ e o valor médio da secante $\frac{f(x_1)+f(x_2)}{2}$, obtemos:

$$D \equiv \frac{1}{\frac{x_1+x_2}{2}} - \frac{\frac{1}{x_1}+\frac{1}{x_2}}{2} = \frac{2}{x_1+x_2} - \frac{1}{2x_1} - \frac{1}{2x_2}$$

$$= \frac{4x_1x_2 - (x_1+x_2)x_2 - (x_1+x_2)x_1}{2x_1x_2(x_1+x_2)} = -\frac{(x_1-x_2)^2}{2x_1x_2(x_1+x_2)}.$$

Escolhendo agora $x_1 < x_2 < 0$, temos $D = -\frac{(x_1-x_2)^2}{2x_1x_2(x_1+x_2)} > 0$, porque o denominador é negativo. Isso significa que $f(x)$ é côncava para baixo no intervalo $(-\infty, 0)$. Ao mesmo tempo, para $0 < x_1 < x_2$, temos $D = -\frac{(x_1-x_2)^2}{2x_1x_2(x_1+x_2)} < 0$, porque o denominador é positivo. Isso mostra que $f(x)$ é côncava para cima no intervalo $(0, +\infty)$. Mesmo assim, $x_0 = 0$ não é o ponto de inflexão, simplesmente porque ele não está no domínio da função (veja o gráfico da função na Fig.2.45).

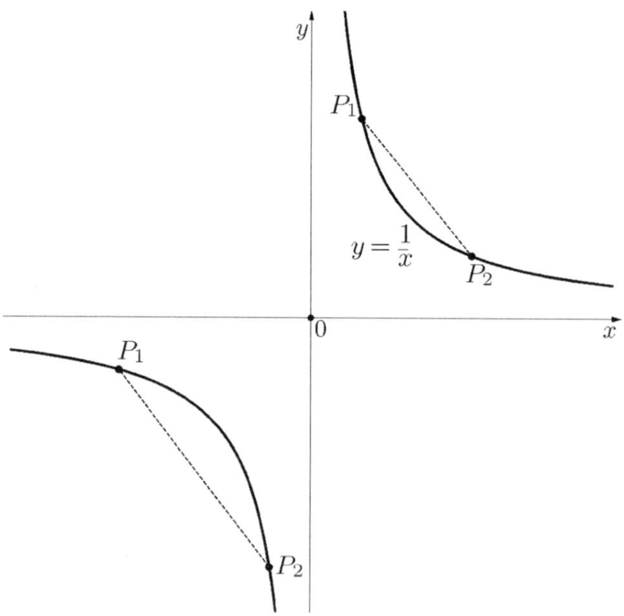

Figura 2.45 O gráfico e concavidade da função $y = \frac{1}{x}$.

7.5 Concavidade, inflexão e simetria

Propriedade 1. Se $f(x)$ é uma função par e côncava estritamente para cima em intervalo $I \subset [0, +\infty)$, então ela é côncava estritamente para cima no intervalo $\tilde{I}$ simétrico a I em relação à origem.

Demonstraçao. Obviamente, $f(x)$ é definida em $\tilde{I}$, pois ela é par e definida em I. Tomamos dois pontos arbitrários x_1, x_2 de $\tilde{I}$ e notamos que os pontos correspondentes $-x_1, -x_2$ ficam em I. Então, da paridade e da concavidade em I segue que $f\left(\frac{x_1+x_2}{2}\right) = f\left(\frac{-x_1-x_2}{2}\right) < \frac{f(-x_1)+f(-x_2)}{2} = \frac{f(x_1)+f(x_2)}{2}$, o que comprova a concavidade estrita para cima em $\tilde{I}$.

Observaçao 1. Se $I = [0, b)$ (onde b pode ser $+\infty$), então $f(x)$ é côncava estritamente para cima em $\tilde{I} = (-b, 0]$. Mas, em geral, ela não é côncova para cima em $(-b, b)$. Um contra-exemplo é dado pela função $f(x) = x^2 - |x|$, côncava estritamente para cima nos intervalos $(-\infty, 0]$ e $[0, +\infty)$, mas não côncava para cima (mesmo no sentido não estrito) no intervalo $(-\infty, +\infty)$ (ou qualquer intervalo (a, b) contendo a origem). Veja a ilustração na Fig.2.46.

Observaçao 2. No caso de concavidade para baixo temos uma afirmação semelhante: se $f(x)$ é uma função par e côncava estritamente para baixo em intervalo $I \subset [0, +\infty)$, então ela é côncava estritamente para baixo no intervalo $\tilde{I}$ simétrico a I em relação à origem.

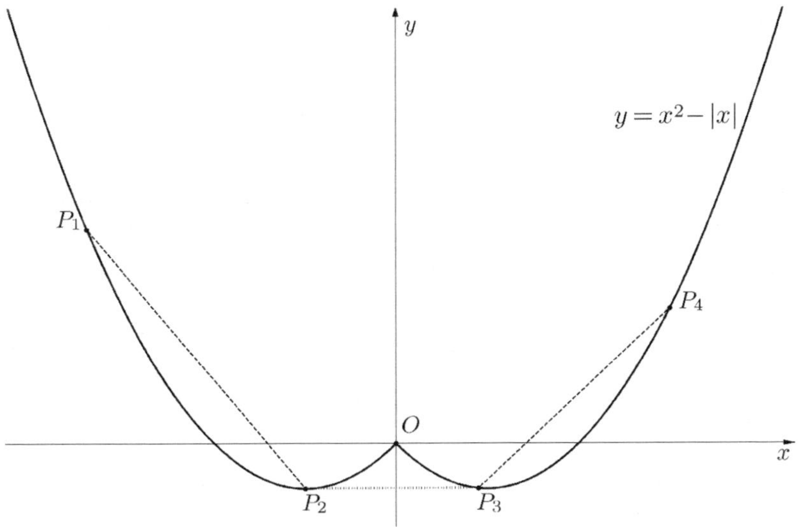

Figura 2.46 Concavidades da função $f(x) = x^2 - |x|$.

Propriedade 2. Se $f(x)$ é uma função ímpar e côncava estritamente para cima em intervalo $I \subset [0, +\infty)$, então ela é côncava estritamente para baixo no intervalo $\tilde{I}$ simétrico a I em relação à origem.

Demonstração. Seguimos a mesma linha da demonstração da Propriedade 1. Notamos que $f(x)$ é definida em $\tilde{I}$ uma vez que ela é ímpar e definida em I. Tomamos dois pontos arbitrários $x_1, x_2 \in \tilde{I}$ com os pontos correspondentes $-x_1, -x_2 \in I$ e obtemos $f\left(\frac{x_1+x_2}{2}\right) = -f\left(\frac{-x_1-x_2}{2}\right) > -\frac{f(-x_1)+f(-x_2)}{2} = \frac{f(x_1)+f(x_2)}{2}$, o que comprova a concavidade estrita para baixo em $\tilde{I}$.

Observaçao 1. Se $I = [0, b)$ (onde b pode ser $+\infty$), então $f(x)$ é côncava estritamente para baixo em $\tilde{I} = (-b, 0]$. Logo, $f(x)$ muda o tipo de concavidade no ponto 0 que pertence ao seu domínio e, portanto, 0 é o ponto de inflexão.

Observaçao 2. No caso de concavidade para baixo temos uma afirmação semelhante: se $f(x)$ é uma função ímpar e côncava estritamente para baixo em intervalo $I \subset [0, +\infty)$, então ela é côncava estritamente para cima no intervalo $\tilde{I}$ simétrico a I em relação à origem.

Observaçao 1g. Naturalmente, o papel dos intervalos da parte positiva e negativa pode ser trocado nas duas propriedades.

Propriedade 3. Se $f(x)$ é côncava estritamente para cima no intervalo I, então a função $g(x) = f(-x)$ é côncava estritamente para cima no intervalo $\tilde{I}$, simétrico a I em relação à origem.

Demonstração. Seguimos a linha de raciocínio da Propriedade 1. Notamos primeiro que $g(x) = f(-x)$ é definida em $\tilde{I}$, porque $-x \in \tilde{I}$ para qualquer $x \in I$. Então, usando a concavidade de $f(x)$ em I, obtemos $g\left(\frac{x_1+x_2}{2}\right) = f\left(\frac{-x_1-x_2}{2}\right) < \frac{f(-x_1)+f(-x_2)}{2} = \frac{g(x_1)+g(x_2)}{2}$, o que mostra a concavidade estrita para cima de $g(x)$ em $\tilde{I}$.

Observação. A afirmação semelhante para concavidade para baixo é a seguinte: se $f(x)$ é côncava estritamente para baixo no intervalo I, então a função $g(x) = f(-x)$ é côncava estritamente para baixo no intervalo $\tilde{I}$, simétrico a I em relação à origem.

Propriedade 4. Se $f(x)$ é côncava estritamente para cima no intervalo I, então a função $g(x) = -f(x)$ é côncava estritamente para baixo no mesmo intervalo.

Demonstração. Esse é um caso particular da Propriedade 2 da seção 7.3.

Observação. A afirmação semelhante para concavidade para baixo é a seguinte: se $f(x)$ é côncava estritamente para baixo no intervalo I, então a função $g(x) = -f(x)$ é côncava estritamente para cima no mesmo intervalo.

Observaçao 2g. As afirmações semelhantes das quatro propriedades são válidas para concavidade não estrita.

8 Propriedades complementares

8.1 Comportamento no infinito e comportamento infinito

Algumas *propriedades complementares*, mas importantes para algumas funções, são relacionadas às suas tendências, isto é, a comportamento de função quando x aproxima de um certo valor ou aumenta/diminui sem restrição. Chamamos nesse texto essas propriedades de complementares, porque não dispomos de ferramentas que possibilitam a definição exata dessas propriedades, sem falar da sua investigação (esse é um dos assuntos de Cálculo). Em vez disso, vamos dar a sua descrição aproximada, o que é uma alternativa razoável nessa etapa de estudo.

O que vai nos interessar em primeiro lugar são duas situações, chamadas de *comportamento no infinito* e *comportamento infinito*. A primeira situação se refere ao comportamento da função quando os valores de x aumentam por módulo sem restrição, como se diz "tendem a $+\infty$ ou a $-\infty$". Pode ocorrer, nesse caso, que a função $y = f(x)$ também tende a infinito (positivo ou negativo) ou que ela aproxima de um certo valor (finito), ou ainda que não se observa nenhuma tendência específica da função. Em termos um pouco mais precisos, se a tendência de x a $+\infty$ resulta em tendência de $f(x)$ a $+\infty$, isso significa que os valores da função $y = f(x)$ superam qualquer constante positiva dada previamente, quando escolhemos os valores de x bastante grandes. A notação usada nesse caso é $\lim\limits_{x\to+\infty} f(x) = +\infty$ (a abreviação "lim" vem da palavra limite). Se a tendência de x a $-\infty$ resulta em tendência de $f(x)$ a $+\infty$, isso significa que os valores da função $y = f(x)$ superam qualquer constante positiva dada previamente, quando os valores x são negativos e bastante grandes por módulo. A notação correspondente é $\lim\limits_{x\to-\infty} f(x) = +\infty$. Outras duas situações – $f(x)$ tende a $-\infty$ quando x tende a $+\infty$ ou a $-\infty$ –, têm a descrição semelhante e são denotadas com os símbolos $\lim\limits_{x\to+\infty} f(x) = -\infty$ e $\lim\limits_{x\to-\infty} f(x) = -\infty$, respectivamente.

Se a tendência de x a $+\infty$ implica em aproximação de $f(x)$ de um número específico A, então, em termos mais precisos, isso significa que os valores de $f(x)$ ficam tal perto de A quanto desejamos se escolhemos os valores de x bastante grandes (maiores que uma certa constante). A mesma descrição pode ser dada para o caso quando x tende a $-\infty$. Os símbolos respectivos são $\lim\limits_{x\to+\infty} f(x) = A$ e $\lim\limits_{x\to-\infty} f(x) = A$.

Por exemplo, a função $y = x$ aumenta seus valores sem restrição quando x fica cada vez maior (tende a $+\infty$). Em termos mais precisos, isso significa que os valores da função $y = x$ superam qualquer constante positiva dada previamente, se escolhemos os valores de x bastante grandes. Realmente, qualquer que seja a constante $M > 0$, tomando $x > M$ garantimos que $y = x > M$, isto é, os valores da função também se tornam arbitrariamente grandes, ou seja, tendem a $+\infty$. De maneira semelhante, quando x tende a $-\infty$ (isto é, os valores de $|x|$ aumentam sem restrição, mas x mantém sinal negativo), então $y = x$ também tende a $-\infty$. Em termos mais precisos, isso significa que tomando qualquer constante $M > 0$, podemos escolher os valores $x < -M$ tais que todos os valores respectivos da função ficam menores que $-M$: $y = x < -M$. Para a função $y = x$ esse comportamento no infinito é óbvio, porque os valores da função e de variável independente coincidem. Usando a simbologia dos limites, podemos escrever que $\lim\limits_{x\to+\infty} x = +\infty$ e $\lim\limits_{x\to-\infty} x = -\infty$.

Consideremos mais um exemplo de comportamento no infinito. O gráfico da função $y = x^2$ (mostrado na Fig.2.16 da seção 4.1) sugere que a função tende a $+\infty$ quando $|x|$ aumenta sem restrição. Como a função é bastante simples, esse comportamento é meio óbvio, mas vamos justificar isso, pelo menos na forma aproximada, usando a descrição de tendência a infinito. Realmente, se $x > 1$ então $x^2 > x$ e, por isso, tomando $x > M$ (onde $M > 1$ é uma constante arbitrariamente grande) garantimos que $x^2 > M$, isto é, os valores da função também se tornam arbitrariamente grandes, ou seja, tendem a $+\infty$. Devido à paridade dessa função, o mesmo é válido quando aumentamos $|x|$ sem restrição, mas pelos valores negativos (tendemos x a $-\infty$). Em símbolos dos limites temos $\lim\limits_{x\to+\infty} x^2 = +\infty$ e $\lim\limits_{x\to-\infty} x^2 = +\infty$.

Nos dois exemplos das funções $y = x$ e $y = x^2$ foi observada tendência das funções a infinito quando $|x|$ aumenta sem restrição (isto é, no infinito). Vamos dar agora um exemplo da função que tende a um valor específico no infinito. Consideremos o comportamento da função $\frac{1}{x}$ quando $|x|$ tende a infinito. O gráfico da função (Fig.2.45 da seção 7.4) sugere que essa função tende a 0 quando $|x|$ tende a infinito, isto é, os valores $\frac{1}{|x|}$ se tornam menores que qualquer constante $m > 0$ escolhida previamente quando tomamos os valores bastante grandes de $|x|$. Realmente, dada uma constante arbitrária $m > 0$, então para os valores $|x| > M = \frac{1}{m}$ garantimos que $\frac{1}{|x|} < m$. Por exemplo, se escolhemos $m = 10^{-l}$, $l \in \mathbb{N}$, então para $|x| > 10^l$ garantimos que $\frac{1}{|x|} < 10^{-l}$. Obviamente, quando x tende a $+\infty$ (mantendo a variável positiva), então a função $\frac{1}{x}$ aproxima do zero pelos valores positivos, e quando x tende a $-\infty$ (mantendo a variável negativa), então tendência a zero ocorre pelos valores negativos. Nesse caso, escrevemos que $\lim\limits_{x\to+\infty} \frac{1}{x} = 0$ e $\lim\limits_{x\to-\infty} \frac{1}{x} = 0$. Isso justifica, embora numa forma aproximada, aquele comportamento no infinito que é exibido no gráfico da função.

A segunda situação, comportamento infinito num ponto finito, ocorre quando aproximação de x a um ponto específico (finito) resulta em aumento/diminuição sem restrição dos valores da função. Se função tende a $+\infty$ quando x aproxima do ponto a, isso significa que os valores da função ficam maiores que qualquer constante positiva dada previamente, quando escolhemos os valores de x bastante perto de a, sem considerar o próprio ponto a. O símbolo usado para esse comportamento é $\lim\limits_{x \to a} f(x) = +\infty$. Nesse contexto, "bastante perto" quer dizer, na forma mais precisa, que a distância de x até a fica menor que uma grandeza pequena $\delta > 0$, ou seja, $|x - a| < \delta$, e a desconsideração de a se deve à necessidade de analisar funções definidas num intervalo contendo a, mas não em a (o domínio da função tem um "furo" no ponto a). Notamos que, nessa tendência, a informação sobre função no próprio ponto de aproximação a não nos interessa: a função pode ser definida nesse ponto ou não, esse fato adicional simplesmente não conta na avaliação da tendência da função quando x se aproxima de a. O que nos verificamos é o comportamento da função quando x tende a a, mas não no próprio ponto a. Na forma analítica a desconsideração de a é expressa na forma $|x - a| > 0$. Assim, nas situações quando x aproxima de a, trabalhamos com os pontos de δ-vizinhança de a diferentes de a, isto é, $0 < |x - a| < \delta$.

De maneira semelhante, podemos definir a situação de tendência da função a $-\infty$ quando x aproxima de a. A notação correspondente é $\lim\limits_{x \to a} f(x) = -\infty$.

Às vezes, é preciso considerar separadamente o que acontece com a função à esquerda e à direita de a, isto é, se x se aproxima de a pelos valores maiores que a ou pelos valores menores. O significado de tendência da função continua sendo o mesmo, mas, nesse caso, ele se refere à tendência unilateral ao ponto a. A proximidade de x ao ponto a é descrita pela desigualdade $a < x < a + \delta$ quando x tende a a à direita e $a - \delta < x < a$ quando a tendência é à esquerda. Se $f(x)$ tende ao infinito quando x se aproxima de a de modo unilateral, então são usados os seguintes símbolos: $\lim\limits_{x \to a^+} f(x) = +\infty$ e $\lim\limits_{x \to a^+} f(x) = -\infty$ quando a aproximação de a se faz pela direita, e $\lim\limits_{x \to a^-} f(x) = +\infty$ e $\lim\limits_{x \to a^-} f(x) = -\infty$ quando x tende a a pela esquerda.

Para exemplificar, consideremos de novo a função $\frac{1}{x}$ e o ponto $a = 0$. Nesse caso, o ponto a não pertence ao domínio da função, mas isso não nos impede de considerar aproximação desse ponto. Vamos, primeiro, considerar a tendência de x a 0 pela direita. Intuitivamente fica claro que, quando x aproxima de 0 pelos valores positivos, a função $\frac{1}{x}$ aumenta seus valores sem restrição, em outras palavras, tende a $+\infty$. Para justificar isso, seguimos a descrição mais precisa: para qualquer constante dada $M > 0$, podemos encontrar $\delta = \frac{1}{M}$ tal que para todos x que ficam no intervalo $0 < x < \delta = \frac{1}{M}$ (isto é, para todos x positivos bastante próximos de 0) segue que $\frac{1}{x} > M$. Com o grau de precisão que conseguimos usar, essa é a prova de que $\lim\limits_{x\to 0^+} \frac{1}{x} = +\infty$. De maneira semelhante, podemos mostrar que $\frac{1}{x}$ tende a $-\infty$ quando x aproxima de 0 pela esquerda: qualquer que for $M > 0$, podemos encontrar $\delta = \frac{1}{M}$ tal que para todos x do intervalo $-\frac{1}{M} = -\delta < x < 0$ (isto é, para todos x negativos bastante próximos de 0) é garantido que $\frac{1}{x} < -M$. Isso significa, com precisão que temos a nossa alcance, que $\lim\limits_{x\to 0^-} \frac{1}{x} = -\infty$. Veja a ilustração na Fig.2.47 onde está reproduzido o gráfico de $y = \frac{1}{x}$ com características adicionais.

Notamos que o mesmo resultado de tendência no ponto 0 vamos ter para a função $g(x) = \begin{cases} 1/x, x \neq 0 \\ 0, x = 0 \end{cases}$ definida na origem, uma vez que o valor no ponto 0 (nem o fato se a função definida nesse ponto ou não) não é levado em consideração na avaliação da tendência da funcão, e fora da origem $g(x)$ coincide com $f(x) = \frac{1}{x}$. Assim, $\lim\limits_{x\to 0^+} g(x) = +\infty$ e $\lim\limits_{x\to 0^-} g(x) = -\infty$.

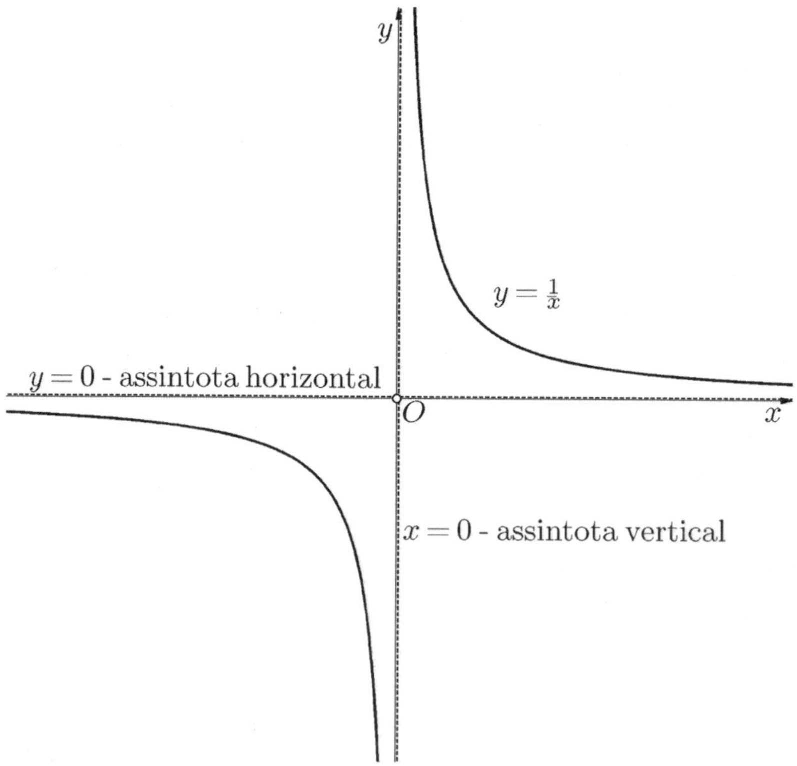

Figura 2.47 O gráfico de $y = \frac{1}{x}$ com tendências no infinito e no ponto 0, junto com assíntotas.

8.2 Assíntotas horizontais e verticais

No estudo do comportamento no infinito (quando x tende a $+\infty$ ou a $-\infty$) observamos que caso ocorra tendência da função $f(x)$ a uma constante A, então, geometricamente, isso significa que os valores da função ficam cada vez mais próximos da reta $y = A$ com aumento de $|x|$. Em outras palavras, a distância do gráfico de $f(x)$ até a reta horizontal $y = A$ tende a 0 quando $|x|$ tende a infinito. Nesse caso, a reta $y = A$ é chamada de assíntota horizontal. Formalizamos isso na seguinte definição.

Definição. Assíntota horizontal. A reta $y = A$ é chamada *assíntota horizontal* do gráfico da função $y = f(x)$ se pelo menos uma das duas condições estiver satisfeita: $\lim\limits_{x\to+\infty} f(x) = A$ ou $\lim\limits_{x\to-\infty} f(x) = A$.

Notamos que o número de assíntotas horizontais de uma função pode variar de zero a dois. Caso $f(x)$ tender a A quando x tende a $+\infty$, mas não exibir aproximação de um número específico quando x tende a $-\infty$, então há somente uma assíntota $y = A$. Isso ocorre também se $f(x)$ tende a mesma constante $A = B$ tanto quando x tende a $+\infty$ como quando x tende a $-\infty$. Um exemplo disso é a função $y = \frac{1}{x}$ que tem $\lim\limits_{x\to+\infty} \frac{1}{x} = \lim\limits_{x\to-\infty} \frac{1}{x} = 0$ (veja Fig.2.47). Pode acontecer, também, que a função tenha duas assíntotas diferentes se $A \neq B$. Um exemplo disso é a função $f(x) = \begin{cases} 1/x, x < 0 \\ 1 + 1/x, x > 0 \end{cases}$ que tem duas assíntotas horizontais $y = 0$ e $y = 1$: a primeira é obtida da tendência $\lim\limits_{x\to-\infty} f(x) = 0$ e a segunda da $\lim\limits_{x\to+\infty} f(x) = 1$. Esse exemplo é mostrado na Fig.2.48. Finalmente, pode ocorrer que a função não tem nenhuma assíntota horizontal, como acontece com a função $y = x^2$.

Caso ocorra tendência de uma função $f(x)$ a infinito quando x aproxima de um ponto finito a, observamos que, geometricamente, isso significa que o gráfico de $f(x)$ fica cada vez mais próximo da reta vertical $x = a$ com aproximação x de a. Em outras palavras, a distância do gráfico de $f(x)$ até a reta $x = a$ tende a 0 quando $|x - a|$ tende a 0. Nesse caso, a reta $x = a$ é chamada de assíntota vertical e sua definição é a seguinte.

Definição. Assíntota vertical. A reta $x = a$ é chamada *assíntota vertical* do gráfico da função $y = f(x)$ se pelo menos uma das seguintes condições estiver satisfeita: $\lim\limits_{x\to a^+} f(x) = +\infty$ ou $\lim\limits_{x\to a^+} f(x) = -\infty$ ou $\lim\limits_{x\to a^-} f(x) = +\infty$ ou $\lim\limits_{x\to a^-} f(x) = -\infty$.

Um exemplo de assíntota vertical é a reta $x = 0$ no caso da função $y = \frac{1}{x}$ (veja Fig.2.47). Notamos que, de acordo com a definição, não é necessário que a tendência de função a infinito fosse realizada dos dois lados, à esquerda e à

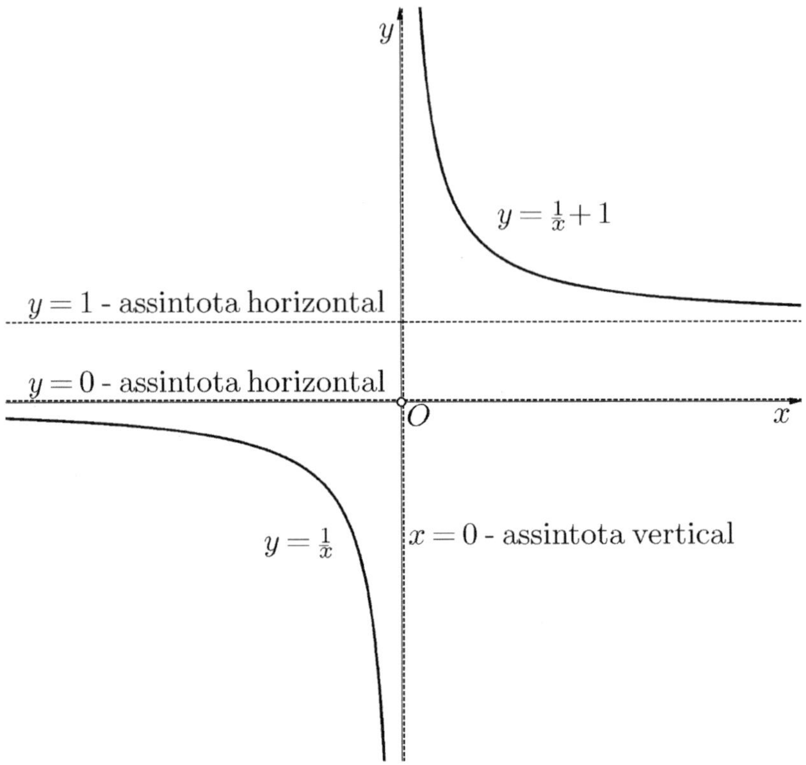

Figura 2.48 Gráfico da função com duas assíntotas horizontais.

direita de a. Por exemplo, a função $f(x) = \begin{cases} 0, x \leq 0 \\ 1/x, x > 0 \end{cases}$ mostra tendência a $+\infty$ somente quando x aproxima de 0 pela direita (veja Fig.2.49). Mesmo assim, a reta $x = 0$ é a assíntota vertical dessa função.

Notamos que o número de assíntotas verticais de uma função pode variar de zero até infinito: por exemplo, a função $y = x^2$ não tem nenhuma assíntota vertical, a função $y = \frac{1}{x}$ tem somente uma assíntota vertical $x = 0$ e a função $y = \tan x$ (que vai ser estudada no Capítulo 4) tem infinitas assíntotas verticais na forma $x = \frac{\pi}{2} + n\pi$, $\forall n \in \mathbb{Z}$.

Para o leitor interessado em conceitos mais avançados podemos dizer que a primeira situação, comportamento no infinito, está relacionada com limite no infinito ($+\infty$ ou $-\infty$) e a definição exata desse conceito nos dois casos diferentes é apresentada a seguir.

1) Caso $\lim\limits_{x \to +\infty} f(x) = +\infty$ (chamado limite infinito no infinito), temos:
para qualquer $E > 0$ existe $M > 0$ tal que $f(x) > E$ para todos x satisfazendo

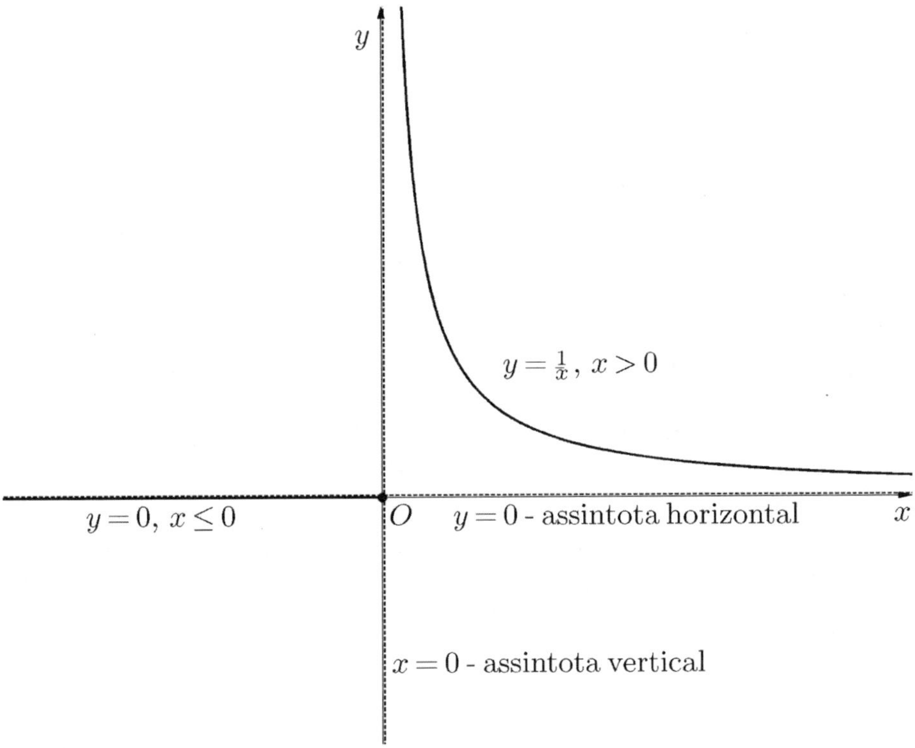

Figura 2.49 Gráfico da função com assíntota vertical obtida somente de um lado.

$x > M$.
2) Caso $\lim\limits_{x\to+\infty} f(x) = A$ (chamado limite finito no infinito), temos:
para qualquer $\varepsilon > 0$ existe $M > 0$ tal que $|f(x)-A| < \varepsilon$ para todos x satisfazendo $x > M$.
Os demais casos são definidos de maneira semelhante.

A segunda situação, quando a tendência de x a um ponto finito provoca tendência da função a infinito, é definida como se segue.
1) Caso $\lim\limits_{x\to a} f(x) = +\infty$ (chamado limite infinito num ponto finito), temos:
para qualquer $E > 0$ existe $\delta > 0$ tal que $f(x) > E$ para todos x satisfazendo $0 < |x-a| < \delta$.
2) Caso $\lim\limits_{x\to a^+} f(x) = +\infty$ (chamado limite infinito num ponto finito a direita), temos:
para qualquer $E > 0$ existe $\delta > 0$ tal que $f(x) > E$ para todos x satisfazendo $0 < x-a < \delta$.

Os demais casos são definidos de maneira semelhante.

No entanto, nesse texto não usaremos esses conceitos exatos, que são mais avançados que assuntos da matéria em consideração e exigem esforço adicional para sua compreensão e posterior utilização. Vamos nos restringir à descrição aproximada dessas tendências de funções explicada anteriormente.

9 Funções compostas

9.1 Composição de funções

Vamos supor que temos duas funções $y = f(x) : X \to Y$ e $z = g(y) : Y \to Z$, onde a imagem Y da primeira é o domínio da segunda. A primeira função leva elementos de X para os de Y e a segunda transforma os elementos encontrados de Y em elementos de Z. Nesse caso, em vez de efetuar dois passos (duas funções) na transferência de elementos x em elementos z, podemos realizar a transformação direta de X para Z num passo só, definindo a função composta.

Definição. Dadas duas funções $y = f(x) : X \to Y$ e $z = g(y) : Y \to Z$, vamos chamar de *função composta* $z = h(x) : X \to Z$ tal função que leva cada $x \in X$ àquele elemento $z \in Z$ que é obtido na aplicação sucessiva da função $y = f(x)$ ao elemento x e da função $z = g(y)$ ao elemento respectivo y. Conforme essa descrição, a fórmula da função composta é $z = h(x) = g(f(x)) : X \to Z$.

Têm duas formas comuns de notação de função composta: a primeira é a própria fórmula da definição $g(f(x))$ e a segunda é $g \circ f(x)$. Neste livro usamos a primeira forma.

Notamos que, pela definição, o domínio da composta é o domínio X da primeira função $y = f(x)$. A definição impõe também a condição de que Y é a imagem da primeira função $y = f(x)$. Caso ainda Z seja a imagem da segunda função $z = g(y)$, então a imagem da composta também é Z. Realmente, se Z é a imagem de Y sob transformação $z = g(y)$, então para qualquer $z_0 \in Z$ existe (pelo menos um) $y_0 \in Y$ tal que $z_0 = g(y_0)$. Por sua vez, para esse $y_0 \in Y$ existe (pelo menos um) $x_0 \in X$ tal que $y_0 = f(x_0)$. Consequentemente, para qualquer $z_0 \in Z$ foi encontrado (pelo menos um) $x_0 \in X$ tal que $y_0 = f(x_0)$ e $z_0 = g(y_0)$, isto é, $h(x_0) = g(f(x_0)) = g(y_0) = z_0$, o que mostra que Z é a imagem de $h(x)$.

Veja a ilustração dessa definição na Fig.2.50.

Exemplos

1. $y = f(x) = x : X = \mathbb{R} \to Y = \mathbb{R}$ e $z = g(y) = 2y : Y = \mathbb{R} \to Z = \mathbb{R}$.

A função composta é definida pela fórmula $h(x) = g(f(x)) = g(x) = 2x : X = \mathbb{R} \to Z = \mathbb{R}$. Como $Z = \mathbb{R}$ é a imagem da segunda função, então ele também é a imagem da composta.

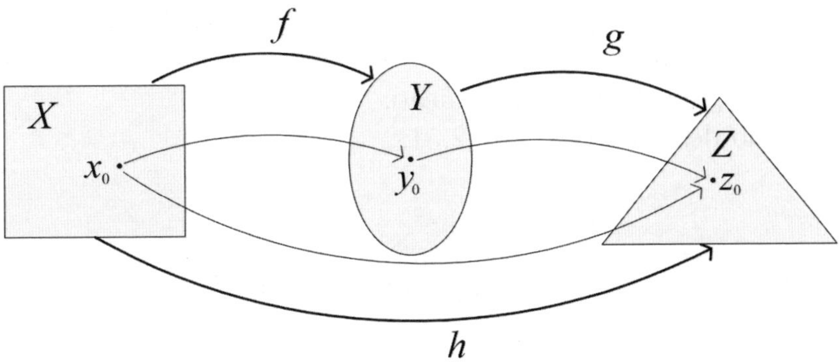

Figura 2.50 Função composta, caso a imagem Y da primeira função é igual ao domínio da segunda.

2. $y = f(x) = x + 1 : X = \mathbb{R} \to Y = \mathbb{R}$ e $z = g(y) = y^2 : Y = \mathbb{R} \to Z = [0, +\infty)$.

A função composta é definida pela fórmula $h(x) = g(f(x)) = g(x + 1) = (x + 1)^2 : X = \mathbb{R} \to Z = [0, +\infty)$. Como $Z = [0, +\infty)$ é a imagem da segunda função, ele também é a imagem da composta.

3. $y = f(x) = x^2 : X = \mathbb{R} \to Y = [0, +\infty)$ e $z = g(y) = \sqrt{y} : Y = [0, +\infty) \to Z = [0, +\infty)$.

A função composta é definida pela fórmula $h(x) = g(f(x)) = g(x^2) = \sqrt{x^2} = |x| : X = \mathbb{R} \to Z = [0, +\infty)$. Como $Z = [0, +\infty)$ é a imagem da segunda função, ele também é a imagem da composta.

4. $y = f(x) = x^2 : X = (-\infty, 0] \to Y = [0, +\infty)$ e $z = g(y) = \sqrt{y} : Y = [0, +\infty) \to Z = [0, +\infty)$.

A função composta é definida pela fórmula $h(x) = g(f(x)) = g(x^2) = \sqrt{x^2} = -x : X = (-\infty, 0] \to Z = [0, +\infty)$. Como $Z = [0, +\infty)$ é a imagem da segunda função, ele também é a imagem da composta.

Em todos esses exemplos, de acordo com a definição, a imagem Y da primeira função era igual ao domínio da segunda. Vamos agora estender a definição da função composta aos casos quando isso não acontece.

O primeiro caso é simples. Se $y = f(x) : X \to Y$ e $z = g(y) : \tilde{Y} \to Z$, onde $Y \subset \tilde{Y}$ (aqui Y pode ser contradomínio, não necessariamente a imagem da primeira função), então a função composta pode ser definida da mesma maneira como antes: $z = h(x) = g(f(x)) : X \to Z$. A única diferença nesse caso é a relação entre imagens da segunda função e da composta: mesmo quando Z é a imagem da segunda função, isso não quer dizer que Z necessariamente é a imagem da composta, porque a composta está relacionada só com a parte Y do domínio $\tilde{Y}$ da segunda. Portanto, em geral, Z é o contradomínio da composta, mesmo quando ele é a imagem da segunda função.

Veja ilustração desse caso na Fig.2.51.

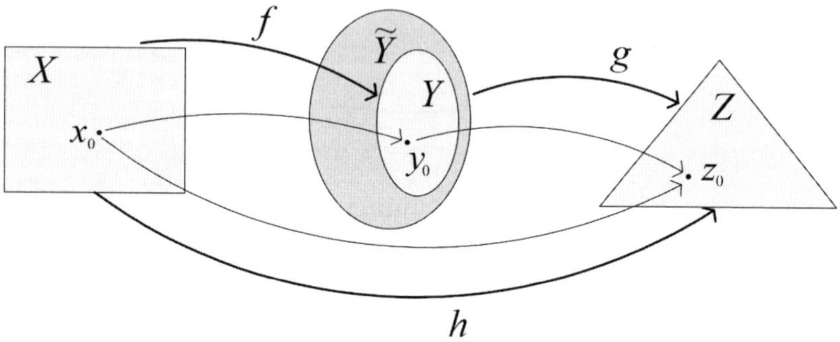

Figura 2.51 Função composta, caso $Y \subset \tilde{Y}$.

Exemplos

1. $y = f(x) = x^2 : X = \mathbb{R} \to Y = [0, +\infty)$ e $z = g(y) = 2y : \tilde{Y} = \mathbb{R} \to Z = \mathbb{R}$.

A função composta é definida pela fórmula $h(x) = g(f(x)) = g(x^2) = 2x^2 : X = \mathbb{R} \to Z = \mathbb{R}$. Embora $Z = \mathbb{R}$ seja a imagem da segunda função, para a composta Z é o contradomínio (a imagem da composta é $\tilde{Z} = [0, +\infty)$).

2. $y = f(x) = \sqrt{x} : X = [0, +\infty) \to Y = [0, +\infty)$ e $z = g(y) = y^2 : \tilde{Y} = \mathbb{R} \to Z = [0, +\infty)$.

A função composta é definida pela fórmula $h(x) = g(f(x)) = g(\sqrt{x}) = (\sqrt{x})^2 = x : X = [0, +\infty) \to Z = [0, +\infty)$. Nesse caso, $Z = [0, +\infty)$ é a imagem da segunda função e também a imagem da composta. Notamos que a composta não é a função completa $f(x) = x$ uma vez que o seu domínio é retsrito a $X = [0, +\infty)$.

A segunda extensão se refere ao caso $y = f(x) : X \to Y$ e $z = g(y) : \tilde{Y} \to Z$, onde $Y \supset \tilde{Y}$ (aqui Y volta ser a imagem da primeira função) e ela é mais complicada. Nesse caso, a segunda função não está definida na parte da imagem da primeira e, por isso, para os valores $x_1 \in X$ tais que $y_1 = f(x_1) \in Y \backslash \tilde{Y}$ (isto é, para aqueles $x \in X$ que são levados pela primeira função para fora de $\tilde{Y}$) a composta não está definida. A situação pode ser remediada diminuindo o domínio X da primeira função até o conjunto $\tilde{X}$, cuja imagem sob a primeira função é igual $\tilde{Y}$: $y = f(x) : \tilde{X} \to \tilde{Y}$. Então, para primeira função modificada dessa maneira, voltamos à definição original da função composta e temos $z = h(x) = g(f(x)) : \tilde{X} \to Z$.

Veja ilustração dessa extensão na Fig.2.52.

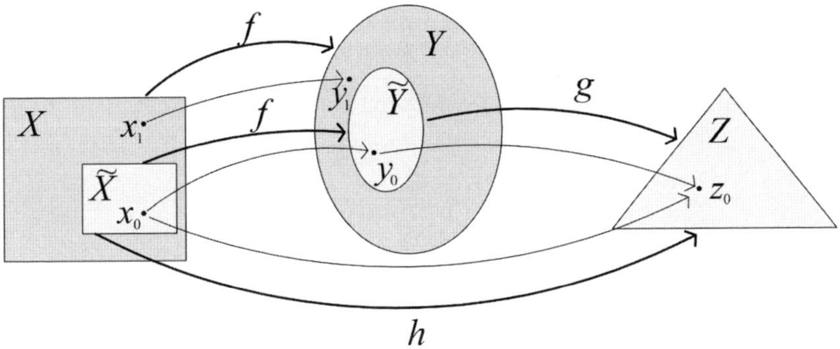

Figura 2.52 Função composta, caso $Y \supset \tilde{Y}$.

Exemplos

1. $y = f(x) = 2x : X = \mathbb{R} \to Y = \mathbb{R}$ e $z = g(y) = \sqrt{y} : \tilde{Y} = [0, +\infty) \to Z = [0, +\infty)$.

Como $Y = \mathbb{R} \supset \tilde{Y} = [0, +\infty)$, então não tem possibilidade de definir a composta em todo o domínio $X = \mathbb{R}$ da primeira função. Precisamos modificar a primeira função de modo que a sua imagem coincida com $\tilde{Y} = [0, +\infty)$ (mantendo a mesma fórmula). Evidentemente, isso se alcança usando $\tilde{X} = [0, +\infty)$ em vez de $X = \mathbb{R}$. Então a primeira função assume a forma $y = f(x) = 2x : \tilde{X} = [0, +\infty) \to \tilde{Y} = [0, +\infty)$ (a segunda continua a mesma) e a composta vai ser $z = h(x) = g(f(x)) = g(2x) = \sqrt{2x} : \tilde{X} = [0, +\infty) \to Z = [0, +\infty)$.

2. $y = f(x) = x^2 - 1 : X = \mathbb{R} \to Y = [-1, +\infty)$ e $z = g(y) = \sqrt{y} : \tilde{Y} = [0, +\infty) \to Z = [0, +\infty)$.

Como $Y = [-1, +\infty) \supset \tilde{Y} = [0, +\infty)$, então não tem possibilidade de definir a composta em todo o domínio $X = \mathbb{R}$ da primeira função. Precisamos modificar a primeira função de modo que a sua imagem coincida com $\tilde{Y} = [0, +\infty)$ (mantendo a mesma fórmula). Para fazer isso, temos que resolver a desigualdade $y = x^2 - 1 \geq 0$. Ela equivale à desigualdade $|x| \geq 1$, o que significa que $x \leq -1$ e $x \geq 1$, ou seja, $\tilde{X} = (-\infty, -1] \cup [1, +\infty)$. Então, a função $f(x) = x^2 - 1$ com domínio $\tilde{X} = (-\infty, -1] \cup [1, +\infty)$ tem a imagem requerida $\tilde{Y} = [0, +\infty)$ e, usando essa função como a primeira, encontramos a composta na forma: $z = h(x) = g(f(x)) = g(x^2 - 1) = \sqrt{x^2 - 1} : \tilde{X} = (-\infty, -1] \cup [1, +\infty) \to Z = [0, +\infty)$.

Finalmente, a terceira extensão é a mais geral, ela ocorre quando $y = f(x) : X \to Y$, $z = g(y) : \tilde{Y} \to Z$ e $Y \cap \tilde{Y} \neq \varnothing$, mas $Y \not\subset \tilde{Y}$, $Y \not\supset \tilde{Y}$. (Obviamente, se $Y \cap \tilde{Y} = \varnothing$, então não tem como definir a composta.) Nesse caso, denotamos a parte conjunta de Y e $\tilde{Y}$ por $\overline{Y} = Y \cap \tilde{Y}$ e reduzimos o domínio X de $f(x)$ até um conjunto cuja imagem é $\overline{Y}$: $y = f(x) : \overline{X} \to \overline{Y}$. Apos disso, estamos dentro das condições da primeira extensão e podemos definir a composta na forma $z = h(x) = g(f(x)) : \overline{X} \to Z$.

A ilustração da extensão geral se encontra na Fig.2.53.

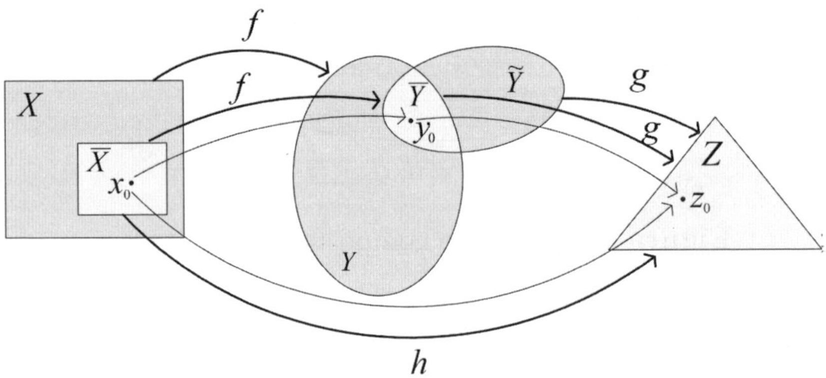

Figura 2.53 Função composta, caso $Y \cap \tilde{Y} \neq \varnothing$, $Y \not\subset \tilde{Y}$, $Y \not\supset \tilde{Y}$.

Exemplos

1. $y = f(x) = 1 - x^2 : X = \mathbb{R} \to Y = (-\infty, 1]$ e $z = g(y) = \sqrt{y} : \tilde{Y} = [0, +\infty) \to Z = [0, +\infty)$.

Como $Y \cap \tilde{Y} = (-\infty, 1] \cap [0, +\infty) = [0, 1]$ e nenhum dos conjuntos $Y = (-\infty, 1]$ e $\tilde{Y} = [0, +\infty)$ é subconjunto do outro, então estamos na situação mais geral. Por isso, reduzimos o domínio da primeira função para ela ter como imagem o conjunto $\overline{Y} = Y \cap \tilde{Y} = (-\infty, 1] \cap [0, +\infty) = [0, 1]$. Para encontrar o novo domínio $\overline{X}$, temos que resolver a desigualdade $y = 1 - x^2 \geq 0$. Ela equivale à desigualdade $|x| \leq 1$, o que significa que $-1 \leq x \leq 1$, ou seja, $\overline{X} = [-1, 1]$. Então, a função $f(x) = 1 - x^2$ com o domínio $\overline{X} = [-1, 1]$ tem a imagem requerida $\overline{Y} = [0, 1]$ e, usando essa função como a primeira, encontramos a composta na forma: $z = h(x) = g(f(x)) = g(1 - x^2) = \sqrt{1 - x^2} : \overline{X} = [-1, 1] \to Z = [0, +\infty)$. Obviamente, $Z = [0, +\infty)$ é o contradomínio e não é a imagem da composta (embora Z seja a imagem de $g(y)$). A imagem da composta é $\overline{Z} = [0, 1]$.

2. $y = f(x) = \cos x : X = \mathbb{R} \to Y = [-1, 1]$ e $z = g(y) = \sqrt{y} : \tilde{Y} = [0, +\infty) \to Z = [0, +\infty)$.

Temos $Y \cap \tilde{Y} = [-1, 1] \cap [0, +\infty) = [0, 1]$ e nenhum dos conjuntos $Y = [-1, 1]$

e $\tilde{Y} = [0, +\infty)$ é subconjunto do outro. Portanto, precisamos reduzir o domínio da primeira função até o conjunto cuja imagem é $\overline{Y} = [0, 1]$. Para encontrar o novo domínio $\overline{X}$, temos que resolver a desigualdade $y = \cos x \geq 0$. Lembrando propriedades de $\cos x$ (e observando o seu gráfico), concluímos que a desigualdade $\cos x \geq 0$ está satisfeita quando $x \in [-\frac{\pi}{2}, \frac{\pi}{2}] + 2n\pi$, $\forall n \in \mathbb{Z}$. Então, a função $f(x) = \cos x$ com o domínio $\overline{X} = \cup_{n=-\infty}^{+\infty}[-\frac{\pi}{2} + 2n\pi, \frac{\pi}{2} + 2n\pi]$ tem a imagem exigida $\overline{Y} = [0, 1]$. Usando essa função como a primeira (e mantendo a mesma segunda função), encontramos a composta na forma: $z = h(x) = g(f(x)) = g(\cos x) = \sqrt{\cos x} : \overline{X} = \cup_{n=-\infty}^{+\infty}[-\frac{\pi}{2} + 2n\pi, \frac{\pi}{2} + 2n\pi] \to Z = [0, +\infty)$. A imagem da composta é $\overline{Z} = [0, 1]$.

9.2 Decomposição em funções simples

Em várias situações em Cálculo/Análise é necessário representar uma função mais complicada como composição de funçoes mais simples. Esse procedimento é chamado de *decomposição*. Vamos resolver alguns exemplos desse tipo a seguir.

Exemplos

1. Dada a função $h(x) = \cos 2x$, encontrar as funções $y = f(x)$ e $g(y)$, tais que $g(f(x)) = h(x)$.

A própria fórmula da função $h(x)$ já sugere uma decomposição natural. Escolhendo $f(x) = 2x$ e $g(y) = \cos y$, obtemos a fórmula requerida da composição $h(x) = g(f(x))$. Resta especificar o domínio e imagem de cada função. A função original tem o domínio $X = \mathbb{R}$ e a sua imagem é $Z = [-1, 1]$. Então o domínio da função $f(x)$ deve ser $X = \mathbb{R}$, o que gera a imagem $Y = \mathbb{R}$. Tomando esse mesmo Y como o domínio da segunda função, temos sua imagem $Z = [-1, 1]$. Assim, a função dada $h(x) = \cos 2x : X = \mathbb{R} \to Z = [-1, 1]$ pode ser considerada como composição das duas seguintes funções: $y = f(x) = 2x : X = \mathbb{R} \to Y = \mathbb{R}$ e $z = g(y) = \cos y : Y = \mathbb{R} \to Z = [-1, 1]$.

2. Dada a função $h(x) = \sqrt{1 - x^2}$, encontrar as funções $y = f(x)$ e $g(y)$, tais que $g(f(x)) = h(x)$.

A forma da função $h(x)$ já oferece uma dica sobre uma decomposição natural. Escolhendo $f(x) = 1 - x^2$ e $g(y) = \sqrt{y}$, obtemos a fórmula requerida da composição $h(x) = g(f(x))$. Resta especificar o domínio e imagem de cada função. A função original é definida para x que satisfazem a relação $1 - x^2 \geq 0$, ou seja, $x \in [-1, 1]$. Então o domínio da função $f(x)$ deve ser $X = [-1, 1]$, o que gera a imagem $Y = [0, 1]$. Tomando esse mesmo Y como o domínio da segunda função, temos sua imagem $Z = [0, 1]$. Assim, a função dada $h(x) = \sqrt{1 - x^2} : X = [-1, 1] \to Z = [0, 1]$ pode ser considerada como composição das duas seguintes funções: $y = f(x) = 1 - x^2 : X = [-1, 1] \to Y = [0, 1]$ e $z = g(y) = \sqrt{y} : Y = [0, 1] \to Z = [0, 1]$.

9.3 Composições de diferentes tipos de funções

Composição de funções pares/ímpares

Propriedade 1. Se $y = f(x) : X_f \to Y_f$ é função par e $g(y) : Y_f \to \mathbb{R}$ é uma função arbitrária com domínio Y_f, então $g(f(x)) : X_f \to \mathbb{R}$ é par.

Demonstração. Para qualquer $x \in X_f$ temos: $h(-x) = g(f(-x)) = g(f(x)) = h(x)$, o que significa que $h(x)$ é par.

Propriedade 2. Se $y = f(x) : X_f \to Y_f$ é função ímpar, $g(y) : Y_f \to \mathbb{R}$ é par e $u(y) : Y_f \to \mathbb{R}$ é ímpar, então $g(f(x)) : X_f \to \mathbb{R}$ é par e $u(f(x)) : X_f \to \mathbb{R}$ é ímpar.

Demonstração. Faremos demonstração só no caso de $h(x) = u(f(x))$. Para qualquer $x \in X_f$ temos: $h(-x) = u(f(-x)) = u(-f(x)) = -u(f(x)) = -h(x)$, o que significa que $h(x)$ é ímpar. Notamos que a simetria do domínio Y_f de funções $g(y)$ e $u(y)$ é garantida pelo fato que Y_f é a imagem de $f(x)$ com propriedade $f(-x) = -f(x)$, donde segue que ambos, $y = f(x)$ e $-y = -f(x) = f(-x)$, pertencem a Y_f.

Colocamos os resultados de paridade na forma resumida na Tabela abaixo.

Tabela 1. Paridade de composição

$f(x) : X_f \to Y_f$	$g(y) : Y_f \to \mathbb{R}$	$g(f(x)) : X_f \to \mathbb{R}$
par	arbitrária	par
ímpar	par	par
ímpar	ímpar	ímpar

Composição de funções periódicas

Propriedade. Se $y = f(x) : X_f \to Y_f$ é função periódica de período T e $g(y) : Y_f \to \mathbb{R}$ é uma função arbitrária com domínio Y_f, então $g(f(x)) : X_f \to \mathbb{R}$ é periódica de período T.

Demonstração. Para qualquer $x \in X_f$ temos: $h(x + T) = g(f(x + T)) = g(f(x)) = h(x)$, o que significa que $h(x)$ é periódica de período T.

Observação 1. A composição na ordem invertida não resulta, geralmente, numa função periódica, isto é, a função $g(f(x)) : X_f \to \mathbb{R}$, onde $y = f(x) : X_f \to Y_f$ é uma função arbitrária e $g(y) : Y_f \to \mathbb{R}$ é periódica com período T, pode ser não periódica. Um contra-exemplo desse tipo é dado por $h(x) = g(f(x)) = \cos x^3 : \mathbb{R} \to \mathbb{R}$ com $y = f(x) = x^3 : \mathbb{R} \to \mathbb{R}$ e $g(y) = \cos y : \mathbb{R} \to \mathbb{R}$. A função $f(x)$ é estritamente crescente (e, consequentemente, não periódica) e a função $g(y)$ é periódica com o período mínimo 2π. A composição $h(x)$ é não periódica, o que pode ser mostrado pela definição. Realmente, supormos, por absurdo, que $h(x)$ é periódica, isto é, $h(x+T) = \cos(x+T)^3 = \cos x^3 = h(x)$ para algum $T > 0$ e para todos x reais. Então, de 2π periodicidade de $\cos y$ segue que $(x+T)^3 = x^3 + 2k\pi$, ou equivalentemente, $3x^2T + 3xT^2 + T^3 = 2k\pi$ para algum $k \in \mathbb{N}$ e para todos $x \in \mathbb{R}$. Em particular, tomando na última equação $x_1 = 2x$, obtemos $3 \cdot (2x)^2T + 3 \cdot (2x)T^2 + T^3 = 2k\pi$ para o mesmo valor de k. Logo, a diferença entre duas equações resulta em $9x^2T + 3xT^2 = 0$ ou $3Tx(3x+T) = 0$. Como T é uma constante não nula, a última equação não tem soluções para T e, consequentemente, a suposição sobre periodicidade de $h(x)$ é falsa.

Observação 2. A composição $h(x) = g(f(x))$ não herda o período fundamental de $f(x)$, isto é, a função $h(x) = g(f(x)) : X_f \to \mathbb{R}$, onde $y = f(x) : X_f \to Y_f$ é periódica com o período fundamental T e $g(y) : Y_f \to \mathbb{R}$ é uma função arbitrária, tem período T, mas esse período não necessariamente fundamental para $h(x)$. Realmente, consideremos as funções $y = f(x) = \cos x : \mathbb{R} \to [-1,1]$ e $g(y) = y^2 : [-1,1] \to \mathbb{R}$. A primeira tem o período fundamental 2π e a segunda não é periódica. A composição $h(x) = g(f(x)) = \cos^2 x : \mathbb{R} \to \mathbb{R}$ tem período 2π, mas seu período fundamental é π.

Composição de funções monótonas

Propriedade 1. Se $y = f(x) : X_f \to Y_f$ é função estritamente crescente e $g(y) : Y_f \to \mathbb{R}$ é estritamente crescente, então $g(f(x)) : X_f \to \mathbb{R}$ é estritamente crescente. Analogamente, se $y = f(x) : X_f \to Y_f$ é crescente e $g(y) : Y_f \to \mathbb{R}$ é crescente, então $g(f(x)) : X_f \to \mathbb{R}$ é crescente. Da mesma maneira, decrescimento de duas funções implica em crescimento da sua composição.

Demonstração. Faremos demonstração só no caso de crescimento estrito. Tomamos quaisquer dois pontos $x_1, x_2 \in X_f$, $x_1 < x_2$ e notamos que o crescimento estrito de $f(x)$ implica em $y_1 = f(x_1) < f(x_2) = y_2$. Então, do crescimento estrito de $g(y)$ segue que $h(x_1) = g(f(x_1)) = g(y_1) < g(y_2) = g(f(x_2)) = h(x_2)$, $\forall x_1, x_2 \in X_f, x_1 < x_2$, o que significa que $h(x)$ é estritamente crescente em X_f.

Propriedade 2. Se $y = f(x) : X_f \to Y_f$ é função estritamente crescente e $g(y) : Y_f \to \mathbb{R}$ é estritamente decrescente, então $g(f(x)) : X_f \to \mathbb{R}$ é estritamente decrescente. Analogamente, se $y = f(x) : X_f \to Y_f$ é crescente e $g(y) : Y_f \to \mathbb{R}$ é decrescente, então $g(f(x)) : X_f \to \mathbb{R}$ é decrescente. Os mesmos resultados são válidos se trocar a ordem de função crescente e decrescente na composição.

Demonstração. Faremos demonstração só no caso de crescimento estrito de $f(x)$ e decrescimento estrito de $g(x)$. Tomamos quaisquer dois pontos $x_1, x_2 \in X_f$, $x_1 < x_2$ e notamos que o crescimento estrito de $f(x)$ implica em $y_1 = f(x_1) < f(x_2) = y_2$. Então, do decrescimento estrito de $g(y)$ segue que $h(x_1) = g(f(x_1)) = g(y_1) > g(y_2) = g(f(x_2)) = h(x_2)$, $\forall x_1, x_2 \in X_f, x_1 < x_2$, o que significa que $h(x)$

é estritamente decrescente em X_f.

Colocamos os resultados de monotonia na forma resumida na Tabela abaixo.

Tabela 2. Monotonia de composição

$f(x): X_f \to Y_f$	$g(y): Y_f \to \mathbb{R}$	$g(f(x)): X_f \to \mathbb{R}$
crescente	crescente	crescente
crescente	decrescente	decrescente
decrescente	crescente	decrescente
decrescente	decrescente	crescente

Composição de funções côncavas

Formulamos e demonstramos aqui a propriedade de funções côncavas no caso quando a função interior da composição é côncava para cima, deixando para o leitor realizar a mesma tarefa para funções côncavas para baixo.

Propriedade 1. Se $y = f(x)$ é côncava para cima no intervalo I_f com imagem I_g e $g(y)$ é côncava para cima e estritamente crescente no intervalo I_g, então $g(f(x))$ é côncava para cima em I_f. Adicionalmente, se uma das funções $f(x)$ ou $g(y)$ tem concavidade estrita, então $g(f(x))$ também tem concavidade estrita.

Demonstração. Faremos a prova no caso quando $g(y)$ tem concavidade estrita (outros casos se demonstram de maneira semelhante). De acordo com a definição da concavidade, para funções $f(x)$ e $g(y)$ temos:

$$f(x) \leq f(x_1) + \frac{f(x_2) - f(x_1)}{x_2 - x_1}(x - x_1), \forall x \in (x_1, x_2), \forall x_1, x_2 \in I_f$$

e

$$g(y) < g(y_1) + \frac{g(y_2) - g(y_1)}{y_2 - y_1}(y - y_1), \forall y \in (y_1, y_2), \forall y_1, y_2 \in I_g.$$

A concaviade de $g(y)$ leva a seguinte desigualdade para a função $h(x) = g(f(x))$:

$$h(x) = g(f(x)) = g(y) < g(y_1) + \frac{g(y_2) - g(y_1)}{y_2 - y_1}(y - y_1) = g(f(x_1))$$

$$+\frac{g(f(x_2)) - g(f(x_1))}{f(x_2) - f(x_1)}(f(x) - f(x_1)) = h(x_1) + \frac{h(x_2) - h(x_1)}{f(x_2) - f(x_1)}(f(x) - f(x_1)).$$

Levando em conta a positividade da quociente $\frac{g(y_2)-g(y_1)}{y_2-y_1} = \frac{h(x_2)-h(x_1)}{f(x_2)-f(x_1)}$ (devido ao crescimento estrito de $g(y)$) e aplicando a concavidade de $f(x)$, finalizamos a avaliação de $h(x)$ da seguinte maneira:

$$h(x) < h(x_1) + \frac{h(x_2) - h(x_1)}{f(x_2) - f(x_1)}(f(x) - f(x_1))$$

$$\leq h(x_1) + \frac{h(x_2) - h(x_1)}{f(x_2) - f(x_1)} \cdot \frac{f(x_2) - f(x_1)}{x_2 - x_1}(x - x_1)$$

$$= h(x_1) + \frac{h(x_2) - h(x_1)}{x_2 - x_1}(x - x_1), \forall x \in (x_1, x_2), \forall x_1, x_2 \in I_f.$$

Assim, obtemos a definição da função $h(x)$ côncava estritamente para cima em I_f.

Observação 1. Se $y = f(x)$ é côncava para cima no intervalo I_f com imagem I_g e $g(y)$ é côncava para baixo e estritamente decrescente no intervalo I_g, então $g(f(x))$ é côncava para baixo em I_f. Adicionalmente, se uma das funções $f(x)$ ou $g(y)$ tem concavidade estrita, então $g(f(x))$ também tem concavidade estrita. A demonstração é semelhante à prova que acabamos de realizar.

Observação 2. Se $y = f(x)$ é côncava para cima no intervalo I_f com imagem I_g e $g(y)$ é côncava para cima e decrescente no intervalo I_g, então $g(f(x))$ não tem uma concavidade definida. Realmente, a função $f(x) = x^2 : I_f = [0, +\infty) \to I_g = [0, +\infty)$ é côncava para cima em I_f. A função $g(y) = -y^{1/3} : I_g = [0, +\infty) \to I_h = (-\infty, 0]$ é côncava para cima e decresce no intervalo I_g. A sua composta $h(x) = g(f(x)) = -x^{2/3} : I_f = [0, +\infty) \to I_h = (-\infty, 0]$ é côncava para cima em I_f. Mantendo a mesma $f(x)$, escolhemos agora $g(y) = -y^{2/3} : I_g = [0, +\infty) \to I_h = (-\infty, 0]$ que de novo é uma função côncava para cima e decrescente no intervalo I_g. Dessa vez, a composta $h(x) = g(f(x)) = -x^{4/3} : I_f = [0, +\infty) \to I_h = (-\infty, 0]$ é côncava para baixo em I_f. Ainda combinando as funções desses dois exemplos, podemos construir a composta que não tem uma concavidade determinada no seu domínio. Por exemplo, mantemos a mesma $f(x) = x^2 : I_f = [0, +\infty) \to I_g = [0, +\infty)$ e tomamos $g(y) = \left\{ \begin{array}{l} -y^{1/3}, y \in [0, 1] \\ -y^{2/3}, y \in [1, +\infty) \end{array} \right\} : I_g = [0, +\infty) \to I_h = (-\infty, 0]$. Então, a composta $h(x) = g(f(x)) = \left\{ \begin{array}{l} -x^{2/3}, x \in [0, 1] \\ -x^{4/3}, x \in [1, +\infty) \end{array} \right\} : I_f = [0, +\infty) \to I_h = (-\infty, 0]$ é a função com concavidade para cima no intervao $[0, 1]$ e concavidade para baixo no intervalo $[1, +\infty)$.

Finalmente, formulamos a propriedade correspondente no caso quando $f(x)$ é côncava para baixo, deixando a tarefa da sua demonstração para o leitor.

Propriedade 2. Se $y = f(x)$ é côncava para baixo no intervalo I_f com imagem I_g e $g(y)$ é côncava para baixo e estritamente crescente no intervalo I_g, então $g(f(x))$ é côncava para baixo em I_f. Adicionalmente, se uma das funções $f(x)$ ou $g(y)$ tem concavidade estrita, então $g(f(x))$ também tem concavidade estrita.

Observação. Se $y = f(x)$ é côncava para baixo no intervalo I_f com imagem

I_g e $g(y)$ é côncava para cima e estritamente decrescente no intervalo I_g, então $g(f(x))$ é côncava para cima em I_f. Adicionalmente, se uma das funções $f(x)$ ou $g(y)$ tem concavidade estrita, então $g(f(x))$ também tem concavidade estrita.

Colocamos os resultados de concavidade na forma resumida na Tabela abaixo.
Tabela 3. Concavidade de composição

$f(x) : I_f \to I_g$	$g(y) : I_g \to \mathbb{R}$	$g(f(x)) : I_f \to \mathbb{R}$
côncava para cima	côncava para cima, crescente	côncava para cima
côncava para cima	côncava para baixo, decrescente	côncava para baixo
côncava para baixo	côncava para baixo, crescente	côncava para baixo
côncava para baixo	côncava para cima, decrescente	côncava para cima

Observação sobre a terminologia dessa seção. Para efeitos da definição e ilustração inicial é útil usar variável independente x para primeira função e y – para segunda, para destacar a relação $y = f(x)$ entre duas variáveis na construção da função composta. No entanto, para efeitos de comparação de diferentes funções é mais adequado usar a mesma variável independente x para todas. Doravante, na maioria dos casos, vamos seguir essa notação usual.

10 Transformações elementares de funções e seus gráficos

Nessa seção vamos considerar as *transformações elementares* da função original $y = f(x)$ causadas pelas mudanças lineares do argumento $x \to ax+b$ e dos valores da função $y \to cy + d$, onde a, b, c, d são constantes e $a \neq 0$, $c \neq 0$.

10.1 Deslocamento vertical e horizontal

Deslocamento vertical

Dado o gráfico de uma função $f(x)$, o gráfico da função $f(x) + c$ é obtido via *deslocamento (translação) vertical* do gráfico de $f(x)$ de c unidades para cima. Daqui em diante, entendemos que para c negativo a translação se faz $|c|$ unidades para baixo. Em outras palavras, se $c > 0$, então o gráfico de $f(x)$ é transladado c unidades para cima para obter o gráfico de $f(x) + c$, e c unidades para baixo para obter o gráfico de $f(x) - c$.

Realmente, consideremos um ponto arbitrário $P_0 = (x_0, y_0) = (x_0, f(x_0))$ do gráfico Γ da função $f(x)$. Então o ponto correspondente $\tilde{P}_0 = (x_0, \tilde{y}_0) = (x_0, f(x_0) + c)$ pertence ao gráfico $\tilde{\Gamma}$ da função $f(x) + c$ simplesmente porque as coordenadas do último satisfazem a relação $\tilde{y}_0 = f(x_0)+c$. Geometricamente isso significa que o ponto $\tilde{P}_0$ é obtido de P_0 trazendo o último c unidades para cima (paralelamente ao eixo Oy). Notamos que, no caso de c negativo, deslocamento de c unidades para cima significa a translação de $|c|$ unidades para baixo. Como isso se aplica a qualquer ponto de Γ, então todo o gráfico $\tilde{\Gamma}$ é obtido deslocando Γ de c unidades para cima.

Consequentemente, em termos analíticos, a função $f(x) + c$ vai ter o mesmo domínio de $f(x)$ e a imagem deslocada c unidades. Em particular, se a imagem de $f(x)$ é o intervalo (a, b), então a função $f(x)+c$ vai ter a imagem $(a+c, b+c)$ (o mesmo é válido para intervalos semi-abertos e fechados). No caso do intervalo aberto, é entendido que $a + c = -\infty$ se $a = -\infty$ e $b + c = +\infty$ se $b = +\infty$. A função $f(x) + c$ vai manter o mesmo tipo de monotonia e concavidade de $f(x)$, e os mesmos pontos extremos e de inflexão (considerando aqui só as abscissas desses pontos, as ordenadas serão deslocadas c unidades).

Veja a ilustração do deslocamento vertical na Fig.2.54.

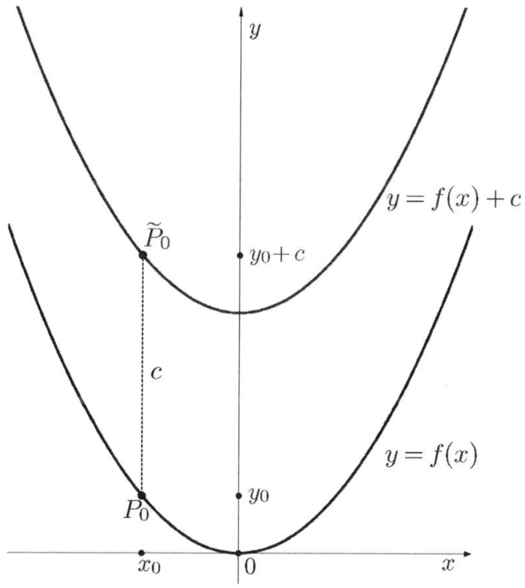

Figura 2.54 Translação vertical: gráfico da função $f(x) + c$, caso $c > 0$.

Deslocamento horizontal

Dado o gráfico de uma função $f(x)$, o gráfico da função $f(x + c)$ é obtido via *deslocamento (translação) horizontal* do gráfico de $f(x)$ de c unidades para a esquerda. Daqui em diante, entendemos que para c negativo a translação se faz $|c|$ unidades para a direita. Em outras palavras, se $c > 0$, então o gráfico de $f(x)$

é transladado c unidades para a esquerda para obter o gráfico de $f(x+c)$, e c unidades para a direita para obter o gráfico de $f(x-c)$.

Realmente, consideremos um ponto arbitrário $P_0 = (x_0, y_0) = (x_0, f(x_0))$ do gráfico Γ da função $f(x)$. Então o ponto correspondente $\tilde{P}_0 = (\tilde{x}_0, y_0) = (x_0 - c, f(x_0))$ pertence ao gráfico $\tilde{\Gamma}$ da função $f(x+c)$ simplesmente porque as coordenadas do último satisfazem a relação $y_0 = f(\tilde{x}_0 + c) = f(x_0)$. Geometricamente isso significa que o ponto $\tilde{P}_0$ é obtido de P_0 trazendo o último c unidades para a esquerda (paralelamente ao eixo Ox). Notamos que, no caso de c negativo, deslocamento de c unidades para a esquerda significa a translação de $|c|$ unidades para a direita. Como isso se aplica a qualquer ponto de Γ, então todo o gráfico $\tilde{\Gamma}$ é obtido deslocando Γ de c unidades para a esquerda.

Em termos analíticos, isso significa que a função $f(x+c)$ vai ter a mesma imagem de $f(x)$ e o domínio deslocado $-c$ unidades. Por exemplo, o intervalo (a,b) do domínio de $f(x)$ vai se tornar $(a-c, b-c)$ do domínio de $f(x+c)$ (o mesmo é válido para intervalos semi-abertos e fechados). No caso do intervalo aberto, é entendido que $a - c = -\infty$ se $a = -\infty$ e $b - c = +\infty$ se $b = +\infty$. A função $f(x+c)$ vai manter o mesmo tipo de monotonia e concavidade de $f(x)$, assim como os pontos extremos e de inflexão, só que todos esses deslocados $-c$ unidades (considerando aqui só as abscissas desses pontos, porque as ordenadas serão mantidas as mesmas).

Veja a ilustração do deslocamento horizontal na Fig.2.55.

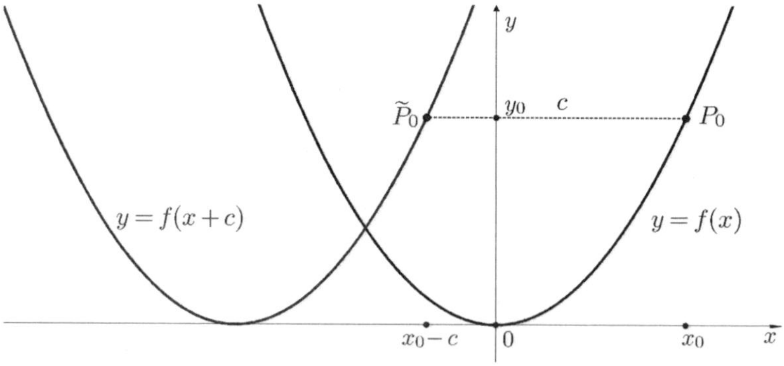

Figura 2.55 Translação horizontal: gráfico da função $f(x+c)$, caso $c > 0$.

10.2 Reflexão vertical e horizontal

Reflexão vertical

Dado o gráfico de uma função $f(x)$, o gráfico da função $-f(x)$ é obtido via *reflexão (simetria) vertical* do gráfico de $f(x)$ em relação ao eixo Ox.

Realmente, consideremos um ponto arbitrário $P_0 = (x_0, y_0) = (x_0, f(x_0))$ do gráfico Γ da função $f(x)$. Então o ponto correspondente $\tilde{P}_0 = (x_0, \tilde{y}_0) = (x_0, -f(x_0))$ pertence ao gráfico $\tilde{\Gamma}$ da função $-f(x)$ simplesmente porque as coordenadas do último satisfazem a fórmula da função $-f(x)$: $\tilde{y}_0 = -f(x_0)$. Geometricamente isso significa que o ponto $\tilde{P}_0$ é obtido de P_0 refletindo o último em relação ao eixo Ox. Como isso se aplica a qualquer ponto de Γ, então todo o gráfico $\tilde{\Gamma}$ é obtido refletindo Γ em torno de Ox.

Em termos analíticos, isso significa que a função $-f(x)$ vai ter o mesmo domínio de $f(x)$, e se a imagem de $f(x)$ é (a, b) então ela vai virar $(-b, -a)$ para $-f(x)$ (o mesmo é válido para intervalos semi-abertos e fechados). Para intervalos abertos é entendido que $-a = +\infty$ se $a = -\infty$ e $-b = -\infty$ se $b = +\infty$. A função $-f(x)$ vai ter o inverso tipo de monotonia comparando com $f(x)$ (onde $f(x)$ foi crescente, $-f(x)$ vai ficar decrescente e vice-versa) e de concavidade (onde $f(x)$ foi côncova para cima, $-f(x)$ vai ficar côncova para baixo e vice-versa). A função $-f(x)$ vai manter os pontos extremos e de inflexão de $f(x)$ (considerando aqui só as abscissas desses pontos), mas mudando a específica de extremos (o ponto máximo vai virar mínimo e vice-versa).

Veja a ilustração da reflexão vertical na Fig.2.56.

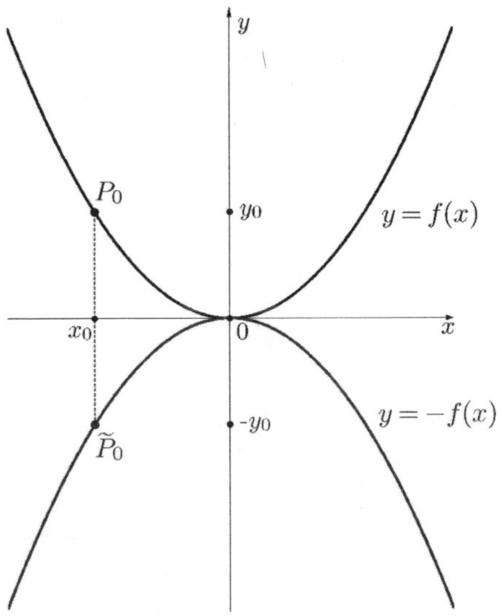

Figura 2.56 Reflexão vertical: gráfico da função $-f(x)$.

Reflexão horizontal

Dado o gráfico de uma função $f(x)$, o gráfico da função $f(-x)$ é obtido via *reflexão (simetria) horizontal* do gráfico de $f(x)$ em relação ao eixo Oy. Notamos que o domínio de $f(-x)$ é simétrico ao dominio da função original $f(x)$ em relação à origem.

Realmente, consideremos um ponto arbitrário $P_0 = (x_0, y_0) = (x_0, f(x_0))$ do gráfico Γ da função $f(x)$. Então o ponto correspondente $\tilde{P}_0 = (\tilde{x}_0, y_0) = (-x_0, f(x_0))$ pertence ao gráfico $\tilde{\Gamma}$ da função $f(-x)$ simplesmente porque as coordenadas do último satisfazem a fórmula da função $f(-x)$: $y_0 = f(-(-x_0)) = f(x_0)$. Geometricamente isso significa que o ponto $\tilde{P}_0$ é obtido de P_0 refletindo o último em relação ao eixo Oy. Como isso se aplica a qualquer ponto de Γ, então todo o gráfico $\tilde{\Gamma}$ é simétrico a Γ em relação a Oy.

Em termos analíticos, isso significa que a função $f(-x)$ vai manter a mesma imagem de $f(x)$, mas se $f(x)$ tem o domínio (a, b), então $f(-x)$ vai ter o domínio $(-b, -a)$ (o mesmo é válido para intervalos semi-abertos e fechados). No caso do intervalo aberto, é entendido que $-a = +\infty$ se $a = -\infty$ e $-b = -\infty$ se $b = +\infty$. A função $f(-x)$ vai mudar o tipo de monotonia comparando com $f(x)$: se $f(x)$ cresce em (α, β), então $f(-x)$ decresce em $(-\beta, -\alpha)$ (e vice-versa), mas vai manter o tipo de concavidade no intervalo correspondente: se $f(x)$ é côncava para cima em (α, β), então $f(-x)$ é côncava para cima em $(-\beta, -\alpha)$ (e a mesma coisa é válida para concavidade para baixo). A relação entre extremos e inflexão é a seguinte: se $f(x)$ tem mínimo no ponto $P_1 = (\alpha, f(\alpha))$, então $f(-x)$ tem mínimo em $P_2 = (-\alpha, f(\alpha))$ (o mesmo é válido para máximos), e se $f(x)$ tem ponto de inflexão $P_1 = (\alpha, f(\alpha))$, então $f(-x)$ tem inflexão em $P_2 = (-\alpha, f(\alpha))$.

Veja a ilustração da reflexão horizontal na Fig.2.57.

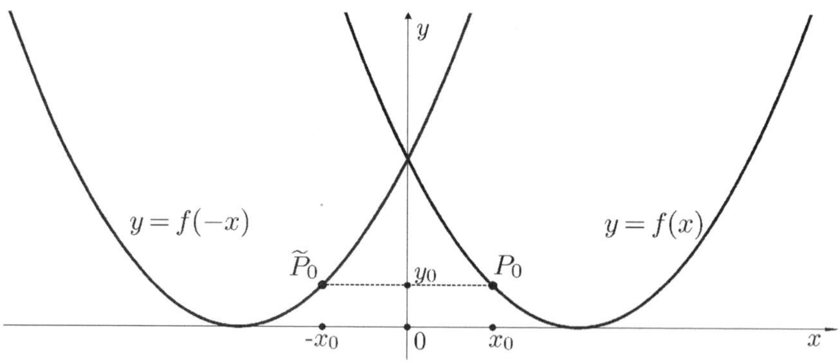

Figura 2.57 Reflexão horizontal: gráfico da função $f(-x)$.

10.3 Extensão/contração vertical e horizontal

Extensão/contração vertical

Dado o gráfico de uma função $f(x)$, o gráfico da função $cf(x)$, $c > 0$ é obtido via *extensão vertical* c vezes do gráfico de $f(x)$ (isto é, o gráfico de $f(x)$ é afastado c vezes do eixo Ox). Notamos que caso $0 < c < 1$ o afastamento é entendido como contração $\frac{1}{c}$ vezes (isto é, o gráfico de $f(x)$ fica $\frac{1}{c}$ vezes mais próximo do eixo Ox). Quer dizer, se $c > 1$, então o gráfico de $f(x)$ é afastado c vezes do eixo Ox, e se $0 < c < 1$, então o gráfico de $f(x)$ é aproximado $\frac{1}{c}$ vezes do eixo Ox.

Realmente, consideremos um ponto arbitrário $P_0 = (x_0, y_0) = (x_0, f(x_0))$ do gráfico Γ da função $f(x)$. Então o ponto correspondente $\tilde{P}_0 = (x_0, \tilde{y}_0) = (x_0, cf(x_0))$ pertence ao gráfico $\tilde{\Gamma}$ da função $cf(x)$ porque as coordenadas do último satisfazem a fórmula da função $cf(x)$: $\tilde{y}_0 = cf(x_0)$. Geometricamente isso significa que o ponto $\tilde{P}_0$ é obtido de P_0 aumentando sua ordenada c vezes (no caso $0 < c < 1$ o aumento é entendido como diminuição $\frac{1}{c}$ vezes). Como isso se aplica a qualquer ponto de Γ, então todo o gráfico $\tilde{\Gamma}$ é obtido do gráfico Γ afastando-o c vezes do eixo Ox caso $c > 1$, ou aproximando $\frac{1}{c}$ vezes do eixo Ox caso $0 < c < 1$.

Analiticamente, isso significa que a função $cf(x)$ vai manter o mesmo domínio de $f(x)$, mas a imagem de $cf(x)$ aumenta c vezes comparando com $f(x)$. Em particular, se a imagem de $f(x)$ é (a, b) então a imagem de $cf(x)$ vai virar (ca, cb) para $cf(x)$ (o mesmo é válido para intervalos semi-abertos e fechados). Para intervalos abertos, entendemos que $ca = -\infty$ se $a = -\infty$ e $cb = +\infty$ se $b = +\infty$. A função $cf(x)$ mantém o tipo de monotonia e de concavidade da função $f(x)$, e também mantém os pontos extremos e de inflexão (considerando aqui só as abscissas desses pontos, porque as ordenadas vão aumentar c vezes).

Veja a ilustração da extensão vertical na Fig.2.58.

Caso precisemos encontrar o gráfico da função $h(x) = cf(x)$, $c < 0$, então representamos $h(x)$ como função composta: $h(x) = -g(x), g(x) = -cf(x)$. A primeira transformação de $f(x)$ para $g(x)$ é a extensão/contração vertical de $-c > 0$ vezes que acabamos de considerar. A segunda é a reflexão simétrica em relação ao eixo Ox que também já foi considerada.

Extensão/contração horizontal

Dado o gráfico de uma função $f(x)$, o gráfico da função $f(cx)$, $c > 0$ é obtido via *contração horizontal* c vezes do gráfico de $f(x)$ (isto é, o gráfico de $f(x)$ é aproximado c vezes do eixo Oy). Notamos que caso $0 < c < 1$ a contração é entendida como extensão $\frac{1}{c}$ vezes (isto é, o gráfico de $f(x)$ é afastado $\frac{1}{c}$ vezes do eixo Oy). Em outras palavras, se $c > 1$, então o gráfico de $f(x)$ deve ser contraído c vezes na direção do eixo Oy, e se $0 < c < 1$, então o gráfico de $f(x)$ deve ser afastado $\frac{1}{c}$ vezes do eixo Oy.

Realmente, consideremos um ponto arbitrário $P_0 = (x_0, y_0) = (x_0, f(x_0))$ do gráfico Γ da função $f(x)$. Então o ponto correspondente $\tilde{P}_0 = (\tilde{x}_0, y_0) = (\frac{1}{c}x_0, f(x_0))$ pertence ao gráfico $\tilde{\Gamma}$ da função $\tilde{y} = f(cx)$, porque as coordenadas

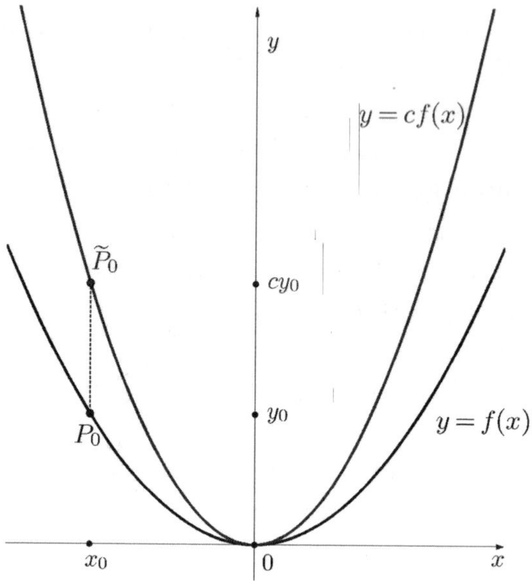

Figura 2.58 Extensão vertical: gráfico da função $cf(x)$, caso $c > 1$.

do último satisfazem a fórmula da função $f(cx)$: $y_0 = f(c\tilde{x}_0) = f(x_0)$. Geometricamente isso significa que o ponto $\tilde{P}_0$ é obtido de P_0 diminuindo sua abscissa c vezes (no caso $0 < c < 1$ a diminuição é entendida como aumento $\frac{1}{c}$ vezes). Como isso se aplica a qualquer ponto de Γ, então todo o gráfico $\tilde{\Gamma}$ é obtido aproximando o gráfico Γ em c vezes do eixo Oy.

Analiticamente, isso significa que a função $f(cx)$ vai manter a mesma imagem de $f(x)$, mas o seu domínio é contraído c vezes comparando com $f(x)$. Em particular, se o domínio de $f(x)$ é (a, b), então o domínio de $f(cx)$ vai ser $(\frac{a}{c}, \frac{b}{c})$ (o mesmo é válido para intervalos semi-abertos e fechados). Para intervalos abertos, entendemos que $\frac{a}{c} = -\infty$ se $a = -\infty$ e $\frac{b}{c} = +\infty$ se $b = +\infty$. A função $f(cx)$ mantém o tipo de monotonia e de concavidade da função $f(x)$ nos intervalos correspondentes: por exemplo, se $f(x)$ é crescente em (a, b), então $f(cx)$ vai ser crescente em $(\frac{a}{c}, \frac{b}{c})$. Os pontos extremos e de inflexão também estão mantidos com a devida mudança da abscissa: por exemplo, se $f(x)$ tem mínimo no ponto $P_1 = (a, f(a))$, então $f(cx)$ vai ter mínimo no ponto $P_2 = (\frac{a}{c}, f(a))$.

Veja a ilustração da extensão horizontal na Fig.2.59.

Caso precisemos encontrar o gráfico da função $h(x) = f(cx)$, $c < 0$, então representamos $h(x)$ como função composta: $h(x) = g(-x), g(x) = f(-cx)$. A primeira transformação de $f(x)$ para $g(x)$ é a contração/extensão horizontal de $-c > 0$ vezes que acabamos de considerar. A segunda é a reflexão simétrica em relação ao eixo Oy que também já foi considerada.

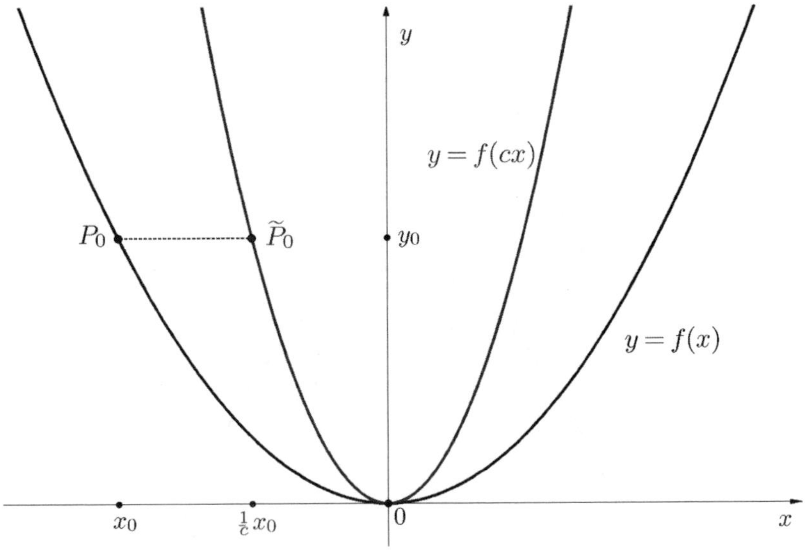

Figura 2.59 Extensão horizontal: gráfico da função $f(cx)$, caso $c > 1$.

Exemplos

1. $f(x) = -x^2 \to g(x) = 1 - x^2$

Lembramos que o gráfico de $f(x) = -x^2$ é uma parábola com vértice na origem voltada para baixo. Esse gráfico é considerado dado. Representando a segunda função na forma $g(x) = 1 + f(x)$, concluímos que o gráfico de $g(x)$ é obtido via translação vertical de 1 unidade para cima do gráfico original (veja Fig.2.60).

2. $f(x) = -x^2 \to g(x) = -(x-3)^2$

De novo, o gráfico de $f(x) = -x^2$ é considerado dado. Representando a segunda função na forma $g(x) = f(x-3)$, concluímos que o gráfico de $g(x)$ é obtido via translação horizontal de 3 unidades para a direita do gráfico original (veja Fig.2.61).

3. $f(x) = \cos x \to g(x) = \frac{1}{3}\cos x$

O gráfico de $f(x) = \cos x$ já foi considerado várias vezes e ele é uma figura conhecida nesse exemplo. Representando a segunda função na forma $g(x) = \frac{1}{3}f(x)$, concluímos que o gráfico de $g(x)$ é obtido via aproximação vertical 3 vezes do eixo Ox do gráfico original (veja Fig.2.62).

4. $f(x) = \cos x \to g(x) = \cos 2x$

O gráfico de $f(x) = \cos x$ é dado nesse exemplo. Representando a segunda função na forma $g(x) = f(2x)$, concluímos que o gráfico de $g(x)$ é obtido aproximando o gráfico original horizontalmente 2 vezes do eixo Oy (veja Fig.2.63).

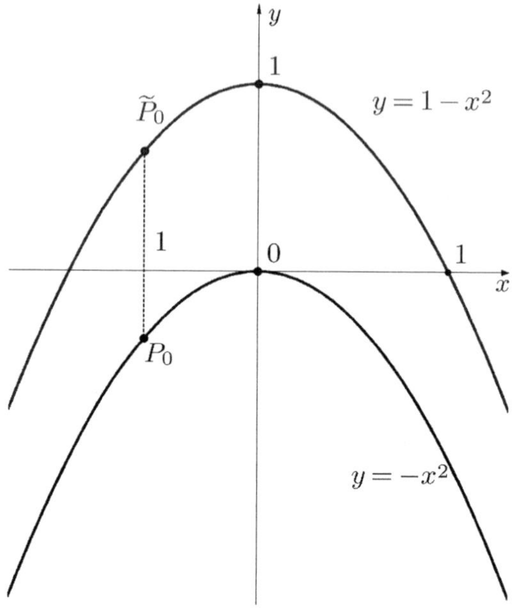

Figura 2.60 Transformação do gráfico $y = -x^2 \to y = 1 - x^2$.

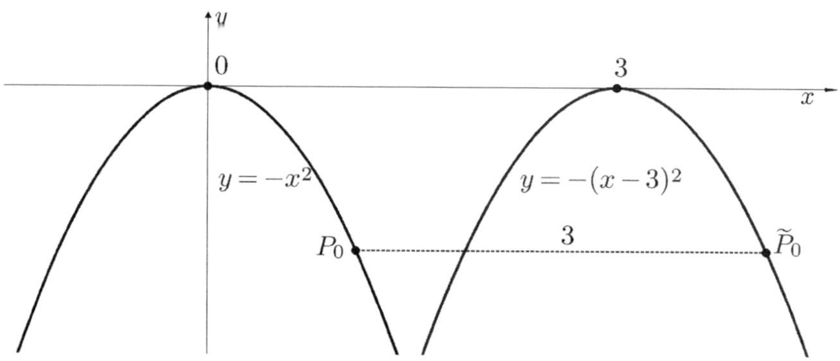

Figura 2.61 Transformação do gráfico $y = -x^2 \to y = -(x-3)^2$.

5. $f(x) = x^2 \to g(x) = (x-1)^2 + 2$

Lembramos que o gráfico de $f(x) = x^2$ é uma parábola com vértice na origem voltada para cima, ele é considerado (nesse exercício) como dado. Do gráfico de $f(x) = x^2$ chegamos, primeiro, ao gráfico de $\tilde{f}(x) = (x-1)^2 = f(x-1)$ deslocando o primeiro 1 unidade para a direita. Agora, considerando o último como dado, faremos mais uma transformação para obter $g(x) = (x-1)^2 + 2$. Comparando $\tilde{f}(x)$ e $g(x)$, notamos que $g(x) = \tilde{f}(x) + 2$, o que significa (geometricamente) a

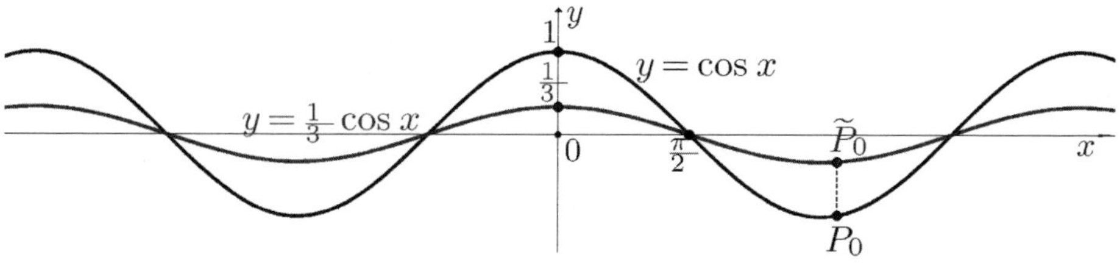

Figura 2.62 Transformação do gráfico $y = \cos x \to y = \frac{1}{3}\cos x$.

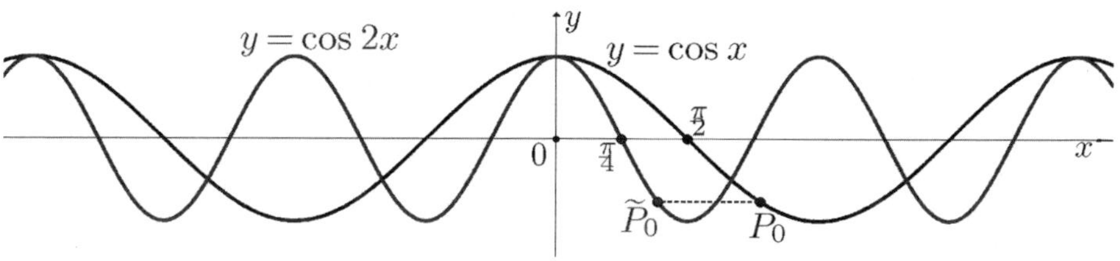

Figura 2.63 Transformação do gráfico $y = \cos x \to y = \cos 2x$.

translação vertical do gráfico de $\tilde{f}(x)$ de 2 unidades para cima. Assim, o gráfico de $g(x) = (x-1)^2 + 2$ é obtido do gráfico original de $f(x) = x^2$ deslocando o último 1 unidade para a direita e 2 unidades para cima (veja Fig.2.64).

6. $f(x) = |2x| \to g(x) = |\frac{1}{3}x|$

Lembramos que o gráfico de $f(x) = |2x|$ consiste de duas partes retilíneas $y = -2x$, para $x \leq 0$ e $y = 2x$ para $x \geq 0$ as quais se encontram na origem (que é vértice desse gráfico), ele é considerado (nesse exercício) como dado. Para chegar ao gráfico de $g(x) = |\frac{1}{3}x|$, podemos alongar (estender) o gráfico original 6 vezes na horizontal, uma vez que $g(x) = |\frac{1}{6}2x| = f(\frac{1}{6}x)$.

A maneira alternativa é levar tudo à extensão/compressão vertical. Para isso, podemos reescrever $g(x)$ na forma equivalente $g(x) = \frac{1}{6}|2x| = \frac{1}{6}f(x)$. Então, para obter o gráfico de $g(x)$, podemos comprimir o gráfico original 6 vezes na vertical (veja Fig.2.65).

7. $f(x) = x^2 \to g(x) = 3 - (2x+1)^2$.

O gráfico de $f(x) = x^2$ é uma parábola com vértice na origem voltada para cima, que é considerada (nesse exercício) como dada. Para chegar ao gráfico de $g(x) = 3 - (2x+1)^2$, temos que efetuar uma sequência de transformações. Primeiro, transformamos $f(x) = x^2$ em $f_1(x) = -x^2 = -f(x)$ –, isso significa refletir o gráfico de $f(x)$ em relação ao eixo Ox. Depois, transformamos $f_1(x) = -x^2$ em $f_2(x) = -(2x)^2 = f_1(2x)$, comprimindo horizontalmente 2 vezes o gráfico de $f_1(x)$ em relação ao eixo Oy. Próximo, transformamos $f_2(x) = -(2x)^2$ em

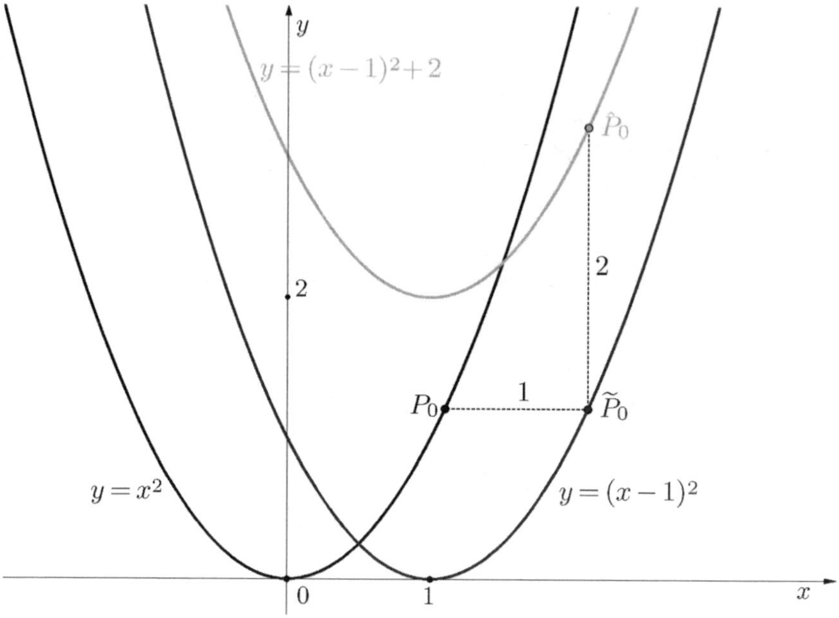

Figura 2.64 Transformação do gráfico $y = x^2 \to y = (x-1)^2 + 2$.

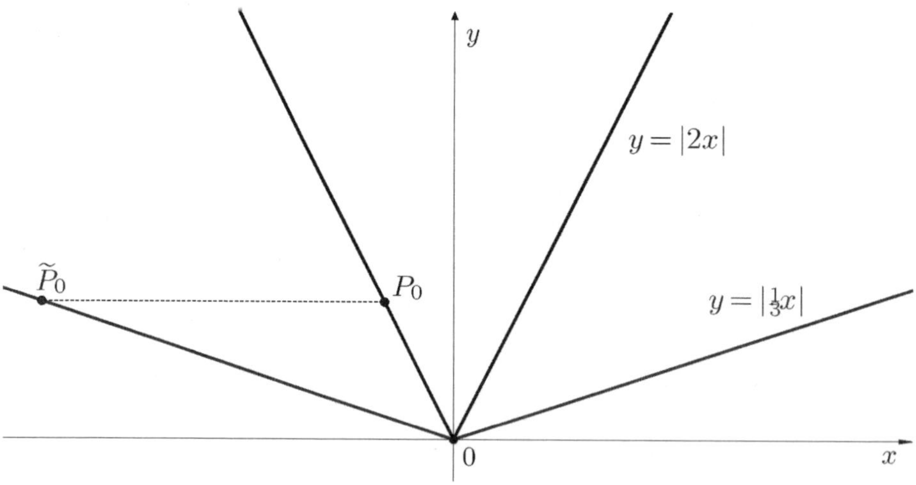

Figura 2.65 Transformação do gráfico $y = |2x| \to y = |\frac{1}{3}x|$.

$f_3(x) = -(2x+1)^2 = -(2(x+\frac{1}{2}))^2 = f_2(x+\frac{1}{2})$, deslocando horizontalmente o gráfico de $f_2(x)$ em $\frac{1}{2}$ unidades para a esquerda. Finalmente, de $f_3(x) = -(2x+1)^2$ chegamos a $g(x) = 3-(2x+1)^2 = 3 - f_3(x)$, trazendo o gráfico de $f_3(x)$ três unidades para cima. Assim, nessa cadeia de transformações, o gráfico de

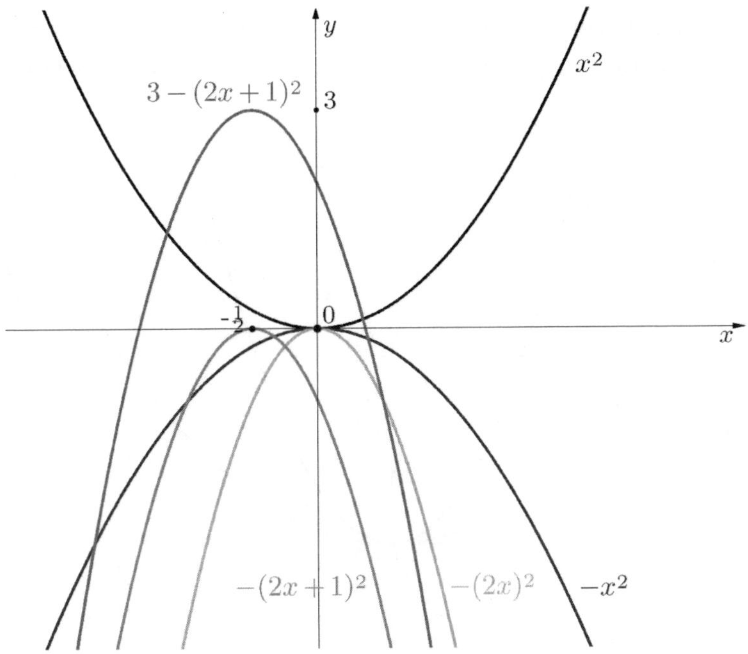

Figura 2.66 Transformações do gráfico $y = x^2 \to y = 3 - (2x + 1)^2$.

$f(x)$ é refletido em relação ao eixo Ox, depois comprimido horizontamente duas vezes, depois deslocado $\frac{1}{2}$ unidades para a esquerda, e, finalmente, deslocado três unidades para cima.

A ilustração dessa cadeia de transformações é mostrada na Fig.2.66.

Notamos que o mesmo gráfico pode ser obtido usando outra sequência de transformações elementares.

8. $f(x) = x^2 \to g(x) = 3(\frac{1}{2}x - 1)^2 - 2$.

O raciocínio nesse exemplo é bem semelhante ao exemplo anterior, portanto, vamos dar uma descrição breve de transformações envolvidas. O gráfico de $g(x) = 3(\frac{1}{2}x-1)^2-2$ pode ser obtido do gráfico de $f(x) = x^2$, primeiro, estendendo-o duas vezes horizontalmente, segundo, deslocando duas unidades para a direita, terceiro, afastando três vezes do eixo Ox (isto é, estendendo três vezes verticalmente) e, finalmente, baixando duas unidades. Nesse caso, é usada a seguinte cadeia de transformações:

$$f(x) = x^2 \to \left(\frac{1}{2}x\right)^2 \to \left(\frac{1}{2}(x-2)\right)^2 = \left(\frac{1}{2}x - 1\right)^2$$

$$\to 3\left(\frac{1}{2}x - 1\right)^2 \to 3\left(\frac{1}{2}x - 1\right)^2 - 2 = g(x) .$$

Deixamos ao leitor a tarefa de restituir todos os detalhes dessas transformações.

A ilustração de todos os passos dessas transformações é mostrada na Fig.2.67.

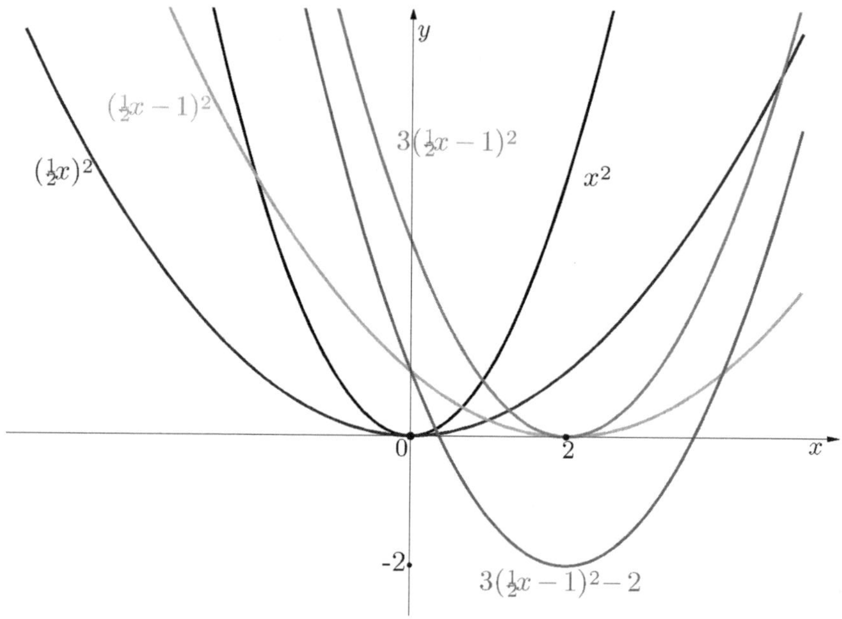

Figura 2.67 Transformações do gráfico $y = x^2 \to y = 3(\frac{1}{2}x - 1)^2 - 2$.

Notamos que o mesmo gráfico pode ser obtido usando outra sequência de transformações elementares.

11 Função injetora, sobrejetora e bijetora

Definição. Se a função $y = f(x) : X \to Y$ satisfaz a propriedade de que $f(x_1) \neq f(x_2)$ se $x_1 \neq x_2$, $x_1, x_2 \in X$, então essa função é chamada de *injetora (injetiva)*. Ou seja, uma função injetora transforma quaisquer dois valores diferentes do seu domínio X em dois valores diferentes da imagem Y.

Para determinar geometricamente se uma função é injetora ou não, pode ser usado tal chamado *teste da reta horizontal*: se qualquer reta horizontal (paralela ao eixo Ox) intersepta o gráfico da função, no máximo, num ponto, então esse é gráfico de uma função injetiva.

Definição. Se o contradomínio Y de uma função $y = f(x) : X \to Y$ é a sua imagem, então essa função é chamada de *sobrejetora (sobrejetiva)*. Ou seja, para qualquer y do contradomínio Y existe pelo menos um x do domínio X tal que $f(x) = y$.

Em termos geométricos, se qualquer reta horizontal $y = y_0$, $y_0 \in Y$ intersepta o gráfico da função $f(x)$ em, pelo menos, um ponto, então $y = f(x) : X \to Y$ é uma função sobrejetiva.

Definição. Se a função é sobrejetora e injetora ao mesmo tempo, então ela é chamada de *bijetora (bijetiva)*.

Geometricamente, uma bijetora é caracterizada pela seguinte propriedade: uma função com contradomínio Y é bijetiva se qualquer linha horizontal $y = y_0$, $y_0 \in Y$ intersepta seu gráfico exatamente uma vez.

Composição de injetoras. Se $y = f(x) : X \to Y$ é injetora e $g(y) : Y \to Z$ é injetora, então a sua composição $g(f(x)) : X \to Z$ também é injetora.

Demonstração. Como $f(x)$ é injetora, então para quaisquer dois pontos $x_1, x_2 \in X$, $x_1 \neq x_2$ temos $y_1 = f(x_1) \neq f(x_2) = y_2$, $y_1, y_2 \in \tilde{Y} \subset Y$. Em seguida, notando que $g(y)$ é injetora em $\tilde{Y}$ (uma vez que ela é injetora em Y que contém $\tilde{Y}$), temos que para quaisquer dois pontos $y_1, y_2 \in \tilde{Y}$, $y_1 \neq y_2$ segue que $z_1 = g(y_1) \neq g(y_2) = z_2$. Logo, para função composta a propriedade da injetora está satisfeita em X: $h(x_1) = g(f(x_1)) = g(y_1) \neq g(y_2) = g(f(x_2)) = h(x_2)$, $\forall x_1 \neq x_2$, $x_1, x_2 \in X$.

Composição de sobrejetoras. Se $y = f(x) : X \to Y$ é sobrejetora e $g(y) : Y \to Z$ é sobrejetora, então a sua composição $g(f(x)) : X \to Z$ também é sobrejetora.

Demonstração. Tomamos qualquer elemento $z_0 \in Z$. Como $g(y)$ é sobrejetora, existe pelo menos um elemento $y_0 \in Y$ tal que $g(y_0) = z_0$. Em sua vez, $f(x)$ é sobrejetora e, por isso, existe pelo menos um elemento $x_0 \in X$ tal que $f(x_0) = y_0$. Logo, para qualquer elemento $z_0 \in Z$ existe pelo menos um elemento $x_0 \in X$ tal que $h(x_0) = g(f(x_0)) = g(y_0) = z_0$, isto é, $h(x) : X \to Z$ é sobrejetora.

Composição de bijetoras. Se $y = f(x) : X \to Y$ é bijetora e $g(y) : Y \to Z$ é bijetora, então a sua composição $g(f(x)) : X \to Z$ também é bijetora.

Demonstração. Esse resultado segue direto da composição de injetoras e sobrejetoras.

Exemplos

1a. $y = f(x) = x : X = \mathbb{R} \to Y = \mathbb{R}$.

O contradomínio $Y = \mathbb{R}$ dessa função é a sua imagem, porque para qualquer $y \in Y = \mathbb{R}$ existe $x = y \in X = \mathbb{R}$ tal que $f(x) = f(y) = y$. Isso significa que a função é sobrejetora. Além disso, esse x, que corresponde ao valor escolhido de y, é único. Em outras palavras, se tomarmos dois valores diferentes do domínio $x_1 \neq x_2$, então $y_1 = f(x_1) = x_1 \neq x_2 = f(x_2) = y_2$, o que significa que $f(x)$ é injetora. Portanto, essa função é bijetora.

1b. $y = f(x) = x : X = [0, +\infty) \to Y = \mathbb{R}$.

O contradomínio $Y = \mathbb{R}$ dessa função difere da sua imagem, porque qualquer $y < 0$ não corresponde a nenhum $x \in X = [0, +\infty)$. Isso significa que a função não é sobrejetora. Ao mesmo tempo, quaisquer dois valores diferentes do domínio $x_1 \neq x_2$ a função transforma em dois elementos diferentes do contradomínio: $y_1 = f(x_1) = x_1 \neq x_2 = f(x_2) = y_2$, o que significa que $f(x)$ é injetora.

1c. $y = f(x) = x : X = [0, +\infty) \to Y = [0, +\infty)$.

O contradomínio $Y = [0, +\infty)$ dessa função é a sua imagem, porque para qualquer $y \geq 0$ existe $x = y \geq 0$ tal que $f(x) = f(y) = y$. Isso significa que a função é sobrejetora. Além disso, esse x, que corresponde ao valor escolhido de y, é único. Em outras palavras, se tomarmos dois valores diferentes do domínio $x_1 \neq x_2$, então $y_1 = f(x_1) = x_1 \neq x_2 = f(x_2) = y_2$, o que significa que $f(x)$ é injetora. Portanto, essa função é bijetora.

Observação. Notamos que caso uma função seja injetora num domínio X, então ela é injetora em qualquer subconjunto de X, não importa qual conjunto foi escolhido para ser contradomínio. Essa propriedade, observada nesse exemplo específico, é a regra geral. Realmente, se $f(x)$ é injetora em X, então para $\forall x_1, x_2 \in \tilde{X} \subset X$, $x_1 \neq x_2$ temos que $f(x_1) \neq f(x_2)$, isto é, $f(x)$ é injetora em $\tilde{X}$, e essa propriedade não depende da escolha do contradomínio.

Notamos também que a propriedade de uma função ser sobrejetora ou não depende tanto da escolha do domínio como do contradomínio. Se uma função não é sobrejetora para um par específico de domínio e contradomínio, então sempre é possível torná-la sobrejetora mantendo o mesmo domínio e diminuindo seu contradomínio até a imagem.

2a. $y = f(x) = x^2 : X = \mathbb{R} \to Y = \mathbb{R}$.

O contradomínio $Y = \mathbb{R}$ dessa função difere da sua imagem, porque para qualquer $x \in \mathbb{R}$ temos $y = f(x) = x^2 \geq 0$, isto é, nenhum valor negativo entra na imagem da função. Isso significa que a função não é sobrejetora. Além disso, dois valores diferentes do domínio $x_2 = -x_1$ a função leva no mesmo valor do contradomínio: $y_1 = f(x_1) = x_1^2 = (-x_1)^2 = f(x_2) = y_2$, o que significa que $f(x)$ não é injetora.

2b. $y = f(x) = x^2 : X = [0, +\infty) \to Y = \mathbb{R}$.

A função é injetora, porque dois valores diferentes do domínio $x_1 \neq x_2$ ela leva em dois valores diferentes da imagem, uma vez que a função é estritamente crescente no intervalo $[0, +\infty)$. Ao mesmo tempo, a função não é sobrejetora, pois qualquer valor da imagem é não negativo.

2c. $y = f(x) = x^2 : X = \mathbb{R} \to Y = [0, +\infty)$.

O contradomínio $Y = [0, +\infty)$ dessa função coincide com a sua imagem, porque para qualquer $y \in [0, +\infty)$ podemos encontrar o valor correspondente do domínio $x = \sqrt{y} \in \mathbb{R}$ que a função transforma nesse y: $f(x) = f(\sqrt{y}) = (\sqrt{y})^2 = y$. Isso quer dizer que a função é sobrejetora. Ao mesmo tempo, dois valores diferentes do domínio $x_2 = -x_1$ a função transforma no mesmo valor do contradomínio: $y_1 = f(x_1) = x_1^2 = (-x_1)^2 = f(x_2) = y_2$, o que significa que $f(x)$ não é injetora.

2d. $y = f(x) = x^2 : X = [0, +\infty) \to Y = [0, +\infty)$.

O contradomínio $Y = [0, +\infty)$ dessa função coincide com a sua imagem, porque para qualquer $y \in [0, +\infty)$ podemos encontrar o valor correspondente do domínio $x = \sqrt{y} \in [0, +\infty)$ que a função transforma nesse y: $f(x) = f(\sqrt{y}) = (\sqrt{y})^2 = y$. Isso quer dizer que a função é sobrejetora. Ao mesmo tempo, dois valores diferentes do domínio $x_1 \neq x_2$ a função transforma em dois valores diferentes da imagem, uma vez que a função é estritamente crescente no intervalo $[0, +\infty)$. Isso significa que $f(x)$ é injetora. Consequentemente, a função é bijetora.

Observação. Podemos notar uma regra geral observada nesse exercício: uma modificação do contradomínio não influi no fato de uma função não ser injetora, uma vez que essa propriedade é relacionada à regra da função e seu domínio. Realmente, se uma função não é injetora, então existe pelo menos uma dupla $x_1 \neq x_2$ do seu domínio tal que $y_1 = f(x_1) = f(x_2)$, onde y_1 pertence à imagem, e qualquer modificação do contradomínio vai manter a imagem como sua parte, portanto, a função vai continuar sendo não injetora.

Esse resultado, junto com a observação do exemplo anterior, leva à conclusão de que qualquer modificação do contradomínio não influi no fato de uma função ser ou não ser injetora.

Por outro lado, diminuindo de modo adequado o domínio da função, podemos chegar a uma função injetora. Claro que no caso de algumas funções especiais, como uma função constante $f(x) = c$, essa diminuição pode levar necessariamente a um domínio contendo um ponto só. Assim, sempre há possibilidade de criar uma função injetora a partir de uma função que não é injetora originalmente, mantendo sua fórmula (regra) e restringindo o seu domínio.

3a. $f(x) = \cos x : X = \mathbb{R} \to Y = \mathbb{R}$.

Como no estudo de extremos dessa função, apelamos, por enquanto, ao seu gráfico mostrado na Fig.2.68 e suas propriedades elementares conhecidas da escola.

A função $f(x) = \cos x$ tem todos os seus valores compreendidos no intervalo $[-1, 1]$, mais precisamente, a sua imagem é intervalo $[-1, 1]$ e, por isso, com contradomínio $Y = \mathbb{R}$ a função não é sobrejetora. Sabemos também que $f(x) = \cos x$ é uma função periódica com período mínimo 2π. Isso significa que a função $f(x) = \cos x$ com domínio $X = \mathbb{R}$ não é injetora.

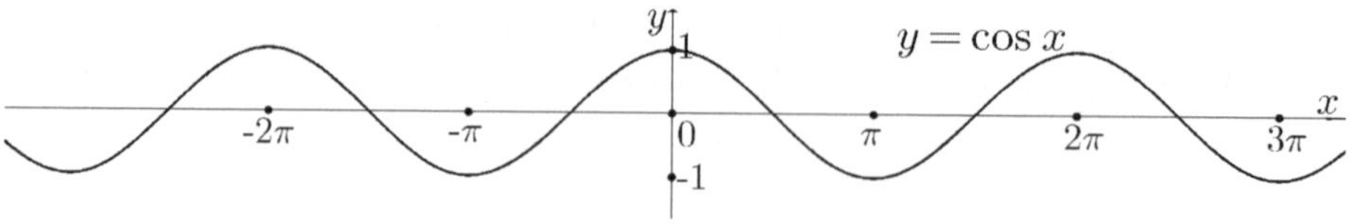

Figura 2.68 O gráfico da função $f(x) = \cos x$.

Lembramos duas regras gerais discutidas nos exemplos anteriores: para obter uma função sobrejetora basta escolher a imagem como contradomínio (mantendo o mesmo domínio), e para obter uma função injetora podemos diminuir o seu domínio. Vamos, primeiro, transformar $f(x) = \cos x$ numa função injetora. Para conseguir isso, precisamos eliminar a repetição de valores da função, reduzindo o seu domínio.

3b. $f(x) = \cos x : X = [0, \pi] \to Y = \mathbb{R}$.

Olhando no gráfico, podemos ver que no intervalo $[0, \pi]$ a função é estritamente decrescente e, por isso, não repete nenhum dos seus valores, o que quer dizer que ela é injetora. No entanto, a sua imagem continua sendo $[-1, 1]$ e, portanto, com contradomínio $Y = \mathbb{R}$ a função não é sobrejetora.

3c. $f(x) = \cos x : X = \mathbb{R} \to Y = [-1, 1]$.

Nesse caso, o contradomínio da função em 3a foi reduzido até a sua imagem $[-1, 1]$, o que faz dessa função uma sobrejetora. No entanto, ela não é injetora por causa da periodicidade (e, consequentemente, ela não é bijetora).

3d. $f(x) = \cos x : X = [0, \pi] \to Y = [-1, 1]$.

Finalmente, tomando o mesmo domínio $X = [0, \pi]$ do Exemplo 3b e reduzindo o contradomínio até $Y = [-1, 1]$, como no Exemplo 3c, obtemos a função injetora e sobrejetora ao mesmo tempo, isto é, bijetora.

12 Função inversa

12.1 Inversas laterais

Propriedade da injetora. A função $y = f(x) : X \to Y$ é injetora se, e somente se, existe função $g(y) : Y \to X$ tal que $g(f(x)) = x$, $\forall x \in X$.

Demonstração. Primeiro, consideremos uma função injetora $y = f(x) : X \to Y$ e construímos $g(y) : Y \to X$ com a propriedade requerida. Para isso, definimos $g(y)$ no conjunto Y da seguinte maneira:
1) para qualquer y pertencendo a imagem $\tilde{Y} \subset Y$ determinamos $g(y) = x \in X$ de modo que $f(x) = y$; tal x existe e é único porque a função $f(x)$ é injetora, isto

é, a qualquer y da sua imagem corresponde um único x do domínio X;
2) para qualquer y pertencendo a $Y \setminus \tilde{Y}$ (se tiver algum elemento desses) determinamos $g(y) = x_0 \in X$, onde x_0 é qualquer elemento fixo de X.
Dessa maneira, obtemos $g(y) : Y \to X$ com a propriedade $g(f(x)) = g(y) = x$, $\forall x \in X$, uma vez que $\forall x \in X$ a função $f(x)$ leva em $y \in \tilde{Y}$ e esse y a função $g(y)$ transforma em x, conforme sua construção.

Na direção oposta, se $g(y) : Y \to X$ é tal que $g(f(x)) = x$, $\forall x \in X$, então provemos que $f(x) : X \to Y$ é injetora. Tomemos $x_1, x_2 \in X$, $x_1 \neq x_2$ e mostremos que $y_1 = f(x_1) \neq f(x_2) = y_2$. Realmente, supondo (por absurdo) o contrário, que $y_1 = y_2$, temos então $x_1 = g(y_1) = g(y_2) = x_2$, o que contradiz a suposição $x_1 \neq x_2$.

Observação. Notamos, de acordo com a demonstração, que, caso $f(x)$ não é sobrejetora, então há infinitas funções $g(y)$ que satisfazem as condições da afirmação: um elemento $y \in Y \setminus \tilde{Y}$ pode ser enviado para qualquer $x_0 \in X$, satisfazendo a propriedade $g(f(x)) = x$, $\forall x \in X$. Por exemplo, a função $f(x) = x : X = (0,1] \to Y = [0,1]$ é injetora, mas não é sobrejetora. Então, o elemento $y = 0 \in Y$, que não pertence à imagem de $f(x)$, pode ser enviado para X de infinitas maneiras, gerando cada vez uma nova função $g(y)$, todas elas com a propriedade $g(f(x)) = x$, $\forall x \in X$. Especificando, para qualquer $x_0 \in X = (0,1]$ a função $g(y) = \begin{cases} y, y \in (0,1] \\ x_0, y = 0 \end{cases}$ satisfaz as condições da propriedade.

Definição. Dada função $y = f(x) : X \to Y$, a função $g(y) : Y \to X$ tal que $g(f(x)) = x$, $\forall x \in X$ é chamada de *inversa esquerda* de $f(x)$.

Propriedade da injetora. Corolário. A propriedade da injetora pode ser reformulada da seguinte maneira: função $y = f(x) : X \to Y$ é injetora se, e somente se, ela possui a inversa esquerda.

Propriedade da sobrejetora. A função $y = f(x) : X \to Y$ é sobrejetora se, e somente se, existe função $g(y) : Y \to X$ tal que $f(g(y)) = y$, $\forall y \in Y$.

Demonstração. Primeiro, como $y = f(x) : X \to Y$ é sobrejetora, para qualquer $y \in \tilde{Y} = Y$ existe pelo menos um $x \in X$ tal que $f(x) = y$. Então, definimos $g(y)$ no conjunto Y da seguinte maneira: para qualquer $y \in Y$ determinamos $g(y) = x \in X$ do modo que $f(x) = y$, onde x é um dos valores (se tiver vários) que $f(x)$ transforma em y. Nesse caso, obtemos $g(y) : Y \to X$ com a propriedade $f(g(y)) = f(x) = y$, $\forall y \in Y$.

Na direção oposta, se $g(y) : Y \to X$ é tal que $f(g(y)) = y$, $\forall y \in Y$, então os valores $f(x)$ cobrem todo o conjunto Y já para os valores de x que pertencem a imagem de $g(y)$, isto é, para $x \in \tilde{X} \subset X$. Logo, Y é a imagem de $f(x) : X \to Y$, ou seja, $f(x)$ é sobrejetora.

Observação. Notamos, de acordo com a demonstração, que, caso $f(x)$ não seja injetora, então há diferentes funções $g(y)$ que satisfazem as condições da afirmação: temos várias escolhas para determinar um elemento $x_0 = g(y_0) \in X$, se a função $f(x)$ leva diferentes elementos $x \in X$ no mesmo ponto y_0. Por exemplo, a função $f(x) = \begin{cases} x, x \in [0,1) \\ 0, x = 1 \end{cases} : X = [0,1] \to Y = [0,1)$ é sobrejetora, mas não é injetora. Então, o elemento $y = 0 \in Y$ pode ser devolvido pela função $g(y) : Y \to X$ tanto para 0 como para 1. Isto é, ambas as funções $g(y) = \begin{cases} y, y \in (0,1) \\ 0, y = 0 \end{cases}$ e $h(y) = \begin{cases} y, y \in (0,1) \\ 1, y = 0 \end{cases}$ satisfazem a propriedade principal: $f(g(y)) = y$, $\forall y \in Y$ e $f(h(y)) = y$, $\forall y \in Y$. Caso a propriedade de injetora seja violada em infinitos pontos, há infinitas funções $g(y)$. Por exemplo, a função sobrejetora $f(x) = \begin{cases} x, x \in [0,1) \\ 0, x \in [1,2] \end{cases} : X = [0,2] \to Y = [0,1)$ assume valor 0 em todos os pontos de $[1,2]$ (além do ponto 0). Então, escolhendo qualquer $x_0 \in [1,2] \cup \{0\}$, temos a função $g(y) = \begin{cases} y, y \in (0,1) \\ x_0, y = 0 \end{cases}$ que satisfaz a propriedade principal: $f(g(y)) = y$, $\forall y \in Y$. Assim, temos infinitas funções $g(y)$.

Definição. Dada função $y = f(x) : X \to Y$, a função $g(y) : Y \to X$ tal que $f(g(y)) = y$, $\forall y \in Y$ é chamada de *inversa direita* de $f(x)$.

Propriedade da sobrejetora. Corolário. A propriedade da sobrejetora pode ser reformulada da seguinte maneira: função $y = f(x) : X \to Y$ é sobrejetora se, e somente se, ela possui a inversa direita.

Observação 1. De acordo com a propriedade da injetora, a função original $y = f(x) : X \to Y$ representa a inversa direita para sua inversa esquerda $x = g(y) : Y \to X$, o que significa (pela propriedade da sobrejetora) que $g(y)$ é uma função sobrejetora.

Observação 2. De acordo com a propriedade da sobrejetora, a função original $y = f(x) : X \to Y$ representa a inversa esquerda para sua inversa direita $x = g(y) : Y \to X$, o que significa (pela propriedade da injetora) que $g(y)$ é uma função injetora.

Elaboramos alguns exemplos, aproveitando as funções analisadas na seção anterior.

Exemplos

1b. $y = f(x) = x : X = [0, +\infty) \to Y = \mathbb{R}$.

No exemplo 1b da seção anterior foi mostrado que essa função é injetora, mas não é sobrejetora. Então, pela propriedade da injetora, ela tem várias inversas esquerdas. A inversa esquerda "natural" é $g(y) = \begin{Bmatrix} y, y \in [0,+\infty) \\ -y, y \in (-\infty,0) \end{Bmatrix} = |y|$: $Y = \mathbb{R} \to X = [0,+\infty)$. Outra inversa pode ser $h(y) = \begin{cases} y, y \in [0,+\infty) \\ x_0, y \in (-\infty,0) \end{cases}$, $\forall x_0 \geq 0 : Y = \mathbb{R} \to X = [0,+\infty)$. Assim, mantendo a primeira sentença (obrigatória) sem mudança, podemos inventar inúmeras maneiras de mandar o intervalo $(-\infty,0)$ para $[0,+\infty)$. Mais uma delas envolve a função de Dirichlet: $u(y) = \begin{cases} y, y \in [0,+\infty) \\ D(y), y \in (-\infty,0) \end{cases} : Y = \mathbb{R} \to X = [0,+\infty)$.

2a. $y = f(x) = x^2 : X = \mathbb{R} \to Y = \mathbb{R}$.

No exemplo 2a da seção anterior foi mostrado que essa função não é injetora nem sobrejetora. Logo, ela não admite inversa esquerda nem direita.

2b. $y = f(x) = x^2 : X = [0,+\infty) \to Y = \mathbb{R}$.

No Exemplo 2b da seção anterior foi mostrado que essa função é injetora, mas não é sobrejetora. Logo, pela propriedade da injetora, ela tem várias inversas esquerdas. A "primeira" inversa esquerda é construída com uso da raiz não negativa das equações $y = x^2$ e $-y = x^2$ para incógnita x: $g(y) = \begin{Bmatrix} \sqrt{y}, y \in [0,+\infty) \\ \sqrt{-y}, y \in (-\infty,0) \end{Bmatrix} = \sqrt{|y|} : Y = \mathbb{R} \to X = [0,+\infty)$. Evidentemente, a propriedade da inversa esquerda está satisfeita: $g(f(x)) = \sqrt{|x^2|} = \sqrt{x^2} = |x| = x$, $\forall x \in X = [0,+\infty)$.

Notamos que a construção dessa inversa consiste em duas partes, refletidas em duas sentenças da função. Primeiro, temos que devolver todos os elementos y nos seus pontos originais, o que exige especificar a imagem $\tilde{Y} = [0,+\infty)$ da função original (ou, em outras palavras, destacar a parte bijetiva da função original, que é $y = f(x) = x^2 : X = [0,+\infty) \to \tilde{Y} = [0,+\infty)$) e encontrar o elemento original para cada $y \in \tilde{Y} = [0,+\infty)$. Tecnicamente, isso significa resolver a equação $y = x^2$ para qualquer y dado de $[0,+\infty)$, procurando a raiz x sujeita à restrição $x \in X = [0,+\infty)$. O resultado dessa operação é a primeira sentença da função $g(y)$, que é a sentença obrigatória e unicamente determinada. Segundo passo da construção consiste em completar a primeira sentença pelos valores restantes de $y \in Y$, isto é $y \in (-\infty,0)$, aplicando qualquer regra de função, com a única condição de que os pontos correspondentes de x não podem sair da imagem da inversa $X = [0,+\infty)$. Isso pode ser feito de várias maneiras, uma delas é usar a raiz de $-y \in (0,+\infty)$, a mesma já usada para y não negativos da primeira sentença. Desse modo, obtemos a segunda sentença da função $g(y)$.

Mantendo a sentença obrigatória (a primeira) intacta em $[0,+\infty)$, podemos agora criar infinitas outras inversas esquerdas. Por exemplo, a segunda pode ser

$h(y) = \begin{cases} \sqrt{y}, y \in [0,+\infty) \\ x_0^2, y \in (-\infty, 0) \end{cases}, \forall x_0 \in \mathbb{R} : Y = \mathbb{R} \to X = [0,+\infty)$ e mais uma $h(y) = \begin{cases} \sqrt{y}, y \in [0,+\infty) \\ e^y, y \in (-\infty, 0) \end{cases} : Y = \mathbb{R} \to X = [0,+\infty)$. É simples de mostrar que a propriedade da inversa esquerda está satisfeita para essas duas funções.

2c. $y = f(x) = x^2 : X = \mathbb{R} \to Y = [0,+\infty)$.

No Exemplo 2c da seção anterior foi mostrado que essa função é sobrejetora, mas não é injetora. Então, pela propriedade da sobrejetora, ela tem várias inversas direitas. Uma delas, algebricamente, é a raiz positiva da equação $y = f(x) = x^2$ para incógnita x, que gera a função $x = g(y) = \sqrt{y} : Y = [0,+\infty) \to X = [0,+\infty)$. A outra é a raiz negativa da mesma equação, isto é a função $h(y) = -\sqrt{y} : Y = [0,+\infty) \to X = (-\infty, 0]$. Evidentemente, em ambos os casos temos a propriedade da inversa direita satisfeita: $f(g(y)) = (\sqrt{y})^2 = y$, $\forall y \in Y = [0,+\infty)$ e $f(h(y)) = (-\sqrt{y})^2 = y$, $\forall y \in Y = [0,+\infty)$.

Notamos que na construção de inversa direita nos lidamos, de alguma maneira, com a parte bijetiva da função original, a qual pode ser estabelecida de várias maneiras, escolhendo a parte apropriada do domínio original $X = \mathbb{R}$. Determinando a parte bijetiva como $y = f(x) = x^2 : X_g = [0,+\infty) \to Y = [0,+\infty)$ (isto é, restringindo o domínio original $X = \mathbb{R}$ a $X_g = [0,+\infty)$), chegamos à inversa direita $g(y)$, enquanto a definição da parte bijetiva na forma $y = f(x) = x^2 : X_h = (-\infty, 0] \to Y = [0,+\infty)$ (isto é, reduzindo o domínio original $X = \mathbb{R}$ a $X_h = (-\infty, 0]$), obtemos a inversa $h(y)$. Escolhendo outra parte do domínio original, com a condição de que a imagem dessa parte é $Y = [0,+\infty)$, obtemos outra inversa direita. Como há modos infinitos de escolher tais partes, existe um conjunto infinito de inversas direitas.

Usando as duas inversas direitas "naturais" $g(y)$ e $h(y)$ (que correspondem às duas raízes da equação $y = x^2$), podemos construir infinitas inversas direitas combinando os valores dessas duas. Por exemplo, $u(y) = \begin{cases} \sqrt{y}, y \in [0, n] \\ -\sqrt{y}, y \in (n, +\infty) \end{cases}$ para qualquer $n \in \mathbb{N}$ é a inversa direita de $f(x)$, assim como $v(y) = \begin{cases} \sqrt{y}, y \in [2n-2, 2n-1) \\ -\sqrt{y}, y \in [2n-1, 2n) \end{cases}$, $\forall n \in \mathbb{N}$ e $w(y) = \begin{cases} \sqrt{y}, y \in \mathbb{Q}, y \geq 0 \\ -\sqrt{y}, y \in \mathbb{I}, y > 0 \end{cases}$.

2d. $y = f(x) = x^2 : X = [0,+\infty) \to Y = [0,+\infty)$.

Essa função é bijetora e, portanto, possui tanto inversa esquerda como direita. Acontece que as duas inversas são únicas e coincidem: $g(y) = \sqrt{y} : Y = [0,+\infty) \to X = [0,+\infty)$. Na seção 12.2 vamos ver que isso não ocorreu por acaso e sim é uma regra geral. Aliás, as demonstrações das propriedades da injetora e sobrejetora já indicam isso.

3b. $f(x) = \cos x : X = [0, \pi] \to Y = \mathbb{R}$.

Essa função é injetora, mas não é sobrejetora. Logo, ela admite várias inversas esquerdas, mas nenhuma direita.

A inversa esquerda é construída com uso das raízes da equação $y = \cos x$ que deve ser resolvida em relação à incógnita $x \in [0, \pi]$. Como, por enquanto, apelamos à definição geométrica da função cosseno, vamos resolver essa equação usando o gráfico da função. Geometricamente, qualquer reta $y = y_0 \in [-1, 1]$ intercepta $y = \cos x$, $x \in [0, \pi]$ exatamente num ponto, o que significa que $y_0 = \cos x$ tem uma única raiz x_0 pertencedo a $[0, \pi]$ para qualquer y_0 em $[-1, 1]$ (veja Fig.2.69). Essa raiz é chamada de arco-cosseno e é denotada $x_0 = \arccos y_0$. Usando todas essas raízes no intervalo $x \in [0, \pi]$, obtemos a função do domínio $[-1, 1]$ e a imagem $[0, \pi]$ chamada de arco-cosseno (assim como as raízes): $\tilde{g}(y) = \arccos y : \tilde{Y} = [-1, 1] \to X = [0, \pi]$. Essa função representa a parte principal (obrigatória) da inversa esquerda. Agora só resta completar essa parte pela definição da função nos valores restantes de y (isto é, no conjunto $Y \backslash \tilde{Y}$) de tal maneira que a imagem dessa parte restante seja contida em $[0, \pi]$: $g(Y \backslash \tilde{Y}) \subset [0, \pi]$. Isso pode ser feito de infinitas maneiras, por exemplo, um conjunto das inversas esquerdas é obtido pela fórmula: $g(y) = \begin{cases} \arccos y, y \in [-1, 1] \\ x_0, y \in \mathbb{R} \backslash [-1, 1] \end{cases}, \forall x_0 \in [0, \pi] : Y = \mathbb{R} \to X = [0, \pi]$. Verificando a propriedade da inversa esquerda, temos: $g(f(x)) = g(\cos x) = \arccos(\cos x) = x$, $\forall x \in X = [0, \pi]$ (a segunda sentença de $g(y)$ não é acionada porque $y = f(x) = \cos x \in [-1, 1]$).

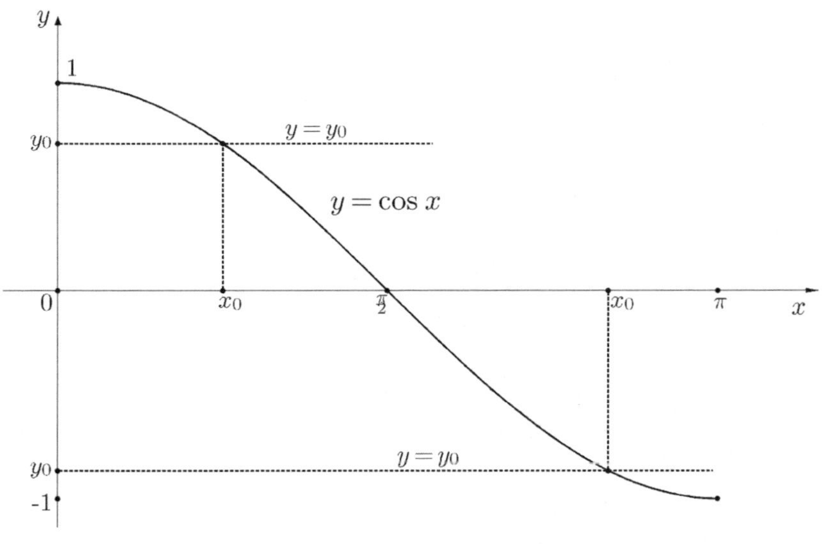

Figura 2.69 Solução da equação $y = \cos x$, $x \in [0, \pi]$.

3d. $f(x) = \cos x : X = [0, \pi] \to Y = [-1, 1]$.

Nesse caso, a função é bijetora e, portanto, possui as únicas inversas laterais que coincidem entre si. Essa inversa é a função arco-cosseno $\tilde{g}(y) = \arccos y : Y = [-1, 1] \to X = [0, \pi]$ construída no Exemplo 3b.

12.2 Inversa geral: definição e exemplos elementares

Naturalmente, uma função injetora não é necessariamente sobrejetora e vice-versa. Portanto, uma inversa esquerda não é necessariamente a inversa direita, e o mesmo é válido para a inversa direita. A situação se simplifica se uma função é bijetora. Juntando as duas propriedades da seção 12.1, chegamos ao seguinte resultado.

Propriedade da bijetora. A função $y = f(x) : X \to Y$ é bijetora se, e somente se, existem duas funções $g(y) : Y \to X$ tal que $g(f(x)) = x$, $\forall x \in X$ e $h(y) : Y \to X$ tal que $f(h(y)) = y$, $\forall y \in Y$. Ou, reformulando em termos das inversas laterais, a função $y = f(x) : X \to Y$ é bijetora se, e somente se, existem suas inversas esquerda e direita.

Podemos ainda fortalecer esse resultado com a afirmação de que as duas inversas, esquerda $g(y)$ e direita $h(y)$, são únicas e coincidem: $g(y) = h(y)$, $\forall y \in Y$. Realmente, consideremos uma das inversas esquerdas $g(y)$ e uma das direitas $h(y)$. Tomamos qualquer $y \in Y$ e comparamos os valores de $g(y)$ e $h(y)$. Notamos que $g(y)$ é definida para $\forall y \in Y$ uma vez que $f(x)$ é sobrejetora e $h(y)$ existe para $\forall y \in Y$ devido a sua descrição na formulação da segunda propriedade (da sobrejetora). Para a primeira temos $g(y) = x$ tal que $f(x) = y$, e para a segunda $h(y) = \bar{x}$ tal que $f(\bar{x}) = y$. Mas, devido a $f(x)$ ser injetora, as relações $f(x) = y$ e $f(\bar{x}) = y$ implicam em $x = \bar{x}$. Como isso é válido para $\forall y \in Y$, então $g(y) = x = h(y)$, $\forall y \in Y$, isto é, $g(y)$ coincide com $h(y)$. Devido à arbitraridade da escolha das inversas, qualquer inversa esquerda $g(y)$ coincide com a mesma direita $h(y)$, e qualquer inversa direita $h(y)$ coincide com a mesma esquerda $g(y)$. Logo, existe uma única inversa que, ao mesmo tempo, é esquerda e direita. Essa inversa é chamada de inversa geral ou simplesmente inversa.

A propriedade da bijetora, na forma fortalecida que acabamos de demonstrar, pode ser formulada da seguinte maneira.

Propriedade da bijetora. Corolário. A função $y = f(x) : X \to Y$ é bijetora se, e somente se, existe uma única função $g(y) : Y \to X$ tal que $g(f(x)) = x$, $\forall x \in X$ e $f(g(y)) = y$, $\forall y \in Y$. Por razões óbvias, essa função $x = g(y) : Y \to X$ é chamada de *inversa geral* (ou simplesmente de *inversa*) de $y = f(x)$ e a notação usada é $g(y) \equiv f^{-1}(y)$.

Observação. A mesma propriedade da bijetora pode ser deduzida sem apelar às inversas esquerdas e direitas, usando o raciocínio direto para uma função bijetora. Realmente, notamos que numa função bijetora o contradomínio Y tem as mesmas propriedades do domínio X: a qualquer $y \in Y$ corresponde pelo menos um $x \in X$ (porque Y é a imagem) e esse x é único (porque a função é injetora). Dessa maneira, junto com a função original $y = f(x) : X \to Y$ está definida a função $x = g(y) : Y \to X$ que age no sentido inverso: a cada $y \in Y$ ela relaciona um único $x \in X$ de tal maneira que $f(x) = y$. Ou seja, a função $x = g(y)$ leva cada $y \in Y$ em tal x específico que a função original transforma em $f(x) = y$. Em outras palavras, aplicando função $y = f(x)$ a um elemento específico $x_0 \in X$ obtemos o elemento $f(x_0) = y_0 \in Y$, e aplicando em seguida a função $x = g(y)$ ao elemento obtido y_0 voltamos ao mesmo elemento x_0 do qual partimos $x_0 = g(y_0)$. Isso quer dizer que a seguinte propriedade (propriedade da inversa esquerda) está satisfeita: $g(f(x)) = x$, $\forall x \in X$. Por outro lado, se $g(y)$ é inversa a $f(x)$, então $f(x)$, em sua vez, é a inversa de $g(y)$ e, portanto, a seguinte propriedade (propriedade da inversa direita) é válida: $f(g(y)) = y$, $\forall y \in Y$ (veja Fig.2.70).

Na maioria dos casos, em Análise e Cálculo, as inversas laterais não são usadas e, por isso, a inversa geral é chamada simplesmente da inversa sem provocar qualquer ambiguidade. Vamos formalizar essa definição a seguir.

Definição da inversa. Dada função $y = f(x) : X \to Y$, a função $g(y) : Y \to X$ tal que $g(f(x)) = x$, $\forall x \in X$ e $f(g(y)) = y$, $\forall y \in Y$ é chamada da *inversa* de $f(x)$. A notação comum da função inversa é $g(y) = f^{-1}(y)$. A função que admite inversa é chamada *inversível*.

Os resultados apresentados mostram que a função $y = f(x) : X \to Y$ possui a inversa se, e somente se, ela é bijetora. Portanto, muitas vezes é usada a seguinte definição alternativa da inversa, na qual a condição que garante a sua existência já está incluída.

Definição alternativa da inversa. Dada função bijetora $y = f(x) : X \to Y$, vamos chamar da *função inversa* $x = g(y) : Y \to X$ a função que cada elemento $y \in Y$ transforma em tal elemento $x \in X$ que a função original transforma em $y \in Y$.

Note que a imagem da função original se torna o domínio da inversa, e o domínio da original passa a ser a imagem da inversa (veja Fig.2.70). A fórmula da inversa é a mesma que da função original, $y = f(x)$, mas agindo no sentido contrário, de y para x. Portanto, se a fórmula da função original $y = f(x) : X \to Y$ é dada na forma explícita, então a mesma fórmula usada para a inversa $f^{-1}(y) : Y \to X$ vai ter a forma implícita. Nesse caso, para encontrar a fórmula explícita da inversa é preciso resolver a equação $y = f(x)$ em relação a incógnita x para todos os $y \in Y$. Muitas vezes é impossível fazer isso algebricamente, mesmo quando há garantia de que a inversa existe. Um dos exemplos desse tipo é a função $y = f(x) = x + e^x : X = \mathbb{R} \to Y = \mathbb{R}$ que é uma função bijetora, mas cuja fórmula não tem a solução algébrica em relação a x. Os detalhes desse exemplo apresentaremos na seção 12.3.

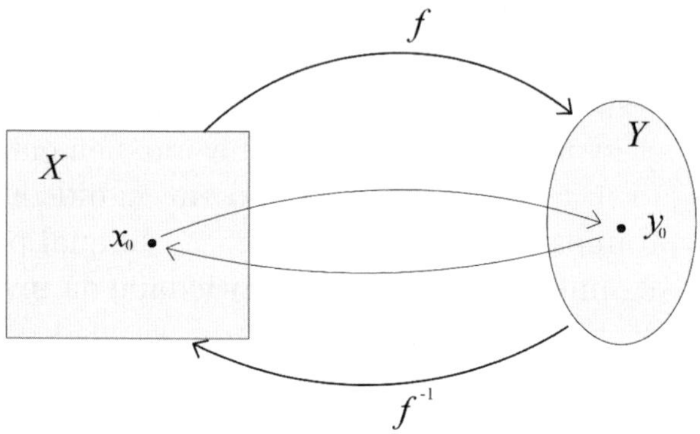

Figura 2.70 Função original $y = f(x) : X \to Y$ e inversa $x = f^{-1}(y) : Y \to X$.

O fato de uma função não ser bijetora e, portanto, não possuir inversa em todo o seu domínio não a impede de tê-la em apenas uma parte do domínio. Como vimos antes, qualquer que seja a função $f(x)$, sempre é possível restringir seu domínio e contradomínio de tal maneira que a função modificada seja bijetora, o que possibilita a definição da sua inversa. A redução do contradomínio à imagem da função é necessária para ter uma função sobrejetora, enquanto a restrição do seu domínio é feita para tornar a função injetora.

Consideremos alguns exemplos de funções, cujas propriedades de injeção e sobrejeção foram estudadas nas seções anteriores.

Exemplos.

1. $y = f(x) = x : X = \mathbb{R} \to Y = \mathbb{R}$

Essa função é bijetora e a sua inversa é $x = f^{-1}(y) = y : Y = \mathbb{R} \to X = \mathbb{R}$.

2. $y = f(x) = x^2 : X = \mathbb{R} \to Y = \mathbb{R}$

Essa função não é bijetora (ela não é sobrejetora nem injetora) e, portanto, ela não tem inversa. No entanto, é fácil modificar essa função (mantendo a sua fórmula) para ela ficar bijetora. Para isso, basta reduzir o seu domínio e contradomínio da seguinte maneira: $y = f(x) = x^2 : X = [0, +\infty) \to Y = [0, +\infty)$. A última função admite inversa $x = f^{-1}(y) = \sqrt{y} : Y = [0, +\infty) \to X = [0, +\infty)$. Outra maneira de reduzir o domínio é a seguinte: $y = f(x) = x^2 : X = (-\infty, 0] \to Y = [0, +\infty)$. Nesse caso, a inversa é diferente: $x = f^{-1}(y) = -\sqrt{y} : Y = [0, +\infty) \to X = (-\infty, 0]$.

3. $y = f(x) = |x| : X = \mathbb{R} \to Y = [0, +\infty)$

Essa função é sobrejetora, mas não injetora e, por isso, ela não é bijetora e não tem inversa. Contudo, a função pode ser facilmente alterada (mantendo a sua fórmula) para se tornar bijetora. Para isso, basta reduzir o seu domínio. Tem várias maneiras fazer isso, uma delas é $y = f(x) = |x| = x : X = [0, +\infty) \to Y = [0, +\infty)$. A última função admite a inversa $x = f^{-1}(y) = y : Y = [0, +\infty) \to X = [0, +\infty)$. Outra maneira de reduzir o domínio é a seguinte: $y = f(x) = |x| = -x : X = (-\infty, 0] \to Y = [0, +\infty)$. Nesse caso, a inversa é diferente: $x = f^{-1}(y) = -y : Y = [0, +\infty) \to X = (-\infty, 0]$.

4. $y = f(x) = \cos x : X = \mathbb{R} \to Y = \mathbb{R}$

Essa função não é bijetora (ela não é sobrejetora nem injetora) e, portanto, ela não tem inversa. No entanto, é fácil modificar essa função (mantendo a sua fórmula) para ela ficar bijetora. Para isso, é necessário reduzir de modo adequado o seu domínio e contradomínio. Uma das formas dessa redução é a seguinte: $y = f(x) = \cos x : X = [0, \pi] \to Y = [-1, 1]$. A última função é bijetora e admite inversa chamada de arco-cosseno $x = f^{-1}(y) = \arccos y : Y = [-1, 1] \to X = [0, \pi]$.

12.3 Condições da existência da inversa

A condição necessária e suficiente da existência da inversa foi demonstrada na seção 12.2, assim como a sua unicidade (veja a propriedade da bijetora e seu Corolário). Para completude da exposição dessa seção reproduzimos os resultados a seguir.

Condição necessária e suficiente da inversa. Para que uma função seja inversível é necessário e suficiente que ela seja bijetiva.

Unicidade da inversa. Se a inversa existe, então ela é única.

Uma das condições que garante a existência da inversa é a monotonia estrita da função original. Esse resultado é formulado no próximo Teorema.

Condição suficiente da inversa. Se a função $y = f(x)$ é estritamente monótona num conjunto X e tem imagem Y, então existe a inversa de $f(x)$ definida no conjunto Y com imagem X. Além disso, a inversa é estritamente monótona em Y com o mesmo tipo da monotonia da função original.

Demonstração. Faremos a demonstração para o caso de uma função estritamente crescente em X, uma vez que a demonstração para função estritamente decrescente é absolutamente análoga. Como Y é a imagem de $f(x)$, então $f(x)$ é sobrejetora. Para mostrar que ela é injetora, tomamos quaisquer dois valores $x_1, x_2 \in X$, $x_1 < x_2$ e, usando crescimento estrito da função, obtemos $f(x_1) < f(x_2)$, isto é, qualquer dupla de valores diferentes do domínio passa em dois valores diferentes da imagem. Logo, a função é bijetora e admite inversa.

Para mostrar que a inversa $f^{-1}(y)$ é estritamente crescente em Y, vamos supor, pela contradição, que existe um par $y_1 < y_2$ em Y tal que $x_1 = f^{-1}(y_1) \geq f^{-1}(y_2) = x_2$. Então, usando o crescimento de $f(x)$, obtemos $y_1 = f(x_1) \geq f(x_2) = y_2$, o que contradiz a suposição.

Observação 1. A forma mais usada desse Teorema em Cálculo é quando X é um intervalo: se a função $y = f(x)$ é estritamente monótona num intervalo X (qualquer que for o tipo de intervalo) e tem imagem Y, então existe a inversa de $f(x)$ definida no conjunto Y com imagem X. Além disso, a inversa é estritamente monótona em Y com o mesmo tipo de monotonia da função original.

Observação 2. A existência teórica da inversa garantida pelo Teorema não significa que pode ser encontrada a fórmula analítica da função inversa. Por exemplo, a função $y = f(x) = x + e^x : X = \mathbb{R} \to Y = \mathbb{R}$ é estritamente crescente em todo o seu domínio, uma vez que os dois somandos (x e e^x) são funções estritamente crescentes em $\mathbb{R}$. Logo, de acordo com o Teorema, existe sua inversa. No entanto, na prática, a representação analítica da inversa não é acessível, porque a equação $y = x + e^x$ em relação a incógnita x não é resolvível algebricamente.

Observação 3. Monotonia estrita de uma função é a condição suficiente, mas não é necessária para uma função admitir a inversa. Há diferentes funções não monótonas que possuem inversas. Por exemplo, a função $f(x) = \begin{cases} x, x \in [0,1] \\ 1-x, x \in (1,2] \end{cases}$ não é monótona no seu domínio $X = [0,2]$, mas ela tem uma inversa. Realmente, $f(x)$ é estritamente crescente no intervalo $[0,1]$ e estritamente decrescente no intervalo $(1,2]$, o que quer dizer que ela não é monótona em todo o intervalo $[0,2]$. De acordo com a primeira sentença $f(x) = x, x \in [0,1]$, a função transforma o intervalo $X_1 = [0,1]$ em $Y_1 = [0,1]$, onde Y_1 é a imagem de X_1: $Y_1 = f(X_1)$. De acordo com a segunda sentença $f(x) = 1 - x, x \in (1,2]$, a função transforma o intervalo $X_2 = (1,2]$ em $Y_2 = [-1,0)$: $Y_2 = f(X_2)$. Como $X = X_1 \cup X_2$, então $Y = f(X) = f(X_1) \cup f(X_2) = [0,1] \cup [-1,0) = [-1,1]$, isto é, $Y = [-1,1]$ é a imagem dessa função. Notamos que cada valor da imagem corresponde a um único elemento do domínio, o que significa que a função é injetora. De fato, na parte $X_1 = [0,1]$ a função é estritamente crescente e, por isso, nenhum dos seus valores repete. Na segunda parte $X_2 = (1,2]$, a função é estritamente decrescente e, de novo, nenhum dos seus valores repete. Resta observar que as partes Y_1 e Y_2 da imagem não têm nenhum elemento comum, para concluir que a função é injetora em todo o seu domínio. Assim, a função dada com a imagem $Y = [-1,1]$ é bijetiva e, portanto, inversível.

Podemos ainda especificar a fórmula dessa inversa. Para isso, notamos que a inversa da primeira parte é $f^{-1}(y) = y : Y_1 = [0,1] \to X_1 = [0,1]$, e a da segunda parte é $f^{-1}(y) = 1 - y : Y_2 = [-1,0) \to X_2 = (1,2]$. Juntando as duas, obtemos a função inversa: $f^{-1}(y) = \begin{cases} y, y \in [0,1] \\ 1-y, y \in [-1,0) \end{cases}$.

Veja os gráficos das duas funções na Fig.2.71.

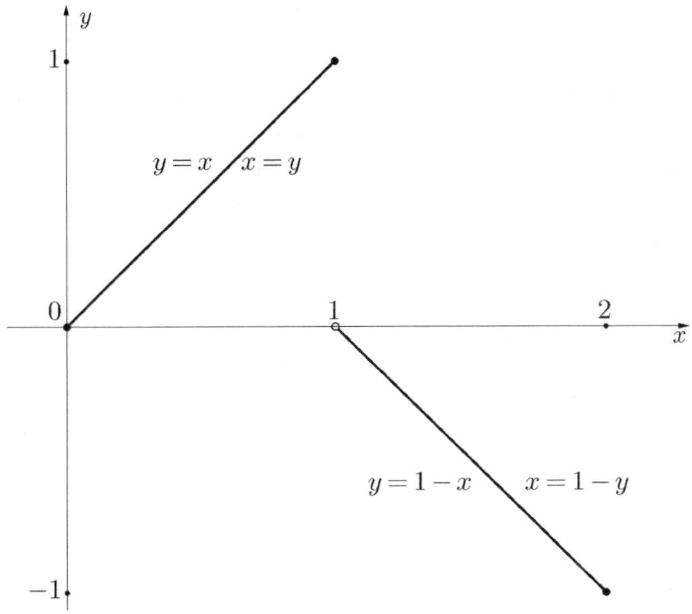

Figura 2.71 A função $y = f(x)$ e sua inversa.

Um outro exemplo, mais radical, é a função $f(x)=x + D(x)=\begin{cases} x+1, x \in \mathbb{Q} \\ x, x \in \mathbb{I} \end{cases}$: $X = \mathbb{R} \to Y = \mathbb{R}$ que não é monótona em nenhum intervalo do seu domínio $\mathbb{R}$. Realmente, qualquer intervalo contém pontos racionais e irracionais e $f(x)$ constantemente "pula" entre os pontos da reta $y = x + 1$ quando x é racional e os pontos da reta $y = x$ quando x é irracional. Mesmo assim, $f(x)$ é uma função inversível. De fato, $f(x)$ é injetora porque nos dois pontos racionais diferentes $x_1 \neq x_2$ ela assume os valores diferentes $f(x_1) = x_1 + 1 \neq x_2 + 1 = f(x_2)$, nos dois pontos irracionais $x_1 \neq x_2$ ela também tem valores diferentes $f(x_1) = x_1 \neq x_2 = f(x_2)$, e finalmente, se x_1 é racional e x_2 é irracional, então $f(x_1)$ é racional e $f(x_2)$ é irracional e, portanto, $f(x_1) \neq f(x_2)$. Além disso, $f(x)$ é sobrejetora, porque para qualquer $y \in \mathbb{Q}$ tem ponto $x = (y-1) \in \mathbb{Q}$ do domínio que a função transforma em y, e para qualquer $y \in \mathbb{I}$ tem ponto $x = y \in \mathbb{I}$ do domínio que a função transforma em y. Assim, $f(x)$ é bijetora e, consequentemente, possui a inversa que é dada pela fórmula $f^{-1}(y) = y - D(y) = \begin{cases} y-1, y \in \mathbb{Q} \\ y, y \in \mathbb{I} \end{cases} : Y = \mathbb{R} \to X = \mathbb{R}$.

Exemplos

Nos exemplos 1-4 dessa seção, as funções originais estavam satisfazendo as condições do último Teorema ou foram modificadas para satisfazer as condições do Teorema.

1. A função original $y = f(x) = x : X = \mathbb{R} \to Y = \mathbb{R}$ é estritamente crescente em todo o seu domínio e $Y = \mathbb{R}$ é a sua imagem.

2. A função $y = f(x) = x^2 : X = \mathbb{R} \to Y = \mathbb{R}$ foi transformada, restringindo o seu domínio, de tal maneira que a modificada $y = f(x) = x^2 : X = [0, +\infty) \to Y = [0, +\infty)$ ficou estritamente crescente em $X = [0, +\infty)$ com a imagem $Y = [0, +\infty)$.

3. A função $y = f(x) = |x| : X = \mathbb{R} \to Y = [0, +\infty)$ foi transformada, primeiro, à função $y = f(x) = |x| = x : X = [0, +\infty) \to Y = [0, +\infty)$ estritamente crescente no seu domínio e com a imagem $Y = [0, +\infty)$. Outra modificação levou à função $y = f(x) = |x| = -x : X = (-\infty, 0] \to Y = [0, +\infty)$ estritamente decrescente no seu domínio e com a imagem $Y = [0, +\infty)$. Ambas as modificações foram feitas usando as partes (os intervalos) do domínio onde a função original é estritamente monótona.

4. A função original $y = f(x) = \cos x : X = \mathbb{R} \to Y = \mathbb{R}$ tinha vários intervalos de crescimento e decrescimento. Escolhendo a parte estritamente decrescente no intervalo $[0, \pi]$, transformamos função original à função $y = f(x) = \cos x : X = [0, \pi] \to Y = [-1, 1]$ estritamente decrescente no seu domínio e com imagem $Y = [-1, 1]$. De novo, para obter uma função original bijetora, o seu domínio foi restringido ao intervalo de monotonia estrita.

12.4 Propriedades analíticas da inversa

A função inversa preserva várias propriedades importantes da função original.

Primeiro, já foi notado que a partir da definição da inversa segue imediatamente que a imagem da função original se torna o domínio da inversa e o domínio da original passa a ser a imagem da inversa.

Considerando simetrias principais, podemos notar que uma função periódica ou função par não tem inversa porque elas não são injetoras (a primeira repete o mesmo valor em número infinito de pontos do domínio e a segunda repete o mesmo valor pelo menos nos dois pontos diferentes). Claro que há funções ímpares que também não possuem inversa, como $y = \sin x$ com o domínio $X = \mathbb{R}$, mas a propriedade de ser ímpar por si só não impede de ter uma inversa, como, por exemplo, a função $y = x^3$ com domínio $X = \mathbb{R}$ ou a função $y = \sin x$ com domínio $X = [-\frac{\pi}{2}, \frac{\pi}{2}]$. Se uma função ímpar admite inversa, então a última herda a propriedade de imparidade, o que é meio evidente e é mostrado de modo elementar no seguinte resultado.

Teorema da imparidade da inversa. Se uma função ímpar admite inversa, então a última também é ímpar.

Demonstração. Consideremos uma função ímpar $y = f(x) : X \to Y$ e sua inversa $x = f^{-1}(y) : Y \to X$. Como $y = f(x)$ é ímpar, então qualquer ponto y pertence ao domínio Y da inversa junto com seu antipar $-y$. Tomamos dois pontos arbitrários y e $-y$ de Y, isto é, $y = f(x)$ e $-y = f(-x)$. Então $f^{-1}(-y) = -x = -f^{-1}(y)$. Como essa propriedade é válida para qualquer dupla y e $-y$ de Y, então $f^{-1}(y)$ é uma função ímpar.

Outra propriedade herdada pela inversa é a monotonia (claro que a monotonia deve ser no sentido estrito para não repetir os mesmos valores nos pontos diferentes). Como foi visto na seção 12.3, a monotonia da função original, além de ser transferida para a inversa, é uma condição suficiente para própria existência da inversa. Formulamos a propriedade de monotonia mais uma vez no próximo Teorema.

Teorema da monotonia da inversa. Se a função $y = f(x)$ é estritamente monótona num conjunto X e tem imagem Y, então ela possui uma inversa que é estritamente monótona no seu domínio Y com o mesmo tipo de monotonia da função original.

Observação. A forma mais usada desse Teorema em Cálculo é quando X é um intervalo: se a função $y = f(x)$ é estritamente monótona num intervalo X (qualquer que seja o tipo de intervalo) e tem imagem Y, então existe a inversa de $f(x)$ definida no conjunto Y com imagem X, e essa inversa é estritamente monótona no seu domínio Y com o mesmo tipo de monotonia da função original. Notamos que conjunto Y não é necessariamente um intervalo mesmo quando X é um intervalo.

Mais uma propriedade transferível da função original para sua inversa é a concavidade. A seguir vamos demonstrar o teorema sobre preservação da propriedade de concavidade (estrita) na função inversa. Para precisar considerações posteriores, sempre podemos supor, sem perda de generalidade, que $x_1 < x_2$ (se não for assim, só renumeramos os pontos).

Teorema da concavidade da inversa. Vamos supor que a função $y = f(x)$ é estritamente monótona num intervalo X e tem como imagem o intervalo Y. Se $y = f(x)$ é côncova para cima e estritamente crescente em X, então a sua inversa é côncova para baixo em Y; se $y = f(x)$ é côncova para cima e estritamente decrescente em X, então a sua inversa é côncova para cima em Y. Analogamente, se $y = f(x)$ é côncova para baixo e estritamente crescente em X, então a sua inversa é côncova para cima em Y; se $y = f(x)$ é côncova para baixo e estritamente decrescente em X, então a sua inversa é côncova para baixo em Y. Em resumo, a inversa mantém o tipo de concavidade da função original decrescente e inverte o tipo da concavidade da função original crescente.

Demonstração. Antes de tudo, lembramos que, nas condições do Teorema, a existência da inversa é garantida pelo Teorema anterior (da inversa de uma função monótona). Além disso, o mesmo Teorema assegura que a inversa tem o mesmo tipo de monotonia como a original. Vamos fazer demonstração da concavidade da inversa no caso quando a original é côncava para cima.

Primeiro, consideremos o caso quando $y = f(x)$ é crescente em X. Usaremos a condição (2.7) (da seção 7.3) da concavidade de $f(x)$:

$$\frac{f(x) - f(x_1)}{x - x_1} < \frac{f(x_2) - f(x_1)}{x_2 - x_1}, \forall x \in (x_1, x_2) \subset X.$$

Tomamos agora dois pontos arbitrários $y_1 < y_2$ do intervalo Y (o domínio da inversa) e avaliamos o quociente $\frac{f^{-1}(y)-f^{-1}(y_1)}{y-y_1}$. Notamos que o crescimento de $f(x)$ implica em crescimento de $f^{-1}(y)$ e, portanto, a condição $y_1 < y_2$ equivale a $x_1 = f^{-1}(y_1) < f^{-1}(y_2) = x_2$. Usando a relação entre função direta e inversa e, também, a concavidade da direta na forma (2.7), obtemos:

$$\frac{f^{-1}(y) - f^{-1}(y_1)}{y - y_1} = \frac{x - x_1}{f(x) - f(x_1)} > \frac{x_2 - x_1}{f(x_2) - f(x_1)} = \frac{f^{-1}(y_2) - f^{-1}(y_1)}{y_2 - y_1}$$

para $\forall y \in (y_1, y_2) \subset Y$, isto é, chegamos à definição da concavidade para baixo na forma (2.10) (da seção 7.3) da função inversa.

Passamos ao caso quando $y = f(x)$ é decrescente em X. Tomamos de novo dois pontos arbitrários $y_1 < y_2$ do intervalo Y e avaliamos o quociente $\frac{f^{-1}(y)-f^{-1}(y_1)}{y-y_1}$. Notamos que o decrescimento de $f(x)$ implica em decrescimento de $f^{-1}(y)$ e, portanto, a condição $y_1 < y_2$ leva a $x_1 = f^{-1}(y_1) > f^{-1}(y_2) = x_2$. Logo, nas condições da concavidade de $f(x)$ o significado de x_1 e x_2 deve ser invertido. Em particular, a condição da concavidade para cima (2.8) (da seção 7.3) assume a forma

$$\frac{f(x) - f(x_1)}{x - x_1} > \frac{f(x_1) - f(x_2)}{x_1 - x_2}, \forall x \in (x_2, x_1).$$

Usando a relação entre função original e inversa e, também, a concavidade da original, obtemos:

$$\frac{f^{-1}(y)-f^{-1}(y_1)}{y - y_1} = \frac{x - x_1}{f(x)-f(x_1)} < \frac{x_1 - x_2}{f(x_1)-f(x_2)} = \frac{x_2 - x_1}{f(x_2)-f(x_1)} = \frac{f^{-1}(y_2)-f^{-1}(y_1)}{y_2 - y_1}$$

para $\forall y \in (y_1, y_2) \subset Y$, isto é, chegamos à definição da concavidade para cima da função inversa na forma (2.7) (seção 7.3).

O caso de concavidade para baixo é demonstrado de modo análogo. Deixamos essa tarefa para o leitor.

Observação. O resultado análogo é válido para concavidade não estrita de funções estritamente monótonas que levam intervalo X num intervalo Y. A prova segue o mesmo raciocínio usado na demonstração do Teorema de concavidade estrita. Portanto, daremos somente a formulação desse resultado: se $f(x)$ é côncova para cima em X, então a sua inversa é côncova para baixo em Y se $f(x)$ é estritamente crescente, e côncova para cima em Y se $f(x)$ é estritamente decrescente; se $f(x)$ é côncova para baixo em X, então a sua inversa é côncova para cima em Y se $f(x)$ é estritamente crescente, e côncova para baixo em Y se $f(x)$ é estritamente decrescente.

O último resultado dessa seção é sobre a inversa de uma função composta.

Inversa de composição. Se $y = f(x) : X \to Y$ tem a inversa $x = f^{-1}(y) : Y \to X$ e $z = g(y) : Y \to Z$ tem a inversa $y = g^{-1}(z) : Z \to Y$, então a função composta $h(x) = g(f(x)) : X \to Z$ também é inversível e a sua inversa é definida pela fórmula $h^{-1}(z) = f^{-1}(g^{-1}(z)) : Z \to X$.

Demonstração. Primeiro, como $f(x)$ e $g(y)$ são inversíveis, isso significa que elas são bijetoras e, portanto, conforme o Teorema de composição de bijetoras, a função $h(x) = g(f(x))$ também é bijetora e, consequentemente, inversível. Segundo, para verificar a fórmula da sua inversa, notamos que $g^{-1}(z)$ devolva qualquer $z_0 \in Z$ para o elemento $y_0 \in Y$ e o último a função $f^{-1}(y)$ retorna para o valor original $x_0 \in X$. Assim, $h^{-1}(z) = f^{-1}(g^{-1}(z))$ leva qualquer $z_0 \in Z$ no seu elemento original x_0 tal que $h(x_0) = z_0$, o que corresponde à definição da inversa.

12.5 Propriedade geométrica

Finalmente, vamos mostrar que a forma geométrica da função inversa (o seu gráfico) é obtida diretamente do gráfico da função original.

Como era no caso de funções compostas, a notação $x = f^{-1}(y)$ da inversa é muito útil para efeitos de definição e ilustração desse conceito, além de demonstrações de algumas propriedades. Mas quando pretendemos comparar o comportamento de funções, então é natural considerar que todas elas têm o seu domínio como parte do eixo Ox e a sua imagem contida em Y. Portanto, nas considerações posteriores vamos trocar a notação de variável independente e dependente da função inversa e usar $y = f^{-1}(x)$ em vez de $x = f^{-1}(y)$.

Notamos, primeiro, que usando notação $y = f(x) : X \to Y$ para função original e $x = f^{-1}(y) : Y \to X$ para sua inversa, vamos ter o mesmo gráfico para as duas funções. Realmente, qualquer par de coordenadas $P_0 = (x_0, y_0)$ que satisfaz a relação $y_0 = f(x_0)$ da função original (isto é, P_0 é o ponto do gráfico de $y = f(x)$), também satisfaz a relação $f^{-1}(y_0) = x_0$ da função inversa (o que significa que o mesmo ponto P_0 pertence ao gráfico da função $x = f^{-1}(y)$).

A situação muda se usamos a notação $y = f^{-1}(x) : X_i \to Y_i$ para inversa, onde $X_i = Y$ e $Y_i = X$. Nesse caso, temos o seguinte resultado sobre gráficos da direta e inversa.

Teorema do gráfico da função inversa. O gráfico da função inversa $y = f^{-1}(x) : Y \to X$ é simétrico ao gráfico da função original $y = f(x) : X \to Y$ em relação à reta $y = x$ (bissetriz do primeiro e terceiro quadrantes).

Demonstração. Lembramos, mais uma vez, que na notação $x = f^{-1}(y) : Y \to X$ da função inversa os gráficos das duas funções coincidem. Para passar à nova notação $y = f^{-1}(x) : Y \to X$ simplesmente trocamos as notações da variável independente e dependente. Portanto, se $P_0 = (x_0, y_0)$ é o ponto do gráfico da função direta, então $\tilde{P}_0 = (y_0, x_0)$ é o ponto do gráfico da inversa (com a nova notação).

Notamos agora que caso aconteça que $y_0 = x_0$, então os dois pontos têm as mesmas coordenadas: $P_0 = \tilde{P}_0 = (x_0, x_0)$ e estes pontos pertencem à reta $y = x$. Portanto, nesse caso temos a situação singular da simetria dos pontos P_0 e $\tilde{P}_0$ em relação a reta $y = x$.

Vamos supor agora que $y_0 \neq x_0$. Consideremos o ponto médio entre os pontos $P_0 = (x_0, y_0)$ e $\tilde{P}_0 = (y_0, x_0)$: $\overline{P}_0 = (\frac{x_0+y_0}{2}, \frac{y_0+x_0}{2})$. Pela definição, esse ponto tem a mesma distância até os pontos P_0 e $\tilde{P}_0$ e, como suas coordenadas são iguais, esse ponto pertence a reta $y = x$ (veja Fig.2.72). Para mostrar que P_0 e $\tilde{P}_0$ são simétricos em relação a $y = x$ resta verificar que a reta R que passa por esses dois pontos é perpendicular à reta $y = x$. Lembrando a equação da reta que passa por dois pontos dados, temos $\frac{y-x_0}{y_0-x_0} = \frac{x-y_0}{x_0-y_0}$ ou $y = x_0 + \frac{y_0-x_0}{x_0-y_0}(x - y_0)$. Simplificando, temos $y = -x + x_0 + y_0$. Isso mostra que a reta R é paralela à bissetriz do segundo e quarto quadrantes $y = -x$ e essa última é perpendicular à bissetriz do primeiro e terceiro quadrantes $y = x$. Portanto, a reta R é perpendicular a $y = x$ (veja Fig.2.72). Assim, os pontos $P_0 = (x_0, y_0)$ e $\tilde{P}_0 = (y_0, x_0)$ são simétricos em relação a reta $y = x$. Como isso é válido para qualquer dupla dos pontos dos dois gráficos, então o gráfico inteiro da função inversa é simétrico ao gráfico da direta em relação à reta $y = x$.

Exemplos

Vamos representar os gráficos das funções inversas consideradas nos exemplos dessa seção aplicando o último teorema.

1. $y = f(x) = x : X = \mathbb{R} \to Y = \mathbb{R}$. Essa função é bijetora e a sua inversa

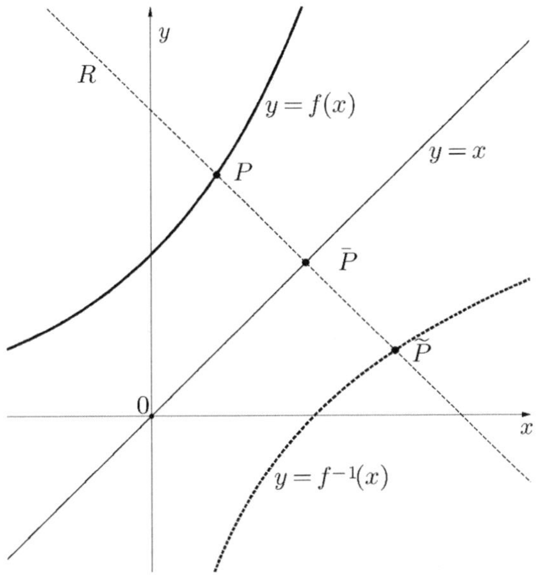

Figura 2.72 Relação entre os gráficos da função $y = f(x)$ e da inversa $y = f^{-1}(x)$.

é $x = f^{-1}(y) = y : Y = \mathbb{R} \to X = \mathbb{R}$. Os gráficos de $y = f(x)$ e de $x = f^{-1}(y)$ coincidem. Reescrevendo a inversa na forma com variável independente x, temos $y = f^{-1}(x) = x : X_i = Y = \mathbb{R} \to Y_i = X = \mathbb{R}$, mas o gráfico continua sendo o mesmo, porque a função inversa coincide com a direta.

2. $y = f(x) = x^2 : X = [0, +\infty) \to Y = [0, +\infty)$. Essa função admite inversa $x = f^{-1}(y) = \sqrt{y} : Y = [0, +\infty) \to X = [0, +\infty)$, ou invertendo x e y, $y = f^{-1}(x) = \sqrt{x} : X_i = Y = [0, +\infty) \to Y_i = X = [0, +\infty)$. O gráfico da função direta é a parte direita da parábola e o da inversa é simétrico a essa meia-parábola em relação a $y = x$ (veja Fig.2.73). Da relação entre os gráficos, podemos ver, geometricamente, que o crescimento da função direta implica em crescimento da inversa, e que a concavidade para cima da direta (junto com seu crescimento) implica em concavidade para baixo da inversa.

3. $y = f(x) = |x| = -x : X = (-\infty, 0] \to Y = [0, +\infty)$. A inversa dessa função é $x = f^{-1}(y) = -y : Y = [0, +\infty) \to X = (-\infty, 0]$, ou trocando x e y de lugares, $y = f^{-1}(x) = -x : X_i = Y = [0, +\infty) \to Y_i = X = (-\infty, 0]$. Os gráficos das duas funções são mostrados na Fig.2.74.

4. $y = f(x) = \cos x : X = [0, \pi] \to Y = [-1, 1]$. A inversa dessa função é $x = f^{-1}(y) = \arccos y : Y = [-1, 1] \to X = [0, \pi]$, ou com variável independente x temos $y = f^{-1}(x) = \arccos x : X_i = Y = [-1, 1] \to Y_i = X = [0, \pi]$. Os gráficos das duas funções são mostrados na Fig.2.75. Da relação entre os gráficos,

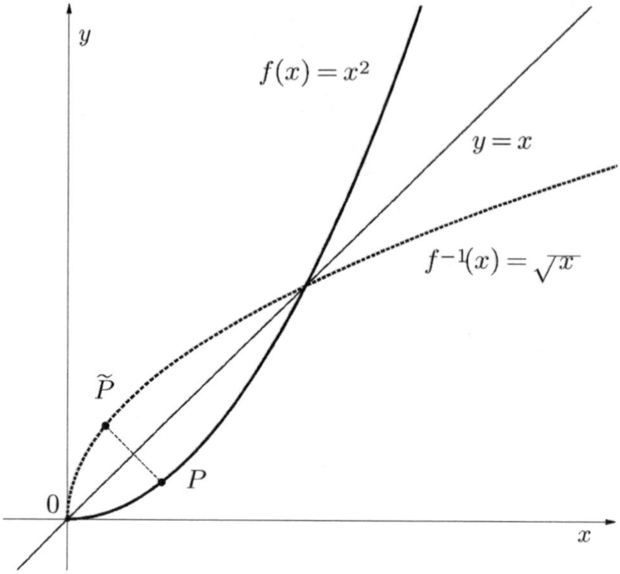

Figura 2.73 A função original $f(x) = x^2$, $X = [0, +\infty)$ e sua inversa $f^{-1}(x) = \sqrt{x}$, $X = [0, +\infty)$.

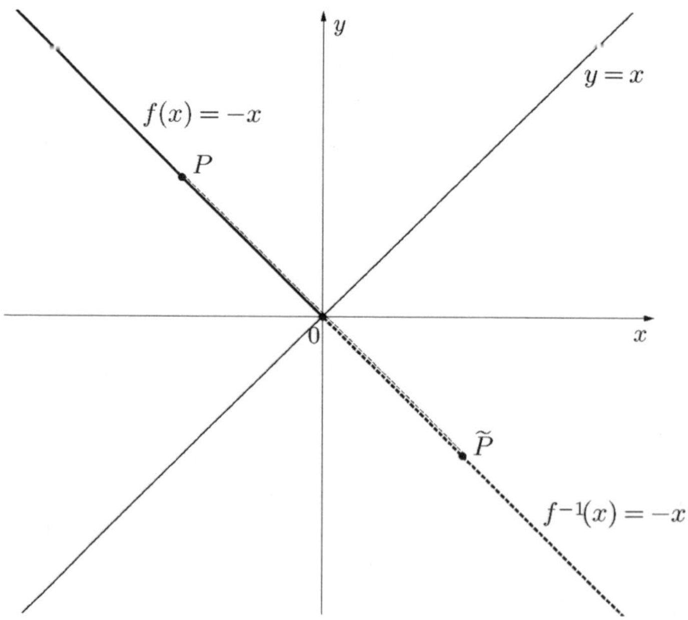

Figura 2.74 A função original $f(x) = -x$, $X = (-\infty, 0]$ e sua inversa $f^{-1}(x) = -x$, $X = [0, +\infty)$.

podemos ver, geometricamente, que o decrescimento da função direta implica em decrescimento da inversa. Ainda, sob a condição de decrescimento, a concavidade para baixo da função direta no intervalo $[0, \frac{\pi}{2}]$ resulta em concavidade para baixo de $f^{-1}(x)$ na parte $[0, 1]$ do seu domínio, enquanto a concavidade para cima de $f(x)$ em $[\frac{\pi}{2}, \pi]$ leva a concavidade para cima de $f^{-1}(x)$ na parte $[-1, 0]$ do domínio dela.

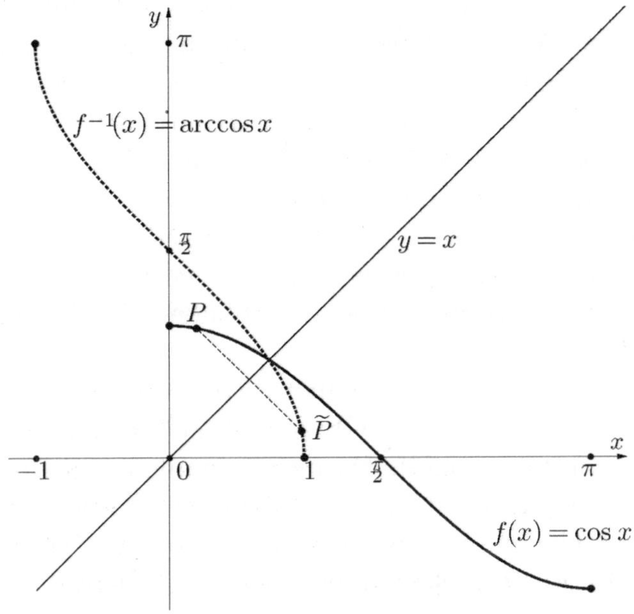

Figura 2.75 A função original $f(x) = \cos x$, $X = [0, \pi]$ e sua inversa $f^{-1}(x) = \arccos x$, $X = [-1, 1]$.

13 Classificação de funções elementares

Nesse momento, daremos uma visão geral da classe de funções chamadas *elementares*, sem especificar as definições de várias funções envolvidas e muito menos caracterizá-las pelas suas propriedades, apelando somente ao conhecimento preliminar dessas funções que são estudadas no ensino médio.

As funções elementares podem ser divididas em dois grupos – funções *algébricas* e funções *transcendentais*. O primeiro grupo consiste em funções *racionais* (incluindo polinomiais) e *irracionais*.

Lembramos que uma *função polinomial* (ou simplesmente *polinômio*) tem a forma $P_n(x) = a_n x^n + a_{n-1} x^{n-1} + \ldots + a_1 x + a_0$, onde $a_i, i = 0, \ldots, n$ são constantes reais, $a_n \neq 0$ e n é chamado de grau do polinômio. Por sua vez, as *funções racionais* são aquelas que podem ser expressas como razão entre dois polinômios: $R(x) = \frac{P_n(x)}{Q_m(x)}$, onde $P_n = a_n x^n + a_{n-1}x^{n-1} + \ldots + a_1 x + a_0$, $a_n \neq 0$ e $Q_m = b_m x^m + b_{m-1}x^{m-1} + \ldots + b_1 x + b_0$, $b_m \neq 0$. Em particular, se Q_m é um polinômio de grau zero, a função racional é reduzida a um polinômio. Uma *função irracional* é definida como $\sqrt[n]{R(x)}$, onde $R(x)$ é uma função racional e $n \in \mathbb{N}$ é a ordem da raiz. Obviamente, essa definição é uma generalização de funções racionais, uma vez que as últimas são um caso particular dessa definição quando $n = 1$. Mesmo assim, é de costume separar os subgrupos de funções racionais e de irracionais, entendendo que o segundo contém as funções não redutíveis a racionais.

A classe de *funções transcendentais* é composta de dois subgrupos – *funções trigonométricas* e *funções exponenciais/logarítmicas*. As do primeiro subgrupo incluem as duas funções básicas $\sin x$ e $\cos x$, seus quocientes $\tan x$ e $\cot x$ e também suas inversas $\arcsin x$, $\arccos x$, $\arctan x$ e $\operatorname{arccot} x$. As do segundo subgrupo, como o proprio nome diz, contêm funções exponenciais a^x e logarítmicas $\log_a x$, $a > 0, a \neq 1$.

Além disso, qualquer operação aritmética ou composição de funções de um subgrupo/grupo resulta numa função do mesmo subgrupo/grupo (caso o seu domínio não seja um conjunto vazio). Da mesma maneira, qualquer operação aritmética envolvendo funções elementares e qualquer composição delas resulta de novo em uma função elementar (caso o seu domínio não seja um conjunto vazio).

A classificação de funções elementares pode ser ilustrada usando o esquema da Fig.2.76.

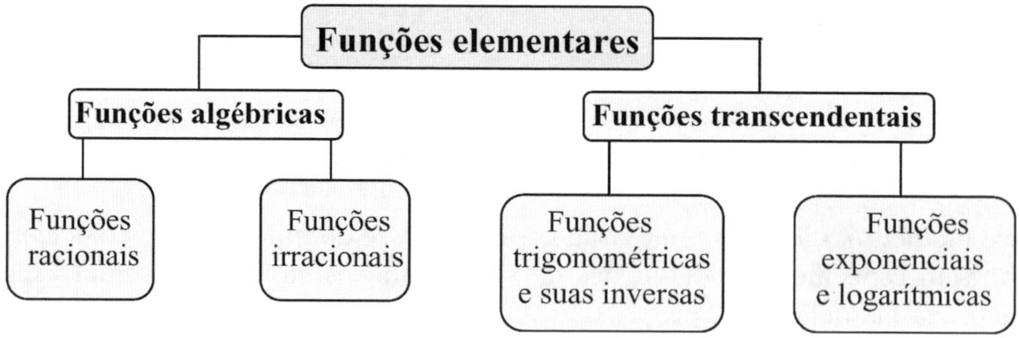

Figura 2.76 Classificação de funções elementares.

Daremos exemplos de funções de diferentes tipos, usando as funções encontradas neste Capítulo. As seguintes funções são racionais: $f(x) = x$, $f(x) = -x$,

$f(x) = x + 2$, $f(x) = 2x$, $f(x) = x^2$, $f(x) = -x^2$, $f(x) = (x-1)^2 + 2$, $f(x) = 3 + 2x - x^2$, $f(x) = x^3$, $f(x) = \frac{1}{x}$ (todas elas, exceto a última, são polinomiais). As funções $f(x) = \sqrt{x}$, $f(x) = |x|$ e $f(x) = \sqrt{|x|}$ são irracionais (o módulo é uma função irracional, visto que ela pode ser representada na forma $|x| = \sqrt{x^2}$). As funções $f(x) = \sin x$, $f(x) = \cos x$, $f(x) = \frac{1}{3}\cos x$ e $f(x) = \cos 2x$ são do subrupo trigonométrico. As funções $f(x) = x^2 + \cos x$, $f(x) = \frac{\sin x}{x^3}$, $f(x) = |x| \sin x$ e $f(x) = \sin \frac{1}{x}$ são elementares, mas de nenhum grupo específico. As funções $f(x) = \begin{cases} x^2, & x \geq 0 \\ x, & x < 0 \end{cases}$, $f(x) = \begin{cases} -x, & x < 0 \\ x+1, & x \geq 0 \end{cases}$ e $D(x) = \begin{cases} 1, & x \in \mathbb{Q} \\ 0, & x \in \mathbb{I} \end{cases}$ não são elementares.

Exercícios

Domínio e imagem

1. Dada função $f(x)$, encontrar seus valores nos pontos indicados:
a) $f(x)=\sqrt{1+x^2}$, encontrar $f(0)$, $f\left(-\frac{3}{4}\right)$, $f(-x)$, $f\left(\frac{1}{x}\right)$;
b) $f(x)=\sqrt{x^2-9}$, encontrar $f(0)$, $f(-3)$, $f(x+3)$, $f(\frac{x}{2})$, $f(\frac{1}{x^2})$.
Solução.
a) $f(0)=\sqrt{1+0^2}=\sqrt{1}=1$, $f\left(-\frac{3}{4}\right)=\sqrt{1+\left(-\frac{3}{4}\right)^2}=\sqrt{1+\frac{9}{16}}=\frac{5}{4}$,
$f(-x)=\sqrt{1+(-x)^2}=\sqrt{1+x^2}$, $f\left(\frac{1}{x}\right)=\sqrt{1+\left(\frac{1}{x}\right)^2}=\sqrt{1+\frac{1}{x^2}}=\sqrt{\frac{x^2+1}{x^2}}$, $x\neq 0$;
b) a função não é definida no ponto 0, $f(-3)=\sqrt{(-3)^2-9}=\sqrt{9-9}=0$,
$f(x+3)=\sqrt{(x+3)^2-9}=\sqrt{x^2+6x}$, $f(\frac{x}{2})=\sqrt{\left(\frac{x}{2}\right)^2-9}=\frac{1}{2}\sqrt{x^2-36}$,
$f(\frac{1}{x^2})=\sqrt{\left(\frac{1}{x^2}\right)^2-9}=\sqrt{\frac{1}{x^4}-9}=\frac{1}{x^2}\sqrt{1-9x^4}$, $x\neq 0$.

2. Determinar o domínio das funções:
a) $f(x)=\sqrt{x+1}$;
b) $f(x)=\sqrt{9-x^2}$;
c) $f(x)=\frac{\sqrt{x^2-2}}{x}$;
d) $f(x)=\sqrt{x-x^3}$;
e) $f(x)=\frac{1}{4-x^2}$;
f) $f(x)=\frac{\sqrt{1-x}}{\sqrt{x^2-1}}$.
Solução.

Em todos os exercícios o domínio não é indicado explicitamente, e então, pelo convênio, o domínio é o maior conjunto de números reais para os quais a fórmula da definição tem sentido.

a) A expressão dentro da raiz não pode ser negativa, isto é, $x+1\geq 0$ ou $x\geq -1$. Logo, $X=[-1,+\infty)$.

b) A definição da raiz leva à restrição $9-x^2\geq 0$, ou $x^2\leq 9$, cuja solução $-3\leq x\leq 3$. Sem outras restrições, concluímos que o domínio é $X=[-3,3]$.

c) No numerador temos a restrição $x^2-2\geq 0$ ou $x^2\geq 2$, o que equivale a $|x|\geq\sqrt{2}$. A solução dessa desigualdade modular é $x\geq\sqrt{2}$ e $x\leq-\sqrt{2}$. Ainda temos que $x\neq 0$ por causa do denominador, mas 0 nem entrou no domínio por causa do numerador. Logo, $X=(-\infty,-\sqrt{2}]\cup[\sqrt{2},+\infty)$.

d) Aqui temos que $x-x^3=x(1-x^2)\geq 0$. Então os dois fatores x e $1-x^2$ devem ter o mesmo sinal. Se os dois são não negativos, então de $1-x^2\geq 0$ segue que $x^2\leq 1$ ou $|x|\leq 1$. A solução dessa desigualdade é $-1\leq x\leq 1$ e, junto com $x \geq 0$ (sinal não negativo do primeiro multiplicador), isto leva à solução $X_1 = [0,1]$. Se os dois fatores são não positivos, então de $1 - x^2 \leq 0$ segue que $x^2 \geq 1$ ou $|x| \geq 1$ com a solução $x \leq -1$ e $x \geq 1$. Acrescentando a condição $x \leq 0$ obtemos a segunda parte da solução $X_2 = (-\infty, -1]$. Assim, o dominío é $X = X_1 \cup X_2 = (-\infty, -1] \cup [0,1]$.

e) Neste caso, só precisamos garantir que o denominador seja diferente de zero: $4 - x^2 \neq 0$ ou $x^2 \neq 4$ o que resulta em $x \neq \pm 2$. Então, $X = R \backslash \{-2, 2\}$.

f) A expressão dentro da raiz do numerador deve ser não negativa, isto é, $1 - x \geq 0$ ou $x \leq 1$. A expressão dentro da raiz do denominador deve ser positiva: $x^2 - 1 > 0$. Essa desigualdade tem soluções $x > 1$ e $x < -1$. Da interseção de $x \leq 1$ e $x \in (-\infty - 1) \cup (1, +\infty)$ temos que o domínio é $X = (-\infty, -1)$.

3. Determinar o domínio e a imagem das seguintes funções:
a) $f(x) = 1 - 2x$;
b) $f(x) = x^2$;
c) $f(x) = 10 - x^2$;
d) $f(x) = \frac{x^2}{1-x^2}$;
e) $f(x) = \sqrt{4 - x^2}$.

Solução.

No que se segue o domínio é denotado por X e a imagem por Y.

a) Não tem nenhuma restrição para os valores de x e, por isso, o domínio é $X = \mathbb{R}$. Para encontrar a imagem, resolvemos a equação $y = 1 - 2x$ em relação a x: $x = \frac{1-y}{2}$. Isso quer dizer que para qualquer y real tem o elemento correspondente x do domínio que se encontra pela última fórmula. Então, a imagem é $Y = \mathbb{R}$.

b) Não tem nenhuma restrição para os valores de x e, por isso, o domínio é $X = \mathbb{R}$. Para encontrar a imagem, notamos que a equação $y = x^2$ em relação a incógnita x sempre tem solução quando $y \geq 0$ (quando $y > 0$ tem duas soluções). Isso quer dizer que para qualquer $y \geq 0$ tem pelo menos um elemento correspondente x do domínio que a função transforma em y dado. Ao mesmo tempo, a equação $y = x^2$ não tem solução (real) quando $y < 0$. Então, a imagem é $Y = [0, +\infty)$.

c) Primeiro, notamos que o domínio da função $y = f(x) = 10 - x^2$ são todos os reais: $X = \mathbb{R}$. Segundo, como $x^2 \geq 0$, $\forall x$ e $x^2 > 0$, $\forall x \neq 0$, então $y = 10 - x^2 \leq 10$, $\forall x$ e $10 - x^2 < 10$, $\forall x \neq 0$. Logo, a imagem Y é contida em $(-\infty, 10]$. Vamos ver que qualquer número do último intervalo entra em Y. Pela definição, temos que tomar $\forall y \in (-\infty, 10]$ e mostrar que ele pertence ao conjunto imagem. Então, de acordo com a definição, se $y \leq 10$, deve existir pelo menos um número x do domínio tal que $y = 10 - x^2$, ou, em outras palavras, a equação $y = 10 - x^2$ deve ter pelo menos uma solução real para incógnita x.

Isso realmente se observa, porque a solução dessa equação se encontra na forma $x = \pm\sqrt{10-y}$ para qualquer $y \leq 10$.

d) Primeiro, notamos que o domínio da função $y = f(x) = \frac{x^2}{1-x^2}$ consiste de todos x que não anulam o denominador, isto é, $x \neq \pm 1$. Agora, para descobrir a imagem, temos que ver para os quais valores de y a equação $y = \frac{x^2}{1-x^2}$ em relação a incógnita x tem pelo menos uma solução. Para resolver, reescrevemos ela na forma $(1-x^2)y = x^2$ e depois $x^2(1+y) = y$. Supondo, no momento, que $y \neq -1$, temos ainda $x^2 = \frac{y}{1+y}$. A última equação tem soluções quando a parte direita não é negativa: $\frac{y}{1+y} \geq 0$, o que ocorre quando $y \geq 0$ e $1+y > 0$, ou quando $y \leq 0$ e $1+y < 0$. Das primeiras duas restrições temos $y \geq 0$ e das segundas duas: $y < -1$. Restou ainda verificar se $y = -1$ faz parte da imagem: neste caso temos $\frac{x^2}{1-x^2} = -1$ ou $x^2 = x^2 - 1$ ou $0 = -1$ o que é uma afirmação falsa. Assim a imagem é $Y = (-\infty, -1) \cup [0, +\infty)$.

e) A expressão dentro da raiz deve ser não negativa: $4 - x^2 \geq 0$, donde segue que $-2 \leq x \leq 2$, isto é, o domínio é $X = [-2, 2]$. Para encontrar a imagem, notamos primeiro que, pela definição da raiz, y deve ser não negativo. Em seguida, resolvemos a equação $y = \sqrt{4-x^2}$ em relação a x: $y^2 = 4 - x^2$ ou $x^2 = 4 - y^2$. A última equação tem solução para x somente quando $4 - y^2 \geq 0$, isto é, $-2 \leq y \leq 2$. Como os valores negativos de y já foram descartados, então restam os valores $0 \leq y \leq 2$. Portanto, a imagem é $Y = [0, 2]$.

4. Determinar o domínio e fazer um esboço do gráfico das seguintes funções:

a) $f(x) = \begin{cases} 0, x < 2 \\ 1, x \geq 2 \end{cases}$;

b) $f(x) = \begin{cases} -1, x < 0 \\ 0, x = 0 \\ 1, x > 0 \end{cases}$;

c) $f(x) = \begin{cases} -1, x < -1 \\ x, -1 \leq x \leq 1 \\ 1, x > 1 \end{cases}$.

Solução.

a) O domínio é $X = \mathbb{R}$. O gráfico é mostrado na Fig.2.77.

b) O domínio é $X = \mathbb{R}$. O gráfico é mostrado na Fig.2.78.

c) O domínio é $X = \mathbb{R}$. O gráfico é mostrado na Fig.2.79.

Funções limitadas

1. Verificar se a função é limitada, limitada superiormente, inferiormente ou ilimitada no conjunto indicado:

a) $f(x) = 4x - x^2 - 3$, $S = \mathbb{R}$;

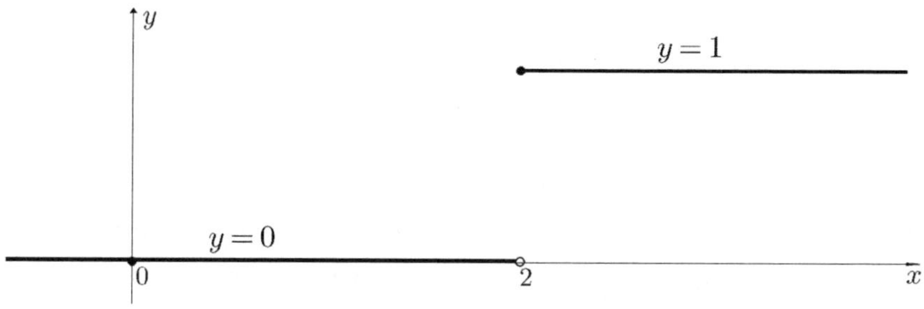

Figura 2.77 O gráfico da função do exemplo 4a).

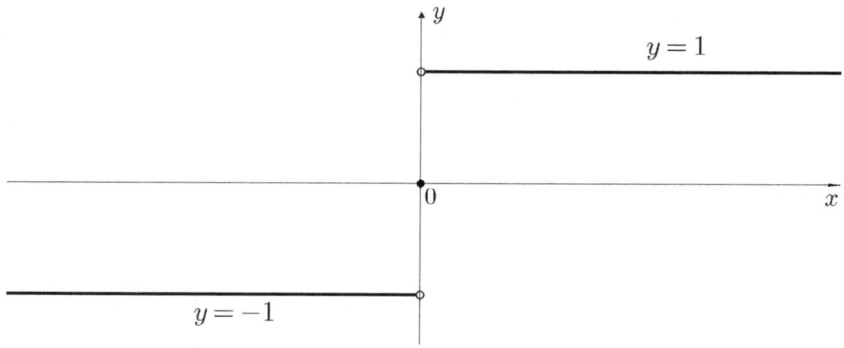

Figura 2.78 O gráfico da função do exemplo 4b).

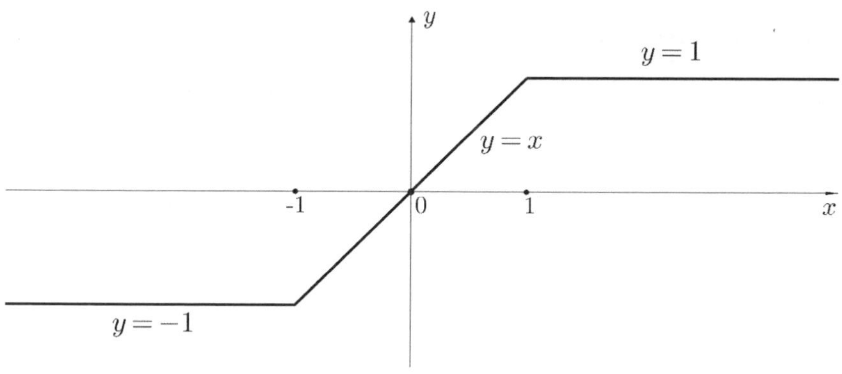

Figura 2.79 O gráfico da função do exemplo 4c).

b) $f(x) = 4x - x^2 - 3$, $S = [-1, 1]$;
c) $f(x) = \sqrt{x+1}$, $S = [-1, +\infty)$.
Solução.

a, b) Para simplificar raciocínio, representamos a função quadrática na forma canônica de uma parábola, formando um quadrado que absorve o termo linear: $f(x) = 1 - (x - 2)^2$. Nessa forma, fica claro que qualquer valor da função é menor ou igual a 1: $f(x) < f(2) = 1, \forall x \neq 2$. Logo, a função é limitada superiormente em qualquer conjunto S e uma das cotas superiores é $M = 1 = f(2)$. No conjunto $\mathbb{R}$ a função é ilimitada inferiormente, porque sempre existem x tais que $f(x) < m$ qualquer que for constante m. Realmente, consideremos um valor arbitrário e negativo de m (para m não negativo basta pegar $x = 0$) e resolvemos a desigualdade $f(x) = 1-(x-2)^2 < m$. A última equivale a $(x-2)^2 > 1 - m$ e, para $x > 2$, temos $x > 2 + \sqrt{1-m}$. Dessa maneira, encontramos os valores procurados de x. Por outro lado, no conjunto $S = [-1, 1]$ a função é limitada inferiormente, uma vez que $f(x) > f(-1), \forall x \in [-1, 1]$ e, portanto, uma das cotas inferiores pode ser $m = f(-1) = -8$. Logo, em $S = [-1, 1]$, a função é limitada.

c) Pela definição da raiz quadrada, $f(x) = \sqrt{x+1} \geq 0$ em todo o seu domínio (que é $S = [-1, +\infty)$). Logo, $f(x)$ é limitada inferiormente, com uma das cotas inferiores $m = f(-1) = 0$. Mas $f(x)$ não é limitada superiormente uma vez que a desigualdade $f(x) = \sqrt{x+1} > M$ tem soluções para qualquer valor de M. De fato, considerando $M > 0$ (para $M \leq 0$ podemos tomar qualquer $x > -1$), transformamos a desigualdade para $f(x)$ na forma equivalente $x > M^2 - 1$, que mostra um conjunto infinito dos valores de x para os quais $f(x) > M$. Assim, a função não é limitada superiormente.

Funções pares, ímpares e periódicas

1. Verifique se as funções são pares, ímpares, ou nenhuma dessas:
a) $f(x) = x^4 - 2x^2$;
b) $f(x) = \sqrt{1+x+x^2} - \sqrt{1-x+x^2}$;
c) $f(x) = \frac{1}{x}$;
d) $f(x) = \frac{1}{2x-1}$;
e) $f(x) = x^{-2} + \sqrt{x}$;
f) $f(x) = \frac{1}{x} - 2x^3$;
g) $f(x) = 3x^3 - \frac{1}{x^2}$;
h) $f(x) = \ln(\sqrt{x^2+1} + x)$.

Solução.

a) O domínio $\mathbb{R}$ da função é simétrico em relação à origem e $f(-x) = (-x)^4 - 2(-x)^2 = x^4 - 2x^2 = f(x)$, $\forall x \in \mathbb{R}$. Logo, a função é par.

b) Como $1 + x + x^2 = (x + \frac{1}{2})^2 + \frac{3}{4}$ e $1 - x + x^2 = (x - \frac{1}{2})^2 + \frac{3}{4}$, as raízes estão definidas para todos os x reais e, por isso, o domínio da função é $\mathbb{R}$, simétrico em relação à origem. Além disso, $f(-x) = \sqrt{1 + (-x) + (-x)^2} - \sqrt{1-(-x)+(-x)^2} = \sqrt{1-x+x^2} - \sqrt{1+x+x^2} = -\left(\sqrt{1+x+x^2} - \sqrt{1-x+x^2}\right) = -f(x)$, $\forall x \in \mathbb{R}$, o que mostra que a função é ímpar.

c) O domínio $X = \mathbb{R}\backslash\{0\}$ é simétrico em relação à origem e $f(-x) = \frac{1}{-x} = -\frac{1}{x} = -f(x)$, $\forall x \in X$. Logo, a função é ímpar.

d) O domínio $X = \mathbb{R}\backslash\{\frac{1}{2}\}$ não é simétrico em relação à origem, o que já descarta a possibilidade da função ser par ou ímpar.

e) O domínio $X = (0, +\infty)$ da função não é simétrico em relação à origem, portanto, a função não é par nem ímpar.

f) O domínio $X = \mathbb{R}\backslash\{0\}$ é simétrico em relação à origem e $f(-x) = \frac{1}{-x} - 2(-x)^3 = -\frac{1}{x} + 2x^3 = -\left(\frac{1}{x} - 2x^3\right) = -f(x)$, $\forall x \in X$. Logo, a função é ímpar.

g) O domínio $X = \mathbb{R}\backslash\{0\}$ é simétrico em relação à origem, mas $f(-x) = 3(-x)^3 - \frac{1}{(-x)^2} = -3x^3 - \frac{1}{x^2} \neq f(x), \neq -f(x)$. Portanto, a função nem par nem ímpar. Outra maneira de mostrar isso, escolhendo um par específico de pontos simétricos: $f(1) = 2$, $f(-1) = -4 \to f(1) \neq \pm f(-1)$.

h) Como $x^2+1 > 0$ e $\sqrt{x^2+1}+x > 0$, as operações estão definidas para todos os x reais e, por isso, o domínio da função é $\mathbb{R}$, simétrico em relação à origem. Além disso,

$$f(-x) = \ln(\sqrt{(-x)^2+1} - x) = \ln\frac{x^2+1-x^2}{\sqrt{x^2+1}+x} = -\ln(\sqrt{x^2+1}+x) = -f(x)$$

para $\forall x \in \mathbb{R}$, o que mostra que a função é ímpar.

2. Seja $f(x)$ definida num conjunto simétrico em relação à origem. Prove que $f(x)$ pode ser representada na forma $f(x) = g(x) + h(x)$, onde $g(x)$ é uma função par e $h(x)$ é ímpar.

Solução.

Consideremos as funções $g(x) = \frac{1}{2}(f(x) + f(-x))$ e $h(x) = \frac{1}{2}(f(x) - f(-x))$ definidas no domínio X de $f(x)$. Pela definição, $g(-x) = g(x)$ e $h(-x) = -h(x)$ para qualquer $x \in X$, ou seja, $g(x)$ é uma função par e $h(x)$ é ímpar. Ao mesmo tempo, $g(x) + h(x) = f(x)$ para qualquer $x \in X$.

3. Verifique se as seguintes funções são periódicas ou não; caso positivo, encontre seu período:

a) $f(x) = x + 1 - [x+1]$;
b) $f(x) = x + 1 - [x]$;
c) $f(x) = 2x - [2x]$;
d) $f(x) = x^2 + 3$;
e) $f(x) = \sqrt{x+1}$;

f) $f(x) = 2\cos x$;
g) $f(x) = 3 - 4\cos x$;
h) $f(x) = \cos 3x - 2$.

Soluções.

Na resolução desses exercícios vamos utilizar as propriedades de algumas funções periódicas que já encontramos anteriormente. Normalmente, esse é o modo mais simples de demonstrar a periodicidade. Outra maneira é verificar a definição, sem referir às outras funções.

a) Pela definição da parte inteira, temos $[x+1] = [x]+1$ e, portanto, a função pode ser escrita na forma mais simples $f(x) = x+1-[x+1] = x-[x]$. A última é uma função periódica de período mínimo 1.

b) A função $h(x) = x - [x]$ é periódica de período mínimo 1 e $f(x) = x + 1 - [x] = h(x) + g(x)$, onde $g(x) = 1$ é periódica com qualquer período, inclusive com período 1. Então, $f(x)$ é periódica com período 1. Para mostrar que esse é o período mínimo, vamos supor, por absurdo, que $f(x)$ tem período positivo $T < 1$. Então, $h(x) = f(x) - 1$ também tem esse período, o que contradiz o fato de que o período mínimo de $h(x)$ é 1.

c) Notamos que $[2x] \neq 2[x]$ (por exemplo, $[2 \cdot 1,6] = [3,2] = 3$, enquanto $2 \cdot [1,6] = 2 \cdot 1 = 2$), por isso , não podemos passar o fator 2 para fora dos dois termos. Entretanto, podemos usar propriedade do argumento de uma função periódica, notando que $f(x) = 2x - [2x] = h(2x), h(x) = x - [x]$. Como $h(x)$ é periódica com período mínimo 1, então $f(x)$ é periódica com período mínimo $\frac{1}{2}$.

d) Faremos demonstração do contrário: vamos supor, por absurdo, que $f(x)$ é uma função periódica e, então, para algum $T \neq 0$ deve ser satisfeita a relação $f(x+T) = f(x)$ para $\forall x \in \mathbb{R}$. Vamos ver aonde leva essa suposição. Temos $f(x+T) = (x+T)^2 + 3 = x^2 + 3 = f(x)$, ou simplificando, $2xT + T^2 = 0$ ou ainda $T(2x+T) = 0$. Como $T \neq 0$, então resta a opção $T = -2x$, mas T é uma constante, cujo valor não depende de x. Assim chegamos à contradição e, portanto, $f(x)$ não é periódica.

e) A avaliação de $f(x) = \sqrt{x+1}$ fica simples se lembramos de que o domínio de uma função periódica é ilimitado tanto à esquerda como à direita. Ao contrário disso, o domínio da função dada é limitado à esquerda: $x \geq -1$, o que significa que a função não é periódica.

f) A função $g(x) = \cos x$ é periódica com período mínimo 2π. Então, pelas propriedades aritméticas, a função $f(x) = 2g(x)$ é periódica com o mesmo período mínimo.

g) A função $g(x) = \cos x$ é periódica com período mínimo 2π. Então, pelas propriedades aritméticas, a função $f(x) = 3 - 4g(x)$ é periódica com o mesmo período mínimo.

h) A função $g(x) = \cos x$ é periódica com período mínimo 2π. Então, pelas propriedades do argumento, $h(x) = \cos 3x = g(3x)$ é periódica com o período mínimo $\frac{2\pi}{3}$. Usando ainda propriedades aritméticas, concluímos que $f(x) = \cos 3x - 2 = h(x) - 2$ é periódica com o período mínimo $\frac{2\pi}{3}$.

4. Encontre uma função não constante que tem tanto período racional como irracional.

Solução.

Consideremos o seguinte conjunto dos números reais: $S = \{x = p+\sqrt{2}q,\ p, q \in \mathbb{Q}\}$ e definimos função $f_S(x)$ da seguinte maneira: $f_S(x) = \begin{cases} 1, x \in S \\ 0, x \notin S \end{cases}$. Vamos mostrar que $T_1 = 1$ e $T_2 = \sqrt{2}$ são períodos dessa função. Realmente, se $x \in S$, então $(x + 1) \in S$ e $(x + \sqrt{2}) \in S$ e, portanto, $f_S(x) = f_S(x + 1) = f_S(x + \sqrt{2}) = 1$; se $x \notin S$, então $(x + 1) \notin S$ e $(x + \sqrt{2}) \notin S$ e, consequentemente, $f_S(x) = f_S(x + 1) = f_S(x + \sqrt{2}) = 0$. Assim, para qualquer $x \in \mathbb{R}$ temos $f_S(x) = f_S(x+1) = f_S(x + \sqrt{2})$.

Monotonia

1. Encontrar os maiores conjuntos de monotonia da função dada:
a) $f(x) = x^2 - 2x + 3$;
b) $f(x) = \sqrt{x+1}$;
c) $f(x) = \cos x$.

Solução.

a) Para facilitar a investigação, representamos a função quadrática na forma canônica de uma parábola: $f(x) = (x - 1)^2 + 2$. Então, intuitivamente, fica claro que a função decresce quando x aumenta até 1, no ponto 1 assume o seu valor mínimo $f(1) = 2$, e depois começa crescer quando x aumenta a partir de 1. Verificamos essa suposição analiticamente. Para iniciar, tomamos quaisquer $x_1 < x_2$ e avaliamos a diferença dos valores da função

$$f(x_2) - f(x_1) = x_2^2 - 2x_2 + 3 - (x_1^2 - 2x_1 + 3) = (x_2 - x_1)(x_2 + x_1) - 2(x_2 - x_1)$$

$$= (x_2 - x_1)(x_2 + x_1 - 2).$$

Notamos que o primeiro fator é positivo, portanto, o resultado depende do segundo fator.

Consideremos separadamente as duas partes do domínio: os intervalos $(-\infty, 1]$ e $[1, +\infty)$. Se tomarmos $x_1 < x_2 \le 1$, então $x_2 + x_1 - 2 < 0$, o que implica em $f(x_2) < f(x_1)$ e então a função decresce estritamente em $(-\infty, 1]$. Se escolhermos $1 \le x_1 < x_2$, então $x_2 + x_1 - 2 > 0$, e, portanto, $f(x_2) > f(x_1)$, o que significa que a função cresce estritamente em $[1,+\infty)$. Assim, $(-\infty,1]$ é o maior conjunto de decrescimento e $[1,+\infty)$ é o maior conjunto de crescimento (ambos estritos). Obviamente, qualquer subconjunto de $(-\infty,1]$ também é conjunto de decrescimento, e qualquer subconjunto de $[1,+\infty)$ é um conjunto de crescimento.

b) O domínio de $f(x)=\sqrt{x+1}$ é $[-1,+\infty)$ e com crescimento de x nesse conjunto o argumento $x+1$ da raiz também cresce, o que implica, de acordo com a propriedade da raiz, que $f(x)$ também cresce. Formalizando o mesmo raciocínio: para quaisquer $-1\le x_1<x_2$ temos $x_1+1<x_2+1$ e a última desigualdade equivale a $f(x_1)=\sqrt{x_1+1}<\sqrt{x_2+1}=f(x_2)$, ou seja, $f(x)$ cresce estritamente em todo o seu domínio.

c) Lembrando a definição analítica de $\cos x$ (ou até usando a sua representação gráfica como definição), concluímos que no intervalo $[0,\pi]$ a função $f(x)=\cos x$ decresce estritamente de 1 até -1 (a abscissa do ponto na circunferência unitária diminui quando o ângulo varia de 0 até π). No próximo intervalo, $[\pi,2\pi]$, a função $f(x)=\cos x$ cresce estritamente de -1 até 1 (a abscissa do ponto na circunferência unitária aumenta quando o ângulo varia de π até 2π). Empregando a 2π-periodicidade da função, concluímos que $f(x)=\cos x$ decresce estritamente em qualquer intervalo do tipo $[2k\pi,\pi+2k\pi]$, $k\in\mathbb{Z}$, e ela cresce estritamente em qualquer intervalo do tipo $[\pi+2n\pi,2\pi+2n\pi]$, $n\in\mathbb{Z}$. Portanto, qualquer um dos intervalos do primeiro tipo é o maior intervalo de decrescimento, e qualquer intervalo do segundo tipo é o maior intervalo de crescimento.

2. Verificar se uma função estritamente crescente em $\mathbb{R}$ pode ser limitada.

Solução.

Têm muitas funções simples, especialmente polinomiais, que são mais conhecidas e tem propriedade de crescimento estrito em $\mathbb{R}$, tais como x, x^3 e em geral x^{2k+1}, $k\in\mathbb{N}$, e todas elas são ilimitadas. Têm tambem monômios de ordem par, tais como x^2, x^4 e em geral x^{2k}, $k\in\mathbb{N}$ que crescem só numa parte do domínio e mesmo assim são ilimitadas. Por isso, existe a tendência natural de generalizar essa situação para outras funções elementares. Mas isso não é assim, mesmo com funções algébricas. Por exemplo, a função $f(x)=\frac{x}{|x|+1}$ é crescente estritamente em $\mathbb{R}$. Realmente, a função é ímpar e, portanto, podemos verificar sua monotonia somente para $0\le x_1<x_2$:

$$f(x_2)-f(x_1)=\frac{x_2}{x_2+1}-\frac{x_1}{x_1+1}=\frac{x_2(x_1+1)-x_1(x_2+1)}{(x_2+1)(x_1+1)}=\frac{x_2-x_1}{(x_2+1)(x_1+1)}.$$

O numerador e denominador são positivos e, portanto, $f(x)$ cresce estritamente em $[0,+\infty)$. Logo, devido à imparidade, ela cresce estritamente em $\mathbb{R}$. Mesmo assim, $f(x)$ é limitada, mantendo seus valores em $(-1,1)$, o que segue da avaliação $|f(x)|=\frac{|x|}{|x|+1}<1$, $\forall x\in\mathbb{R}$.

Um outro exemplo clássico de uma função estritamente crescente em $\mathbb{R}$ e limitada é a função $f(x) = \arctan x$.

Extremos globais e locais

1. Verificar se a função $f(x)$ tem extremos globais e locais no conjunto indicado S; caso tiver, encontrá-los:
a) $f(x) = 1 - 2x$, $S = [-4, 2)$;
b) $f(x) = |1 - 2x|$, $S = [-4, 2)$;
c) $f(x) = 2 - |x + 1|$, $S = \mathbb{R}$;
d) $f(x) = \begin{cases} 1 - 2x, x \leq 0 \\ 1 + 4x - 4x^2, \ x \in (0,1) \\ 2x - 1, x \geq 1 \end{cases}$, $S = \mathbb{R}$;
e) $f(x) = x - [x]$, $S = \mathbb{R}$;
f) $f(x) = \cos x$, $S = \mathbb{R}$.

Solução.

a) A função $f(x) = 1 - 2x$ é estritamente decrescente em todo o seu domínio $\mathbb{R}$ e, em particular, em $S = [-4, 2)$: $f(x_2) - f(x_1) = 1 - 2x_2 - (1 - 2x_1) = 2(x_1 - x_2) < 0$, $\forall x_1 < x_2$. Então, $f(x)$ não tem extremos locais (numa vizinhança de qualquer ponto x_0, à esquerda de x_0 temos $f(x) > f(x_0)$ e à direita – $f(x) < f(x_0)$), e os extremos globais devemos procurar nas extremidades do intervalo $S = [-4, 2)$. Como a extremidade esquerda pertence a S, ela é o ponto máximo global: $f(-4) = 9 > 1 - 2x = f(x)$, $\forall x \in (-4, 2)$. Notamos que esse ponto não é máximo local, porque não tem nenhuma vizinhança de -4 contida em S. A outra extremidade não pertence a S e, por isso, não existe o mínimo global em S (se tentamos tomar um ponto x_0 um pouco menor que 2 na qualidade do mínimo global, então o ponto $x_1 = \frac{x_0+2}{2}$ fica dentro de S e $x_1 > x_0$, logo $f(x_1) < f(x_0)$, mostrando que x_0 não é mínimo global).

b) Devido à definição do módulo, fica claro que $f(\frac{1}{2}) = 0$ é o mínimo global da função, porque em qualquer outro ponto $1 - 2x \neq 0$ e, por isso $f(x) > 0, \forall x \neq \frac{1}{2}$. A abertura do módulo da função $f(x) = |1 - 2x| = \begin{cases} 1 - 2x, x < \frac{1}{2} \\ 2x - 1, x \geq \frac{1}{2} \end{cases}$ mostra que na parte $x \leq \frac{1}{2}$ do domínio $\mathbb{R}$ a função decresce estritamente, enquanto na parte $x \geq \frac{1}{2}$ ela cresce estritamente. Portanto, em $\mathbb{R}$ a função não tem mais extremos nem globais nem locais. No entanto, eles podem surgir num intervalo finito como $S = [-4, 2)$. O ponto $x_0 = \frac{1}{2}$ é o ponto interior de S (pertence a S junto com alguma sua vizinhança) e, por isso, x_0 é o mínimo global e local de $f(x)$ em S (assim como em $\mathbb{R}$). Como $f(x)$ decresce estritamente em $[-4, \frac{1}{2}]$, o maior valor nessa parte de S a função assume na extremidade esquerda $f(-4) = 9$. Na parte

$[\frac{1}{2}, 2)$ a função cresce estritamente e, por isso, $f(x) < f(2) = 3$. Embora $f(x)$ não assuma o valor $f(2) = 3$ em S, ele é menor que $f(-4)$ e, portanto, $f(x) < f(-4)$, $\forall x \in (-4, 2)$. Logo, $x_1 = -4$ é o máximo global de $f(x)$ em S (mas não local, porque não existe uma vizinhança de -4 contida em S).

c) Primeiro, lembramos que, pela definição do módulo, a função dada é determinada pelas duas sentenças: $f(x) = 2 - |x+1| = \begin{cases} 2 + (x+1), & x < -1 \\ 2 - (x+1), & x \geq -1 \end{cases} = \begin{cases} 3 + x, & x < -1 \\ 1 - x, & x \geq -1 \end{cases}$.

A função $f(x) = 2 - |x+1|$ tem máximo global estrito no ponto $x_0 = -1$. Realmente, conforme definição do módulo, $f(x) = 2 - |x+1| < 2 = f(-1)$, $\forall x \neq -1$. Para mostrar que não há mínimo global, podemos notar que $x_0 = -1$ não pode ser mínimo, porque ele é o máximo estrito, e qualquer outro ponto x_0 é ponto de monotonia estrita (crescimento estrito para $x_0 < -1$ e decrescimento estrito para $x_0 > -1$), e por isso também não pode ser mínimo. Notamos que o crescimento estrito no intervalo $(-\infty, -1]$ é fácil de mostrar pela definição: para qualquer dupla $x_1 < x_2 \leq -1$ temos $f(x_1) = 3 + x_1 < 3 + x_2 = f(x_2)$. De maneira semelhante é comprovado o decrescimento estrito em $[-1, +\infty)$: para qualquer dupla $-1 \leq x_1 < x_2$ temos $f(x_1) = 1 - x_1 > 1 - x_2 = f(x_2)$.

Sabendo que $f(x) = 2 - |x+1|$ tem máximo global estrito no ponto $x_0 = -1$, e que esse ponto pertence ao domínio junto com qualquer sua vizinhança, concluímos que ele é o máximo local estrito. Vamos ver que não há outros extremos locais. Realmente, qualquer ponto $x_0 \in (-\infty, -1)$ é o ponto de crescimento estrito, e qualquer ponto $x_0 \in (-1, +\infty)$ é o ponto de decrescimento estrito, portanto, nenhum deles pode ser um extremo local.

d) Consideremos separadamente três partes do domínio $\mathbb{R}$. Na parte $x \leq 0$ a função $1 - 2x$ é estritamente decrescente, tendo o menor valor $f(0) = 1$ e não tendo o valor máximo, porque para x bastante grandes por módulo e negativos ela supera qualquer constante dada previamente. Na parte $0 < x < 1$ a função quadrática $p(x) = 1 + 4x - 4x^2$ pode ser reescrita na forma canônica $p(x) = 2 - (2x-1)^2$ o que evidencia que essa é uma parábola voltada para baixo com o vértice no ponto $(\frac{1}{2}, 2)$ e então, no subintervalo $(0, \frac{1}{2})$ a função $2 - (2x-1)^2$ cresce estritamente e no próximo subintervalo $(\frac{1}{2}, 1)$ essa função decresce estritamente (claramente, os mesmos resultados podem ser deduzidos analiticamente, sem apelar as propriedades de uma parábola). Notamos também que nas extremidades do intervalo $(0, 1)$ a parábola assume os valores $p(0) = p(1) = 1$. Finalmente, na parte $x \geq 1$ a função $2x - 1$ cresce estritamente a partir do seu menor valor $f(1) = 1$ e aumenta sem restrição, ou seja, superando qualquer constante para x bastante grandes (veja Fig.2.80).

Com base nessas observações, podemos concluir que não há nenhum extremo global ou local nos intervalos $(-\infty, 0)$ e $(1, +\infty)$ (intervalos de monotonia estrita da parte linear da função) e nos intervalos $(0, \frac{1}{2})$ e $(\frac{1}{2}, 0)$ (intervalos de monotonia estrita da parte parabólica da função), porque cada ponto desses intervalos é um ponto de monotonia estrita e interior no intervalo respectivo. Então, restam os pontos 0, $\frac{1}{2}$ e 1. Entre eles, temos dois mínimos globais e locais – os pontos 0 e 1: $f(0) = f(1) = 1 < f(x)$, $\forall x \neq 0$ *ou* 1. Ainda, devido às propriedades da parábola, temos o máximo local em $x = \frac{1}{2}$, mas ele não é o máximo global, porque nos intervalos $(-\infty, 0)$ e $(1, +\infty)$ a função assume os valores maiores que qualquer constante, em particular, maiores que $f(\frac{1}{2}) = 2$.

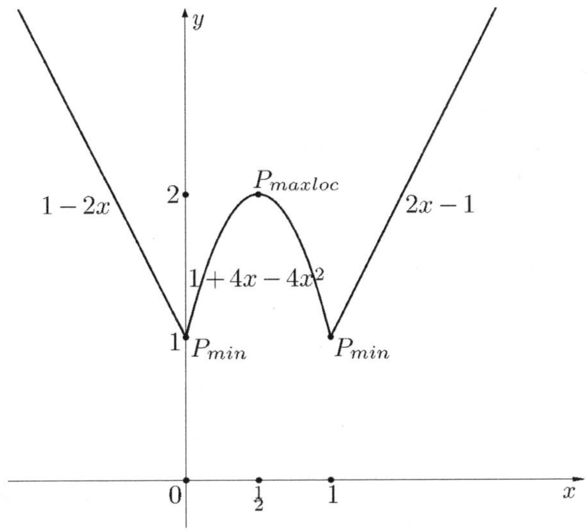

Figura 2.80 Extremos da função $y = f(x)$ do exercício d).

e) Para facilitar o raciocínio, lembremos o gráfico da função $f(x) = x - [x]$ representado na Fig.2.81.

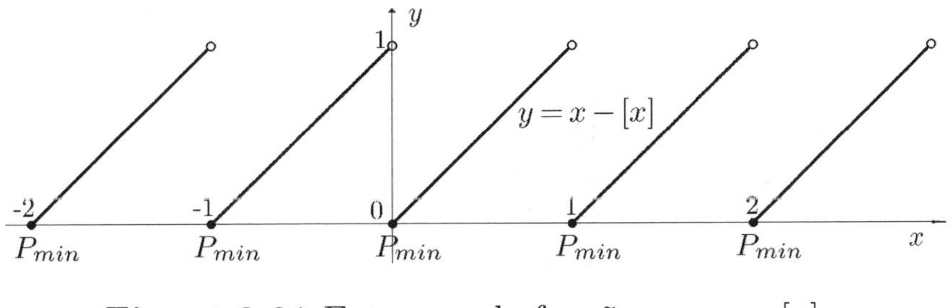

Figura 2.81 Extremos da função $y = x - [x]$.

Todos os pontos inteiros $x_n = n$, $n \in \mathbb{Z}$ são mínimos globais não estritos:

$$\forall x \in \mathbb{R}, x \neq x_n = n \in \mathbb{Z} : f(x) = x - [x] > 0 = x_n - [x_n] = f(x_n).$$

Vamos mostrar que não há máximos globais. Vamos supor, por absurdo, que x_1 é máximo global, $x_1 \in [n, n+1), n \in \mathbb{Z}$. Logo, vamos tomar $x_2 = \frac{x_1+n+1}{2}$, $x_2 \in [n, n+1)$ e obtemos: $f(x_1) = x_1 - [x_1] < \frac{x_1+n+1}{2} - [x_1] = \frac{x_1+n+1}{2} - \left[\frac{x_1+n+1}{2}\right] = f(x_2)$. Isso significa que x_1 não é máximo global.

Passamos agora para extremos locais. Cada um dos pontos $x_n = n$, $n \in \mathbb{Z}$ é o mínimo global contido em $\mathbb{R}$ junto com sua vizinhança. Portanto, esses pontos são também mínimos locais. Se tomarmos uma vizinhança de n de raio menor que 1, por exemplo de raio $\frac{1}{2}$, então todos outros pontos inteiros vão ficar fora dela e, por isso, $f(x) = x - [x] > 0 = n - [n] = f(n)$, $\forall x \in (n - \frac{1}{2}, n + \frac{1}{2})$, o que significa que $x_n = n$, $n \in \mathbb{Z}$ são mínimos locais estritos. Ao mesmo tempo, qualquer ponto do intervalo $(n, n+1)$, $n \in \mathbb{Z}$ é o ponto de crescimento estrito e, por isso, não pode ser um extremo local.

f) Embora a nossa linha principal de investigação seja partir da definição analítica e investigar todas as propriedades acessíveis da função, incluindo o seu gráfico, nesse exemplo, vamos apelar ao gráfico da função que ainda não foi investigada. Em casos como esse, podemos nos referir ao conhecimento intuitivo apresentado na escola, ou, melhor, podemos considerar o gráfico como a forma original da definição da função dada (veja ilustração na Fig.2.82).

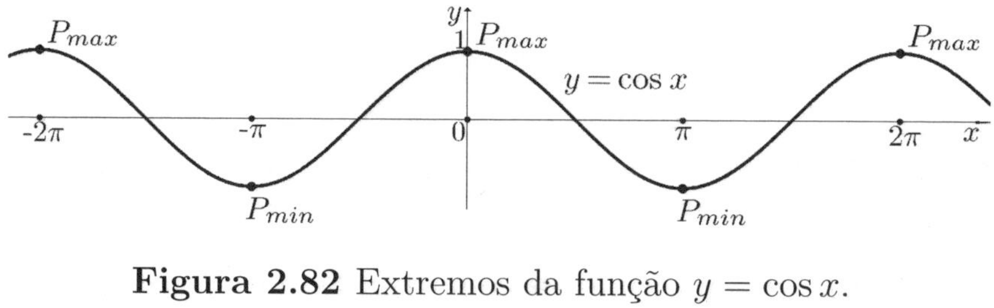

Figura 2.82 Extremos da função $y = \cos x$.

De acordo com o gráfico da função $f(x) = \cos x$ (com domínio $\mathbb{R}$), notamos que qualquer ponto $x_k = 2k\pi$, $\forall k \in \mathbb{Z}$ é o máximo local estrito (onde a função assume valor 1), e qualquer ponto $x_n = \pi + 2n\pi$, $\forall n \in \mathbb{Z}$ é o mínimo local estrito (onde a função assume valor -1). Basta tomar uma vizinhança de raio menor que π, por exemplo de raio $\frac{\pi}{2}$, para ver que $f(x) = \cos x < 1 = \cos 2k\pi = f(x_k)$, $\forall x \in (2k\pi - \frac{\pi}{2}, 2k\pi + \frac{\pi}{2}), x \neq 2k\pi$, $\forall k \in \mathbb{Z}$, e que $f(x) = \cos x > -1 = \cos(2n\pi + \pi) = f(x_n)$, $\forall x \in (2n\pi + \pi - \frac{\pi}{2}, 2n\pi + \pi + \frac{\pi}{2}), x \neq 2n\pi + \pi$, $\forall n \in \mathbb{Z}$.

Ao mesmo tempo, todos esses pontos são extremos globais não estritos, porque $\cos x \leq 1$, $\forall x \in \mathbb{R}$ e $\cos x \geq -1$, $\forall x \in \mathbb{R}$.

2. Para as funções $f(x) = -|x|$ e $f(x) = x^2$, dar exemplos de intervalos nos quais $f(x)$:
a) não tem máximo nem mínimo;
b) tem máximo e não tem mínimo;
c) tem mínimo e não tem máximo;
d) tem máximo e mínimo.

Solução.

a) Para ambas as funções um desses intervalos pode ser $(-2, 0)$ ou $(1, 4)$.

b) Para $f(x) = -|x|$ um desses intervalos pode ser $(-2, 1)$ ou $[1, 4)$. Para $f(x) = x^2$ um desses intervalos pode ser $(0, 1]$ ou $[-2, -1)$.

c) Para $f(x) = -|x|$ um desses intervalos pode ser $(0, 1]$ ou $[-2, -1)$. Para $f(x) = x^2$ um desses intervalos pode ser $(-2, 1)$ ou $[1, 4)$.

d) Para ambas as funções um desses intervalos pode ser $[-2, 0]$ ou $[1, 4]$.

3. Mostrar que caso $y = f(x)$ tem mínimo global estrito em x_0 e $g(y)$ é estritamente monótona em $\mathbb{R}$, então $g(f(x))$ tem extremo global estrito em x_0.

Solução.

Note primeiro que a composição está definida para qualquer x do domínio X_f de $f(x)$, pois $g(y)$ é definida em $\mathbb{R}$.

Se $g(y)$ cresce estritamente em $\mathbb{R}$, então $g(y) > g(y_0)$ para qualquer par $y > y_0$. Como x_0 é o mínimo global estrito de $f(x)$, então $y = f(x) > y_0 = f(x_0)$ para qualquer $x \in X_f$, $x \neq x_0$. Logo, $g(f(x)) = g(y) > g(y_0) = g(f(x_0))$ para qualquer $x \in X_f$, $x \neq x_0$, o que significa que x_0 é o mínimo global estrito de $g(f(x))$ em X_f.

Da mesma maneira, se $g(y)$ decresce estritamente em $\mathbb{R}$, então $g(y) < g(y_0)$ para qualquer par $y > y_0$. Como x_0 é o mínimo global estrito de $f(x)$, então $y = f(x) > y_0 = f(x_0)$ para qualquer $x \in X_f$, $x \neq x_0$. Logo, $g(f(x)) = g(y) < g(y_0) = g(f(x_0))$ para qualquer $x \in X_f$, $x \neq x_0$, o que significa que x_0 é o máximo global estrito de $g(f(x))$ em X_f.

Formular e provar a propriedade semelhante para o ponto máximo x_0.

Concavidade e inflexão

1. Investigar concavidade e pontos de inflexão das seguites funções:
a) $f(x) = \frac{1}{x}$;
b) $f(x) = \frac{1}{x^2}$;
c) $f(x) = \frac{1}{x^3}$;
d) $f(x) = \sqrt[3]{x}$;
e) $f(x) = \frac{1}{\sqrt[3]{x}}$;
f) $f(x) = e^x$;

g) $f(x) = \ln x$;
h) $f(x) = \cos x$.

Solução.

a) Como a concavidade se define num intervalo do domínio da função, que nessse caso é $X = \mathbb{R}\backslash\{0\}$, então temos duas opções: escolher os dois pontos arbitrários x_1, x_2 do intervalo $(-\infty, 0)$ ou de $(0, +\infty)$. Com essa restrição, para qualquer dupla $x_1, x_2 \in X$, temos a seguinte avaliação da diferença entre o valor médio da secante $\frac{f(x_1)+f(x_2)}{2}$ e o valor da função no ponto médio $f\left(\frac{x_1+x_2}{2}\right)$:

$$D_2 \equiv \frac{f(x_1)+f(x_2)}{2} - f\left(\frac{x_1+x_2}{2}\right) = \frac{\frac{1}{x_1}+\frac{1}{x_2}}{2} - \frac{1}{\frac{x_1+x_2}{2}} = \frac{x_1+x_2}{2x_1x_2} - \frac{2}{x_1+x_2}$$

$$= \frac{(x_1+x_2)^2 - 4x_1x_2}{2x_1x_2(x_1+x_2)} = \frac{(x_1-x_2)^2}{2x_1x_2(x_1+x_2)}.$$

Primeiro, se $x_1, x_2 < 0$, então $x_1x_2(x_1+x_2) < 0$ e, portanto, $D_2 < 0$, o que significa que a função é côncava para baixo no intervalo $(-\infty, 0)$. Segundo, se $x_1, x_2 > 0$, então $x_1x_2(x_1+x_2) > 0$ e, portanto, $D_2 > 0$, o que quer dizer que a função é côncava para cima no intervalo $(0, +\infty)$. Embora a função mude o tipo de concavidade passando o ponto $x_0 = 0$, esse ponto não pertence ao domínio e, por isso, ele não é o ponto de inflexão. Como em outras partes (intervalos), a função mantém o mesmo tipo de concavidade estrita, concluímos que não há pontos de inflexão.

Notamos que a função $f(x) = \frac{1}{x}$ é ímpar e, portanto, pode ser realizada a investigação da sua concavidade somente no intervalo $(0, +\infty)$ (ou $(-\infty, 0)$) e o resultado obtido pode ser estendido para a parte restante do domínio usando a imparidade, de acordo com a Propriedade 2 da seção 7.5.

b) Como a função $f(x) = \frac{1}{x^2}$ é par: $f(-x) = \frac{1}{(-x)^2} = \frac{1}{x^2} = f(x)$, $\forall x \in X = \mathbb{R}\backslash\{0\}$ (onde X é o domínio), então, de acordo com a Propriedade 1 da seção 7.5, podemos realizar a investigação da sua concavidade somente no intervalo $(0, +\infty)$ e o resultado obtido podemos estender para a parte restante do domínio usando a paridade.

Assim, escolhemos dois pontos arbitrários x_1, x_2 do intervalo $(0, +\infty)$, e obtemos a seguinte avaliação da diferença entre o valor médio da secante $\frac{f(x_1)+f(x_2)}{2}$ e o valor da função no ponto médio $f\left(\frac{x_1+x_2}{2}\right)$:

$$D_2 \equiv \frac{f(x_1)+f(x_2)}{2} - f\left(\frac{x_1+x_2}{2}\right) = \frac{\frac{1}{x_1^2}+\frac{1}{x_2^2}}{2} - \frac{1}{(\frac{x_1+x_2}{2})^2} = \frac{x_1^2+x_2^2}{2x_1^2x_2^2} - \frac{4}{(x_1+x_2)^2}$$

$$= \frac{(x_1^2+x_2^2)(x_1+x_2)^2 - 8x_1^2x_2^2}{2x_1^2x_2^2(x_1+x_2)^2} = \frac{(x_1^4+x_2^4-2x_1^2x_2^2)+(2x_1x_2(x_1^2+x_2^2)-4x_1^2x_2^2)}{2x_1^2x_2^2(x_1+x_2)^2}$$

$$= \frac{(x_1^2 - x_2^2)^2 + 2x_1x_2(x_1 - x_2)^2}{2x_1^2x_2^2(x_1 + x_2)^2}.$$

Evidentemente, tanto numerador como denominador são positivos e, por isso, $D_2 > 0$, o que significa que $f(x)$ tem concavidade estrita para cima no intervalo $(0, +\infty)$.

Utilizando agora a Propriedade 1 da seção 7.5, concluímos que $f(x)$ também tem concavidade estrita para cima no intervalo $(-\infty, 0)$. Consequentemente, não há pontos de inflexão.

c) Como a função $f(x) = \frac{1}{x^3}$ é ímpar: $f(-x) = \frac{1}{(-x)^3} = -\frac{1}{x^3} = f(x)$, $\forall x \in X = \mathbb{R}\backslash\{0\}$ (onde X é o domínio), então, de acordo com a Propriedade 2 da seção 7.5, podemos realizar investigação da sua concavidade somente no intervalo $(0, +\infty)$ e estender o resultado obtido para a parte restante do domínio usando a imparidade.

Assim, escolhemos dois pontos arbitrários x_1, x_2 do intervalo $(0, +\infty)$, denotamos o ponto médio $x_0 = \frac{x_1+x_2}{2}$ e o incremento $h = x_2 - x_0 = x_0 - x_1$ e efetuamos a seguinte avaliação da diferença entre o valor médio da secante $\frac{f(x_1)+f(x_2)}{2}$ e o valor da função no ponto médio $f(x_0)$:

$$D_2 \equiv \frac{f(x_1) + f(x_2)}{2} - f(x_0) = \frac{\frac{1}{x_1^3} + \frac{1}{x_2^3}}{2} - \frac{1}{x_0^3} = \frac{x_1^3 + x_2^3}{2x_1^3x_2^3} - \frac{1}{x_0^3}$$

$$= \frac{(x_0-h)^3 + (x_0+h)^3}{2x_1^3x_2^3} - \frac{1}{x_0^3} = \frac{x_0^3 + 3x_0h^2}{x_1^3x_2^3} - \frac{1}{x_0^3} = \frac{(x_0^3 + 3x_0h^2)x_0^3 - (x_0^2 - h^2)^3}{x_1^3x_2^3x_0^3}$$

$$= \frac{h^2(6x_0^4 - 3x_0^2h^2 + h^4)}{x_1^3x_2^3x_0^3} = \frac{h^2\left((\frac{3}{2}x_0^2 - h^2)^2 + \frac{15}{4}x_0^4\right)}{x_1^3x_2^3x_0^3}.$$

Evidentemente, o numerador e denominador são positivos e, portanto, $D_2 > 0$, o que quer dizer que a função é côncava estritamente para cima no intervalo $(0, +\infty)$.

Utilizando agora a Propriedade 2 da seção 7.5, concluímos que $f(x)$ é côncava estritamente para baixo no intervalo $(-\infty, 0)$. Embora a função mude o tipo de concavidade passando o ponto $x_0 = 0$, esse ponto não pertence ao domínio e, por isso, ele não é o ponto de inflexão. Como em dois intervalos do domínio a função mantém a concavidade estrita, concluímos que não há pontos de inflexão.

d) Tomamos dois pontos arbitrários tais que $x_1 < x_2$, denotamos o ponto médio $x_0 = \frac{x_1+x_2}{2}$ e incremento $h = x_2 - x_0 = x_0 - x_1 > 0$, e encontramos a seguinte avaliação da diferença entre o valor médio da secante $\frac{f(x_1)+f(x_2)}{2}$ e o valor da função no ponto médio $f(x_0)$:

$$2D_2 \equiv f(x_1) + f(x_2) - 2f(x_0) = x_1^{1/3} + x_2^{1/3} - 2x_0^{1/3} = (x_2^{1/3} - x_0^{1/3}) - (x_0^{1/3} - x_1^{1/3})$$

$$= \frac{x_2 - x_0}{x_2^{2/3} + x_2^{1/3}x_0^{1/3} + x_0^{2/3}} - \frac{x_0 - x_1}{x_0^{2/3} + x_0^{1/3}x_1^{1/3} + x_1^{2/3}}$$

$$= h\frac{(x_0^{2/3} + x_0^{1/3}x_1^{1/3} + x_1^{2/3}) - (x_2^{2/3} + x_2^{1/3}x_0^{1/3} + x_0^{2/3})}{(x_2^{2/3} + x_2^{1/3}x_0^{1/3} + x_0^{2/3})(x_0^{2/3} + x_0^{1/3}x_1^{1/3} + x_1^{2/3})}$$

$$= h\frac{x_0^{1/3}(x_1^{1/3} - x_2^{1/3}) + (x_1^{2/3} - x_2^{2/3})}{(x_2^{2/3} + x_2^{1/3}x_0^{1/3} + x_0^{2/3})(x_0^{2/3} + x_0^{1/3}x_1^{1/3} + x_1^{2/3})}$$

$$= \frac{h(x_1^{1/3} - x_2^{1/3})}{(x_2^{2/3} + x_2^{1/3}x_0^{1/3} + x_0^{2/3})(x_0^{2/3} + x_0^{1/3}x_1^{1/3} + x_1^{2/3})} \cdot (x_0^{1/3} + x_1^{1/3} + x_2^{1/3}).$$

Como $h > 0$, $x_2^{2/3}+x_2^{1/3}x_0^{1/3}+x_0^{2/3} = (x_2+\frac{1}{2}x_0)^2+\frac{3}{4}x_0^{2/3} > 0$, $x_0^{2/3}+x_0^{1/3}x_1^{1/3}+x_1^{2/3} = (x_0+\frac{1}{2}x_1)^2+\frac{3}{4}x_1^{2/3} > 0$ e $x_1^{1/3}-x_2^{1/3} < 0$, então o primeiro fator é negativo e o sinal de D_2 é determinado pelo segundo fator. Se $x_2 \le 0$, então $x_0^{1/3}+x_1^{1/3}+x_2^{1/3} < 0$ e, portanto, $D_2 > 0$, o que significa que a função é côncava para cima no intervalo $(-\infty, 0]$. Se $0 \le x_1$, então $x_0^{1/3} + x_1^{1/3} + x_2^{1/3} > 0$ e, portanto, $D_2 < 0$, o que quer dizer que a função é côncava para baixo no intervalo $[0, +\infty)$. Como a função muda o tipo de concavidade passando o ponto 0 (e esse ponto pertence ao domínio), então ele é o ponto de inflexão.

Notamos que a função $f(x) = x^{1/3}$ é ímpar e, portanto, pode ser realizada investigação da sua concavidade somente no intervalo $(0, +\infty)$ (ou $(-\infty, 0)$) e o resultado obtido estendido para a parte restante do domínio usando a imparidade, de acordo com a Propriedade 2 da seção 7.5.

e) Como a função $f(x) = \frac{1}{x^{1/3}}$ é ímpar: $f(-x) = \frac{1}{(-x)^{1/3}} = -\frac{1}{x^{1/3}} = f(x)$, $\forall x \in X = \mathbb{R}\backslash\{0\}$ (onde X é o domínio), então, de acordo com a Propriedade 2 da seção 7.5, podemos realizar investigação da sua concavidade somente no intervalo $(0, +\infty)$ e estender o resultado obtido para a parte restante do domínio usando a imparidade.

Assim, escolhemos dois pontos arbitrários $x_1 < x_2$ do intervalo $(0, +\infty)$, denotamos o ponto médio $x_0 = \frac{x_1+x_2}{2}$ e o incremento $h = x_2 - x_0 = x_0 - x_1$ e efetuamos a seguinte avaliação da diferença entre o valor médio da secante $\frac{f(x_1)+f(x_2)}{2}$ e o valor da função no ponto médio $f(x_0)$:

$$2D_2 \equiv f(x_1) + f(x_2) - 2f(x_0)$$

$$= \frac{1}{x_1^{1/3}} + \frac{1}{x_2^{1/3}} - 2\frac{1}{x_0^{1/3}} = \left(\frac{1}{x_2^{1/3}} - \frac{1}{x_0^{1/3}}\right) - \left(\frac{1}{x_0^{1/3}} - \frac{1}{x_1^{1/3}}\right)$$

$$= \frac{x_0 - x_2}{x_2^{1/3}x_0^{1/3}(x_2^{2/3} + x_2^{1/3}x_0^{1/3} + x_0^{2/3})} - \frac{x_1 - x_0}{x_0^{1/3}x_1^{1/3}(x_0^{2/3} + x_0^{1/3}x_1^{1/3} + x_1^{2/3})}$$

$$= -h\frac{x_1^{1/3}(x_0^{2/3}+x_0^{1/3}x_1^{1/3}+x_1^{2/3}) - x_2^{1/3}(x_2^{2/3}+x_2^{1/3}x_0^{1/3}+x_0^{2/3})}{x_1^{1/3}x_0^{1/3}x_2^{1/3}(x_2^{2/3}+x_2^{1/3}x_0^{1/3}+x_0^{2/3})(x_0^{2/3}+x_0^{1/3}x_1^{1/3}+x_1^{2/3})}$$

$$= -h\frac{x_1 - x_2 + x_0^{2/3}(x_1^{1/3}-x_2^{1/3}) + x_0^{1/3}(x_1^{2/3}-x_2^{2/3})}{x_1^{1/3}x_0^{1/3}x_2^{1/3}(x_2^{2/3}+x_2^{1/3}x_0^{1/3}+x_0^{2/3})(x_0^{2/3}+x_0^{1/3}x_1^{1/3}+x_1^{2/3})}.$$

Como $h > 0$, o numerador do quociente é negativo e o denominador é positivo, então $D_2 > 0$, o que quer dizer que a função é côncava estritamente para cima no intervalo $(0, +\infty)$.

Utilizando agora a Propriedade 2 da seção 7.5, concluímos que $f(x)$ é côncava estritamente para baixo no intervalo $(-\infty, 0)$. Embora a função mude o tipo de concavidade passando o ponto $x_0 = 0$, esse ponto não pertence ao domínio e, por isso, ele não é o ponto de inflexão. Como em dois intervalos do domínio a função mantém a concavidade estrita, concluímos que não há pontos de inflexão.

f) Para quaisquer dois pontos $x_1, x_2 \in \mathbb{R}$, é válida a seguinte avaliação

$$f(x_1) + f(x_2) - 2f\left(\frac{x_1+x_2}{2}\right) = e^{x_1} + e^{x_2} - 2e^{\frac{x_1+x_2}{2}} = \left(e^{\frac{x_1}{2}} - e^{\frac{x_2}{2}}\right)^2 > 0,$$

o que mostra a concavidade para cima (no sentido estrito) em todo o domínio da função. Desse resultado segue imediatamente que não há pontos de inflexão.

g) Para quaisquer dois pontos $x_1, x_2 \in X = (0, +\infty)$, é válida a avaliação

$$f(x_1) + f(x_2) - 2f\left(\frac{x_1+x_2}{2}\right) = \ln x_1 + \ln x_2 - 2\ln\frac{x_1+x_2}{2} = \ln\frac{4x_1x_2}{(x_1+x_2)^2} < 0.$$

A última desigualdade segue da fórmula $(x_1+x_2)^2 - 4x_1x_2 = (x_1-x_2)^2 > 0$. Então, a função é côncava para baixo (no sentido estrito) em todo o domínio X da função. Disso segue que não há pontos de inflexão.

h) Usando a periodicidade da função $f(x) = \cos x$, podemos, inicialmente, restringir o estudo pelo intervalo $[-\frac{\pi}{2}, \frac{3\pi}{2}]$. Tomamos dois pontos arbitrários $x_1 < x_2$ em $[-\frac{\pi}{2}, \frac{3\pi}{2}]$ e obtemos a seguinte avaliação

$$2D_2 \equiv f(x_1) + f(x_2) - 2f\left(\frac{x_1+x_2}{2}\right) = \cos x_1 + \cos x_2 - 2\cos\frac{x_1+x_2}{2}$$

$$= 2\cos\frac{x_1+x_2}{2}\cos\frac{x_1-x_2}{2} - 2\cos\frac{x_1+x_2}{2} = 2\cos\frac{x_1+x_2}{2}\left(\cos\frac{x_1-x_2}{2} - 1\right).$$

Para especificar o sinal de D_2, consideremos separadamente dois subintervalos. Primeiro, escolhemos $-\frac{\pi}{2} \le x_1 < x_2 \le \frac{\pi}{2}$. Nesse caso, $-\frac{\pi}{2} < \frac{x_1+x_2}{2} < \frac{\pi}{2}$, o que garante que $\cos\frac{x_1+x_2}{2} > 0$ e, ao mesmo tempo, $0 < \frac{x_2-x_1}{2} \le \frac{\pi}{2}$, donde segue que o segundo fator é negativo. Portanto, $D_2 < 0$ e a função tem concavidade estrita voltada para baixo no intervalo $[-\frac{\pi}{2}, \frac{\pi}{2}]$. De maneira semelhante, no segundo subintervalo, $\frac{\pi}{2} \leq x_1 < x_2 \leq \frac{3\pi}{2}$, temos $\frac{\pi}{2} < \frac{x_1+x_2}{2} < \frac{3\pi}{2}$ e $0 < \frac{x_2-x_1}{2} \leq \frac{\pi}{2}$, donde segue que ambos os fatores são negativos e então $D_2 > 0$. Logo, no intervalo $[\frac{\pi}{2}, \frac{3\pi}{2}]$ a função tem concavidade estrita para cima.

Aplicando 2π-periodicidade, concluímos que $\cos x$ é côncova estritamente para baixo nos intervalos $[-\frac{\pi}{2}, \frac{\pi}{2}]+2k\pi$, $\forall k \in \mathbb{Z}$ e estritamente para cima nos intervalos $[\frac{\pi}{2}, \frac{3\pi}{2}] + 2n\pi$, $\forall n \in \mathbb{Z}$.

Como a função muda o tipo da concavidade nos pontos $x_k = \frac{\pi}{2} + k\pi$, $\forall k \in \mathbb{Z}$, então todos esses pontos são pontos de inflexão.

2. Verificar se uma função côncava estritamente para cima em $\mathbb{R}$ pode ser limitada superiormente.

Solução.

A resposta é negativa. Vamos mostrar uma afirmação mais forte: se uma função não constante é côncava para cima (pode ser não estritamente) em $\mathbb{R}$ então ela é ilimitada superiormente. Realmente, como função não é constante, então existem dois pontos x_0 e x_1 tais que $f(x_0) \neq f(x_1)$. Sem perda de generalidadide podemos supor que $x_1 < x_0$ e considerarmos o primeiro o caso quando $f(x_1) < f(x_0)$. Tomamos agora um ponto qualquer $x_2 > x_0$ e consideramos a concavidade geral de $f(x)$ no intervalo $[x_1, x_2]$ com o ponto x_0 dentro: $f(x_0) \leq f(x_1) + \frac{f(x_2)-f(x_1)}{x_2-x_1}(x_0 - x_1)$. A última desigualdade pode ser escrita na forma $\frac{f(x_0)-f(x_1)}{x_0-x_1}(x_2 - x_1) + f(x_1) \leq f(x_2)$. Como ela é válida para qualquer $x_2 > x_0$, então considerando x_2 variável temos no lado esquerdo a função linear de x_2 com coeficiente principal positivo e então ela cresce sem restrição quando x_2 aumenta. Logo, devido à desigualdade, $f(x_2)$ também cresce sem restrição, o que significa que $f(x)$ é uma função ilimitada superiormente.

Consideremos agora o caso quando $x_1 < x_0$ e $f(x_1) > f(x_0)$. Ele pode ser reduzido à situação anterior, considerando a função $g(x) = f(-x)$. Realmente, pela Propriedade 3 da seção 7.5, $g(x)$ é côncava para cima em $\mathbb{R}$. Usando as notações $\tilde{x}_0 = -x_0$ e $\tilde{x}_1 = -x_1$, temos $\tilde{x}_0 < \tilde{x}_1$ e $g(\tilde{x}_0) = f(x_0) < f(x_1) = g(\tilde{x}_1)$, ou seja, chegamos às condições do primeiro caso para $g(x)$ com os índices trocados dos pontos. Portanto, $g(x)$ é ilimitada superiormente, o que significa que $f(x)$ é ilimitada superiormente.

Uma função côncava estritamente para cima em $\mathbb{R}$ não pode ser constante, e, portanto, do resultado provado segue que ela é ilimitada superiormente.

3. Verificar se a concavidade de $f(x)$ num conjunto tem implicância sobre a concavidade de $\frac{1}{f(x)}$ nos intervalos onde a última está definida.

Solução.

Alguns exemplos elementares mostram que $\frac{1}{f(x)}$ pode manter o tipo de concavidade de $f(x)$. Por exemplo, $f(x)=e^x$ (veja exercício 1f)) e $\frac{1}{f(x)}=e^{-x}$ tem concavidade para cima em $\mathbb{R}$ (o resultado para e^{-x} pode ser demonstrado da mesma maneira como para e^x); $f(x)=x^2$ (veja seção 7.1 e 7.2) tem concavidade para cima em $\mathbb{R}$ e $\frac{1}{f(x)}=\frac{1}{x^2}$ tem concavidade para cima em $(-\infty,0)$ e em $(0,+\infty)$ (veja exercício 1b)). No entanto, em geral, não existe essa regra. Um exemplo, que pode levar a suspeitar da validade dessa regra, é $f(x)=x$ que tem concavidade neutra (de dois tipos) em $\mathbb{R}$, enquanto $\frac{1}{f(x)}=\frac{1}{x}$ tem concavidade para baixo em $(-\infty,0)$ e para cima em $(0,+\infty)$ (veja exercício 1a)). Um exemplo simples que refuta a relação entre duas concavidades é a função $f(x)=x^{1/3}$ que tem concavidade estrita para cima em $(-\infty,0]$ e estrita para baixo em $[0,+\infty)$ (veja exercício 1d)) e a função $\frac{1}{f(x)}=\frac{1}{x^{1/3}}$ com concavidade estrita para baixo em $(-\infty,0)$ e estrita para cima em $(0,+\infty)$ (veja exercício 1e)). Um outro exemplo é $f(x)=e^x-1$ que tem concavidade estrita para cima em $(-\infty,0)$ e $\frac{1}{f(x)}=\frac{1}{e^x-1}$ com concavidade estrita para baixo em $(-\infty,0)$.

4. Mostrar que uma função $f(x)$ côncava para cima em conjunto S do seu domínio, satisfaz a desigualdade de Jensen $f\left(\sum_{i=1}^n \lambda_i x_i\right) \le \sum_{i=1}^n \lambda_i f(x_i)$ para qualquer conjunto de pontos $x_1,\ldots,x_n\in S$ e conjunto de parâmetros não negativos $\lambda_i, i=1,\ldots,n$ tais que $\lambda_1+\ldots+\lambda_n=1$.

Solução.

Efetuamos a demonstração, usando a indução matemática. Para $n=1$ a desigualdade é uma tautologia e para $n=2$ ela é a expressão da concavidade de $f(x)$. Vamos supor que a desigualdade é válida para n e mostremos a sua validade para $n+1$. Se $\lambda_{n+1}=1$, então $\lambda_1=\ldots=\lambda_n=0$ e retornamos ao caso de um parâmetro. Se $\lambda_{n+1}<1$, então representamos o lado esquerdo, separando o último parâmetro e aplicamos a desigualdade válida para $n=2$:

$$f\left(\sum_{i=1}^{n+1}\lambda_i x_i\right)=f\left(\lambda_{n+1}x_{n+1}+(1-\lambda_{n+1})\sum_{i=1}^{n}\frac{\lambda_i}{1-\lambda_{n+1}}x_i\right)$$

$$\le \lambda_{n+1}f(x_{n+1})+(1-\lambda_{n+1})f\left(\sum_{i=1}^{n}\frac{\lambda_i}{1-\lambda_{n+1}}x_i\right)\equiv A$$

Agora, notando que os parâmetros $\mu_i=\frac{\lambda_i}{1-\lambda_{n+1}}$ são não negativos e que $\mu_1+\ldots+\mu_n=1$, aplicamos a hipótese da indução ao último termo e obtemos o resultado desejado:

$$A\le \lambda_{n+1}f(x_{n+1})+(1-\lambda_{n+1})\sum_{i=1}^{n}\frac{\lambda_i}{1-\lambda_{n+1}}f\left(x_i\right)=\sum_{i=1}^{n+1}\lambda_i f(x_i).$$

5. Usando a concavidade de e^x mostrar a desigualdade de Young $ab \leq \frac{a^p}{p} + \frac{b^q}{q}$, onde a, b são números não negativos e os parâmetros p, q são positivos ligados via relação $\frac{1}{p} + \frac{1}{q} = 1$.

Solução.

Se na desigualdade de Young um dos números a ou b é nulo, então o resultado é trivial. Vamos considerar o caso quando $ab > 0$. Lembramos que e^x é côncava estritamente para cima em $\mathbb{R}$ (veja exercício 1f)), o que significa, pela definição geral, que para quaisquer $x_1, x_2 \in \mathbb{R}$ e $t \in (0,1)$ é válida a desigualdade $e^{(1-t)x_1+tx_2} < (1-t)e^{x_1} + te^{x_2}$. Então representamos ab da seguinte maneira:

$$ab = e^{\ln ab} = e^{\ln a + \ln b} = \exp\left[(1-t)\frac{\ln a}{1-t} + t\frac{\ln b}{t}\right] \equiv A,$$

onde $t \in (0,1)$. Aplicando a concavidade de e^x com $x_1 = \frac{\ln a}{1-t}$ e $x_2 = \frac{\ln b}{t}$, obtemos a desigualdade de Young

$$A < (1-t)\exp\left[\frac{\ln a}{1-t}\right] + t\exp\left[\frac{\ln b}{t}\right] = (1-t)a^{\frac{1}{1-t}} + tb^{\frac{1}{t}},$$

onde $\frac{1}{1-t} = p > 0$ e $\frac{1}{t} = q > 0$, com a relação $\frac{1}{p} + \frac{1}{q} = (1-t) + t = 1$.

6. Usando a concavidade de $\ln x$ e a desigualdade de Jensen, provar a desigualdade entre médias geométricas e aritméticas $\left(\prod_{i=1}^n x_i\right)^{\frac{1}{n}} \leq \frac{1}{n}\sum_{i=1}^n x_i$, onde $x_i \geq 0$, $\forall i$.

Solução.

Se um dos números x_i é nulo, então o resultado é trivial. Vamos considerar o caso quando $x_i > 0$, $\forall i$. Lembramos que $\ln x$ é côncava estritamente para baixo em $(0, +\infty)$ (veja exercício 1g)), e, portanto, $-\ln x$ é côncava para cima em $(0, +\infty)$. Aplicando $-\ln x$ ao produto $\left(\prod_{i=1}^n x_i\right)^{\frac{1}{n}}$ e usando a desigualdade de Jensen com os parâmetros $\lambda_i = \frac{1}{n}$, $\forall i$ obtemos

$$-\ln\left(\prod_{i=1}^n x_i\right)^{\frac{1}{n}} = -\sum_{i=1}^n \frac{1}{n}\ln x_i \geq -\ln\left(\sum_{i=1}^n \frac{1}{n}x_i\right).$$

Multiplicando a desigualdade obtida por -1 e tomando a função exponencial dos dois lados, chegamos ao resultado desejado:

$$\left(\prod_{i=1}^n x_i\right)^{\frac{1}{n}} = \exp\left[\ln\left(\prod_{i=1}^n x_i\right)^{\frac{1}{n}}\right] \leq \exp\left[\ln\left(\sum_{i=1}^n \frac{1}{n}x_i\right)\right] = \frac{1}{n}\sum_{i=1}^n x_i.$$

Funções compostas

1. Encontrar funções compostas $g(f(x))$ e $f(g(x))$:
a) $f(x) = x^2 - 1$, $g(x) = \frac{1}{x-1}$;
b) $f(x) = \frac{1}{x+1}$, $g(x) = \frac{1}{x-1}$.

Solução.

a) $f(x) = x^2 - 1$, $g(x) = \frac{1}{x-1}$

Primeiro, determinamos o domínio e a imagem das duas funções separadamente. O domínio de $f(x)$ é $D_f = \mathbb{R}$ e a imagem é $I_f = [-1, +\infty)$. O domínio de $g(x)$ é $D_g = \mathbb{R}\backslash\{1\}$ e a imagem é $I_g = \mathbb{R}\backslash\{0\}$. Na forma abreviada, isso é denotado da seguinte maneira: $f(x) : D_f = \mathbb{R} \to I_f = [-1, +\infty)$ e $g(x) : D_g = \mathbb{R}\backslash\{1\} \to I_g = \mathbb{R}\backslash\{0\}$.

Agora consideremos a função composta $h(x) = g(f(x)) : D_h \to I_h$. Notamos que $I_f \not\subset D_g$, então precisamos restringir (reduzir) I_f o que se faz restringindo D_f. Para garantir a condição $I_f \subset D_g$ temos que eliminar de D_f os elementos cuja imagem é 1, isto é, aqueles x que satisfazem a relação $f(x) = x^2 - 1 = 1$, isto é, $x = \pm\sqrt{2}$. Então temos um novo domínio $\bar{D}_f = \mathbb{R}\backslash\{\pm\sqrt{2}\}$ de $f(x)$ que, sob a mesma fórmula $f(x) = x^2 - 1$, gera a nova imagem contida em D_g: $\bar{I}_f = [-1, +\infty)\backslash\{1\} \subset D_g$. A rigor, temos uma nova função $\bar{f}(x) : \bar{D}_f = \mathbb{R}\backslash\{\pm\sqrt{2}\} \to \bar{I}_f = [-1, +\infty)\backslash\{1\}$ (que muitas vezes é denotada pela mesma letra f). Com isso, temos as condições da composição de funções $g(\bar{f}(x))$ satisfeitas e obtemos a seguinte função composta: $h(x) = g(\bar{f}(x)) = g(x^2 - 1) = \frac{1}{x^2-2} : D_h = \bar{D}_f = \mathbb{R}\backslash\{\pm\sqrt{2}\} \to I_h \subset I_g = \mathbb{R}\backslash\{0\}$. Embora tenhamos feito a composição de g com a função modificada $\bar{f}$, na maioria dos casos (para simplificar notação) usamos f em vez de $\bar{f}$. Vamos seguir esse convênio nas notações posteriores.

A imagem I_h de $h(x) = g(\bar{f}(x))$ pode não conter todos os elementos de I_g, porque a imagem de $\bar{f}(x)$ não cobre todo o domínio de $g(x)$. Se precisarmos, podemos especificar essa imagem I_h sabendo a fórmula de $h(x)$ e o seu domínio D_h. Realmente, denotando os valores da imagem de y, temos a seguinte relação $\frac{1}{x^2-2} = y$. Para saber os elementos da imagem, temos que encontrar todos y para os quais a relação $\frac{1}{x^2-2} = y$ tem pelo menos um valor correspondente x do domínio. Em outras palavras, temos que verificar para os quais valores de y a equação $\frac{1}{x^2-2} = y$ em relação a incógnita x tem pelo menos uma solução em D_h. Notamos, primeiro, que para $y = 0$ não tem soluções dessa equação. Então podemos dividir por y sem perda de soluções. Isolando x, obtemos $x^2 = \frac{1}{y} + 2$. Como $x^2 \geq 0$, são admissíveis somente os valores de y que satisfazem a condição $\frac{1}{y} + 2 \geq 0$, ou seja $\frac{1}{y} \geq -2$ (para outros não tem x correspondente). Qualquer $y > 0$ satisfaz essa desigualdade. Se $y < 0$, então ela pode ser reescrita como $y \leq -\frac{1}{2}$. Portanto, os valores para os quais a equação quadrática $x^2 = \frac{1}{y} + 2$

tem soluções são $y > 0$ e $y \leq -\frac{1}{2}$. Assim, a imagem da função $h(x) = g(f(x))$ é $I_h = (-\infty, -\frac{1}{2}] \cup (0, +\infty)$.

Passamos agora para a composta $p(x) = f(g(x)) : D_p \to I_p$. Notamos que $I_g \subset D_f$, e, portanto, podemos construir $p(x)$ direto, sem ajustes: $f(g(x)) = f(\frac{1}{x-1}) = \frac{1}{(x-1)^2} - 1 : D_p = D_g = \mathbb{R}\backslash\{1\} \to I_p \subset I_f = [-1, +\infty)$. Embora não tenha preciso modificar g, só podemos afirmar que a imagem da composta está incluída em I_f, porque a imagem de $g(x)$ não cobre todo o domínio de $f(x)$. Se precisarmos, podemos especificar essa imagem I_p sabendo a fórmula de $p(x)$ e o seu domínio D_p. Outra maneira, mais simples nesse caso, é encontrar a imagem do ponto $0 \in D_f$ sob $f(x)$ (o único ponto que não pertence a I_g, mas pertence a D_f) e excluí-la da imagem da composta. Obviamente, $f(0) = -1$. Assim, a imagem de $p(x) = f(g(x))$ é $I_p = (-1, +\infty)$.

b) $f(x) = \frac{1}{x+1}$, $g(x) = \frac{1}{x-1}$

Primeiro, determinamos o domínio e a imagem das duas funções separadamente. O domínio de $f(x)$ é $D_f = \mathbb{R}\backslash\{-1\}$ e a imagem é $I_f = \mathbb{R}\backslash\{0\}$. O domínio de $g(x)$ é $D_g = \mathbb{R}\backslash\{1\}$ e a imagem é $I_g = \mathbb{R}\backslash\{0\}$. Na forma abreviada, temos: $f(x) : D_f = \mathbb{R}\backslash\{-1\} \to I_f = \mathbb{R}\backslash\{0\}$ e $g(x) : D_g = \mathbb{R}\backslash\{1\} \to I_g = \mathbb{R}\backslash\{0\}$.

Agora consideremos a função composta $h(x) = g(f(x)) : D_h \to I_h$. Notamos que $I_f \not\subset D_g$, então precisamos restringir (reduzir) I_f o que se faz restringindo D_f. Para garantir a condição $I_f \subset D_g$ temos que eliminar de D_f os elementos cuja imagem é 1, isto é, aqueles x que satisfazem a relação $f(x) = \frac{1}{x+1} = 1$, ou seja, $x = 0$. Então temos um novo domínio $\bar{D}_f = \mathbb{R}\backslash\{-1, 0\}$ de $f(x)$ que, sob a mesma fórmula $f(x) = \frac{1}{x+1}$, gera a nova imagem contida em D_g: $\bar{I}_f = \mathbb{R}\backslash\{0, 1\} \subset D_g$. Obtemos uma nova função $\bar{f}(x) : \bar{D}_f = \mathbb{R}\backslash\{-1, 0\} \to \bar{I}_f = \mathbb{R}\backslash\{0, 1\}$ que denotamos a seguir pela mesma letra f. Com isso, temos as condições da composição de funções $g(f(x))$ satisfeitas e obtemos a seguinte função composta: $h(x) = g(f(x)) = g(\frac{1}{x+1}) = \frac{x+1}{-x} : D_h = \bar{D}_f = \mathbb{R}\backslash\{-1, 0\} \to I_h \subset I_g = \mathbb{R}\backslash\{0\}$.

Por enquanto, só podemos afirmar que a imagem da composta está contida em I_g, porque a imagem de $f(x)$ não cobre todo o domínio de $g(x)$. Se precisarmos saber essa imagem, a maneira mais simples, nesse caso, é encontrar a imagem do ponto $0 \in D_g$ sob $g(x)$ (o único ponto que não pertence a $\bar{I}_f$, mas pertence a D_g) e excluí-la da imagem da composta. Obviamente, $g(0) = -1$. Assim, a imagem de $h(x) = g(f(x))$ é $I_h = \mathbb{R}\backslash\{-1, 0\}$.

Passamos agora para a segunda composta $p(x) = f(g(x)) : D_p \to I_p$. Notamos que $I_g \not\subset D_f$, então precisamos restringir (reduzir) I_g o que se faz restringindo D_g. Para garantir a condição $I_g \subset D_f$ temos que eliminar de D_g os elementos cuja imagem é -1, isto é, aqueles x que satisfazem a relação $g(x) = \frac{1}{x-1} = -1$, ou seja, $x = 0$. Então temos um novo domínio $\bar{D}_g = \mathbb{R}\backslash\{0, 1\}$ de $g(x)$

que, sob a mesma fórmula $g(x) = \frac{1}{x-1}$, gera a nova imagem contida em D_f: $\bar{I}_g = \mathbb{R}\backslash\{-1, 0\} \subset D_f$. Obtemos uma nova função $\bar{g}(x) : \bar{D}_g = \mathbb{R}\backslash\{0, 1\} \to \bar{I}_g = \mathbb{R}\backslash\{-1, 0\}$ que denotamos a seguir pela mesma letra g. Com isso, temos as condições da composição de funções $f(g(x))$ satisfeitas e obtemos a função composta $p(x) = f(g(x)) = f(\frac{1}{x-1}) = \frac{x-1}{x} : D_p = \bar{D}_g = \mathbb{R}\backslash\{0, 1\} \to I_p \subset I_f = \mathbb{R}\backslash\{0\}$.

Por enquanto, só podemos afirmar que a imagem da composta está contida em I_f, porque a imagem de $g(x)$ não cobre todo o domínio de $f(x)$. Se precisarmos saber essa imagem, a maneira mais simples, nesse caso, é encontrar a imagem do ponto $0 \in D_f$ sob $f(x)$ (o único ponto que não pertence a $\bar{I}_g$, mas pertence a D_f) e excluí-la da imagem da composta. Obviamente, $f(0) = 1$. Assim, a imagem de $p(x) = f(g(x))$ é $I_p = \mathbb{R}\backslash\{0, 1\}$.

Funções injetivas, sobrejetivas, bijetivas, inversas

1. Verificar se a função é bijetora; caso for necessário, realizar modificações mínimas da função (sem alterar a sua fórmula) para tornar ela bijetora; encontrar a inversa da função modificada:

a) $y = f(x) = \frac{1}{x+1} : X = \mathbb{R}\backslash\{-1\} \to Y = \mathbb{R}\backslash\{0\}$;
b) $y = f(x) = \frac{7x+4}{x} : X = \mathbb{R}\backslash\{0\} \to Y = \mathbb{R}\backslash\{7\}$;
c) $y = |x + 2| : X = \mathbb{R} \to Y = [0, +\infty)$;
d) $y = x^2 - 1$;
e) $y = \sqrt{x + 1}$;
f) $y = \frac{1}{2x-1}$;
g) $y = 1 + 12x - 4x^2$.

Solução.

a) $y = f(x) = \frac{1}{x+1} : X = \mathbb{R}\backslash\{-1\} \to Y = \mathbb{R}\backslash\{0\}$

Para encontrar a imagem da função, resolvemos a fórmula para a incógnita x: $x = \frac{1}{y} - 1$. Logo, para y são admissíveis todos os valores reais exceto 0, a imagem Y já indicada na definição da função, o que significa que a função é sobrejetora. Para mostrar que $f(x)$ é injetora, tomamos dois arbitrários valores do domínio $x_1, x_2 \in X$ e avaliamos $y_2 - y_1 = f(x_2) - f(x_1) = \frac{1}{x_2+1} - \frac{1}{x_1+1} = \frac{x_1-x_2}{(x_2+1)(x_1+1)}$. Disso segue que $y_1 = y_2$ se, e somente se, $x_1 = x_2$, o que significa que a função é injetora. Então, $f(x)$ é bijetora e a sua inversa é $x = g(y) = \frac{1}{y} - 1 : \mathbb{R}\backslash\{0\} \to \mathbb{R}\backslash\{-1\}$. Podemos, também, verificar as propriedades $g(f(x)) = x$, $\forall x \in X$ e $f(g(y)) = y$, $\forall y \in Y$. Para a primeira, temos $g(f(x)) = g\left(\frac{1}{x+1}\right) = \frac{1}{\frac{1}{x+1}} - 1 = x + 1 - 1 = x, \forall x \in X$ e a segunda se verifica com a mesma facilidade.

b) $y = f(x) = \frac{7x+4}{x} : X = \mathbb{R}\backslash\{0\} \to Y = \mathbb{R}\backslash\{7\}$

Para encontrar a imagem da função, resolvemos a fórmula para a incógnita x: $x = \frac{4}{y-7}$. Logo, para y são admissíveis todos os valores reais exceto 7, a imagem

Y já indicada na definição da função, o que significa que a função é sobrejetora. Para mostrar que $f(x)$ é injetora, tomamos dois arbitrários valores do domínio $x_1, x_2 \in X$ e avaliamos $y_2 - y_1 = f(x_2) - f(x_1) = 7 + \frac{4}{x_2} - \left(7 + \frac{4}{x_1}\right) = \frac{4(x_1 - x_2)}{x_2 x_1}$. Então, fica evidente que $y_1 = y_2$ se, e somente se, $x_1 = x_2$, o que significa que a função é injetora. Portanto, $f(x)$ é bijetora e a sua inversa é $x = g(y) = \frac{4}{y-7} : \mathbb{R}\backslash\{7\} \to \mathbb{R}\backslash\{0\}$. Podemos, também, verificar as propriedades $g(f(x)) = x$, $\forall x \in X$ e $f(g(y)) = y$, $\forall y \in Y$. Para a primeira, temos $g(f(x)) = g\left(\frac{7x+4}{x}\right) = \frac{4}{\left(\frac{7x+4}{x}\right)-7} = \frac{4}{\frac{7x+4-7x}{x}} = \frac{4x}{4} = x, \forall x \in X$ e a segunda se verifica com a mesma facilidade.

c) $y = |x+2| : X = \mathbb{R} \to Y = [0, +\infty)$

Para encontrar a imagem da função, abrimos o módulo de acordo com a sua definição: se $x \geq -2$ então $y = |x+2| = x+2$ e a imagem dessa parte é $[0, +\infty)$; se $x \leq -2$ então $y = |x+2| = -x-2$ e a imagem da segunda parte também é $[0, +\infty)$. Assim, a imagem da função é $Y = [0, +\infty)$, o conjunto dado na definição, e a função é sobrejetora. Mas ela não é injetora, porque os pontos x e $-x-4$ tem a mesma imagem: $f(-x-4) = |-x-4+2| = |x+2| = f(x)$. Por outro lado, em cada um dos intervalos $(-\infty, -2]$ e $[-2, +\infty)$ a função assume a forma de uma função linear (estritamente decrescente no primeiro intervalo e crescente no segundo) e, portanto, ela é injetora em cada um desses intervalos. Restringindo, por exemplo, o seu domínio ao intervalo $[-2, +\infty)$, a função se torna bijetora: $y = f(x) = |x+2| = x+2 : \tilde{X} = [-2, +\infty) \to Y = [0, +\infty)$ e a sua inversa é $x = g(y) = y - 2 : Y = [0, +\infty) \to \tilde{X} = [-2, +\infty)$. Verificando a propriedade $g(f(x)) = x$, $\forall x \in \tilde{X}$, obtemos $g(f(x)) = g(|x+2|) = g\,(x+2) = x + 2 - 2 = x, \forall x \in \tilde{X}$. A propriedade $f(g(y)) = y$, $\forall y \in Y$ se verifica com a mesma facilidade.

Uma outra opção de obter a função bijetiva é via escolha do domínio $(-\infty, -2]$: $y = f(x) = |x+2| = -x-2 : \bar{X} = (-\infty, -2] \to Y = [0, +\infty)$ com a inversa $x = g(y) = -y - 2 : Y = [0, +\infty) \to \bar{X} = (-\infty, -2]$.

d) $y = x^2 - 1$

Primeiro, notamos que o domínio dessa função é $X = \mathbb{R}$. Depois encontramos a imagem Y. O menor valor que a função pode assumir é $f(0) = -1$, quando o termo quadrático se anula. Se $x \neq 0$, então a constante -1 é adicionada uma grandeza positiva e, por isso, $f(x) > -1$. Logo, a imagem está contida no intervalo $[-1, +\infty)$. Para mostrar que todos os pontos desse intervalo pertencem a imagem, temos que resolver a equação $y = x^2 - 1$ em relação a incógnita x para qualquer $y \geq -1$ dado. Obviamente, a solução se encontra na forma $x = \pm\sqrt{y+1}$ o que confirma que a imagem $Y = [-1, +\infty)$. Com os domínio e imagem especificados, a função dada é sobrejetora. No entanto, ela não é injetora, uma vez que para x e $-x$ corresponde o mesmo valor da função: $f(-x) =$

$(-x)^2-1 = x^2-1 = f(x)$. Como x e $-x$ são simétricos em relação a 0, escolhendo uma das partes do domínio, $(-\infty, 0]$ ou $[0, +\infty)$, obtemos o conjunto sem pontos simétricos em relação à origem. Como a função é estritamente monôtona em qualquer um dos dois intervalos (decrescente em $(-\infty, 0]$ e crescente em $[0, +\infty)$), ela é injetora em qualquer um dos dois. Se escolhemos $\tilde{X} = (-\infty, 0]$, então a função $f(x) = x^2 - 1 : \tilde{X} = (-\infty, 0] \to Y = [-1, +\infty)$ é bijetora e admite a inversa na forma $x = g(y) = -\sqrt{y+1} : Y = [-1, +\infty) \to \tilde{X} = (-\infty, 0]$.

A segunda opção é escolher $\bar{X} = [0, +\infty)$, o que dá a função bijetora $f(x) = x^2 - 1 : \bar{X} = [0, +\infty) \to Y = [-1, +\infty)$ com a inversa $x = g(y) = \sqrt{y+1} : Y = [-1, +\infty) \to \bar{X} = [0, +\infty)$.

e) $y = \sqrt{x+1}$

Primeiramente, determinamos o domínio – $X = [-1, +\infty)$. Como a raiz quadrada sempre tem os valores não negativos, então decidimos que a imagem é contida em $[0, +\infty)$ e o valor 0 é atingível no ponto $x = -1$. Vamos mostrar que qualquer ponto desse intervalo pertence à imagem Y da função. Realmente, tomando qualquer $y \geq 0$ e resolvendo a equação $y = \sqrt{x+1}$ em relação a x, temos solução $x = y^2 - 1 \in [-1, +\infty)$. Logo, $Y = [0, +\infty)$ e a função é sobrejetora com o domínio e imagem especificados. Vamos verificar se ela é injetora. Tomamos quaisquer $x_1, x_2 \in X$, $x_1 \neq x_2$ e observamos que $x_1+1 \neq x_2+1$ e então $\sqrt{x_1+1} \neq \sqrt{x_2+1}$. Por isso, a função é injetora no seu domínio. Como $f(x) = \sqrt{x+1} : X = [-1, +\infty) \to Y = [0, +\infty)$ é bijetora, ela admite a inversa que tem a forma $x = g(y) = y^2 - 1 : Y = [0, +\infty) \to X = [-1, +\infty)$.

f) $y = \frac{1}{2x-1}$

Primeiro, determinamos o domínio – $X = \mathbb{R}\backslash\{\frac{1}{2}\}$. A imagem não contém 0, porque o numerador nunca se anula. Vamos ver se outros pontos estão incluídos na imagem, resolvendo a fórmula em relação a x: $x = \frac{1}{2y} + \frac{1}{2}$, $\forall y \neq 0$. Então a imagem é $Y = \mathbb{R}\backslash\{0\}$. Vamos verificar se a função $y = \frac{1}{2x-1} : X = \mathbb{R}\backslash\{\frac{1}{2}\} \to Y = \mathbb{R}\backslash\{0\}$ é injetora. Tomamos dois valores do domínio $x_1, x_2 \in X$ e comparamos os valores correspondentes da função $y_1 = \frac{1}{2x_1-1} = \frac{1}{2x_2-1} = y_2$. Dessa igualdade segue que $2x_1 - 1 = 2x_2 - 1$ e então $x_1 = x_2$, ou seja, $y_1 = y_2$ se, e somente se, $x_1 = x_2$, o que significa que a função é injetora. Portanto, $f(x) = \frac{1}{2x-1} : X = \mathbb{R}\backslash\{\frac{1}{2}\} \to Y = \mathbb{R}\backslash\{0\}$ é bijetora e admite a inversa na forma $x = g(y) = \frac{1}{2y} + \frac{1}{2} : Y = \mathbb{R}\backslash\{0\} \to X = \mathbb{R}\backslash\{\frac{1}{2}\}$.

g) $y = 1 + 12x - 4x^2$

O domínio dessa função são todos os reais, $X = \mathbb{R}$. A sua imagem é mais simples determinar usando a forma canônica de uma parábola $y = 10 - (2x-3)^2$. Então fica claro que a função assume o maior valor no ponto $x = \frac{3}{2}$: $y(\frac{3}{2}) = 10$. Todos outros valores são menores que esse, porque um quadrado (não nulo) é subtraído de 10. Assim, a imagem é contida em $(-\infty, 10]$. Vamos mostrar que todo esse intervalo é a imagem da função. Tomamos qualquer $y \in (-\infty, 10]$ e resolvemos a equação $y = 10 - (2x-3)^2$ para incógnita x: $x = \frac{3}{2} \pm \frac{1}{2}\sqrt{10-y}$. Então $Y = (-\infty, 10]$. Notamos que a função $f(x) = 1 + 12x - 4x^2 : X = \mathbb{R} \to Y = (-\infty, 10]$ não é injetora, uma vez que assume o mesmo valor nos pontos $\frac{3}{2} - x$ e $\frac{3}{2} + x$: $f(\frac{3}{2} - x) = 10 - (2 \cdot (\frac{3}{2} - x) - 3)^2 = 10 - (-2x)^2 = 10 - (2x)^2 = 10 - (2 \cdot (\frac{3}{2} + x) - 3)^2 = f(\frac{3}{2} + x)$. Como esses pontos são simétricos em relação a $\frac{3}{2}$, podemos esperar que $f(x)$ é injetora num dos intervalos $(-\infty, \frac{3}{2}]$ ou $[\frac{3}{2}, +\infty)$. Realmente, $f(x)$ é estritamente monótona em cada um desses intervalos (crescente em $(-\infty, \frac{3}{2}]$ e decrescente em $[\frac{3}{2}, +\infty)$), e, portanto, ela é injetora em qualqer um dos dois intervalos. Vamos escolher $\tilde{X} = (-\infty, \frac{3}{2}]$. Então a função $f(x) = 1 + 12x - 4x^2 : \tilde{X} = (-\infty, \frac{3}{2}] \to Y = (-\infty, 10]$ é bijetora e admite a inversa. Para encontrar a inversa resolvemos a fórmula $y = 10 - (2x-3)^2$ em relação a x: $x = \frac{3}{2} \pm \frac{1}{2}\sqrt{10-y}$ e escolhemos aquela solução que é contida no intervalo $(-\infty, \frac{3}{2}]$. Assim, a função inversa é $x = g(y) = \frac{3}{2} - \frac{1}{2}\sqrt{10-y} : Y = (-\infty, 10] \to \tilde{X} = (-\infty, \frac{3}{2}]$.

Outra opção para obter a bijetora é via escolha do domínio $\bar{X} = [\frac{3}{2}, +\infty)$, o que resulta na função inversível $f(x) = 1 + 12x - 4x^2 : \bar{X} = [\frac{3}{2}, +\infty) \to Y = (-\infty, 10]$. Neste caso, a inversa é $x = g(y) = \frac{3}{2} + \frac{1}{2}\sqrt{10-y} : Y = (-\infty, 10] \to \bar{X} = [\frac{3}{2}, +\infty)$

2. Determine o menor valor de b em $B = \{y \in \mathbb{R} : y \geq b\}$ de modo que a função $f(x) = x^2 - 4x + 6$ de $\mathbb{R}$ em B seja sobrejetora.

Solução.

Escrevendo a função na forma $y = f(x) = (x-2)^2 + 2$, notamos que $y \geq 2$ e qualquer y que satisfaça essa condição peretence à imagem: $(x-2)^2 + 2 = y$ equivale a $(x-2)^2 = y - 2$ e a última equação tem solução de x para qualquer $y \geq 2$. Assim, $b = 2$.

3. Determine o menor valor de a em $A = \{x \in \mathbb{R} : x \geq a\}$ de modo que a função $f(x) = 2x^2 - 3x + 4$ de A em $\mathbb{R}$ seja injetora.

Solução.

Escrevendo a função na forma $y = f(x) = 2(x - \frac{3}{4})^2 + \frac{23}{8}$, notamos que para qualquer valor $x = \frac{3}{4} + t$, $t \neq 0$ existe o ponto $\bar{x} = \frac{3}{4} - t$ simétrico em relação a $\frac{3}{4}$ tal que o valor da função nesses dois pontos é o mesmo: $f(x) = 2(\frac{3}{4} + t - \frac{3}{4})^2 + \frac{23}{8} = 2t^2 + \frac{23}{8} = 2(-t)^2 + \frac{23}{8} = 2(\frac{3}{4} - t - \frac{3}{4})^2 + \frac{23}{8} = f(\bar{x})$. Então, para eliminar essa repetição, temos que tomar intervalo $[\frac{3}{4}, +\infty)$ ou $(-\infty, \frac{3}{4}]$ do domínio da função. Como a condição a ser satisferita é $x \geq a$, então escolhemos $[\frac{3}{4}, +\infty)$. Vamos nos certificar que nesse intervalo a função $f(x) = 2x^2 - 3x + 4$ é injetora. Tomamos dois pontos diferentes $x_1, x_2 \in [\frac{3}{4}, +\infty)$ e tentamos resolver a equação $f(x_1) = 2x_1^2 - 3x_1 + 4 = 2x_2^2 - 3x_2 + 4 = f(x_2)$. Simplificando, temos

$2(x_2^2 - x_1^2) - 3(x_2 - x_1) = 0$ ou $(x_2 - x_1)(2(x_2 + x_1) - 3) = 0$. Como $x_1 \neq x_2$, temos a única opção $x_2 + x_1 = \frac{3}{2}$. Mas como $x_1, x_2 \geq \frac{3}{4}$ e $x_1 \neq x_2$, então a última equação não tem soluções. Portanto, não tem pontos em $[\frac{3}{4}, +\infty)$ onde a função repete seus valores e, consequentemente, ela é injetora. (Esse resultado pode ser deduzido, também, do decrescimento estrito de $f(x)$ no intervalo $(-\infty, \frac{3}{4}]$ e crescimento estrito no intervalo $[\frac{3}{4}, +\infty)$ o que também é simples de demonstrar.)

Estudo de funções

Nesse grupo de exercícios, aplicamos diferentes propriedades de funções estudadas até o momento para analisar o comportamento da função dada e fazer esboço do seu gráfico. O esquema de investigação segue os padrões de Cálculo e Análise, embora numa forma simplificada. Dada a definição analítica (fórmula) de uma função, efetuamos os seguintes passos da investigação:
1) identificamos o domínio e a imagem,
2) encontramos pontos de interseção com os eixos de coordenadas e as regiões onde a função mantém o mesmo sinal,
3) determinamos se a função é limitada ou não,
4) verificamos as propriedades de simetria (paridade e periodicidade),
5) investigamos monotonia e extremos,
6) investigamos concavidade e pontos de inflexão,
7) desenhamos o gráfico com base nas propriedades reveladas.
Cabe notar que nem todos desses passos são obrigatórios e executáveis para funções elementares: para algumas funções simples os resultados podem ser óbvios, mas para outras a investigação de algumas propriedades pode ser um problema técnico complicado, especialmente visto que podemos usar somente ferramentas rudimentares de Pré-Cálculo, estudadas neste texto. Mesmo quando todos os passos podem ser efetuados, a sua ordem não é rígida e, dependendo do tipo da função, pode ser mais conveniente trocar a sequência das propriedades estudadas, porque algumas propriedades mais avançadas (como monotonia e extremos) podem oferecer informações relevantes sobre propriedades precedentes, descartando então a investigação separada das últimas, o que pode dar um alívio técnico visível.

Problema A. Fazer análise da função $f(x) = x^4 - 4x^2 + 3$ e dar esboço do seu gráfico a partir das propriedades investigadas.

Solução.

1. Domínio e imagem. Começamos da determinação do domínio. Uma vez que o domínio não está definido explicitamente, ele consiste em todos os valores para os quais a fórmula da função tem sentido. Qualquer função polinomial,

inclusive a dada, envolve operações executáveis em qualquer ponto e, por isso, está definida em todos os reais, ou seja, $X = \mathbb{R}$.

Para determinar a imagem, representamos a função na forma $f(x) = (x^2 - 2)^2 - 1$. Isso evidencia que $f(x) \geq -1$ e que os menores valores $f(x)$ assume nos pontos $x = \pm\sqrt{2}$: $f(\pm\sqrt{2}) = -1$. Logo, a imagem Y é contida no intervalo $[-1, +\infty)$. Para mostrar que qualquer ponto desse intervalo pertence à imagem, resolvemos a equação $y = (x^2 - 2)^2 - 1$ em relação à incógnita x para qualquer $y \geq -1$ dado. Reescrevemos a equação na forma $(x^2 - 2)^2 = y + 1$ e ainda $x^2 - 2 = \pm\sqrt{y+1}$ ou $x^2 = 2 \pm \sqrt{y+1}$. Para evitar situações não resolvíveis, quando o lado direito fica negativo, escolhemos somente raiz com sinal positivo e temos, então, a solução $x = \pm\sqrt{2 + \sqrt{y+1}}$. Assim, a qualquer $y \geq -1$ corresponde pelo menos um x do domínio (na realidade, temos pelo menos dois) tal que a função transforma em y dado. Portanto, $Y = [-1, +\infty)$.

2. Pontos de interseção com eixos e sinal específico da função. O ponto de interseção com o eixo Oy é $P_0 = (0, 3)$. Para encontrar pontos de interseção com Ox, é necessário resolver a equação $(x^2 - 2)^2 - 1 = 0$. Resolvendo da mesma maneira, como na determinação da imagem, encontramos, primeiro, $x^2 = 2 \pm 1$. Aqui, o lado direito é positivo em ambos os casos e, portanto, encontramos as quatro raízes $x = \pm\sqrt{2 \pm 1}$, isto é, $x = -\sqrt{3}, -1, 1, \sqrt{3}$.

Usando a forma $f(x) = (x^2 - 2)^2 - 1$ é fácil também decidir sobre o sinal do polinômio:

1) se $x < -\sqrt{3}$, então $f(x) > 0$;
2) se $-\sqrt{3} < x < -1$, então $f(x) < 0$;
3) se $-1 < x < 1$, então $f(x) > 0$;
4) se $1 < x < \sqrt{3}$, então $f(x) < 0$;
5) se $x > \sqrt{3}$, então $f(x) > 0$.

3. Limitação. Como a imagem é $Y = [-1, +\infty)$, a função é limitada inferiormente e é ilimitada superiormente.

4. Simetrias. Como $f(-x) = (-x)^4 - 4(-x)^2 + 3 = x^4 - 4x^2 + 3 = f(x)$, $\forall x \in \mathbb{R}$, então a função é par e o seu gráfico é simétrico em relação ao eixo Oy. Por essa razão, podemos inicialmente realizar o estudo para os valores $x \geq 0$, completando a parte negativa no final pela propriedade da simetria.

Deixamos a verificação de periodicidade para depois de estudo de monotonia.

5. Monotonia e extremos. Tomamos $0 \leq x_1 < x_2$ e avaliamos a diferença $D_1 = f(x_2) - f(x_1)$:

$$D_1 = f(x_2) - f(x_1) = (x_2^4 - 4x_2^2 + 3) - \left(x_1^4 - 4x_1^2 + 3\right) = (x_2^4 - x_1^4) - 4(x_2^2 - x_1^2)$$

$$= (x_2^2 - x_1^2)(x_2^2 + x_1^2) - 4(x_2^2 - x_1^2) = (x_2^2 - x_1^2)(x_2^2 + x_1^2 - 4).$$

Na última expressão, o primeiro fator é positivo e, então, o sinal de D_1 depende só do segundo fator. Da forma desse fator fica claro que seu sinal é bem determinado nas duas regiões: no intervalo $[0, \sqrt{2}]$ e no intervalo $[\sqrt{2}, +\infty)$. No primeiro intervalo, $x_2 \leq \sqrt{2}$ e, portanto, $x_2^2 + x_1^2 - 4 < 0$, enquanto no segundo, $x_1 \geq \sqrt{2}$ e, por isso, $x_2^2 + x_1^2 - 4 > 0$. Consequentemente, no intervalo $[0, \sqrt{2}]$ temos $D_1 < 0$ e $f(x)$ estritamente decrescente, e no intervalo $[\sqrt{2}, +\infty)$ temos $D_1 > 0$ e $f(x)$ estritamente crescente.

Podemos agora estender as propriedades de monotonia estabelecidas no intervalo $[0, +\infty)$ para o intervalo $(-\infty, 0]$, de acordo com a propriedade da paridade:
1) $f(x)$ é decrescente em $(-\infty, -\sqrt{2}]$;
2) $f(x)$ é crescente em $[-\sqrt{2}, 0]$;
3) $f(x)$ é decrescente em $[0, \sqrt{2}]$;
4) $f(x)$ é crescente em $[\sqrt{2}, +\infty)$.
Consequentemente, os pontos $x = \pm\sqrt{2}$ são mínimos locais e o ponto $x = 0$ é o máximo local. Como foi mostrado no estudo da imagem, os pontos $x = \pm\sqrt{2}$ são mínimos globais. O ponto $x = 0$ não é máximo global, porque a imagem não é limitada superiormente (por exemplo, compare $f(10)$ e $f(0)$).

A outra implicância direta da monotonia é que do crescimento estrito no intervalo infinito $[\sqrt{2}, +\infty)$ segue que $f(x)$ não é periódica.

6. Concavidade e inflexão. Tomamos dois pontos aribtrários tais que $0 \leq x_1 < x_2$, definimos o ponto médio $x_0 = \frac{x_1+x_2}{2}$ e o incremento $h = x_2 - x_0 = x_0 - x_1 > 0$, e usamos a grandeza $2D_2 \equiv f(x_1) + f(x_2) - 2f(x_0)$, para avaliar a diferença entre o valor médio da secante $\frac{f(x_1)+f(x_2)}{2}$ e o valor da função no ponto médio $f(x_0)$. Aproveitando a expressão encontrada para D_1, obtemos:

$$\begin{aligned}
2D_2 = f(x_1) + f(x_2) - 2f(x_0) &= (f(x_2) - f(x_0)) - (f(x_0) - f(x_1)) \\
&= (x_2^2 - x_0^2)\left(x_2^2 + x_0^2 - 4\right) - (x_0^2 - x_1^2)\left(x_0^2 + x_1^2 - 4\right) \\
&= h(x_2 + x_0)\left(x_2^2 + x_0^2 - 4\right) - h(x_0 + x_1)\left(x_0^2 + x_1^2 - 4\right) \\
&= h\left[(2x_0 + h)\left((x_0 + h)^2 + x_0^2 - 4\right) - (2x_0 - h)\left(x_0^2 + (x_0 - h)^2 - 4\right)\right] \\
&= h\left[2x_0\left((x_0 + h)^2 + x_0^2 - 4 - x_0^2 - (x_0 - h)^2 + 4\right)\right. \\
&\quad \left. + h\left((x_0 + h)^2 + x_0^2 - 4 + x_0^2 + (x_0 - h)^2 - 4\right)\right] \\
&= h\left[2x_0 \cdot 4x_0 h + h\left(4x_0^2 + 2h^2 - 8\right)\right] = 2h^2(6x_0^2 + h^2 - 4).
\end{aligned}$$

A escolha de x_0 determina o sinal do segundo fator, e a divisão entre valores positivos e negativos ocorre nos pontos $6x_0^2 = 4$, ou seja, $x_0 = \pm\sqrt{\frac{2}{3}}$. Consideremos primeiro x não negativos. Então, temos o único ponto da divisão $x_0 = \sqrt{\frac{2}{3}}$. No intervalo $[0, \sqrt{\frac{2}{3}}]$ temos $x_2 \leq \sqrt{\frac{2}{3}}$ ou $x_0 + h \leq \sqrt{\frac{2}{3}}$, o que implica em $(x_0 + h)^2 \leq \frac{2}{3}$ ou $x_0^2 + h^2 \leq \frac{2}{3} - 2x_0h$ e, portanto, $6x_0^2 + h^2 < 4$. Nesse caso, o segundo fator é negativo e, portanto, $D_2 < 0$ o que significa que $f(x)$ é côncava para baixo em $[0, \sqrt{\frac{2}{3}}]$. No intervalo $[\sqrt{\frac{2}{3}}, +\infty)$ temos $x_1 \geq \sqrt{\frac{2}{3}}$ e então $x_0 > \sqrt{\frac{2}{3}}$ e $6x_0^2 > 4$. Logo, o segundo fator é positivo e, portanto, $D_2 > 0$ o que mostra que $f(x)$ é côncava para cima em $[\sqrt{\frac{2}{3}}, +\infty)$.

Estendendo esses resultados de acordo com a paridade da função, obtemos as seguintes propriedades de concavidade:

1) $f(x)$ é côncava para cima em $(-\infty, -\sqrt{\frac{2}{3}}]$;

2) $f(x)$ é côncava para baixo em $[-\sqrt{\frac{2}{3}}, 0]$;

3) $f(x)$ é côncava para baixo em $[0, \sqrt{\frac{2}{3}}]$;

4) $f(x)$ é côncava para cima em $[\sqrt{\frac{2}{3}}, +\infty)$.

Como a função muda o tipo de concavidade nos pontos $x = \pm\sqrt{\frac{2}{3}}$, esses pontos são os pontos de inflexão.

Como foi mostrado em Observação 1 da Propriedade 1 na seção 7.5, em geral, uma função com a mesma concavidade nos intervalos $[-b, 0]$ e $[0, b]$ não necessariamente preserva essa concavidade no intervalo inteiro $[-b, b]$. Portanto, não podemos deduzir direto que $f(x)$ é côncava para baixo em $[-\sqrt{\frac{2}{3}}, \sqrt{\frac{2}{3}}]$. No entanto, a função dada mantém o mesmo tipo da concavidade em todo o intervalo $[-\sqrt{\frac{2}{3}}, \sqrt{\frac{2}{3}}]$, mas para provar isso, precisamos fazer avaliações adicionais. Vamos voltar à expressão obtida $D_2 = h^2(6x_0^2 + h^2 - 4)$ e consideramos agora tais pontos que $-\sqrt{\frac{2}{3}} \leq x_1 = x_0 - h < x_0 + h = x_2 \leq \sqrt{\frac{2}{3}}$. A desigualdade esquerda e direita implicam que $(x_0 - h)^2 \leq \frac{2}{3}$ e $(x_0 + h)^2 \leq \frac{2}{3}$, respectivamente. Então, $(x_0 - h)^2 + (x_0 + h)^2 \leq \frac{4}{3}$ ou $2x_0^2 + 2h^2 \leq \frac{4}{3}$ ou ainda $6x_0^2 + 6h^2 \leq 4$. A última desigualdade garante que $6x_0^2 + h^2 - 4 < 0$ e, portanto, $D_2 < 0$. Isso significa que $f(x)$ é côncava para baixo em $[-\sqrt{\frac{2}{3}}, \sqrt{\frac{2}{3}}]$.

O mesmo resultado sobre concavidade no intervalo $[-\sqrt{\frac{2}{3}}, \sqrt{\frac{2}{3}}]$ pode ser deduzido também da seguinte afirmação geral: se $f(x)$ é côncava para baixo nos intervalos $[a, b]$ e $[b, d]$, e o ponto $x = b$ é o máximo local, então $f(x)$ é côncava para baixo no intervalo inteiro $[a, d]$. No entanto, a demonstração desse resultado é apresentada somente na seção 4.1 do Capítulo 3.

7. Finalmente, com base nas propriedades investigadas e com marcação de alguns pontos importantes, como $P_0 = (0, 3)$ (interseção com Oy e máximo local), $P_1 = (-\sqrt{3}, 0)$, $P_2 = (-1, 0)$, $P_3 = (1, 0)$ e $P_4 = (\sqrt{3}, 0)$ (interseção com Ox),

$P_5 = (-\sqrt{2}, -1)$ e $P_6 = (\sqrt{2}, -1)$ (mínimos locais e globais), $P_7 = (-\sqrt{\frac{2}{3}}, \frac{7}{9})$ e $P_8 = (\sqrt{\frac{2}{3}}, \frac{7}{9})$ (pontos de inflexão), construímos o gráfico mostrado na Fig.2.83.

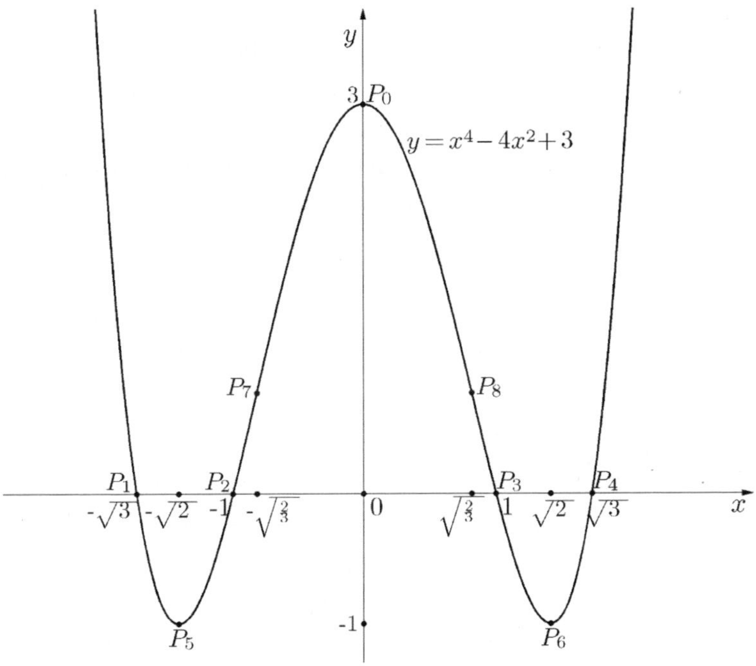

Figura 2.83 O gráfico da função $f(x) = x^4 - 4x^2 + 3$.

Problema B. Fazer análise da função $f(x) = \frac{x}{1+x^2}$ e esboçar o seu gráfico a partir das propriedades investigadas

Solução.

1. Domínio e imagem. O domínio consiste de todos os valores para os quais a fórmula da função tem sentido. Qualquer função racional é definida em todos os pontos onde seu denominador não se anula. Mas o denominador $1 + x^2$ é diferente de 0 em todos os pontos e, por isso, a função está definida em todos os reais: $X = \mathbb{R}$.

Para determinar a imagem, vamos verificar quando a equação $\frac{x}{1+x^2} = y$ para incógnita x tem soluções. Reescrevendo a última na forma canônica de uma equação quadrática $yx^2 - x + y = 0$, encontramos suas soluções na forma $x = \frac{1}{2}(1 \pm \sqrt{1 - 4y^2}$. Então, raízes reais existem se, e somente se, $y \in [-\frac{1}{2}, \frac{1}{2}]$. Assim, a imagem da função é $Y = [-\frac{1}{2}, \frac{1}{2}]$.

2. Pontos de interseção com eixos e sinal específico da função. O ponto de interseção com o eixo Oy é $P_0 = (0, 0)$ e ele também é o único ponto de interseção com Ox.

O sinal da função é determinado unicamente pelo numerador, que mostra que $f(x) < 0$ quando $x < 0$ e que $f(x) > 0$ quando $x > 0$.

3. Limitação. Como a imagem é $Y = [-\frac{1}{2}, \frac{1}{2}]$, a função é limitada.

4. Simetrias. Como $f(-x) = \frac{-x}{1+(-x)^2} = -\frac{x}{1+x^2} = -f(x)$, $\forall x \in \mathbb{R}$, então a função é ímpar e o seu gráfico é simétrico em relação à origem. Por essa razão, podemos continuar com o estudo somente dos valores $x \geq 0$, completando a parte negativa no final pela propriedade da simetria.

Deixamos a verificação de periodicidade para depois do estudo de monotonia.

5. Monotonia e extremos. Tomamos $0 \leq x_1 < x_2$ e avaliamos a diferença $D_1 = f(x_2) - f(x_1)$:

$$D_1 = f(x_2) - f(x_1) = \frac{x_2}{1+x_2^2} - \frac{x_1}{1+x_1^2} = \frac{x_2(1+x_1^2) - x_1(1+x_2^2)}{(1+x_2^2)(1+x_1^2)}$$

$$= \frac{(x_2 - x_1) + x_2 x_1(x_1 - x_2)}{(1+x_2^2)(1+x_1^2)} = \frac{x_2 - x_1}{(1+x_2^2)(1+x_1^2)} \cdot (1 - x_2 x_1).$$

Na última expressão, o primeiro fator sempre é positivo e, portanto, o sinal de D_1 depende só do fator $1 - x_2x_1$. Obviamente, esse fator tem sinal diferente nos intervalos $[0, 1]$ e $[1, +\infty)$. De fato, se $x_2 \leq 1$, então $1 - x_2x_1 > 0$ e, consequentemente, $D_1 > 0$. Por outro lado, se $x_1 \geq 1$, então $1 - x_2x_1 < 0$ e, por isso, $D_1 < 0$. Assim, no intervalo $[0, 1]$ a função cresce estritamente, enquanto em $[1, +\infty)$ ela decresce estritamente.

Estendendo esses resultados de acordo com a imparidade da função, obtemos as seguintes propriedades de monotonia:

1) $f(x)$ decresce estritamente no intervalo $(-\infty, -1]$;
2) $f(x)$ cresce estritamente no intervalo $[-1, 1]$;
3) $f(x)$ decresce estritamente no intervalo $[1, +\infty)$.

Consequentemente, o ponto $x = -1$ é o mínimos local, enquanto o ponto $x = 1$ é o máximo local. Como $f(-1) = -\frac{1}{2}$ e $f(1) = \frac{1}{2}$, os mesmos pontos são extremos globais, de acordo com a especificação da imagem $Y = [-\frac{1}{2}, \frac{1}{2}]$.

Outra implicância direta da monotonia é que do decrescimento estrito no intervalo infinito $[1, +\infty)$ segue que $f(x)$ não é periódica.

6. Concavidade e inflexão. Tomamos dois pontos aribtrários $0 \leq x_1 < x_2$, denotamos o ponto médio $x_0 = \frac{x_1+x_2}{2}$ e o incremento $h = x_2 - x_0 = x_0 - x_1 > 0$, e usamos a grandeza $2D_2 \equiv f(x_1) + f(x_2) - 2f(x_0)$, para avaliar a diferença entre o valor médio da secante $\frac{f(x_1)+f(x_2)}{2}$ e o valor da função no ponto médio $f(x_0)$. Aproveitando a expressão encontrada para D_1, temos:

$$2D_2 = f(x_1) + f(x_2) - 2f(x_0) = (f(x_2) - f(x_0)) - (f(x_0) - f(x_1))$$

$$=\frac{(x_2-x_0)(1-x_2x_0)}{(1+x_2^2)(1+x_0^2)}-\frac{(x_0-x_1)(1-x_0x_1)}{(1+x_0^2)(1+x_1^2)}=\frac{h}{1+x_0^2}\left(\frac{1-x_2x_0}{1+x_2^2}-\frac{1-x_0x_1}{1+x_1^2}\right)$$

$$=\frac{h}{1+x_0^2}\cdot\frac{(1-x_2x_0)(1+x_1^2)-(1-x_0x_1)(1+x_2^2)}{(1+x_2^2)(1+x_1^2)}\equiv\frac{h}{1+x_0^2}\cdot\frac{A}{(1+x_2^2)(1+x_1^2)}.$$

A expressão $A=(1-x_2x_0)(1+x_1^2)-(1-x_0x_1)(1+x_2^2)$ pode ser transformada da seguinte maneira:

$$A=(1-x_2x_0+x_1^2-x_2x_0x_1^2)-(1-x_0x_1+x_2^2-x_0x_1x_2^2)$$

$$=x_0(x_1-x_2)+(x_1-x_2)(x_1+x_2)+x_0x_1x_2(x_2-x_1)$$

$$=(x_2-x_1)(x_0x_1x_2-x_0-x_1-x_2)=2h(x_0x_1x_2-3x_0)=2hx_0(x_1x_2-3).$$

O sinal de D_2 é determinado unicamente por A, uma vez que todos os outros termos são positivos. Em sua vez, o sinal de A depende do fator x_1x_2-3, que tem sinal diferente à esquerda e à direita de $\sqrt{3}$. Realmente, se $x_2\le\sqrt{3}$, então $x_1x_2<3$ donde $A<0$ e, portanto, $D_2<0$. Se $x_1\ge\sqrt{3}$, então $x_1x_2>3$ e, logo, $A>0$ e $D_2>0$. Assim, no intervalo $[0,\sqrt{3}]$ a função é côncava estritamente para baixo, enquanto em $[\sqrt{3},+\infty)$ ela é côncava estritamente para cima.

Estendendo esses resultados para todo o domínio com ajuda da imparidade da função, obtemos:
1) $f(x)$ é côncava para baixo em $(-\infty,-\sqrt{3}]$;
2) $f(x)$ é côncava para cima em $[-\sqrt{3},0]$;
3) $f(x)$ é côncava para baixo em $[0,\sqrt{3}]$;
4) $f(x)$ é côncava para cima em $[\sqrt{3},+\infty)$.

Como a função muda o tipo de concavidade nos pontos $x=\pm\sqrt{3}$ e $x=0$, todos esses pontos são pontos de inflexão.

7. Finalmente, com base nas propriedades investigadas e com marcação de alguns pontos importantes, como $P_0=(0,0)$ (interseção com Oy e Ox, e um dos pontos de inflexão), $P_1=(-1,-\frac{1}{2})$ e $P_2=(1,\frac{1}{2})$ (extremos locais e globais), $P_3=(-\sqrt{3},-\frac{\sqrt{3}}{4})$ e $P_4=(\sqrt{3},\frac{\sqrt{3}}{4})$ (pontos de inflexão), construímos esboço do gráfico mostrado na Fig.2.84.

Problema C. Fazer análise da função $f(x)=\sqrt{4-2x}$ e dar esboço do seu gráfico a partir das propriedades investigadas.

Solução.

1. Domínio e imagem. As restrições do domínio e da imagem originam-se da raiz quadrada. Por um lado, a raiz quadrada é definida somente para os valores não negativos, o que leva a restrição $x\le 2$ e ao domínio $X=(-\infty,2]$. Por outro lado, a raiz quadrada, pela definição, sempre é um número não negativo, o

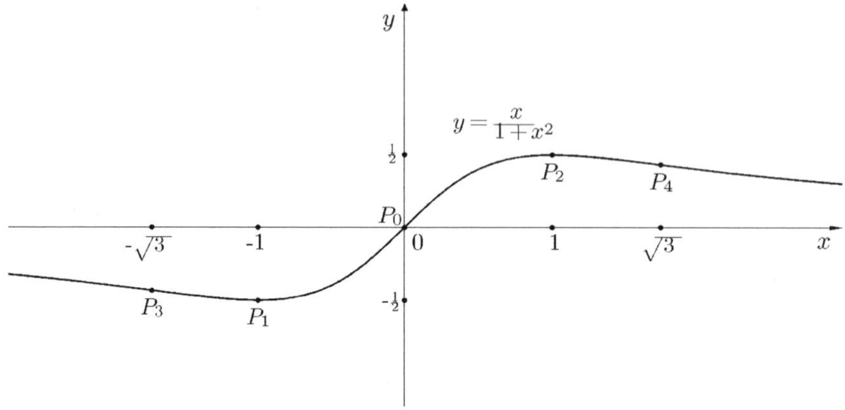

Figura 2.84 O gráfico da função $f(x) = \frac{x}{1+x^2}$.

que significa que a imagem é contida em $[0, +\infty)$. Para mostrar que qualquer y desse intervalo pertence à imagem, resolvemos a equação $\sqrt{4-2x} = y$, $\forall y \geq 0$ e obtemos o valor correspondente de x: $x = 2 - \frac{y^2}{2}$ que pertence ao domínio X. Portanto, a imagem da função é $Y = [0, +\infty)$.

2. Pontos de interseção com eixos e sinal específico da função. O ponto $x = 0$ pertence ao domínio e, portanto, a interseção com o eixo Oy ocorre no ponto $P_0 = (0, 2)$. Como os valores da imagem são maiores ou iguais a 0, o único ponto de interseção com Ox é $P_1 = (2, 0)$.

De acordo com a definição da raiz quadrada, a função é positiva em todos os pontos do domínio, exceto $x = 2$, onde ela se anula.

3. Limitação. Sabendo que a imagem da função é $Y = [0, +\infty)$, imediatamente concluímos que $f(x)$ é limitada inferiormente, mas não superiormente.

4. Simetrias. O domínio $X = (-\infty, 2]$ não é simétrico em relação à origem, o que significa que a função não é par nem ímpar. Além disso, o domínio é restrito à direita, o que garante que a função não é periódica.

5. Monotonia e extremos. Tomamos $x_1 < x_2 \leq 2$ e então temos $4 - 2x_1 > 4 - 2x_2$, o que implica (de acordo com a propriedade da raiz) que $f(x_1) = \sqrt{4-2x_1} > \sqrt{4-2x_2} = f(x_2)$, isto é, a função é estritamente decrescente em todo o seu domínio. Outra opção de chegar à mesma conclusão é aplicar a propriedade da composição de funções monótonas (seção 9.3): a função $\tilde{f}(x) = 4 - 2x$ é estritamente decrescente e $\tilde{g}(y) = \sqrt{y}$ é estritamente crescente, o que resulta em decrescimento estrito da sua composição $f(x) = \tilde{g}(\tilde{f}(x)) = \sqrt{4-2x}$.

A consequência imediata disso é que qualquer ponto $x \in (-\infty, 2)$ é o ponto de decrescimento estrito e, portanto, não pode ser extremo local nem global, estrito ou não. Mas a extremidade direita $x = 2$ do domínio é o mínimo global (embora não local, porque não é contido no domínio junto com a sua vizinhança).

6. Concavidade e inflexão. Para avaliar a diferença entre o valor médio da secante $\frac{f(x_1)+f(x_2)}{2}$ e o valor da função no ponto médio $f(x_0)$, onde $x_0 = \frac{x_1+x_2}{2}$ e $h = x_2 - x_0 = x_0 - x_1 > 0$, usamos a grandeza $2D_2 = f(x_2) + f(x_1) - 2f(x_0)$:

$$2D_2 = f(x_2) + f(x_1) - 2f(x_0) = \sqrt{4-2x_2} + \sqrt{4-2x_1} - 2\sqrt{4-2x_0}$$

$$= \frac{(\sqrt{4-2x_2} - \sqrt{4-2x_0})(\sqrt{4-2x_2} + \sqrt{4-2x_0})}{\sqrt{4-2x_2} + \sqrt{4-2x_0}}$$

$$+ \frac{(\sqrt{4-2x_1} - \sqrt{4-2x_0})(\sqrt{4-2x_1} + \sqrt{4-2x_0})}{\sqrt{4-2x_1} + \sqrt{4-2x_0}}$$

$$= \frac{2(x_0 - x_2)}{\sqrt{4-2x_2} + \sqrt{4-2x_0}} + \frac{2(x_0 - x_1)}{\sqrt{4-2x_1} + \sqrt{4-2x_0}}$$

$$= 2h \frac{\sqrt{4-2x_2} - \sqrt{4-2x_1}}{(\sqrt{4-2x_2} + \sqrt{4-2x_0})(\sqrt{4-2x_1} + \sqrt{4-2x_0})}$$

$$= 2h \frac{(\sqrt{4-2x_2} - \sqrt{4-2x_1})(\sqrt{4-2x_2} + \sqrt{4-2x_1})}{(\sqrt{4-2x_2} + \sqrt{4-2x_0})(\sqrt{4-2x_1} + \sqrt{4-2x_0})(\sqrt{4-2x_2} + \sqrt{4-2x_1})}$$

$$= \frac{-8h^2}{(\sqrt{4-2x_2} + \sqrt{4-2x_0})(\sqrt{4-2x_1} + \sqrt{4-2x_0})(\sqrt{4-2x_2} + \sqrt{4-2x_1})}.$$

Como o denominador é positivo para quaisquer x_1, x_2 e o numerador é negativo, então $D_2 < 0$ em todo o domínio da função e, portanto, $f(x)$ tem concavidade estrita para baixo em todo o seu domínio. Consequentemente, não há pontos de inflexão.

Outra maneira de investigar a concavidade é utilizar a propriedade da composição de funções côncavas (seção 9.3). Realmente, a função $\tilde{f}(x) = 4 - 2x$ é côncava para baixo (não estritamente) e $\tilde{g}(y) = \sqrt{y}$ é côncava estritamente para baixo e estritamente crescente. Então, a função composta $f(x) = \tilde{g}(\tilde{f}(x)) = \sqrt{4-2x}$ é côncava estritamente para baixo.

7. Com base nas propriedades investigadas e com alguns pontos marcados, como $P_0 = (0, 2)$ (interseção com Oy), $P_1 = (2, 0)$ (interseção com Ox e mínimo global) e $P_2 = (-2, \sqrt{8})$ (um ponto do lado esquerdo de Oy), construímos esboço do gráfico mostrado na Fig.2.85.

As propriedades dessa função podem ser obtidas também via transformações geométricas da função $\sqrt{x}$ que é mais simples e cujas diferentes propriedades já foram investigadas neste capítulo. Deixamos para o leitor realizar a abordagem geométrica e comparar os resultados com aqueles obtidos no estudo analítico

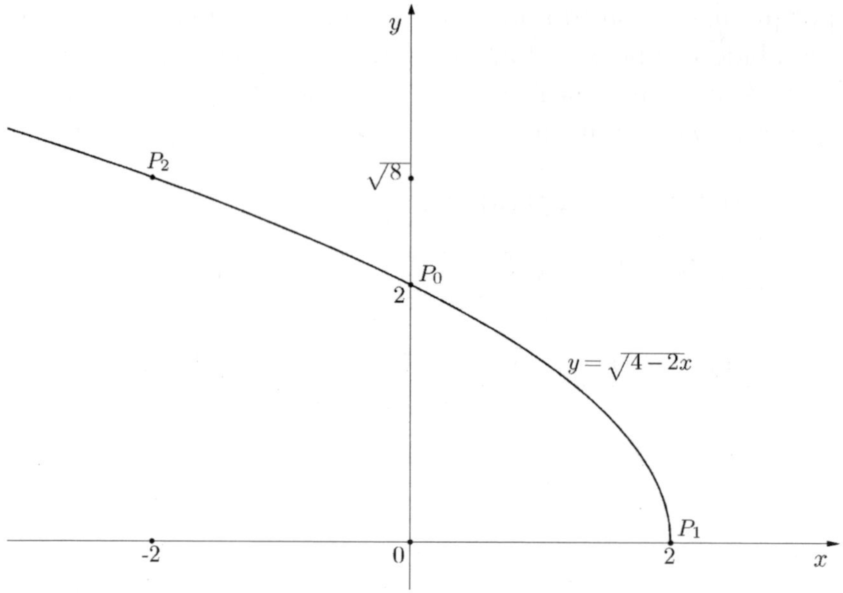

Figura 2.85 O gráfico da função $f(x) = \sqrt{4-2x}$.

apresentado acima, transformando $f_0(x) = \sqrt{x}$ em $f(x) = \sqrt{4-2x}$ por meio da seguinte cadeia de transformações elementares:

$$f_0(x) = \sqrt{x} \to f_1(x) = f_0(2x) = \sqrt{2x} \to f_2(x) = f_1(-x) = \sqrt{-2x}$$

$$\to f(x) = f_2(x-2) = \sqrt{4-2x}.$$

Capítulo 3

Funções algébricas: polinomiais, racionais e irracionais

Tudo o que vimos até agora foi uma preparação para poder realizar um estudo bastante completo de várias funções específicas e construir seus gráficos. A partir de agora começaremos a estudar mais profundamente as funções elementares e suas propriedades.

Neste capítulo consideremos o primeiro grupo de funções, as algébricas, começando de mais simples, polinomiais, passando para racionais e finalizando com as mais complicadas nesse grupo, as irracionais. O esquema de estudo segue o padrão de Cálculo e Análise, embora numa forma simplificada, já apresentada na resolução de exercícios do Capítulo 2 (veja a última parte da seção de Exercícios). Dada a forma analítica (fórmula) de uma função, o estudo das suas propriedades consiste em seguintes passos:
1) identificar o domínio e a imagem;
2) determinar se a função é limitada ou não;
3) verificar as propriedades de simetria (paridade e periodicidade);
4) encontrar pontos de interseção com os eixos de coordenadas e regiões onde a função mantém o mesmo sinal;
5) investigar monotonia e extremos;
6) investigar concavidade e pontos de inflexão;
7) analisar propriedades complementares, tais como tendências infinitas e no infinito, assíntotas horizontais e verticais;
8) desenhar o gráfico com base nas propriedades reveladas.
Vale a pena lembrar que nem todos esses passos são obrigatórios e executáveis para todas as funções elementares: para algumas funções simples os resultados podem ser óbvios, para outras, análise de algumas propriedades pode ser ligada

com elevados problemas técnicos, especialmente quando podemos usar somente técnicas rudimentares de Pré-Cálculo, como neste texto. Mesmo quando todos (ou vários) passos podem ser executados, a sua ordem não é rígida e, dependendo do tipo da função, pode ser mais vantajoso trocar a sequência de propriedades estudadas, porque algumas propriedades mais avançadas podem providenciar resultados sobre propriedades anteriores, mais simples para formulação.

De acordo com o indicado no Capítulo 2, no estudo de concavidade, sistematicamente, usamos o conceito mais simples de concavidade do ponto médio, sem mencionar mais isso.

1 Funções polinomiais

A definição de uma função polinomial é a seguinte.

Definição de uma função polinomial. Uma *função polinomial* (um *polinômio*) tem a forma $y = P_n(x) = a_n x^n + a_{n-1}x^{n-1} + \ldots + a_1 x + a_0$, onde $a_i, i = 0, \ldots, n$ são constantes reais e $a_n \neq 0$. O coeficiente a_n é chamado de *coeficiente principal*.

Nesta seção vamos considerar alguns casos particulares de funções polinomiais, começando do caso mais simples de uma função linear ($n = 1$), passando para a quadrática ($n = 2$) e depois considerando algumas formas mais gerais, como monômios $y = x^n$, $n \in \mathbb{N}$.

1.1 Função linear

Definição de uma função linear. Uma função na forma $y = ax + b$, onde a e b são duas constantes reais é chamada de *linear*. O coeficiente a é chamado de *coeficiente de inclinação* ou de *coeficiente angular*.

Como vamos descobrir em seguida, essa terminologia vem da forma geométrica (gráficos) dessas funções que representam linhas retas, cuja inclinação em relação ao eixo Ox é determinada pelo coeficiente a.

Vamos começar estudo dessas funções com os dois casos particulares: $y = b$ ($a = 0$) e $y = x$ ($a = 1, b = 0$).

Estudo de $y = b$ $(a = 0)$

Essa função é chamada de *constante*.

1. Domínio e imagem. O domínio é $X = \mathbb{R}$ (a fórmula é definida para $\forall x \in \mathbb{R}$) e a imagem é $Y = \{b\}$ uma vez que para qualquer x a função assume o mesmo valor b.

2. Limitação. A função é limitada, a sua cota superior e inferior é a própria constante b.

3. Paridade. $f(-x) = b = f(x), \forall x \in X$, o que mostra que a função é par.

4. Periodicidade. $f(x+T) = b = f(x), \forall x \in X$, $\forall T > 0$, isto é, a função é periódica, mas não há um período mínimo, uma vez que qualquer $T \neq 0$ é o período dessa função.

5. Monotonia e extremos. Como para qualquer par $x_1 < x_2$ temos $f(x_1) = b = f(x_2)$, essa função é crescente (e ao mesmo tempo decrescente) não estritamente em todo o seu domínio. Não tem monotonia no sentido estrito. Para qualquer x_0 temos $f(x_0) \geq f(x)$ para $\forall x \in X$ e também $f(x_0) \leq f(x)$ para $\forall x \in X$, o que significa que qualquer ponto do domínio é o máximo e ao mesmo tempo o mínimo local e global não estritos. Não há extremos estritos.

6. Concavidade e inflexão. Assim como a monotonia, a concavidade (de dois tipos) tem só no sentido não estrito. Por isso, não há pontos de inflexão.

7. Interseção e sinal. Para todos os pontos do domínio a função mantém o mesmo sinal se $b \neq 0$ (ou é igual a 0 caso $b = 0$). Portanto, ela não tem interseções com o eixo Ox se $b \neq 0$ (ou coincide com esse eixo caso $b = 0$). O ponto de interseção com o eixo Oy é $(0, b)$.

8. Inversa. A função $f(x) = b : X = \mathbb{R} \to Y = \{b\}$ é sobrejetora, mas não injetora, pois a todos os valores de x corresponde o mesmo valor $y = b$. Consequentemente, a função não é bijetora e, portanto, não admite inversa.

Para tornar a função injetora, é preciso restringir o domínio a um ponto, o que torna função muito singular e simples, sem interesse para estudo.

9. O gráfico da função é a reta paralela ao eixo Ox com a distância de b unidades até esse eixo, mostrada na Fig. 3.1.

Estudo de $y = x$ $(a = 1, b = 0)$

Essa função é chamada de *identidade*.

1. Domínio e imagem. O domínio é $X = \mathbb{R}$ (a fórmula é definida para $\forall x \in \mathbb{R}$) e a imagem é $Y = \mathbb{R}$ uma vez que para qualquer $y \in \mathbb{R}$ existe (um único) valor $x = y$ do domínio tal que $f(x) = f(y) = y$.

2. Limitação. De acordo com a imagem determinada, a função é ilimitada tanto inferiormente como superiormente.

3. Paridade. $f(-x) = -x = -f(x), \forall x \in X$, o que mostra que a função é ímpar.

4. Periodicidade. A condição $f(x+T) = x + T = x = f(x), \forall x \in X$, leva a conclusão de que isso é possível somente quando $T = 0$, o que contradiz a definição da periodicidade. Assim, a função não é periódica.

5. Monotonia e extremos. Como para qualquer dupla $x_1 < x_2$ temos $f(x_1) =$

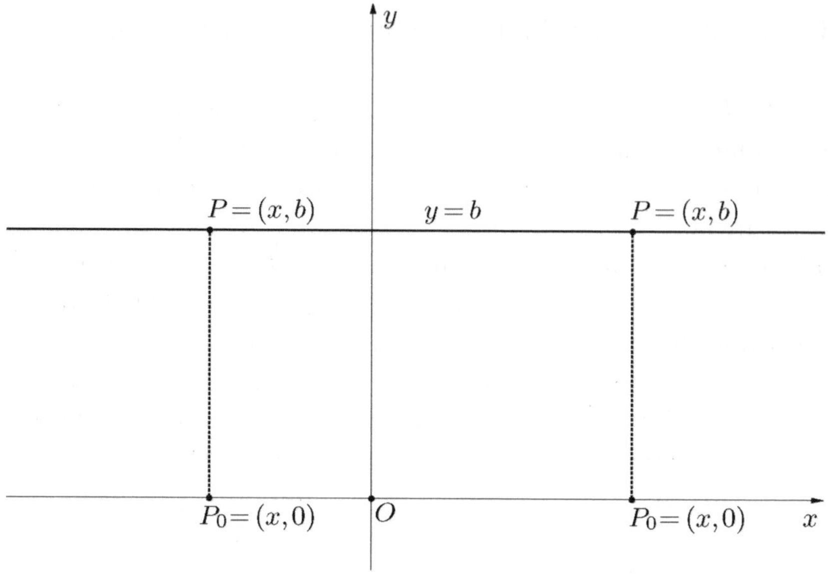

Figura 3.1 Gráfico da função $y = b$.

$x_1 < x_2 = f(x_2)$, essa função é crescente estritamente em todo o seu domínio. Disso segue que ela não tem extremos locais nem globais, estritos ou não. Isso segue imediatamente da relação geral entre extremos e monotonia (seção 6.1 do Capítulo 2). A mesma afirmação pode ser mostrada direto para $f(x) = x$: qualquer que for ponto x_0, em qualquer vizinhança desse ponto existem pontos do dominio onde função tem valores menores que $f(x_0)$ e também aqueles onde ela tem valores maiores: $\forall x_1 < x_0 \to f(x_1) = x_1 < x_0 = f(x_0)$ e $\forall x_2 > x_0 \to f(x_2) = x_2 > x_0 = f(x_0)$.

6. Concavidade e inflexão. A concavidade (de dois tipos) ocorre só no sentido não estrito. Logo, não há pontos de inflexão.

7. Interseção e sinal. A interseção com o eixo Oy ocorre na origem e o mesmo é válido para interseção com Ox. Resolvendo as desigualdades $f(x) = x < 0$ e $f(x) = x > 0$, especificamos que a função tem o sinal negativo para $x < 0$ e positivo para $x > 0$.

8. Inversa. A função $f(x) = x : X = \mathbb{R} \to Y = \mathbb{R}$ é sobrejetora e injetora. Consequentemente, a função é bijetora e, portanto, tem a inversa que é a propria função: $f^{-1}(x) = x : \mathbb{R} \to \mathbb{R}$.

9. O gráfico da função é a reta que passa pela origem e tem inclinação de 45° com o eixo Ox, isto é, representa a bissetriz do I e III quadrantes. Realmente, qualquer ponto $P = (x, x)$ do gráfico tem mesma abscissa e ordenada e, portanto, o triângulo retângulo PP_0O, onde $P_0 = (x, 0)$ é a projeção de P sobre Ox, é um

triângulo isósceles com $|PP_0| = |OP_0| = |x|$, o que significa que o ângulo POP_0 tem 45° (veja Fig.3.2). Notamos que o coeficiente $a = 1$ é igual a razão entre os comprimentos dos dois catêtos do triângulo PP_0O que expressa a tangente do ângulo POP_0: $a = \frac{|PP_0|}{|OP_0|} = \tan POP_0 = \tan\alpha = 1$.

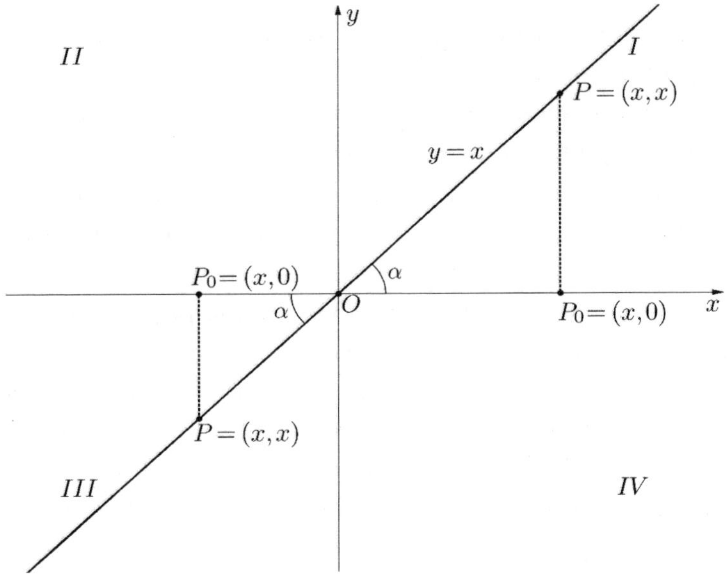

Figura 3.2 Gráfico da função $y = x$.

Voltamos ao caso geral da função linear $y = ax + b$ com $a \neq 0$.

Estudo de $y = ax + b$, $a \neq 0$

1. Domínio e imagem. O domínio é $X = \mathbb{R}$ (a fórmula é definida para $\forall x \in \mathbb{R}$) e a imagem é $Y = \mathbb{R}$ uma vez que para qualquer $y \in \mathbb{R}$ existe (único) valor $x = \frac{y-b}{a}$ do domínio tal que $f(x) = f(\frac{y-b}{a}) = a\frac{y-b}{a} + b = y$.

2. Limitação. De acordo com a determinação da imagem, a função é ilimitada tanto inferiormente como superiormente.

3. Paridade. Se $b = 0$, então a função é impar, uma vez que $f(-x) = -ax = -f(x)$, $\forall x \in X$. Se $b \neq 0$, então não há paridade: $f(-x) = -ax + b \neq ax + b = f(x)$ e $f(-x) = -ax + b \neq -ax - b = -f(x)$, $\forall x \in X$. Por exemplo, $f(-1) = -a + b \neq a + b = f(1)$ e $f(-1) = -a + b \neq -a - b = -f(1)$.

4. Periodicidade. A condição $f(x+T) = a(x+T)+b = ax+b+aT = ax+b = f(x), \forall x \in X$, leva a conclusão que isso é possível somente quando $T = 0$, o que contradiz a definição da periodicidade. Assim, a função não é periódica.

5. Monotonia extremos. Para qualquer dupla $x_1 < x_2$ temos $f(x_2) - f(x_1) = a(x_2 - x_1)$. Como $x_2 - x_1 > 0$, então em todo o seu domínio a função é estritamente crescente se $a > 0$ e estritamente decrescente se $a < 0$. Como a função é

estritamente monótona em $\mathbb{R}$, ela não tem extremos locais nem globais, estritos ou não. Isso segue imediatamente da relação geral entre extremos e monotonia (seção 6.1 do Capítulo 2).

6. Concavidade e inflexão. A concavidade (de dois tipos) ocorre só no sentido não estrito. Logo, não há pontos de inflexão.

7. Interseção e sinal. A interseção com o eixo Oy ocorre no ponto $(0, b)$, e com o eixo Ox – no ponto $(-\frac{b}{a}, 0)$. Resolvendo as desigualdades $f(x) = ax + b < 0$ e $f(x) = ax + b > 0$, especificamos que, caso $a > 0$, a função tem o sinal negativo para $x < -\frac{b}{a}$ e positivo para $x > -\frac{b}{a}$; caso $a < 0$, a situação é oposta.

8. Inversa. A função $f(x) = ax+b : X = \mathbb{R} \to Y = \mathbb{R}$ é sobrejetora e injetora. Consequentemente, a função é bijetora e, portanto, tem a inversa que também é uma função linear: $f^{-1}(x) = \frac{x-b}{a} : \mathbb{R} \to \mathbb{R}$.

9. O gráfico da função é a reta que passa pelos pontos $P_1 = (-\frac{b}{a}, 0)$ e $P_2 = (0, b)$. Para certificarmos de que o gráfico dessa função é realmente uma reta, lembremos que, pela descrição geométrica, uma reta, que passa por dois pontos dados P_1 e P_2 é o conjunto de todos os pontos P cujos segmentos P_1P formam o mesmo ângulo com um determinado segmento ou reta. A ilustração dessa descrição, no caso quando o ângulo é medido a partir do eixo Ox, se encontra na Fig.3.3.

Tomando essa descrição como base, vamos mostrar que qualquer ponto $P = (x, y)$ da reta, que passa pelos pontos $P_1 = (-\frac{b}{a}, 0)$ e $P_2 = (0, b)$, satisfaz a relação $y = ax + b$, isto é, pertence ao gráfico da função $y = ax + b$. Realmente, usando a propriedade geométrica dessa reta e medindo o ângulo a partir do eixo Ox, tomamos qualquer um dos seus pontos $P = (x, y)$, encontramos a sua projeção $P_0 = (x, 0)$ sobre o eixo Ox e notamos que os triângulos retângulos OP_1P_2 e P_0P_1P são semelhantes (veja Fig.3.3). Portanto, $\frac{d(P,P_0)}{d(P_1,P_0)} = \frac{d(P_2,O)}{d(P_1,O)}$, ou em coordenadas, $\frac{|y|}{|x+b/a|} = \frac{|b|}{|b/a|} = |a|$, e consequentemente, $|y| = |ax + b|$. Das duas opções $y = \pm(ax + b)$ podemos escolher somente a do sinal positivo $y = ax + b$, porque a condição de que P_2 pertence à reta implica que $y(0) = b$. Nas Fig.3.3 e 3.4 são ilustrados dois casos do sinal de coeficientes: $a > 0, b > 0$ e $a > 0, b < 0$. As fórmulas da dedução são as mesmas para outras posições dos pontos P_1 e P_2 em relação aos eixos de coordenadas, geradas nos casos quando $a < 0, b > 0$ e $a < 0, b < 0$.

Notamos que o coeficiente a é ligado com o ângulo α entre a reta e o eixo Ox, mais precisamente: $\tan\alpha = \frac{d(P_2,O)}{d(P_1,O)} = |a|$. Se $a > 0$, então o ângulo α é medido no sentido anti-horário (positivo) a partir do eixo Ox e é considerado no intervalo $(0, \frac{\pi}{2})$, onde $\tan\alpha$ também é positivo, e, portanto, $\tan\alpha = a$ (veja Fig.3.3 e 3.4). Se $a < 0$, então o ângulo é medido no sentido horário (negativo) a partir do eixo Ox e é considerado que $\alpha \in (-\frac{\pi}{2}, 0)$; para esses ângulos $\tan\alpha$ é negativo, e, portanto, de novo $\tan\alpha = a$. Nesse último caso, o ângulo α entre a reta e o eixo Ox não é o mesmo ângulo do triângulo agudo OP_1P_2, mas é o seu oposto (o ângulo OP_1P_2 com sinal negativo).

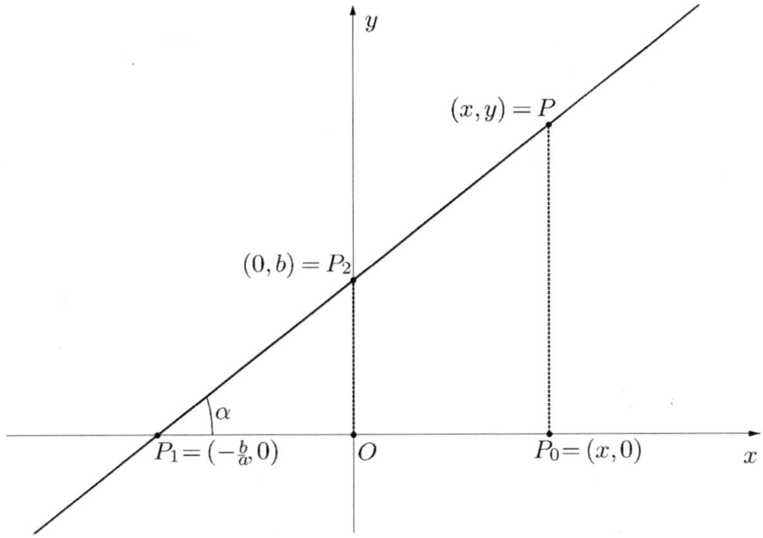

Figura 3.3 Gráfico da função $y = ax + b$, caso $a > 0, b > 0$.

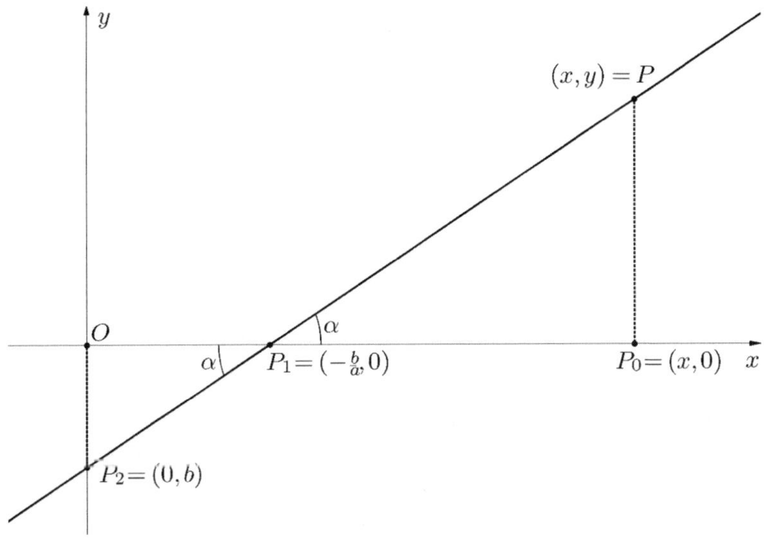

Figura 3.4 Gráfico da função $y = ax + b$, caso $a > 0, b < 0$.

As mesmas propriedades podem ser deduzidas aproveitando as propriedades já estabelecidas da função $y = x$ e usando as transformações elementares que permitem chegar do gráfico de $y = x$ ao gráfico de $y = ax + b$.

1.2 Função quadrática

Definição de uma função quadrática. Uma função na forma $y = ax^2 + bx + c$, onde a, b, c são constantes reais e $a \neq 0$ é chamada de *quadrática.* O coeficiente a é chamado de *coeficiente principal.*

Vamos começar pelo estudo da forma mais simples de funções quadráticas, isto é, de $y = x^2$.

Estudo de $y = x^2$

Algumas propriedades dessa função já foram analisadas anteriormente na exemplificação de propriedades de paridade, monotonia e concavidade, mas para completude de exposição demonstramos essas propriedades mais uma vez.

1. Domínio e imagem. O domínio é $X = \mathbb{R}$ (a fórmula é definida para $\forall x \in \mathbb{R}$) e a imagem é $Y = [0, +\infty)$. Realmente, por um lado, para qualquer $x \in \mathbb{R}$ temos $y = x^2 \geq 0$, o que quer dizer que os valores negativos são excluídos da imagem. Por outro lado, para qualquer $y \in [0, +\infty)$ existe $x = \sqrt{y}$ do domínio tal que $f(x) = f(\sqrt{y}) = (\sqrt{y})^2 = y$, o que significa que a imagem contém todos $y \geq 0$. (Na realidade, para cada $y > 0$ existem dois pontos $x = \pm\sqrt{y}$ do domínio tais que $f(x) = f(\pm\sqrt{y}) = (\pm\sqrt{y})^2 = y$, mas o número de pontos correspondentes x não importa na determinação da imagem.)

2. Limitação. Da forma determinada da imagem da função segue que a função é limitada inferiormente (por exemplo, pela constante $m = 0$) e não é limitada superiormente.

3. Paridade. $f(-x) = (-x)^2 = x^2 = f(x), \forall x \in X$, o que mostra que a função é par.

4. Periodicidade. A condição $f(x + T) = (x + T)^2 = x^2 = f(x), \forall x \in X$, simplifica-se a $T(2x + T) = 0$ que resulta em $T = 0$ ou $T = -2x$, o que é impossível, porque na definição da periodicidade o parâmetro T deve ser uma constante diferente de 0. Assim, a função não é periódica.

5. Monotonia e extremos. Tomando $x_1 < x_2$, temos $f(x_2) - f(x_1) = x_2^2 - x_1^2 = (x_2 - x_1)(x_2 + x_1)$, onde o primeiro fator é positivo e, por isso, o sinal de $f(x_2) - f(x_1)$ depende do segundo fator. Se $x_1 < x_2 \leq 0$, então $f(x_2) - f(x_1) < 0$, isto é, a função decresce estritamente em $(-\infty, 0]$. Por outro lado, se $0 \leq x_1 < x_2$, temos $f(x_2) - f(x_1) > 0$, ou seja, a função cresce estritamente em $[0, +\infty)$. Dai segue que qualquer ponto $x_0 < 0$ é o ponto de decrescimento (estrito), uma vez que existe uma vizinhança desse ponto (por exemplo, $(2x_0, 0)$) onde a função é

estritamente decrescente. Analogamente, qualquer ponto $x_0 > 0$ é o ponto de crescimento (estrito).

Como qualquer ponto $x \neq 0$ é o ponto de monotonia estrita, nenhum desses pontos pode ser um extremo global ou local, estrito ou não. O único ponto restante é $x = 0$ que obviamente é o mínimo global e local estrito, uma vez que $f(x) = x^2 > 0 = f(0)$, $\forall x \neq 0$.

6. Concavidade e pontos de inflexão. Para quaisquer dois pontos $x_1 \neq x_2 \in \mathbb{R}$, é válida a desigualdade $\frac{f(x_1)+f(x_2)}{2} - f\left(\frac{x_1+x_2}{2}\right) = \frac{x_1^2+x_2^2}{2} - \left(\frac{x_1+x_2}{2}\right)^2 = \frac{x_1^2+x_2^2-2x_1x_2}{4} = \frac{(x_1-x_2)^2}{4} > 0$, o que mostra a concavidade estrita para cima em todo o domínio da função. Desse resultado segue imediatamente que não há pontos de inflexão.

7. Interseção e sinal. A interseção com o eixo Oy ocorre na origem e o mesmo é válido para única interseção com Ox. Como já foi indicado no estudo da imagem, $f(x) = x^2 \geq 0$, $\forall x$ e $f(x) = x^2 > 0$, $\forall x \neq 0$.

8. Inversa. A função $f(x) = x^2 : X = \mathbb{R} \to Y = [0, +\infty)$ é sobrejetora, mas não é injetora. Realmente, a qualquer número $y > 0$ correspondem dois valores do domínio $x_\pm = \pm\sqrt{y}$: $f(x_\pm) = (\pm\sqrt{y})^2 = y$. Consequentemente, a função não é bijetora. No entanto, se restringirmos o domínio dessa função pelo intervalo $[0, +\infty)$, então ela se torna bijetora e tem inversa $f^{-1}(x) = \sqrt{x} : [0, +\infty) \to [0, +\infty)$. Analogamente, a restrição do domínio pelo intervalo $(-\infty, 0]$ também dá uma função bijetora cuja inversa é $f^{-1}(x) = -\sqrt{x} : [0, +\infty) \to (-\infty, 0]$.

9. Com base nas propriedades já investigadas podemos representar o gráfico da função, chamado de *parábola*, como é mostrado na Fig.3.5.

Propriedades complementares de $y = x^2$

O gráfico da parábola sugere que a função $y = x^2$ aumenta sem restrição quando $|x|$ tende a $+\infty$ (isto é, o próprio x tende a $+\infty$ ou a $-\infty$). Realmente, se $x > 1$ então $x^2 > x$ e, por isso, tomando $x > M$ (onde $M > 1$ é uma constante arbitrariamente grande) garantimos que $x^2 > M$, isto é, os valores da função também se tornam arbitrariamente grandes, ou seja, tendem a $+\infty$. Como a função é par, o mesmo é válido quando aumentamos $|x|$ sem restrição, mas pelos valores negativos (tendemos x a $-\infty$). Isso quer dizer, em particular, que a função $y = x^2$ não tem assíntotas horizontais. Assim, confirmamos aquelas tendências do gráfico da função no infinito que podem ser vistas na Fig.3.5. Como a função $y = x^2$ não tem nenhum limite infinito nos pontos (finitos) do seu domínio, então o seu gráfico não tem assíntotas verticais.

Característica geométrica de uma parábola

O gráfico de $y = x^2$ (e de qualquer função quadrática) é chamado de *parábola*. O ponto $(0, 0)$ que é seu extremo global é chamado de vértice da parábola, e o eixo Oy é o eixo de simetria dela (recorde a simetria em relação a uma reta considerada

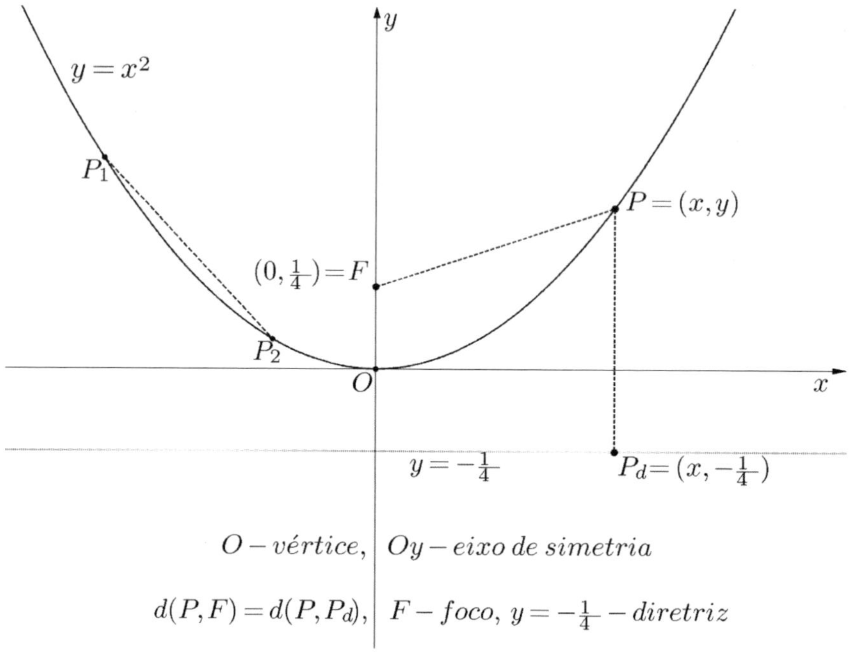

Figura 3.5 Gráfico da função $y = x^2$ e sua caracterização geométrica.

na seção 7.5 do Capítulo 1). Essa curva tem a seguinte característica geométrica importante: todos os pontos da parábola $y = x^2$ são equidistantes do ponto $F = (0, \frac{1}{4})$ e da reta $y = -\frac{1}{4}$ (veja Fig.3.5). O ponto F é chamado de foco e a reta $y = -\frac{1}{4}$ – de diretriz da parábola. Realmente, considerando um ponto arbitrário $P = (x, x^2)$ do gráfico de $y = x^2$, obtemos: $d(P, F) = \sqrt{(x-0)^2 + (x^2 - \frac{1}{4})^2} = \sqrt{(x^2 + \frac{1}{4})^2} = x^2 + \frac{1}{4}$ e $d(P, y = -\frac{1}{4}) = |x^2 - (-\frac{1}{4})| = x^2 + \frac{1}{4}$, isto é, as duas distâncias são iguais.

É simples de mostrar que a recíproca também é válida: a curva cujos pontos $P = (x, y)$ são equidistantes de $F = (0, \frac{1}{4})$ e $y = -\frac{1}{4}$ é a parábola $y = x^2$. De fato, se $d(P, F) = d(P, y = -\frac{1}{4})$, então, expressando em coordenadas, obtemos: $d(P, F) = \sqrt{x^2 + (y - \frac{1}{4})^2} = |y + \frac{1}{4}| = d(P, y = -\frac{1}{4})$, ou, elevando ao quadrado os dois lados, $x^2 + (y - \frac{1}{4})^2 = (y + \frac{1}{4})^2$, abrindo os quadrados $x^2 + y^2 - \frac{1}{2}y + \frac{1}{16} = y^2 + \frac{1}{2}y + \frac{1}{16}$ e simplificando $x^2 - \frac{1}{2}y = \frac{1}{2}y$, chegamos à equação da função $y = x^2$. Assim, a parábola é unicamente definida pela sua característica geométrica.

Estudo de $y = -x^2$

As propriedades da função $y = -x^2$ podem ser investigadas do mesmo jeito como as da função $y = x^2$. No entanto, é mais simples utilizar a propriedade de transformação de gráficos que diz que a multiplicação da função por -1 faz com que seu gráfico se reflita em relação ao eixo Ox. A partir dessa transformação geométrica, podemos tirar todas as conclusões sobre propriedades de $y = -x^2$.

1. O domínio de $y = -x^2$ é $X = \mathbb{R}$ e a imagem é $Y = (-\infty, 0]$.

2. A função é limitada superiormente (por exemplo, pela constante $M = 0$) e não é limitada inferiormente.

3. A função é par.

4. A função não é periodica.

5. Monotonia e extremos. A função cresce estritamente em $(-\infty, 0]$ e decresce estritamente em $[0, +\infty)$. Logo, qualquer ponto $x_0 < 0$ é o ponto de crescimento (estrito), e qualquer ponto $x_0 > 0$ é o ponto de decrescimento (estrito).

O único extremo é o máximo global e local estrito $x = 0$. O ponto $(0, 0)$ é o vértice da parábola $y = -x^2$.

6. Concavidade e inflexão. O gráfico tem concavidade para baixo (no sentido estrito) em todo o domínio. Não há pontos de inflexão.

7. A única interseção com os eixos Oy e Ox ocorre na origem.

8. A função $f(x) = -x^2 : X = \mathbb{R} \to Y = (-\infty, 0]$ é sobrejetora, mas não é injetora. Se restringirmos o domínio dessa função pelo intervalo $[0, +\infty)$, então ela se torna bijetora e tem inversa $f^{-1}(x) = \sqrt{-x} : (-\infty, 0] \to [0, +\infty)$. Analogamente, a restrição do domínio pelo intervalo $(-\infty, 0]$ também dá uma função bijetora cuja inversa é $f^{-1}(x) = -\sqrt{-x} : (-\infty, 0] \to (-\infty, 0]$.

9. O gráfico da função é mostrado na Fig.3.6.

A característica geométrica da parábola $y = -x^2$ é a seguinte: todos os seus pontos são equidistantes do foco $F = (0, -\frac{1}{4})$ e da reta diretriz $y = \frac{1}{4}$ (veja Fig.3.6).

Antes de analisar a função quadrática na forma geral, vamos considerar um exemplo mais completo, cuja investigação servirá como protótipo para posterior generalização.

Estudo de $y = x^2 - 6x + 2$

Notamos primeiro que a fórmula da função pode ser escrita como $y = (x - 3)^2 - 7$, o que vamos usar em vários pontos a seguir.

1. Domínio e imagem. O domínio é $X = \mathbb{R}$ (a fórmula é definida para $\forall x \in \mathbb{R}$) e a imagem é $Y = [-7, +\infty)$. Realmente, por um lado, para qualquer $x \in \mathbb{R}$ temos $y = (x-3)^2 - 7 \geq -7$, o que quer dizer que os valores menores que -7 são excluídos da imagem. Por outro lado, para qualquer $y \geq -7$ existe número real $x = 3 + \sqrt{y+7}$ tal que $f(x) = f(3 + \sqrt{y+7}) = (\sqrt{y+7})^2 - 7 = (y+7) - 7 = y$, o que significa que a imagem contém todos $y \geq -7$, isto é, $Y = [-7, +\infty)$.

2. Limitação. De acordo com a determinação da imagem, a função é limitada

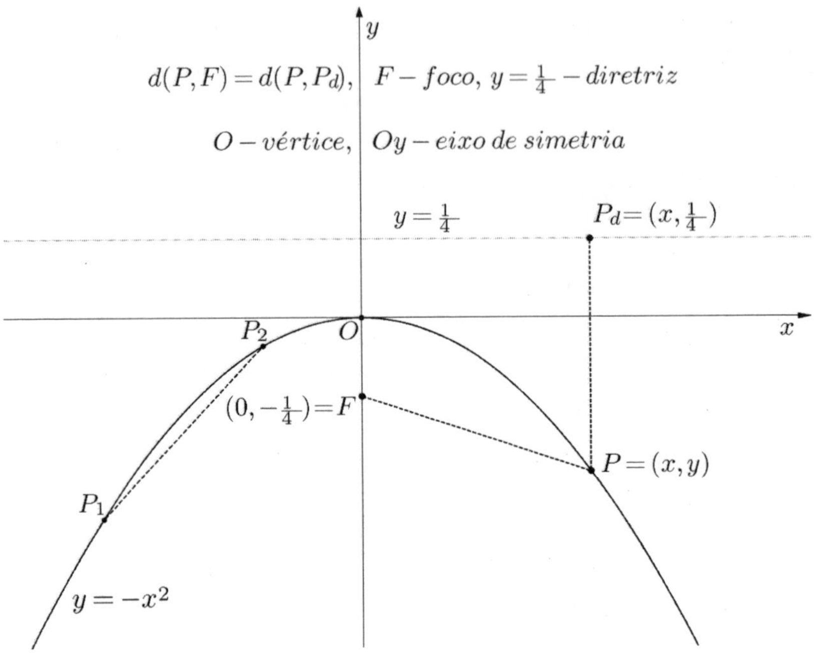

Figura 3.6 Gráfico da função $y = -x^2$ e sua caracterização geométrica.

inferiormente (por exemplo, pela constante $m = -7$) e não é limitada superiormente.

3. Paridade. Da relação $f(-x) = (-x)^2 - 6(-x) + 2 = x^2 + 6x + 2, \forall x \in X$, segue que $f(-x) \neq \pm f(x)$, isto é, a função não é par nem ímpar. No entanto, usando a forma $y = (x-3)^2 - 7$ é simples de enxergar que existe simetria em relação à reta coordenada $x = 3$: $f(3-x) = (3-x-3)^2 - 7 = x^2 - 7 = (3+x-3)^2 - 7 = f(3+x)$.

4. Periodicidade. A condição $f(x+T) = (x+T)^2 - 6(x+T) + 2 = x^2 - 6x + 2 = f(x), \forall x \in X$, se simplifica a $T(2x+T-6) = 0$ que resulta em $T = 0$ ou $T = 6-2x$, o que é impossível, porque na definição da periodicidade o parâmetro T deve ser uma constante diferente de 0. Assim, a função não é periódica.

5. Monotonia e extremos. Tomando $x_1 < x_2$, temos $f(x_2) - f(x_1) = (x_2^2 - 6x_2 + 2) - (x_1^2 - 6x_1 + 2) = (x_2^2 - x_1^2) - 6(x_2 - x_1) = (x_2 - x_1)(x_2 + x_1 - 6)$, onde o primeiro fator é positivo e, por isso, o sinal de $f(x_2) - f(x_1)$ depende do segundo fator. Se $x_1 < x_2 \leq 3$, então $f(x_2) - f(x_1) < 0$, isto é, a função decresce estritamente em $(-\infty, 3]$. Por outro lado, se $3 \leq x_1 < x_2$, temos $f(x_2) - f(x_1) > 0$, ou seja, a função cresce estritamente em $[3, +\infty)$. Daí segue que qualquer ponto $x_0 < 3$ é o ponto de decrescimento (estrito), pois existe uma vizinhança desse ponto (por exemplo, $(2x_0 - 3, 3)$) onde a função é estritamente decrescente. Analogamente,

qualquer ponto $x_0 > 3$ é o ponto de crescimento (estrito).

Como qualquer ponto $x \neq 3$ é o ponto de monotonia estrita, nenhum desses pontos pode ser um extremo global ou local, estrito ou não. O único ponto restante é $x = 3$ que obviamente é o mínimo global e local estrito, uma vez que $f(x) = (x-3)^2 - 7 > -7 = f(3)$, $\forall x \neq 3$.

6. Concavidade e pontos de inflexão. Para quaisquer dois pontos $x_1 \neq x_2 \in \mathbb{R}$ temos $\frac{f(x_1)+f(x_2)}{2} - f\left(\frac{x_1+x_2}{2}\right) = \left[\frac{x_1^2+x_2^2}{2} - 6\frac{x_1+x_2}{2} + 2\right] - \left[\left(\frac{x_1+x_2}{2}\right)^2 - 6\frac{x_1+x_2}{2} + 2\right] = \frac{x_1^2+x_2^2-2x_1x_2}{4} = \frac{(x_1-x_2)^2}{4} > 0$, o que mostra a concavidade para cima (no sentido estrito) em todo o domínio da função. Desse resultado segue imediatamente que não há pontos de inflexão.

7. Interseção e sinal. A interseção com o eixo Oy ocorre no ponto $(0, 2)$ e a interseção com Ox – nos pontos $(3 \pm \sqrt{7}, 0)$. A função tem sinal positivo quando $x < 3 - \sqrt{7}$ e $x > 3 + \sqrt{7}$, enquanto no intervalo $(3 - \sqrt{7}, 3 + \sqrt{7})$ o sinal é negativo.

8. Inversa. A função $f(x) = (x-3)^2 - 7 : X = \mathbb{R} \to Y = [-7, +\infty)$ é sobrejetora, mas não é injetora. Realmente, a qualquer número $y > -7$ correspondem dois valores do domínio $x_\pm = 3 \pm \sqrt{y+7}$: $f(x_\pm) = (\pm\sqrt{y+7})^2 - 7 = y + 7 - 7 = y$. Consequentemente, a função não é bijetora.

No entanto, se restringirmos o domínio dessa função pelo intervalo $[3, +\infty)$, então ela se torna bijetora e tem inversa $f^{-1}(x) = 3 + \sqrt{x+7} : [-7, +\infty) \to [3, +\infty)$. Analogamente, a restrição do domínio pelo intervalo $(-\infty, 3]$ também dá uma função bijetora cuja inversa é $f^{-1}(x) = 3 - \sqrt{x+7} : [-7, +\infty) \to (-\infty, 3]$.

9. Com base nas propriedades já investigadas encontramos o gráfico da função na forma mostrada na Fig.3.7.

A parábola $y = (x-3)^2 - 7$ tem vértice no ponto $(3, -7)$ e o eixo de simetria $x = 3$. Essa curva tem a seguinte característica geométrica: todos os pontos da parábola $y = (x-3)^2 - 7$ são equidistantes do foco $F = (3, -7 + \frac{1}{4})$ e da reta diretriz $y = -7 - \frac{1}{4}$ (veja Fig.3.7). Realmente, considerando um ponto arbitrário $P = (x, (x-3)^2 - 7)$ da parábola, obtemos: $d(P, F) = \sqrt{(x-3)^2 + \left((x-3)^2 - 7 - (-7 + \frac{1}{4})\right)^2} = \sqrt{\left((x-3)^2 + \frac{1}{4}\right)^2} = (x-3)^2 + \frac{1}{4}$ e $d(P, y = -7 - \frac{1}{4}) = |(x-3)^2 - 7 - (-7 - \frac{1}{4})| = (x-3)^2 + \frac{1}{4}$, isto é, as duas distâncias são iguais. É simples de mostrar que a recíproca também é válida: a curva cujos pontos $P = (x, y)$ são equidistantes de $F = (3, -7 + \frac{1}{4})$ e $y = -7 - \frac{1}{4}$ é a parábola $y = (x-3)^2 - 7$ (deixamos isso para cargo do leitor).

Outra maneira de determinar as propriedades da função $y = (x-3)^2 - 7$ e encontrar o seu gráfico é realizar as transformações geométricas elementares que levam de $y = x^2$ a $y = (x-3)^2 - 7$. Deixamos essa tarefa a cargo do leitor.

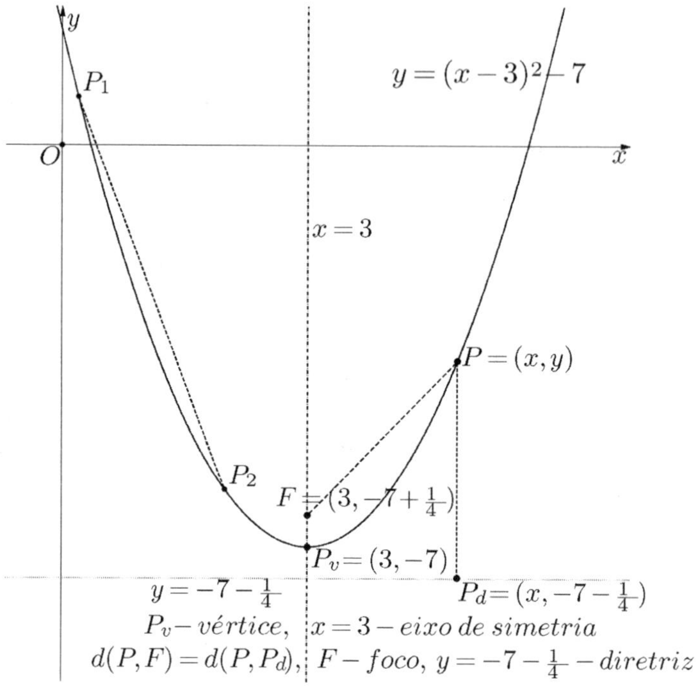

Figura 3.7 Gráfico da função $y = x^2 - 6x + 2$ e sua caracterização geométrica.

Usando a experiência de investigação da função $y = x^2 - 6x + 2$, vamos prosseguir ao estudo do caso geral de uma função quadrática $y = ax^2 + bx + c$, $a \neq 0$.

Estudo de $y = ax^2 + bx + c$

Reescrevemos a fórmula da função na forma $y = a\left(x + \frac{b}{2a}\right)^2 + \left(c - \frac{b^2}{4a}\right) = a\left(x - x_0\right)^2 + y_0$, $x_0 = -\frac{b}{2a}$, $y_0 = c - \frac{b^2}{4a}$, que vamos usar em vários momentos a seguir. Para especificar o estudo, vamos supor que $a > 0$. Caso $a < 0$, a investigação se faz da mesma maneira.

1. Domínio e imagem. O domínio é $X = \mathbb{R}$ (a fórmula é definida para $\forall x \in \mathbb{R}$) e a imagem é $Y = [y_0, +\infty)$. Realmente, por um lado, para qualquer $x \in \mathbb{R}$ temos $y = a\left(x - x_0\right)^2 + y_0 \geq y_0$, o que quer dizer que os valores menores que $y_0 = c - \frac{b^2}{4a}$ são excluídos da imagem. Por outro lado, para qualquer $y \geq y_0$ existe número real $x = x_0 + \sqrt{\frac{y-y_0}{a}}$ tal que $f(x) = f\left(x_0 + \sqrt{\frac{y-y_0}{a}}\right) = a\left(x_0 + \sqrt{\frac{y-y_0}{a}} - x_0\right)^2 + y_0 = a\frac{y-y_0}{a} + y_0 = y$, o que significa que a imagem contém todos $y \geq y_0$, ou seja, $Y = [y_0, +\infty)$.

2. Limitação. De acordo com a determinação da imagem, a função é limitada

inferiormente (por exemplo, pela constante $m = y_0$) e não é limitada superiormente.

3. Paridade. Da relação $f(-x) = a(-x)^2 + b(-x) + c = ax^2 + bx + c, \forall x \in X$, segue que $f(-x) = f(x)$ se, e somente se, $b = 0$, e, nesse caso, a função é par. Se $b \neq 0$, então $f(-x) \neq \pm f(x)$ e a função não é par nem ímpar. No entanto, usando a forma $y = a(x - x_0)^2 + y_0$ é simples de ver que existe simetria em relação à reta coordenada $x = x_0 = -\frac{b}{2a}$: $f(x_0 - x) = a(-x)^2 + y_0 = ax^2 + y_0 = f(x_0 + x)$ (relembre as relações de simetria (1.11) da seção 7.5 do Capítulo 1).

4. Periodicidade. A condição $f(x+T) = a(x+T)^2 + b(x+T) + c = ax^2 + bx + c = f(x), \forall x \in X$, se simplifica a $T(2ax + aT + b) = 0$ que resulta em $T = 0$ ou $T = -\frac{2ax+b}{a}$, o que é impossível, porque na definição da periodicidade o parâmetro T deve ser uma constante diferente de 0. Logo, a função não é periódica.

5. Monotonia e extremos. Tomando $x_1 < x_2$, temos $f(x_2) - f(x_1) = (ax_2^2 + bx_2 + c) - (ax_1^2 + bx_1 + c) = a(x_2^2 - x_1^2) + b(x_2 - x_1) = (x_2 - x_1)(a(x_2 + x_1) + b) = a(x_2 - x_1)(x_2 + x_1 + \frac{b}{a})$, onde os primeiros dois fatores são positivos e, por isso, o sinal de $f(x_2) - f(x_1)$ depende do último fator. Se $x_1 < x_2 \leq -\frac{b}{2a}$, então $f(x_2) - f(x_1) < 0$, isto é, a função decresce estritamente em $(-\infty, -\frac{b}{2a}]$. Por outro lado, se $-\frac{b}{2a} \leq x_1 < x_2$, temos $f(x_2) - f(x_1) > 0$, ou seja, a função cresce estritamente em $[-\frac{b}{2a}, +\infty)$. Daí segue que qualquer ponto $x_0 < -\frac{b}{2a}$ é o ponto de decrescimento (estrito), uma vez que existe uma vizinhança desse ponto (por exemplo, $(2x_0 + \frac{b}{2a}, -\frac{b}{2a})$) onde a função é estritamente decrescente. Analogamente, qualquer ponto $x_0 > -\frac{b}{2a}$ é o ponto de crescimento (estrito).

Como qualquer ponto $x \neq -\frac{b}{2a}$ é o ponto de monotonia estrita, nenhum desses pontos pode ser um extremo global ou local, estrito ou não. O único ponto restante é $x_0 = -\frac{b}{2a}$ que obviamente é o mínimo global e local estrito, uma vez que $f(x) = a(x - x_0)^2 + y_0 > y_0 = f(x_0), \forall x \neq x_0$.

6. Concavidade e inflexão. Para quaisquer dois pontos $x_1 \neq x_2 \in \mathbb{R}$ temos $\frac{f(x_1)+f(x_2)}{2} - f\left(\frac{x_1+x_2}{2}\right) = \left[a\frac{x_1^2+x_2^2}{2} + b\frac{x_1+x_2}{2} + c\right] - \left[a\left(\frac{x_1+x_2}{2}\right)^2 + b\frac{x_1+x_2}{2} + c\right] = a\frac{x_1^2+x_2^2-2x_1x_2}{4} = a\frac{(x_1-x_2)^2}{4} > 0$, o que mostra a concavidade para cima (no sentido estrito) em todo o domínio da função. Desse resultado segue imediatamente que não há pontos de inflexão.

7. Interseção e sinal. A interseção com o eixo Oy ocorre no ponto $(0, c)$, enquanto a interseção com Ox e o sinal da função depende do sinal do discriminante $D = b^2 - 4ac$ da equação quadrática $ax^2 + bx + c = 0$. Se $D > 0$, há dois pontos de interseção $x_{1,2} = \frac{-b \pm \sqrt{D}}{2a} = x_0 \pm \frac{\sqrt{D}}{2a}$ (simétricos em relação a x_0) e, consequentemente, a função tem sinal positivo quando $x < x_1 = x_0 - \frac{\sqrt{D}}{2a}$ e $x > x_2 = x_0 + \frac{\sqrt{D}}{2a}$, enquanto no intervalo (x_1, x_2) o sinal é negativo. Se $D = 0$,

tem um único ponto de interseção $x_0 = \frac{-b}{2a}$ e a função tem o mesmo sinal positivo em todos os pontos, exceto no único ponto x_0 onde ela se anula. Finalmente, se $D < 0$, não há interseção com Ox e a função sempre é positiva. Note que $D = -4ay_0$ e, portanto, a mesma classificação pode ser dada em termos de y_0, o que é diretamente ligado com a segunda forma da função $y = a(x - x_0)^2 + y_0$.

8. Inversa. A função $f(x) = a(x - x_0)^2 + y_0 : X = \mathbb{R} \to Y = [y_0, +\infty)$ é sobrejetora, mas não é injetora. Realmente, a qualquer número $y > y_0$ correspondem dois valores do domínio $x_{\pm} = x_0 \pm \sqrt{\frac{y-y_0}{a}}$: $f(x) = f\left(x_0 \pm \sqrt{\frac{y-y_0}{a}}\right) = a\left(x_0 \pm \sqrt{\frac{y-y_0}{a}} - x_0\right)^2 + y_0 = a\frac{y-y_0}{a} + y_0 = y$. Consequentemente, a função não é bijetora. No entanto, se restringirmos o domínio dessa função pelo intervalo $[x_0, +\infty)$, então ela se torna bijetora e tem a inversa $f^{-1}(x) = x_0 + \sqrt{\frac{x-y_0}{a}} = -\frac{b}{2a} + \frac{\sqrt{b^2+4a(x-c)}}{2a} : [y_0, +\infty) \to [x_0, +\infty)$. Analogamente, a restrição do domínio pelo intervalo $(-\infty, x_0]$ também dá uma função bijetora cuja inversa é $f^{-1}(x) = x_0 - \sqrt{\frac{x-y_0}{a}} = -\frac{b}{2a} - \frac{\sqrt{b^2+4a(x-c)}}{2a} : [y_0, +\infty) \to (-\infty, x_0]$.

9. Com base nas propriedades já investigadas encontramos o gráfico da função na forma mostrada na Fig.3.8.

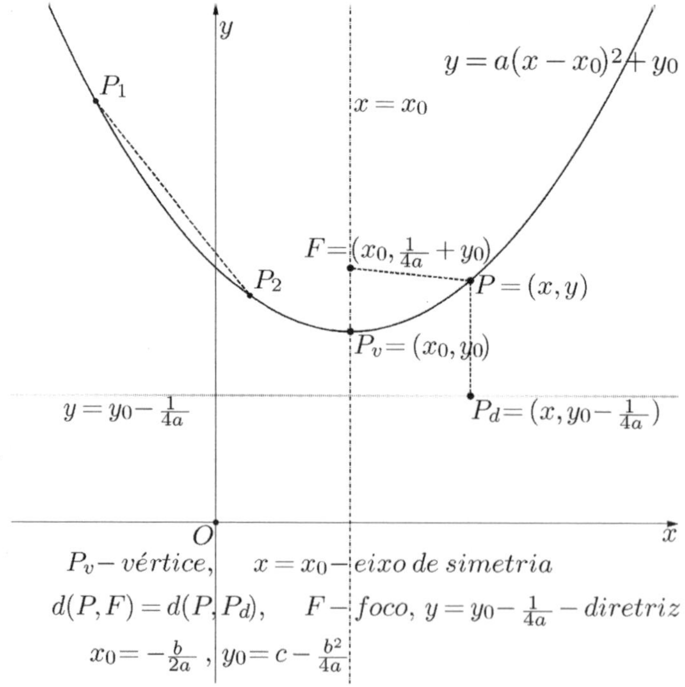

Figura 3.8 Gráfico da função $y = ax^2 + bx + c$ e sua caracterização geométrica.

A parábola $y = a(x - x_0)^2 + y_0$ tem vértice no ponto $P_v = (x_0, y_0)$ e o eixo de simetria $x = x_0$ (paralelo ao eixo Oy). Essa curva tem a seguinte característica geométrica: todos os pontos da parábola $y = a\,(x - x_0)^2 + y_0$ são equidistantes do foco $F = (-\frac{b}{2a}, y_0 + \frac{1}{4a})$ e da reta diretriz $y = y_0 - \frac{1}{4a}$ (veja Fig.3.8). Realmente, considerando um ponto arbitrário $P = (x, a\,(x - x_0)^2 + y_0)$ da parábola, obtemos:

$$d(P, F) = \sqrt{(x - x_0)^2 + \left[a\,(x - x_0)^2 - \frac{1}{4a}\right]^2} = \sqrt{\left[a\,(x - x_0)^2 + \frac{1}{4a}\right]^2} = a\,(x - x_0)^2 + \frac{1}{4a}$$

e

$$d(P, y = y_0 - \frac{1}{4a}) = \left|a\,(x - x_0)^2 + y_0 - (y_0 - \frac{1}{4a})\right| = a\,(x - x_0)^2 + \frac{1}{4a}\,,$$

isto é, as duas distâncias são iguais. É simples de demonstrar que a recíproca também é válida: a curva cujos pontos $P = (x, y)$ são equidistantes do foco $F = (x_0, y_0 + \frac{1}{4a})$ e da reta diretriz $y = y_0 - \frac{1}{4a}$ é a parábola $y = a\,(x - x_0)^2 + y_0$. De fato, igualando os quadrados das duas distâncias, obtemos: $(x - x_0)^2 + \left(y - (y_0 + \frac{1}{4a})\right)^2 = \left(y - (y_0 - \frac{1}{4a})\right)^2$ ou, simplificando, $(x - x_0)^2 = 4(y - y_0)\frac{1}{4a}$ o que resulta em $y = a\,(x - x_0)^2 + y_0$. Notamos que o eixo de simetria de uma parábola é a reta que passa pelo vértice P_v e foco F, e que é perpendicular à reta diretriz.

Outra maneira de determinar as propriedades da função $y = a\,(x - x_0)^2 + y_0$, $x_0 = -\frac{b}{2a}$, $y_0 = c - \frac{b^2}{4a}$, e encontrar o seu gráfico é realizar as transformações geométricas elementares que levam de $y = x^2$ a $y = a\,(x - x_0)^2 + y_0$. A seguinte cadeia de transformações pode ser usada (veja Fig.3.9):

$$g(x) = x^2 \to g_1(x) = (x - x_0)^2 = g(x - x_0) \to g_2(x) = a\,(x - x_0)^2 = a g_1(x)$$

$$\to f(x) = a\,(x - x_0)^2 + y_0 = g_2(x) + y_0.$$

Geometricamente, a primeira transformação é o deslocamento (translação) horizontal do gráfico de x^2 em x_0 unidades (lembramos que o deslocamento é feito para a esquerda se $x_0 < 0$ e para a direita se $x_0 > 0$). Com isso o vértice $P_0 = (0, 0)$ da parábola original $y = x^2$ passa para $P_1 = (x_0, 0)$, o eixo de simetria passa de $x = 0$ para $x = x_0$, o foco $F_0 = (0, \frac{1}{4})$ se torna $F_1 = (x_0, \frac{1}{4})$ e a reta diretriz $y = -\frac{1}{4}$ fica no mesmo lugar. A segunda transformação é a extençao vertical de a vezes do gráfico de $g_1(x)$ (lembramos que essa extensão é entendida como afastamento a vezes do eixo Ox caso $a > 1$ e contração $\frac{1}{a}$ vezes caso $0 < a < 1$). Com isso, o vértice $P_1 = (x_0, 0)$ da parábola $g_1(x)$ permanece no

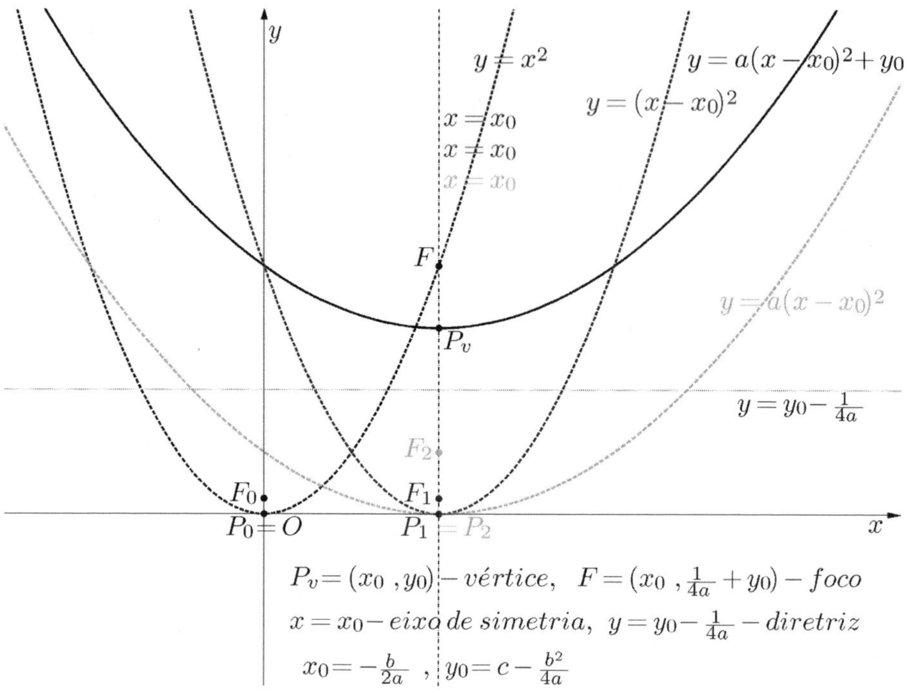

Figura 3.9 Transformações de gráficos de $y = x^2$ para $y = ax^2 + bx + c = a(x - x_0)^2 + y_0$.

mesmo ponto $P_2 = P_1$, o eixo de simetria $x = x_0$ também permanece o mesmo, o foco $F_1 = (x_0, \frac{1}{4})$ passa para $F_2 = (x_0, \frac{1}{4a})$ e a reta diretriz $y = -\frac{1}{4}$ para $y = -\frac{1}{4a}$. A última transformação representa o deslocamento vertical do gráfico de $g_2(x)$ em y_0 unidades (lembramos que o deslocamento é feito para cima se $y_0 > 0$ e para baixo se $y_0 < 0$). Com isso, o vértice $P_2 = (x_0, 0)$ da parábola $g_2(x)$ passa para $P_v = (x_0, y_0)$, o eixo de simetria $x = x_0$ permanece o mesmo, o foco $F_2 = (x_0, \frac{1}{4a})$ passa para $F = (x_0, \frac{1}{4a} + y_0)$ e a reta diretriz $y = -\frac{1}{4a}$ passa para $y = y_0 - \frac{1}{4a}$. Veja ilustração desses passos na Fig.3.9.

O caso $a < 0$ tem investigação semelhante tanto na forma analítica como na forma geométrica e é deixado a cargo do leitor.

1.3 Monômios

Lembremos a definição geral de uma função polinomial.

Definição de uma função polinomial. Uma *função polinomial* (um *polinômio*) tem a forma $y = P_n(x) = a_n x^n + a_{n-1} x^{n-1} + \ldots + a_1 x + a_0$, onde $a_i, i = 0, \ldots, n$ são constantes reais e $a_n \neq 0$. O coeficiente a_n é chamado de coeficiente principal.

Nesse item consideremos o caso particular dos *monômios*, isto é, os polinômios que contém somente o termo principal $P_n(x) = a_n x^n$. Vamos começar com $y = x^n$, $n = 2k-1, k \in \mathbb{N}$. O caso especial de $k = 1$, quando temos a função linear $y = x$, ja foi investigado. Analisamos agora a *função cúbica* $y = x^3$ e depois generalizamos esse estudo para o caso de qualquer potência ímpar.

Estudo de $y = x^3$

Algumas propriedades dessa função foram vistas na seção 7 do Capítulo 2, mas para completude de exposição analisamos essas propriedades mais uma vez.

1. Domínio e imagem. O domínio é $X = \mathbb{R}$ (a fórmula é definida para $\forall x \in \mathbb{R}$) e a imagem é $Y = \mathbb{R}$. Realmente, para qualquer y existe $x = \sqrt[3]{y}$ do domínio tal que $f(x) = f(\sqrt[3]{y}) = (\sqrt[3]{y})^3 = y$, o que significa que a imagem contém todos os valores reais.

2. Limitação. Da especificação da imagem segue que a função é ilimitada tanto inferiormente como superiormente.

3. Paridade. A relação $f(-x) = (-x)^3 = -x^3 = -f(x), \forall x \in X$, mostra que a função é ímpar.

4. Monotonia e extremos. A função é estritamente crescente em todo o seu domínio $X = \mathbb{R}$ devido a seguinte avaliação válida para qualquer par de pontos $x_1 < x_2$: $f(x_2) - f(x_1) = x_2^3 - x_1^3 = (x_2 - x_1)(x_2^2 + x_2 x_1 + x_1^2) = (x_2 - x_1)\left((x_2 + \frac{1}{2}x_1)^2 + \frac{3}{4}x_1^2\right) > 0$. Como a função é estritamente crescente em $\mathbb{R}$, então ela não tem pontos extremos, nem locais nem globais, estritos ou não.

5. Periodicidade. O crescimento estrito da função em todo o seu domínio implica que nenhum valor da função se repete e, consequentemente, a função não é periódica.

6. Concavidade e pontos de inflexão. Para quaisquer dois pontos x_1, x_2 temos a seguinte avaliação da diferença entre o valor médio da secante $\frac{f(x_1)+f(x_2)}{2}$ e o valor da função no ponto médio $f\left(\frac{x_1+x_2}{2}\right)$:

$$D_2 \equiv \frac{x_1^3 + x_2^3}{2} - \left(\frac{x_1 + x_2}{2}\right)^3 = \frac{1}{8}\left(4x_1^3 + 4x_2^3 - x_1^3 - x_2^3 - 3x_1^2 x_2 - 3x_1 x_2^2\right)$$

$$= \frac{3}{8}\left(x_1^3 + x_2^3 - x_1^2 x_2 - x_1 x_2^2\right) = \frac{3}{8}\left(x_2^2(x_2 - x_1) - x_1^2(x_2 - x_1)\right) = \frac{3}{8}(x_2 - x_1)^2(x_2 + x_1).$$

Escolhendo dois pontos arbitrários diferentes $x_1, x_2 \leq 0$, temos $D_2 = \frac{3}{8}(x_2 - x_1)^2(x_2 + x_1) < 0$, porque o terceiro fator é negativo. Isso significa que $f(x) = x^3$ é côncava para baixo no intervalo $(-\infty, 0]$. Para os valores $x_1, x_2 \geq 0$, temos $D_2 = \frac{3}{8}(x_2 - x_1)^2(x_2 + x_1) > 0$, porque o terceiro fator é positivo. Isso significa que $f(x) = x^3$ é côncava para cima no intervalo $[0, +\infty)$. Como a função muda o tipo de concavidade passando o ponto $x_0 = 0$, esse ponto é o ponto de inflexão.

7. Interseção e sinal. A interseção com o eixo Oy ocorre na origem e o mesmo é válido para interseção com Ox. Além disso, segue da monotonia que $f(x) = x^3 < 0$, $\forall x < 0$ e $f(x) = x^3 > 0$, $\forall x > 0$.

8. Inversa. A função $f(x) = x^3 : X = \mathbb{R} \to Y = \mathbb{R}$ é sobrejetora e também injetora (devido ao crescimento estrito em todo o domínio). Consequentemente, a função é bijetora e admite a inversa $f^{-1}(x) = \sqrt[3]{x} : \mathbb{R} \to \mathbb{R}$.

9. Com base nas propriedades já investigadas podemos representar o gráfico da função como é mostrado na Fig.3.10.

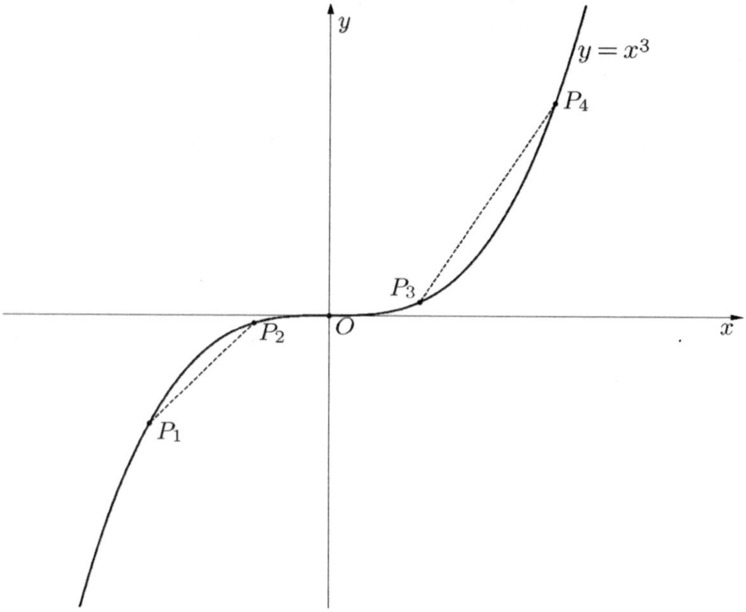

Figura 3.10 Gráfico da função $y = x^3$.

O gráfico de $y = x^3$ (e de qualquer função $y = ax^3 + bx^2 + cx + d$) é chamado de *parábola cúbica*.

Propriedades complementares de $y = x^3$

O gráfico da parábola cúbica sugere que a função $y = x^3$ tende a $+\infty$ (aumenta sem restrição) quando x tende a $+\infty$ e tende a $-\infty$ (diminui sem restrição) quando x tende a $-\infty$. Podemos verificar isso na forma mais precisa. Realmente, se $x > 1$ então $x^3 > x$ e, por isso, tomando $x > M$ (onde $M > 1$ é uma constante arbitrariamente grande) garantimos que $x^3 > M$, isto é, os valores da função também se tornam arbitrariamente grandes, ou seja, tendem a $+\infty$.

Como a função é ímpar, isso implica que aumento de $|x|$ sem restrição pelos valores negativos (isto é, tendência de x a $-\infty$) implica na tendência de x^3 a $-\infty$. Isso significa, em particular, que a função $y = x^3$ não tem assíntotas horizontais. Assim, confirmamos aquelas tendências do gráfico da função que estão exibidas na Fig.3.10. Como a função $y = x^3$ não tem nenhum limite infinito nos pontos (finitos) do seu domínio, então o seu gráfico não tem assíntotas verticais.

Acontece que as funções polinomias na forma x^n, $n \in \mathbb{N}$ (monômios) têm o comportamento similar a uma das duas funções já estudadas x^2 ou x^3. No caso de uma potência ímpar a função é semelhante a x^3, enquanto para uma potência par a função se comporta como x^2.

Antes de provar que isso realmente acontece com monômios, vamos demonstrar um resultado auxiliar que será usado na investigação de concavidade de monômios e, futuramente, de funções racionais.

Lema. Para qualquer parâmetro real $\varepsilon \neq 0$ e qualquer $n \in \mathbb{N}$, $n \geq 2$ é válida a seguinte avaliação

$$E_n \equiv (1-\varepsilon)^n + (1+\varepsilon)^n > 2. \tag{3.1}$$

Demonstração. Usando a fórmula do binômio de Newton, temos

$$E_n = (1-\varepsilon)^n + (1+\varepsilon)^n = \left[1 - \binom{n}{1}\varepsilon + \binom{n}{2}\varepsilon^2 + \ldots\right.$$

$$\left. - \binom{n}{2k-1}\varepsilon^{2k-1} + \binom{n}{2k}\varepsilon^{2k} + \ldots + (-1)^{n-1}\binom{n}{n-1}\varepsilon^{n-1} + (-1)^n\varepsilon^n\right]$$

$$+\left[1+\binom{n}{1}\varepsilon+\binom{n}{2}\varepsilon^2+\ldots+\binom{n}{2k-1}\varepsilon^{2k-1}+\binom{n}{2k}\varepsilon^{2k}+\ldots+\binom{n}{n-1}\varepsilon^{n-1}+\varepsilon^n\right]$$

$$= 2 + 2\binom{n}{2}\varepsilon^2 + \ldots + 2\binom{n}{2k}\varepsilon^{2k} + \ldots + 2\binom{n}{2m}\varepsilon^{2m} > 2,$$

onde $2k < n-1$ e $2m = n-1$ se n é ímpar ou $2m = n$ se n é par. Em outras palavras, todos os termos com potências ímpares são cancelados e os com potências pares são dobrados. Como todos os termos restantes de ε tem potências pares, concluímos que $E_n > 2$.

Agora vamos mostrar que o estudo da função $y = x^3$ pode ser generalizado para as funções com potência ímpar $y = x^{2k+1}$, $k \in \mathbb{N}$.

Estudo de $y = x^{2k+1}$, $k \in \mathbb{N}$

1. Domínio e imagem. O domínio é $X = \mathbb{R}$ (a fórmula é definida para $\forall x \in \mathbb{R}$) e a imagem é $Y = \mathbb{R}$. Realmente, para qualquer y existe $x = \sqrt[2k+1]{y}$ do domínio

tal que $f(x) = f(\sqrt[2k+1]{y}) = (\sqrt[2k+1]{y})^{2k+1} = y$, o que significa que a imagem contém todos os valores reais.

2. Limitação. Da especificação da imagem segue que a função é ilimitada tanto inferiormente como superiormente.

3. Paridade. A relação $f(-x) = (-x)^{2k+1} = -x^{2k+1} = -f(x), \forall x \in X$ mostra que a função é ímpar.

4. Monotonia e extremos. A função é estritamente crescente em todo o seu domínio $X = \mathbb{R}$. Realmente, para qualquer par de pontos $x_1 < x_2$ é válida a seguinte avaliação:

$$f(x_2) - f(x_1) = x_2^{2k+1} - x_1^{2k+1}$$

$$= (x_2 - x_1)(x_2^{2k} + x_2^{2k-1}x_1 + x_2^{2k-2}x_1^2 + \ldots + x_2 x_1^{2k-1} + x_1^{2k}) \equiv (x_2 - x_1)F_0.$$

O primeiro fator é positivo e o segundo consiste da soma dos termos com potência conjunta par. Devido dessa propriedade, se x_1 e x_2 têm o mesmo sinal, então $F_0 > 0$. Mais precisamente, se $x_1 < x_2 \leq 0$, então $F_0 > 0$ porque tem pelo menos um aditivo positivo (x_1^{2k}) e os outros são não negativos. Se $0 \leq x_1 < x_2$, então de novo $F_0 > 0$ porque tem pelo menos um aditivo positivo (x_2^{2k}) e os outros são não negativos. Portanto, em ambos os casos, $f(x_2) > f(x_1)$. Resta considerar a situação quando $x_1 < 0 < x_2$. Mas nesse caso, basta introduzir $x_0 = 0$ e lembrar que, conforme demonstrado, para a relação $x_1 < x_0 = 0$ segue $f(x_0) > f(x_1)$ e para $0 = x_0 < x_2$ segue $f(x_2) > f(x_0)$. Juntando essas duas desigualdades, obtemos $f(x_2) > f(x_0) > f(x_1)$. Assim, para qualquer dupla $x_1 < x_2$ temos $f(x_2) > f(x_1)$. Como a função é estritamente crescente em $\mathbb{R}$, então ela não tem pontos extremos, nem locais nem globais, estritos ou não.

5. Periodicidade. O crescimento estrito da função em todo o seu domínio implica que nenhum valor da função se repete e, consequentemente, a função não é periódica.

6. Concavidade e inflexão. Tomamos dois pontos arbitrários x_1 e x_2 e, para conveniência, numeramos eles de tal modo que $x_1 < x_2$ (o que sempre pode ser feito sem a perda de generalidade). A diferença entre o valor médio da secante $\frac{f(x_1)+f(x_2)}{2}$ e o valor da função no ponto médio $f\left(\frac{x_1+x_2}{2}\right)$ é mais conveniente representar usando o ponto médio $x_0 = \frac{x_1+x_2}{2}$ e os desvios absoluto $\delta = x_2 - x_0 = x_0 - x_1$ e relativo $\varepsilon = \frac{\delta}{x_0}$, $x_0 \neq 0$:

$$D \equiv \frac{f(x_1) + f(x_2)}{2} - f\left(\frac{x_1 + x_2}{2}\right) = \frac{x_1^{2k+1} + x_2^{2k+1}}{2} - \left(\frac{x_1 + x_2}{2}\right)^{2k+1}$$

$$= \frac{1}{2}\left((x_0 - \delta)^{2k+1} + (x_0 + \delta)^{2k+1}\right) - x_0^{2k+1}$$

$$= x_0^{2k+1}\left[\frac{1}{2}\left((1-\varepsilon)^{2k+1}+(1+\varepsilon)^{2k+1}\right)-1\right] = x_0^{2k+1}\left[\frac{1}{2}E_{2k+1}-1\right].$$

De acordo com o Lema, $E_{2k+1} > 2$. Logo, se $x_1 < x_2 \leq 0$, então $x_0 < 0$ e, consequentemente,

$$D = x_0^{2k+1}\left[\frac{1}{2}E_{2k+1}-1\right] < 0,$$

ou seja, no intervalo $(-\infty, 0]$ a concavidade é voltada para baixo. Por outro lado, se $0 \leq x_1 < x_2$, então $x_0 > 0$ e, consequentemente,

$$D = x_0^{2k+1}\left[\frac{1}{2}E_{2k+1}-1\right] > 0,$$

isto é, no intervalo $[0, +\infty)$ a concavidade é voltada para cima. Como a função muda o tipo de concavidade passando o ponto $x_0 = 0$, esse ponto é o ponto de inflexão.

7. Interseção e sinal. A interseção com o eixo Oy ocorre na origem e o mesmo é válido para interseção com Ox. Além disso, $f(x) = x^{2k+1} < 0$, $\forall x < 0$ e $f(x) = x^{2k+1} > 0$, $\forall x > 0$.

8. Inversa. A função $f(x) = x^{2k+1} : X = \mathbb{R} \to Y = \mathbb{R}$ é sobrejetora e também injetora (devido ao crescimento estrito em todo o domínio). Consequentemente, a função é bijetora e admite a inversa $f^{-1}(x) = \sqrt[2k+1]{x} : \mathbb{R} \to \mathbb{R}$.

9. Com base nas propriedades já investigadas obtemos o gráfico que qualitativamente é uma réplica do gráfico da função $y = x^3$.

Propriedades complementares de $y = x^{2k+1}$

Da semelhança de propriedades entre $y = x^3$ e $y = x^{2k+1}$, $k \in \mathbb{N}$, segue que quando x tende a $+\infty$, os valores da função $y = x^{2k+1}$ também tendem a $+\infty$ e quando x tende a $-\infty$, os valores da função tendem a $-\infty$. Isso mostra que funções $y = x^{2k+1}$ não têm assíntotas horizontais. Como em qualquer ponto do domínio de $y = x^{2k+1}$ a função não tende a infinito, isso significa que ela também não tem assíntotas verticais.

Comparação entre funções $y = x^{2k+1}$

Das propriedades de potências segue que no intervalo $(1, +\infty)$ temos $x^{2k+1} > x^{2m+1}$ sempre quando $k > m$. Além disso, $\left(\frac{x_2}{x_1}\right)^{2k+1} > \left(\frac{x_2}{x_1}\right)^{2m+1}$ para quaisquer $x_2 > x_1 \geq 1$ e $k > m$. Isso mostra que, no intervalo $(1, +\infty)$, a função $y_k - x^{2k+1}$ tem valores maiores e cresce mais rápido que $y_m = x^{2m+1}$ se $k > m$. No intervalo $(0, 1)$ temos $x^{2k+1} < x^{2m+1}$ sempre quando $k > m$, isto é, $y_k = x^{2k+1}$ tem valores menores que $y_m = x^{2m+1}$. Devido à imparidade dessas funções, uma relação semelhante se observa nos intervalos $(-\infty, -1)$ e $(-1, 0)$. Nos pontos $x = -1, 0, 1$

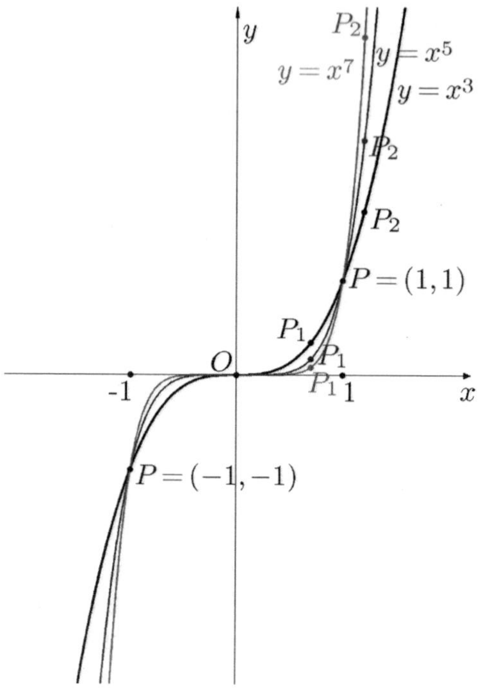

Figura 3.11 Gráficos de $y = x^3$, $y = x^5$ e $y = x^7$.

os valores de todas as funções desse tipo coincidem e são iguais a $y = -1, 0, 1$, respectivamente. Essa comparação é ilustrada na Fig.3.11.

Passamos agora a potência par: $y = x^{2k}$, $k \in \mathbb{N}$. Nesse caso, vamos generalizar o estudo anterior da função $y = x^2$.

Estudo de $y = x^{2k}$**,** $k \in \mathbb{N}$

1. Domínio e imagem. O domínio é $X = \mathbb{R}$ (a fórmula é definida para $\forall x \in \mathbb{R}$) e a imagem é $Y = [0, +\infty)$. Realmente, por um lado, para qualquer $x \in \mathbb{R}$ temos $y = x^{2k} \geq 0$, o que quer dizer que os valores negativos são excluídos da imagem. Por outro lado, para qualquer $y \in [0, +\infty)$ existe $x = \sqrt[2k]{y}$ do domínio tal que $f(x) = f(\sqrt[2k]{y}) = (\sqrt[2k]{y})^{2k} = y$, o que significa que a imagem contém todos $y \geq 0$, ou seja, $Y = [0, +\infty)$.

2. Limitação. Da especificação da imagem segue que a função é limitada inferiormente (por exemplo, pela constante $m = 0$) e não é limitada superiormente.

3. Paridade. $f(-x) = (-x)^{2k} = x^{2k} = f(x), \forall x \in X$, o que mostra que a função é par.

4. Monotonia e extremos. Tomando dupla de pontos $x_1 < x_2 \leq 0$ temos $|x_2| < |x_1|$ e, por isso, $f(x_2) - f(x_1) = x_2^{2k} - x_1^{2k} = |x_2|^{2k} - |x_1|^{2k} < 0$ de acordo

com as propriedades de potências (quando maior a base positiva, maior a sua potência positiva). Isso significa que a função decresce estritamente no intervalo $(-\infty, 0]$. De modo semelhante, tomando $0 \leq x_1 < x_2$, obtemos $f(x_2) - f(x_1) = x_2^{2k} - x_1^{2k} > 0$, o que quer dizer que a função cresce estritamente em $[0, +\infty)$. Daí segue que qualquer ponto $x_0 < 0$ é o ponto de decrescimento (estrito), uma vez que existe uma vizinhança desse ponto (por exemplo, $(2x_0, 0)$) onde a função é estritamente decrescente. Analogamente, qualquer ponto $x_0 > 0$ é o ponto de crescimento (estrito).

Como qualquer ponto $x \neq 0$ é o ponto de monotonia estrita, nenhum desses pontos pode ser um extremo global ou local, estrito ou não. O único ponto restante $x = 0$ é o mínimo global e local estrito, uma vez que $f(x) = x^{2k} > 0 = f(0)$, $\forall x \neq 0$.

5. Periodicidade. O crescimento estrito da função no intervalo infinito $[0, +\infty)$ implica que nenhum valor da função se repete nesse intervalo e, consequentemente, a função não é periódica.

6. Concavidade e inflexão. Para quaisquer dois pontos $x_1 < x_2$ a diferença entre o valor médio da secante $\frac{f(x_1)+f(x_2)}{2}$ e o valor da função no ponto médio $f\left(\frac{x_1+x_2}{2}\right)$ é mais conveniente representar usando o ponto médio $x_0 = \frac{x_1+x_2}{2}$ e os desvios absoluto $\delta = x_2 - x_0 = x_0 - x_1$ e relativo $\varepsilon = \frac{\delta}{x_0}$, $x_0 \neq 0$:

$$D_2 \equiv \frac{f(x_1) + f(x_2)}{2} - f\left(\frac{x_1 + x_2}{2}\right) = \frac{x_1^{2k} + x_2^{2k}}{2} - \left(\frac{x_1 + x_2}{2}\right)^{2k}$$

$$= \frac{1}{2}\left((x_0-\delta)^{2k}+(x_0+\delta)^{2k}\right)-x_0^{2k}=x_0^{2k}\left[\frac{1}{2}\left((1-\varepsilon)^{2k}+(1+\varepsilon)^{2k}\right)-1\right]=x_0^{2k}\left[\frac{1}{2}E_{2k}-1\right].$$

De acordo com o Lema, temos $E_{2k} > 2$. Logo, para qualquer dupla $x_1 \neq -x_2$ (isto é, $x_0 \neq 0$) temos

$$D_2 = x_0^{2k}\left(\frac{1}{2}E_{2k} - 1\right) > 0.$$

Caso $x_1 = -x_2$ (isto é, $x_0 = 0$), então

$$D_2 \equiv \frac{f(x_1) + f(x_2)}{2} - f\left(\frac{x_1 + x_2}{2}\right) = \frac{1}{2}(f(x_1) + f(x_2)) - f(0) = x_1^{2k} > 0.$$

Assim, a função tem a concavidade voltada para cima em todo o seu domínio. Como a função é côncava para cima em $\mathbb{R}$, ela não tem pontos de inflexão.

7. Interseção e sinal. A interseção com o eixo Oy ocorre na origem e o mesmo é válido para interseção com Ox. Além disso, $f(x) = x^{2k} > 0$, $\forall x \neq 0$.

8. Inversa. A função $f(x) = x^{2k} : X = \mathbb{R} \to Y = [0, +\infty)$ é sobrejetora, mas não é injetora. Realmente, a qualquer número $y > 0$ correspondem dois valores do

domínio $x_{\pm} = \pm \sqrt[2k]{y}$: $f(x_{\pm}) = (\pm \sqrt[2k]{y})^{2k} = y$. Consequentemente, a função não é bijetora. No entanto, se restringirmos o domínio dessa função pelo intervalo $[0, +\infty)$, então ela se torna bijetora e tem inversa $f^{-1}(x) = \sqrt[2k]{x} : [0, +\infty) \to [0, +\infty)$. Analogamente, a restrição do domínio pelo intervalo $(-\infty, 0]$ também dá uma função bijetora cuja inversa é $f^{-1}(x) = -\sqrt[2k]{x} : [0, +\infty) \to (-\infty, 0]$.

9. Com base nas propriedades já investigadas obtemos o gráfico que qualitativamente é uma réplica do gráfico da função $y = x^2$.

Propriedades complementares de $y = x^{2k}$

Devido à semelhança nas propriedades de $y = x^2$ e $y = x^{2k}$, $k \in \mathbb{N}$, podemos concluir que quando $|x|$ tende a $+\infty$, os valores da função tendem a $+\infty$. Isso mostra que funções $y = x^{2k}$ não têm assíntotas horizontais. Como em qualquer ponto do domínio de $y = x^{2k}$ a função não tende a infinito, isso significa que ela também não tem assíntotas verticais.

Comparação entre funções $y = x^{2k}$

Das propriedades de potências segue que no intervalo $(1, +\infty)$ temos $x^{2k} > x^{2m}$ sempre quando $k > m$. Além disso, $\left(\frac{x_2}{x_1}\right)^{2k} > \left(\frac{x_2}{x_1}\right)^{2m}$ para quaisquer $x_2 > x_1 \geq 1$ e $k > m$. Isso mostra que, no intervalo $(1, +\infty)$, a função $y_k = x^{2k}$ tem valores maiores e cresce mais rápido que $y_m = x^{2m}$ se $k > m$. No intervalo $(0, 1)$ temos $x^{2k} < x^{2m}$ sempre quando $k > m$, isto é, $y_k = x^{2k}$ tem valores menores que $y_m = x^{2m}$. Devido à paridade dessas funções, uma relação semelhante se observa nos intervalos $(-\infty, -1)$ e $(-1, 0)$. Nos pontos $x = -1, 0, 1$ os valores de todas as funções desse tipo coincidem e são iguais a $y = 1, 0, 1$, respectivamente. Essa comparação é ilustrada na Fig.3.12.

As funções $y = ax^n$, $a > 0$, $n \in \mathbb{N}$ se comportam da mesma maneira como $y = x^n$ e seus gráficos são obtidas via extensão vertical de a vezes do gráfico de x^n (lembramos que essa extensão é entendida como afastamento a vezes do eixo Ox caso $a > 1$ e contração $\frac{1}{a}$ vezes caso $0 < a < 1$). Se $a < 0$, então deve ser acrescida a inversão do gráfico em torno do eixo Ox, com mudança respectiva de propriedades da função. Para exemplificar, daremos abaixo as propriedades e o gráfico da função $y = -2x^7$, usando como referência as propriedades investigadas da função $y = x^{2k+1}, k \in \mathbb{N}$.

***Estudo de* $y = -2x^7$**

1. Domínio e imagem. O domínio é $X = \mathbb{R}$ e a imagem é $Y = \mathbb{R}$.
2. Limitação. A função é ilimitada tanto inferiormente como superiormente.
3. Paridade. A função é impar.
4. Periodicidade. A função não é periódica.

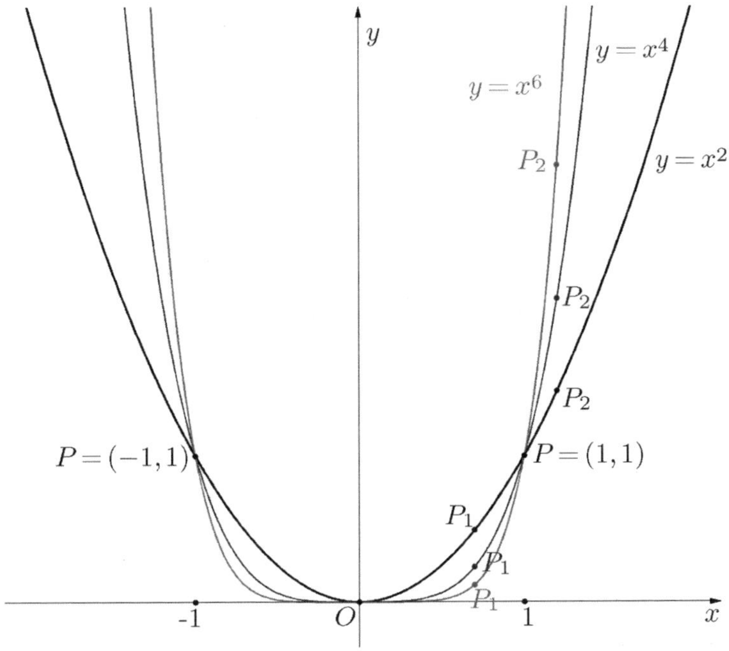

Figura 3.12 Gráficos de $y = x^2$, $y = x^4$ e $y = x^6$.

5. Monotonia e extremos. A função é estritamente decrescente em todo o seu domínio $X = \mathbb{R}$. Ela não tem pontos extremos, nem locais nem globais, estritos ou não.

6. Concavidade e inflexão. A função é côncava para cima no intervalo $(-\infty, 0]$ e côncava para baixo no intervalo $[0, +\infty)$. O ponto $x_0 = 0$ é o ponto de inflexão.

7. Interseção e sinal. A interseção com o eixo Oy ocorre na origem e o mesmo é válido para interseção com Ox. Além disso, $f(x) > 0$, $\forall x < 0$ e $f(x) < 0$, $\forall x > 0$.

8. Inversa. A função $f(x) = -2x^7 : X = \mathbb{R} \to Y = \mathbb{R}$ é sobrejetora e também injetora (devido ao decrescimento estrito em todo o domínio). Consequentemente, a função é bijetora e admite a inversa $f^{-1}(x) = -\sqrt[7]{\frac{x}{2}} : \mathbb{R} \to \mathbb{R}$.

9. Com base nessas propriedades, podemos representar o gráfico da função como é mostrado na Fig.3.13.

Propriedades complementares de polinômios

Para um polinômio geral, o seu comportamento no infinito pode ser detectado representando-o na forma $P_n(x) = a_n x_n \left(1 + \frac{a_{n-1}}{a_n}\frac{1}{x} + \frac{a_{n-2}}{a_n}\frac{1}{x^2} + \ldots + \frac{a_0}{a_n}\frac{1}{x^n}\right)$. Notamos que qualquer termo $\frac{1}{|x|^k}$, $k \in \mathbb{N}$ se torna muito pequeno para valores grandes

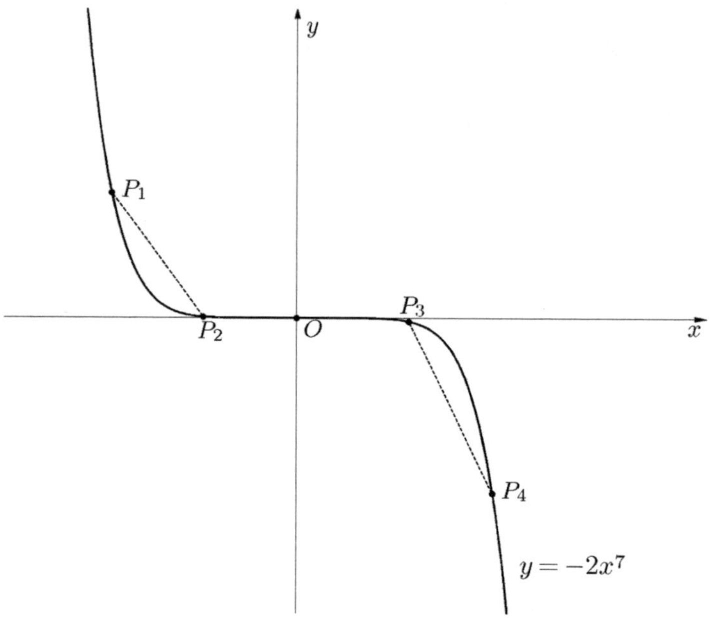

Figura 3.13 Gráfico da função $y = -2x^7$.

de $|x|$, isto é, $\lim_{|x|\to\infty} \frac{1}{|x|^k} = 0$, $\forall k \in \mathbb{N}$. Precisando um pouco mais, podemos tornar $\frac{1}{|x|^k}$ menor que qualquer constante positiva escolhida previamente, se tomamos valores de $|x|$ bastante grandes. Realmente, se escolhemos uma constante arbitrária $m > 0$, então tomando $|x| > M = \max\{\frac{1}{m}, 1\}$ garantimos que $|x|^k > |x| > M$ e, portanto, $\frac{1}{|x|^k} < m$. Por exemplo, se escolhemos $m = 10^{-l}$, $l \in \mathbb{N}$, então basta tomar $|x| > 10^l$ para garantir que $\frac{1}{|x|^k} < 10^{-l}$. Isso quer dizer que, qualquer que for o valor do coeficiente $\frac{a_k}{a_n}$, para $|x|$ bastante grandes o termo $\left|\frac{a_k}{a_n}\frac{1}{x^k}\right|$ se torna muito pequeno, ou, reformulando com maior precisão, sempre podemos escolher valores tão grandes de $|x|$ que esse termo fica menor que qualquer constante $m > 0$ escolhida previamente. Nesse caso se diz que o termo $\left|\frac{a_k}{a_n}\frac{1}{x^k}\right|$ tende a 0 quando $|x|$ tende a infinito, ou, em símbolos: $\lim_{|x|\to\infty} \left|\frac{a_k}{a_n}\frac{1}{x^k}\right| = 0$. Com essas considerações, podemos concluir que entre todos os termos dentro das parênteses na expressão $P_n(x) = a_n x_n \left(1 + \frac{a_{n-1}}{a_n}\frac{1}{x} + \frac{a_{n-2}}{a_n}\frac{1}{x^2} + \ldots + \frac{a_0}{a_n}\frac{1}{x^n}\right)$, o único termo que não tende a 0 para os valores grandes de $|x|$ é a constante 1. Portanto, essa constante vai ser dominante no infinito entre todos os outros termos e, por isso, o comportamento de $P_n(x)$ no infinito é determinado por esse primeiro termo. Em outras palavras, no infinito $P_n(x)$ se comporta da mesma maneira como o monômio $a_n x_n$, cujo comportamento já sabemos. Simbolicamente isso pode ser escrito assim:

$\lim\limits_{|x|\to\infty} P_n(x) = \lim\limits_{|x|\to\infty} a_n x_n$. Importante notar, que essa semelhança entre $P_n(x)$ e $a_n x_n$ se refere somente ao comportamento no infinito, ou seja, quando x tende a $+\infty$ ou a $-\infty$. Ela não se observa, em geral, para os valores finitos de x.

O estudo de funções polinomiais na forma geral pode ser bastante complicado e, em vários casos, todas as propriedades não podem ser avaliadas mesmo usando as técnicas mais avançadas de Cálculo e de Análise.

2 Funções racionais

Definição de uma função racional. Uma *função racional* é o quociente entre dois polinômios, isto é: $y = R(x) = \frac{P_n(x)}{Q_m(x)}$, onde $P_n = a_n x^n + a_{n-1}x^{n-1} + \ldots + a_1 x + a_0$, $a_n \neq 0$ e $Q_m = b_m x^m + b_{m-1}x^{m-1} + \ldots + b_1 x + b_0$, $b_m \neq 0$. Notamos que quando o grau m do polinômio Q_m é zero, a função racional é reduzida a um polinômio.

Devido a sua forma mais complexa que a dos polinômios, o estudo de funções racionais no caso geral não é possível de realizar. Portanto, vamos considerar somente alguns casos particulares, começando com as funções $y = \frac{1}{x^n}$, $n \in \mathbb{N}$.

2.1 Funções do tipo $y = \frac{1}{x^n}$, $n \in \mathbb{N}$

Nesse grupo, consideremos, primeiro, as duas funções específicas $y = \frac{1}{x}$ e $y = \frac{1}{x^2}$, e depois generalizemos a análise para as funções da forma $y = \frac{1}{x^{2k+1}}$ e $y = \frac{1}{x^{2k}}$, $k \in \mathbb{N}$.

Começamos com a *função recíproca* $y = \frac{1}{x}$ (aqui, $P_0(x) = 1$ e $Q_1(x) = x$).

Estudo de $y = \frac{1}{x}$

Algumas propriedades dessa função já foram analisadas no Capítulo 2, mas, para completude de exposição, vamos demonstrá-las mais uma vez.

1. Domínio e imagem. O domínio é $X = \mathbb{R}\backslash\{0\}$ (a fórmula é definida para $\forall x \neq 0$) e a imagem é $Y = \mathbb{R}\backslash\{0\}$. Realmente, para qualquer $y \neq 0$ existe $x = \frac{1}{y}$ do domínio tal que $f(x) = f(\frac{1}{y}) = \frac{1}{\frac{1}{y}} = y$. Por outro lado, não existe nenhum x tal que $\frac{1}{x} = 0$, o que significa que $y = 0$ é excluído da imagem.

2. Limitação. Da especificação da imagem segue que a função é ilimitada tanto inferiormente como superiormente.

3. Paridade. $f(-x) = \frac{1}{-x} = -\frac{1}{x} = -f(x), \forall x \in X$, o que mostra que a função é ímpar.

4. Monotonia e extremos. Avaliando a diferença entre os valores da função

para qualquer dupla de pontos $x_1 < x_2$, $x_1x_2 \neq 0$, obtemos: $f(x_2) - f(x_1) = \frac{1}{x_2} - \frac{1}{x_1} = \frac{x_1 - x_2}{x_1x_2}$. O numerador é negativo e, portanto, o sinal depende do denominador. Se $x_1 < x_2 < 0$, então $f(x_2) - f(x_1) < 0$, isto é, a função decresce estritamente em $(-\infty, 0)$. Analogamente, se $0 < x_1 < x_2$, temos $f(x_2) - f(x_1) < 0$, ou seja, a função também decresce estritamente em $(0, +\infty)$. Daí segue que qualquer ponto $x_0 \neq 0$ é o ponto de decrescimento (estrito), uma vez que existe uma vizinhança desse ponto onde a função é estritamente decrescente. Notamos que a função não decresce estritamente em todo o seu domínio apesar de ser decrescente nas duas partes, cuja união forma todo o domínio da função. Isso segue tanto da avaliação obtida (tomando $x_1 < 0 < x_2$) como de uma especificação elementar (por exemplo, usando os pontos $x_1 = -1$ e $x_2 = 1$ temos $f(x_1) = \frac{1}{x_1} = -1 < 1 = \frac{1}{x_2} = f(x_2)$).

Como qualquer ponto $x \neq 0$ é o ponto de decrescimento estrito, nenhum desses pontos pode ser um extremo global ou local, estrito ou não. Adicionalmente, $x = 0$ não pertence ao domínio. Consequentemente, não há extremos globais ou locais, estritos ou não.

5. Periodicidade. O decrescimento estrito da função no intervalo ilimitado $(0, +\infty)$ indica que a função não é periódica.

6. Concavidade e inflexão. Como a concavidade se define num intervalo do domínio, então temos duas opções: escolher ambos os pontos arbitrários x_1, x_2 do intervalo $(-\infty, 0)$ ou do $(0, +\infty)$ (não tem sentido tomar um ponto em $(-\infty, 0)$ e outro em $(0, +\infty)$). Com essa restrição, para qualquer dupla $x_1, x_2 \in X$, temos a seguinte avaliação da diferença entre o valor médio da secante $\frac{f(x_1)+f(x_2)}{2}$ e o valor da função no ponto médio $f\left(\frac{x_1+x_2}{2}\right)$:

$$D_2 \equiv \frac{f(x_1) + f(x_2)}{2} - f\left(\frac{x_1 + x_2}{2}\right) = \frac{\frac{1}{x_1} + \frac{1}{x_2}}{2} - \frac{1}{\frac{x_1+x_2}{2}} = \frac{x_1 + x_2}{2x_1x_2} - \frac{2}{x_1 + x_2}$$

$$= \frac{(x_1 + x_2)^2 - 4x_1x_2}{2x_1x_2(x_1 + x_2)} = \frac{(x_1 - x_2)^2}{2x_1x_2(x_1 + x_2)}.$$

Primeiro, se $x_1, x_2 < 0$, então $x_1x_2(x_1 + x_2) < 0$ e, portanto, $D_2 < 0$, o que significa que a função é côncava para baixo no intervalo $(-\infty, 0)$. Segundo, se $x_1, x_2 > 0$, então $x_1x_2(x_1 + x_2) > 0$ e, portanto, $D_2 > 0$, o que quer dizer que a função é côncava para cima no intervalo $(0, +\infty)$. Embora a função mude o tipo de concavidade passando o ponto $x_0 = 0$, esse ponto não pertence ao domínio e, por isso, ele não é o ponto de inflexão. Como em outras partes (intervalos) a função mantém o mesmo tipo de concavidade estrita, concluímos que não há pontos de inflexão.

7. Interseção e sinal. Não tem interseção com o eixo Oy, uma vez que a função não está definida no ponto $x = 0$. Também, não existe interseção com eixo Ox, porque o valor $y = 0$ fica fora da imagem. Quanto ao sinal, temos as seguintes óbvias desigualdades: $f(x) = \frac{1}{x} < 0$, $\forall x < 0$ e $f(x) = \frac{1}{x} > 0$, $\forall x > 0$.

8. Inversa. A função $f(x) = \frac{1}{x} : X = \mathbb{R}\backslash\{0\} \to Y = \mathbb{R}\backslash\{0\}$ é sobrejetora e também injetora, devido as suas propriedades de monotonia nos intervalos $(-\infty, 0)$ e $(0, +\infty)$ e lembrando que no primeiro a função é negativa, enquanto no segundo é positiva. Consequentemente, a função é bijetora e admite a inversa $f^{-1}(x) = \frac{1}{x} : \mathbb{R}\backslash\{0\} \to \mathbb{R}\backslash\{0\}$.

9. Com base nas propriedades já investigadas obtemos o gráfico da função mostrado na Fig.3.14.

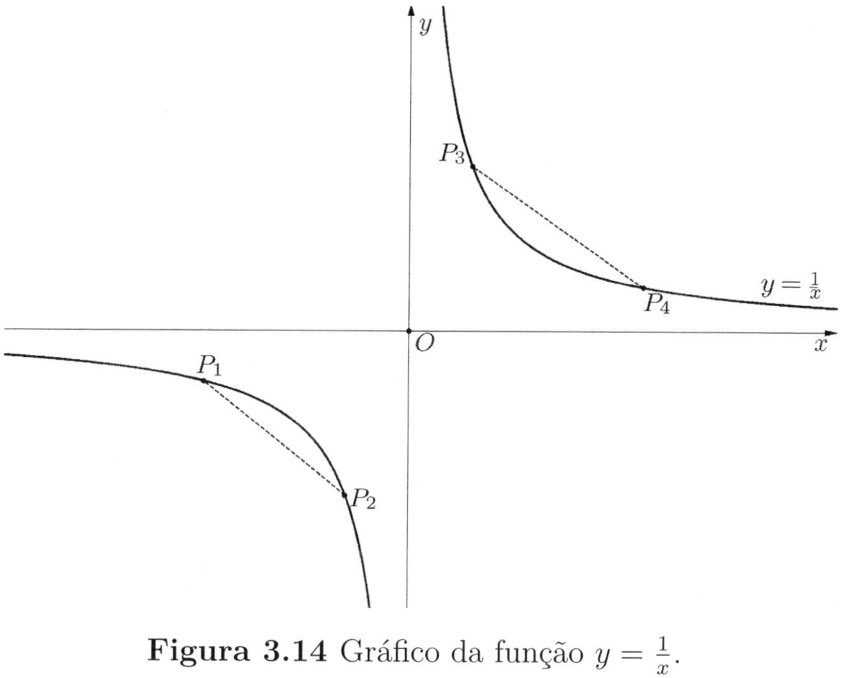

Figura 3.14 Gráfico da função $y = \frac{1}{x}$.

Propriedades complementares da função $y = \frac{1}{x}$.

1. Comportamento no infinito

A função $\frac{1}{x}$ tende a 0 quando $|x|$ tende a infinito, isto é, os valores $\frac{1}{|x|}$ se tornam menores que qualquer constante $m > 0$ escolhida previamente para os valores bastante grandes de $|x|$. Realmente, qualquer que for uma constante $m > 0$, escolhendo pontos x tais que $|x| > M = \frac{1}{m}$ garantimos que $\frac{1}{|x|} < m$. Por exemplo, se escolhemos $m = 10^{-l}$, $l \in \mathbb{N}$, então para $|x| > 10^{l}$ garantimos que $\frac{1}{|x|} < 10^{-l}$. Isso significa que $\frac{1}{|x|}$ tende a 0 quando $|x|$ tende a $+\infty$, ou seja, $\lim\limits_{x\to+\infty} \frac{1}{x} = 0$ e $\lim\limits_{x\to-\infty} \frac{1}{x} = 0$. Voltando à própria variável x, observamos que quando x tende a $+\infty$ então a aproximação do zero da função $\frac{1}{x}$ ocorre pelos valores positivos, e quando x tende a $-\infty$ então tendência a zero ocorre pelos valores negativos, o que pode ser visto no gráfico da função na Fig.3.14. Disso segue que a reta $y = 0$ é a assíntota horizontal da função $y = \frac{1}{x}$.

2. Comportamento perto da origem

Quando x aproxima de 0 pelos valores positivos, então a função $\frac{1}{x}$ aumenta seus valores sem restrição, em outras palavras, tende a $+\infty$. Realmente, qualquer que for constante $M > 1$, escolhendo os valores $0 < x < \frac{1}{M}$, garantimos que para todos esses x os valores da função superam M: $\frac{1}{x} > M$. Isso mostra que os valores da função se aproximam da reta vertical $x = 0$, quando x tende a 0 pelos valores positivos, de tal maneira que a distância entre os pontos respectivos do gráfico da função e da reta $x = 0$ tende a 0. Isso quer dizer que a reta $x = 0$ é a assíntota vertical do gráfico da função. Da mesma maneira, quando x aproxima de 0 pelos valores negativos, então a função $\frac{1}{x}$ diminui seus valores sem restrição (os valores de $\frac{1}{|x|}$ aumentam sem restrição mantendo $\frac{1}{x}$ negativo), em outras palavras, tende a $-\infty$. Realmente, qualquer que for constante $M > 1$, escolhendo os valores $0 > x > -\frac{1}{M}$, garantimos que para todos esses x os valores da função ficam abaixo de $-M$: $\frac{1}{r} < -M$. Então pelos valores negativos, a reta $x = 0$ também é a assíntota vertical do gráfico da função.

Característica geométrica de uma hipérbole

O gráfico da função $y = \frac{1}{x}$ é chamado de *hipérbole.* A sua característica geométrica é que o módulo da diferença entre as distâncias de qualquer ponto dessa curva até os dois pontos $F_1 = (\sqrt{2}, \sqrt{2})$ e $F_2 = (-\sqrt{2}, -\sqrt{2})$ é igual a $2\sqrt{2}$. Os pontos F_1 e F_2 são chamados de focos da hipérbole e a reta bissetriz dos quadrantes ímpares $y = x$, que contém esses dois focos, é chamada de eixo focal. Para mostrar essa propriedade, tomamos um ponto arbitrário da hipérbole $P = (x, \frac{1}{x})$ e calculamos suas distâncias até F_1 e F_2:

$$d(P, F_1) = \sqrt{(x - \sqrt{2})^2 + (\frac{1}{x} - \sqrt{2})^2} = \sqrt{x^2 + \frac{1}{x^2} - 2\sqrt{2}(x + \frac{1}{x}) + 4}$$

$$= \sqrt{(x + \frac{1}{x} - \sqrt{2})^2} = |x + \frac{1}{x} - \sqrt{2}|$$

e

$$d(P, F_2) = \sqrt{(x + \sqrt{2})^2 + (\frac{1}{x} + \sqrt{2})^2} = \sqrt{x^2 + \frac{1}{x^2} + 2\sqrt{2}(x + \frac{1}{x}) + 4}$$

$$= \sqrt{(x + \frac{1}{x} + \sqrt{2})^2} = |x + \frac{1}{x} + \sqrt{2}|.$$

Notamos que caso $x > 0$, então $x + \frac{1}{x} \geq 2$, e se $x < 0$ então $x + \frac{1}{x} \leq -2$. Portanto, para os pontos $P = (x, \frac{1}{x})$ com abscissas positivas temos

$$d(P,F_1) - d(P,F_2) = |x + \frac{1}{x} - \sqrt{2}| - |x + \frac{1}{x} + \sqrt{2}| = x + \frac{1}{x} - \sqrt{2} - (x + \frac{1}{x} + \sqrt{2}) = -2\sqrt{2}$$

enquanto para abscissas negativas temos

$$d(P,F_1) - d(P,F_2) = |x + \frac{1}{x} - \sqrt{2}| - |x + \frac{1}{x} + \sqrt{2}| = -(x + \frac{1}{x} - \sqrt{2}) + (x + \frac{1}{x} + \sqrt{2}) = 2\sqrt{2}.$$

Juntando os dois resultados, chegamos à característica geométrica:

$$|d(P, F_1) - d(P, F_2)| = 2\sqrt{2}.$$

Pode ser mostrado que a recíproca também é válida: o lugar geométrico dos pontos com a propriedade de que o módulo da diferença entre suas distâncias até os dois focos $F_1 = (\sqrt{2}, \sqrt{2})$ e $F_2 = (-\sqrt{2}, -\sqrt{2})$ é igual a $2\sqrt{2}$ é a hipérbole $y = \frac{1}{x}$ (veja Fig.3.15). Realmente, tomamos um ponto arbitrário $P(x, y)$ que satisfaz essa propriedade e representamos as distâncias em coordenadas:

$$|d(P,F_1) - d(P,F_2)| = |\sqrt{(x-\sqrt{2})^2 + (y-\sqrt{2})^2} - \sqrt{(x+\sqrt{2})^2 + (y+\sqrt{2})^2}| = 2\sqrt{2}$$

ou, abrindo o módulo,

$$\sqrt{(x - \sqrt{2})^2 + (y - \sqrt{2})^2} - \sqrt{(x + \sqrt{2})^2 + (y + \sqrt{2})^2} = \pm 2\sqrt{2}.$$

Passando uma das raízes para o lado direito e elevando ao quadrado os dois lados, obtemos

$$\left(\sqrt{(x - \sqrt{2})^2 + (y - \sqrt{2})^2}\right)^2 = \left(\sqrt{(x + \sqrt{2})^2 + (y + \sqrt{2})^2} \pm 2\sqrt{2}\right)^2$$

ou

$$(x - \sqrt{2})^2 + (y - \sqrt{2})^2 = (x + \sqrt{2})^2 + (y + \sqrt{2})^2 + 8 \pm 4\sqrt{2}\sqrt{(x + \sqrt{2})^2 + (y + \sqrt{2})^2}$$

ou, simplificando,

$$-x - y = \pm\sqrt{(x + \sqrt{2})^2 + (y + \sqrt{2})^2} + \sqrt{2}.$$

Deixando a raiz restante de um lado da equação e juntando os demais termos no outro lado, obtemos

$$\mp\sqrt{(x + \sqrt{2})^2 + (y + \sqrt{2})^2} = x + y + \sqrt{2}.$$

Elevando mais uma vez ao quadrado os dois lados

$$(x+\sqrt{2})^2+(y+\sqrt{2})^2=(x+y+\sqrt{2})^2$$

e simplificando, chegamos a equação

$$xy=1,$$

isto é, obtemos a fórmula da hipérbole $y=\frac{1}{x}$.

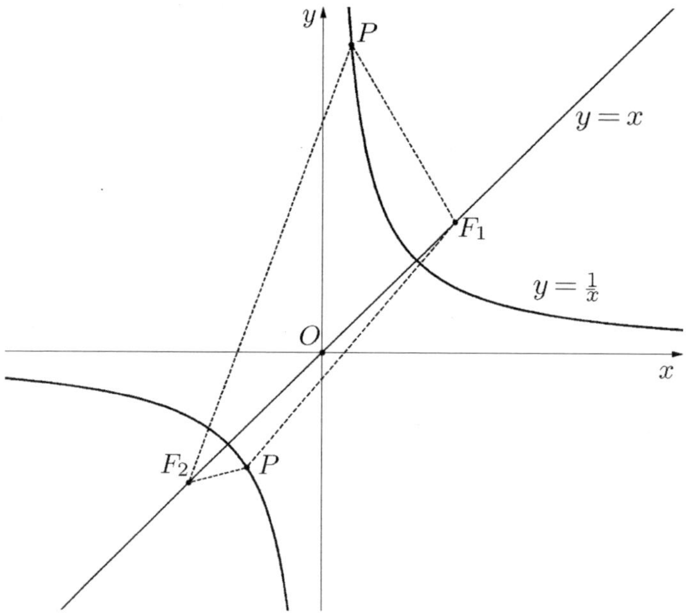

Figura 3.15 Caracterização geométrica da função $y=\frac{1}{x}$.

Na forma mais geral, qualquer função $y=\frac{c}{x}$, onde $c\neq 0$ é uma constante, é chamada *hipérbole*. Caso $c>0$, o gráfico qualitativo da hipérbole coincide com $y=\frac{1}{x}$ e tem a seguinte caracterização geométrica: o módulo da diferença entre as distâncias de qualquer ponto da hipérbole até os focos $F_1=(\sqrt{2c},\sqrt{2c})$ e $F_2=(-\sqrt{2c},-\sqrt{2c})$ é igual a $2\sqrt{2c}$. Caso $c<0$, o gráfico da hipérbole é obtido por meio da reflexão do gráfico de $y=\frac{-c}{x}$ em relação a Oy e tem a seguinte caracterização geométrica: o módulo da diferença entre as distâncias de qualquer ponto da hipérbole até os focos $F_1=(-\sqrt{-2c},\sqrt{-2c})$ e $F_2=(\sqrt{-2c},-\sqrt{-2c})$ é igual a $2\sqrt{-2c}$. (Nesse caso, o eixo focal é a bissetriz dos quadrantes pares $y=-x$, que contém os dois focos.) A demonstração da propriedade geométrica segue as mesmas linhas da demonstração para a hipérbole $y=\frac{1}{x}$ e é deixada

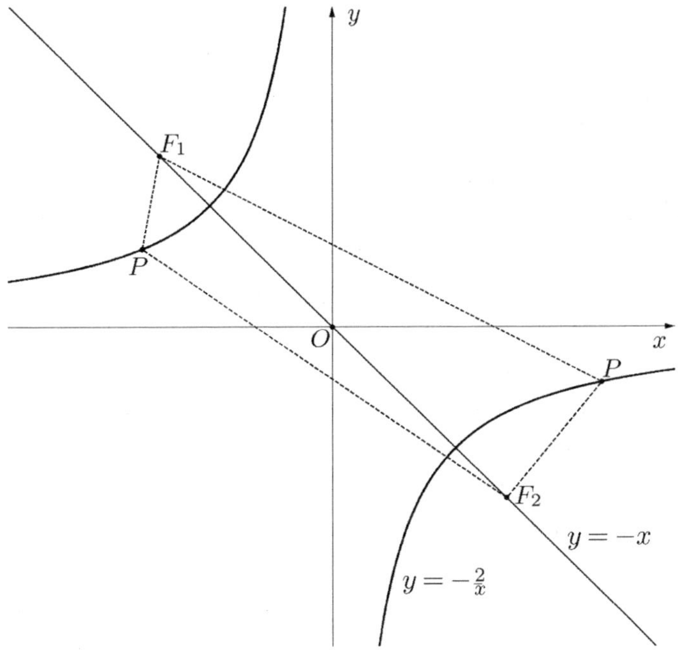

Figura 3.16 Gráfico e caracterização geométrica da função $y = -\frac{2}{x}$.

como uma tarefa para o leitor. A ilustração para uma hipérbole com $c < 0$ se encontra na Fig.3.16.

Outra função racional simples e importante é $y=\frac{1}{x^2}$ (aqui, $P_0(x)=1$ e $Q_2(x)=x^2$).

Estudo de $y = \frac{1}{x^2}$

Algumas propriedades dessa função já foram analisadas no Capítulo 2, mas, para completude de exposição, vamos demonstrá-las mais uma vez.

1. Domínio e imagem. O domínio é $X = \mathbb{R}\backslash\{0\}$ (a fórmula é definida para $\forall x \neq 0$) e a imagem é $Y = (0, +\infty)$. Realmente, qualquer valor da função é positivo: $f(x) = \frac{1}{x^2} > 0$, $\forall x \in X$. Por outro lado, para qualquer $y > 0$ existe $x = \frac{1}{\sqrt{y}}$ do domínio tal que $f(x) = f(\frac{1}{\sqrt{y}}) = \frac{1}{(\frac{1}{\sqrt{y}})^2} = y$.

2. Limitação. Da especificação da imagem segue que a função é limitada inferiormente (por exemplo, por $m = 0$), mas não superiormente.

3. Paridade. $f(-x) = \frac{1}{(-x)^2} = \frac{1}{x^2} = f(x), \forall x \in X$, o que mostra que a função é par.

4. Monotonia e extremos. Avaliando a diferença entre os valores da função para qualquer dupla de pontos $x_1 < x_2$, $x_1x_2 \neq 0$, obtemos: $f(x_2) - f(x_1) = \frac{1}{x_2^2} - \frac{1}{x_1^2} = \frac{(x_1-x_2)(x_1+x_2)}{x_1^2x_2^2}$. O denominador é positivo e, portanto, o sinal depende

do segundo fator do numerador. Se $x_1 < x_2 < 0$, então o segundo fator é negativo e $f(x_2) - f(x_1) > 0$, isto é, a função cresce estritamente em $(-\infty, 0)$. Se $0 < x_1 < x_2$, então o segundo fator é positivo e temos $f(x_2) - f(x_1) < 0$, ou seja, a função decresce estritamente em $(0, +\infty)$. Daí segue que qualquer ponto $x_0 < 0$ é o ponto de crescimento (estrito) e qualquer ponto $x_0 > 0$ é o ponto de decrescimento (estrito). Como qualquer ponto $x \neq 0$ é o ponto de monotonia estrita, nenhum desses pontos pode ser um extremo global ou local, estrito ou não. Embora a função mude o tipo de monotonia passando o ponto $x = 0$, esse ponto não é extremo da função, porque a função não está definida nesse ponto. Assim, não há extremos de qualquer tipo.

5. Periodicidade. O decrescimento estrito da função no intervalo ilimitado $(0, +\infty)$ indica que a função não é periódica.

6. Concavidade e inflexão. Como a concavidade se define num intervalo do domínio, então temos duas opções: escolher ambos os pontos arbitrários x_1, x_2 do intervalo $(-\infty, 0)$ ou do $(0, +\infty)$. Com essa restrição, para qualquer dupla $x_1, x_2 \in X$, temos a seguinte avaliação da diferença entre o valor médio da secante $\frac{f(x_1)+f(x_2)}{2}$ e o valor da função no ponto médio $f\left(\frac{x_1+x_2}{2}\right)$:

$$D_2 = \frac{f(x_1)+f(x_2)}{2} - f\left(\frac{x_1+x_2}{2}\right) = \frac{\frac{1}{x_1^2}+\frac{1}{x_2^2}}{2} - \frac{1}{(\frac{x_1+x_2}{2})^2} = \frac{x_1^2+x_2^2}{2x_1^2x_2^2} - \frac{4}{(x_1+x_2)^2}$$

$$= \frac{(x_1^2+x_2^2)(x_1+x_2)^2 - 8x_1^2x_2^2}{2x_1^2x_2^2(x_1+x_2)^2} = \frac{(x_1^4+x_2^4-2x_1^2x_2^2)+(2x_1x_2(x_1^2+x_2^2)-4x_1^2x_2^2)}{2x_1^2x_2^2(x_1+x_2)^2}$$

$$= \frac{(x_1^2-x_2^2)^2+2x_1x_2(x_1-x_2)^2}{2x_1^2x_2^2(x_1+x_2)^2}.$$

Dessa forma fica claro que $D_2 > 0$ para qualquer dupla x_1, x_2, seja do intervalo $(-\infty, 0)$ ou do $(0, +\infty)$. Portanto, a função tem concavidade para cima tanto no intervalo $(-\infty, 0)$ como no $(0, +\infty)$. Consequentemente, não há pontos de inflexão.

7. Interseção e sinal. Não tem interseção com o eixo Oy, uma vez que a função não está definida no ponto $x = 0$. Também, não existe interseção com eixo Ox, porque o valor $y = 0$ fica fora da imagem. Quanto ao sinal, a função sempre tem valores positivos: $f(x) = \frac{1}{x^2} > 0, \forall x \in X$.

8. Inversa. A função $f(x) = \frac{1}{x^2} : X = \mathbb{R}\backslash\{0\} \to Y = (0, +\infty)$ é sobrejetora, mas não é injetora, uma vez que a qualquer $y > 0$ correspondem dois valores diferentes do domínio: $x_\pm = \pm\frac{1}{\sqrt{y}}$. Para formar uma função bijetora temos que restringir domínio pelo intervalo $(0, +\infty)$ ou pelo intervalo $(-\infty, 0)$. No primeiro caso, temos a função bijetora $f(x) = \frac{1}{x^2} : X = (0, +\infty) \to Y = (0, +\infty)$ com a

inversa $f^{-1}(x) = \frac{1}{\sqrt{x}} : (0,+\infty) \to (0,+\infty)$. No segundo caso, a função bijetora $f(x) = \frac{1}{x^2} : X = (-\infty, 0) \to Y = (0,+\infty)$ tem a inversa $f^{-1}(x) = -\frac{1}{\sqrt{x}}$: $(0,+\infty) \to (-\infty, 0)$.

9. Com base nas propriedades já investigadas obtemos o gráfico da função mostrado na Fig.3.17.

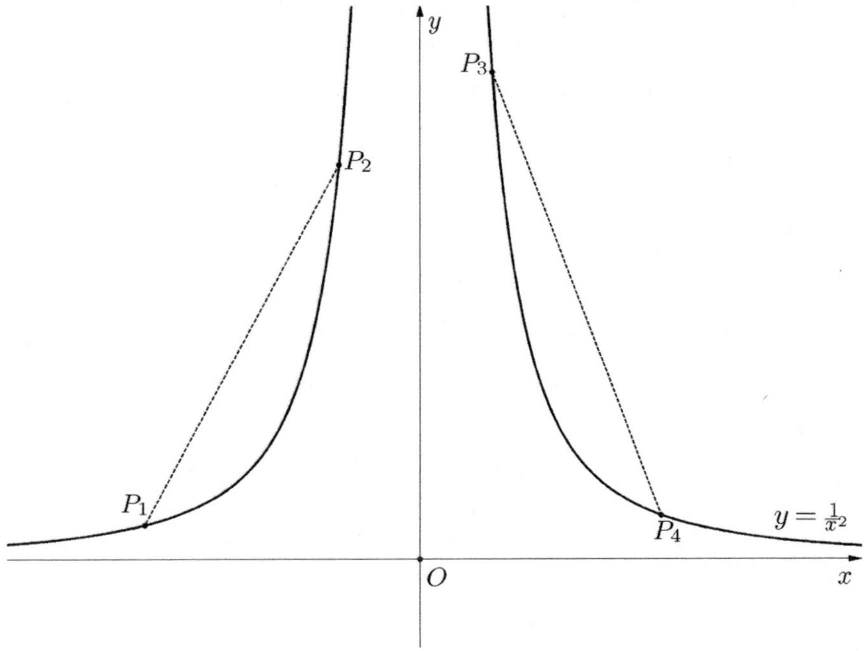

Figura 3.17 Gráfico da função $y = \frac{1}{x^2}$.

Propriedades complementares de $y = \frac{1}{x^2}$

1. Comportamento no infinito

A função $\frac{1}{x^2}$ tende a 0 quando $|x|$ tende a infinito, isto é, os valores $\frac{1}{x^2}$ se tornam menores que qualquer constante $m > 0$ escolhida previamente para os valores bastante grandes de $|x|$. Realmente, se consideremos uma constante arbitrária $m > 0$, então para todos os valores x tais que $|x| > M = \max\{\frac{1}{m}, 1\}$ é garantido que $\frac{1}{x^2} < \frac{1}{|x|} < m$. Por exemplo, se escolhemos $m = 10^{-l}$, $l \in \mathbb{N}$, então para $|x| > 10^l$ garantimos que $\frac{1}{x^2} < 10^{-l}$ (na realidade temos valores até menores: $\frac{1}{x^2} < 10^{-2l}$). Obviamente, como a função é par, a mesma tendência da função a 0 ocorre tanto quando x tende a $+\infty$ como quando x tende a $-\infty$. Logo, a reta $y = 0$ é a assíntota horizontal da função $y = \frac{1}{x^2}$.

2. Comportamento perto da origem

Quando x aproxima de 0 (tanto pelos valores positivos como pelos negativos), então a função $\frac{1}{x^2}$ aumenta seus valores sem restrição, em outras palavras, tende a $+\infty$. Realmente, qualquer que for constante $M > 1$, para todos x tais que $0 < x < \frac{1}{M}$, garantimos que os valores respectivos da função superam M: $\frac{1}{x^2} > \frac{1}{x} > M$. Isso quer dizer que os valores da função se aproximam da reta vertical $x = 0$, quando x tende a 0 pelos valores positivos, de tal maneira que a distância entre os pontos respectivos do gráfico da função e da reta $x = 0$ tende a 0. Então a reta $x = 0$ é a assíntota vertical do gráfico da função.

Da mesma forma como as propriedades de funções x^3 e x^2 foram generalizadas para o caso de x^{2k+1} e x^{2k}, o comportamento qualitativo de $\frac{1}{x}$ e $\frac{1}{x^2}$ pode ser estendido as funções $\frac{1}{x^{2k+1}}$ e $\frac{1}{x^{2k}}$, $k \in \mathbb{N}$, respectivamente.

Estudo de $y = \frac{1}{x^{2k+1}}$

1. Domínio e imagem. O domínio é $X = \mathbb{R}\backslash\{0\}$ (a fórmula é definida para $\forall x \neq 0$) e a imagem é $Y = \mathbb{R}\backslash\{0\}$. Realmente, para qualquer $y \neq 0$ existe $x = \frac{1}{2k+\sqrt[1]{y}}$ do domínio tal que $f(x) = f(\frac{1}{2k+\sqrt[1]{y}}) = \frac{1}{(\frac{1}{2k+\sqrt[1]{y}})^{2k+1}} = y$. Por outro lado, não existe nenhum x tal que $\frac{1}{x^{2k+1}} = 0$, o que significa que $y = 0$ é excluído da imagem.

2. Limitação. Da especificação da imagem segue que a função é ilimitada tanto inferiormente como superiormente.

3. Paridade. A relação $f(-x) = \frac{1}{(-x)^{2k+1}} = -\frac{1}{x^{2k+1}} = -f(x), \forall x \in X$ mostra que a função é ímpar.

4. Monotonia e extremos. Avaliando a diferença entre os valores da função para qualquer dupla de pontos $x_1 < x_2$, $x_1x_2 \neq 0$, obtemos: $f(x_2) - f(x_1) = \frac{1}{x_2^{2k+1}} - \frac{1}{x_1^{2k+1}} = \frac{x_1^{2k+1} - x_2^{2k+1}}{x_1^{2k+1}x_2^{2k+1}}$. Se $x_1 < x_2 < 0$, então $x_1x_2 > 0$ e $x_1^{2k+1} - x_2^{2k+1} < 0$, donde segue que $f(x_2) - f(x_1) < 0$, isto é, a função decresce estritamente em $(-\infty, 0)$. Se $0 < x_1 < x_2$, então de novo $x_1x_2 > 0$ e $x_1^{2k+1} - x_2^{2k+1} < 0$ e, por isso, $f(x_2) - f(x_1) < 0$, ou seja, a função também decresce estritamente em $(0, +\infty)$. Disso segue que qualquer ponto $x_0 \neq 0$ é o ponto de decrescimento (estrito), uma vez que existe uma vizinhança desse ponto onde a função é estritamente decrescente. Notamos que a função não decresce estritamente em todo o seu domínio apesar de ser decrescente nas duas partes, cuja união forma todo o domínio da função. Isso segue tanto da avaliação obtida (tomando $x_1 < 0 < x_2$) como de uma especificação elementar (por exemplo, usando os pontos $x_1 = -1$ e $x_2 = 1$ temos $f(-1) = -1 < 1 = f(1)$).

Como qualquer ponto $x \neq 0$ é o ponto de decrescimento estrito, nenhum desses pontos pode ser um extremo global ou local, estrito ou não. Adicionalmente, $x = 0$ não pertence ao domínio. Consequentemente, não há extremos globais ou locais, estritos ou não.

5. Periodicidade. O decrescimento estrito da função no intervalo ilimitado $(0,+\infty)$ indica que a função não é periódica.

6. Concavidade e inflexão. Como a concavidade se define num intervalo do domínio, então temos duas opções: escolher ambos os pontos arbitrários x_1, x_2 do intervalo $(-\infty, 0)$ ou do $(0,+\infty)$ (não tem sentido tomar um ponto em $(-\infty, 0)$ e outro em $(0,+\infty)$). Com essa restrição, tomamos dois pontos arbitrários x_1 e x_2 e, para conveniência, numeramos eles de tal modo que $x_1 < x_2$ (o que sempre pode ser feito sem a perda de generalidade). A diferença entre o valor médio da secante $\frac{f(x_1)+f(x_2)}{2}$ e o valor da função no ponto médio $f\left(\frac{x_1+x_2}{2}\right)$ é mais conveniente representar usando o ponto médio $x_0 = \frac{x_1+x_2}{2}$ e os desvios absoluto $\delta = x_2 - x_0 = x_0 - x_1$ e relativo $\varepsilon = \frac{\delta}{x_0}$. Notamos que tanto no caso $x_1 < x_2 < 0$ como no caso $0 < x_1 < x_2$ o desvio absoluto satisfaz a desigualdade $\delta < |x_0|$ e, consequentemente, $|\varepsilon| < 1$. Assim, obtemos

$$D_2 \equiv \frac{f(x_1)+f(x_2)}{2} - f\left(\frac{x_1+x_2}{2}\right) = \frac{\frac{1}{x_1^{2k+1}} + \frac{1}{x_2^{2k+1}}}{2} - \frac{1}{\left(\frac{x_1+x_2}{2}\right)^{2k+1}}$$

$$= \frac{1}{2}\left(\frac{1}{(x_0-\delta)^{2k+1}} + \frac{1}{(x_0+\delta)^{2k+1}}\right) - \frac{1}{x_0^{2k+1}} = \frac{1}{x_0^{2k+1}}\left[\frac{1}{2}\left(\frac{1}{(1-\varepsilon)^{2k+1}} + \frac{1}{(1+\varepsilon)^{2k+1}}\right) - 1\right]$$

$$= \frac{1}{x_0^{2k+1}}\left[\frac{1}{2}\frac{(1+\varepsilon)^{2k+1} + (1-\varepsilon)^{2k+1}}{(1-\varepsilon^2)^{2k+1}} - 1\right] = \frac{1}{x_0^{2k+1}}\left[\frac{1}{2}\frac{E_{2k+1}}{(1-\varepsilon^2)^{2k+1}} - 1\right].$$

Como $E_{2k+1} > 2$ (veja a fórmula (3.1) do Lema na seção 1.3) e $(1-\varepsilon^2)^{2k+1} < 1$ (uma vez que $|\varepsilon| < 1$), então $\frac{E_{2k+1}}{(1-\varepsilon^2)^{2k+1}} > 2$ e, portanto, $\frac{1}{2}\frac{E_{2k+1}}{(1-\varepsilon^2)^{2k+1}} - 1 > 0$. Logo, se $x_1 < x_2 < 0$, então $x_0 < 0$ e, consequentemente,

$$D_2 = \frac{1}{x_0^{2k+1}}\left[\frac{1}{2}\frac{E_{2k+1}}{(1-\varepsilon^2)^{2k+1}} - 1\right] < 0,$$

ou seja, no intervalo $(-\infty, 0)$ a concavidade é voltada para baixo. Por outro lado, se $0 < x_1 < x_2$, então $x_0 > 0$ e, por isso,

$$D_2 = \frac{1}{x_0^{2k+1}}\left[\frac{1}{2}\frac{E_{2k+1}}{(1-\varepsilon^2)^{2k+1}} - 1\right] > 0,$$

isto é, no intervalo $(0,+\infty)$ a concavidade é voltada para cima.

Embora a função mude o tipo de concavidade passando o ponto $x_0 = 0$, esse ponto não pertence ao domínio e, por isso, ele não é o ponto de inflexão. Como em outras partes (intervalos) a função mantém o mesmo tipo de concavidade estrita, concluímos que não há pontos de inflexão.

7. Interseção e sinal. Não tem interseção com o eixo Oy, uma vez que a função não está definida no ponto $x = 0$. Também, não existe interseção com eixo Ox, porque o valor $y = 0$ fica fora da imagem. Quanto ao sinal, temos as seguintes óbvias desigualdades: $f(x) = \frac{1}{x^{2k+1}} < 0$, $\forall x < 0$ e $f(x) = \frac{1}{x^{2k+1}} > 0$, $\forall x > 0$.

8. Inversa. A função $f(x) = \frac{1}{x^{2k+1}} : X = \mathbb{R}\backslash\{0\} \to Y = \mathbb{R}\backslash\{0\}$ é sobrejetora e também injetora, devido as suas propriedades de monotonia estrita nos intervalos $(-\infty, 0)$ e $(0, +\infty)$ e lembrando que no primeiro a função é negativa, enquanto no segundo é positiva. Consequentemente, a função é bijetora e admite a inversa $f^{-1}(x) = \frac{1}{\sqrt[2k+1]{x}} : \mathbb{R}\backslash\{0\} \to \mathbb{R}\backslash\{0\}$.

9. Com base nas propriedades já investigadas obtemos o gráfico semelhante ao gráfico da função $\frac{1}{x}$.

Propriedades complementares da função $y = \frac{1}{x^{2k+1}}$

Comportamento no infinito e perto da origem

Da mesma maneira como $\frac{1}{x}$, a função $\frac{1}{x^{2k+1}}$ tende a 0 quando $|x|$ tende a infinito, isto é, os valores $\frac{1}{|x|^{2k+1}}$ se tornam menores que qualquer constante $m > 0$ escolhida previamente para os valores bastante grandes de $|x|$. Disso segue que a reta $y = 0$ é a assíntota horizontal da função $y = \frac{1}{x^{2k+1}}$.

Quando x aproxima de 0 pelos valores positivos, então a função $\frac{1}{x^{2k+1}}$ aumenta seus valores sem restrição, em outras palavras, tende a $+\infty$. Isso quer dizer que a reta $x = 0$ é a assíntota vertical do gráfico da função. Da mesma maneira, quando x aproxima de 0 pelos valores negativos, então a função $\frac{1}{x^{2k+1}}$ diminui seus valores sem restrição (os valores de $\frac{1}{|x|^{2k+1}}$ aumentam sem restrição mantendo $\frac{1}{x^{2k+1}}$ negativo), em outras palavras, tende a $-\infty$. Assim, pelos valores negativos, a reta $x = 0$ também é a assíntota vertical do gráfico da função.

Comparação entre funções $y = \frac{1}{x^{2k+1}}$

Das propriedades de potências segue que no intervalo $(1, +\infty)$ temos $x^{2k+1} > x^{2m+1}$ sempre quando $k > m$ e, portanto, $y_k = \frac{1}{x^{2k+1}} < \frac{1}{x^{2m+1}} = y_m$. Além disso, $\left(\frac{x_2}{x_1}\right)^{2k+1} > \left(\frac{x_2}{x_1}\right)^{2m+1}$ para quaisquer $x_2 > x_1 \geq 1$ e $k > m$ e, por isso, $\frac{y_k(x_1)}{y_k(x_2)} = \left(\frac{x_2}{x_1}\right)^{2k+1} > \left(\frac{x_2}{x_1}\right)^{2m+1} = \frac{y_m(x_1)}{y_m(x_2)}$. Isso mostra que, no intervalo $(1, +\infty)$, a função $y_k = \frac{1}{x^{2k+1}}$ tem valores menores e decresce mais rápido que $y_m = \frac{1}{x^{2m+1}}$ se $k > m$. No intervalo $(0, 1)$ temos $x^{2k+1} < x^{2m+1}$ sempre quando $k > m$, isto é, $y_k = \frac{1}{x^{2k+1}}$ tem valores maiores que $y_m = \frac{1}{x^{2m+1}}$. Devido à imparidade dessas funções, uma relação semelhante se observa nos intervalos $(-\infty, -1)$ e $(-1, 0)$. Nos pontos $x = -1, 1$ os valores de todas as funções desse tipo coincidem e são iguais a $y = -1, 1$, respectivamente. Essa comparação é ilustrada na Fig.3.18.

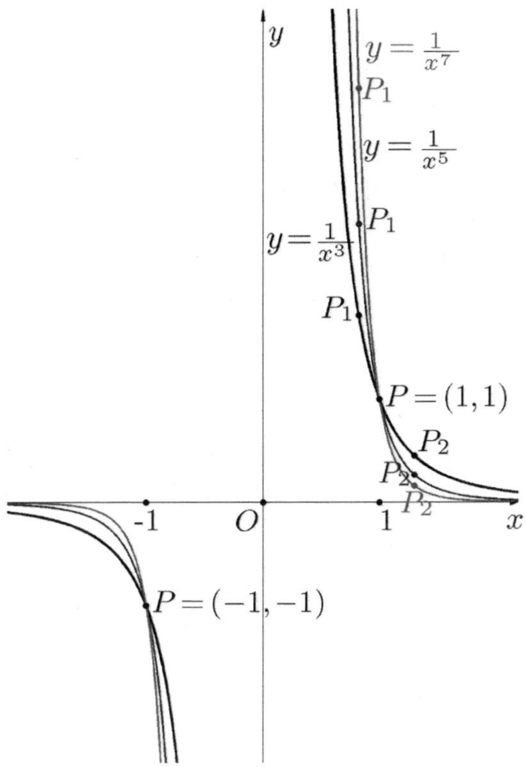

Figura 3.18 Gráficos de $y=\frac{1}{x^3}$, $y=\frac{1}{x^5}$ e $y=\frac{1}{x^7}$.

De modo análogo generalizamos a seguir o comportamento da função $\frac{1}{x^2}$ para $\frac{1}{x^{2k}}$, $k \in \mathbb{N}$.

Estudo de $y=\frac{1}{x^{2k}}$

1. Domínio e imagem. O domínio é $X=\mathbb{R}\backslash\{0\}$ (a fórmula é definida para $\forall x \neq 0$) e a imagem é $Y=(0,+\infty)$. Realmente, para qualquer $y>0$ existe $x=\frac{1}{\sqrt[2k]{y}}$ do domínio tal que $f(x)=f(\frac{1}{\sqrt[2k]{y}})=\frac{1}{(\frac{1}{\sqrt[2k]{y}})^{2k}}=y$. Por outro lado, não existe nenhum x tal que $\frac{1}{x^{2k}} \leq 0$.

2. Limitação. Da especificação da imagem segue que a função é limitada inferiormente (por exemplo, por $m=0$), mas não superiormente.

3. Paridade. $f(-x)=\frac{1}{(-x)^{2k}}=\frac{1}{x^{2k}}=f(x), \forall x \in X$, o que mostra que a função é par.

4. Monotonia e extremos. Avaliando a diferença entre os valores da função para qualquer dupla de pontos $x_1<x_2$, $x_1x_2 \neq 0$, obtemos: $f(x_2)-f(x_1)=\frac{1}{x_2^{2k}}-\frac{1}{x_1^{2k}}=\frac{x_1^{2k}-x_2^{2k}}{x_1^{2k}x_2^{2k}}$. O denominador é sempre positivo, e o sinal da razão depende somente do numerador. Se $x_1<x_2<0$, então $|x_1|>|x_2|$ e, por isso, $x_1^{2k}-x_2^{2k}>0$,

donde segue que $f(x_2) - f(x_1) > 0$, isto é, a função cresce estritamente em $(-\infty, 0)$. Se $0 < x_1 < x_2$, então $x_1^{2k} - x_2^{2k} < 0$ e, por isso, $f(x_2) - f(x_1) < 0$, ou seja, a função decresce estritamente em $(0, +\infty)$. Disso segue que qualquer ponto $x_0 < 0$ é o ponto de crescimento (estrito) e qualquer ponto $x_0 > 0$ é o ponto de decrescimento (estrito). Como qualquer ponto $x \neq 0$ é o ponto de monotonia estrita, nenhum desses pontos pode ser um extremo global ou local, estrito ou não. Embora a função mude o tipo de monotonia passando o ponto $x = 0$, esse ponto não é extremo, uma vez que ele não pertence ao domínio da função. Assim, não há extremos de qualquer tipo.

5. Periodicidade. O decrescimento estrito da função no intervalo ilimitado $(0, +\infty)$ indica que a função não é periódica.

6. Concavidade e inflexão. Como a concavidade se define num intervalo do domínio, então temos duas opções: escolher ambos os pontos arbitrários x_1, x_2 do intervalo $(-\infty, 0)$ ou do $(0, +\infty)$ (não tem sentido tomar um ponto em $(-\infty, 0)$ e outro em $(0, +\infty)$). Com essa restrição, tomamos dois pontos arbitrários x_1 e x_2 e, para conveniência, numeramos eles de tal modo que $x_1 < x_2$ (o que sempre pode ser feito sem a perda de generalidade). A diferença entre o valor médio da secante $\frac{f(x_1)+f(x_2)}{2}$ e o valor da função no ponto médio $f\left(\frac{x_1+x_2}{2}\right)$ representamos usando o ponto médio $x_0 = \frac{x_1+x_2}{2}$ e os desvios absoluto $\delta = x_2 - x_0 = x_0 - x_1$ e relativo $\varepsilon = \frac{\delta}{x_0}$. Note que tanto no caso $x_1 < x_2 < 0$ como no caso $0 < x_1 < x_2$ o desvio absoluto satisfaz a desigualdade $\delta < |x_0|$ e, consequentemente, $|\varepsilon| < 1$. Assim, obtemos

$$D_2 \equiv \frac{f(x_1) + f(x_2)}{2} - f\left(\frac{x_1 + x_2}{2}\right) = \frac{\frac{1}{x_1^{2k}} + \frac{1}{x_2^{2k}}}{2} - \frac{1}{\left(\frac{x_1+x_2}{2}\right)^{2k}}$$

$$= \frac{1}{2}\left(\frac{1}{(x_0 - \delta)^{2k}} + \frac{1}{(x_0 + \delta)^{2k}}\right) - \frac{1}{x_0^{2k}} = \frac{1}{x_0^{2k}}\left[\frac{1}{2}\left(\frac{1}{(1 - \varepsilon)^{2k}} + \frac{1}{(1 + \varepsilon)^{2k}}\right) - 1\right]$$

$$= \frac{1}{x_0^{2k}}\left[\frac{1}{2}\frac{(1 + \varepsilon)^{2k} + (1 - \varepsilon)^{2k}}{(1 - \varepsilon^2)^{2k}} - 1\right] = \frac{1}{x_0^{2k}}\left[\frac{1}{2}\frac{E_{2k}}{(1 - \varepsilon^2)^{2k}} - 1\right].$$

Como $E_{2k} > 2$ (veja a fórmula (3.1) do Lema na seção 1.3) e $(1 - \varepsilon^2)^{2k} < 1$ (uma vez que $|\varepsilon| < 1$), então $\frac{E_{2k}}{(1-\varepsilon^2)^{2k}} > 2$ e, portanto, $\frac{1}{2}\frac{E_{2k}}{(1-\varepsilon^2)^{2k}} - 1 > 0$. Logo, tanto no caso $x_1 < x_2 < 0$, como no caso $0 < x_1 < x_2$ temos

$$D_2 = \frac{1}{x_0^{2k}}\left[\frac{1}{2}\frac{E_{2k}}{(1 - \varepsilon^2)^{2k}} - 1\right] > 0,$$

ou seja, no intervalo $(-\infty, 0)$ e no $(0, +\infty)$ a concavidade é voltada para cima. Consequentemente, não há pontos de inflexão.

7. Interseção e sinal. Não tem interseção com o eixo Oy, porque a função não está definida no ponto $x = 0$. Também, não existe interseção com o eixo Ox, porque a função assume somente valores positivos: $f(x) = \frac{1}{x^{2k}} > 0$, $\forall x \neq 0$.

8. Inversa. A função $f(x) = \frac{1}{x^{2k}} : X = \mathbb{R}\backslash\{0\} \to Y = (0, +\infty)$ é sobrejetora, mas não é injetora, por causa que a qualquer $y > 0$ correspondem dois valores diferentes do domínio: $x_{\pm} = \pm\frac{1}{\sqrt[2k]{y}}$. Restringindo o domínio pelo intervalo $(0, +\infty)$ ou $(-\infty, 0)$, recuperamos a propriedade de injetora. No primeiro caso, temos a função bijetora $f(x) = \frac{1}{x^{2k}} : X = (0, +\infty) \to Y = (0, +\infty)$ cuja inversa é $f^{-1}(x) = \frac{1}{\sqrt[2k]{x}} : (0, +\infty) \to (0, +\infty)$. No segundo caso, temos a função bijetora $f(x) = \frac{1}{x^{2k}} : X = (-\infty, 0) \to Y = (0, +\infty)$ com a inversa $f^{-1}(x) = -\frac{1}{\sqrt[2k]{x}} : (0, +\infty) \to (-\infty, 0)$.

9. Com base nas propriedades já investigadas obtemos o gráfico semelhante ao gráfico da função $\frac{1}{x^2}$.

Propriedades complementares de $y = \frac{1}{x^{2k}}$

Comportamento no infinito e perto da origem

Da mesma maneira como $\frac{1}{x^2}$, a função $\frac{1}{x^{2k}}$ tende a 0 quando $|x|$ tende a infinito, isto é, os valores $\frac{1}{|x|^{2k}}$ se tornam menores que qualquer constante $m > 0$ escolhida previamente para os valores bastante grandes de $|x|$. Disso segue que a reta $y = 0$ é a assíntota horizontal da função $y = \frac{1}{x^{2k}}$.

Quando x aproxima de 0 (tanto pelos valores positivos como pelos negativos), então a função $\frac{1}{x^{2k}}$ aumenta seus valores sem restrição, em outras palavras, tende a $+\infty$. Então a reta $x = 0$ é a assíntota vertical do gráfico da função.

Comparação entre funções $y = \frac{1}{x^{2k}}$

Das propriedades de potências segue que no intervalo $(1, +\infty)$ temos $x^{2k} > x^{2m}$ sempre quando $k > m$ e, portanto, $y_k = \frac{1}{x^{2k}} < \frac{1}{x^{2m}} = y_m$. Além disso, $\left(\frac{x_2}{x_1}\right)^{2k} > \left(\frac{x_2}{x_1}\right)^{2m}$ para quaisquer $x_2 > x_1 \geq 1$ e $k > m$, e por isso, $\frac{y_k(x_1)}{y_k(x_2)} = \left(\frac{x_2}{x_1}\right)^{2k} > \left(\frac{x_2}{x_1}\right)^{2m} = \frac{y_m(x_1)}{y_m(x_2)}$. Isso mostra que, no intervalo $(1, +\infty)$, a função $y_k = \frac{1}{x^{2k}}$ tem valores menores e decresce mais rápido que $y_m = \frac{1}{x^{2m}}$ se $k > m$. No intervalo $(0, 1)$ temos $x^{2k} < x^{2m}$ sempre quando $k > m$, isto é, $y_k = \frac{1}{x^{2k}}$ tem valores maiores que $y_m = \frac{1}{x^{2m}}$. Devido à paridade dessas funções, uma relação semelhante se observa nos intervalos $(-\infty, -1)$ e $(-1, 0)$. Nos pontos $x = -1, 1$ os valores de todas as funções desse tipo coincidem e são iguais a $y = 1$. Essa comparação é ilustrada na Fig.3.19.

As funções $y = \frac{a}{x^n}$, $a > 0$, $n \in \mathbb{N}$ se comportam da mesma maneira como $y = \frac{1}{x^n}$ e seus gráficos são obtidas via extensão vertical de a vezes do gráfico de

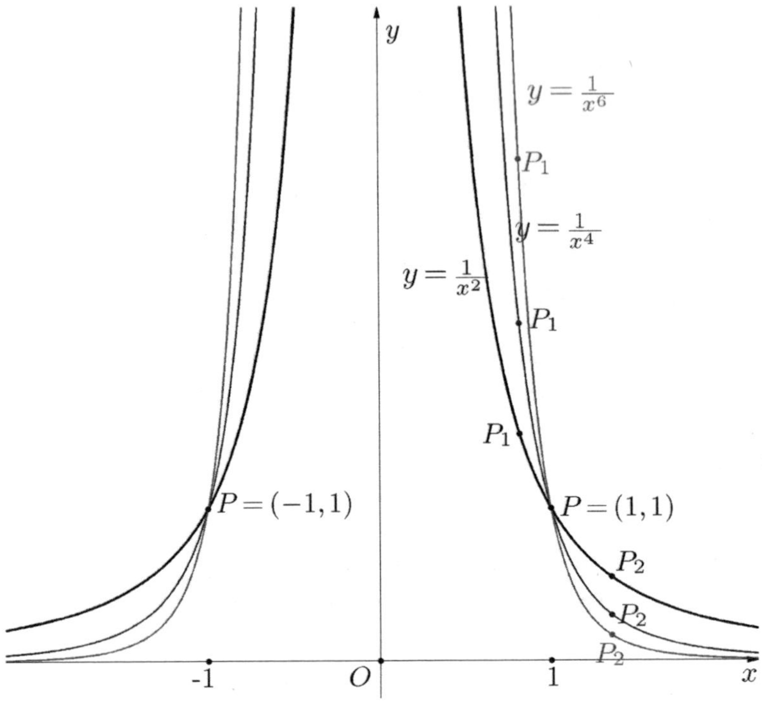

Figura 3.19 Gráficos de $y = \frac{1}{x^2}$, $y = \frac{1}{x^4}$ e $y = \frac{1}{x^6}$.

$\frac{1}{x^n}$ (lembramos que essa extensão é entendida como afastamento a vezes do eixo Ox caso $a > 1$ e contração $\frac{1}{a}$ vezes caso $0 < a < 1$). Se $a < 0$, então deve ser acrescida a inversão do gráfico em torno do eixo Ox, com mudança respectiva de propriedades da função.

2.2 Funções lineares fracionárias

Definição. Uma *função linear fracionária* é representada como fração de duas funções lineares na forma $y = \frac{ax+b}{cx+d}$, onde usualmente é suposto que $ad \neq bc$ (caso contrário, temos uma função constante) e $c \neq 0$ (caso contrário, temos uma função linear). No caso $a = d = 0$ e $b = c \neq 0$ temos a função já estudada $y = \frac{1}{x}$.

Estudo de funções lineares fracionárias $y = \frac{ax+b}{cx+d}$

Para descobrir várias propriedades dessa função, é conveniente representá-la da seguinte maneira:

$$y = \frac{ax+b}{cx+d} = \frac{ax+b}{c\left(x+\frac{d}{c}\right)} = \frac{a\left(x+\frac{d}{c}\right) - \frac{ad}{c} + b}{c\left(x+\frac{d}{c}\right)} = \frac{a}{c} + \frac{bc-ad}{c^2\left(x+\frac{d}{c}\right)} = y_0 + \frac{k}{x-x_0},$$

onde $y_0 = \frac{a}{c}$, $x_0 = -\frac{d}{c}$ e $k = \frac{bc-ad}{c^2}$. Essa forma indica que a função tem uma relação íntima com a hipérbole $y = \frac{1}{x}$. Mais precisamente, a função $y = y_0 + \frac{k}{x-x_0}$ pode ser obtida da função mais simples (hipérbole) $y = \frac{1}{x}$ usando transformações elementares na seguinte sequência:

$$h(x) = \frac{1}{x} \to h_1(x) = \frac{1}{x-x_0} = h(x-x_0) \to h_2(x) = \frac{k}{x-x_0} = kh_1(x)$$

$$\to f(x) = y_0 + \frac{k}{x-x_0} = h_2(x) + y_0.$$

Assim, geometricamente, partindo do gráfico da função conhecida $h(x) = \frac{1}{x}$, primeiro, deslocamos ele horizontalmente x_0 unidades (para direita se $x_0 > 0$ e para esquerda se $x_0 < 0$); depois o segundo gráfico estendemos verticalmente k vezes se $k > 0$ e caso $k < 0$ estendemos verticalmente $|k|$ vezes e ainda acrescentamos a reflexão em relação ao eixo Ox; e finalmente, o terceiro gráfico, de $h_2(x)$, deslocamos verticalmente y_0 unidades (para cima se $y_0 > 0$ e para baixo se $y_0 < 0$). Veja uma ilustração dessas transformações na Fig.3.20.

Usando essa sequência de transformações geométricas, vamos deduzir várias propriedades da função dada partindo das propriedades já estudadas da hipérbole $y = \frac{1}{x}$.

1. Domínio e imagem. Lembrando os resultados de transformações de gráficos (veja seção 9 do Capítulo 2), podemos afirmar que o domínio $X_h = \mathbb{R}\backslash\{0\}$ e a imagem $Y_h = \mathbb{R}\backslash\{0\}$ da função $h(x) = \frac{1}{x}$ passam para $X = \mathbb{R}\backslash\{x_0\} = \mathbb{R}\backslash\{-\frac{d}{c}\}$ e $Y = \mathbb{R}\backslash\{y_0\} = \mathbb{R}\backslash\{\frac{a}{c}\}$, respectivamente.

2. Limitação. Da especificação da imagem segue que a função é ilimitada tanto inferiormente como superiormente.

3. Paridade. Resolvendo a relação de funções pares $f(-x) = \frac{-ax+b}{-cx+d} = \frac{ax+b}{cx+d} = f(x), \forall x \in X$, chegamos a igualdade entre dois polinômios $(-ax+b)(cx+d) = (ax+b)(-cx+d)$. Lembrando que os dois polinômios são iguais se, e somente se, os coeficientes de potências respectivas são iguais, obtemos que $bc - ad = -bc + ad$ (coeficiente com x), donde $bc = ad$, isto é, obtemos a condição que foi eliminada desde início (porque reduz a função constante). Portanto, a função não é par. Analogamente, resolvendo a relação de funções ímpares $f(-x) = \frac{-ax+b}{-cx+d} = -\frac{ax+b}{cx+d} = -f(x), \forall x \in X$, chegamos a igualdade entre os seguintes polinômios $(-ax+b)(cx+d) = -(ax+b)(-cx+d)$. De novo, igualando os coefecientes de potências correspondentes, obtemos que $ac = 0$ (coeficiente com x^2) e $bd = 0$ (termo constante). Como desde início foi posta a restrição $c \neq 0$, então $a = 0$; nesse caso, $b \neq 0$ (caso contrário, temos função constante eliminada de consideração) e, consequentemente, $d = 0$. Assim, a função é ímpar somente

quando assume a forma $y = \frac{b}{cx}$. Em todos os outros casos, a função não par nem ímpar.

No entanto, a função possui uma simetria evidenciada da sua representação $y = y_0 + \frac{k}{x-x_0}$, $y_0 = \frac{a}{c}$, $x_0 = -\frac{d}{c}$ e $k = \frac{bc-ad}{c^2}$. Realmente, temos $f(x_0 + x) = y_0 + \frac{k}{x_0+x-x_0} = y_0 + \frac{k}{x}$ e, ao mesmo tempo, $f(x_0 - x) = y_0 + \frac{k}{x_0-x-x_0} = y_0 - \frac{k}{x}$. Isso significa que os pontos $P_1 = (x_0 + x, y_0 + \frac{k}{x})$ e $P_2 = (x_0 - x, y_0 - \frac{k}{x})$ pertencem ao gráfico da função. Mas esses pontos são simétricos em relação ao ponto $P_0 = (x_0, y_0)$, uma vez que suas coordenadas satisfazem as fórmulas de simetria (use as fórmulas (1.9) da seção 7.4, Capítulo 1 com $x_1 = x$ e $y_1 = \frac{k}{x}$). Como essa simetria ocorre para qualquer x do domínio da função, o gráfico é simétrico em relação ao ponto $P_0 = (x_0, y_0)$.

4,5. Monotonia e extremos, concavidade e inflexão. De novo usamos a representação $y = y_0 + \frac{k}{x-x_0}$, $y_0 = \frac{a}{c}$, $x_0 = -\frac{d}{c}$, $k = \frac{bc-ad}{c^2}$ e a sequência de transformações geométricas que leva da hipérbole $h(x) = \frac{1}{x}$ a $f(x) = y_0 + \frac{k}{x-x_0}$. Empregando os resultados de transformações de gráficos (veja seção 9 do Capítulo 2), podemos afirmar que, caso $k > 0$, a monotonia e concavidade da função $h(x) = \frac{1}{x}$ são mantidas nos intervalos respectivos de $f(x)$, a saber: como $h(x) = \frac{1}{x}$ é decrescente e côncava para baixo no intervalo $(-\infty, 0)$, então $f(x)$ é decrescente e côncava para baixo no intervalo $(-\infty, x_0)$; como $h(x) = \frac{1}{x}$ é decrescente e côncava para cima no intervalo $(0, +\infty)$, então $f(x)$ é decrescente e côncava para cima no intervalo $(x_0, +\infty)$. Caso $k < 0$, a monotonia e concavidade da função $h(x) = \frac{1}{x}$ são invertidas na passagem para $f(x)$, a saber: como $h(x) = \frac{1}{x}$ é decrescente e côncava para baixo no intervalo $(-\infty, 0)$, então $f(x)$ é crescente e côncava para cima no intervalo $(-\infty, x_0)$; como $h(x) = \frac{1}{x}$ é decrescente e côncava para cima no intervalo $(0, +\infty)$, então $f(x)$ é crescente e côncava para baixo no intervalo $(x_0, +\infty)$. Finalmente, como $h(x) = \frac{1}{x}$ não tem extremos e pontos de inflexão, o mesmo é válido para $f(x) = \frac{ax+b}{cx+d}$.

6. Periodicidade. A monotonia estrita no intervalo ilimitado $(-\frac{d}{c}, +\infty)$ indica que a função não é periódica. (O mesmo pode ser deduzido direto das transformações geométricas.)

7. Interseção e sinal. Caso $a = 0$, o gráfico não intercepta o eixo Ox, mas se $a \neq 0$, então tem um único ponto de interseção $(-\frac{b}{a}, 0)$. Se $d = 0$ o gráfico não intercepta o eixo Oy (nesse caso, o ponto $x = 0$ fica fora do domínio), mas se $d \neq 0$, então a interseção ocorre no único ponto $(0, \frac{b}{d})$.

Empregando a representação $y = y_0 + \frac{k}{x-x_0}$, chegamos a seguintes avaliações dos valores da função:

1) para $k > 0$ temos $y > y_0$ quando $x > x_0$, e $y < y_0$ quando $x < x_0$;

2) para $k < 0$ temos $y < y_0$ quando $x > x_0$, e $y > y_0$ quando $x < x_0$.

8. Inversa. A função $f(x) = \frac{ax+b}{cx+d} : X = \mathbb{R}\backslash\{-\frac{d}{c}\} \to Y = \mathbb{R}\backslash\{\frac{a}{c}\}$ é sobrejetora e também injetora, devido as suas propriedades de monotonia estrita nos intervalos $(-\infty, -\frac{d}{c})$ e $(-\frac{d}{c}, +\infty)$ e notando que os valores da função num dos dois intervalos são maiores que no outro. Consequentemente, a função é bijetora e admite a inversa que também é uma função linear fracionária $f^{-1}(x) = \frac{dx-b}{a-cx} : \mathbb{R}\backslash\{\frac{a}{c}\} \to \mathbb{R}\backslash\{-\frac{d}{c}\}$.

9. Com base nas propriedades já investigadas podemos construir o gráfico da função. Um exemplo, para função $y = \frac{2x}{3x+8} = \frac{2}{3} - \frac{16/9}{x+8/3}$ é mostrado na Fig.3.20. Nesse caso, $x_0 = -\frac{8}{3}$, $y_0 = \frac{2}{3}$, $k = -\frac{16}{9}$.

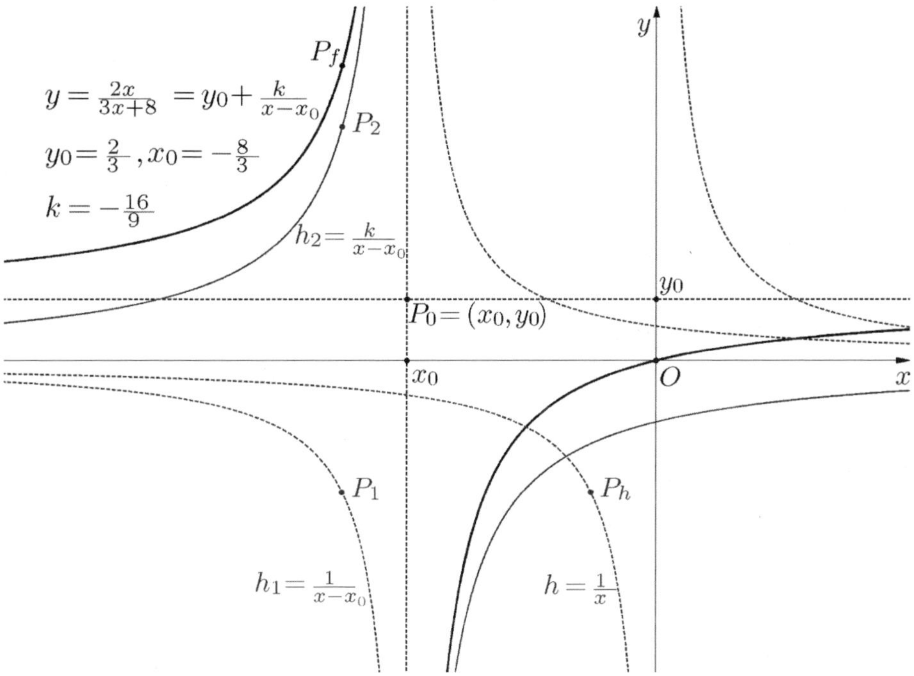

Figura 3.20 Gráfico da função $y = \frac{2x}{3x+8}$.

Propriedades complementares da função $y = \frac{ax+b}{cx+d}$

Usando a forma $y = y_0 + \frac{k}{x-x_0}$, onde $y_0 = \frac{a}{c}$, $x_0 = -\frac{d}{c}$ e $k = \frac{bc-ad}{c^2}$ e lembrando as propriedades complementares da hipérbole $y = \frac{1}{x}$, podemos deduzir que a função $y = \frac{ax+b}{cx+d}$ tende a y_0 quando x tende a $+\infty$ ou a $-\infty$, o que significa que $y = y_0$ é a assíntota horizontal da função.

Além disso, notamos que $y = y_0 + \frac{k}{x-x_0}$ não tende a infinito em nenhum ponto do seu domínio. O único ponto onde a função tende a infinito é $x = x_0$ que fica fora do domínio. Aproveitando o estudo de $y = \frac{1}{x}$, concluímos que caso $k > 0$

então $y = y_0 + \frac{k}{x-x_0}$ tende a $+\infty$ quando x aproxima de x_0 a direita (pelos valores maiores que x_0) e tende a $-\infty$ quando x aproxima de x_0 a esquerda (pelos valores menores que x_0); caso $k < 0$ então a situação inverte: a função tende a $-\infty$ à direita de x_0 e a $+\infty$ à esquerda. A existência de pelo menos uma das tendências infinitas na aproximação unilateral a x_0 já significa que $x = x_0$ é a assíntota vertical. No caso de $y = y_0 + \frac{k}{x-x_0}$, a função aproxima da sua assíntota dos dois lados, a direita e a esquerda.

2.3 Algumas propriedades gerais de funções racionais

O estudo de funções racionais na forma geral pode ser bastante complicado e, em vários casos, todas as propriedades não podem ser avaliadas mesmo usando as técnicas mais avançadas de Cálculo e de Análise.

No entanto, inesperadamente à primeira vista, as propriedades de comportamento qualitativo no infinito e de tendência a infinito podem ser descritas em vários casos gerais, embora na forma aproximada, acessível neste texto.

1. Comportamento no infinito

Já foi discutido na seção 1.3 que o comportamento de um polinômio geral $P_n(x) = a_n x^n + a_{n-1}x^{n-1} + \ldots + a_0$ pode ser difícil determinar nos intervalos finitos do seu domínio, mas o seu comportamento no infinito é definido pelo único termo principal $a_n x^n$, cuja tendência quando $|x|$ tende a $+\infty$ é conhecida. Isso segue da avaliação do termo $\frac{1}{|x|^k}$, $k \in \mathbb{N}$ para valores grandes de $|x|$, isto é, quando $|x|$ tende a infinito, feita na seção 1.3. Relembramos que foi mostrado que $\lim\limits_{|x|\to\infty} \frac{1}{|x|^k} = 0$, $\forall k \in \mathbb{N}$ e, consequentemente, $\lim\limits_{|x|\to\infty} \frac{a_k}{a_n}\frac{1}{|x|^k} = 0$ quaisquer que sejam os valores de coeficientes a_k e a_n. Com esses resultados, foi concluído que, entre todos os termos na representação $P_n(x) = a_n x_n \left(1 + \frac{a_{n-1}}{a_n}\frac{1}{x} + \ldots + \frac{a_0}{a_n}\frac{1}{x^n}\right)$, o único termo dentro dos parênteses que não tende a 0 para os valores grandes de $|x|$ é a constante 1. Por isso, o comportamento de $P_n(x)$ no infinito é determinado pelo seu termo principal $a_n x^n$, ou seja, $\lim\limits_{|x|\to\infty} P_n(x) = \lim\limits_{|x|\to\infty} a_n x^n$.

Com base nisso, podemos esperar que o comportamento de uma função racional $R(x) = \frac{P_n(x)}{Q_m(x)}$ no infinito é determinado pelos termos principais dos polinômios $P_n(x)$ e $Q_m(x)$, o que, de fato, acontece. Para realizar uma análise aproximada, representamos os dois polinômios na forma

$$P_n(x) = a_n x^n + a_{n-1}x^{n-1} + \ldots + a_0 = a_n x^n \left(1 + \frac{a_{n-1}}{a_n}\frac{1}{x} + \ldots + \frac{a_0}{a_n}\frac{1}{x^n}\right)$$

e

$$Q_m(x) = b_m x^m + b_{m-1}x^{m-1} + \ldots + b_0 = b_m x^m \left(1 + \frac{b_{m-1}}{b_m}\frac{1}{x} + \ldots + \frac{b_0}{b_m}\frac{1}{x^m}\right),$$

onde os termos principais $a_n x^n$ e $b_m x^m$ determinam o comportamento no infinito de $P_n(x)$ e $Q_m(x)$, respectivamente (veja detalhes na seção 1.3). Então, para função racional temos

$$R(x)=\frac{P_n(x)}{Q_m(x)}=\frac{a_n x^n\left(1+\frac{a_{n-1}}{a_n}\frac{1}{x}+\ldots+\frac{a_0}{a_n}\frac{1}{x^n}\right)}{b_m x^m\left(1+\frac{b_{m-1}}{b_m}\frac{1}{x}+\ldots+\frac{b_0}{b_m}\frac{1}{x^m}\right)}=\frac{a_n}{b_m}x^{n-m}\frac{1+\frac{a_{n-1}}{a_n}\frac{1}{x}+\ldots+\frac{a_0}{a_n}\frac{1}{x^n}}{1+\frac{b_{m-1}}{b_m}\frac{1}{x}+\ldots+\frac{b_0}{b_m}\frac{1}{x^m}}.$$

Observando que qualquer termo $\frac{1}{|x|^k}$, $k \in \mathbb{N}$ se torna muito pequeno para valores grandes de $|x|$, isto é, $\lim\limits_{|x|\to\infty} \frac{1}{|x|^k} = 0$, $\forall k \in \mathbb{N}$, chegamos à conclusão de que o termo principal no numerador da última fração é 1 e os demais termos são insignificantes em comparação com esse quando $|x|$ é bastante grande, e o mesmo é válido para o denominador. Consequentemente, a função racional $R(x)$ se comporta no infinito da mesma maneira como o monômio $\frac{a_n}{b_m}x^{n-m}$, ou seja, $\lim\limits_{|x|\to\infty} R(x) = \lim\limits_{|x|\to\infty} \frac{a_n}{b_m}x^{n-m}$. Aproveitando a discussão do comportamento dos termos $\frac{a_n}{b_m}x^{n-m}$ no infinito (seção 1.3), podemos especificar as tendências de $R(x)$ no infinito da seguinte maneira:
1) se $n-m<0$, então $\lim\limits_{|x|\to\infty} R(x) = \lim\limits_{|x|\to\infty} \frac{a_n}{b_m}x^{n-m} = 0$, o que indica que $y=0$ é a assíntota horizontal de $R(x)$;
2) se $n-m=0$, então $\lim\limits_{|x|\to\infty} R(x) = \lim\limits_{|x|\to\infty} \frac{a_n}{b_m}x^{n-m} = \frac{a_n}{b_m}$, o que significa que $y=\frac{a_n}{b_m}$ é a assíntota horizontal de $R(x)$;
3) se $n-m>0$, então $\lim\limits_{|x|\to\infty} R(x) = \lim\limits_{|x|\to\infty} \frac{a_n}{b_m}x^{n-m} = (\pm)\infty$, o que significa que não há assíntotas horizontais; nesse último caso, se $a_n b_m > 0$ e $n-m=k$ é um natural par, então $\lim\limits_{x\to\pm\infty} R(x) = +\infty$; se $a_n b_m < 0$ e $n-m=k$ é um natural par, então $\lim\limits_{x\to\pm\infty} R(x) = -\infty$; se $a_n b_m > 0$ e $n-m=k$ é um natural ímpar, então $\lim\limits_{x\to+\infty} R(x) = +\infty$ e $\lim\limits_{x\to-\infty} R(x) = -\infty$; finalmente, se $a_n b_m < 0$ e $n-m=k$ é um natural ímpar, então $\lim\limits_{x\to+\infty} R(x) = -\infty$ e $\lim\limits_{x\to-\infty} R(x) = +\infty$.

Os três casos diferentes da relação entre potências do numerador e denominador são mostrados nas Figs.3.21-3.23.

Importante notar, que essa análise de comportamento de $R(x)$ é válida somente quando $|x|$ tende a infinito, ou seja, para os valores bastante grandes de $|x|$. Ela não se aplica aos valores finitos ou variação finita de variável x.

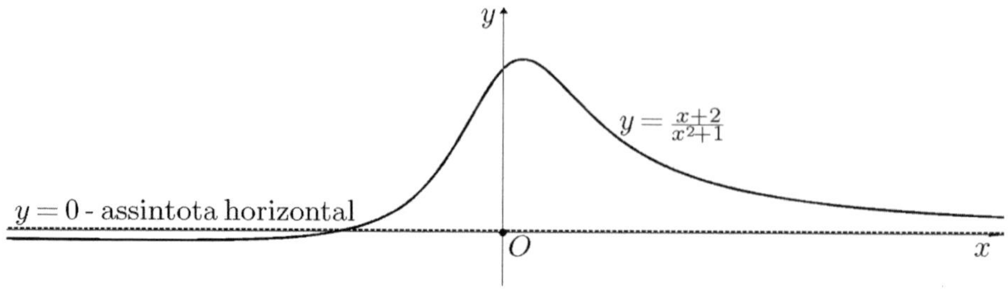

Figura 3.21 Gráfico da função $y = \frac{x+2}{x^2+1}$, caso $n - m = 1 - 2 < 0$.

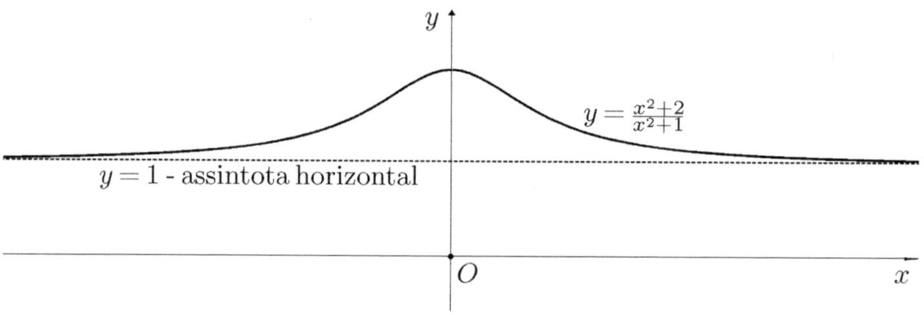

Figura 3.22 Gráfico da função $y = \frac{x^2+2}{x^2+1}$, caso $n - m = 2 - 2 = 0$.

2. Tendências infinitas

Em qualquer ponto do domínio de $R(x)$ a função racional não tende a infinito. Portanto, as tendências infinitas só podem surgir nos pontos onde denominador se anula e, então, $R(x)$ não está definida. Vamos supor que $x = c$ é um zero de ordem $q \leq m$ do denominador $Q_m(x)$ e consideremos o que pode acontecer perto desse ponto.

Da mesma maneira como o comportamento de $R(x) = \frac{P_n(x)}{Q_m(x)}$ no infinito é determinado pela tendência do termo x^{n-m} quando $|x|$ tende a ∞, o comportamento de $R(x)$ perto de $x = c$ é definido pela tendência do termo $\frac{1}{(x-c)^k}$, $k \in \mathbb{N}$ quando x aproxima de c. Portanto, vamos, primeiro, esclarecer o que acontece com esse termo. Quando x aproxima de c, os valores de $x - c$ e, consequentemente, de $(x-c)^k$ ficam muito pequenos e, por isso, a fração $\frac{1}{(x-c)^k}$ se torna muito grande por módulo, isto é, tende a infinito. Para especificar a situação, vamos considerar $x > c$. Nesse caso, para qualquer constante grande $M > 0$, podemos escolher os valores de x tão próximos de c que $\frac{1}{(x-c)^k}$ fica maior que M. Precisando essa escolha de x, temos: qualquer que for $M > 0$, escolhendo $\delta = \frac{1}{M^{1/k}}$, garantimos que para todos x tais que $c < x < c + \delta$ é válida a desigualdade $\frac{1}{(x-c)^k} > M$.

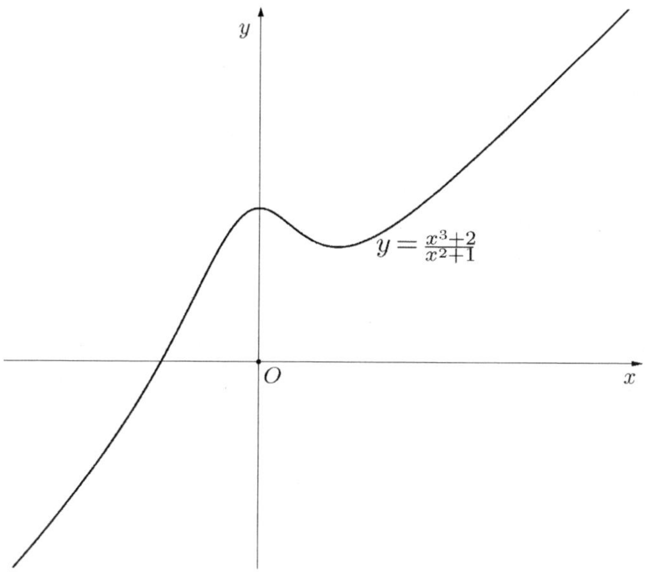

Figura 3.23 Gráfico da função $y = \frac{x^3+2}{x^2+1}$, caso $n - m = 3 - 2 > 0$.

Isso significa que $\lim\limits_{x\to c^+} \frac{1}{(x-c)^k} = +\infty$. De maneira semelhante, podemos ver que quando x aproxima de c pela esquerda, $\frac{1}{(x-c)^k}$ tende a $+\infty$ se k for par e a $-\infty$ se k for ímpar.

Agora voltamos à função racional $R(x) = \frac{P_n(x)}{Q_m(x)}$. Sabendo que $x = c$ é o zero de ordem q de $Q_m(x)$, podemos representar $Q_m(x)$ na forma $Q_m(x) = (x-c)^q T_l(x)$, onde $T_l(x)$ é o polinômio de grau $l = m - q$ cujos zeros são diferentes de c. A situação agora depende da relação entre o ponto $x = c$ e o polinômio do numerador $P_n(x)$. Podem acontecer três situações diferentes, conforme descrição abaixo.

1) Se $x = c$ não é zero de $P_n(x)$, então $R(x) = \frac{P_n(x)}{Q_m(x)} = \frac{P_n(x)}{(x-c)^q T_l(x)}$ e quando x aproxima de c o denominador se torna muito pequeno, enquanto o numerador aproxima de um certo número diferente de 0 e, portanto, mantém seus valores afastados de zero. Consequentemente, a razão $\frac{P_n(x)}{Q_m(x)}$ se comporta perto de c da mesma maneira como $\frac{1}{(x-c)^q}$: ela se torna muito grande por módulo, ou seja, $R(x)$ tende a infinito. Isso implica que a reta $x = c$ é a assíntota vertical de $R(x)$. Ainda dá para especificar a forma dessa tendência:

(1) se q é um número par e $T_l(c)P_n(c) > 0$, então $\lim\limits_{x\to c} R(x) = +\infty$;

(2) se q é um número par e $T_l(c)P_n(c) < 0$, então $\lim\limits_{x\to c} R(x) = -\infty$;

(3) se q é ímpar e $T_l(c)P_n(c) > 0$, então $\lim\limits_{x\to c^+} R(x) = +\infty$ e $\lim\limits_{x\to c^-} R(x) = -\infty$;

(4) se q é ímpar e $T_l(c)P_n(c) < 0$, então $\lim\limits_{x\to c^+} R(x) = -\infty$ e $\lim\limits_{x\to c^-} R(x) = +\infty$.

O caso quando $x = c$ é zero de ordem $p < q$ de $P_n(x)$ pode ser tratado da mesma maneira como à primeira situação, porque a função racional pode ser escrita na forma $R(x) = \frac{P_n(x)}{Q_m(x)} = \frac{(x-c)^p S_e(x)}{(x-c)^q T_l(x)} = \frac{S_e(x)}{(x-c)^{q-p} T_l(x)}$, $k = q - p > 0$, onde os polinômios $S_e(x)$ e $T_l(x)$ não se anulam em c e, portanto, mantêm valores afastados de 0 quando x fica próximo de c.

2) O próximo caso é quando $x = c$ é zero de ordem $p = q$ de $P_n(x)$. Então $R(x) = \frac{P_n(x)}{Q_m(x)} = \frac{(x-c)^q S_e(x)}{(x-c)^q T_l(x)} = \frac{S_e(x)}{T_l(x)}$, onde os polinômios $S_e(x)$ e $T_l(x)$ não se anulam em c e, portanto, mantêm valores afastados de 0 quando x fica próximo de c. Portanto, $R(x)$ não aumenta seus valores por módulo sem restrição, mas simplesmente tende a razão dos polinômios $S_e(x)$ e $T_l(x)$ no ponto c: $\lim_{x \to c} R(x) = \frac{S_e(c)}{T_l(c)}$. Nesse caso, $R(x)$ não tem assíntota vertical no ponto c.

3) Finalmente se $x = c$ é zero de ordem $p > q$ $(p \leq n)$ de $P_n(x)$, então $R(x) = \frac{P_n(x)}{Q_m(x)} = \frac{(x-c)^p S_e(x)}{(x-c)^q T_l(x)} = \frac{(x-c)^{p-q} S_e(x)}{T_l(x)}$, $p - q > 0$, onde os polinômios $S_e(x)$ e $T_l(x)$ não se anulam em c e, portanto, mantêm seus valores afastados de 0 quando x fica próximo de c. Então, a razão $\frac{S_e(x)}{T_l(x)}$ tende a $\frac{S_e(c)}{T_l(c)}$, enquanto $(x - c)^{p-q}$ tende a 0. Portanto, $\lim_{x \to c} R(x) = 0 \cdot \frac{S_e(c)}{T_l(c)} = 0$. Nesse caso, $R(x)$ não tem assíntota vertical no ponto c.

Notamos que nos últimos dois casos a função racional $R(x)$ não está definida no ponto $x = c$, mas ela tende a um número específico quando x aproxima de c.

As ilustrações elementares de três tendências diferentes de $R(x)$ a um zero do seu denominador são mostradas nas Fig.3.24-3.26.

3 Funções irracionais

Definição de uma função irracional. Na forma geral, uma *função irracional* é definida como $y = \sqrt[n]{R(x)}$, onde $R(x)$ é uma função racional e $n \in \mathbb{N}$ é a ordem da raiz. Obviamente, essa definição é uma generalização de funções racionais, uma vez que as últimas são um caso particular dessa definição quando $n = 1$. Notamos que mesmo quando $n > 1$ a forma da função racional pode ser tal que a função irracional se reduz a racional: por exemplo, se $n = 3$ e $R(x) = x^3$, temos $y = \sqrt[3]{x^3} = x$. Claro que isso não ocorre com todas as funções irracionais: por exemplo, se $n = 3$ e $R(x) = x$, a função irracional $y = \sqrt[3]{x}$ não é redutível a uma racional.

O jeito mais simples de introduzir várias funções irracionais e determinar suas propriedades é partindo de funções polinomiais já investigadas e usando o conceito da função inversa e suas propriedades demonstradas no Capítulo 2.

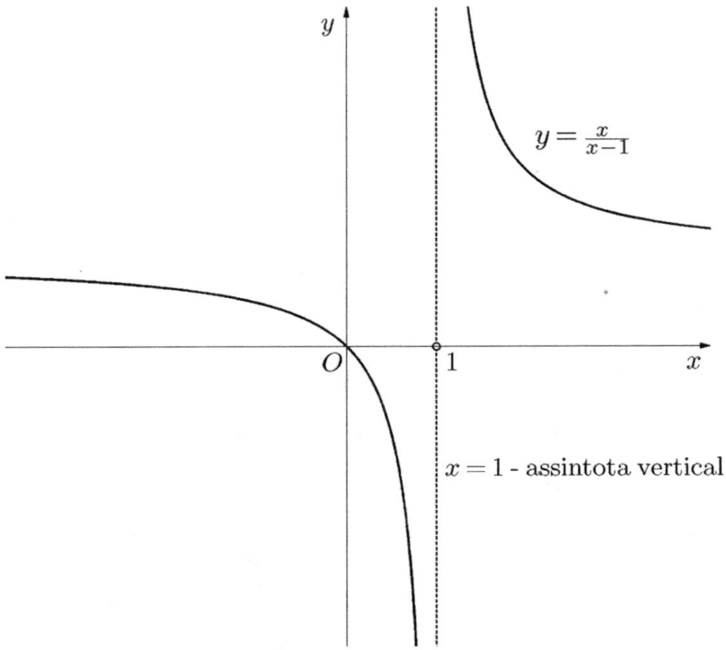

Figura 3.24 Gráfico da função $y = \frac{x}{x-1}$, caso $q - p = 1 - 0 > 0$.

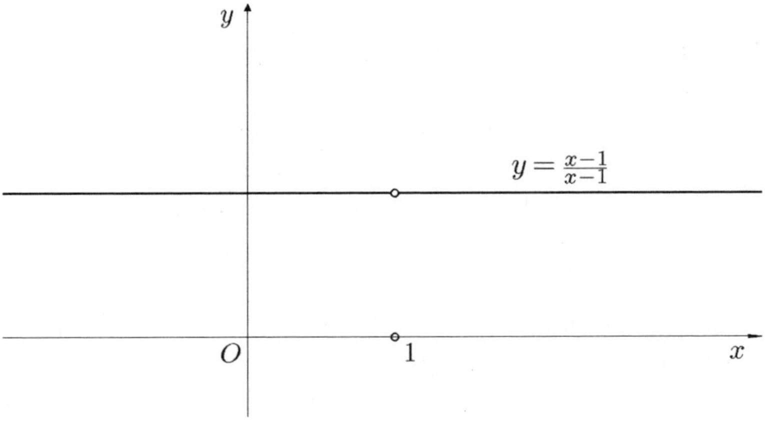

Figura 3.25 Gráfico da função $y = \frac{x-1}{x-1}$, caso $q - p = 1 - 1 = 0$.

3.1 Funções raizes $y = \sqrt[n]{x}$, $n \in \mathbb{N}$

Definição da função $y = \sqrt{x}$. A função *raiz quadrada* $y = \sqrt{x}$ pode ser definida como a inversa à função $f(x) = x^2 : [0, +\infty) \to [0, +\infty)$.

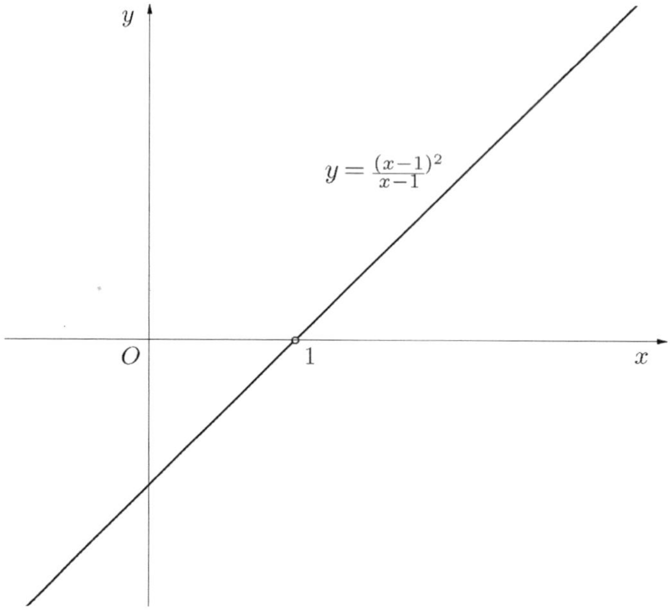

Figura 3.26 Gráfico da função $y = \frac{(x-1)^2}{x-1}$, caso $q - p = 1 - 2 < 0$.

Estudo de $y = \sqrt{x}$

1. Domínio e imagem. Pela definição, o domínio da função $y = \sqrt{x}$ é $X = [0, +\infty)$ (a imagem da função original $y = x^2$) e a imagem é $Y = [0, +\infty)$ (o domínio da original). Notamos que a mesma conclusão obtemos se partimos da definição da operação da raiz quadrada. Realmente, primeiro, a raiz quadrada é definida para qualquer número não negativo e não se aplica aos números negativos, o que mostra que o domínio é $X = [0, +\infty)$. Segundo, pela definição, $\sqrt{x}$, $\forall x \geq 0$ é aquele número não negativo y cujo quadrado é igual a x: $y^2 = x, y \geq 0$. Isso quer dizer que a imagem da função é contida no intervalo $[0, +\infty)$, e o fato de que os quadrados dos números não negativos assumem todos os valores não negativos (em outras palavras, a função y^2 tem a imagem $[0, +\infty)$) garante que a imagem é todo o intervalo $[0, +\infty)$.

2. Limitação. Da imagem da função segue que a função é limitada inferiormente (por exemplo, pela constante $m = 0$) e não é limitada superiormente.

3. Paridade. A função não é par nem ímpar, uma vez que o seu domínio não é simétrico em relação à origem.

4. Periodicidade. A função não é periódica porque o seu domínio é limitado à esquerda. (Outra razão da função não poder ser a periódica é que ela é definida como a inversa de uma função e, por isso, os seus valores não se repetem.)

5. Monotonia e extremos. Como a função $y = x^2$ é crescente estritamente no intervalo $[0, +\infty)$, então, usando o Teorema de monotonia da inversa (seção 12.4 do Capítulo 2), concluímos que $y = \sqrt{x}$ é crescente estritamente em todo o seu domínio $X = [0, +\infty)$.

Como qualquer ponto $x \neq 0$ é o ponto de crescimento estrito, nenhum desses pontos pode ser um extremo global ou local, estrito ou não. O único ponto restante $x = 0$ é o mínimo global, uma vez que $f(x) = \sqrt{x} > 0 = f(0)$, $\forall x > 0$. Notamos que $x = 0$ não é mínimo local, porque não existe uma vizinhança desse ponto contida no domínio da função.

6. Concavidade e inflexão. Como a função $y = x^2$ cresce estritamente e tem concavidade para cima no intervalo $[0, +\infty)$, então, usando o Teorema de concavidade da inversa (seção 12.4 do Capítulo 2), concluímos que a função $y = \sqrt{x}$ é côncava para baixo no seu domínio $X = [0, +\infty)$. Desse resultado segue imediatamente que não há pontos de inflexão.

7. Interseção e sinal. A interseção com o eixo Oy ocorre na origem e o mesmo é válido para interseção com Ox. Não têm outros pontos de interseção com Ox, porque $f(x) = \sqrt{x} > 0$, $\forall x > 0$.

8. Inversa. A função $f(x) = \sqrt{x} : X = [0, +\infty) \to Y = [0, +\infty)$ é bijetora e a sua inversa é $f^{-1}(x) = x^2 : [0, +\infty) \to [0, +\infty)$.

9. Com base nas propriedades investigadas, podemos representar o gráfico da função $y = \sqrt{x}$ como é mostrado na Fig.3.27. Outra alternativa para obter o mesmo gráfico é começar do gráfico conhecido de $y = x^2 : [0, +\infty) \to [0, +\infty)$ e usar o Teorema do gráfico da função inversa.

Propriedades complementares de $y = \sqrt{x}$

O gráfico da função sugere que $y = \sqrt{x}$ aumenta sem restrição quando x tende a $+\infty$. Realmente, qualquer que for constante $M > 0$, para todos $x > M^2$ segue que $\sqrt{x} > \sqrt{M^2} = M$ isto é, a função também tende a $+\infty$. Como a função não é definida para os valores negativos, não tem como tender x a $-\infty$ usando os pontos do domínio. Logo, a função $y = \sqrt{x}$ não tem assíntotas horizontais. Assim, confirmamos aquela tendência no infinito que é observada na Fig.3.27.

Como a função $y = \sqrt{x}$ não tem nenhum limite infinito nos pontos do seu domínio, então o seu gráfico não tem assíntotas verticais.

Definição da função $y = \sqrt[3]{x}$. A função *raiz cúbica* $y = \sqrt[3]{x}$ pode ser definida como a inversa à função $f(x) = x^3 : \mathbb{R} \to \mathbb{R}$.

Estudo de $y = \sqrt[3]{x}$

1. Domínio e imagem. Pela definição, o domínio da função $y = \sqrt[3]{x}$ é $X = \mathbb{R}$ (a imagem da função original $y = x^3$) e a imagem é $Y = \mathbb{R}$ (o domínio da original).

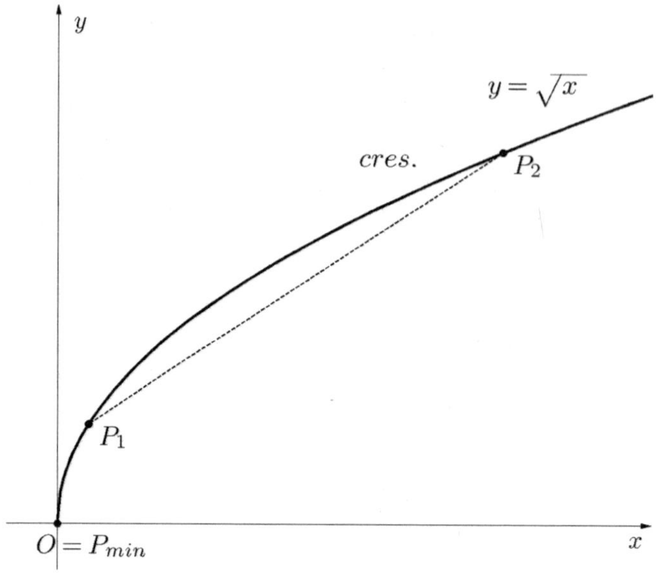

Figura 3.27 Gráfico da função $y = \sqrt{x}$.

Notamos que a mesma conclusão é obtida se partimos da definição da operação da raiz cúbica. Realmente, a raiz cúbica é definida para qualquer número real, o que quer dizer que o domínio é $X = \mathbb{R}$. O resultado dessa operação é aquele número real y cujo cubo é igual a x: $y^3 = x$. Isso mostra que a imagem da função contém tanto números positivos como negativos, e o fato de que os cubos dos números podem assumir qualquer valor real garante que a imagem é todo o eixo real $\mathbb{R}$.

2. Limitação. A forma da imagem implica que a função é ilimitada tanto inferiormente como superiormente.

3. Paridade. A função é ímpar, uma vez que $y = x^3$ é uma função ímpar. Outra forma de demonstrar esse resultado é via definição da raiz cúbica.

4. Periodicidade. A função não é periódica porque ela é definida como a inversa de uma função e, por isso, os seus valores não se repetem. (Outra prova disso segue da propriedade de monotonia mostrada no próximo item de investigação.)

5. Monotonia e extremos. Como a função $y = x^3$ é crescente estritamente em $\mathbb{R}$, então, usando o Teorema de monotonia da inversa (seção 12.4 do Capítulo 2), concluímos que $y = \sqrt[3]{x}$ é crescente estritamente em todo o seu domínio $X = \mathbb{R}$.

Como qualquer ponto x é o ponto de crescimento estrito, nenhum desses pontos pode ser um extremo global ou local, estrito ou não. Portanto, não há extremos dessa função.

6. Concavidade e inflexão. Como a função $y = x^3$ cresce estritamente e

tem concavidade para baixo no intervalo $(-\infty, 0]$, então, usando o Teorema de concavidade da inversa (seção 12.4 do Capítulo 2), concluímos que a função $y = \sqrt[3]{x}$ é côncava para cima no intervalo $(-\infty, 0]$.

Da mesma maneira, como $y = x^3$ cresce estritamente e tem concavidade para cima no intervalo $[0, +\infty)$, então, do teorema da concavidade da inversa, segue que a função $y = \sqrt[3]{x}$ é côncava para baixo no intervalo $[0, +\infty)$. Como a função muda o tipo de concavidade em 0 (e é definida nesse ponto), então esse é o ponto de inflexão.

7. Interseção e sinal. A interseção com o eixo Oy ocorre na origem e o mesmo é válido para interseção com Ox. Não tem outros pontos de interseção com Ox, porque $f(x) = \sqrt[3]{x} < 0$, $\forall x < 0$ e $f(x) = \sqrt[3]{x} > 0$, $\forall x > 0$.

8. Inversa. A função $f(x) = \sqrt[3]{x} : X = \mathbb{R} \to Y = \mathbb{R}$ é bijetora e a sua inversa é $f^{-1}(x) = x^3 : \mathbb{R} \to \mathbb{R}$.

9. Com base nas propriedades investigadas, podemos representar o gráfico da função $y = \sqrt[3]{x}$ como é mostrado na Fig.3.28. Outra alternativa para obter o mesmo gráfico é partir do gráfico conhecido de $y = x^3 : \mathbb{R} \to \mathbb{R}$ e usar o Teorema do gráfico da função inversa.

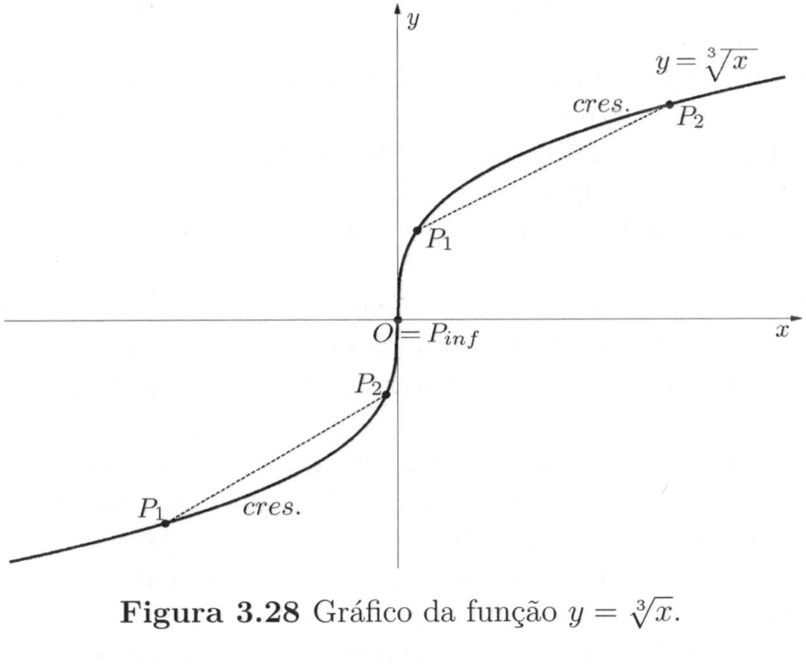

Figura 3.28 Gráfico da função $y = \sqrt[3]{x}$.

Propriedades complementares de $y = \sqrt[3]{x}$

O gráfico da função sugere que $y = \sqrt[3]{x}$ aumenta sem restrição quando x tende a $+\infty$. Realmente, qualquer que for constante $M > 0$, para todos $x > M^3$ segue que $\sqrt[3]{x} > \sqrt[3]{M^3} = M$ isto é, os valores da função se tornam arbitrariamente grandes. Como a função é ímpar, a tendência de x a $-\infty$ resulta em tendência da função a $-\infty$. Logo, a função $y = \sqrt[3]{x}$ não tem assíntotas horizontais. Assim, confirmamos aquelas tendências do gráfico da função no infinito que estão exibidas na Fig.3.28.

Como a função $y = \sqrt[3]{x}$ não tem nenhum limite infinito nos pontos do seu domínio, então o seu gráfico não tem assíntotas verticais.

De maneira semelhante, a inversão de funções $y = x^{2k}$, $k \in \mathbb{N}$ gera as funções raízes de ordem par e de $y = x^{2k+1}$, $k \in \mathbb{N}$ as raízes de ordem ímpar. Apresentamos abaixo somente uma discussão breve das propriedades de $y = \sqrt[2k]{x}$ e $y = \sqrt[2k+1]{x}$, pois a sua investigação segue a mesma linha de raciocínio das funções $y = \sqrt{x}$ e $y = \sqrt[3]{x}$.

Definição da função $y = \sqrt[2k]{x}$**,** $k \in \mathbb{N}$. A função $y = \sqrt[2k]{x}$ pode ser definida como a inversa à função $f(x) = x^{2k} : [0, +\infty) \to [0, +\infty)$.

Estudo de $y = \sqrt[2k]{x}$***,*** $k \in \mathbb{N}$

1. Domínio e imagem. Pela definição, o domínio da função $y = \sqrt[2k]{x}$ é $X = [0, +\infty)$ (a imagem da função original $y = x^{2k}$) e a imagem é $Y = [0, +\infty)$ (o domínio da original).

2. Limitação. A forma da imagem implica que a função é limitada inferiormente e não é limitada superiormente.

3. Paridade. A função não é par nem ímpar, uma vez que o seu domínio não é simétrico em relação à origem.

4. Periodicidade. A função não é periódica porque o seu domínio é limitado à esquerda.

5. Monotonia e extremos. Como a função $y = x^{2k}$ é crescente estritamente no intervalo $[0, +\infty)$, então, do Teorema de monotonia da inversa (seção 12.4 do Capítulo 2), segue que $y = \sqrt[2k]{x}$ é crescente estritamente em todo o seu domínio $X = [0, +\infty)$.

Como qualquer ponto $x \neq 0$ é o ponto de crescimento estrito, nenhum desses pontos pode ser um extremo global ou local, estrito ou não. O único ponto restante $x = 0$ é o mínimo global, uma vez que $f(x) = \sqrt[2k]{x} > 0 = f(0)$, $\forall x > 0$, mas ele não é o mínimo local, porque não existe uma vizinhança desse ponto contida no domínio da função.

6. Concavidade e inflexão. Como a função $y = x^{2k}$ cresce estritamente e tem concavidade para cima no intervalo $[0, +\infty)$, então, o Teorema de concavidade da inversa (seção 12.4 do Capítulo 2) garante que a função $y = \sqrt[2k]{x}$ é côncava para baixo no seu domínio $X = [0, +\infty)$. Desse resultado segue imediatamente que não há pontos de inflexão.

7. Interseção e sinal. A interseção com o eixo Oy ocorre na origem e o mesmo é válido para interseção com Ox. Não tem outros pontos de interseção com Ox, porque $f(x) = \sqrt[2k]{x} > 0$, $\forall x > 0$.

8. Inversa. A função $f(x) = \sqrt[2k]{x} : X = [0, +\infty) \to Y = [0, +\infty)$ é bijetora e a sua inversa é $f^{-1}(x) = x^{2k} : [0, +\infty) \to [0, +\infty)$.

9. Com base nas propriedades investigadas (ou usando o Teorema do gráfico da função inversa) encontramos o gráfico da função $y = \sqrt[2k]{x}$ na mesma forma qualitativa como o de $y = \sqrt{x}$.

Comparação entre funções $y = \sqrt[2k]{x}$

Das propriedades de raízes segue que no intervalo $(1, +\infty)$ temos $y_k = \sqrt[2k]{x} < \sqrt[2m]{x} = y_m$ sempre quando $k > m$. Além disso, para quaisquer $x_2 > x_1 \geq 1$ e $k > m$, temos $\frac{y_k(x_2)}{y_k(x_1)} = \sqrt[2k]{\frac{x_2}{x_1}} < \sqrt[2m]{\frac{x_2}{x_1}} = \frac{y_m(x_2)}{y_m(x_1)}$. Isso mostra que, no intervalo $(1, +\infty)$, o gráfico da função $y_k = \sqrt[2k]{x}$ fica abaixo de e cresce mais lentamente que $y_m = \sqrt[2m]{x}$ se $k > m$. No intervalo $(0, 1)$ temos $y_k = \sqrt[2k]{x} > \sqrt[2m]{x} = y_m$ sempre quando $k > m$, isto é, o gráfico de $y_k = \sqrt[2k]{x}$ fica acima do gráfico de $y_m = \sqrt[2m]{x}$. Nos pontos $x = 0, 1$ os valores de todas as funções desse tipo coincidem e são iguais a $y = 0, 1$, respectivamente. Essa comparação é ilustrada na Fig.3.29.

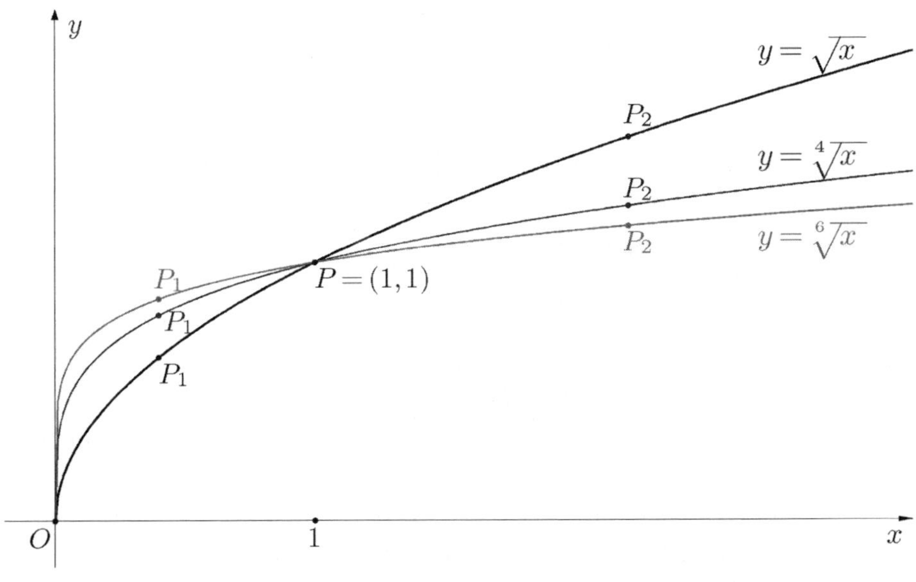

Figura 3.29 Gráficos de $y = \sqrt{x}$, $y = \sqrt[4]{x}$ e $y = \sqrt[6]{x}$.

Definição da função $y = \sqrt[2k+1]{x}$, $k \in \mathbb{N}$. A função $y = \sqrt[2k+1]{x}$ pode ser definida como a inversa à função $f(x) = x^{2k+1} : \mathbb{R} \to \mathbb{R}$.

Estudo de $y = \sqrt[2k+1]{x}$, $k \in \mathbb{N}$

1. Domínio e imagem. Pela definição, o domínio da função $y = \sqrt[2k+1]{x}$ é $X = \mathbb{R}$ (a imagem da função original $y = x^{2k+1}$) e a imagem é $Y = \mathbb{R}$ (o domínio da original).

2. Limitação. Da forma da imagem da função segue que a função é ilimitada tanto inferiormente como superiormente.

3. Paridade. A função é ímpar, uma vez que $y = x^{2k+1}$ é uma função ímpar.

4. Periodicidade. A função não é periódica porque ela é definida como a inversa de uma função e, por isso, os seus valores não se repetem.

5. Monotonia e extremos. Como a função $y = x^{2k+1}$ é crescente estritamente em $\mathbb{R}$, então, usando o Teorema de monotonia da inversa (seção 12.4 do Capítulo 2), concluímos que $y = \sqrt[2k+1]{x}$ é crescente estritamente em todo o seu domínio $X = \mathbb{R}$.

Como qualquer ponto x é o ponto de crescimento estrito, nenhum desses pontos pode ser um extremo global ou local, estrito ou não. Portanto, não há extremos dessa função.

6. Concavidade e inflexão. Como a função $y = x^{2k+1}$ cresce estritamente e tem concavidade para baixo no intervalo $(-\infty, 0]$, então, pelo Teorema de concavidade da inversa (seção 12.4 do Capítulo 2), a função $y = \sqrt[2k+1]{x}$ é côncava para cima no intervalo $(-\infty, 0]$.

Da mesma maneira, como $y = x^{2k+1}$ cresce estritamente e tem concavidade para cima no intervalo $[0, +\infty)$, então, do mesmo Teorema de concavidade da inversa, segue que a função $y = \sqrt[2k+1]{x}$ é côncava para baixo no intervalo $[0, +\infty)$. Como a função muda o tipo de concavidade em 0 (e é definida nesse ponto), então esse é o ponto de inflexão.

7. Interseção e sinal. A interseção com o eixo Oy ocorre na origem e o mesmo é válido para interseção com Ox. Não tem outros pontos de interseção com Ox, porque $f(x) = \sqrt[2k+1]{x} < 0$, $\forall x < 0$ e $f(x) = \sqrt[2k+1]{x} > 0$, $\forall x > 0$.

8. Inversa. A função $f(x) = \sqrt[2k+1]{x} : X = \mathbb{R} \to Y = \mathbb{R}$ é bijetora e a sua inversa é $f^{-1}(x) = x^{2k+1} : \mathbb{R} \to \mathbb{R}$.

9. Com base nas propriedades investigadas (ou usando o Teorema do gráfico da função inversa) encontramos o gráfico da função $y = \sqrt[2k+1]{x}$ na mesma forma qualitativa como o de $y = \sqrt[3]{x}$.

Comparação entre funções $y = \sqrt[2k+1]{x}$

Das propriedades de raízes segue que no intervalo $(1, +\infty)$ temos $y_k = \sqrt[2k+1]{x} < \sqrt[2m+1]{x} = y_m$ sempre quando $k > m$. Além disso, para quaisquer $x_2 > x_1 \geq 1$ e

$k > m$, temos $\frac{y_k(x_2)}{y_k(x_1)} = \sqrt[2k+1]{\frac{x_2}{x_1}} < \sqrt[2m+1]{\frac{x_2}{x_1}} = \frac{y_m(x_2)}{y_m(x_1)}$. Isso mostra que, no intervalo $(1, +\infty)$, o gráfico da função $y_k = \sqrt[2k+1]{x}$ fica abaixo de e cresce mais lentamente que $y_m = \sqrt[2m+1]{x}$ se $k > m$. No intervalo $(0, 1)$ temos $y_k = \sqrt[2k+1]{x} > \sqrt[2m+1]{x} = y_m$ sempre quando $k > m$, isto é, o gráfico de $y_k = \sqrt[2k+1]{x}$ fica acima do gráfico de $y_m = \sqrt[2m+1]{x}$. Devido à imparidade, as propriedades semelhantes são válidas nos intervalos $(-\infty, -1)$ e $(-1, 0)$. Nos pontos $x = -1, 0, 1$ os valores de todas as funções desse tipo coincidem e são iguais a $y = -1, 0, 1$, respectivamente. Essa comparação é ilustrada na Fig.3.30.

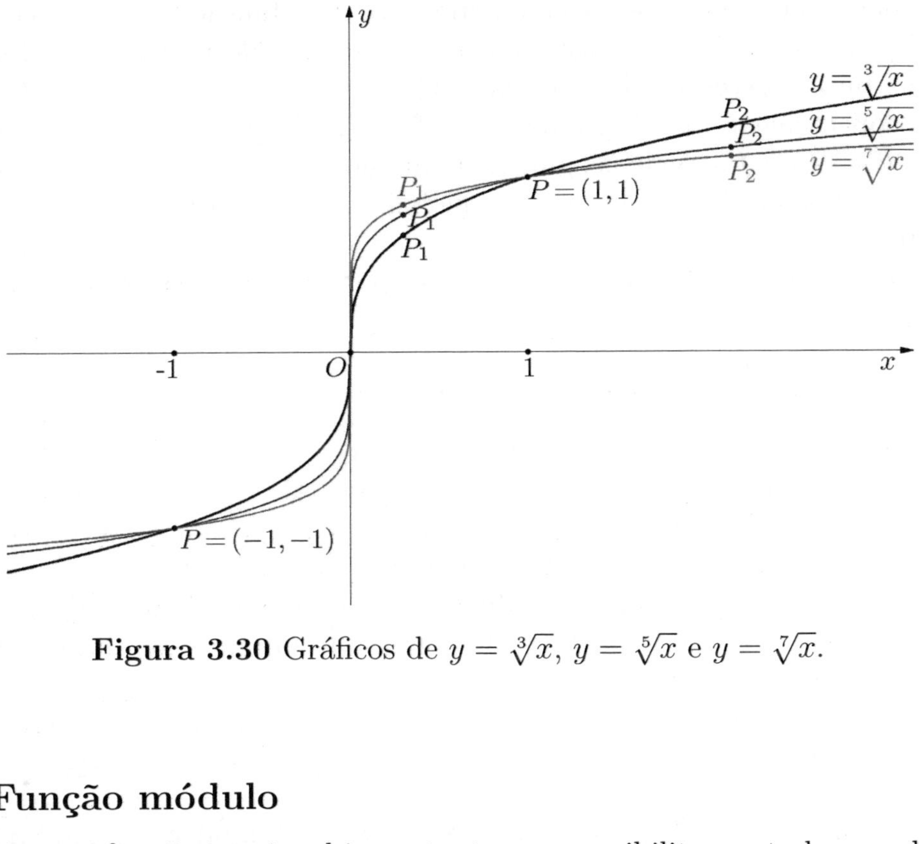

Figura 3.30 Gráficos de $y = \sqrt[3]{x}$, $y = \sqrt[5]{x}$ e $y = \sqrt[7]{x}$.

3.2 Função módulo

Mais uma função irracional importante que possibilita o estudo completo das suas propriedades é a *modular* (*valor absoluto*) $f(x) = |x|$. O fato que essa função é irracional segue da representação do módulo na forma $|x| = \sqrt{x^2}$, $\forall x \in \mathbb{R}$. Vamos realizar análise dessa função partindo da definição do módulo.

Estudo de $y = |x|$

1. Domínio e imagem. A operação do módulo é definida para qualquer x real e, por isso, o domínio da função é $X = \mathbb{R}$. O módulo de qualquer número é um valor não negativo e, portanto, a imagem é contida em $[0, +\infty)$. Notando que

para qualquer $y \geq 0$ existe $x = y$ tal que $f(x) = |x| = |y| = y$, concluímos que a imagem é todo o intervalo $Y = [0, +\infty)$.

2. Limitação. Da forma da imagem da função segue que a função é limitada inferiormente (por exemplo, pela constante $m = 0$), mas não superiormente.

3. Paridade. A função é par, uma vez que $f(-x) = |-x| = |x| = f(x)$, $\forall x \in \mathbb{R}$.

4. Periodicidade. A função não é periódica porque no intervalo infinito $[0, +\infty)$ do seu domínio ela coincide com a função estritamente crescente x e, portanto, não repete seus valores.

5. Monotonia e extremos. No intervalo $(-\infty, 0]$ a função tem a forma $f(x) = |x| = -x$ e a última é uma função linear estritamente decrescente. No intervalo $[0, +\infty)$ a função se reduz à função linear $f(x) = |x| = x$ que cresce estritamente.

Consequentemente, qualquer ponto $x \neq 0$ é o ponto de monotonia estrita e nenhum desses pontos pode ser um extremo global ou local, estrito ou não. O único ponto restante $x = 0$ é o mínimo global e local, uma vez que $f(x) = |x| > 0 = f(0)$, $\forall x \neq 0$.

6. Concavidade e inflexão. Tomando dois pontos diferentes do domínio, $x_1 < x_2$, encontramos

$$D_2 = \frac{f(x_1) + f(x_2)}{2} - f\left(\frac{x_1 + x_2}{2}\right) = \frac{1}{2}(|x_1| + |x_2|) - \frac{1}{2}(|x_1 + x_2|) \geq 0,$$

o que mostra a concavidade para cima no sentido não estrito em todo o domínio. Especificando a localização dos dois pontos no intervalo $(-\infty, 0]$, temos a equação da reta $y = |x| = -x$ e, por isso, $D_2 = 0$. Da mesma maneira, no intervalo $[0, +\infty)$ a função $f(x) = |x| = x$ também representa uma reta e $D_2 = 0$. Finalmente, tomando dois pontos arbitrários das duas partes diferentes do domínio, $x_1 < 0 < x_2$, achamos que $D_2 > 0$ (veja Fig.3.31). Desse resultado segue imediatamente que não há pontos de inflexão.

7. Interseção e sinal. A interseção com o eixo Oy ocorre na origem e o mesmo é válido para interseção com Ox. Não tem outros pontos de interseção com Ox, porque $f(x) = |x| > 0$, $\forall x \neq 0$.

8. Inversa. A função $f(x) = |x| : X = \mathbb{R} \to Y = [0, +\infty)$ é sobrejetora, mas não é injetora, uma vez que para qualquer $y_1 > 0$ existem dois pontos diferentes $x_1 = y_1$ e $x_2 = -y_1$ tais que $f(x_1) = |y_1| = y_1 = |-y_1| = f(x_2)$. Se restringirmos o domínio dessa função pelo intervalo $[0, +\infty)$, então ela se torna bijetora e se simplifica a forma $f(x) = |x| = x : [0, +\infty) \to [0, +\infty)$ com a inversa $f^{-1}(x) = x : [0, +\infty) \to [0, +\infty)$. Analogamente, a restrição do domínio pelo intervalo $(-\infty, 0]$ também dá uma função bijetora com a forma simplificada $f(x) = |x| = -x : (-\infty, 0] \to [0, +\infty)$ cuja inversa é $f^{-1}(x) = -x : [0, +\infty) \to (-\infty, 0]$.

9. Com base nas propriedades investigadas, podemos representar o gráfico da função $y = |x|$ como é mostrado na Fig.3.31.

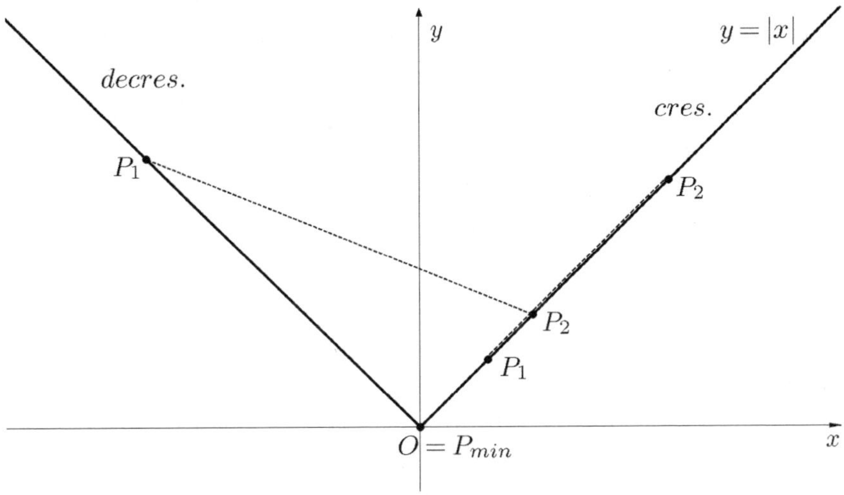

Figura 3.31 Gráfico da função $y = |x|$.

Propriedades complementares de $y = |x|$

O gráfico da função sugere que a função $y = |x|$ aumenta sem restrição quando $|x|$ tende a $+\infty$ (isto é, o próprio x tende a $+\infty$ ou a $-\infty$). Realmente, tomando $x > M$ (onde $M > 0$ é uma constante arbitrariamente grande) garantimos que $|x| = x > M$, isto é, os valores da função também se tornam arbitrariamente grandes, ou seja, tendem a $+\infty$. Como a função é par, o mesmo é válido quando aumentamos $|x|$ sem restrição, mas pelos valores negativos (tendemos x a $-\infty$). Isso significa, em particular, que a função $y = |x|$ não tem assíntotas horizontais. Assim, confirmamos aquelas tendências do gráfico da função no infinito que estão exibidas na Fig.3.31. Como a função $y = |x|$ não tem nenhum limite infinito nos pontos do seu domínio, então o seu gráfico não tem assíntotas verticais.

O estudo de funções irracionais na forma geral pode ser bastante complicado e, na maioria dos casos, todas as propriedades não podem ser avaliadas mesmo usando as técinicas mais avançadas de Cálculo e de Análise.

4 Exemplos de estudo de funções algébricas

4.1 Considerações preliminares

Antes de começar o estudo de funções, notamos que em vários casos é tecnicamente difícil estabelecer as propriedades de monotonia e concavidade num intervalo maior, enquanto isso pode ser feito nas suas partes sem maiores complicações. Por isso, vamos começar mostrando dois resultados elementares que permitem transferir as propriedades de monotonia e concavidade das partes de um intervalo para o intervalo completo.

Propriedade 1. Monotonia em subintervalos. Se $f(x)$ é estritamente crescente nos intervalos $[a,b]$ e $[b,c]$, então ela é estritamente crescente no intervalo inteiro $[a,c]$. O mesmo resultado é válido para decrescimento estrito: se $f(x)$ é estritamente decrescente nos intervalos $[a,b]$ e $[b,c]$, então ela é estritamente decrescente no intervalo inteiro $[a,c]$. As afirmações análogas são válidas para monotonia não estrita.

Demonstração. Efetuamos a demonstração só no caso de crescimento estrito, uma vez que os outros três casos são absolutamente análogos. Tomamos dois pontos arbitrários $x_1 < x_2$ de $[a,c]$. Podem acontecer três situações:
1) se $x_2 \leq b$, então do crescimento estrito em $[a,b]$ segue que $f(x_1) < f(x_2)$;
2) se $x_1 \geq b$, então do crescimento estrito em $[b,c]$ segue que $f(x_1) < f(x_2)$;
3) se $x_1 < b < x_2$, então comparamos $f(x_1)$ e $f(x_2)$ por meio do valor no ponto intermediário b, utilizando o crescimento estrito nos dois subintervalos: $f(x_1) < f(b) < f(x_2)$.
Assim, para qualquer dupla $x_1 < x_2$ de $[a,c]$ temos $f(x_1) < f(x_2)$, isto é, $f(x)$ é estritamente crescente em todo $[a,c]$.

Observação. A condição de interseção dos dois intervalos em pelo menos um ponto é importante. Caso contrário, a afirmação não é válida, como mostra o exemplo da função $f(x) = x - H(x)$, crescente estritamente nos intervalos $(-\infty,0)$ e $[0,+\infty)$, mas não crescente (mesmo no sentido não estrito) no intervalo $(-\infty,+\infty)$ (ou qualquer intervalo (a,b) contendo a origem). (Lembramos que $H(x) = \begin{cases} 0, & x < 0 \\ 1, & x \geq 0 \end{cases}$ é a função de Heaviside.)

Propriedade 2. Concavidade em subintervalos com interseção. Se $f(x)$ é côncava estritamente para cima nos intervalos $[a,b]$ e $[c,d]$, onde $a < c < b < d$, então ela é côncava estritamente para cima no intervalo inteiro $[a,d]$. A mesma formulação pode ser feita para concavidade para baixo: se $f(x)$ é côncava estritamente para baixo nos intervalos $[a,b]$ e $[c,d]$, onde $a < c < b < d$, então ela é côncava estritamente para baixo no intervalo inteiro $[a,d]$. As afirmações análogas são válidas para a concavidade não estrita.

Demonstração. Faremos a demonstração no caso de concavidade estrita para cima, porque outras situações têm prova semelhante. Nas considerações a seguir vamos sempre escolher $x_1 < x_2$.

Se considerarmos $x_2 \le b$, então os dois pontos ficam em $[a, b]$, onde tem concavidade para cima. Da mesma maneira, se considerarmos $x_1 \ge c$, então os dois pontos ficam em $[c, d]$, onde também tem concavidade para cima. Logo, resta considerar a situação $x_1 < c < b < x_2$. Tomamos um ponto aribtrário $x \in (x_1, x_2)$ e vamos analisar diferentes opções que podem ocorrer, sempre empregando a forma da concavidade estrita para cima expressa via inclinações de retas secantes (fórmula (2.9) da seção 7.3 do Capitulo 2).

Primeiro, se $x \in (c, b]$, então consideramos a concavidade nos seguintes intervalos. No intervalo $[c, x_2] \subset [c, d]$, com o ponto x dentro dele, usamos a concavidade estrita para cima na forma de inclinações de retas secantes: $k_2 = \frac{f(x_2)-f(x)}{x_2-x} > \frac{f(x)-f(c)}{x-c} = k_c$. No intervalo $[x_1, x] \subset [a, b]$, com o ponto c dentro, de novo usamos a concavidade para cima na forma de retas secantes: $k_c > k_1 = \frac{f(x)-f(x_1)}{x-x_1}$. Dessas duas desigualdades segue que $k_2 > k_1$, o que corresponde à concavidade estrita para cima (veja ilustração na Fig.3.32).

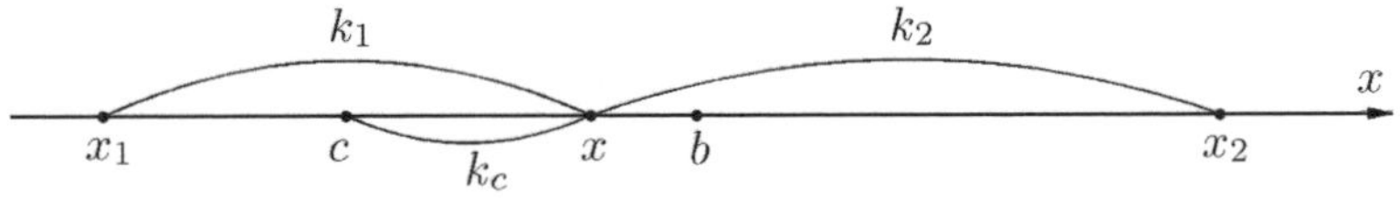

Figura 3.32 Inclinações no caso $x \in (c, b]$.

Segundo, se $x \in (b, x_2)$, então usamos a concavidade estrita para cima na forma de inclinações de retas secantes nos seguintes intervalos. No intervalo $[c, x_2] \subset [c, d]$, temos:

$$k_0 = \frac{f(b) - f(c)}{b - c} < k_b = \frac{f(x) - f(b)}{x - b} < \frac{f(x_2) - f(x)}{x_2 - x} = k_2.$$

No intervalo $[x_1, b] \subset [a, b]$, temos:

$$k_{-1} = \frac{f(b) - f(x_1)}{b - x_1} < \frac{f(b) - f(c)}{b - c} = k_0$$

(veja ilustração na Fig.3.33).

Usando essas desigualdades, deduzimos a seguinte avaliação:

$$k_1 = \frac{f(x) - f(x_1)}{x - x_1} = \frac{f(x) - f(b)}{x - b} \cdot \frac{x - b}{x - x_1} + \frac{f(b) - f(x_1)}{b - x_1} \cdot \frac{b - x_1}{x - x_1}$$

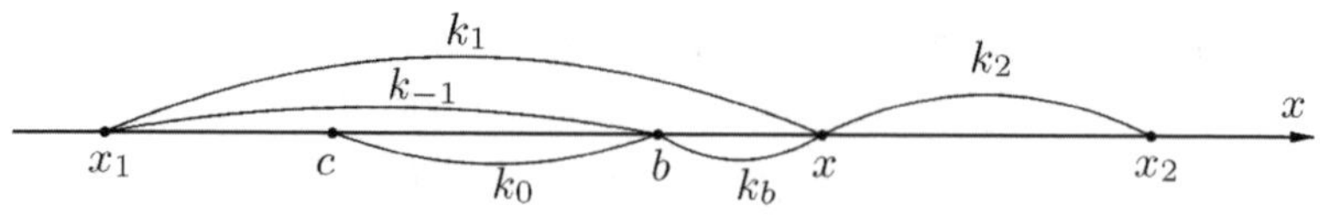

Figura 3.33 Inclinações no caso $x \in (b, x_2)$.

$$= k_b \frac{x-b}{x-x_1} + k_{-1} \frac{b-x_1}{x-x_1} < k_2 \frac{x-b}{x-x_1} + k_0 \frac{b-x_1}{x-x_1} < k_2 \frac{x-b}{x-x_1} + k_2 \frac{b-x_1}{x-x_1} = k_2.$$

Isso corresponde à concavidade estrita para cima.

No caso $x \in (x_1, c]$ a prova é analoga.

Observação. A condição de interseção dos dois intervalos num subintervalo e não somente num ponto (como no caso de monotonia) é importante. Caso contrário, a afirmação não é correta, como mostra o exemplo da função $f(x) = x^2 - |x|$, côncava estritamente para cima nos intervalos $(-\infty, 0]$ e $[0, +\infty)$, mas não côncava para cima (mesmo no sentido não estrito) no intervalo $(-\infty, +\infty)$ (ou qualquer intervalo (a, b) contendo a origem). Veja a ilustração na Fig.3.34.

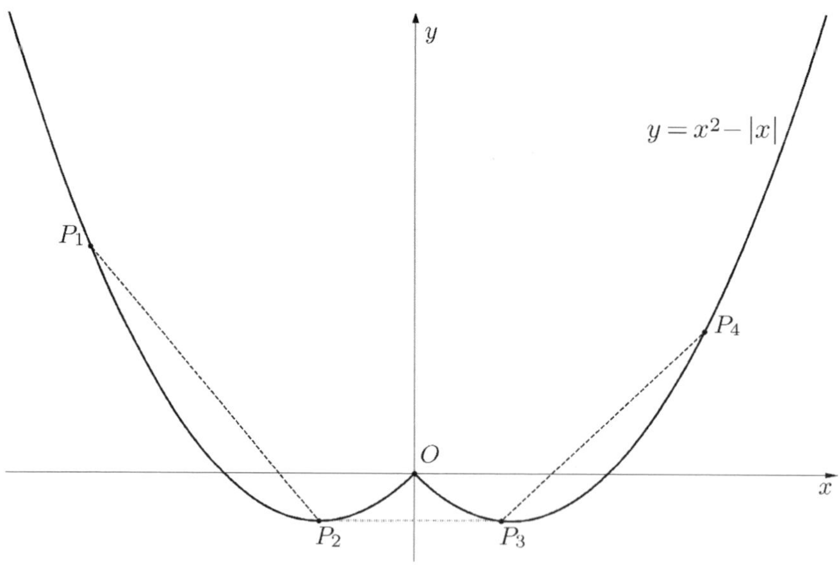

Figura 3.34 Concavidades da função $f(x) = x^2 - |x|$.

Propriedade 3. Concavidade em subintervalos com extremo local. Se $f(x)$ é côncava estritamente para cima nos intervalos $[a, b]$ e $[b, d]$, onde $a < b < d$, e o ponto $x = b$ é o mínimo local, então ela é côncava estritamente para cima no intervalo inteiro $[a, d]$. A mesma formulação pode ser feita para concavidade para baixo: se $f(x)$ é côncava estritamente para baixo nos intervalos $[a, b]$ e $[b, d]$, onde $a < b < d$, e o ponto $x = b$ é o máximo local, então ela é côncava estritamente para baixo no intervalo inteiro $[a, d]$. As afirmações análogas são válidas para a concavidade não estrita.

Demonstração. Faremos a demonstração no caso de concavidade estrita para cima, porque outras situações têm prova semelhante. Nas considerações a seguir vamos sempre escolher $x_1 < x_2$ (sem perda de generalidade).

Se considerarmos $x_2 \leq b$, então os dois pontos ficam em $[a, b]$, onde tem concavidade para cima. Da mesma maneira, se considerarmos $x_1 \geq b$, então os dois pontos ficam em $[b, d]$, onde também tem concavidade para cima. Logo, resta considerar a situação $x_1 < b < x_2$. Basta considerar essa localização dos pontos numa vizinhança onde b é o mínimo global, aplicando depois a Propriedade 2 de concavidade em subintervalos.

Escolhemos uma vizinhança de b, onde $f(b) < f(x)$ para quaisquer x dessa vizinhança, $x \neq b$. As coordenadas dos três pontos $P_1 = (x_1, f(x_1))$, $P_2 = (x_2, f(x_2))$ e $P_b = (x_b, f(x_b))$ satisfazem as relações $x_1 < b < x_2$ e $f(x_1) > f(b)$, $f(x_2) > f(b)$. Logo, os segmentos retilíneos P_1P_b e P_bP_2 ficam abaixo do segmento retilíneo P_1P_2 (veja a ilustração na Fig.3.35 com $P_b = (0, 0)$). No intervalo $[x_1, b]$ se observa a concavidade estrita para cima e, portanto, todos os pontos do gráfico ficam abaixo dos pontos de P_1P_b, logo abaixo também de P_1P_2. O mesmo ocorre no intervalo $[b, x_2]$. Assim, todos os pontos do gráfico no intervalo $[x_1, x_2]$ ficam abaixo dos pontos correspondentes do segmento P_1P_2; em outras palavras, a parte do gráfico entre os pontos P_1 e P_2 fica abaixo do segmento retilíneo P_1P_2 (veja Fig.3.35). Devido à arbitraridade dos pontos x_1, x_2, isso significa que a função tem a concavidade estrita para cima na vizinhança escolhida de b. Então, pela Propriedade 2, $f(x)$ é côncava estritamente para cima em $[a, x_2]$ e em $[x_1, d]$, onde $x_1 < x_2$, e, aplicando mais uma vez a Propriedade 2, concluímos que $f(x)$ é côncava estritamente para cima em $[a, d]$.

4.2 Estudo de funções polinomiais

Estudo de $f(x) = x^3 - x^2 - x + 1$

1. Domínio e imagem. Uma vez que o domínio não está definido explicitamente, ele consiste em todos os valores para os quais a fórmula da função tem sentido. Qualquer função polinomial, inclusive a dada, envolve operações executáveis em qualquer ponto, e por isso, está definida em todos os reais, ou seja, $X = \mathbb{R}$.

Lembrando que a teoria de equações polinomiais afirma que qualquer equação

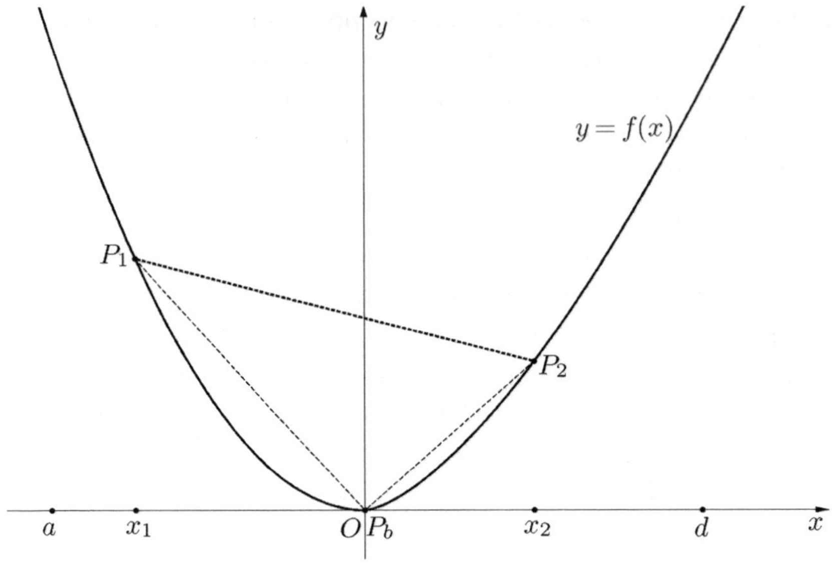

Figura 3.35 Concavidades da função com mínimo local em $P_b = (0, 0)$.

cúbica, em particular a equação $x^3 - x^2 - x + 1 = y$, onde y é um número dado, sempre tem pelo menos uma raiz real, podemos concluir que a imagem de $f(x)$ é o conjunto dos reais: $Y = \mathbb{R}$.

2. Interseção e sinal. O ponto de interseção com o eixo Oy é $P_0 = (0, 1)$. Para encontrar pontos de interseção com Ox, é necessário resolver a equação $x^3 - x^2 - x + 1 = 0$. A solução de uma equação do terceiro grau sempre pode ser encontrada via operações algébricas, embora as fórmulas gerais não sejam simples. No entanto, nesse caso específico, o polinômio admite uma fatoração elementar $x^3 - x^2 - x + 1 = (x - 1)^2(x + 1)$ o que quer dizer que as raízes do polinômio são $x = 1$ (raiz dupla) e $x = -1$. Logo, os pontos de interseção com Ox são $P_1 = (1, 0)$ e $P_2 = (-1, 0)$.

Usando a forma fatorada é fácil também decidir sobre o sinal do polinômio:
1) se $x < -1$, então $f(x) < 0$;
2) se $x > -1$, $x \neq 1$, então $f(x) > 0$.

3. Limitação. Como a imagem é $Y = \mathbb{R}$, a função é ilimitada inferiormente e superiormente.

4. Paridade. Comparando os valores $f(-2) = -9$ e $f(2) = 3$, concluímos que a função não é par nem impar. (Notamos que, acidentalmente, $f(-1) = 0 = f(1)$, mas igualdade dos valores num par de pontos, ou em alguns pares, não significa que a função é par ou ímpar.)

5. Monotonia e extremos. Tomamos $x_1 < x_2$ e avaliamos a diferença $D_1 =$

$f(x_2) - f(x_1)$:

$$D_1 = f(x_2) - f(x_1) = x_2^3 - x_2^2 - x_2 + 1 - \left(x_1^3 - x_1^2 - x_1 + 1\right)$$

$$= (x_2 - x_1)(x_2^2 + x_2x_1 + x_1^2) - (x_2 - x_1)(x_2 + x_1) - (x_2 - x_1)$$

$$= (x_2 - x_1)\left(x_2^2 + x_2x_1 + x_1^2 - x_2 - x_1 - 1\right).$$

Usando o ponto central $x_0 = \frac{x_1+x_2}{2}$ e incremento $h = x_2 - x_0 = x_0 - x_1 > 0$, reescrevemos D_1 na forma

$$D_1 = 2h\left[(x_0 + h)^2 + (x_0 + h)(x_0 - h) + (x_0 - h)^2 - 2x_0 - 1\right]$$

$$= 2h\left[3x_0^2 - 2x_0 - 1 + h^2\right] = 2h\left[(x_0 - 1)(3x_0 + 1) + h^2\right].$$

Da última expressão fica claro que o sinal de D_1 é bem determinado nas duas regiões: se $x_0 < -\frac{1}{3}$ ($x_1 < x_2 \le -\frac{1}{3}$) ou $x_0 > 1$ ($1 \le x_1 < x_2$), então $D_1 > 0$, o que significa que $f(x)$ cresce estritamente nos intervalos $(-\infty, -\frac{1}{3}]$ e $[1, +\infty)$. Quando $x_0 \in (-\frac{1}{3}, 1)$, o primeiro termo dentro dos colchetes é negativo, enquanto o segundo é positivo. Para precisar o sinal de D_1 nesse intervalo, vamos dividi-lo em duas partes – $(-\frac{1}{3}, 0]$ e $[0, 1)$. No subintervalo $(-\frac{1}{3}, 0]$, a condição $x_1 = x_0 - h > -\frac{1}{3}$ implica em $h < x_0 + \frac{1}{3}$, e portanto,

$$(x_0 - 1)(3x_0 + 1) + h^2 < (x_0 - 1)(3x_0 + 1) + (x_0 + \frac{1}{3})^2 = (x_0 + \frac{1}{3})(4x_0 - \frac{8}{3}).$$

O primeiro fator é positivo, enquanto o segundo é negativo e, por isso, $D_1 < 0$, isto é, $f(x)$ decresce estritamente em $(-\frac{1}{3}, 0]$. No segundo subintervalo $[0, 1)$, usamos a desigualdade $x_2 = x_0 + h < 1$, isto é, $h < 1 - x_0$, o que leva à seguinte avaliação:

$$(x_0 - 1)(3x_0 + 1) + h^2 < (x_0 - 1)(3x_0 + 1) + (1 - x_0)^2 = (x_0 - 1) \cdot 4x_0.$$

Aqui, o primeiro fator é negativo, enquanto o segundo é positivo e, de novo, $D_1 < 0$ o que significa que $f(x)$ decresce estritamente em $[0, 1)$.

Como $f(x)$ decresce estritamente nos dois subintervalos que têm o ponto comum 0, então, pela Propriedade 1, $f(x)$ é estritamente decrescente em $[-\frac{1}{3}, 1]$. Assim, chegamos aos seguintes resultados sobre a monotonia:
1) no intervalo $(-\infty, -\frac{1}{3}]$ a função cresce estritamente;
2) no intervalo $[-\frac{1}{3}, 1]$ a função decresce estritamente;
3) no intervalo $[1, +\infty)$ a função cresce estritamente.

O resultado de monotonia podemos usar para esclarecer outras propriedades da função. Primeiro, podemos afirmar que o ponto $x_3 = -\frac{1}{3}$ é o máximo local e $x_4 = 1$ é o mínimo local. Obviamente, esses pontos não são extremos globais, porque a imagem de $f(x)$ consiste em todos os reais. Isso é corroborado pelo fato de que o termo principal de $f(x)$, quando $|x|$ é bastante grande, é x^3. Por isso, a função satisfaz a avaliação $f(x) > \frac{x^3}{2}$ para todos $x > 3$ e $f(x) < \frac{x^3}{2}$ para todos $x < -3$. Então, tomando qualquer constante $M > 3^3$ sempre encontramos $x_M = \sqrt[3]{2M} > 3$ tal que $f(x) > \frac{x^3}{2} > M$, $\forall x > x_M$. Da mesma maneira, tomando qualquer constante $m < -3^3$ sempre encontramos $x_m = \sqrt[3]{2m} < -3$ tal que $f(x) < \frac{x^3}{2} < m$, $\forall x < x_m$.

6. Periodicidade. A outra implicância direta da monotonia é que do crescimento estrito no intervalo infinito $[1, +\infty)$ segue que $f(x)$ não é periódica.

7. Concavidade e inflexão. Tomamos dois pontos arbitrários $x_1 < x_2$, definimos o ponto médio $x_0 = \frac{x_1+x_2}{2}$ e o incremento $h = x_2 - x_0 = x_0 - x_1 > 0$, e usamos a grandeza $D_2 \equiv f(x_1) + f(x_2) - 2f(x_0)$, para avaliar a diferença entre o valor médio da secante $\frac{f(x_1)+f(x_2)}{2}$ e o valor da função no ponto médio $f(x_0)$. Aproveitando a expressão encontrada para D_1, obtemos:

$$D_2 = f(x_1) + f(x_2) - 2f(x_0) = (f(x_2) - f(x_0)) - (f(x_0) - f(x_1))$$

$$=(x_2 - x_0)\left[x_2^2 + x_2x_0 + x_0^2 - x_2 - x_0 - 1\right] - (x_0 - x_1)\left[x_0^2 + x_0x_1 + x_1^2 - x_0 - x_1 - 1\right]$$

$$= h\left[x_2^2 - x_1^2 + x_2x_0 - x_1x_0 - x_2 + x_1\right] = 2h^2\left[x_2 + x_1 + x_0 - 1\right] = 2h^2(3x_0 - 1).$$

Logo, temos os seguintes resultados sobre concavidade:
1) no intervalo $(-\infty, \frac{1}{3}]$ a concavidade é estrita para baixo;
2) no intervalo $[\frac{1}{3}, +\infty)$ a concavidade é estrita para cima.
Consequentemente, o ponto $x = \frac{1}{3}$ é o ponto de inflexão.

8. Propriedades complementares. Vamos analisar o que acontece quando x aumenta seus valores por módulo sem restrição, formalmente $x \to \pm\infty$. Nesse caso, o comportamento de uma função polinomial é determinado pelo seu termo principal e, portanto, para valores bastante grandes de $|x|$, temos $f(x) = x^3 - x^2 - x + 1 \approx x^3$ (recorde a discussão desse tipo de comportamento na seção 1.3). Dessa aproximação segue que a função cresce sem restrição quando $x \to +\infty$ e decresce sem restrição quando $x \to -\infty$, ou seja, $\lim\limits_{x\to+\infty} f(x) = +\infty$ e $\lim\limits_{x\to-\infty} f(x) = -\infty$. Isso implica que a função não tem assíntota horizontal.

Em qualquer ponto do domínio a função é contínua, isto é, $f(x) \to f(x_0)$ quando $x \to x_0$. Assim, nenhuma tendência infinita nos pontos do domínio $X = \mathbb{R}$ é observada, o que significa que não há assintotas verticais.

9. Com base nas propriedades investigadas e com marcação de alguns pontos importantes, como $P_0 = (0, 1)$ (interseção com Oy), $P_1 = (1, 0)$ e $P_2 = (-1, 0)$ (interseção com Ox), $P_3 = (-\frac{1}{3}, \frac{32}{27})$ e $P_4 = P_1 = (1, 0)$ (máximo e mínimo local),

e $P_5 = (\frac{1}{3}, \frac{16}{27})$ (ponto de inflexão), construímos esboço do gráfico mostrado na Fig.3.36.

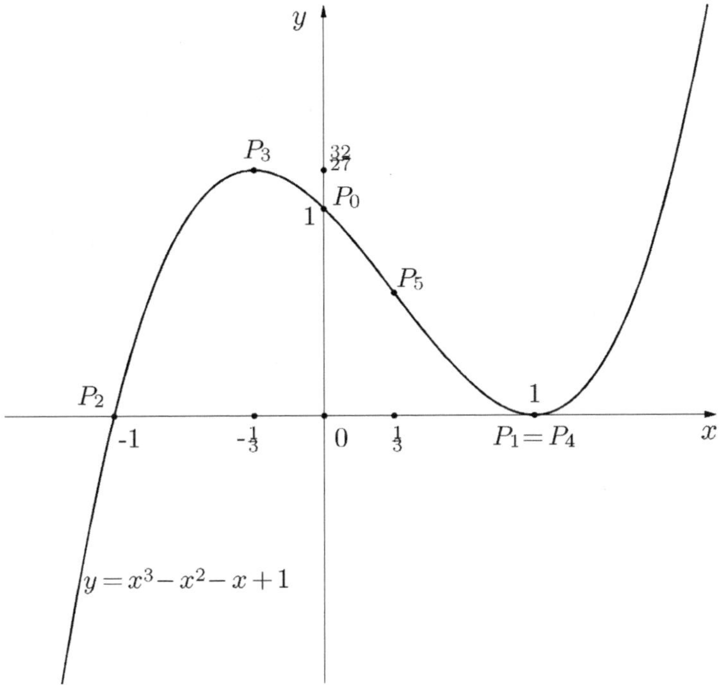

Figura 3.36 O gráfico da função $f(x) = x^3 - x^2 - x + 1$.

Estudo de $f(x) = \frac{x^4}{4} + x^3 - 4x - 1$

1. Domínio e imagem. A fórmula de qualquer função polinomial é definida para todos os reais. Logo, o domínio de $f(x)$ é $X = \mathbb{R}$.

Deixamos a determinação da imagem da função para depois da investigação de monotonia e extremos.

2. Interseção e sinal. No ponto $x = 0$ temos $f(0) = -1$, o que dá o ponto $P_0 = (0, -1)$ de interseção com o eixo Oy. Para encontrar pontos de interseção com Ox (se existirem), é necessário resolver a equação $\frac{x^4}{4} + x^3 - 4x - 1 = 0$. Embora a solução possa ser encontrada via fórmulas algébricas, a sua expressão é muito complicada. Por isso, deixamos a especificação dos pontos de interseção com Ox e do sinal da função para depois do estudo de monotonia.

3. Limitação. Deixamos a verificação de limitação para depois do estudo de monotonia.

4. Paridade. Comparando os valores $f(-1) = \frac{1}{4} - 1 + 4 - 1 = \frac{9}{4}$ e $f(1) = \frac{1}{4} + 1 - 4 - 1 = -\frac{15}{4}$, concluímos que a função não é par nem impar.

5. Periodicidade. Deixamos a verificação de periodicidade para depois do estudo de monotonia.

6. Monotonia e extremos.

Tomamos $x_1 < x_2$ e avaliamos a diferença $D_1 = f(x_2) - f(x_1)$:

$$D_1 = \frac{x_2^4}{4} + x_2^3 - 4x_2 - 1 - \left(\frac{x_1^4}{4} + x_1^3 - 4x_1 - 1\right) = \frac{1}{4}(x_2^4 - x_1^4) + (x_2^3 - x_1^3) - 4(x_2 - x_1)$$

$$= \frac{1}{4}(x_2 - x_1)(x_2 + x_1)(x_2^2 + x_1^2) + (x_2 - x_1)(x_2^2 + x_2x_1 + x_1^2) - 4(x_2 - x_1)$$

$$= (x_2 - x_1)\left[\frac{1}{4}(x_2 + x_1)(x_2^2 + x_1^2) + (x_2^2 + x_2x_1 + x_1^2) - 4\right].$$

Usando o ponto central $x_0 = \frac{x_1+x_2}{2}$ e o incremento $h = x_2 - x_0 = x_0 - x_1 > 0$, reescrevemos D_1 na forma

$$D_1 = 2h\left[\frac{1}{2}x_0((x_0+h)^2 + (x_0-h)^2) + ((x_0+h)^2 + (x_0+h)(x_0-h) + (x_0-h)^2) - 4\right]$$

$$= 2h\left[x_0(x_0^2 + h^2) + (2x_0^2 + 2h^2 + x_0^2 - h^2) - 4\right] = 2h[x_0^3 + 3x_0^2 - 4 + h^2(x_0 + 1)]$$

$$= 2h[(x_0 + 2)^2(x_0 - 1) + h^2(x_0 + 1)].$$

Da última expressão fica claro que o sinal de D_1 é bem determinado nas duas regiões:

1) se $x_0 > 1$ ($1 \le x_1 < x_2$) então $D_1 > 0$, o que significa que $f(x)$ cresce estritamente no intervalo $[1, +\infty)$;

2) se $x_0 < -1$ ($x_1 < x_2 \le -1$) então $D_1 < 0$, o que significa que $f(x)$ decresce estritamente no intervalo $(-\infty, -1]$.

Caso $-1 < x_0 < 1$, o primeiro termo dentro dos colchetes é negativo, enquanto o segundo é positivo. Para precisar o sinal de D_1 nesse intervalo, notamos que a condição $x_2 = x_0 + h \le 1$ implica em $h \le 1 - x_0$, e como $x_0 + 1 > 0$, a expressão dentro dos colchetes podemos avaliar na forma

$$(x_0 + 2)^2(x_0 - 1) + h^2(x_0 + 1) \le (x_0 + 2)^2(x_0 - 1) + (1 - x_0)^2(x_0 + 1)$$

$$= (x_0 - 1)((x_0 + 2)^2 + x_0^2 - 1) < 0.$$

Na última avaliação levamos em conta que $x_0 - 1 < 0$, mas $(x_0 + 2)^2 + x_0^2 - 1 > 1 + x_0^2 - 1 \ge 0$. Portanto, na parte restante do domínio temos:

3) se $-1 < x_0 < 1$ ($-1 \le x_1 < x_2 \le 1$) então $D_1 < 0$, o que significa que $f(x)$ decresce estritamente no intervalo $[-1, 1]$.

Notando ainda que a função decresce estritamente nos intervalos $(-\infty, -1]$ e $[-1, 1]$, que têm o ponto comum -1, podemos concluir, de acordo com a Propriedade 1, que $f(x)$ decresce estritamente em todo o intervalo $(-\infty, 1]$. Assim, há duas regiões de monotonia:
1) $f(x)$ decresce estritamente no intervalo $(-\infty, 1]$;
2) $f(x)$ cresce estritamente no intervalo $[1, +\infty)$.

As propriedades de monotonia têm várias consequências importantes. Primeiro, podemos concluir que o único ponto extremo local e global é o ponto $x_1 = 1$, onde a função atinge o seu valor minimo: $P_1 = (1, -\frac{15}{4})$.

Segunda implicação da monotonia e do mínimo global encontrado é que a imagem Y da função está contida no intervalo $[-\frac{15}{4}, +\infty)$. Para ver que os valores da função aumentam sem restrição quando $|x|$ assume valores bastante grandes, lembremos que o comportamento de $f(x)$ no infinito é determinado pelo seu termo principal $\frac{x^4}{4}$ (veja seção 1.3). Em particular, tomando qualquer constante $M > 3^4$ sempre encontramos $x_M = \sqrt[4]{4M} > 3$ tal que $f(x) > M$, $\forall x > x_M$. Isso mostra que $Y \subset [-\frac{15}{4}, +\infty)$. Tendo em vista a continuidade de $f(x)$, concluímos então que a imagem da função é $[-\frac{15}{4}, +\infty)$. Disso segue imediatamente que a função é limitada inferiormente (por exemplo, pela constante $-\frac{15}{4}$) e ilimitada superiormente.

Terceiro, a monotonia estrita no intervalo infinito $[1, +\infty)$ indica que $f(x)$ não é periódica.

Finalmente, observando que $f(x)$ assume valores positivos para x bastante grandes por módulo e tem valor negativo no ponto $x_1 = 1$, concluímos, devido à continuidade da função, que existem dois pontos, um à esquerda e outro à direita de x_1, onde $f(x)$ se anula. O encontro exato desses dois pontos exige a resolução da equação do quarto grau $\frac{x^4}{4} + x^3 - 4x - 1 = 0$. Embora haja fórmulas teóricas que possibilitam o encontro das raízes dessa equação (as quais podem ser tanto reais como complexas), as expressões algébricas envolvidas são bastante complicadas e de difícil tratamento prático. Portanto, vamos só indicar a localização aproximada dos dois pontos de interseção com o eixo Ox, o que é suficiente para nossos objetivos. Para o ponto à esquerda x_2, notamos que $f(0) = -1$, e, por isso, $x_2 < 0$. No ponto -1 a função já tem valor positivo $f(-1) = \frac{1}{4} - 1 + 4 - 1 = \frac{9}{4}$, o que significa que ela troca sinal no intervalo $(-1, 0)$ e, então, passa por 0 em algum ponto entre -1 e 0. Se queremos especificar melhor a localização de x_2, então tomamos ponto $x = -\frac{1}{2}$ no meio do intervalo $[-1, 0]$ e calculamos o valor nesse ponto $f(-\frac{1}{2}) = \frac{57}{64}$, o que significa que x_2 se encontra no intervalo $(-\frac{1}{2}, 0)$. Se precisarmos especificar x_2 melhor ainda, então dividimos o intervalo $[-\frac{1}{2}, 0]$ mais uma vez no meio, obtendo o ponto $-\frac{1}{4}$ e assim por diante. De maneira semelhante, localizamos a raiz x_3 à direita de $x_1 = 1$. Primeiro, calculamos $f(2) = 3 > 0$, o que indica que x_3 fica no intervalo $(1, 2)$. Para especificar melhor a sua posição, tomamos o ponto no meio $\frac{3}{2}$ e calculamos $f(\frac{3}{2}) = -\frac{151}{64} < 0$ o que significa que x_3 pertence ao intervalo $(\frac{3}{2}, 2)$. Dividimos mais uma vez no meio, obtendo $\frac{7}{4}$ e seguimos adiante com esse algoritmo, se precisarmos localizar a posição de x_3 melhor ainda.

6. Concavidade e inflexão.

Tomamos dois pontos arbitrários $x_1 < x_2$, definimos o ponto médio $x_0 = \frac{x_1+x_2}{2}$ e o incremento $h = x_2 - x_0 = x_0 - x_1 > 0$, e usamos a grandeza $D_2 \equiv f(x_1) + f(x_2) - 2f(x_0)$, para avaliar a diferença entre o valor médio da secante $\frac{f(x_1)+f(x_2)}{2}$ e o valor da função no ponto médio $f(x_0)$. Aproveitando a expressão obtida para D_1, obtemos:

$$
\begin{aligned}
D_2 = f(x_1) + f(x_2) - 2f(x_0) &= (f(x_2) - f(x_0)) - (f(x_0) - f(x_1)) \\
&= (x_2 - x_0)\left[\frac{1}{4}(x_2 + x_0)(x_2^2 + x_0^2) + (x_2^2 + x_2x_0 + x_0^2) - 4\right] \\
&\quad -(x_0 - x_1)\left[\frac{1}{4}(x_0 + x_1)(x_0^2 + x_1^2) + (x_0^2 + x_0x_1 + x_1^2) - 4\right] \\
= h\left[\frac{1}{4}(x_2^3 - x_1^3 + x_2^2x_0 - x_1^2x_0 + x_2x_0^2 - x_1x_0^2) + (x_2^2 - x_1^2 + x_2x_0 - x_1x_0)\right] \\
&= h\left[\frac{1}{4}(x_2 - x_1)(x_2^2 + x_2x_1 + x_1^2) + \frac{1}{4}(x_2 - x_1)(x_2 + x_1)x_0\right. \\
&\quad \left.+\frac{1}{4}(x_2 - x_1)x_0^2 + (x_2 - x_1)(x_2 + x_1) + (x_2 - x_1)x_0\right] \\
&= 2h^2\left[\frac{1}{4}(x_2^2 + x_2x_1 + x_1^2) + (\frac{1}{4}x_0 + 1)(x_2 + x_1 + x_0)\right].
\end{aligned}
$$

Em termos de x_0 e h a expressão assume a forma mais conveniente para análise:

$$
D_2 = 2h^2\left[\frac{1}{4}(3x_0^2 + h^2) + (\frac{1}{4}x_0 + 1)\cdot 3x_0\right] = h^2\left[3x_0^2 + 6x_0 + \frac{h^2}{2}\right] = h^2\left[3x_0(x_0 + 2) + \frac{h^2}{2}\right].
$$

Então fica evidente que se $x_0 > 0$ $(0 \le x_1 < x_2)$ ou $x_0 < -2$ $(x_1 < x_2 \le -2)$ então $D_2 > 0$, o que significa que $f(x)$ tem concavidade estrita para cima. Caso $-2 < x_0 < 0$, o primeiro termo dentro dos colchetes é negativo, enquanto o segundo é positivo. Para precisar o sinal de D_2 em $[-2, 0]$, dividimos esse intervalo em duas partes – $[-2, -1]$ e $[-1, 0]$. No subintervalo $[-2, -1]$, notamos que a condição $x_1 = x_0 - h \ge -2$ implica em $h \le x_0 + 2$, e portanto,

$$
3x_0(x_0 + 2) + \frac{h^2}{2} = 3x_0(x_0 + 2) + h^2 - \frac{h^2}{2} \le 3x_0(x_0 + 2) + (x_0 + 2)^2 - \frac{h^2}{2}
$$

$$= (x_0 + 2)(4x_0 + 2) - \frac{h^2}{2} < 0.$$

Logo, $D_2 < 0$ e $f(x)$ é côncava estritamente para baixo em $[-2, -1]$. Notamos que a mesma conclusão (com a mesma argumentação) é válida também para o intervalo $[-2, -0.9]$. No subintervalo $[-1, 0]$, a condição $x_2 = x_0 + h \leq 0$ implica em $h \leq -x_0$, e então,

$$3x_0(x_0 + 2) + h^2 - \frac{h^2}{2} \leq 3x_0(x_0 + 2) + x_0^2 - \frac{h^2}{2} = x_0(4x_0 + 6) - \frac{h^2}{2} < 0.$$

De novo, $D_2 < 0$ e $f(x)$ é côncava estritamente para baixo em $[-1, 0]$. Como $f(x)$ tem a concavidade estrita para baixo nos dois intervalos $[-2, -0.9]$ e $[-1, 0]$, cuja união é $[-2, 0]$ e a interseção é o intervalo $[-1, -0.9]$, então podemos concluir, pela Propriedade 2, que $f(x)$ é côncava para baixo em todo o intervalo $[-2, 0]$. Assim, chegamos à seguinte conclusão a respeito da concavidade:
1) no intervalo $(-\infty, -2)$ a concavidade é estrita para cima;
2) no intervalo $(-2, 0)$ a concavidade é estrita para baixo;
3) no intervalo $(0, +\infty)$ a concavidade é estrita para cima.

Devido à mudança do tipo de concavidade nos pontos $x = -2$ e $x = 0$ (que pertencem ao domínio de $f(x)$), esses dois pontos são pontos de inflexão.

7. Propriedades complementares. Vamos analisar o que acontece quando x aumenta seus valores por módulo sem restrição, formalmente $x \to \pm\infty$. Se $|x| \to +\infty$, então a função pode ser aproximada pelo seu termo principal $f(x) = \frac{x^4}{4} + x^3 - 4x - 1 \approx \frac{x^4}{4}$ (veja seção 1.3 para detalhes), donde segue que a função cresce sem restrição quando $|x| \to +\infty$, ou seja, $\lim\limits_{x \to \pm\infty} f(x) = +\infty$. Isso mostra que a função não tem assíntota horizontal.

Em qualquer ponto do domínio a função é contínua, isto é, $f(x) \to f(x_0)$ quando $x \to x_0$. Assim, nenhuma tendência infinita nos pontos do domínio $X = \mathbb{R}$ é observada, o que significa que não há assintotas verticais.

9. Finalmente, com base nas propriedades investigadas e com alguns pontos marcados, como $P_0 = (0, -1)$ (interseção com Oy), $P_1 = (1, -\frac{15}{4})$ (mínimo global e local), $P_2 \approx (-\frac{1}{4}, 0)$, $P_3 \approx (\frac{7}{4}, 0)$ (interseção com Ox), $P_4 = (-2, 3)$ e $P_5 = P_0 = (0, -1)$ (pontos de inflexão), construímos o gráfico mostrado na Fig.3.37.

4.3 Estudo de funções racionais

Estudo de $f(x) = \frac{x^3}{x^2 - 1}$

1. Domínio e imagem. O domínio consiste em todos os valores para os quais a fórmula da função tem sentido. Notamos que o único impedimento para realizar as operações da fórmula vem do denominador que pode ser nulo. Resolvendo

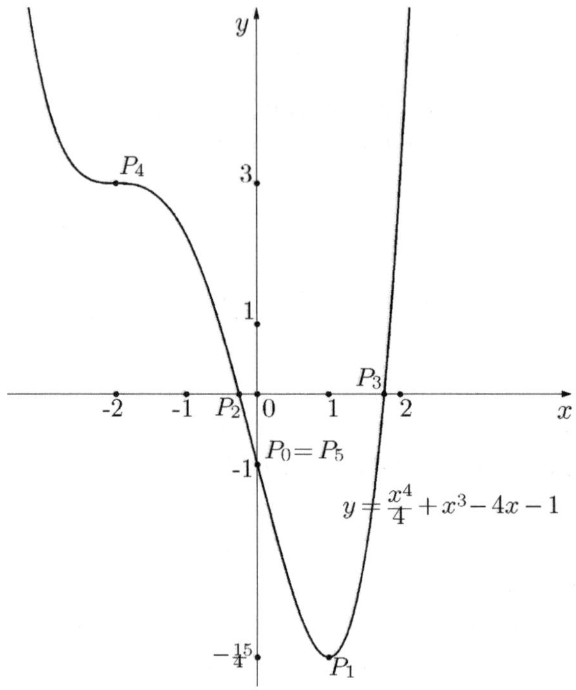

Figura 3.37 O gráfico da função $f(x) = \frac{x^4}{4} + x^3 - 4x - 1$.

a equação trivial $x^2 = 1$, vemos que o denominador se anula nos dois pontos $x = \pm 1$. Logo, o domínio é $X = \mathbb{R} \backslash \{-1, 1\}$.

Para determinar a imagem da função, verificamos para os quais valores y da função a equação $y = \frac{x^2}{x^2-1}$ em relação a incógnita x tem pelo menos uma solução do domínio X. Notamos que já a fórmula da função $f(x)$ e, na forma ainda mais clara, a expressão $x^2 = (x^2 - 1)y$ mostra que $y = 1$ deve ser excluído da imagem, porque não existe nenhum x tal que $x^2 = x^2 - 1$. Para verificar outros valores de y, transformamos a relação $y = \frac{x^2}{x^2-1}$ na forma onde x^2 está isolado: $x^2 = \frac{y}{y-1}$ (aqui podemos dividir por $y - 1$ porque $y = 1$ já foi excluído da imagem). Fica claro que essa equação tem soluções somente quando a parte direita é não negativa. Então temos que resolver a desigualdade $\frac{y}{y-1} \geq 0$. Temos duas opções:
1) $y \geq 0$ e $y - 1 > 0$ o que resulta em $y > 1$;
2) $y \leq 0$ e $y - 1 < 0$ o que resulta em $y \leq 0$.
Assim, a imagem é $Y = (-\infty, 0] \cup (1, +\infty)$.

2. Interseção e sinal. A interseção com o eixo Oy ocorre no ponto $P_0 = (0, f(0)) = (0, 0)$. Para encontrar pontos de interseção com Ox (se existirem), é necessário resolver a equação $\frac{x^2}{x^2-1} = 0$, que tem uma única solução $x = 0$. Assim,

tem o único ponto de interseção com Ox que é $P_0 = (0, 0)$, o mesmo ponto de interseção com Oy.

O sinal da função já foi praticamente determinado no estudo da sua imagem: para $0 < |x| < 1$, temos $y < 0$; para $x = 0$ temos $y = 0$; e para $|x| > 1$ temos $y > 0$ (mais precisamente, $y > 1$).

3. Limitação. Sabendo a imagem da função $Y = (-\infty, 0] \cup (1, +\infty)$, imediatamente concluímos que $f(x)$ não é limitada inferiormente nem superiormente.

4. Paridade. Da propriedade $f(-x) = \frac{(-x)^2}{(-x)^2-1} = \frac{x^2}{x^2-1} = f(x)$, $\forall x \in X$ segue que a função é par. Logo, o seu gráfico é simétrico em relação ao eixo Oy.

5. Periodicidade. Passamos para periodicidade: vamos verificar, pela definição, se existe constante $T \neq 0$ tal que $f(x+T) = f(x)$. Pela fórmula da função, temos $\frac{(x+T)^2}{(x+T)^2-1} = \frac{x^2}{x^2-1}$, o que pode ser reescrito na forma $x^2[(x+T)^2 - 1] = (x^2 - 1)(x+T)^2$ ou $x^2(x+T)^2 - x^2 = x^2(x+T)^2 - (x+T)^2$ ou, simplificando, $2xT + T^2 = 0$ o que equivale a $T(2x+T) = 0$. A última equação tem duas soluções – $T = 0$ e $T = -2x$ –, mas ambas não servem na qualidade do período, porque a primeira é nula e a segunda não é uma constante (depende de x). Assim, conferimos que $f(x)$ não é periódica.

6. Monotonia e extremos.

Devido à paridade da função, é suficiente analisar sua monotonia no intervalo $[0, +\infty)$ (ou, alternativamente, em $(-\infty, 0]$). Tomamos $0 \leq x_1 < x_2$, $x_1, x_2 \neq 1$ e temos

$$D_1 = f(x_2) - f(x_1) = \frac{x_2^2}{x_2^2 - 1} - \frac{x_1^2}{x_1^2 - 1} = \frac{x_2^2(x_1^2 - 1) - x_1^2(x_2^2 - 1)}{(x_2^2 - 1)(x_1^2 - 1)}$$

$$= \frac{-x_2^2 + x_1^2}{(x_2^2 - 1)(x_1^2 - 1)} = \frac{(x_1 - x_2)(x_1 + x_2)}{(x_2^2 - 1)(x_1^2 - 1)}.$$

Com a escolha $0 \leq x_1 < x_2$, o numerador $(x_1 - x_2)(x_1 + x_2)$ sempre é negativo, e por isso, o sinal do quociente depende do denominador. Como o ponto $x = 1$ é excluído do domínio, é natural de considerar separadamente o comportamento no intervalo $[0, 1)$ e em $(1, +\infty)$.

1) Em $[0, 1)$ temos $x_2^2 - 1 < 0$ e $x_1^2 - 1 < 0$. Logo, $D_1 < 0$, o que mostra que $f(x)$ é decrescente estritamente em $[0, 1)$.

2) Em $(1, +\infty)$ temos $x_2^2 - 1 > 0$ e $x_1^2 - 1 > 0$. Logo, $D_1 < 0$ e, de novo, $f(x)$ decresce estritamente em $(1, +\infty)$.

Utilizando a propriedade da simetria da função par, concluímos que $f(x)$ é crescente estritamente em $(-1, 0]$ e também em $(-\infty, -1)$.

Das propriedades de monotonia segue que cada ponto dos intervalos $(-\infty, -1)$, $(-1, 0)$, $(0, 1)$ e $(1, +\infty)$ é o ponto de monotonia estrita e, portanto, não pode ser extremos de qualquer tipo. Resta então somente o ponto $x = 0$, que é máximo local, uma vez que à esquerda desse ponto a função cresce estritamente (e então tem valores menores que $f(0) = 0$) e a direita decresce estritamente (e de novo tem valores menores que $f(0)$). Esse ponto não é extremo global em todo o domínio, porque a imagem inclui vários pontos com valores positivos da função (embora $x = 0$ seja o extremo global no intervalo $(-1, 1)$).

7. Concavidade e inflexão.

Tomamos dois pontos arbitrários $x_1 < x_2$, ambos pertencendo a um dos intervalos do domínio – $(-\infty, -1)$, $(-1, 1)$ ou $(1, +\infty)$ –, definimos o ponto médio $x_0 = \frac{x_1+x_2}{2}$ e o incremento $h = x_2 - x_0 = x_0 - x_1 > 0$, e usamos a grandeza $D_2 \equiv f(x_1) + f(x_2) - 2f(x_0)$, para avaliar a diferença entre o valor médio da secante $\frac{f(x_1)+f(x_2)}{2}$ e o valor da função no ponto médio $f(x_0)$. Empregando a expressão de D_1, obtemos:

$$D_2 = (f(x_2) - f(x_0)) - (f(x_0) - f(x_1)) = \frac{(x_0 - x_2)(x_0 + x_2)}{(x_2^2 - 1)(x_0^2 - 1)} - \frac{(x_1 - x_0)(x_1 + x_0)}{(x_0^2 - 1)(x_1^2 - 1)}$$

$$= -\frac{h}{x_0^2 - 1}\left[\frac{x_0 + x_2}{x_2^2 - 1} - \frac{x_1 + x_0}{x_1^2 - 1}\right] = -\frac{h}{x_0^2 - 1} \cdot \frac{(x_0 + x_2)(x_1^2 - 1) - (x_0 + x_1)(x_2^2 - 1)}{(x_2^2 - 1)(x_1^2 - 1)}$$

$$= -\frac{h}{x_0^2 - 1} \cdot \frac{x_0x_1^2 - x_0x_2^2 + x_2x_1^2 - x_1x_2^2 - x_2 + x_1}{(x_2^2 - 1)(x_1^2 - 1)} = 2h^2 \frac{x_0x_1 + x_0x_2 + x_1x_2 + 1}{(x_0^2 - 1)(x_1^2 - 1)(x_2^2 - 1)}.$$

Consideramos os três intervalo do domínio separadamente:

1) em $(-\infty, -1)$ temos $x_1 < x_0 < x_2 < -1$ e então todos os somandos do numerador são positivos, assim como todos os fatores do denominador; logo, $D_2 > 0$ o que significa que $f(x)$ é côncava estritamente para cima;

2) em $(-1, 1)$ temos $-1 < x_1 < x_0 < x_2 < 1$ e, reescrevendo o numerador na forma $x_0x_1 + x_0x_2 + x_1x_2 + 1 = \frac{x_1+x_2}{2}(x_1 + x_2) + x_1x_2 + 1 = \frac{(x_1+x_2)^2}{2} + (x_1x_2 + 1)$ certificamos que ele é positivo; ao mesmo tempo, o denominador é negativo, pois cada um dos seus três fatores é negativo; logo, $D_2 < 0$ e $f(x)$ é côncava estritamente para baixo;

3) em $(1, +\infty)$ temos $1 < x_1 < x_0 < x_2$ e, consequentemente, todos os somandos do numerador são positivos, assim como todos os fatores do denominador; logo, $D_2 > 0$ o que significa que $f(x)$ é côncava estritamente para cima.

Como a mudança do tipo de concavidade ocorre passando os pontos $x = \pm 1$, que ficam fora do domínio, então não há pontos de inflexão.

8. Propriedades complementares. Vamos analisar o que acontece quando x aumenta seus valores por módulo sem restrição, formalmente $x \to \pm\infty$. Se $x \to +\infty$, então, deixando somente os termos principais (conforme a discussão na seção 2.3), temos $f(x) = \frac{x^2}{x^2-1} \approx \frac{x^2}{x^2} = 1$, donde segue que função aproxima de

1 quando $x \to +\infty$, ou seja, $\lim\limits_{x\to+\infty} \frac{x^2}{x^2-1} = 1$. Podemos ainda acrescentar que essa tendência ocorre pelos valores maiores que 1, porque $\frac{x^2}{x^2-1} > 1$, $\forall x > 1$. Devido à paridade da função, a mesma tendência se observa quando $x \to -\infty$. Portanto, a função tem uma única assíntota horizontal $y = 1$.

Em qualquer ponto do domínio, $x \neq \pm 1$, a função é contínua, uma vez que tanto o numerador como o denominador estão definidos e o denominador é diferente de 0 para qualquer $x \neq \pm 1$. Em outras palavras, em qualquer ponto $x = x_0 \neq \pm 1$ temos $f(x_0) = \frac{x_0^2}{x_0^2-1}$, e $f(x) \to f(x_0)$ quando $x \to x_0$. Assim, nenhuma tendência infinita nos pontos do domínio X é observada, o que significa que não há assíntota vertical em nenhum ponto do domínio X.

A situação é diferente nos pontos $x = \pm 1$, onde o denominador se anula. Nesses pontos a função não está definida, mas a sua tendência quando $x \to \pm 1$ pode ser investigada. Se $x \to 1^+$, isto é, x aproxima de 1 pela direita (pelos valores maiores que 1), então $x^2 - 1 \to 0$ e $x^2 - 1 > 0$. Isso quer dizer que o quociente $\frac{x^2}{x^2-1}$ mantém valores positivos que aumentam sem restrição, porque o numerador fica perto da constante 1 e o denominador tende a 0. Em outras palavras: $\lim\limits_{x\to1^+} \frac{x^2}{x^2-1} = +\infty$. Quando $x \to 1^-$, isto é, x aproxima de 1 pela esquerda (pelos valores menores que 1), então $x^2 - 1 \to 0$ e $x^2 - 1 < 0$. Isso quer dizer que o quociente $\frac{x^2}{x^2-1}$ mantém valores negativos que aumentam por módulo sem restrição, porque o numerador fica perto da constante 1 e o denominador tende a 0. Em outras palavras, $\lim\limits_{x\to1^-} \frac{x^2}{x^2-1} = -\infty$. Consequentemente, $x = 1$ é assíntota vertical do gráfico da função. Devido à simetria do gráfico em torno do eixo Oy, podemos completar que $\lim\limits_{x\to-1^+} \frac{x^2}{x^2-1} = -\infty$ e $\lim\limits_{x\to-1^-} \frac{x^2}{x^2-1} = +\infty$. Portanto, $x = -1$ é a segunda assíntota vertical do gráfico da função.

9. Com base nas propriedades investigadas e com alguns pontos importantes marcados, por exemplo, $P_0 = (0,0)$ (interseção com eixos Ox e Oy, e também o máximo local), $P_1 = (\frac{1}{2}, -\frac{1}{3})$ (x no intervalo $(0,1)$), $P_2 = (2, \frac{4}{3})$ (x no intervalo $(1,+\infty)$), construímos esboço do gráfico mostrado na Fig.3.38.

Estudo de $f(x) = \frac{2x^2+3x+1}{x^2+4x+3}$

1. Domínio e imagem. O único impedimento de realizar as operações da fórmula vem do denominador que pode ser nulo. Resolvendo a equação quadrática $x^2 + 4x + 3 = 0$, vemos que o denominador se anula nos dois pontos $x = -3$ e $x = -1$. Logo, o domínio é $X = \mathbb{R}\backslash\{-3, -1\}$.

Com raizes encontradas, podemos representar o denominador na forma $x^2 + 4x + 3 = (x+3)(x+1)$. Antes de determinar a imagem, vamos encontrar as raizes do numerador: $2x^2 + 3x + 1 = 0$ donde $x_3 = -1$, $x_4 = -\frac{1}{2}$, o que gera a seguinte fatoração do numerador: $2x^2 + 3x + 1 = (2x+1)(x+1)$. Notando que

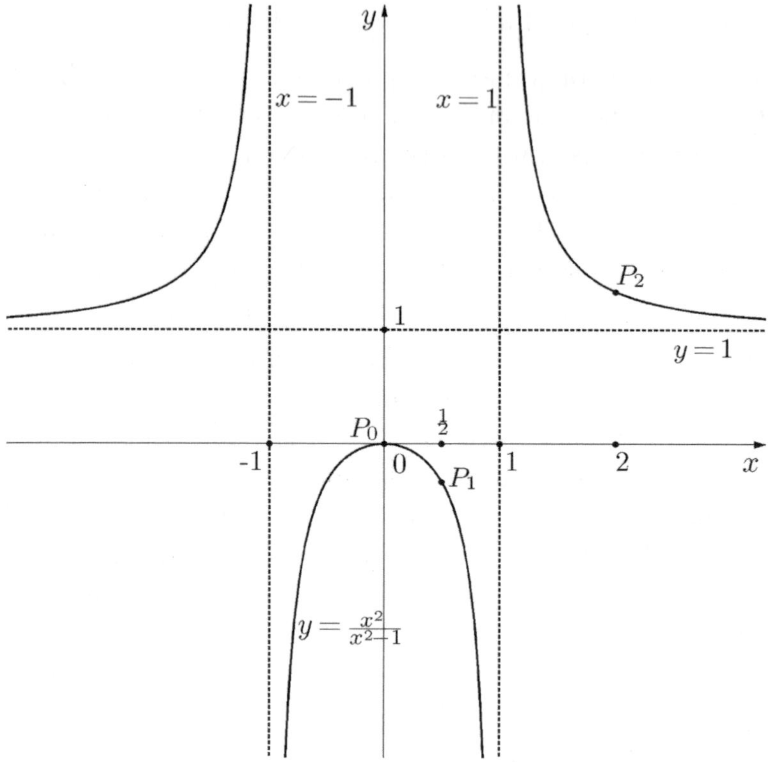

Figura 3.38 O gráfico da função $f(x) = \frac{x^2}{x^2-1}$.

o numerador e o denominador têm a mesma raiz $x = -1$, podemos simplificar a fórmula da função da seguinte maneira: $f(x) = \frac{2x^2+3x+1}{x^2+4x+3} = \frac{(x+1)(2x+1)}{(x+1)(x+3)} = \frac{2x+1}{x+3}$, $x \neq -1$ (-1 fica fora do domínio, assim como -3). A seguir, vamos usar essa forma simplificada da definição da função $f(x)$ que equivale à fórmula original.

Como resultado da simplificação, obtemos uma função linear fracionária $y = \frac{2x+1}{x+3}$ com o único adendo de que o ponto $x = -1$ está excluído do domínio dessa função. Como as propriedades de funções lineares fracionárias já foram investigadas na forma geral (veja seção 2.2), temos duas opções: transferir os resultados gerais para essa função específica ou fazer uma análise independente dessa função. Aqui, optamos por realizar um estudo independente, deixando o leitor usar as propriedades gerais e comparar os resultados obtidos.

Para determinar a imagem da função, verificamos para quais valores de y a equação $y = \frac{2x+1}{x+3}$ em relação à incógnita x tem pelo menos uma solução do domínio X. Resolvendo a equação, obtemos $x = \frac{1-3y}{y-2}$, $y \neq 2$. O valor $y = 2$ é excluído da imagem, uma vez que a equação $2x + 6 = 2x + 1$, decorrente da relação original $y = 2 = \frac{2x+1}{x+3}$, não tem soluções. A fórmula $x = \frac{1-3y}{y-2}$ mostra que para cada $y \neq 2$ tem um único x real correspondente. No entanto, devemos eliminar ainda aquele valor de y que corresponde a $x = -1$ (excluído do domínio), esse valor é $y = \frac{-2+1}{-1+3} = -\frac{1}{2}$. Assim, a imagem da função é $Y = \mathbb{R} \backslash \{-\frac{1}{2}, 2\}$.

2. Interseção e sinal. A interseção com o eixo Oy ocorre no ponto $P_0 = (0, f(0)) = (0, \frac{1}{3})$. Para encontrar pontos de interseção com Ox (se existirem), é necessário resolver a equação $\frac{2x+1}{x+3} = 0$, que tem uma única solução $x = -\frac{1}{2}$. Assim, existe um único ponto de interseção com Ox que é $P_1 = (-\frac{1}{2}, 0)$.

Para determinar o sinal da função, resolvemos a desigualdade $\frac{2x+1}{x+3} > 0$. Temos dois casos:
1) $2x + 1 > 0$ e $x + 3 > 0$, donde segue que $x > -\frac{1}{2}$;
2) $2x + 1 < 0$ e $x + 3 < 0$, donde segue que $x < -3$.
Assim, a função é positiva quando $x < -3$ e também quando $x > -\frac{1}{2}$. No ponto $x = -\frac{1}{2}$ a função se anula, e nos demais pontos, isto é, nos intervalos $(-3, -1)$ e $(-1, -\frac{1}{2})$, a função é negativa.

3. Limitação. Sabendo a imagem da função $Y = \mathbb{R} \backslash \{-\frac{1}{2}, 2\}$, imediatamente concluímos que $f(x)$ não é limitada inferiormente nem superiormente.

4. Paridade. O cálculo dos dois valores $f(-\frac{1}{2}) = 0$ e $f(\frac{1}{2}) = \frac{4}{7}$ mostra que $f(-\frac{1}{2}) \neq \pm f(\frac{1}{2})$. Logo a função não é par nem ímpar.

No entanto, podemos revelar a simetria do gráfico da função dada usando a seguinte representação: $y = \frac{2x+1}{x+3} = \frac{2x+6-5}{x+3} = 2 - \frac{5}{x+3}$ (comparando com a representação $y = y_0 + \frac{k}{x-x_0}$ da seção 2.2, temos aqui $y_0 = 2$, $x_0 = -3$ e $k = -5$). Para qualquer $x \in X$ temos $f(x-3) = 2 - \frac{5}{x}$ e $f(-x-3) = 2 + \frac{5}{x}$, o que significa que os pontos $\tilde{P}_1 = (x-3, 2-\frac{5}{x})$ e $\tilde{P}_2 = (-x-3, 2+\frac{5}{x})$ pertencem ao gráfico da função. Notamos que esses pontos são simétricos em relação ao ponto $\tilde{P}_0 = (-3, 2)$ (relembre as fórmulas (1.9) da seção 7.4, Capítulo 1). Portanto, o gráfico da função $y = \frac{2x+1}{x+3}$ é simétrico em relação ao ponto $\tilde{P}_0 = (-3, 2)$. O único detalhe adicional para a função original é que o ponto $(-1, -\frac{1}{2})$ e o seu par $(-5, \frac{9}{2})$ (simétrico em relação a $\tilde{P}_0$) devem ser excluídos dessa simetria, uma vez que $x = -1$ não pertence ao domínio da função original.

5. Periodicidade. Vamos verificar, pela definição, se existe constante $T \neq 0$ tal que $f(x+T) = f(x)$. Pela fórmula simplificada da função, temos $\frac{2(x+T)+1}{(x+T)+3} = \frac{2x+1}{x+3}$, o que pode ser reescrito na forma $(2x + 2T + 1)(x + 3) = (x + T + 3)(2x + 1)$ ou simplificando $T = 0$ o que mostra que a função não é periódica.

6. Monotonia e extremos.

Diferentemente da abordagem geométrica usada no estudo geral de funções lineares fracionárias, vamos investigar a monotonia e extremos de modo analítico.

Tomamos $x_1 < x_2$, $x_1, x_2 \neq -3, -1$ e temos

$$D_1 = f(x_2) - f(x_1) = \frac{2x_2+1}{x_2+3} - \frac{2x_1+1}{x_1+3}$$

$$= \frac{(2x_2+1)(x_1+3) - (2x_1+1)(x_2+3)}{(x_2+3)(x_1+3)} = \frac{5(x_2-x_1)}{(x_2+3)(x_1+3)}.$$

O numerador $5(x_2 - x_1)$ sempre é positivo e, portanto, o sinal da expressão depende só do denominador. Como os pontos $x = -3$ e $x = -1$ estão excluídos do domínio, é natural de considerar separadamente o comportamento nos intervalos $(-\infty, -3)$, $(-3, -1)$ e $(-1, +\infty)$.
1) Em $(-\infty, -3)$ temos $x_1 + 3 < 0$, $x_2 + 3 < 0$. Logo, $D_1 > 0$, o que significa que $f(x)$ é crescente estritamente em $(-\infty, -3)$.
2) Em $(-3, -1)$ temos $x_1 + 3 > 0$, $x_2 + 3 > 0$. Logo, $D_1 > 0$, o que significa que $f(x)$ é crescente estritamente em $(-3, -1)$.
3) Em $(-1, +\infty)$ temos $x_1 + 3 > 0$, $x_2 + 3 > 0$. Logo, $D_1 > 0$, o que significa que $f(x)$ é crescente estritamente em $(-1, +\infty)$.

Usando as propriedades já reveladas de monotonia, concluímos que $f(x)$ não tem nenhum extremo local ou global, estrito ou não. Realmente, em todas as partes do seu domínio, isto é, nos intervalos $(-\infty, -3)$, $(-3, -1)$ e $(-1, +\infty)$ a função é crescente estritamente e todos os pontos desses intervalos são pontos interiores. Logo, esses pontos não podem ser extremos de qualquer tipo. Sem ter outros pontos do domínio, concluímos que não há extremos.

7. Concavidade e inflexão.

Para quaisquer dois pontos $x_1 < x_2$ do domínio X, com o ponto médio $x_0 = \frac{x_1+x_2}{2}$ e incremento $h = x_2 - x_0 = x_0 - x_1 > 0$, avaliamos a diferença entre o valor médio da secante $\frac{f(x_1)+f(x_2)}{2}$ e o valor da função no ponto médio $f(x_0)$, usando a grandeza $D_2 \equiv f(x_1) + f(x_2) - 2f(x_0)$:

$$D_2 = (f(x_2) - f(x_0)) - (f(x_0) - f(x_1)) = \frac{5(x_2-x_0)}{(x_2+3)(x_0+3)} - \frac{5(x_0-x_1)}{(x_0+3)(x_1+3)}$$

$$= \frac{5h}{x_0+3}\left[\frac{1}{x_2+3} - \frac{1}{x_1+3}\right] = 5h\frac{x_1-x_2}{(x_0+3)(x_1+3)(x_2+3)} = \frac{-10h^2}{(x_0+3)(x_1+3)(x_2+3)}.$$

O numerador sempre é negativo, e o sinal do denominador é simples de determinar nos intervalos que compõem o domínio:
1) em $(-\infty, -3)$ temos $x_0 + 3 < 0$, $x_1 + 3 < 0$, $x_2 + 3 < 0$; logo, $D_2 > 0$, o que significa que $f(x)$ é côncava estritamente para cima em $(-\infty, -3)$;
2) em $(-3, -1)$ temos $x_0 + 3 > 0$, $x_1 + 3 > 0$, $x_2 + 3 > 0$; logo, $D_2 < 0$, o que

significa que $f(x)$ é côncava estritamente para baixo em $(-3,-1)$;
3) em $(-1,+\infty)$ temos $x_0+3>0$, $x_1+3>0$, $x_2+3>0$; logo, $D_2<0$, o que significa que $f(x)$ é côncava estritamente para baixo em $(-1,+\infty)$.

Como a mudança do tipo de concavidade ocorre somente passando o ponto $x=-3$, que fica fora do domínio, então não há pontos de inflexão.

8. Propriedades complementares. Vamos analisar o que acontece quando x aumenta seus valores por módulo sem restrição, formalmente $x\to\pm\infty$. Nesse caso, a função pode ser representada aproximadamente pelos termos principais do numerador e denominador: $f(x)=\frac{2x+1}{x+3}\approx\frac{2x}{x}=2$ (veja a seção 2.3 para detalhes). Isso mostra que $f(x)$ aproxima de 2 quando $x\to\pm\infty$, em símbolos, $\lim\limits_{x\to\pm\infty}\frac{2x+1}{x+3}=2$. Logo, a função tem uma única assíntota horizontal $y=2$. Podemos acrescentar que quando $x\to+\infty$, a convergência para 2 se dá pelos valores menores que 2 uma vez que $\frac{2x+1}{x+3}<\frac{2x+6}{x+3}=2$, $\forall x>0$. Mas quando $x\to-\infty$, então a aproximação de 2 occore pelos valores maiores que 2, porque $\frac{2x+1}{x+3}=\frac{-2x-1}{-x-3}>\frac{-2x-6}{-x-3}=2$, $\forall x<-3$.

Em qualquer ponto do domínio, $x\neq-3$, $x\neq-1$ a função é contínua, uma vez que tanto o numerador como o denominador estão definidos e denominador é diferente de 0. Em outras palavras, em qualquer ponto $x=x_0\neq-3,\neq-1$ temos $f(x_0)=\frac{2x_0+1}{x_0+3}$, e $f(x)$ tende a $f(x_0)$ quando $x\to x_0$. Assim, nenhuma tendência infinita nos pontos do domínio X é observada, o que significa que não há assíntota vertical em nenhum ponto do domínio X.

A situação é diferente nos pontos $x=-3$ e $x=-1$, onde o denominador de $f(x)$ se anula. Nesses pontos a função não está definida, mas o o seu comportamento quando x aproxima um desses pontos pode ser investigado. No ponto $x=-1$ a função não está definida, mas $\frac{2x+1}{x+3}$ tende a $-\frac{1}{2}$ quando $x\to-1$ (basta calcular alguns valores da função nos pontos próximos a $x=-1$ para observar essa tendência). Então, no ponto $x=-1$ a função não tem assíntota vertical.

No ponto $x=-3$ se anula tanto o denominador da fórmula original como o da fórmula simplificada. Note que o numerador é diferente de 0 (nas duas fórmulas). Analisando a tendência da função quando $x\to-3^+$, isto é, x aproxima de -3 pela direita (pelos valores maiores que -3), temos que $2x+1\to-5$ e $x+3\to0$ pelos valores positivos. Isso mostra que o quociente $\frac{2x+1}{x+3}$ mantém valores negativos que aumentam por módulo sem restrição. Em outras palavras, $f(x)\to-\infty$ quando $x\to-3^+$: $\lim\limits_{x\to-3^+}\frac{2x+1}{x+3}=-\infty$. Quando $x\to-3^-$, isto é, x aproxima de -3 pela esquerda (pelos valores menores que -3), então $2x+1\to-5$ e $x+3\to0$ pelos valores negativos. Isso quer dizer que o quociente $\frac{2x+1}{x+3}$ mantém valores positivos que aumentam sem restrição. Em outras palavras, $\lim\limits_{x\to-3^-}\frac{2x+1}{x+3}=+\infty$. Consequentemente, $x=-3$ é assíntota vertical (a única) do gráfico da função.

9. Com base nas propriedades investigadas e com alguns pontos marcados, por exemplo, $P_0 = (0, \frac{1}{3})$ (interseção com o eixo Oy), $P_1 = (-\frac{1}{2}, 0)$ (interseção com o eixo Ox), $P_2 = (-5, \frac{9}{2})$ (o ponto a esquerda da assíntota vertical), construímos esboço do gráfico, mostrado na Fig.3.39.

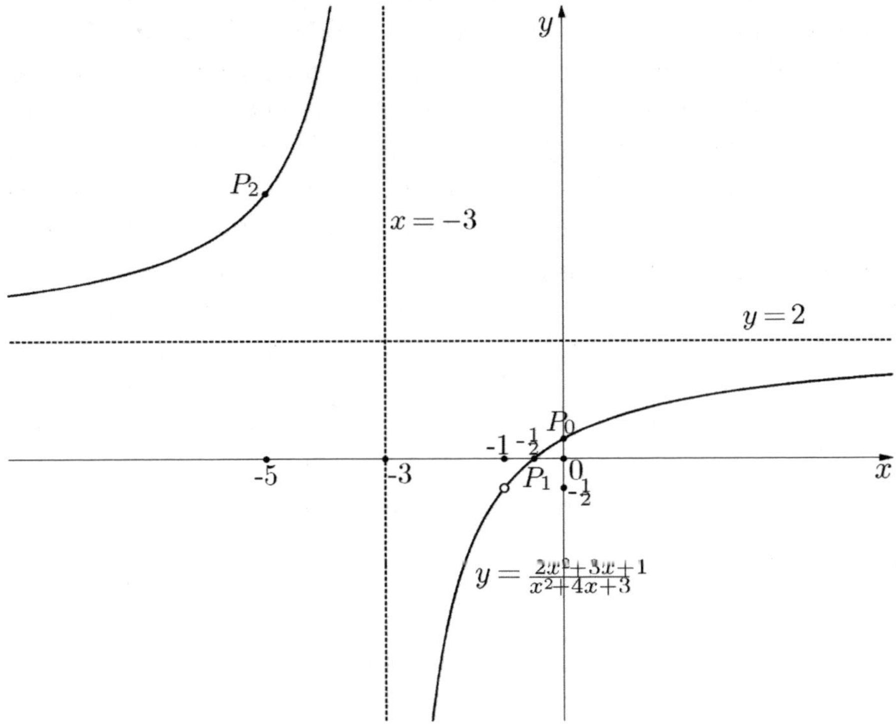

Figura 3.39 O gráfico da função $f(x) = \frac{2x^2+3x+1}{x^2+4x+3}$.

Estudo de $f(x) = \frac{x^2-1}{x^2-3x}$

1. Domínio e imagem. O único impedimento de realizar as operações da fórmula vem do denominador que pode ser nulo. As raízes do denominador são $x = 0$ e $x = 3$. Logo, o domínio é $X = \mathbb{R} \setminus \{0, 3\}$.

Para determinar a imagem Y da função, verificamos para quais valores de y a equação $y = \frac{x^2-1}{x^2-3x}$ em relação à incógnita x tem pelo menos uma solução do domínio X. Reescrevemos essa relação na forma de uma equação quadrática $(1-y)x^2 + 3yx - 1 = 0$ e notamos que seu discriminante é positivo para qualquer y real: $9y^2 + 4(1-y) = (y-2)^2 + 8y^2 > 0$. Então, a equação para x tem solução para qualquer y. Observando ainda que a transferência de $x^2 - 3x$ para o numerador não gerou nenhum valor adicional de y (para $x = 0$ temos relação impossível $-1 = 0$ e para $x = 3$ $9 - 1 = 0$), concluímos que a imagem da função contém todos os reais: $Y = \mathbb{R}$.

2. Interseção e sinal. O ponto $x = 0$ é excluído do domínio e, portanto, não há interseção com o eixo Oy. Para encontrar pontos de interseção com Ox resolvemos a equação $x^2 - 1 = 0$ e obtemos duas soluções $x = \pm 1$. Assim, existem dois pontos de interseção com Ox: $P_1 = (-1, 0)$ e $P_2 = (1, 0)$.

Para determinar o sinal da função, resolvemos a desigualdade $\frac{x^2-1}{x^2-3x} > 0$. Temos dois casos:
1) $x^2 - 1 > 0$ e $x^2 - 3x > 0$, donde segue que $x \in (-\infty, -1) \cup (3, +\infty)$;
2) $x^2 - 1 < 0$ e $x^2 - 3x < 0$, donde segue que $x \in (0, 1)$.
Assim, a função é positiva quando $x < -1$, também quando $0 < x < 1$ e também quando $x > 3$. Nos pontos $x = \pm 1$ a função se anula, e nos demais pontos, isto é, nos intervalos $(-1, 0)$ e $(1, 3)$ a função é negativa.

3. Limitação. Sabendo que a imagem da função $Y = \mathbb{R}$, imediatamente concluímos que $f(x)$ não é limitada inferiormente nem superiormente.

4. Paridade. Calculando os dois valores da função $f(-2) = \frac{3}{10}$ e $f(2) = -\frac{3}{2}$, identificamos que $f(-2) \neq \pm f(2)$ e, portanto, a função não é par nem ímpar.

5. Periodicidade. A verificação de periodicidade deixamos para depois de analisar a monotonia da função.

6. Monotonia e extremos.

Tomamos $x_1 < x_2$, $x_1, x_2 \neq 0, 3$ e temos

$$D_1 \equiv f(x_2) - f(x_1) = \frac{x_2^2 - 1}{x_2^2 - 3x_2} - \frac{x_1^2 - 1}{x_1^2 - 3x_1}$$

$$= \frac{(x_2^2 - 1)(x_1^2 - 3x_1) - (x_1^2 - 1)(x_2^2 - 3x_2)}{(x_2^2 - 3x_2)(x_1^2 - 3x_1)} = (x_1 - x_2)\frac{3x_1x_2 - x_1 - x_2 + 3}{x_1x_2(x_1 - 3)(x_2 - 3)}.$$

O fator $(x_1 - x_2)$ sempre é negativo. Além disso, é fácil de ver que os produtos x_1x_2 e $(x_1 - 3)(x_2 - 3)$ são positivos em cada um dos intervalos naturais do domínio: em $(-\infty, 0)$, $(0, 3)$ e $(3, +\infty)$, o que significa que o denominador é positivo em cada um desses três intervalos. Resta analisar o sinal do numerador $A_1 = 3x_1x_2 - x_1 - x_2 + 3$, também separadamente em cada um dos intervalos $(-\infty, 0)$, $(0, 3)$ e $(3, +\infty)$.
1) Em $(-\infty, 0)$ temos $x_1x_2 > 0$ e $3 - x_1 - x_2 > 0$. Logo, $A_1 > 0$ e, consequentemente, $D_1 < 0$.
2) Em $(0, 3)$ reagrupamos os termos de A_1 e avaliamos na forma $A_1 = (x_1 - 1)(x_2 - 1) + 2(x_1x_2 + 1) > (0 - 1)(3 - 1) + 2(0 + 1) = 0$. De novo, $A_1 > 0$ e, portanto, $D_1 < 0$.
3) Em $(3, +\infty)$ temos $A_1 = (x_1 - 1)(x_2 - 1) + 2(x_1x_2 + 1) > 0$. Então $A_1 > 0$ e $D_1 < 0$.

Assim, $f(x)$ decresce estritamente em cada um dos três intervalos separados $(-\infty,0)$, $(0,3)$ e $(3,+\infty)$.

Usando as propriedades estabelecidas de monotonia, concluímos que $f(x)$ não tem nenhum extremo local ou global, estrito ou não. Realmente, em todas as três partes do seu domínio, isto é, nos intervalos $(-\infty,0)$, $(0,3)$ e $(3,+\infty)$ a função decresce estritamente e todos os pontos desses intervalos são pontos interiores. Sem ter outros pontos do domínio, concluímos que não há extremos de qualquer tipo.

De decrescimento estrito no intervalo infinito $(3,+\infty)$ segue que a função não repete nenhum dos seus valores nesse intervalo e, portanto, não pode ser periódica.

7. Concavidade e inflexão. Para avaliar a diferença entre o valor médio da secante $\frac{f(x_1)+f(x_2)}{2}$ e o valor da função no ponto médio $f(x_0), x_0=\frac{x_1+x_2}{2}$, usamos a grandeza $D_2=f(x_2)+f(x_1)-2f(x_0)$. Na sua representação, aproveitamos o resultado encontrado da diferença $D_1=f(x_2)-f(x_1)$:

$$D_2=(f(x_2)-f(x_0))-(f(x_0)-f(x_1))$$

$$=(x_0-x_2)\frac{3x_2x_0-x_2-x_0+3}{x_2x_0(x_2-3)(x_0-3)}-(x_1-x_0)\frac{3x_1x_0-x_1-x_0+3}{x_1x_0(x_1-3)(x_0-3)}$$

$$=-\frac{h}{x_0(x_0-3)}\left(\frac{3x_2x_0-x_2-x_0+3}{x_2(x_2-3)}-\frac{3x_1x_0-x_1-x_0+3}{x_1(x_1-3)}\right)$$

$$=-h\frac{(3x_2x_0-x_2-x_0+3)x_1(x_1-3)-(3x_1x_0-x_1-x_0+3)x_2(x_2-3)}{x_0x_1x_2(x_0-3)(x_1-3)(x_2-3)}.$$

(aqui $h=x_2-x_0=x_0-x_1>0$). O maior problema na determinação do sinal de D_2 é análise do numerador. Vamos reagrupar os seus termos da seguinte maneira:

$$\tilde{A}\equiv(3x_2x_0-x_2-x_0+3)x_1(x_1-3)-(3x_1x_0-x_1-x_0+3)x_2(x_2-3)$$

$$=[x_2(3x_0-1)+(3-x_0)]x_1(x_1-3)-[x_1(3x_0-1)+(3-x_0)]x_2(x_2-3)$$

$$=(3x_0-1)[x_1x_2(x_1-3)-x_1x_2(x_2-3)]+(3-x_0)[x_1(x_1-3)-x_2(x_2-3)]$$

$$=(3x_0-1)x_1x_2(x_1-x_2)+(3-x_0)[x_1^2-x_2^2+3(x_2-x_1)]$$

$$=(x_1-x_2)[(3x_0-1)x_1x_2+(3-x_0)(x_1+x_2-3)].$$

Como $x_1-x_2=-2h$, podemos reescrever D_2 na forma

$$D_2=2h^2\frac{(3x_0-1)x_1x_2+(3-x_0)(x_1+x_2-3)}{x_0x_1x_2(x_0-3)(x_1-3)(x_2-3)}\equiv 2h^2\frac{A_2}{B_2}.$$

A avaliação preliminar numérica mostra que o numerador A_2 tem sinal diferente nos pontos dos intervalos $(0,1)$ e $(1,3)$ (basta tomar x_1, x_2 próximos de $\frac{1}{2}$ e próximos de 2), o que sugere a divisão complementar do intervalo $(0,3)$. Assim, vamos avaliar o sinal de D_2 separadamente nos intervalos $(-\infty,0)$, $(0,1)$, $(1,3)$ e $(3,+\infty)$. Observando que o termo $2h^2$ sempre é positivo, temos o seguinte resultado.
1) Em $(-\infty,0)$ temos $x_0x_1x_2 < 0$, $(x_0-3)(x_1-3)(x_2-3) < 0$, e com isso $B_2 > 0$; $(3x_0-1)x_1x_2 < 0$ e $(3-x_0)(x_1+x_2-3) < 0$, o que implica em $A_2 < 0$. Logo, $D_2 < 0$, o que significa que $f(x)$ é côncava estritamente para baixo em $(-\infty,0)$.
2) Em $(0,1)$ temos $x_0x_1x_2 > 0$, $(x_0-3)(x_1-3)(x_2-3) < 0$, e por isso $B_2 < 0$. Para avaliar A_2 representamos ele na forma

$$A_2=(3x_0-1)x_1x_2+(3-x_0)(x_1+x_2-3)$$

$$=(3x_0-3+2)x_1x_2+(3-x_0)(x_1+x_2)-3(3-3x_0+2x_0)$$

$$=3(x_0-1)x_1x_2+2x_1x_2+(3-x_0)(x_1+x_2)-9(1-x_0)-3(x_1+x_2)$$

$$=3(x_0-1)x_1x_2+(2x_1x_2-x_1-x_2)+(1-x_0)(x_1+x_2)-9(1-x_0)$$

$$=3(x_0-1)x_1x_2+[x_1(x_2-1)+x_2(x_1-1)]+(1-x_0)(x_1+x_2-9).$$

Agora é visto que todos os três aditivos são negativos e, consequentemente, $A_2 < 0$. Logo, $D_2 > 0$ e $f(x)$ tem concavidade estrita para cima em $(0,1)$.
3) Em $(1,3)$ temos $x_0x_1x_2 > 0$, $(x_0-3)(x_1-3)(x_2-3) < 0$, e por isso $B_2 < 0$. Para A_2 usamos mais uma representação

$$A_2=(3x_0-1)x_1x_2+(3-x_0)(x_1+x_2-3)=(3x_0-1)x_1x_2+(3-x_0)(x_1+x_2-2)-(3-x_0)$$

$$=[(3x_0-1)x_1x_2-2]+(3-x_0)(x_1+x_2-2)+(x_0-1).$$

Agora fica claro que todos os três aditivos são positivos e, consequentemente, $A_2 > 0$. Logo, $D_2 < 0$ e $f(x)$ tem concavidade estrita para baixo em $(1,3)$.
4) Em $(3,+\infty)$ temos $x_0x_1x_2 > 0$, $(x_0-3)(x_1-3)(x_2-3) > 0$, e por isso $B_2 > 0$. Para A_2 pode ser usada a representação

$$A_2=(3x_0-1)x_1x_2+(3-x_0)(x_1+x_2-3)$$

$$=(x_0-1)x_1x_2+2x_0x_1x_2+3(x_1+x_2-3)-x_0(x_1+x_2-3)$$

$$=(x_0-1)x_1x_2+3(x_1+x_2-3)+x_0(2x_1x_2-x_1-x_2+3)$$

$$=(x_0-1)x_1x_2+3(x_1+x_2-3)+x_0[x_1(x_2-1)+x_2(x_1-1)+3).$$

Como todos os três aditivos são positivos, segue que $A_2 > 0$ e, portanto, $D_2 > 0$ e $f(x)$ é côncava estritamente para cima em $(3,+\infty)$.

A mudança do tipo de concavidade ocorre passando os pontos $x = 0$, $x = 1$ e $x = 3$, mas o primeiro e o terceiro ficam fora do domínio. Portanto, o único ponto de inflexão é $x = 1$.

8. Propriedades complementares. Vamos analisar o que acontece quando x aumenta seus valores por módulo sem restrição, formalmente $x \to \pm\infty$. Nesse caso, a função tem representação aproximada via termos principais do numerador e denominador $f(x) = \frac{x^2-1}{x^2-3x} \approx \frac{x^2}{x^2} = 1$ (veja a seção 2.3 para detalhes). Isso mostra que $f(x)$ aproxima de 1 quando $x \to \pm\infty$, isto é, $\lim\limits_{x\to\pm\infty} \frac{x^2-1}{x^2-3x} = 1$. Como consequência dessas tendências, a função tem uma única assíntota horizontal $y = 1$. Podemos ainda acrescentar que a convergência a 1 quando x tende a $+\infty$ ocorre pelos valores maiores que 1, porque $\frac{x^2-1}{x^2-3x} > \frac{x^2-1}{x^2-1} = 1$, $\forall x > 3$. Mas quando x tende a $-\infty$, então a convergência a 1 ocorre pelos valores menores que 1, porque $\frac{x^2-1}{x^2-3x} < \frac{x^2-1}{x^2} < 1$, $\forall x < 0$.

Em qualquer ponto do domínio, $x \neq 0, 3$, a função é contínua, uma vez que tanto o numerador como o denominador estão definidos e o denominador é diferente de 0 para qualquer $x \neq 0, 3$. Em outras palavras, em qualquer ponto $x = x_0 \neq 0, 3$ temos $f(x_0) = \frac{x_0^2}{x_0^2-1}$, e $f(x) \to f(x_0)$ quando $x \to x_0$. Assim, nenhuma tendência infinita pode ocorrer nos pontos do domínio, o que significa que não há assíntota vertical em nenhum ponto do domínio X.

Nos pontos $x = 0$ e $x = 3$ a situação é diferente. Nesses pontos a função não está definida, mas a sua tendência quando $x \to 0$ e $x \to 3$ pode ser investigada. Se $x \to 3^+$, isto é, x aproxima de 3 pela direita (pelos valores maiores que 3), então $x^2 - 1 \to 8$ e $x^2 - 3x \to 0$ pelos valores positivos. Isso mostra que o quociente $\frac{x^2-1}{x^2-3x}$ mantém valores positivos que aumentam sem restrição. Em outras palavras, $f(x) \to +\infty$ quando $x \to 3^+$: $\lim\limits_{x\to 3^+} \frac{x^2-1}{x^2-3x} = +\infty$. Quando $x \to 3^-$, isto é, x aproxima de 3 pela esquerda (pelos valores menores que 3), então $x^2 - 1 \to 8$ e $x^2 - 3x \to 0$ pelos valores negativos. Isso quer dizer que o quociente $\frac{x^2-1}{x^2-3x}$ mantém valores negativos que aumentam por módulo sem restrição. Em outras palavras, $\lim\limits_{x\to 3^-} \frac{x^2-1}{x^2-3x} = -\infty$. Consequentemente, $x = 3$ é a assíntota vertical do gráfico da função.

De maneira semelhante investigamos o comportamento de $f(x)$ quando x tende a 0. Se $x \to 0^+$, isto é, x aproxima de 0 pela direita (pelos valores maiores que 0), então $x^2 - 1 \to -1$ e $x^2 - 3x \to 0$ pelos valores negativos. Isso indica que o quociente $\frac{x^2-1}{x^2-3x}$ mantém valores positivos que aumentam sem restrição, ou seja, $\lim\limits_{x\to 0^+} \frac{x^2-1}{x^2-3x} = +\infty$. Quando $x \to 0^-$, isto é, x aproxima de 0 pela esquerda (pelos valores menores que 0), então $x^2 - 1 \to -1$ e $x^2 - 3x \to 0$ pelos valores positivos. Isso quer dizer que o quociente $\frac{x^2-1}{x^2-3x}$ mantém valores negativos que aumentam por módulo sem restrição, isto é, $\lim\limits_{x\to 0^-} \frac{x^2-1}{x^2-3x} = -\infty$. Consequentemente, $x = 0$ é a segunda assíntota vertical do gráfico da função.

9. Com base nas propriedades investigadas e com alguns pontos marcados, por exemplo, $P_1 = (-1, 0)$ (interseção com Ox), $P_2 = (1, 0)$ (interseção com Ox e inflexão) e $P_3 = (5, \frac{12}{5})$ (um ponto da parte direita do gráfico), construímos esboço do gráfico mostrado na Fig.3.40.

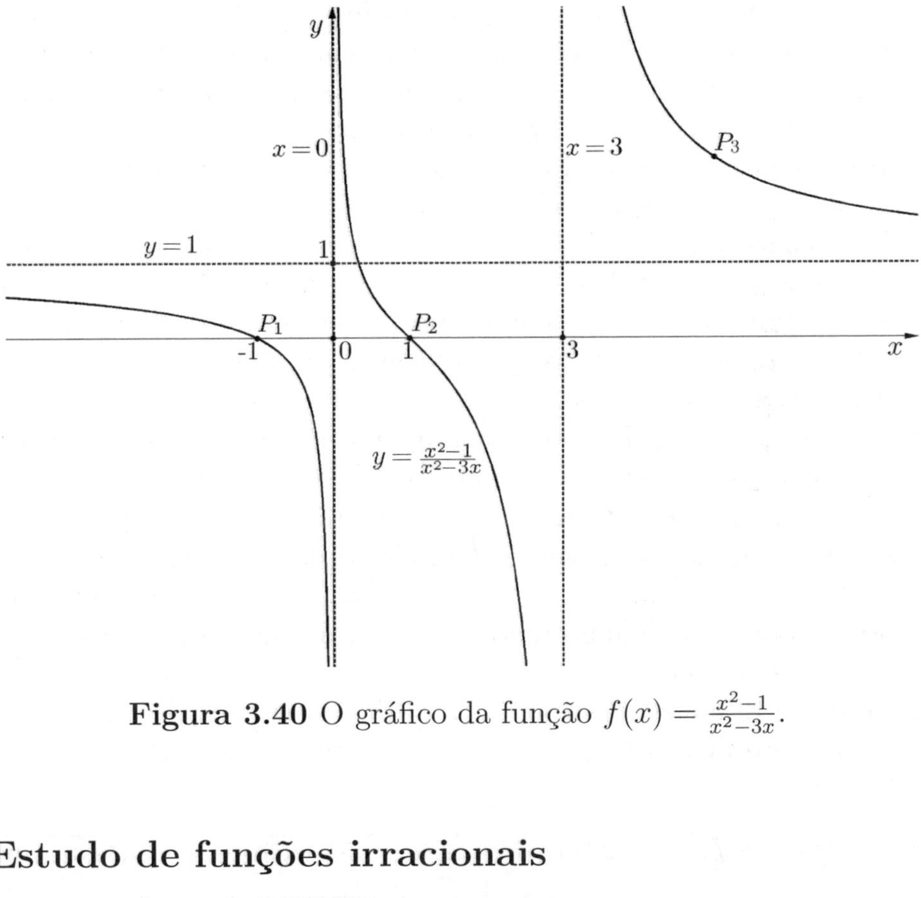

Figura 3.40 O gráfico da função $f(x) = \frac{x^2-1}{x^2-3x}$.

4.4 Estudo de funções irracionais

Estudo de $f(x) = \sqrt{2x+6}$

As propriedades dessa função podem ser obtidas via transformações geométricas da função $\sqrt{x}$ cujo estudo foi realizado na seção 3.1. No entanto, aqui adotamos a abordagem analítica apresentada abaixo.

1. Domínio e imagem. A raiz quadrada é definida somente para os valores não negativos, o que leva a restrição $x \geq -3$ e ao domínio $X = [-3, +\infty)$.

Por outro lado, a raiz quadrada, pela definição, sempre é um número não negativo, o que significa que a imagem Y é contida em $[0, +\infty)$. Para mostrar que qualquer y desse intervalo pertence a imagem, resolvemos a equação $\sqrt{2x+6} = y$,

$\forall y \geq 0$ e obtemos o valor correspondente de x: $x = \frac{y^2-6}{2}$ que pertence ao domínio X. Portanto, a imagem da função é $Y = [0, +\infty)$.

2. Interseção e sinal. A interseção com o eixo Oy ocorre no ponto $P_0 = (0, \sqrt{6})$. Como os valores da imagem são maiores ou iguais a 0, o único ponto de interseção com Ox é $P_1 = (-3, 0)$.

De acordo com a definição da raiz quadrada, a função é positiva em todos os pontos do domínio, exceto $x = -3$, onde ela se anula.

3. Limitação. Sabendo que a imagem da função é $Y = [0, +\infty)$, imediatamente concluímos que $f(x)$ é limitada inferiormente, mas não superiormente.

4. Paridade. O domínio $X = [-3, +\infty)$ não é simétrico em relação à origem, o que significa que a função não é par nem ímpar.

5. Periodicidade. A forma do domínio (o fato dele ser restrito à esquerda) também mostra que a função não é periódica.

6. Monotonia e extremos. Tomamos $-3 \leq x_1 < x_2$ e, usando a propriedade da raiz, notamos que $2x_1 + 6 < 2x_2 + 6$ implica em $f(x_1) = \sqrt{2x_1 + 6} < \sqrt{2x_2 + 6} = f(x_2)$, isto é, a função é estritamente crescente em todo o seu domínio. Outra opção de chegar à mesma conclusão é aplicar a propriedade da composição de funções monótonas (seção 9.3 do Capítulo 2): a função $\tilde{f}(x) = 2x + 6$ é estritamente crescente e $\tilde{g}(y) = \sqrt{y}$ é estritamente crescente, o que garante crescimento estrito da sua composição $f(x) = \tilde{g}(\tilde{f}(x)) = \sqrt{2x + 6}$.

A consequência imediata do crescimento estrito em $(-3, +\infty)$ é que qualquer ponto desse intervalo não pode ser extremo local nem global, estrito ou não. O único ponto restante do domínio, $x = -3$, é o mínimo global (embora não local, porque não é contido no domínio junto com alguma sua vizinhança).

7. Concavidade e inflexão.

Para avaliar a diferença entre o valor médio da secante $\frac{f(x_1)+f(x_2)}{2}$ e o valor da função no ponto médio $f(x_0), x_0 = \frac{x_1+x_2}{2}$, usamos a grandeza $D_2 = f(x_2) + f(x_1) - 2f(x_0)$:

$$D_2 = f(x_2) + f(x_1) - 2f(x_0) = \sqrt{2x_2 + 6} + \sqrt{2x_1 + 6} - 2\sqrt{2x_0 + 6}$$

$$= \frac{(\sqrt{2x_2 + 6} - \sqrt{2x_0 + 6})(\sqrt{2x_2 + 6} + \sqrt{2x_0 + 6})}{\sqrt{2x_2 + 6} + \sqrt{2x_0 + 6}}$$

$$+ \frac{(\sqrt{2x_1 + 6} - \sqrt{2x_0 + 6})(\sqrt{2x_1 + 6} + \sqrt{2x_0 + 6})}{\sqrt{2x_1 + 6} + \sqrt{2x_0 + 6}}$$

$$= \frac{2(x_2 - x_0)}{\sqrt{2x_2 + 6} + \sqrt{2x_0 + 6}} + \frac{2(x_1 - x_0)}{\sqrt{2x_1 + 6} + \sqrt{2x_0 + 6}}$$

$$= 2h \frac{\sqrt{2x_1 + 6} - \sqrt{2x_2 + 6}}{(\sqrt{2x_2 + 6} + \sqrt{2x_0 + 6})(\sqrt{2x_1 + 6} + \sqrt{2x_0 + 6})}$$

$$= 2h\frac{(\sqrt{2x_1+6}-\sqrt{2x_2+6})(\sqrt{2x_1+6}+\sqrt{2x_2+6})}{(\sqrt{2x_2+6}+\sqrt{2x_0+6})(\sqrt{2x_1+6}+\sqrt{2x_0+6})(\sqrt{2x_1+6}+\sqrt{2x_2+6})}$$

$$= \frac{-8h^2}{(\sqrt{2x_2+6}+\sqrt{2x_0+6})(\sqrt{2x_1+6}+\sqrt{2x_0+6})(\sqrt{2x_1+6}+\sqrt{2x_2+6})}$$

(aqui $h = x_2 - x_0 = x_0 - x_1 > 0$). Essa forma evidencia que $D_2 < 0$ em todo o domínio da função e, portanto, $f(x)$ tem concavidade estrita para baixo em todo o seu domínio. Consequentemente, não há pontos de inflexão.

Outra maneira de investigar a concavidade é utilizar a propriedade da composição de funções côncavas (seção 9.3 do Capítulo 2). Realmente, a função $\tilde{f}(x) = 2x + 6$ é côncava para baixo (não estritamente) em $\mathbb{R}$ e $\tilde{g}(y) = \sqrt{y}$ é côncava estritamente para baixo e estritamente crescente em $[0, +\infty)$. Então, a função composta $f(x) = \tilde{g}(\tilde{f}(x)) = \sqrt{2x+6}$ é côncava estritamente para baixo no seu domínio.

8. Propriedades complementares. Vamos analisar o que acontece quando x aumenta seus valores sem restrição, ou seja, $x \to +\infty$. Utilizando as propriedades da raiz quadrada, concluímos que com isso os valores da função também aumentam sem restrição, isto é, $\lim_{x\to+\infty} \sqrt{2x+6} = +\infty$. A tendência $x \to -\infty$ não pode ser realizada porque $x \geq -3$. Como consequência, a função não tem assíntota horizontal.

Em qualquer ponto do domínio, $x \geq -3$, a função é contínua, isto é, $f(x) \to f(x_0)$ quando $x \to x_0 \geq -3$. Assim, nenhuma tendência infinita pode ocorrer nos pontos do domínio X. Além disso, x não pode aproximar de qualquer número $a < -3$, porque qualquer tal número é o ponto exterior do domínio (não é contido no domínio junto com a sua vizinhança). Logo, não existe assíntota vertical da função.

9. Com base nas propriedades investigadas e com alguns (poucos) pontos marcados, por exemplo, $P_0 = (0, \sqrt{6})$ (interseção com Oy), $P_1 = (-3, 0)$ (interseção com Ox) e $P_2 = (1, \sqrt{8})$ (um ponto do lado direito de Oy), construímos o esboço do gráfico mostrado na Fig.3.41.

Deixamos para o leitor realizar a abordagem geométrica, transformando $f_0(x) = \sqrt{x}$ em $f(x) = \sqrt{2x+6}$ via cadeia $f_0(x) = \sqrt{x} \to f_1(x) = f_0(2x) = \sqrt{2x} \to f(x) = f_1(x+3) = \sqrt{2(x+3)}$ e comparar os resultados com os obtidos no estudo analítico.

Estudo de $f(x) = \frac{1}{\sqrt[3]{4-2x}}$

1. Domínio e imagem. A raiz cúbica é definida para todos os reais, então a única restrição vem do denominador que se anula somente no ponto $x = 2$. Assim, o domínio de $f(x)$ é $X = \mathbb{R} \backslash \{2\}$.

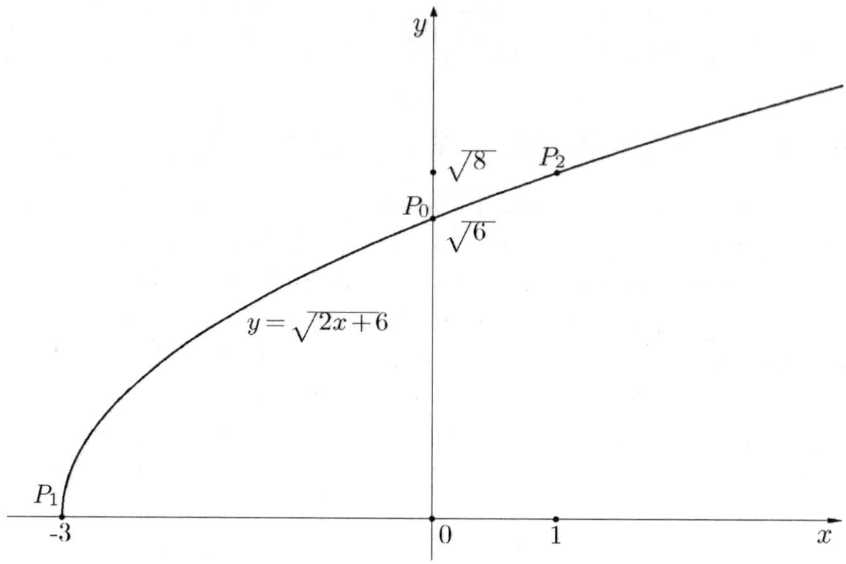

Figura 3.41 O gráfico da função $f(x) = \sqrt{2x+6}$.

Para determinar a imagem Y, notamos, primeiro, que o valor 0 está excluído da imagem, e resolvemos a equação $\frac{1}{\sqrt[3]{4-2x}} = y$, $\forall y \neq 0$. Isolando x temos $x = 2 - \frac{1}{2y^3}$, isto é, qualquer y real diferente de 0 entra na imagem: $Y = \mathbb{R}\backslash\{0\}$.

2. Interseção e sinal. A interseção com o eixo Oy ocorre no ponto $P_0 = (0, \frac{1}{\sqrt[3]{4}})$. Como $y = 0$ não pertence à imagem, não há pontos de interseção com o eixo Ox.

De acordo com a definição da raiz cúbica, a função é positiva em todos os pontos do intervalo $(-\infty, 2)$ e negativa em $(2, +\infty)$.

3. Limitação.

Sabendo que a imagem da função é $Y = \mathbb{R}\backslash\{0\}$, imediatamente concluímos que $f(x)$ é ilimitada inferiormente e superiormente.

4. Paridade. O domínio $X = \mathbb{R}\backslash\{2\}$ não é simétrico em relação à origem, o que indica que a função não é par nem ímpar.

No entanto, escrevendo a função na forma $f(x) = \frac{1}{\sqrt[3]{2(2-x)}}$, podemos notar que existe simetria em relação ao ponto $(2, 0)$. Realmente, para qualquer $x \in X$ temos $f(2-x) = \frac{1}{\sqrt[3]{2x}} = -\frac{1}{\sqrt[3]{-2x}} = f(2+x)$. Isso significa que os pontos $P_1 = (2-x, \frac{1}{\sqrt[3]{2x}})$ e $P_2 = (2+x, -\frac{1}{\sqrt[3]{2x}})$, simétricos em relação ao ponto $(2, 0)$, pertencem ao gráfico da função (veja as fórmulas de simetria (1.9) da seção 7.4, Capítulo 1).

5. Periodicidade. O fato de que o domínio tem um único ponto excluído implica que a função não pode ser periódica.

6. Monotonia e extremos.

Verificamos, primeiro, a monotonia da função mais simples $g(x) = \frac{1}{\sqrt[3]{x}}$. Para quaisquer $x_1 < x_2$, $x_1, x_2 \neq 0$ temos $g(x_2) - g(x_1) = \frac{1}{\sqrt[3]{x_2}} - \frac{1}{\sqrt[3]{x_1}} = \frac{\sqrt[3]{x_1} - \sqrt[3]{x_2}}{\sqrt[3]{x_1}\sqrt[3]{x_2}}$. O numerador sempre é negativo e o denominador é positivo quando $x_1 < x_2 < 0$ e quando $0 < x_1 < x_2$. Então, $g(x)$ é estritamente decrescente nos dois intervalos $(-\infty, 0)$ e $(0, +\infty)$ (separadamente) do seu domínio $\mathbb{R}\backslash\{0\}$.

Agora podemos aplicar a propriedade da composição de funções monótonas (seção 9.3 do Capítulo 2): a função $\tilde{f}(x) = 4 - 2x$ é estritamente decrescente em $\mathbb{R}$ e a função $\tilde{g}(y) = \frac{1}{\sqrt[3]{y}}$ é estritamente decrescente nos intervalos $(-\infty, 0)$ e $(0, +\infty)$, o que resulta em crescimento estrito da sua composição $f(x) = \tilde{g}(\tilde{f}(x)) = \frac{1}{\sqrt[3]{4-2x}}$ nos intervalos $(-\infty, 2)$ e $(2, +\infty)$.

A função é estritamente crescente nas duas partes do seu domínio, as quais contém somente pontos interiores. Portanto, nenhum ponto dessas duas partes pode ser extremo local ou global, estrito ou não. Logo, $f(x)$ não tem extremos de qualquer tipo.

7. Concavidade e inflexão.

Começamos, de novo, com a concavidade da função mais simples $g(x) = \frac{1}{\sqrt[3]{x}}$. Para quaisquer $x_1 < x_2$, $x_1, x_2 \neq 0$ e $x_0 = \frac{x_1+x_2}{2}$, $x_0 \neq 0$, $h = x_2 - x_0 = x_0 - x_1 > 0$ temos:

$$D_g = g(x_2) + g(x_1) - 2g(x_0)$$

$$= \frac{1}{\sqrt[3]{x_2}} - \frac{1}{\sqrt[3]{x_0}} + \frac{1}{\sqrt[3]{x_1}} - \frac{1}{\sqrt[3]{x_0}} = \frac{\sqrt[3]{x_0} - \sqrt[3]{x_2}}{\sqrt[3]{x_0 x_2}} + \frac{\sqrt[3]{x_0} - \sqrt[3]{x_1}}{\sqrt[3]{x_0 x_1}}$$

$$= \frac{x_0 - x_2}{\sqrt[3]{x_0 x_2}\left(\sqrt[3]{x_0^2} + \sqrt[3]{x_0 x_2} + \sqrt[3]{x_2^2}\right)} + \frac{x_0 - x_1}{\sqrt[3]{x_0 x_1}\left(\sqrt[3]{x_0^2} + \sqrt[3]{x_0 x_1} + \sqrt[3]{x_1^2}\right)}$$

$$= \frac{h}{\sqrt[3]{x_0}} \cdot \frac{\sqrt[3]{x_2}\left(\sqrt[3]{x_0^2} + \sqrt[3]{x_0 x_2} + \sqrt[3]{x_2^2}\right) - \sqrt[3]{x_1}\left(\sqrt[3]{x_0^2} + \sqrt[3]{x_0 x_1} + \sqrt[3]{x_1^2}\right)}{\sqrt[3]{x_1 x_2}\left(\sqrt[3]{x_0^2} + \sqrt[3]{x_0 x_2} + \sqrt[3]{x_2^2}\right)\left(\sqrt[3]{x_0^2} + \sqrt[3]{x_0 x_1} + \sqrt[3]{x_1^2}\right)}$$

$$= \frac{h}{\sqrt[3]{x_0}} \cdot \frac{\sqrt[3]{x_0^2}\left(\sqrt[3]{x_2} - \sqrt[3]{x_1}\right) + \sqrt[3]{x_0}\left(\sqrt[3]{x_2^2} - \sqrt[3]{x_1^2}\right) + (x_2 - x_1)}{\sqrt[3]{x_1 x_2}\left(\sqrt[3]{x_0^2} + \sqrt[3]{x_0 x_2} + \sqrt[3]{x_2^2}\right)\left(\sqrt[3]{x_0^2} + \sqrt[3]{x_0 x_1} + \sqrt[3]{x_1^2}\right)}$$

$$= \frac{h}{\sqrt[3]{x_0}} \cdot \frac{\left(\sqrt[3]{x_2} - \sqrt[3]{x_1}\right)\left(\sqrt[3]{x_0^2} + \sqrt[3]{x_0 x_2} + \sqrt[3]{x_0 x_1}\right) + (x_2 - x_1)}{\sqrt[3]{x_1 x_2}\left(\sqrt[3]{x_0^2} + \sqrt[3]{x_0 x_2} + \sqrt[3]{x_2^2}\right)\left(\sqrt[3]{x_0^2} + \sqrt[3]{x_0 x_1} + \sqrt[3]{x_1^2}\right)}.$$

Na segunda fração, o numerador é positivo para quaisquer $x_1 < x_2$ e o denominador é positivo quando x_1 e x_2 têm o mesmo sinal, isto é, nos intervalos $(-\infty, 0)$ e $(0, +\infty)$ separadamente. O único termo que troca sinal é o denominador $\sqrt[3]{x_0}$ da primeira fração que é negativo no intervalo $(-\infty, 0)$ e é positivo em $(0, +\infty)$. Portanto, $g(x)$ é côncava estritamente para baixo no intervalo $(-\infty, 0)$ e côncava estritamente para cima em $(0, +\infty)$.

No próximo passo, usamos a propriedade da composição de funções côncavas (seção 9.3 do Capítulo 2). A função $\tilde{f}(x) = 4 - 2x$ é côncava para baixo (não estritamente) no intervalo $(-\infty, 2)$ e leva esse intervalo em $(0, +\infty)$. Em sua vez, $\tilde{g}(y) = \frac{1}{\sqrt[3]{y}}$ é côncava estritamente para cima e estritamente decrescente no intervalo $(0, +\infty)$. Portanto, a composta $f(x) = \tilde{g}(\tilde{f}(x)) = \frac{1}{\sqrt[3]{4-2x}}$ é côncava estritamente para cima em $(-\infty, 2)$. Na segunda parte do domínio, no intervalo $(2, +\infty)$, a situação se inverte. A função $\tilde{f}(x) = 4 - 2x$ é côncava para cima (não estritamente) em $(2, +\infty)$ e transforma esse intervalo em $(-\infty, 0)$, onde a segunda função $\tilde{g}(y) = \frac{1}{\sqrt[3]{y}}$ é côncava estritamente para baixo e estritamente decrescente. Portanto, a composta $f(x) = \tilde{g}(\tilde{f}(x)) = \frac{1}{\sqrt[3]{4-2x}}$ é côncava estritamente para baixo em $(2, +\infty)$.

Como a função muda o tipo de concavidade somente passando o ponto $x = 2$ que fica fora do domínio, então não há pontos de inflexão.

8. Propriedades complementares.

Vamos analisar o que acontece quando x aumenta seus valores por módulo sem restrição, ou seja, $|x| \to +\infty$. Utilizando as propriedades da raiz cúbica, concluímos que $\lim\limits_{x\to+\infty} \sqrt[3]{4-2x} = -\infty$ e $\lim\limits_{x\to-\infty} \sqrt[3]{4-2x} = +\infty$. Logo, $\lim\limits_{x\to+\infty} \frac{1}{\sqrt[3]{4-2x}} = 0$ e $\lim\limits_{x\to-\infty} \frac{1}{\sqrt[3]{4-2x}} = 0$. Além disso, aproximação de 0 no primeiro limite acontece pelos valores negativos e no segundo – pelos positivos. Como consequência, a função tem uma única assíntota horizontal $y = 0$.

Em qualquer ponto do domínio, $x \neq 2$, a função é contínua, isto é, $f(x) \to f(x_0)$ quando $x \to x_0 \neq 2$. Assim, nenhuma tendência infinita pode ocorrer nos pontos do domínio X, o que significa que não há assíntota vertical em nenhum ponto do domínio X.

No ponto $x = 2$, onde denominador se anula, a função não está definida, mas a sua tendência quando $x \to 2$ pode ser investigada. Se $x \to 2^+$, isto é, x aproxima de 2 pelos valores maiores que 2, então $4 - 2x \to 0$ e $4 - 2x < 0$. Isso implica em $\sqrt[3]{4-2x} \to 0$ e $\sqrt[3]{4-2x} < 0$ e, portanto, o quociente $\frac{1}{\sqrt[3]{4-2x}}$ tem valores negativos que aumentam por módulo sem restrição. Usando o símbolo do limite: $\lim\limits_{x\to2^+} \frac{1}{\sqrt[3]{4-2x}} = -\infty$. Quando $x \to 2^-$, isto é, x aproxima de 2 pelos valores menores que 2, então $4-2x \to 0$ e $4-2x > 0$ e, consequentemente, $\sqrt[3]{4-2x} \to 0$

e $\sqrt[3]{4-2x} > 0$. Por isso, o quociente $\frac{1}{\sqrt[3]{4-2x}}$ tem valores positivos que aumentam sem restrição. Usando o símbolo do limite: $\lim\limits_{x\to 2^-} \frac{1}{\sqrt[3]{4-2x}} = +\infty$. Logo, a reta $x = 2$ é a assíntota vertical do gráfico da função.

9. Com base nas propriedades investigadas e com alguns pontos marcados, por exemplo, $P_0 = (0, \frac{1}{\sqrt[3]{4}})$ (interseção com Oy) e $P_1 = (3, -\frac{1}{\sqrt[3]{2}})$ (um ponto na parte do gráfico abaixo de Ox), construímos esboço do gráfico mostrado na Fig.3.42.

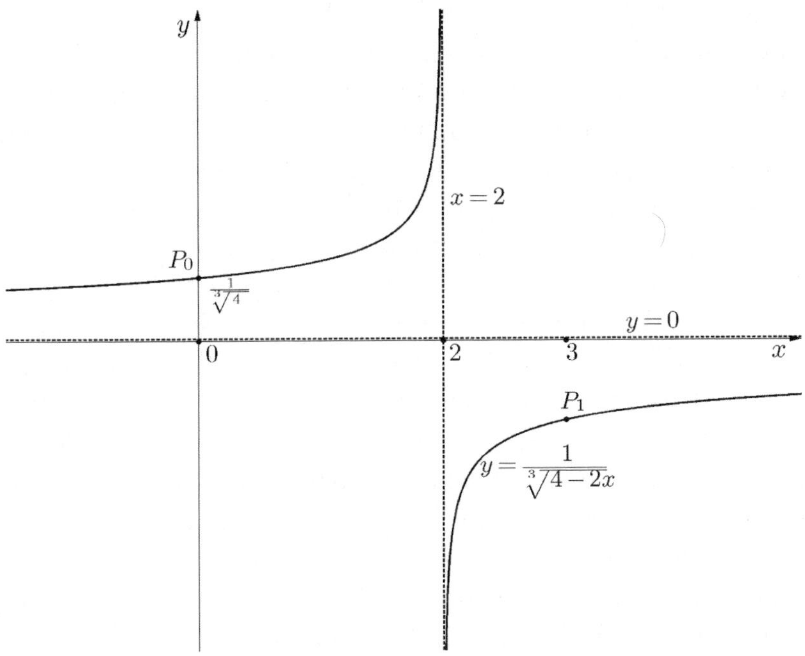

Figura 3.42 O gráfico da função $\frac{1}{\sqrt[3]{4-2x}}$.

As propriedades dessa função podem ser obtidas também investigando, primeiro, a função mais simples $g(x) = \frac{1}{\sqrt[3]{x}}$ (o que foi parcialmente feito na investigação de monotonia e concavidade) e aplicando depois a seguinte cadeia de transformações geométricas:

$$g(x) = \frac{1}{\sqrt[3]{x}} \to f_1(x) = g(-x) = \frac{1}{\sqrt[3]{-x}} \to f_2(x) = f_1(2x) = \frac{1}{\sqrt[3]{-2x}}$$

$$\to f(x) = f_2(x-2) = \frac{1}{\sqrt[3]{4-2x}}.$$

Deixamos para o leitor a tarefa de realizar essa abordagem e comparar os resultados com os obtidos no estudo apresentado.

Estudo de $f(x) = |x^2 - 4x|$

Há duas abordagens possíveis no estudo dessa função: a geométrica, baseada no uso das propriedades da parábola básica x^2, e a analítica, baseada no estudo direto das propriedades da função dada. Realizamos aqui o procedimento analítico.

1. Domínio e imagem. A fórmula da função está definida para qualquer número real, o que significa que o domínio é $X = \mathbb{R}$.

Pela definição do módulo, a imagem está contida no intervalo $[0, +\infty)$. Para mostrar que qualquer y desse intervalo pertence à imagem, resolvemos a equação $|x^2-4x| = y, \forall y \geq 0$ em relação à incógnita x. Lembrando a resolução de equações modulares, temos duas opções $x^2 - 4x = \pm y$. Basta encontrar a solução para uma delas, e escolhemos aqui $x^2 - 4x = y$. A equação quadrática $x^2 - 4x - y = 0$ tem soluções reais $x = 2 \pm \sqrt{2+y}$ para qualquer y não negativo, porque o discriminante é positivo: $2+y > 0$. Portanto, a imagem da função é $Y = [0, +\infty)$.

2. Interseção e sinal. A interseção com o eixo Oy ocorre no ponto $P_0 = (0, 0)$. Para encontrar os pontos de interseção com Ox resolvemos a equação $|x^2-4x| = 0$, ou seja, $x(x-4) = 0$ que tem duas raízes $x = 0$ e $x = 4$. Então, o gráfico intercepta o eixo Ox nos pontos $P_0 = (0, 0)$ e $P_1 = (4, 0)$.

Como os valores da imagem são não negativos, a função é positiva em todos os pontos do domínio, exceto $x = 0$ e $x = 4$ onde ela se anula.

3. Limitação. Sabendo que a imagem da função é $Y = [0, +\infty)$, imediatamente concluímos que $f(x)$ é limitada inferiormente, mas não superiormente.

4. Paridade. Calculando os valores da função nos pontos -2 e 2 certificamos que a função não é par nem ímpar: $f(-2) = 12 \neq \pm 4 = \pm f(2)$. No entanto, o gráfico possui simetria em relação ao eixo $x = 2$, uma vez que $f(2-x) = |(2-x)^2-4(2-x)| = |(2-x)(-2-x)| = |(x-2)(x+2)| = |(2+x)^2-4(2+x)| = f(2+x)$ (relembre as fórmulas (1.11) da seção 7.5, Capítulo 1).

5. Periodicidade. O estudo de periodicidade deixamos para depois de monotonia.

6. Monotonia e extremos.

Para investigar a monotonia, abrimos a operação do módulo na definição da função: $f(x) = |x^2 - 4x| = \begin{cases} x^2 - 4x, \ x \leq 0 \\ -x^2+4x, 0<x<4 \\ x^2 - 4x, \ x \geq 4 \end{cases}$. Naturalmente, analisamos a monotonia separadamente em cada um dos três intervalos.

1) Para $x_1 < x_2 \leq 0$ temos $f(x_2) - f(x_1) = x_2^2 - 4x_2 - (x_1^2 - 4x_1) = (x_2 - x_1)(x_2 + x_1 - 4)$. O primeiro fator é positivo e o segundo negativo, o que mostra o decrescimento estrito de $f(x)$.

2) Quando $4 \leq x_1 < x_2$ temos a mesma avaliação $f(x_2) - f(x_1) = (x_2 - x_1)(x_2 + x_1 - 4)$, mas agora os dois fatores são positivos e a função cresce estritamente.
3) Finalmente, no intervalo no meio, $0 \leq x_1 < x_2 \leq 4$ temos $f(x_2) - f(x_1) = -x_2^2 + 4x_2 - (-x_1^2 + 4x_1) = (x_2 - x_1)(4 - x_2 - x_1)$. O sinal dessa expressão é diferente se tomamos os pontos x_1 e x_2 à esquerda ou à direita de 2. Caso $0 \leq x_1 < x_2 \leq 2$ temos os dois fatores positivos e a função estritamente crescente. Caso $2 \leq x_1 < x_2 \leq 4$ o segundo fator se torna negativo e, portanto, a função é estritamente decrescente.

Outra maneira de investigar a monotonia é aplicar a propriedade da composição de funções monótonas (seção 9.3 do Capítulo 2) nos quatro intervalos do domínio.
1) No intervalo $X_1 = (-\infty, 0]$ a função $\tilde{f}(x) = x^2 - 4x$ decresce estritamente e tem imagem $[0, +\infty)$, que é o conjunto de crescimento estrito da função $\tilde{g}(y) = |y|$. Portanto, $f(x) = \tilde{g}(\tilde{f}(x)) = |x^2 - 4x|$ decresce estritamente em $X_1 = (-\infty, 0]$.
2) No próximo intervalo, $X_2 = [0, 2]$ a função $\tilde{f}(x) = x^2 - 4x$ continua decrescimento estrito, mas a sua imagem é o intervalo $[-4, 0]$, no qual a função $\tilde{g}(y) = |y|$ decresce estritamente. Portanto, $f(x) = \tilde{g}(\tilde{f}(x)) = |x^2 - 4x|$ cresce estritamente em $X_2 = [0, 2]$.
3) No terceiro intervalo, $X_3 = [2, 4]$ a função $\tilde{f}(x) = x^2 - 4x$ cresce estritamente e tem a imagem $[-4, 0]$, na qual a função $\tilde{g}(y) = |y|$ decresce estritamente. Portanto, $f(x) = \tilde{g}(\tilde{f}(x)) = |x^2 - 4x|$ decresce estritamente em $X_3 = [2, 4]$.
4) Finalmente, no intervalo $X_4 = [4, +\infty)$ a função $\tilde{f}(x) = x^2 - 4x$ cresce estritamente e tem imagem $[0, +\infty)$, que é o conjunto de crescimento estrito da função $\tilde{g}(y) = |y|$. Portanto, $f(x) = \tilde{g}(\tilde{f}(x)) = |x^2 - 4x|$ cresce estritamente em $X_4 = [4, +\infty)$.

Dos resultados de monotonia segue que qualquer ponto $x \neq 0, 2, 4$ não pode ser extremo local nem global, estrito ou não. Os pontos $x = 0$ e $x = 4$ são mínimos locais estritos (porque $f(x)$ decresce à esquerda e cresce à direita desses pontos) e também mínimos globais (porque nos demais pontos $f(x) > 0$). O ponto $x = 2$ é o máximo local ($f(x)$ cresce à esquerda e decresce à direita desse ponto), mas não global (porque a imagem é $[0, +\infty)$).

Mais uma consequência de monotonia é a não periodicidade da função devido ao seu crescimento estrito no intervalo infinito $[4, +\infty)$.

7. Concavidade e inflexão.

Para avaliar a diferença entre o valor médio $\frac{f(x_1)+f(x_2)}{2}$ e o valor no ponto médio $f(x_0)$, onde $x_1 < x_2$, $x_0 = \frac{x_1+x_2}{2}$ e $h = x_2 - x_0 = x_0 - x_1 > 0$, usamos a grandeza $D_2 \equiv f(x_1) + f(x_2) - 2f(x_0)$ e consideramos separadamente os três intervalos do domínio.

1) Quando $x_1 < x_2 \leq 0$, obtemos:

$$D_2 = f(x_2) + f(x_1) - 2f(x_0) = (x_2^2 - 4x_2) + (x_1^2 - 4x_1) - 2(x_0^2 - 4x_0)$$

$$= (x_2^2 + x_1^2 - 2x_0^2) - 4(x_2 + x_1 - 2x_0) = (x_0 + h)^2 + (x_0 - h)^2 - 2x_0^2 = 2h^2 > 0.$$

Logo, $f(x)$ é côncava para cima em $(-\infty, 0]$.
2) Da mesma maneira, quando $4 \leq x_1 < x_2$, temos

$$D_2 = f(x_2) + f(x_1) - 2f(x_0) = (x_2^2 - 4x_2) + (x_1^2 - 4x_1) - 2(x_0^2 - 4x_0) = 2h^2 > 0$$

e $f(x)$ é côncava para cima em $[4, +\infty)$.
3) Analogamente, quando $0 \leq x_1 < x_2 \leq 4$, temos

$$D_2 = f(x_2) + f(x_1) - 2f(x_0) = (-x_2^2 + 4x_2) + (-x_1^2 + 4x_1) - 2(-x_0^2 + 4x_0) = -2h^2 < 0$$

o que significa que $f(x)$ é côncava para baixo em $[0, 4]$.

Como $f(x)$ troca o tipo de concavidade passsando os pontos $x = 0$ e $x = 4$, ambos pertencendo ao domínio, então esses dois pontos são os pontos de inflexão.

O mesmo resultado sobre concavidade pode ser obtido aplicando a propriedade da composição de funções côncavas (seção 9.3 do Capítulo 2) nos três intervalos do domínio. Notamos, primeiro, que a função $\tilde{f}(x) = x^2 - 4x$ tem concavidade estrita para cima em todo o seu domínio $\mathbb{R}$, e a função $\tilde{g}(y) = |y|$ tem concavidade não estrita de ambos os tipos nos intervalos $(-\infty, 0]$ e $[0, +\infty)$. Portanto, a concavidade da composição $f(x) = \tilde{g}(\tilde{f}(x)) = |x^2 - 4x|$ depende do tipo de monotonia de $\tilde{g}(y) = |y|$. No intervalo $X_1 = (-\infty, 0]$ a função $\tilde{f}(x) = x^2 - 4x$ tem imagem $[0, +\infty)$ na qual $\tilde{g}(y) = |y|$ cresce estritamente, o que garante a concavidade estrita para cima da composição. No intervalo $X_2 \cup X_3 = [0, 4]$ a função $\tilde{f}(x) = x^2 - 4x$ tem imagem $[-4, 0]$ onde $\tilde{g}(y) = |y|$ decresce estritamente, o que implica na concavidade estrita para baixo da composição. Finalmente, no intervalo $X_4 = [4, +\infty)$ a função $\tilde{f}(x) = x^2 - 4x$ tem imagem $[0, +\infty)$ na qual $\tilde{g}(y) = |y|$ cresce estritamente, o que garante a concavidade estrita para cima da composição.

8. Propriedades complementares. Quando $|x|$ é bastante grande, o termo principal da função é x^2. Portanto, $\lim\limits_{|x| \to +\infty} f(x) = \lim\limits_{|x| \to +\infty} x^2 = +\infty$. Consequentemente, a função não tem assíntota horizontal.

Em qualquer ponto dos reais a função é contínua, isto é, $f(x) \to f(x_0)$ quando $x \to x_0$. Assim, nenhuma tendência infinita pode ocorrer nos pontos do domínio X, o que significa que não há assíntota vertical.

9. Com base nas propriedades investigadas e com alguns (poucos) pontos marcados, por exemplo, $P_0 = (0, 0)$ (interseção com Oy e Ox), $P_1 = (4, 0)$ (interseção

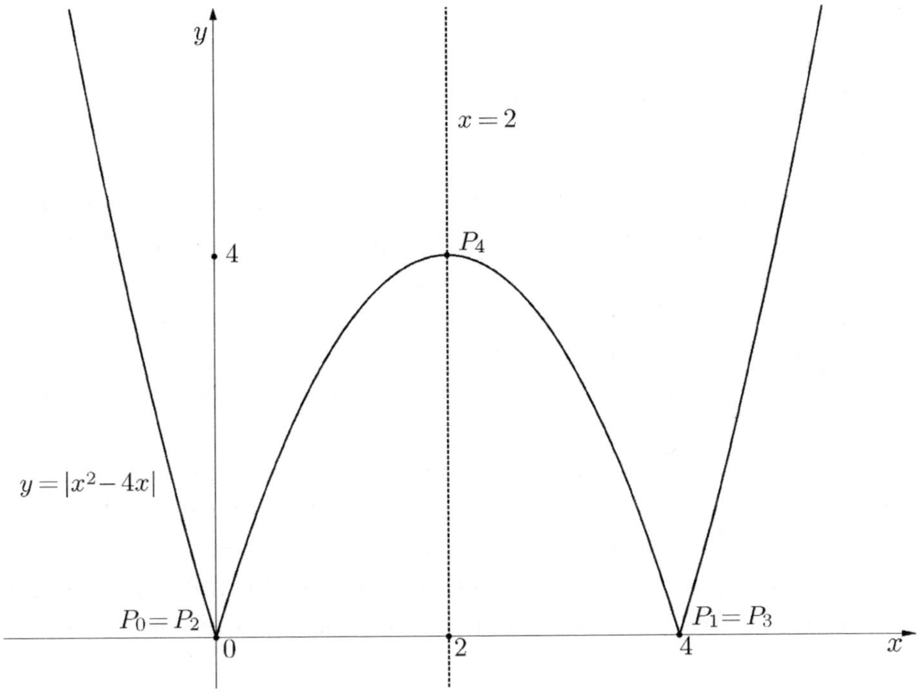

Figura 3.43 O gráfico da função $f(x) = |x^2 - 4x|$.

com Ox), $P_2 = P_0$ e $P_3 = P_1$ (mínimos locais e globais), $P_4 = (2, 4)$ (máximo local), construímos o esboço do gráfico mostrado na Fig.3.43.

Deixamos para o leitor realizar a abordagem geométrica, seguindo o seguinte algoritmo:
1) transformar $f_0(x) = x^2$ em $f_2(x) = x^2 - 4x$ via cadeia $f_0(x) = x^2 \to f_1(x) = f_0(x-2) = (x-2)^2 \to f_2(x) = f_1(x) - 4 = (x-2)^2 - 4 = x^2 - 4x$;
2) na parte $[0, 4]$ do domínio $\mathbb{R}$ de $f_2(x)$, transformar $f_2(x)$ em $-f_2(x)$.
Os resultados encontrados nesse método geométrico devem coincidir com os obtidos no estudo analítico.

Exercícios

Estudo de funções polinomiais

A. Estudo de $f(x) = x^3 + 2x - 3$

1. Domínio e imagem. Qualquer função polinomial, inclusive a dada, envolve operações executáveis em qualquer ponto e, por isso, está definida em todos os reais, ou seja, $X = \mathbb{R}$.

Lembrando que a teoria de equações polinomiais afirma que qualquer equação cúbica, em particular a equação $x^3 + 2x - 3 = y$, onde y é um número dado, sempre tem pelo menos uma raiz real, podemos concluir que a imagem de $f(x)$ é o conjunto dos reais: $Y = \mathbb{R}$.

2. Interseção e sinal. O ponto de interseção com o eixo Oy é $P_0 = (0, -3)$. Para encontrar pontos de interseção com Ox, é necessário resolver a equação $x^3 + 2x - 3 = 0$. A solução de uma equação do terceiro grau sempre pode ser encontrada via operações algébricas, embora as fórmulas gerais não sejam simples. No entanto, nesse caso específico, o polinômio admite a fatoração simples $x^3+2x-3 = (x-1)(x^2+x+3)$ e, portanto, as suas raízes se encontram facilmente: $x = 1$ do primeiro fator e o segundo tem discriminante negativo, isto é, $x = 1$ é a única raiz da equação $x^3 + 2x - 3 = 0$. Logo, o único ponto de interseção com Ox é $P_1 = (1, 0)$.

Usando a forma fatorada é fácil também decidir sobre o sinal do polinômio:
1) se $x < 1$, então $f(x) < 0$;
2) se $x > 1$, então $f(x) > 0$.

3. Limitação. Como a imagem é $Y = \mathbb{R}$, a função é ilimitada inferiormente e superiormente.

4. Paridade. Comparando os valores $f(-1) = -6$ e $f(1) = 0$, concluímos que a função não é par nem impar. No entanto, notamos que $3 + f(x) = 3 - f(-x)$, o que mostra que o gráfico da função é simétrico em relação ao ponto $(0, -3)$.

5. Periodicidade. Deixamos a verificação de periodicidade para depois do estudo de monotonia.

6. Monotonia e extremos. Tomamos $x_1 < x_2$ e avaliamos a diferença $D_1 = f(x_2) - f(x_1)$:

$$D_1 = f(x_2) - f(x_1) = x_2^3 + 2x_2 - 3 - \left(x_1^3 + 2x_1 - 3\right)$$

$$= (x_2 - x_1)(x_2^2 + x_2x_1 + x_1^2 + 2) = (x_2 - x_1)\left(\left(x_2 + \frac{1}{2}x_1\right)^2 + \frac{3}{4}x_1^2 + 2\right) > 0.$$

Isso significa que $f(x)$ cresce estritamente em todo o seu domínio $X = \mathbb{R}$. Disso segue imediatamente que não há extremos de qualquer tipo.

Outra implicância direta da monotonia é que do crescimento estrito no intervalo infinito $(-\infty, +\infty)$ segue que $f(x)$ não é periódica.

7. Concavidade e inflexão. Tomamos dois pontos arbitrários $x_1 < x_2$, definimos o ponto médio $x_0 = \frac{x_1+x_2}{2}$ e o incremento $h = x_2 - x_0 = x_0 - x_1 > 0$, e usamos a grandeza $D_2 \equiv f(x_1) + f(x_2) - 2f(x_0)$, para avaliar a diferença entre o valor médio da secante $\frac{f(x_1)+f(x_2)}{2}$ e o valor da função no ponto médio $f(x_0)$. Aproveitando a expressão encontrada para D_1, obtemos:

$$D_2 = f(x_1) + f(x_2) - 2f(x_0) = (f(x_2) - f(x_0)) - (f(x_0) - f(x_1))$$

$$= (x_2 - x_0)\left(x_2^2 + x_2x_0 + x_0^2 + 2\right) - (x_0 - x_1)\left(x_0^2 + x_1x_0 + x_1^2 + 2\right)$$

$$= h\left(x_2^2 - x_1^2 + x_2x_0 - x_1x_0\right) = 2h^2\left(x_2 + x_1 + x_0\right) = 6h^2x_0.$$

Logo, temos os seguintes resultados sobre concavidade:
1) no intervalo $(-\infty, 0]$ a concavidade é estrita para baixo;
2) no intervalo $[0, +\infty)$ a concavidade é estrita para cima.
Consequentemente, o ponto $x = 0$ é o ponto de inflexão.

8. Propriedades complementares. Quando $|x|$ aumenta seus valores sem restrição, isto é, $x \to \pm\infty$, o comportamento do polinômio é determinado pelo seu termo principal e, por isso, temos (para $|x|$ bastante grande) $f(x) = x^3+2x-3 \approx x^3$ (veja a discussão desse comportamento na seção 1.3). Dessa aproximação segue que a função cresce sem restrição quando $x \to +\infty$ e decresce sem restrição quando $x \to -\infty$, ou seja, $\lim\limits_{x\to+\infty} f(x) = +\infty$ e $\lim\limits_{x\to-\infty} f(x) = -\infty$. Isso implica que a função não tem assíntota horizontal.

Em qualquer ponto do domínio a função é contínua, isto é, $f(x) \to f(x_0)$ quando $x \to x_0$. Assim, nenhuma tendência infinita nos pontos do domínio $X = \mathbb{R}$ é observada, o que significa que não há assíntotas verticais.

9. Com base nas propriedades investigadas e com marcação de alguns pontos importantes, tais como $P_0 = (0, -3)$ (interseção com Oy e inflexão), $P_1 = (1, 0)$ (interseção com Ox) e $P_2 = (-\frac{1}{2}, -\frac{33}{8})$ (um ponto de abscissa negativa), construímos esboço do gráfico mostrado na Fig.3.44.

B. Estudo de $f(x) = x^3 - 3x + 2$

1. Domínio e imagem. Como qualquer polinômio cúbico, a função dada tem domínio $X = \mathbb{R}$ e a imagem $Y = \mathbb{R}$.

2. Interseção e sinal. O ponto de interseção com o eixo Oy é $P_0 = (0, 2)$. Para encontrar pontos de interseção com Ox, é necessário resolver a equação $x^3-3x+2 = 0$. O polinômio admite a fatoração simples $x^3-3x+2 = (x-1)^2(x+2)$ e, portanto, as suas raízes se encontram facilmente: $x = 1$ do primeiro fator (a

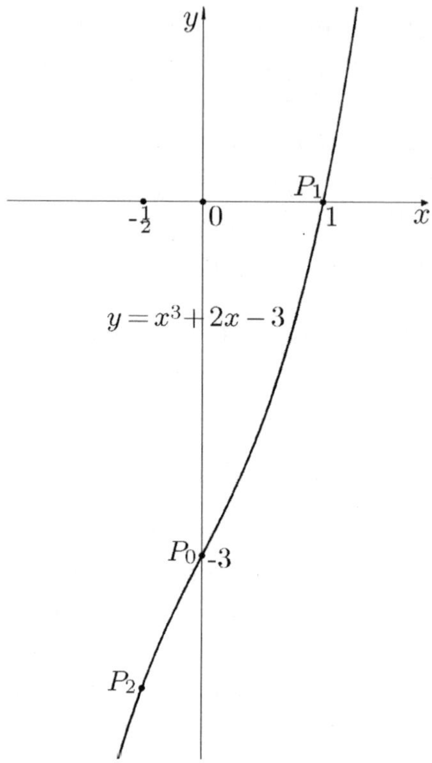

Figura 3.44 O gráfico da função $f(x) = x^3 + 2x - 3$.

raiz dupla) e $x = -2$ do segundo. Logo, os dois pontos de interseção com Ox são $P_1 = (1, 0)$ e $P_2 = (-2, 0)$.

Usando a forma fatorada é fácil também determinar o sinal do polinômio:
1) se $x < -2$, então $f(x) < 0$;
2) se $x > -2$, $x \neq 1$, então $f(x) > 0$.

3. Limitação. Como a imagem é $Y = \mathbb{R}$, a função é ilimitada inferiormente e superiormente.

4. Paridade. Comparando os valores $f(-1) = 4$ e $f(1) = 0$, concluímos que a função não é par nem impar. Todavia, notamos que $f(x) - 2 = -f(-x) - 2$, o que mostra que o gráfico da função é simétrico em relação ao ponto $(0, 2)$.

5. Periodicidade. Deixamos a verificação de periodicidade para depois do estudo de monotonia.

6. Monotonia e extremos. Tomamos $x_1 < x_2$ e avaliamos a diferença $D_1 = f(x_2) - f(x_1)$:

$$D_1 = f(x_2) - f(x_1) = x_2^3 - 3x_2 + 2 - \left(x_1^3 - 3x_1 + 2\right) = (x_2 - x_1)(x_2^2 + x_2 x_1 + x_1^2 - 3).$$

O primeiro fator é positivo e a forma do segundo sugere a divisão do domínio em três partes:
1) se $x_1 < x_2 \leq -1$, então $x_2^2 + x_2x_1 + x_1^2 - 3 > 0$ e, consequentemente, $D_1 > 0$, o que significa que $f(x)$ cresce estritamente em $(-\infty, -1]$;
2) se $-1 \leq x_1 < x_2 \leq 1$, então $x_2^2 + x_2x_1 + x_1^2 - 3 < 0$ e, consequentemente, $D_1 < 0$, isto é, $f(x)$ decresce estritamente em $[-1, 1]$;
3) se $1 \leq x_1 < x_2$, então $x_2^2 + x_2x_1 + x_1^2 - 3 > 0$ e, por isso, $D_1 > 0$, o que significa que $f(x)$ cresce estritamente em $[1, +\infty)$.
Disso segue que $x = -1$ é o máximo local estrito e $x = 1$ é o mínimo local estrito (os dois pontos não são extremos globais porque a imagem é ilimitada inferiormente e superiormente).

Outra implicância direta da monotonia é que do crescimento estrito no intervalo infinito $[1, +\infty)$ segue que $f(x)$ não é periódica.

7. Concavidade e inflexão. Tomamos dois pontos arbitrários $x_1 < x_2$, definimos o ponto médio $x_0 = \frac{x_1+x_2}{2}$ e o incremento $h = x_2 - x_0 = x_0 - x_1 > 0$, e usamos a grandeza $D_2 \equiv f(x_1) + f(x_2) - 2f(x_0)$, para avaliar a diferença entre o valor médio da secante $\frac{f(x_1)+f(x_2)}{2}$ e o valor da função no ponto médio $f(x_0)$. Aproveitando a expressão encontrada para D_1, obtemos:

$$\begin{aligned} D_2 &= f(x_1) + f(x_2) - 2f(x_0) = (f(x_2) - f(x_0)) - (f(x_0) - f(x_1)) \\ &= (x_2 - x_0)(x_2^2 + x_2x_0 + x_0^2 - 3) - (x_0 - x_1)(x_0^2 + x_0x_1 + x_1^2 - 3) \\ &= h(x_2^2 - x_1^2 + x_2x_0 - x_1x_0) = 2h^2(x_2 + x_1 + x_0) = 6h^2x_0. \end{aligned}$$

Portanto, podemos fazer as seguintes conclusões:
1) no intervalo $(-\infty, 0]$ a concavidade é estrita para baixo;
2) no intervalo $[0, +\infty)$ a concavidade é estrita para cima.
Logo, o ponto $x = 0$ é o ponto de inflexão.

8. Propriedades complementares. Para os valores bastante grandes de $|x|$, o comportamento do polinômio é determinado pelo seu termo principal: $f(x) = x^3 - 3x + 2 \approx x^3$, o que implica que a função cresce sem restrição quando $x \to +\infty$ e decresce sem restrição quando $x \to -\infty$, ou seja, $\lim\limits_{x\to+\infty} f(x) = +\infty$ e $\lim\limits_{x\to-\infty} f(x) = -\infty$. Consequentemente, não tem assíntota horizontal.

Em qualquer ponto do domínio a função é contínua, isto é, $f(x) \to f(x_0)$ quando $x \to x_0$. Assim, nenhuma tendência infinita nos pontos do domínio $X = \mathbb{R}$ é observada, o que significa que não há assíntotas verticais.

9. Finalmente, com base nas propriedades investigadas e com marcação de alguns pontos importantes, como $P_0 = (0, 2)$ (interseção com Oy e inflexão), $P_1 = (1, 0)$ e $P_2 = (-2, 0)$ (interseção com Ox), $P_3 = (-1, 4)$ e $P_1 = (1, 0)$ (extremos locais) construímos esboço do gráfico mostrado na Fig.3.45.

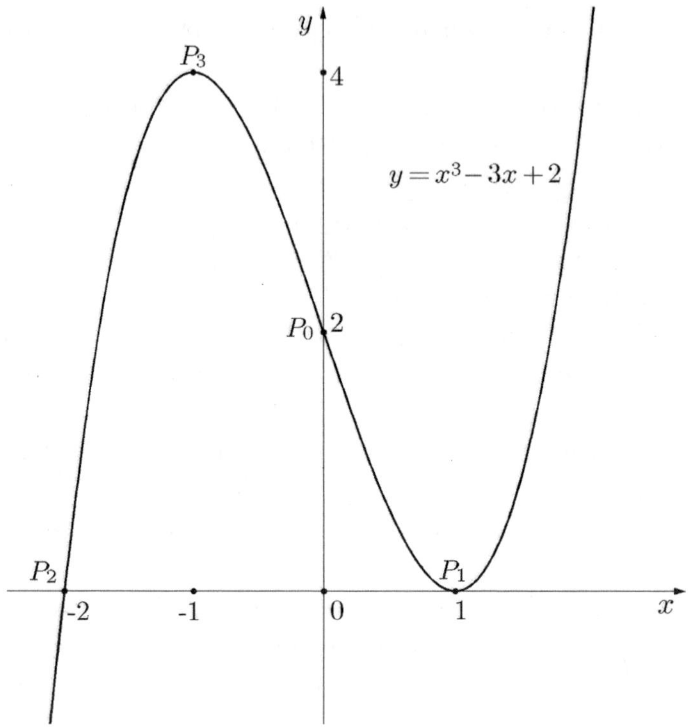

Figura 3.45 O gráfico da função $f(x) = x^3 - 3x + 2$.

C. Estudo de $f(x) = 4 - 3x^2 - x^3$

1. Domínio e imagem. Como qualquer polinômio cúbico, a função dada tem domínio $X = \mathbb{R}$ e a imagem $Y = \mathbb{R}$.

2. Interseção e sinal. O ponto de interseção com o eixo Oy é $P_0 = (0, 4)$. Para encontrar pontos de interseção com Ox, é necessário resolver a equação $4 - 3x^2 - x^3 = 0$. O polinômio admite a fatoração elementar $4 - 3x^2 - x^3 = (1 - x)(x + 2)^2$ e, portanto, as suas raízes se encontram facilmente: $x = 1$ do primeiro fator e $x = -2$ do segundo (a raiz dupla). Logo, os dois pontos de interseção com Ox são $P_1 = (1, 0)$ e $P_2 = (-2, 0)$.

Usando a forma fatorada é fácil também determinar o sinal do polinômio:
1) se $x < 1$, $x \neq -2$, então $f(x) > 0$;
2) se $x > 1$, então $f(x) < 0$.

3. Limitação. Como a imagem é $Y = \mathbb{R}$, a função é ilimitada inferiormente e superiormente.

4. Paridade. Comparando os valores $f(-1) = 2$ e $f(1) = 0$, concluímos que a função não é par nem impar.

5. Periodicidade. Deixamos a verificação de periodicidade para depois do estudo de monotonia.

6. Monotonia e extremos. Tomamos $x_1 < x_2$ e avaliamos a diferença $D_1 = f(x_2) - f(x_1)$:

$$D_1 = f(x_2) - f(x_1) = 4 - 3x_2^2 - x_2^3 - \left(4 - 3x_1^2 - x_1^3\right) = (x_1 - x_2)(x_2^2 + x_2x_1 + x_1^2 + 3(x_2 + x_1)).$$

O primeiro fator é negativo e a forma do segundo sugere a divisão do domínio em três partes.

1) Se $x_1 < x_2 \leq -2$, então $x_1x_2 > -2x_2$ e $x_1x_2 \geq -2x_1$, donde $2x_1x_2 > -2(x_1 + x_2)$ ou $x_1x_2 + (x_1 + x_2) > 0$. Logo, o segundo fator pode ser avaliado da seguinte maneira: $x_2^2 + x_2x_1 + x_1^2 + 3(x_2 + x_1) = (x_2 - x_1)^2 + 3x_2x_1 + 3(x_2 + x_1) > 0$. Então $D_1 < 0$ e a função decresce estritamente em $(-\infty, -2]$.

2) Se $-2 \leq x_1 < x_2 \leq 0$, então $x_1x_2 \leq -2x_2$ e $x_1x_2 < -2x_1$, donde $x_1x_2 < -(x_1 + x_2)$. Logo, o segundo fator pode ser avaliado da seguinte maneira: $x_2^2 + x_2x_1 + x_1^2 + 3(x_2 + x_1) = x_2^2 + 2x_2 + x_1^2 + 2x_1 + x_2x_1 + (x_2 + x_1) = x_2(x_2 + 2) + x_1(x_1 + 2) + (x_2x_1 + x_2 + x_1) < 0$ (os primeiros dois aditivos são não positivos e o terceiro é negativo). Então, $D_1 > 0$ e a função cresce estritamente em $[-2, 0]$.

3) Se $0 \leq x_1 < x_2$, então $x_2^2 + x_2x_1 + x_1^2 + 3(x_2 + x_1) > 0$ implicando que $D_1 < 0$ e a função decresce estritamente em $[0, +\infty)$.

Disso segue que $x = -2$ é o mínimo local estrito e $x = 0$ é o máximo local estrito (os dois pontos não são extremos globais porque a imagem é ilimitada inferiormente e superiormente).

Outra implicância direta da monotonia é que do decrescimento estrito no intervalo infinito $[0, +\infty)$ segue que $f(x)$ não é periódica.

7. Concavidade e inflexão. Tomamos dois pontos aribtrários $x_1 < x_2$, definimos o ponto médio $x_0 = \frac{x_1+x_2}{2}$ e o incremento $h = x_2 - x_0 = x_0 - x_1 > 0$, e usamos a grandeza $D_2 \equiv f(x_1) + f(x_2) - 2f(x_0)$, para avaliar a diferença entre o valor médio da secante $\frac{f(x_1)+f(x_2)}{2}$ e o valor da função no ponto médio $f(x_0)$. Aproveitando a expressão encontrada para D_1, obtemos:

$$D_2 = f(x_1) + f(x_2) - 2f(x_0) = (f(x_2) - f(x_0)) - (f(x_0) - f(x_1))$$

$$= (x_0 - x_2)(x_2^2 + x_2x_0 + x_0^2 + 3(x_2 + x_0)) - (x_1 - x_0)(x_0^2 + x_0x_1 + x_1^2 + 3(x_0 + x_1))$$

$$= -h\left[x_2^2 - x_1^2 + x_0(x_2 - x_1) + 3(x_2 - x_1)\right] = -2h^2(x_2 + x_1 + x_0 + 3) = -6h^2(x_0 + 1).$$

Portanto, temos os seguintes resultado:

1) no intervalo $(-\infty, -1]$ a concavidade é estrita para cima;

2) no intervalo $[-1, +\infty)$ a concavidade é estrita para baixo.

Logo, o ponto $x = -1$ é o ponto de inflexão.

8. Propriedades complementares. Para valores bastante grandes de $|x|$ o comportamento do polinômio é determinado pelo seu termo principal: $f(x) = 4 - 3x^2 - x^3 \approx -x^3$, o que mostra que a função decresce sem restrição quando $x \to +\infty$ e cresce sem restrição quando $x \to -\infty$, ou seja, $\lim_{x\to+\infty} f(x) = -\infty$ e $\lim_{x\to-\infty} f(x) = +\infty$. Isso implica que a função não tem assíntota horizontal.

Em qualquer ponto do domínio a função é contínua, isto é, $f(x) \to f(x_0)$ quando $x \to x_0$. Assim, nenhuma tendência infinita nos pontos do domínio $X = \mathbb{R}$ é observada, o que significa que não há assíntotas verticais.

9. Usando as propriedades investigadas e marcando alguns pontos importantes, como $P_0 = (0, 4)$ (interseção com Oy), $P_1 = (1, 0)$ e $P_2 = (-2, 0)$ (interseção com Ox), $P_0 = (0, 4)$ e $P_2 = (-2, 0)$ (extremos locais) e $P_3 = (-1, 2)$ (inflexão) construímos esboço do gráfico mostrado na Fig.3.46.

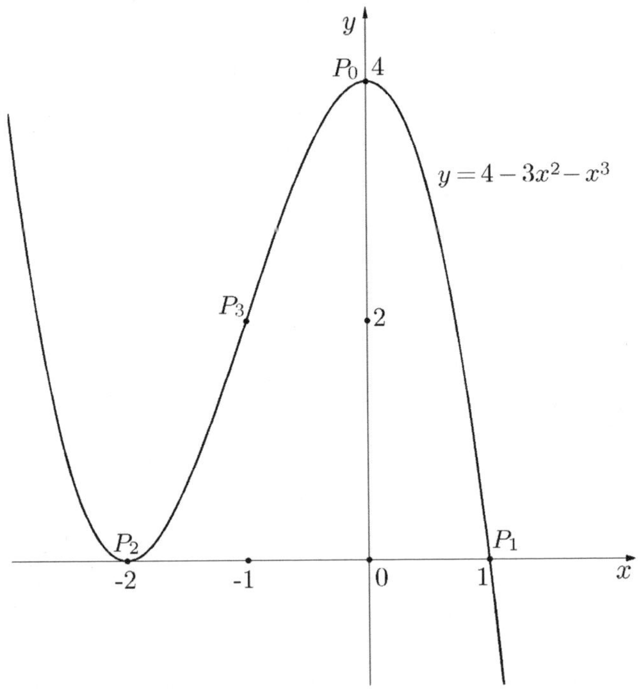

Figura 3.46 O gráfico da função $f(x) = 4 - 3x^2 - x^3$.

D. Estudo de $f(x) = x^4 + x^2 - 2$

1. Domínio e imagem. Qualquer função polinomial, inclusive a dada, tem o domínio $X = \mathbb{R}$.

Para determinar a imagem, notamos primeiro que $x^4 + x^2 - 2 \geq -2$; logo, a imagem Y é contida no intervalo $[-2, +\infty)$. Para mostrar que qualquer ponto desse intervalo pertence à imagem, resolvemos a equação $y = x^4 + x^2 - 2$ em relação à incógnita x para qualquer $y \geq -2$ dado. Reescrevemos a equação na forma $(x^2 + \frac{1}{2})^2 - \frac{9}{4} = y$ ou $(x^2 + \frac{1}{2})^2 = y + \frac{9}{4}$ com a parte direita positiva, donde $x^2 = \sqrt{y + \frac{9}{4}} - \frac{1}{2}$. Notamos que a última direita é não negativa para $y \geq -2$ e encontramos a solução $x = \pm\sqrt{\sqrt{y + \frac{9}{4}} - \frac{1}{2}}$. Assim, a qualquer $y \geq -2$ corresponde pelo menos um x do domínio tal que a função transforma esse x em y dado, ou seja, $Y = [-2, +\infty)$.

2. Interseção e sinal. O ponto de interseção com o eixo Oy é $P_0 = (0, -2)$. Para encontrar pontos de interseção com Ox, é necessário resolver a equação bi-quadrática $(x^2 + \frac{1}{2})^2 - \frac{9}{4} = 0$. Resolvendo da mesma maneira como na determinação da imagem, encontramos $x = \pm\sqrt{\sqrt{\frac{9}{4}} - \frac{1}{2}} = \pm 1$. Assim, temos os dois pontos de interseção: $P_1 = (-1, 0)$ e $P_2 = (1, 0)$.

Usando a forma fatorada $f(x) = (x^2 - 1)(x^2 + 2)$ é fácil de ver que:
1) se $x < -1$, então $f(x) > 0$;
2) se $-1 < x < 1$, então $f(x) < 0$;
3) se $x > 1$, então $f(x) > 0$.

3. Limitação. Como a imagem é $Y = [-2, +\infty)$, a função é limitada inferiormente e é ilimitada superiormente.

4. Paridade. Da relação $f(-x) = (-x)^4 + (-x)^2 - 2 = x^4 + x^2 - 2 = f(x)$, $\forall x \in \mathbb{R}$ segue que a função é par e o seu gráfico é simétrico em relação ao eixo Oy.

5. Periodicidade. Deixamos a verificação de periodicidade para depois de estudo de monotonia.

6. Monotonia e extremos. Como a função é par, podemos realizar o estudo de monotonia somente para os valores $x \geq 0$, completando a parte negativa no final, pela propriedade da simetria.

Tomamos $0 \leq x_1 < x_2$ e avaliamos a diferença $D_1 = f(x_2) - f(x_1)$:

$$D_1 = f(x_2) - f(x_1) = (x_2^4 + x_2^2 - 2) - \left(x_1^4 + x_1^2 - 2\right) = (x_2^4 - x_1^4) + (x_2^2 - x_1^2)$$

$$= (x_2^2 - x_1^2)(x_2^2 + x_1^2) + (x_2^2 - x_1^2) = (x_2^2 - x_1^2)(x_2^2 + x_1^2 + 1).$$

Na última expressão, os dois fatores são positivos e, portanto, a função cresce esritamente no intervalo $[0, +\infty)$.

Estendendo o resultado obtido de acordo com a paridade da função, obtemos as seguintes propriedades de monotonia e extremos:
1) $f(x)$ decresce estritamente no intervalo $(-\infty, 0]$;

2) $f(x)$ cresce estritamente no intervalo $[0, +\infty)$.
Consequentemente, o ponto $x = 0$ é o mínimo local e global da função.

Do crescimento estrito no intervalo infinito $[0, +\infty)$ segue que $f(x)$ não é periódica.

7. Concavidade e inflexão. Tomamos dois pontos arbitrários $x_1 < x_2$, definimos o ponto médio $x_0 = \frac{x_1+x_2}{2}$ e o incremento $h = x_2 - x_0 = x_0 - x_1 > 0$, e usamos a grandeza $D_2 \equiv f(x_1) + f(x_2) - 2f(x_0)$, para avaliar a diferença entre o valor médio da secante $\frac{f(x_1)+f(x_2)}{2}$ e o valor da função no ponto médio $f(x_0)$. Aproveitando a expressão encontrada para D_1, temos:

$$
\begin{aligned}
D_2 = f(x_1) + f(x_2) - 2f(x_0) &= (f(x_2) - f(x_0)) - (f(x_0) - f(x_1)) \\
&= (x_2^2 - x_0^2)(x_2^2 + x_0^2 + 1) - (x_0^2 - x_1^2)(x_0^2 + x_1^2 + 1) \\
&= h(x_2 + x_0)\left(x_2^2 + x_0^2 + 1\right) - h(x_0 + x_1)\left(x_0^2 + x_1^2 + 1\right) \\
&= h\left[(2x_0 + h)\left((x_0 + h)^2 + x_0^2 + 1\right) - (2x_0 - h)\left(x_0^2 + (x_0 - h)^2 + 1\right)\right] \\
&= h\Big[2x_0\left((x_0+h)^2+x_0^2+1-x_0^2-(x_0-h)^2-1\right) \\
&\quad + h\left((x_0+h)^2+x_0^2+1+x_0^2+(x_0-h)^2+1\right)\Big] \\
&= h\left[2x_0 \cdot 4x_0h + h\left(4x_0^2 + 2h^2 + 2\right)\right] = 2h^2(6x_0^2 + h^2 + 1).
\end{aligned}
$$

Ambos os fatores são positivos e, por isso, a função tem concavidade estrita voltada para cima em todo o seu domínio $X = \mathbb{R}$ e não possui pontos de inflexão.

8. Propriedades complementares. Para os valores bastante grandes de $|x|$, o comportamento do polinômio é determinado pelo seu termo principal: $f(x) = x^4 + x^2 - 2 \approx x^4$, donde segue que a função cresce sem restrição quando $x \to \pm\infty$. Isso implica que a função não tem assíntota horizontal.

Em qualquer ponto do domínio $f(x) \to f(x_0)$ quando $x \to x_0$. Assim, nenhuma tendência infinita nos pontos do domínio $X = \mathbb{R}$ é observada, o que significa que não há assíntotas verticais.

9. Usando as propriedades investigadas e marcando alguns pontos importantes, como $P_0 = (0, -2)$ (interseção com Oy e mínimo global), $P_1 = (-1, 0)$, $P_2 = (1, 0)$ (interseção com Ox), construímos esboço do gráfico mostrado na Fig.3.47.

E. Estudo de $f(x) = x^4 - 5x^2 + 4$

1. Domínio e imagem. Qualquer função polinomial, incluindo a dada, está definida em todos os reais, ou seja, $X = \mathbb{R}$.

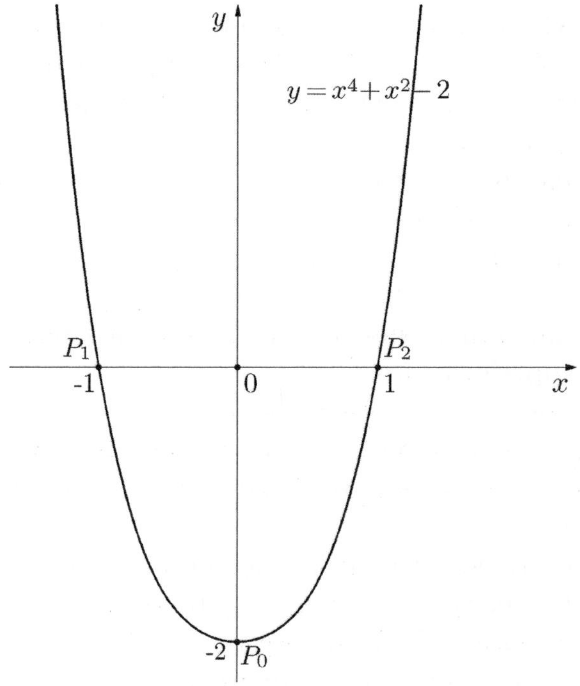

Figura 3.47 O gráfico da função $f(x) = x^4 + x^2 - 2$.

Para determinar a imagem, representamos a função na forma $f(x) = (x^2 - \frac{5}{2})^2 - \frac{9}{4}$. Isso evidencia que $f(x) \geq -\frac{9}{4}$ e que os menores valores $f(x)$ assume nos pontos $x = \pm\sqrt{\frac{5}{2}}$: $f(\pm\sqrt{\frac{5}{2}}) = -\frac{9}{4}$. Logo, a imagem Y é contida no intervalo $[-\frac{9}{4}, +\infty)$. Para mostrar que qualquer ponto desse intervalo pertence à imagem, precisamos resolver a equação bi-quadrática $y = (x^2 - \frac{5}{2})^2 - \frac{9}{4}$ em relação à incógnita x para qualquer $y \geq -\frac{9}{4}$ dado. Reescrevemos a equação na forma $(x^2 - \frac{5}{2})^2 = y + \frac{9}{4}$ e ainda $x^2 - \frac{5}{2} = \pm\sqrt{y + \frac{9}{4}}$ ou $x^2 = \frac{5}{2} \pm \sqrt{y + \frac{9}{4}}$. Para evitar situações não resolvíveis quando o lado direito fica negativo, escolhemos somente raiz com sinal positivo e temos então a solução $x = \pm\sqrt{\frac{5}{2} + \sqrt{y + \frac{9}{4}}}$. Assim, a qualquer $y \geq -\frac{9}{4}$ corresponde pelo menos um x do domínio (na realidade, temos pelo menos dois) que a função transforma em y dado. Portanto, $Y = [-\frac{9}{4}, +\infty)$.

2. Interseção e sinal. O ponto de interseção com o eixo Oy é $P_0 = (0, 4)$. Para encontrar pontos de interseção com Ox, é necessário resolver a equação bi-quadrática $(x^2 - \frac{5}{2})^2 - \frac{9}{4} = 0$. Resolvendo da mesma maneira como na determinação da imagem, encontramos, primeiro, $x^2 = \frac{5}{2} \pm \frac{3}{2}$. Aqui, o lado direito é positivo em ambos os casos e, portanto, encontramos as quatro raízes $x = \pm\sqrt{\frac{5}{2} \pm \frac{3}{2}}$, isto

é, $x = -2, -1, 1, 2$. Os pontos correspondentes onde o gráfico intercepta o eixo Ox são $P_1 = (-2, 0)$, $P_2 = (-1, 0)$, $P_3 = (1, 0)$ e $P_4 = (2, 0)$.

Usando a forma $f(x) = (x^2 - 1)(x^2 - 4)$ é fácil verificar o sinal do polinômio:
1) se $x < -2$, então $f(x) > 0$;
2) se $-2 < x < -1$, então $f(x) < 0$;
3) se $-1 < x < 1$, então $f(x) > 0$;
4) se $1 < x < 2$, então $f(x) < 0$;
5) se $x > 2$, então $f(x) > 0$.

3. Limitação. Como a imagem é $Y = [-\frac{9}{4}, +\infty)$, a função é limitada inferiormente e é ilimitada superiormente.

4. Paridade. Como $f(-x) = (-x)^4 - 5(-x)^2 + 4 = x^4 - 5x^2 + 4 = f(x)$, $\forall x \in \mathbb{R}$, então a função é par e o seu gráfico é simétrico em relação ao eixo Oy.

5. Periodicidade. Deixamos a verificação de periodicidade para depois do estudo de monotonia.

6. Monotonia e extremos. Como a função é par, podemos realizar o estudo de monotonia somente para os valores $x \geq 0$, completando a parte negativa posteriormente pela propriedade da simetria.

Tomamos $0 \leq x_1 < x_2$ e avaliamos a diferença $D_1 = f(x_2) - f(x_1)$:

$$D_1 = f(x_2) - f(x_1) = (x_2^4 - 5x_2^2 + 4) - \left(x_1^4 - 5x_1^2 + 4\right) = (x_2^4 - x_1^4) - 5(x_2^2 - x_1^2)$$
$$= (x_2^2 - x_1^2)(x_2^2 + x_1^2) - 5(x_2^2 - x_1^2) = (x_2^2 - x_1^2)(x_2^2 + x_1^2 - 5).$$

Na última expressão, o primeiro fator é positivo e, então, o sinal de D_1 depende só do segundo fator. A partir da forma desse fator fica claro que seu sinal é bem determinado nas duas regiões: no intervalo $[0, \sqrt{\frac{5}{2}}]$ e no intervalo $[\sqrt{\frac{5}{2}}, +\infty)$. No primeiro intervalo, $x_2 \leq \sqrt{\frac{5}{2}}$ e, portanto, $x_2^2 + x_1^2 - 5 < 0$, enquanto no segundo, $x_1 \geq \sqrt{\frac{5}{2}}$ e, por isso, $x_2^2 + x_1^2 - 5 > 0$. Consequentemente, no intervalo $[0, \sqrt{\frac{5}{2}}]$ temos $D_1 < 0$ e $f(x)$ estritamente decrescente, e no intervalo $[\sqrt{\frac{5}{2}}, +\infty)$ temos $D_1 > 0$ e $f(x)$ estritamente crescente.

A propriedade de simetria de funções pares permite estender os resultados obtidos no domínio inteiro:
1) $f(x)$ decresce estritamente no intervalo $(-\infty, -\sqrt{\frac{5}{2}}]$;
2) $f(x)$ cresce estritamente no intervalo $[-\sqrt{\frac{5}{2}}, 0]$;
3) $f(x)$ decresce estritamente no intervalo $[0, \sqrt{\frac{5}{2}}]$;
4) $f(x)$ cresce estritamente no intervalo $[\sqrt{\frac{5}{2}}, +\infty)$.

Consequentemente, os pontos $x = \pm\sqrt{\frac{5}{2}}$ são mínimos locais e globais estritos, enquanto o ponto $x = 0$ é o máximo local estrito (mas não global).

O crescimento estrito no intervalo infinito $[\sqrt{\frac{5}{2}}, +\infty)$ garante que $f(x)$ não pode ser periódica.

7. Concavidade e inflexão. Vamos começar com o estudo de concavidade no intervalo $[0, +\infty)$.

Tomamos dois pontos arbitrários $0 \leq x_1 < x_2$, definimos o ponto médio $x_0 = \frac{x_1+x_2}{2}$ e o incremento $h = x_2 - x_0 = x_0 - x_1 > 0$, e usamos a grandeza $D_2 \equiv f(x_1) + f(x_2) - 2f(x_0)$, para avaliar a diferença entre o valor médio da secante $\frac{f(x_1)+f(x_2)}{2}$ e o valor da função no ponto médio $f(x_0)$. Aproveitando a expressão encontrada para D_1, temos:

$$
\begin{aligned}
D_2 = f(x_1) + f(x_2) - 2f(x_0) &= (f(x_2) - f(x_0)) - (f(x_0) - f(x_1)) \\
&= (x_2^2 - x_0^2)\left(x_2^2 + x_0^2 - 5\right) - (x_0^2 - x_1^2)\left(x_0^2 + x_1^2 - 5\right) \\
&= h(x_2 + x_0)\left(x_2^2 + x_0^2 - 5\right) - h(x_0 + x_1)\left(x_0^2 + x_1^2 - 5\right) \\
&= h\left[(2x_0 + h)\left((x_0 + h)^2 + x_0^2 - 5\right) - (2x_0 - h)\left(x_0^2 + (x_0 - h)^2 - 5\right)\right] \\
&= h\left[2x_0\left((x_0 + h)^2 + x_0^2 - 5 - x_0^2 - (x_0 - h)^2 + 5\right)\right. \\
&\quad \left.+h\left((x_0 + h)^2 + x_0^2 - 5 + x_0^2 + (x_0 - h)^2 - 5\right)\right] \\
&= h\left[2x_0 \cdot 4x_0 h + h\left(4x_0^2 + 2h^2 - 10\right)\right] = 2h^2(6x_0^2 + h^2 - 5).
\end{aligned}
$$

A escolha de x_0 determina o sinal do segundo fator e a divisão ocorre nos pontos $6x_0^2 = 5$, ou seja, $x_0 = \pm\sqrt{\frac{5}{6}}$. Como trabalhamos com x não negativos, temos o único ponto $x_0 = \sqrt{\frac{5}{6}}$. Então, no intervalo $[0, \sqrt{\frac{5}{6}}]$ temos $x_2 \leq \sqrt{\frac{5}{6}}$ ou $x_0 + h \leq \sqrt{\frac{5}{6}}$, o que implica em $(x_0 + h)^2 \leq \frac{5}{6}$ ou $x_0^2 + h^2 \leq \frac{5}{6} - 2x_0 h$ e, portanto, $6x_0^2 + h^2 < 5$. Nesse caso, o segundo fator é negativo e, portanto, $D_2 < 0$ o que significa que $f(x)$ é côncava para baixo em $[0, \sqrt{\frac{5}{6}}]$. No intervalo $[\sqrt{\frac{5}{6}}, +\infty)$ temos $x_1 \geq \sqrt{\frac{5}{6}}$ e então $x_0 > \sqrt{\frac{5}{6}}$ e $6x_0^2 > 5$. Logo, o segundo fator é positivo e, portanto, $D_2 > 0$ o que mostra que $f(x)$ é côncava para cima em $[\sqrt{\frac{5}{6}}, +\infty)$.

Estendendo esses resultados para o domínio inteiro, obtemos:

1) $f(x)$ é côncava para cima em $(-\infty, -\sqrt{\frac{5}{6}}]$;

2) $f(x)$ é côncava para baixo em $[-\sqrt{\frac{5}{6}}, \sqrt{\frac{5}{6}}]$;

3) $f(x)$ é côncava para cima em $[\sqrt{\frac{5}{6}}, +\infty)$.

Notamos que a concavidade para cima no intervalo $(-\infty, -\sqrt{\frac{5}{6}}]$ é a consequência da concavidade para cima no intervalo $[\sqrt{\frac{5}{6}}, +\infty)$ e da paridade da função. Por outro lado, a concavidade para baixo em todo o intervalo $[-\sqrt{\frac{5}{6}}, \sqrt{\frac{5}{6}}]$ é garantida pela Propriedade 3 (seção 4.1) devido à concavidade para baixo nos intervalos $[-\sqrt{\frac{5}{6}}, 0]$ e $[0, \sqrt{\frac{5}{6}}]$ (de acordo com a paridade da função) e do fato de que $x = 0$ é o máximo local.

Como a função muda o tipo de concavidade nos pontos $x = \pm\sqrt{\frac{5}{6}}$, esses dois são pontos de inflexão.

8. Propriedades complementares. Para os valores bastante grandes de $|x|$ o comportamento do polinômio é determinado pelo seu termo principal: $f(x) = x^4 - 5x^2 + 4 \approx x^4$, o que implica que a função cresce sem restrição quando $x \to \pm\infty$. Consequentemente, a função não tem assíntota horizontal.

Em qualquer ponto do domínio $f(x) \to f(x_0)$ quando $x \to x_0$. Assim, nenhuma tendência infinita nos pontos do domínio $X = \mathbb{R}$ é observada, o que significa que não há assíntotas verticais.

9. Usando as propriedades investigadas e marcando alguns pontos importantes, como $P_0 = (0, 4)$ (interseção com Oy e máximo local), $P_1 = (-2, 0)$, $P_2 = (-1, 0)$, $P_3 = (1, 0)$ e $P_4 = (2, 0)$ (interseção com Ox), $P_5 = (-\sqrt{\frac{5}{2}}, -\frac{9}{4})$ e $P_6 = (\sqrt{\frac{5}{2}}, -\frac{9}{4})$ (mínimos locais e globais), $P_7 = (-\sqrt{\frac{5}{6}}, \frac{19}{36})$ e $P_8 = (\sqrt{\frac{5}{6}}, \frac{19}{36})$ (pontos de inflexão), construímos esboço do gráfico mostrado na Fig.3.48.

Estudo de funções racionais

A. Estudo de $f(x) = \frac{1-x^2}{x}$

1. Domínio e imagem. Qualquer função racional é definida em todos os pontos onde seu denominador não se anula. Para função em consideração isso significa que o domínio é $X = \mathbb{R}\backslash\{0\}$.

Para determinar a imagem, vamos verificar quando a equação $\frac{1-x^2}{x} = y$ para incógnita x tem soluções. Reescrevendo a última na forma canônica de uma equação quadrática $x^2 + yx - 1 = 0$, encontramos suas soluções na forma $x = \frac{1}{2}(-y \pm \sqrt{y^2 + 4})$. Então, raízes reais diferentes de 0 (isto é, do domínio da função) existem para qualquer y real. Assim, a imagem da função é $Y = \mathbb{R}$.

2. Interseção e sinal. Não tem ponto de interseção com o eixo Oy uma vez que $x = 0$ não pertence ao domínio. Os pontos de interseção com Ox são $P_1 = (-1, 0)$ e $P_2 = (1, 0)$.

O sinal da função é facilmente determinado:

1) se $x \in (-\infty, -1)$, então $f(x) > 0$;
2) se $x \in (-1, 0)$, então $f(x) < 0$;
3) se $x \in (0, 1)$, então $f(x) > 0$;
4) se $x \in (1, +\infty)$, então $f(x) < 0$.

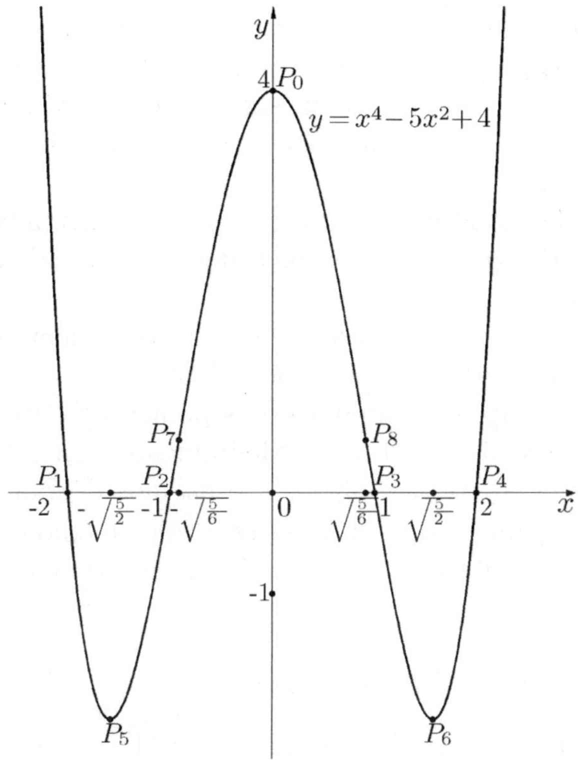

Figura 3.48 O gráfico da função $f(x) = x^4 - 5x^2 + 4$.

3. Limitação. Como a imagem é $Y = \mathbb{R}$, a função é ilimitada inferiormente e superiormente.

4. Paridade. Como $f(-x) = \frac{1-(-x)^2}{-x} = -\frac{1-x^2}{x} = -f(x)$, $\forall x \in X$, então a função é ímpar e o seu gráfico é simétrico em relação à origem. Por essa razão, poderiamos continuar com estudo somente dos valores $x > 0$. No entanto, devido à simplicidade de investigação dessa função, mantemos a consideração de todo o seu domínio.

5. Periodicidade. Deixamos a verificação de periodicidade para depois de estudo de monotonia.

6. Monotonia e extremos. Tomamos $x_1 < x_2$ e avaliamos a diferença $D_1 = f(x_2) - f(x_1)$:

$$D_1 = f(x_2) - f(x_1) = \frac{1-x_2^2}{x_2} - \frac{1-x_1^2}{x_1} = \frac{x_1 - x_1x_2^2 - (x_2 - x_2x_1^2)}{x_2x_1} = (x_1 - x_2) \cdot \frac{1+x_1x_2}{x_1x_2}.$$

No lado direito, o primeiro fator sempre é negativo e, portanto, o sinal de D_1 depende só do segundo fator. Conforme divisão do domínio em duas partes, analisamos separadamente o comportamento no intervalo $(-\infty, 0)$ e em $(0, +\infty)$. Nos dois o produto $x_1x_2 > 0$ e, por isso, o segundo fator é positivo. Portanto, em cada um dos dois intervalos $D_1 < 0$ o que significa que $f(x)$ decresce estritamente em $(-\infty, 0)$ e em $(0, +\infty)$. Notamos que a função não decresce em todo o seu domínio (por exemplo, $f(-1) = 0 < \frac{3}{2} = f(\frac{1}{2})$).

Da propriedade de monotonia segue que não há extremos de qualquer tipo (locais ou globais, estritos ou não), porque todos os pontos do domínio são pontos de decrescimento estrito.

Outra consequência de monotonia é que o decrescimento estrito no intervalo infinito $(0, +\infty)$ implica que $f(x)$ não é periódica.

7. Concavidade e inflexão. Tomamos dois pontos arbitrários $x_1 < x_2$ em um dos dois intervalos $(-\infty, 0)$ ou $(0, +\infty)$, definimos o ponto médio $x_0 = \frac{x_1+x_2}{2}$ e o incremento $h = x_2 - x_0 = x_0 - x_1 > 0$, e usamos a grandeza $D_2 \equiv f(x_1) + f(x_2) - 2f(x_0)$, para avaliar a diferença entre o valor médio da secante $\frac{f(x_1)+f(x_2)}{2}$ e o valor da função no ponto médio $f(x_0)$. Aproveitando a expressão encontrada para D_1, temos:

$$D_2 = f(x_1) + f(x_2) - 2f(x_0) = (f(x_2) - f(x_0)) - (f(x_0) - f(x_1))$$

$$= (x_0 - x_2)\frac{1 + x_0x_2}{x_0x_2} - (x_1 - x_0)\frac{1 + x_1x_0}{x_1x_0} = -h\frac{(1 + x_0x_2)x_1 - (1 + x_1x_0)x_2}{x_0x_2x_1}$$

$$= -h\frac{x_1 - x_2}{x_0x_2x_1} = \frac{2h^2}{x_1x_0x_2}.$$

O numerador sempre é positivo e o denominador tem sinal diferente em $(-\infty, 0)$ e em $(0, +\infty)$: se $x_2 < 0$, então $x_1x_0x_2 < 0$ e $D_2 < 0$, enquanto se $x_1 > 0$, então $x_1x_0x_2 > 0$ e $D_2 > 0$. Logo, $f(x)$ é côncova estritamente para baixo em $(-\infty, 0)$ e estritamente para cima em $(0, +\infty)$.

Embora a função tenha concavidade diferente à esquerda e à direita de 0, esse ponto não é de inflexão, uma vez que ele não pertence ao domínio.

8. Propriedades complementares. Para os valores bastante grandes de $|x|$, o comportamento da função racional é determinado pelos termos principais dos polinômios do numerador e do denominador: $f(x) = \frac{1-x^2}{x} \approx \frac{-x^2}{x} = -x$. Isso mostra que a função cresce sem restrição quando $x \to -\infty$ e decresce sem restrição quando $x \to +\infty$. Consequentemente, não existe assíntota horizontal.

Em qualquer ponto do domínio $f(x) \to f(x_0)$ quando $x \to x_0$. Assim, nenhuma tendência infinita nos pontos do domínio X é observada. O único ponto restante, a origem, não pertence ao domínio, mas pode ser aproximado pelos pontos do domínio. Avaliando o comportamento de $f(x)$ quando x tende a 0, notamos que $f(x) = \frac{1-x^2}{x} \approx \frac{1}{x}$. Então, a função tende a $-\infty$ quando x aproxima de 0 à esquerda e tende a $+\infty$ quando x aproxima de 0 à direita. Logo, $x = 0$ é a assíntota vertical.

9. Com base nas propriedades investigadas e com marcação de alguns pontos importantes, como $P_1 = (-1, 0)$ e $P_2 = (1, 0)$ (interseção com Ox), e com uso de simetria em relação à origem, construímos esboço do gráfico mostrado na Fig.3.49.

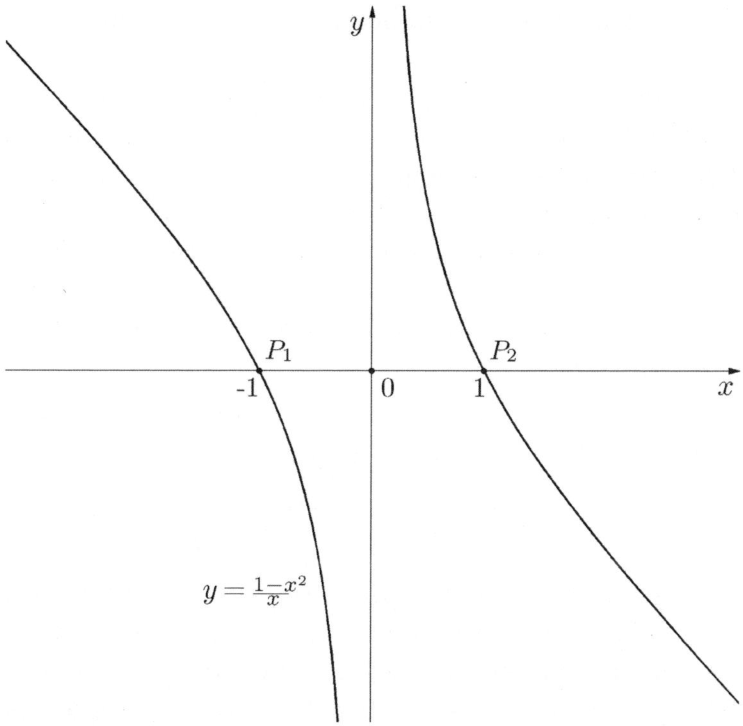

Figura 3.49 O gráfico da função $f(x) = \frac{1-x^2}{x}$.

B. Estudo de $f(x) = \frac{x}{1-x^2}$

1. Domínio e imagem. Qualquer função racional é definida em todos os pontos onde seu denominador não se anula. Para função em consideração isso significa que o domínio é $X = \mathbb{R} \backslash \{-1, 1\}$.

Para determinar a imagem, vamos verificar quando a equação $\frac{x}{1-x^2} = y$ para incógnita x tem soluções. Reescrevendo a última na forma canônica de uma equação quadrática $yx^2 + x - y = 0$ e assumindo, no momento, que $y \neq 0$, encontramos suas soluções na forma $x = \frac{1}{2y}(-1 \pm \sqrt{1 + 4y^2})$. Notamos que $x = \pm 1$ não são soluções, porque a equação quadrática se torna uma relação falsa $y + 1 - y = 0$ para $x = 1$ e $y - 1 - y = 0$ para $x = -1$. Então, para qualquer $y \neq 0$ existe pelo menos um x do domínio ($x \neq \pm 1$) tal que $f(x) = y$. Para $y = 0$

temos que voltar à equação original $\frac{x}{1-x^2} = y$ e obtemos solução $x = 0$ (também do domínio da função). Assim, a imagem da função é $Y = \mathbb{R}$.

2. Interseção e sinal. O ponto de interseção com o eixo Oy é $P_0 = (0, 0)$ e ele também é o ponto de interseção com Ox. Não há outros pontos de interseção com Ox uma vez que a equação $\frac{x}{1-x^2} = 0$ tem uma única solução $x = 0$.

O sinal da função é mais simples determinar depois do estudo de monotonia.

3. Limitação. A imagem $Y = \mathbb{R}$ indica que a função é ilimitada inferiormente e superiormente.

4. Paridade. Como $f(-x) = \frac{-x}{1-(-x)^2} = -\frac{x}{1-x^2} = -f(x)$, $\forall x \in X$, então a função é ímpar e o seu gráfico é simétrico em relação à origem. Por essa razão, podemos continuar com estudo somente dos valores $x \geq 0$, $x \neq 1$ completando a parte negativa posteriormente pela propriedade da simetria.

5. Periodicidade. Deixamos a verificação de periodicidade para depois do estudo de monotonia.

6. Monotonia e extremos. Tomamos $0 \leq x_1 < x_2$, $x_1, x_2 \neq 1$ e avaliamos a diferença $D_1 = f(x_2) - f(x_1)$:

$$D_1 = f(x_2) - f(x_1) = \frac{x_2}{1 - x_2^2} - \frac{x_1}{1 - x_1^2} = \frac{x_2 - x_1^2 x_2 - (x_1 - x_1 x_2^2)}{(1 - x_1^2)(1 - x_2^2)}$$

$$= (x_2 - x_1) \cdot \frac{1 + x_1 x_2}{(1 - x_1^2)(1 - x_2^2)}.$$

No lado direito, o primeiro fator sempre é positivo e, portanto, o sinal de D_1 depende só do segundo fator. O seu numerador sempre é positivo, mas os termos do denominador têm sinal diferente nos intervalos $[0, 1)$ e $(1, +\infty)$. No primeiro, temos $x_1 < x_2 < 1$ e então $1 - x_1^2 > 0$ e $1 - x_2^2 > 0$, o que resulta em sinal positivo do segundo fator. No segundo, temos $1 < x_1 < x_2$ e então $1 - x_1^2 < 0$, $1 - x_2^2 < 0$, o que de novo dá o sinal positivo. Assim, em ambos os intervalos $[0, 1)$ e $(1, +\infty)$ temos $D_1 > 0$ o que significa o crescimento estrito de $f(x)$ em $[0, 1)$ e $(1, +\infty)$. Notamos que a função não cresce em $[0, 1) \cup (1, +\infty)$ (por exemplo, $f(\frac{1}{2}) = \frac{2}{3} > -\frac{2}{3} = f(2)$).

Do crescimento estrito no intervalo infinito $(1, +\infty)$ segue imediatamente que $f(x)$ não é periódica.

7. Concavidade e inflexão. Tomamos dois pontos arbitrários $0 \leq x_1 < x_2$, ambos pertencendo a um dos intervalos $(0, 1)$ ou $(1, +\infty)$, definimos o ponto médio $x_0 = \frac{x_1+x_2}{2}$ e o incremento $h = x_2 - x_0 = x_0 - x_1 > 0$, e usamos a grandeza $D_2 \equiv f(x_1) + f(x_2) - 2f(x_0)$, para avaliar a diferença entre o valor médio da secante $\frac{f(x_1)+f(x_2)}{2}$ e o valor da função no ponto médio $f(x_0)$. Aproveitando a expressão encontrada para D_1, temos:

$$D_2 = f(x_1) + f(x_2) - 2f(x_0) = (f(x_2) - f(x_0)) - (f(x_0) - f(x_1))$$

$$= (x_2 - x_0) \cdot \frac{1 + x_0 x_2}{(1 - x_0^2)(1 - x_2^2)} - (x_0 - x_1) \cdot \frac{1 + x_1 x_0}{(1 - x_1^2)(1 - x_0^2)}$$

$$= h\frac{(1 + x_0 x_2)(1 - x_1^2) - (1 + x_1 x_0)(1 - x_2^2)}{(1 - x_0^2)(1 - x_2^2)(1 - x_1^2)}$$

$$= h\frac{x_0 x_2 - x_0 x_1 + x_2^2 - x_1^2 + x_1 x_0 x_2^2 - x_0 x_2 x_1^2}{(1 - x_0^2)(1 - x_2^2)(1 - x_1^2)} = 2h^2\frac{x_0 + x_2 + x_1 + x_1 x_0 x_2}{(1 - x_0^2)(1 - x_2^2)(1 - x_1^2)}.$$

O numerador sempre é positivo e o denominador tem sinal diferente em $[0,1)$ e em $[1,+\infty)$: se $x_2 < 1$, então $(1 - x_0^2)(1 - x_2^2)(1 - x_1^2) > 0$ e $D_2 > 0$, enquanto se $x_1 > 1$, então $(1 - x_0^2)(1 - x_2^2)(1 - x_1^2) < 0$ e $D_2 < 0$. Logo, $f(x)$ é côncova estritamente para cima em $[0,1)$ e estritamente para baixo em $(1,+\infty)$.

Embora a função tenha concavidade diferente à esquerda e à direita de 1, esse ponto não é de inflexão, pois ele não pertence ao domínio.

6-7. Estendendo os resultados obtidos de acordo com a imparidade da função, obtemos as seguintes propriedades de monotonia:
1) $f(x)$ cresce estritamente no intervalo $(-\infty,-1)$;
2) $f(x)$ cresce estritamente no intervalo $(-1,1)$;
3) $f(x)$ cresce estritamente no intervalo $(1,+\infty)$.
(Notamos que $f(x)$ não cresce em todo o seu domínio.) Consequentemente, não há pontos mínimos locais e globais, estritos ou não (os pontos $x = \pm 1$ ficam fora do domínio).

Da monotonia da função segue, também, que $f(x) > 0$ nos intervalos $(-\infty,-1)$ e $(0,1)$ e que $f(x) < 0$ nos intervalos $(-1,0)$ e $(1,+\infty)$.

De maneira semelhante, estendemos os resultados de concavidade:
1) $f(x)$ é côncava para cima em $(-\infty,-1)$;
2) $f(x)$ é côncava para baixo em $(-1,0]$;
3) $f(x)$ é côncava para cima em $[0,1)$;
4) $f(x)$ é côncava para baixo em $(1,+\infty)$.
Consequentemente, há um único ponto de inflexão $x = 0$ (os pontos $x = \pm 1$ ficam fora do domínio).

8. Propriedades complementares. Para os valores bastante grandes de $|x|$, o comportamento da função racional é determinado pelos termos principais do numerador e do denominador: $f(x) = \frac{x}{1-x^2} \approx \frac{x}{-x^2} = -\frac{1}{x}$. Isso mostra que a função converge para 0 quando $x \to \pm\infty$ e, consequentemente, a reta $y = 0$ é a única assíntota horizontal.

Em qualquer ponto do domínio $f(x) \to f(x_0)$ quando $x \to x_0$. Assim, nenhuma tendência infinita nos pontos do domínio X é observada e, consequentemente, não há assíntota vertical passando por algum ponto do domínio. Os únicos pontos restantes são $x = \pm 1$, fora do domínio. Perto do ponto 1 a função pode ser avaliada na forma $f(x) = \frac{x}{1-x^2} \approx \frac{1}{2(1-x)}$. Isso implica que $f(x)$ tende a $+\infty$ quando x aproxima de 1 à esquerda e tende a $-\infty$ quando x aproxima de 1 à direita. O mesmo ocorre na tendência de x a -1. Portanto, as retas $x = 1$ e $x = -1$ são assíntotas verticais.

9. Usando propriedades investigadas, marcando alguns pontos importantes, como $P_0 = (0, 0)$ (interseção com Ox e Oy e o ponto de inflexão), $P_1 = (\frac{1}{2}, \frac{2}{3})$ (um ponto com abscissa de $(0, 1)$) e $P_2 = (2, -\frac{2}{3})$ (um ponto com abscissa de $(1, +\infty)$) e aplicando a simetria em relação à origem, construímos esboço do gráfico mostrado na Fig.3.50.

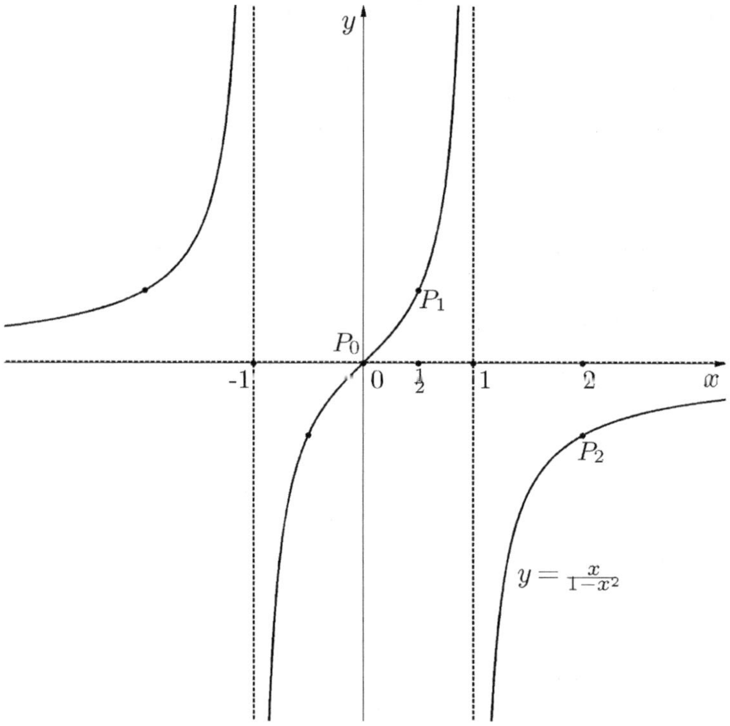

Figura 3.50 O gráfico da função $f(x) = \frac{x}{1-x^2}$.

C. Estudo de $f(x) = \frac{1}{x^2+1}$

1. Domínio e imagem. O denominador dessa função racional sempre é positivo e, por isso, função é definida para todos os reais: $X = \mathbb{R}$.

Como o denominador satisfaz a avaliação $x^2 + 1 \geq 1$, a imagem Y da função contém somente valores positivos e menores que ou iguais a 1. Além disso, para qualquer $y \in (0, 1]$ a equação $\frac{1}{x^2+1} = y$ tem soluções $x = \pm\sqrt{\frac{1}{y} - 1}$ o que mostra que $Y = (0, 1]$.

2. Interseção e sinal. O ponto de interseção com o eixo Oy é $P_0 = (0, 1)$. Não há pontos de interseção com Ox uma vez que a imagem não inclui o ponto $y = 0$.

A função assume somente valores positivos.

3. Limitação. Como a imagem é $Y = (0, 1]$, a função é limitada inferiormente e superiormente.

4. Paridade. A relação $f(-x) = \frac{1}{1+(-x)^2} = \frac{1}{1+x^2} = f(x)$, $\forall x \in X$ mostra que a função é par e o seu gráfico é simétrico em relação ao eixo Oy. Por essa razão, podemos realizar o estudo de monotonia somente para os valores $x \geq 0$, completando a parte negativa pela propriedade da simetria.

5. Periodicidade. Deixamos a verificação de periodicidade para depois do estudo de monotonia.

6. Monotonia e extremos. Tomamos $0 \leq x_1 < x_2$ e avaliamos a diferença $D_1 = f(x_2) - f(x_1)$:

$$D_1 = f(x_2) - f(x_1) = \frac{1}{x_2^2+1} - \frac{1}{x_1^2+1} = \frac{x_1^2 - x_2^2}{(x_2^2+1)(x_1^2+1)} = \frac{x_1 - x_2}{(x_2^2+1)(x_1^2+1)} \cdot (x_1 + x_2).$$

No lado direito, o primeiro fator sempre é negativo e o segundo é positivo para $x_1 \geq 0$. Portanto, $D_1 < 0$ e $f(x)$ decresce estritamente em $[0, +\infty)$.

Estendendo esse resultado de acordo com a paridade da função, obtemos as seguintes propriedades de monotonia e extremos:
1) $f(x)$ cresce estritamente no intervalo $(-\infty, 0]$;
2) $f(x)$ decresce estritamente no intervalo $[0, +\infty)$.
Consequentemente, $x = 0$ é o máximo global e local (estrito). Não há outro extremos da função.

Do decrescimento estrito no intervalo infinito $[0, +\infty)$ segue imediatamente que $f(x)$ não é periódica.

7. Concavidade e inflexão. Tomamos dois pontos arbitrários $x_1 < x_2$, definimos o ponto médio $x_0 = \frac{x_1+x_2}{2}$ e o incremento $h = x_2 - x_0 = x_0 - x_1 > 0$, e usamos a grandeza $D_2 \equiv f(x_1) + f(x_2) - 2f(x_0)$, para avaliar a diferença entre o valor médio da secante $\frac{f(x_1)+f(x_2)}{2}$ e o valor da função no ponto médio $f(x_0)$. Aproveitando a expressão encontrada para D_1, temos:

$$D_2 = f(x_1) + f(x_2) - 2f(x_0) = (f(x_2) - f(x_0)) - (f(x_0) - f(x_1))$$

$$= (x_0 - x_2)\frac{x_0 + x_2}{(x_2^2+1)(x_0^2+1)} - (x_1 - x_0)\frac{x_1 + x_0}{(x_0^2+1)(x_1^2+1)} =$$

$$-h\frac{(x_0 + x_2)(x_1^2+1) - (x_1 + x_0)(x_2^2+1)}{(x_2^2+1)(x_0^2+1)(x_1^2+1)}$$

$$= -h\frac{x_0(x_1^2 - x_2^2) + x_1x_2(x_1 - x_2) + (x_2 - x_1)}{(x_2^2+1)(x_0^2+1)(x_1^2+1)} = 2h^2\frac{x_0(x_1+x_2) + x_1x_2 - 1}{(x_2^2+1)(x_0^2+1)(x_1^2+1)}$$

$$= 2h^2\frac{2x_0^2 + (x_0-h)(x_0+h) - 1}{(x_2^2+1)(x_0^2+1)(x_1^2+1)} = 2h^2\frac{3x_0^2 - h^2 - 1}{(x_2^2+1)(x_0^2+1)(x_1^2+1)}.$$

O denominador sempre é positivo e a última expressão revela que o numerador tem sinal diferente nos pontos onde $3x_0^2 < 1$ e onde $3x_0^2 > 1$, conforme mostrado a seguir.

1) No intervalo $(-\infty, -\frac{1}{\sqrt{3}}]$ temos $x_1 < x_0 < x_2 \le -\frac{1}{\sqrt{3}}$, donde segue que $x_0(x_1 + x_2) > \frac{2}{3}$ e $x_1x_2 > \frac{1}{3}$. Então, $x_0(x_1+x_2) + x_1x_2 - 1 > \frac{2}{3} + \frac{1}{3} - 1 = 0$ e, portanto, $D_2 > 0$ o que significa que $f(x)$ é côncova estritamente para cima.

2) No intervalo $[-\frac{1}{\sqrt{3}}, \frac{1}{\sqrt{3}}]$ temos $-\frac{1}{\sqrt{3}} \le x_1 < x_0 < x_2 \le \frac{1}{\sqrt{3}}$, donde segue que $|x_0(x_1+x_2)| < \frac{2}{3}$ e $|x_1x_2| < \frac{1}{3}$. Então, $x_0(x_1+x_2) + x_1x_2 - 1 < \frac{2}{3} + \frac{1}{3} - 1 = 0$ e, portanto, $D_2 < 0$ o que significa que $f(x)$ é côncova estritamente para baixo.

3) No intervalo $[\frac{1}{\sqrt{3}}, +\infty)$ temos $\frac{1}{\sqrt{3}} \le x_1 < x_0 < x_2$, donde segue que $x_0(x_1+x_2) > \frac{2}{3}$ e $x_1x_2 > \frac{1}{3}$. Então, $x_0(x_1+x_2) + x_1x_2 - 1 > \frac{2}{3} + \frac{1}{3} - 1 = 0$ e, consequentemente, $D_2 > 0$ o que significa que $f(x)$ é côncova estritamente para cima.

De acordo com as propriedades de concavidade, os pontos de inflexão são $x = \pm\frac{1}{\sqrt{3}}$.

8. Propriedades complementares. Para os valores bastante grandes de $|x|$, o comportamento da função racional é determinado pelos termos principais dos polinômios do numerador e do denominador: $f(x) = \frac{1}{x^2+1} \approx \frac{1}{x^2}$. Isso implica que a função converge a 0 quando $x \to \pm\infty$. Consequentemente, a função tem uma única assíntota horizontal $y = 0$.

Em qualquer ponto do domínio $f(x) \to f(x_0)$ quando $x \to x_0$. Assim, nenhuma tendência infinita nos pontos do domínio X é observada. Como o domínio envolve todos os reais, então não há assíntotas verticais.

9. Usando as propriedades investigadas, marcando alguns pontos importantes, como $P_0 = (0,1)$ (interseção com Oy e máximo global), $P_1 = (-\frac{1}{\sqrt{3}}, \frac{3}{4})$ e $P_2 = (\frac{1}{\sqrt{3}}, \frac{3}{4})$ (pontos de inflexão) e aplicando a simetria em relação a Oy, construímos o esboço do gráfico mostrado na Fig.3.51.

D. Estudo de $f(x) = \frac{1}{x^2-1}$

1. Domínio e imagem. Qualquer função racional é definida em todos os pontos onde seu denominador não se anula. Para função em consideração isso significa que o domínio é $X = \mathbb{R}\backslash\{-1, 1\}$.

Para determinar a imagem Y, vamos verificar para os quais valores de y a equação $\frac{1}{x^2-1} = y$ para incógnita x tem soluções. Primeiro, notamos que não existe nenhum x que anula a parte esquerda, ou seja, $y = 0$ fica fora da imagem.

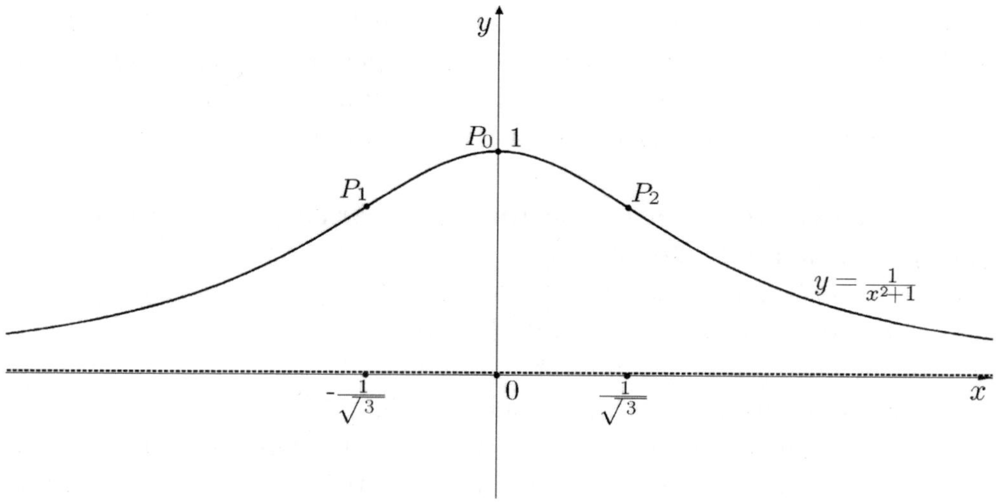

Figura 3.51 O gráfico da função $f(x) = \frac{1}{x^2+1}$.

Para qualquer $y \neq 0$ a equação pode ser escrita na forma equivalente $x^2 - 1 = \frac{1}{y}$ ou $x^2 = \frac{1}{y} + 1$. As soluções existem somente quando $\frac{1}{y} + 1 \geq 0$, ou seja, para $y > 0$ e para $y \leq -1$. Assim, a imagem da função é $Y = (-\infty, -1] \cup (0, +\infty)$.

2. Interseção e sinal. O ponto de interseção com o eixo Oy é $P_0 = (0, -1)$. Não há pontos de interseção com Ox, porque $y = 0$ não pertence à imagem.

O sinal da função depende do denominador: quando $|x| > 1$ ele é positivo e quando $|x| < 1$ é negativo. Então, nos intervalos $(-\infty, -1)$ e $(1, +\infty)$ a função é positiva, enquanto no intervalo $(-1, 1)$ ela é negativa.

3. Limitação. Como a imagem é $Y = (-\infty, -1] \cup (0, +\infty)$, a função é ilimitada inferiormente e superiormente.

4. Paridade. A relação $f(-x) = \frac{1}{(-x)^2-1} = \frac{1}{x^2-1} = f(x)$, $\forall x \in X$ mostra que a função é par e o seu gráfico é simétrico em relação a Oy. Por essa razão, podemos realizar o estudo de monotonia somente para os valores $x \geq 0$, $x \neq 1$, completando a parte negativa pela propriedade da simetria.

5. Periodicidade. Deixamos a verificação de periodicidade para depois de estudo de monotonia.

6. Monotonia e extremos. Tomamos $0 \leq x_1 < x_2$, $x_1, x_2 \neq 1$ e avaliamos a diferença $D_1 = f(x_2) - f(x_1)$:

$$D_1 = f(x_2) - f(x_1) = \frac{1}{x_2^2 - 1} - \frac{1}{x_1^2 - 1} = \frac{(x_1 - x_2)(x_1 + x_2)}{(x_2^2 - 1)(x_1^2 - 1)}.$$

O numerador do último quociente sempre é negativo e, portanto, o sinal de D_1 depende do denominador. Se $x_1 < x_2 < 1$, então $x_1^2 - 1 < 0$ e $x_2^2 - 1 < 0$, o que resulta em sinal positivo do denominador. Se $1 < x_1 < x_2$, então $x_1^2 - 1 > 0$ e $x_2^2 - 1 > 0$, o que de novo resulta em sinal positivo. Assim, em ambos os intervalos $[0, 1)$ e $(1, +\infty)$ temos $D_1 < 0$ o que significa o decrescimento estrito de $f(x)$ em $[0, 1)$ e $(1, +\infty)$. Note que a função não decresce em $[0, 1) \cup (1, +\infty)$ (por exemplo, $f(\frac{1}{2}) = -\frac{4}{3} < \frac{1}{3} = f(2)$).

Estendendo esses resultados de acordo com a paridade da função, obtemos as seguintes propriedades de monotonia:
1) $f(x)$ cresce estritamente no intervalo $(-\infty, -1)$;
2) $f(x)$ cresce estritamente no intervalo $(-1, 0]$;
3) $f(x)$ decresce estritamente no intervalo $[0, 1)$;
4) $f(x)$ decresce estritamente no intervalo $(1, +\infty)$.
(Note que $f(x)$ não cresce em $(-\infty, -1) \cup (-1, 0]$ nem decresce em $[0, 1) \cup (1, +\infty)$.) Consequentemente, existe um único extremo local (máximo) no ponto $x = 0$ (os pontos $x = \pm 1$ ficam fora do domínio).

Do decrescimento estrito no intervalo infinito $(1, +\infty)$ segue imediatamente que $f(x)$ não é periódica.

7. Concavidade e inflexão. Tomamos dois pontos arbitrários $x_1 < x_2$, ambos pertencendo a um dos intervalos do domínio – $(-\infty, -1)$, $(-1, 1)$ ou $(1, +\infty)$, definimos o ponto médio $x_0 = \frac{x_1 + x_2}{2}$ e o incremento $h = x_2 - x_0 = x_0 - x_1 > 0$, e usamos a grandeza $D_2 = f(x_1) + f(x_2) - 2f(x_0)$ para avaliar a diferença entre o valor médio da secante $\frac{f(x_1)+f(x_2)}{2}$ e o valor da função no ponto médio $f(x_0)$. Aproveitando a expressão encontrada para D_1, temos:

$$D_2 = f(x_1) + f(x_2) - 2f(x_0) = (f(x_2) - f(x_0)) - (f(x_0) - f(x_1))$$

$$= \frac{(x_0 - x_2)(x_0 + x_2)}{(x_2^2 - 1)(x_0^2 - 1)} - \frac{(x_1 - x_0)(x_1 + x_0)}{(x_0^2 - 1)(x_1^2 - 1)} = -h \frac{(x_0 + x_2)(x_1^2 - 1) - (x_1 + x_0)(x_2^2 - 1)}{(x_2^2 - 1)(x_0^2 - 1)(x_1^2 - 1)}$$

$$= -h \frac{x_0(x_1^2 - x_2^2) + x_2 x_1(x_1 - x_2) + (x_1 - x_2)}{(x_2^2 - 1)(x_0^2 - 1)(x_1^2 - 1)} = h^2 \frac{(x_1 + x_2)^2 + 2x_2 x_1 + 2}{(x_2^2 - 1)(x_0^2 - 1)(x_1^2 - 1)}.$$

Consideramos os três intervalos do domínio separadamente.
1) Em $(-\infty, -1)$ temos $x_1 < x_0 < x_2 < -1$ e então todos os somandos do numerador são positivos, assim como todos os fatores do denominador. Logo, $D_2 > 0$ o que significa que $f(x)$ é côncava estritamente para cima.
2) Em $(-1, 1)$ temos $-1 < x_1 < x_0 < x_2 < 1$ e então $2(x_1 x_2 + 1) > 0$, o que mostra que o numerador é positivo. Ao mesmo tempo, o denominador é negativo, pois cada um dos seus três fatores é negativo. Logo, $D_2 < 0$ e $f(x)$ é côncava estritamente para baixo.
3) Em $(1, +\infty)$ temos $1 < x_1 < x_0 < x_2$ e, consequentemente, todos os somandos

do numerador são positivos, assim como todos os fatores do denominador. Logo, $D_2 > 0$ o que significa que $f(x)$ é côncava estritamente para cima.

Embora o tipo de concavidade mude nos dois lados dos pontos $x = \pm 1$, eles estão fora do domínio e, por isso, não são pontos de inflexão.

8. Propriedades complementares. Para os valores bastante grandes de $|x|$, o comportamento da função racional se determina pelos termos principais dos polinômios do numerador e do denominador: $f(x) = \frac{1}{x^2-1} \approx \frac{1}{x^2}$. Isso implica que a função converge a 0 quando $x \to \pm\infty$. Consequentemente, existe uma única assíntota horizontal $y = 0$.

Em qualquer ponto do domínio $f(x) \to f(x_0)$ quando $x \to x_0$. Assim, nenhuma tendência infinita nos pontos do domínio X é observada e, portanto, nenhuma assíntota vertical passa por algum ponto do domínio. Os dois pontos restantes são $x = \pm 1$, que ficam fora do domínio. Perto do ponto 1 a função pode ser avaliada na forma $f(x) = \frac{1}{x^2-1} \approx \frac{1}{2(x-1)}$. Isso mostra que $f(x)$ tende a $-\infty$ quando x aproxima de 1 à esquerda e tende a $+\infty$ quando x aproxima de 1 à direita. Comportamento semelhante é observado perto do ponto -1. Portanto, as retas $x = 1$ e $x = -1$ são assíntotas verticais.

9. Usando propriedades reveladas, marcando alguns pontos importantes, como $P_0 = (0, -1)$ (interseção com Oy e o máximo local), $P_1 = (\frac{1}{2}, -\frac{4}{3})$ (um ponto com abscissa em $(0,1)$) e $P_2 = (2, \frac{1}{3})$ (um ponto com abscissa em $(1, +\infty)$) e aproveitando a simetria em relação a Oy, construímos o esboço do gráfico mostrado na Fig.3.52.

E. Estudo de $f(x) = \frac{1}{x^3+2}$

1. Domínio e imagem. Qualquer função racional é definida em todos os pontos onde seu denominador não se anula. O denominador da função dada se anula no ponto $x = -\sqrt[3]{2}$, portanto, o domínio é $X = \mathbb{R} \backslash \{-\sqrt[3]{2}\}$.

Para determinar a imagem Y, precisamos determinar para os quais valores de y a equação $\frac{1}{x^3+2} = y$ tem pelo menos uma solução x do domínio X. É simples de ver que essa equação tem a solução $x = \sqrt[3]{\frac{1}{y} - 2}$ para qualquer $y \neq 0$ e não tem soluções para $y = 0$. Logo, a imagem é $Y = \mathbb{R} \backslash \{0\}$.

2. Interseção e sinal. O gráfico intersepta o eixo Oy no ponto $P_0 = (0, \frac{1}{2})$. Não há pontos de interseção com Ox, porque $y = 0$ não pertence à imagem.

O sinal da função depende do denominador: quando $x < -\sqrt[3]{2}$ ele é negativo e quando $x > -\sqrt[3]{2}$ é positivo. Então, no intervalo $(-\infty, -\sqrt[3]{2})$ a função é negativa, enquanto no intervalo $(-\sqrt[3]{2}, +\infty)$ ela é positiva.

3. Limitação. A imagem $Y = \mathbb{R} \backslash \{0\}$ indica que a função é ilimitada inferiormente e superiormente.

4. Paridade. Como $f(-1) = 1$ e $f(1) = \frac{1}{3}$, a função não é par nem ímpar.

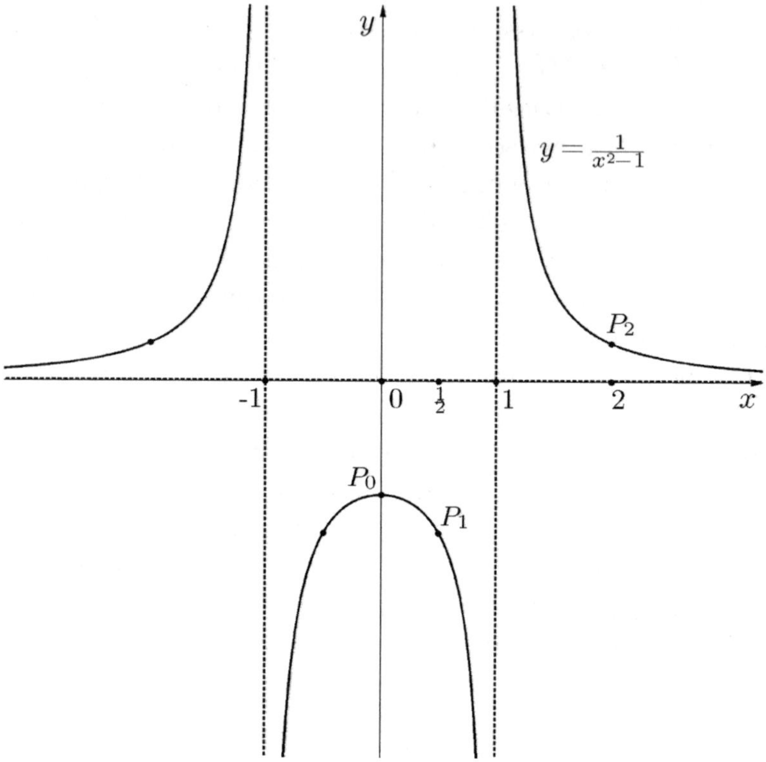

Figura 3.52 O gráfico da função $f(x) = \frac{1}{x^2-1}$.

(Outra comprovação simples desse fato é que o domínio não é simétrico em relação à origem.)

5. Periodicidade. Deixamos a verificação de periodicidade para depois do estudo de monotonia.

6. Monotonia e extremos. Tomamos $x_1 < x_2$ e avaliamos a diferença $D_1 = f(x_2) - f(x_1)$:

$$D_1 = f(x_2) - f(x_1) = \frac{1}{x_2^3 + 2} - \frac{1}{x_1^3 + 2} = \frac{(x_1 - x_2)(x_1^2 + x_1 x_2 + x_2^2)}{(x_2^3 + 2)(x_1^3 + 2)}.$$

O numerador do último quociente sempre é negativo e, portanto, o sinal de D_1 depende do denominador. Se $x_1 < x_2 < -\sqrt[3]{2}$, então $x_1^3 + 2 < 0$ e $x_2^3 + 2 < 0$, o que resulta em sinal positivo do denominador. Se $-\sqrt[3]{2} < x_1 < x_2$, então $x_1^3 + 2 > 0$ e $x_2^3 + 2 > 0$, o que de novo dá o sinal positivo. Assim, em ambos os intervalos $(-\infty, -\sqrt[3]{2})$ e $(-\sqrt[3]{2}, +\infty)$ temos $D_1 < 0$ o que significa o decrescimento estrito de $f(x)$ em cada um dos dois intervalos. Note que a função não decresce em todo o seu domínio (por exemplo, $f(-2) = -\frac{1}{6} < \frac{1}{3} = f(1)$).

Da propriedade de monotonia segue que não há pontos extremos de qualquer tipo, porque cada ponto do domínio é o ponto de decrescimento estrito.

Do decrescimento estrito no intervalo infinito $(-\sqrt[3]{2}, +\infty)$ segue que $f(x)$ não é periódica.

7. Concavidade e inflexão. Tomamos dois pontos arbitrários $x_1 < x_2$, ambos pertencendo a um dos intervalos $(-\infty, -\sqrt[3]{2})$ ou $(-\sqrt[3]{2}, +\infty)$, definimos o ponto médio $x_0 = \frac{x_1+x_2}{2}$ e o incremento $h = x_2 - x_0 = x_0 - x_1 > 0$, e usamos a grandeza $D_2 \equiv f(x_1) + f(x_2) - 2f(x_0)$, para avaliar a diferença entre o valor médio da secante $\frac{f(x_1)+f(x_2)}{2}$ e o valor da função no ponto médio $f(x_0)$. Aproveitando a expressão encontrada para D_1, temos:

$$D_2 = f(x_1) + f(x_2) - 2f(x_0) = (f(x_2) - f(x_0)) - (f(x_0) - f(x_1))$$

$$= \frac{(x_0 - x_2)(x_0^2 + x_0x_2 + x_2^2)}{(x_2^3 + 2)(x_0^3 + 2)} - \frac{(x_1 - x_0)(x_1^2 + x_1x_0 + x_0^2)}{(x_0^3 + 2)(x_1^3 + 2)}$$

$$= -h\frac{(x_0^2 + x_0x_2 + x_2^2)(x_1^3 + 2) - (x_1^2 + x_1x_0 + x_0^2)(x_2^3 + 2)}{(x_2^3 + 2)(x_0^3 + 2)(x_1^3 + 2)}$$

$$= -h\frac{x_0^2(x_1^3 - x_2^3) + x_0x_1x_2(x_1^2 - x_2^2) + x_1^2x_2^2(x_1 - x_2) + 2(x_2^2 - x_1^2) + 2x_0(x_2 - x_1)}{(x_2^3 + 2)(x_0^3 + 2)(x_1^3 + 2)}$$

$$= 2h^2\frac{x_0^2(x_1^2 + x_1x_2 + x_2^2) + x_0x_1x_2(x_1 + x_2) + x_1^2x_2^2 - 2(x_2 + x_1) - 2x_0}{(x_2^3 + 2)(x_0^3 + 2)(x_1^3 + 2)}$$

$$= 2h^2\frac{x_0^2(x_1^2 + 3x_1x_2 + x_2^2) + x_1^2x_2^2 - 6x_0}{(x_2^3 + 2)(x_0^3 + 2)(x_1^3 + 2)}.$$

O denominador tem sinal negativo em $(-\infty, -\sqrt[3]{2})$ e positivo em $(-\sqrt[3]{2}, +\infty)$. Vamos analisar o sinal do numerador. Primeiro, se $x_2 < -\sqrt[3]{2}$, então todos os três aditivos são positivos e, logo, o próprio numerador é positivo. O mesmo ocorre quando $-\sqrt[3]{2} < x_1 < x_2 < 0$. No intervalo $[0, 1]$ o numerador pode ser avaliado na forma $x_0^2(x_1^2+3x_1x_2+x_2^2)+x_1^2x_2^2-6x_0 = x_0(x_0(x_1^2+3x_1x_2+x_2^2)-5)+x_1^2x_2^2-x_0 < x_1^2x_2^2 - x_0 = (x_0^2 - h^2)^2 - x_0 < x_0^4 - x_0 < 0$. Finalmente, se $1 \leq x_1$, então reagrupando os termos do numerador obtemos $x_0^2(x_1^2+3x_1x_2+x_2^2)+x_1^2x_2^2-6x_0 = x_0(x_0(x_1^2 + 3x_1x_2 + x_2^2) - 5) + x_2(x_1^2x_2 - 1) + (x_2 - x_0) > 0$. Assim, chegamos ao segunte resultado: 1) no intervalo $(-\infty, -\sqrt[3]{2})$ o numerador é positivo e o denominador é negativo, e então $D_2 < 0$ e $f(x)$ é côncava para baixo;
2) no intervalo $(-\sqrt[3]{2}, 0)$ o numerador e denominador são positivos, e então $D_2 > 0$ e $f(x)$ é côncava para cima;
3) no intervalo $(0, 1)$ o numerador é negativo e o denominador é positivo, e então $D_2 < 0$ e $f(x)$ é côncava para baixo;

4) no intervalo $(1, +\infty)$ o numerador e denominador são positivos, e então $D_2 > 0$ e $f(x)$ é côncava para cima.

Consequentemente, os pontos $x = 0$ e $x = 1$ são pontos de inflexão (o ponto $x = -\sqrt[3]{2}$ fica fora do domínio).

8. Propriedades complementares. Para os valores bastante grandes de $|x|$, o comportamento da função racional é determinado pelos termos principais dos polinômios do numerador e denominador: $f(x) = \frac{1}{x^3+2} \approx \frac{1}{x^3}$. Isso mostra que a função converge a 0 quando x tende a $\pm\infty$. Consequentemente, $y = 0$ é a única assíntota horizontal.

Em qualquer ponto do domínio a função é contínua, isto é, $f(x) \to f(x_0)$ quando $x \to x_0$. Assim, nenhuma tendência infinita nos pontos do domínio é observada e, portanto, não tem nenhuma assíntota vertical nos pontos do domínio. O único ponto restante $x = -\sqrt[3]{2}$ fica fora do domínio, mas pode ser aproximado usando os pontos do domínio. Avaliando o comportamento de $f(x)$ quando x aproxima de $-\sqrt[3]{2}$, notamos que a função tende a $-\infty$ quando x aproxima de $-\sqrt[3]{2}$ à esquerda e tende a $+\infty$ quando x aproxima de $-\sqrt[3]{2}$ à direita. Portanto, a reta $x = -\sqrt[3]{2}$ é assíntota vertical.

9. Usando as propriedades estabelecidas e marcando alguns pontos importantes, como $P_0 = (0, \frac{1}{2})$ (interseção com Oy e o ponto de inflexão), $P_1 = (1, \frac{1}{3})$ (o ponto de inflexão) e $P_2 = (-2, -\frac{1}{6})$ (um ponto com abscissa em $(-\infty, -\sqrt[3]{2})$), construímos o esboço do gráfico mostrado na Fig.3.53.

F. Estudo de $f(x) = \frac{2x+3}{1-x}$

Essa é uma função linear fracionária e seu estudo pode ser reduzido à especificação das propriedades de funções lineares fracionárias que foram investigadas na forma geral na seção 2.2. No entanto, optamos aqui para executar uma análise independente e o leitor pode comparar o esquema de estudo com o caso geral.

1. Domínio e imagem. O denominador se anula no ponto $x = 1$, portanto o domínio é $X = \mathbb{R} \backslash \{1\}$.

Para encontrar a imagem, precisamos determinar para os quais valores de y a equação $\frac{2x+3}{1-x} = y$ tem soluções para incógnita x do domínio X. Notamos primeiro que para $y = -2$, a equação $\frac{2x+3}{1-x} = -2$ equivale a relação falsa $2x + 3 = 2x - 2$, o que significa que $y = -2$ fica fora da imagem. Se $y \neq -2$, então a equação tem solução $x = \frac{y-3}{y+2}$. Consequentemente, a imagem é $Y = \mathbb{R} \backslash \{-2\}$.

2. Interseção e sinal. O ponto de interseção com o eixo Oy é $P_0 = (0, 3)$, e a interseção com Ox ocorre no ponto $P_1 = (-\frac{3}{2}, 0)$.

O sinal da função é simples de especificar:

1) no intervalo $(-\infty, -\frac{3}{2})$ o numerador é negativo e o denominador é positivo, então $f(x) < 0$;

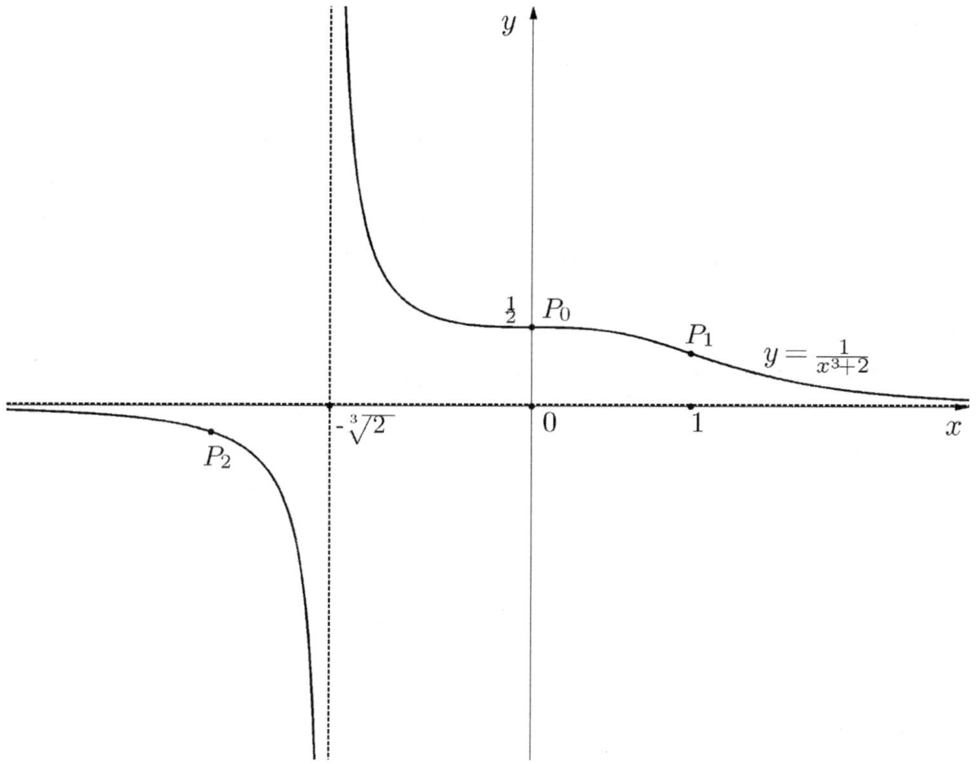

Figura 3.53 O gráfico da função $f(x) = \frac{1}{x^3+2}$.

2) no intervalo $(-\frac{3}{2}, 1)$ o numerador e denominador são positivos, então $f(x) > 0$; 3) no intervalo $(1, +\infty)$ o numerador é positivo e o denominador é negativo, então $f(x) < 0$.

3. Limitação. A imagem $Y = \mathbb{R}\backslash\{-2\}$ indica que a função é ilimitada inferiormente e superiormente.

4. Paridade. Como o domínio não é simétrico em relação à origem, a função não é par nem ímpar.

5. Periodicidade. Deixamos a verificação de periodicidade para depois de estudo de monotonia.

6. Monotonia e extremos. Tomamos $x_1 < x_2$ e avaliamos a diferença $D_1 = f(x_2) - f(x_1)$:

$$D_1 = f(x_2) - f(x_1) = \frac{2x_2 + 3}{1 - x_2} - \frac{2x_1 + 3}{1 - x_1} = \frac{5(x_2 - x_1)}{(1 - x_2)(1 - x_1)}.$$

O numerador do último quociente sempre é positivo e o denominador tem sinal positivo nas duas partes do domínio: $(-\infty, 1)$ e $(1, +\infty)$. Então, $f(x)$ cresce estritamente em $(-\infty, 1)$ e em $(1, +\infty)$. Note que a função não cresce em todo o seu domínio (por exemplo, $f(0) = 3 > -7 = f(2)$). Da propriedade de monotonia segue que não há pontos extremos de nenhum tipo.

Do crescimento estrito no intervalo infinito $(1, +\infty)$ segue que $f(x)$ não é periódica.

7. Concavidade e inflexão. Tomamos dois pontos arbitrários $x_1 < x_2$, definimos o ponto médio $x_0 = \frac{x_1+x_2}{2}$ e o incremento $h = x_2 - x_0 = x_0 - x_1 > 0$, e usamos a grandeza $D_2 \equiv f(x_1) + f(x_2) - 2f(x_0)$, para avaliar a diferença entre o valor médio da secante $\frac{f(x_1)+f(x_2)}{2}$ e o valor da função no ponto médio $f(x_0)$. Aproveitando a expressão encontrada para D_1, temos:

$$\begin{aligned} D_2 &= f(x_1) + f(x_2) - 2f(x_0) = (f(x_2) - f(x_0)) - (f(x_0) - f(x_1)) \\ &= \frac{5(x_2 - x_0)}{(1 - x_2)(1 - x_0)} - \frac{5(x_0 - x_1)}{(1 - x_0)(1 - x_1)} \\ &= 5h \frac{x_2 - x_1}{(1 - x_2)(1 - x_0)(1 - x_1)} = \frac{10h^2}{(1 - x_2)(1 - x_0)(1 - x_1)}. \end{aligned}$$

O numerador sempre é positivo e o denominador troca sinal no ponto 1: em $(-\infty, 1)$ ele é positivo e em $(1, +\infty)$ é negativo. Então, $f(x)$ tem concavidade estrita para cima em $(-\infty, 1)$ e estrita para baixo em $(1, +\infty)$. Notamos que $x = 1$ não é o ponto de inflexão, uma vez que ele não pertence ao domínio.

8. Propriedades complementares. Para os valores bastante grandes de $|x|$, o comportamento da função racional é determinado pelos termos principais dos polinômios do numerador e denominador: $f(x) = \frac{2x+3}{1-x} \approx \frac{2x}{-x} = -2$. Então, a função aproxima de -2 quando x tende a $\pm\infty$. Isso significa que a reta $y = -2$ é a única assíntota horizontal.

Em qualquer ponto do domínio a função é contínua, isto é, $f(x) \to f(x_0)$ quando $x \to x_0$. Assim, nenhuma tendência infinita nos pontos do domínio X é observada e, portanto, não há assíntota vertical em nenhum ponto do domínio. O único ponto restante $x = 1$ fica fora do domínio, mas pode ser aproximado pelos pontos do domínio. Avaliando o comportamento de $f(x)$ quando x aproxima de 1, notamos que a função tende a $+\infty$ quando x aproxima de 1 à esquerda e tende a $-\infty$ quando x aproxima de 1 à direita. Portanto, a reta $x = 1$ é assíntota vertical.

9. Usando as propriedades investigadas e marcando alguns pontos importantes, como $P_0 = (0, 3)$ (interseção com Oy), $P_1 = (-\frac{3}{2}, 0)$ (interseção com Ox) e $P_2 = (2, -7)$ (um ponto com abscissa em $(1, +\infty)$), construímos o esboço do gráfico mostrado na Fig.3.54.

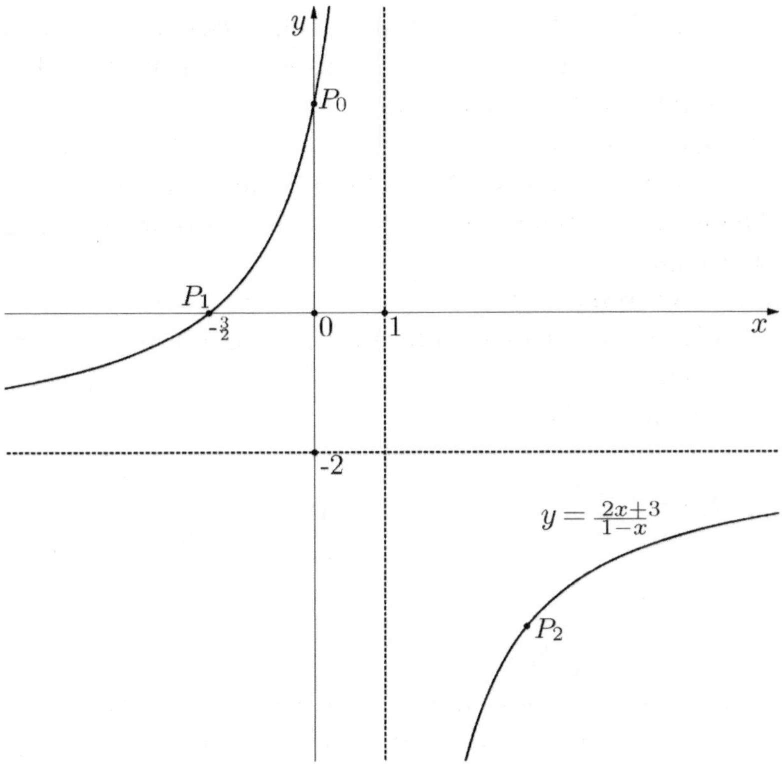

Figura 3.54 O gráfico da função $f(x) = \frac{2x+3}{1-x}$.

Estudo de funções irracionais

A. Estudo de $f(x) = \sqrt{x^2+1}$

1. Domínio e imagem. O argumento $x^2 + 1$ da raiz quadrada é positivo e, por isso, todas as operações são realizáveis para qualquer x real, ou seja, o domínio é $X = \mathbb{R}$.

Pela definição, os valores da raiz quadrada sempre são não negativos. Além disso, o argumento satisfaz a inequação $x^2 + 1 \geq 1$, donde $\sqrt{x^2+1} \geq 1$. Logo, a imagem Y está contida no intervalo $[1, +\infty)$. Para demonstrar que qualquer ponto de $[1, +\infty)$ pertence à imagem, resolvemos a equação $\sqrt{x^2+1} = y$ para qualquer $y \geq 1$. Como o lado direito é positivo, podemos elevar ao quadrado e obtemos $x^2 + 1 = y^2$ ou $x^2 = y^2 - 1$. Para $y \geq 1$, temos $y^2 - 1 \geq 0$ e, portanto, temos soluções na forma $x = \pm\sqrt{y^2-1}$. Então, existem raízes reais para qualquer $y \geq 1$, o que significa que a imagem da função é $Y = [1, +\infty)$.

2. Interseção e sinal. O ponto de interseção com o eixo Oy é $P_0 = (0, 1)$. Não há pontos de interseção com Ox porque a imagem não contém $y = 0$.

Como a imagem é $Y = [1, +\infty)$, a função tem só os valores positivos.

3. Limitação. A imagem $Y = [1, +\infty)$ mostra que a função é limitada inferiormente e não é limitada superiormente.

4. Paridade. Como $f(-x) = \sqrt{(-x)^2 + 1} = \sqrt{x^2 + 1} = f(x)$, $\forall x \in X$, então a função é par e o seu gráfico é simétrico em relação ao eixo Oy.

5. Periodicidade. Deixamos a verificação de periodicidade para depois de estudo de monotonia.

6. Monotonia e extremos.

Devido à paridade da função, é suficiente analisar sua monotonia no intervalo $[0, +\infty)$ (ou, alternativamente, em $(-\infty, 0]$). Tomamos $0 \le x_1 < x_2$ e avaliamos a diferença $D_1 = f(x_2) - f(x_1)$:

$$D_1 = f(x_2) - f(x_1) = \sqrt{x_2^2 + 1} - \sqrt{x_1^2 + 1} = \frac{(x_2^2 + 1) - (x_1^2 + 1)}{\sqrt{x_2^2 + 1} + \sqrt{x_1^2 + 1}}$$

$$= \frac{x_2 - x_1}{\sqrt{x_2^2 + 1} + \sqrt{x_1^2 + 1}} \cdot (x_2 + x_1).$$

No lado direito, o primeiro fator sempre é positivo, e o segundo também é positivo quando $x_1 \ge 0$. Então, $f(x)$ cresce estritamente em $[0, +\infty)$.

Estendendo esse resultado de acordo com a paridade da função, obtemos as seguintes propriedades de monotonia e extremos:
1) $f(x)$ decresce estritamente no intervalo $(-\infty, 0]$;
2) $f(x)$ cresce estritamente no intervalo $[0, +\infty)$.
Consequentemente, $x = 0$ é o mínimo local e global da função, e não há outros extremos locais ou globais.

O crescimento estrito no intervalo infinito $[0, +\infty)$ implica que $f(x)$ não é periódica.

7. Concavidade e inflexão.

Na investigação da concavidade usamos a paridade da função e o fato que x_0 é o mínimo local. Tomamos dois pontos arbitrários $0 \le x_1 < x_2$, definimos o ponto médio $x_0 = \frac{x_1 + x_2}{2}$ e o incremento $h = x_2 - x_0 = x_0 - x_1 > 0$, e usamos a grandeza $D_2 \equiv f(x_1) + f(x_2) - 2f(x_0)$, para avaliar a diferença entre o valor médio da secante $\frac{f(x_1) + f(x_2)}{2}$ e o valor da função no ponto médio $f(x_0)$. Aproveitando a expressão encontrada para D_1, temos:

$$D_2 = f(x_1) + f(x_2) - 2f(x_0) = (f(x_2) - f(x_0)) - (f(x_0) - f(x_1))$$

$$= \sqrt{x_1^2 + 1} + \sqrt{x_2^2 + 1} - 2\sqrt{x_0^2 + 1} = \frac{(x_2 - x_0)(x_2 + x_0)}{\sqrt{x_2^2 + 1} + \sqrt{x_0^2 + 1}} - \frac{(x_0 - x_1)(x_0 + x_1)}{\sqrt{x_0^2 + 1} + \sqrt{x_1^2 + 1}}$$

$$= h\frac{(x_2+x_0)(\sqrt{x_0^2+1}+\sqrt{x_1^2+1})-(x_0+x_1)(\sqrt{x_2^2+1}+\sqrt{x_0^2+1})}{(\sqrt{x_2^2+1}+\sqrt{x_0^2+1})(\sqrt{x_0^2+1}+\sqrt{x_1^2+1})}$$

$$= h\frac{(x_2-x_1)\sqrt{x_0^2+1}+x_2\sqrt{x_1^2+1}-x_1\sqrt{x_2^2+1}+x_0(\sqrt{x_1^2+1}-\sqrt{x_2^2+1})}{(\sqrt{x_2^2+1}+\sqrt{x_0^2+1})(\sqrt{x_0^2+1}+\sqrt{x_1^2+1})}$$

$$= \frac{h}{(\sqrt{x_2^2+1}+\sqrt{x_0^2+1})(\sqrt{x_0^2+1}+\sqrt{x_1^2+1})}$$

$$\times\left[(x_2-x_1)\sqrt{x_0^2+1}+\frac{x_2^2(x_1^2+1)-x_1^2(x_2^2+1)}{x_2\sqrt{x_1^2+1}+x_1\sqrt{x_2^2+1}}+\frac{x_0(x_1^2-x_2^2)}{\sqrt{x_1^2+1}+\sqrt{x_2^2+1}}\right]$$

$$= \frac{2h^2}{(\sqrt{x_2^2+1}+\sqrt{x_0^2+1})(\sqrt{x_0^2+1}+\sqrt{x_1^2+1})}$$

$$\times\left[\sqrt{x_0^2+1}+\frac{x_2+x_1}{x_2\sqrt{x_1^2+1}+x_1\sqrt{x_2^2+1}}-\frac{x_0(x_1+x_2)}{\sqrt{x_1^2+1}+\sqrt{x_2^2+1}}\right].$$

Na última expressão, o primeiro fator sempre é positivo. Para avaliar o segundo fator (dentro dos colchetes), notamos que $\frac{x_0(x_1+x_2)}{\sqrt{x_1^2+1}+\sqrt{x_2^2+1}} < \frac{x_0(x_1+x_2)}{x_1+x_2} = x_0 < \sqrt{x_0^2+1}$. Então, o segundo fator também é positivo. Logo, $f(x)$ é côncova estritamente para cima em $[0,+\infty)$.

Estendendo esse resultado devido à paridade da função, temos que $f(x)$ também é côncova estritamente para cima em $(-\infty, 0]$.

Assim, $f(x)$ é côncova estritamente para cima em $(-\infty, 0]$ e em $[0,+\infty)$ e, além disso, $x = 0$ é o seu mínimo local. Então, pela Propriedade 3 de concavidade (seção 4.1), concluímos que $f(x)$ é côncava estritamente para cima em todo o seu domínio $X = \mathbb{R}$. Consequentemente, não há pontos de inflexão.

8. Propriedades complementares. Para os valores bastante grandes de $|x|$, a função pode ser aproximada na forma $f(x) = \sqrt{x^2+1} \approx |x|$, donde segue que $f(x)$ tende a $+\infty$ quando $x \to \pm\infty$ e, consequentemente, não há assíntota horizontal.

Em qualquer ponto do domínio a função é contínua, isto é, $f(x) \to f(x_0)$ quando $x \to x_0$. Assim, nenhuma tendência infinita é observada e a função não tem assíntotas verticais.

9. Usando as propriedades investigadas, marcando alguns pontos importantes, como $P_0 = (0,1)$ (interseção com Oy e mínimo global) e $P_2 = (1,\sqrt{2})$ (um ponto com abscissa positiva), e aplicando a simetria em relação a Oy, construímos o esboço do gráfico mostrado na Fig.3.55.

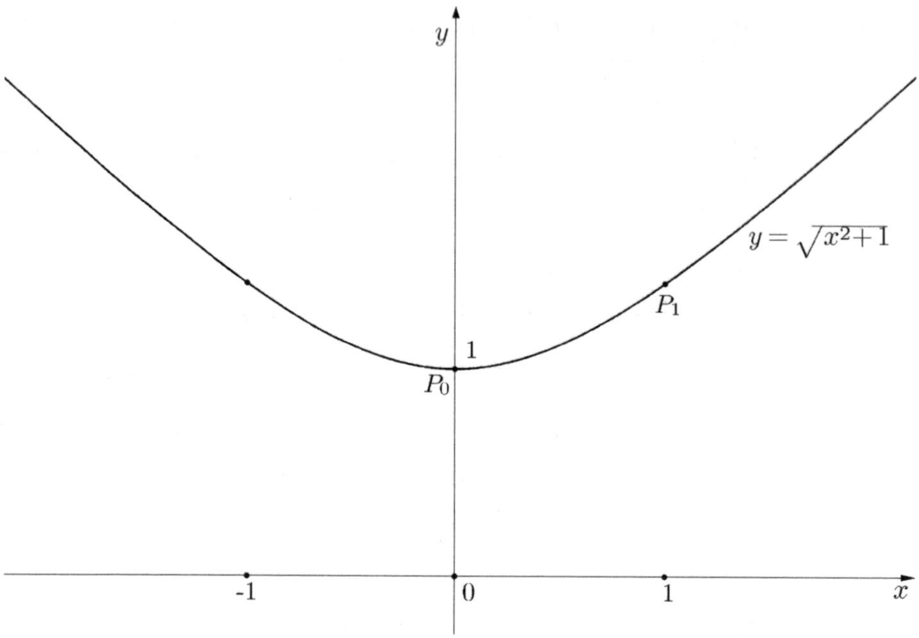

Figura 3.55 O gráfico da função $f(x) = \sqrt{x^2+1}$.

B. Estudo de $f(x) = \sqrt{x^2+1} - |x|$

1. Domínio e imagem. O argumento x^2+1 da raiz quadrada é positivo e, por isso, todas as operações podem ser efetuadas para qualquer x real, ou seja, o domínio é $X = \mathbb{R}$.

Reescrevendo a função na forma $f(x) = \sqrt{x^2+1} - |x| = \frac{1}{\sqrt{x^2+1}+|x|}$ e observando que $\sqrt{x^2+1} \geq 1$, $\forall x$, concluímos que a imagem está contida no intervalo $(0,1]$ (o valor 0 a função não assume, mas 1 assume no ponto $x=0$). Para verificar que todo esse intervalo é a imagem da função, resolvemos a equação $\sqrt{x^2+1} - |x| = y$ para $y \in (0,1]$. Reescrevendo na forma $\sqrt{x^2+1} = y + |x|$ e notando que o lado direito é positivo, podemos elevar ao quadrado: $x^2+1 = (y+|x|)^2$ ou, simplificando, $1 = y^2 + 2y|x|$. Isolando $|x|$, obtemos $|x| = \frac{1-y^2}{2y}$. Como o lado direito é não negativo, temos soluções $x = \pm\frac{1-y^2}{2y}$ e, portanto, a imagem é $Y = (0,1]$.

2. Interseção e sinal. O ponto de interseção com o eixo Oy é $P_0 = (0,1)$. Não há pontos de interseção com Ox, porque a imagem não contém $y = 0$.

Como a imagem é $Y = (0,1]$, a função tem só os valores positivos.

3. Limitação. A imagem $Y = (0,1]$ indica que a função é limitada inferior-

mente e superiormente.

4. Paridade. Como $f(-x) = \sqrt{(-x)^2+1} - |-x| = \sqrt{x^2+1} - |x| = f(x)$, $\forall x \in X$, então a função é par e o seu gráfico é simétrico em relação ao eixo Oy.

5. Periodicidade. Deixamos a verificação de periodicidade para depois do estudo de monotonia.

6. Monotonia e extremos. Em consequência da periodicidade, é suficiente estudar monotonia primeiro no intervalo $[0, +\infty)$ (ou alternativamente em $(-\infty, 0]$) e depois estender os resultados de acordo com a simetria. Tomamos $0 \le x_1 < x_2$ e avaliamos a diferença $D_1 = f(x_2) - f(x_1)$:

$$D_1 = f(x_2) - f(x_1) = \sqrt{x_2^2+1} - |x_2| - (\sqrt{x_1^2+1} - |x_1|)$$

$$= \frac{(x_2^2+1)-(x_1^2+1)}{\sqrt{x_2^2+1}+\sqrt{x_1^2+1}} - (x_2 - x_1) = (x_2 - x_1)\left(\frac{x_2+x_1}{\sqrt{x_2^2+1}+\sqrt{x_1^2+1}} - 1\right).$$

No lado direito, o primeiro fator sempre é positivo, e o segundo é negativo quando $x_1 \ge 0$. Então, $f(x)$ decresce estritamente em $[0, +\infty)$.

Estendendo esse resultado de acordo com a paridade da função, obtemos as seguintes propriedades de monotonia:
1) $f(x)$ cresce estritamente no intervalo $(-\infty, 0]$;
2) $f(x)$ decresce estritamente no intervalo $[0, +\infty)$.
Consequentemente, $x = 0$ é o máximo local e global da função, e não há outros extremos locais ou globais.

O decrescimento estrito no intervalo infinito $[0, +\infty)$ indica que $f(x)$ não é periódica.

7. Concavidade e inflexão. Tomamos dois pontos arbitrários $0 \le x_1 < x_2$, definimos o ponto médio $x_0 = \frac{x_1+x_2}{2}$ e o incremento $h = x_2 - x_0 = x_0 - x_1 > 0$, e usamos a grandeza $D_2 \equiv f(x_1) + f(x_2) - 2f(x_0)$, para avaliar a diferença entre o valor médio da secante $\frac{f(x_1)+f(x_2)}{2}$ e o valor da função no ponto médio $f(x_0)$:

$$D_2 = f(x_1) + f(x_2) - 2f(x_0) = (f(x_2) - f(x_0)) - (f(x_0) - f(x_1))$$

$$=(\sqrt{x_1^2+1} - x_1) + (\sqrt{x_2^2+1} - x_2) - 2(\sqrt{x_0^2+1} - x_0) = \sqrt{x_1^2+1} + \sqrt{x_2^2+1} - 2\sqrt{x_0^2+1}.$$

Então, chegamos à mesma expressão do exercício anterior (função $f(x) = \sqrt{x^2+1}$). Logo, podemos concluir que $f(x)$ é côncova estritamente para cima em $[0, +\infty)$.

Estendendo esse resultado de acordo com a simetria da função, concluímos que:
1) $f(x)$ é côncava estritamente para cima no intervalo $(-\infty, 0]$;

2) $f(x)$ é côncava estritamente para cima no intervalo $[0, +\infty)$.
Consequentemente, não há pontos de inflexão.

Notamos que, embora a expressão de D_2 desse exercício e do anterior seja a mesma em $[0, +\infty)$ (e também em $(-\infty, 0]$), a propriedade de concavidade em todo o domínio $X = \mathbb{R}$ é diferente nos dois casos. No primeiro, era possível aplicar a Propriedade 3 de concavidade (seção 4.1) e concluir que $f(x) = \sqrt{x^2+1}$ é côncava estritamente para cima em $X = \mathbb{R}$. Nesse exemplo, o ponto $x = 0$ não é o mínimo local (e sim o máximo local) e, portanto, a Propriedade 3 não é aplicável. Mais que isso, é simples de mostrar que $f(x) = \sqrt{x^2+1} - |x|$ não é côncova para cima em $X = \mathbb{R}$. Por exemplo, tomando os pontos $x_1 = -1$, $x_2 = 1$ e $x_0 = 0$, obtemos $D_2 = f(x_1) + f(x_2) - 2f(x_0) = \sqrt{2} - 1 + \sqrt{2} - 1 - 2 \cdot 1 = 2\sqrt{2} - 4 < 0$, isto é, o segmento da reta secante que passa pelos pontos $(-1, f(-1))$ e $(1, f(1))$ fica abaixo do gráfico da função no intervalo $(-1, 1)$.

8. Propriedades complementares. Para os valores bastante grandes de $|x|$, a função pode ser aproximada na forma $f(x) = \sqrt{x^2+1} - |x| \approx |x| - |x| = 0$, donde segue que $f(x)$ aproxima de 0 quando $x \to \pm\infty$. Logo, $y = 0$ é a única assíntota horizontal.

Em qualquer ponto $f(x) \to f(x_0)$ quando $x \to x_0$. Assim, nenhuma tendência infinita é observada nos pontos do domínio $X = \mathbb{R}$ e, portanto, a função não tem assíntotas verticais.

9. Usando as propriedades investigadas, marcando alguns pontos importantes, como $P_0 = (0, 1)$ (interseção com Oy e máximo global) e $P_2 = (1, \sqrt{2} - 1)$ (um ponto com abscissa positiva), e aplicando a simetria em relação a Oy, construímos o esboço do gráfico mostrado na Fig.3.56.

C. Estudo de $f(x) = \sqrt{x^2 - 1}$

1. Domínio e imagem. A raiz quadrada impõem restrições tanto para o domínio como para a imagem. Por um lado, o argumento $x^2 - 1$ da raiz deve ser não negativo e, por isso, o domínio contém pontos tais que $|x| \geq 1$, ou seja, $X = (-\infty, -1] \cup [1, +\infty)$. Por outro lado, os valores da raiz são não negativos e, portanto, a imagem Y inclui somente valores não negativos. Vamos mostrar que $Y = [0, +\infty)$. Realmente, tomando qualquer $y \geq 0$, resolvemos a equação $\sqrt{x^2-1} = y$ e encontramos soluções $x = \pm\sqrt{y^2+1}$ que pertencem ao domínio X.

2. Interseção e sinal. Não tem ponto de interseção com o eixo Oy, pois $x = 0$ fica fora do domínio. Os pontos de interseção com Ox são encontrados da solução da equação $\sqrt{x^2 - 1} = 0$, cujas raízes são $x = \pm 1$. Assim, esses pontos são $P_1 = (-1, 0)$ e $P_2 = (1, 0)$.

No estudo da imagem já foi determinado que $f(x) \geq 0$, $\forall x \in X$. Notamos, adicionalmente, que $f(x) > 0$, $\forall x \in (-\infty, -1) \cup (1, +\infty)$.

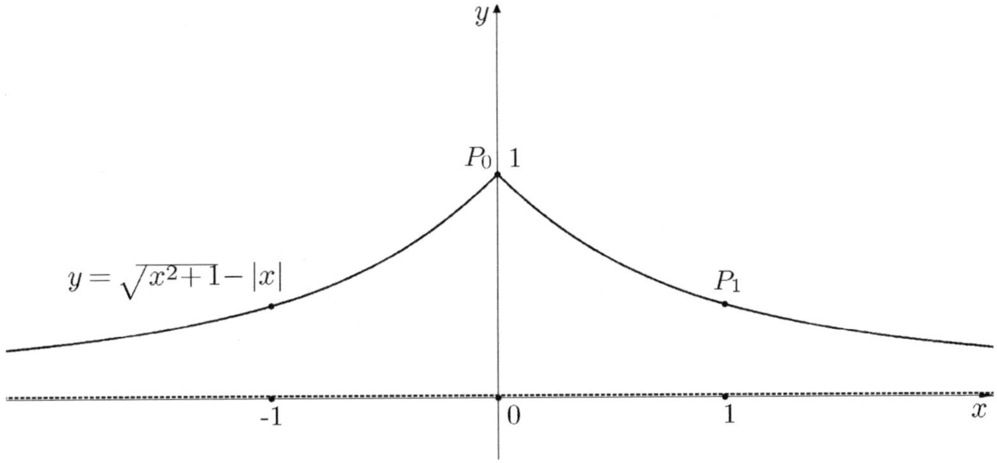

Figura 3.56 O gráfico da função $f(x) = \sqrt{x^2+1} - |x|$.

3. Limitação. Como a imagem é $Y = [0, +\infty)$, a função é limitada inferiormente e não é limitada superiormente.

4. Paridade. A relação $f(-x) = \sqrt{(-x)^2 - 1} = \sqrt{x^2 - 1} = f(x)$, $\forall x \in X$ mostra que a função é par e o seu gráfico é simétrico em relação ao eixo Oy. Como a função é par e o seu domínio não inclui a vizinhança da origem (o intervalo $(-1, 1)$), podemos continuar com estudo somente dos valores positivos de x, e depois completar essa análise de acordo com a paridade da função.

5. Periodicidade. Deixamos a verificação de periodicidade para depois do estudo de monotonia.

6. Monotonia e extremos. Tomamos $1 \le x_1 < x_2$ e avaliamos a diferença $D_1 = f(x_2) - f(x_1)$:

$$D_1 = f(x_2) - f(x_1) = \sqrt{x_2^2 - 1} - \sqrt{x_1^2 - 1} = \frac{(x_2^2 - 1) - (x_1^2 - 1)}{\sqrt{x_2^2 - 1} + \sqrt{x_1^2 - 1}} = \frac{(x_2 - x_1)(x_2 + x_1)}{\sqrt{x_2^2 - 1} + \sqrt{x_1^2 - 1}}.$$

No numerador, o primeiro fator sempre é positivo, e o segundo também é positivo quando $x_1 \ge 1$. Portanto, $f(x)$ cresce estritamente em $[1, +\infty)$. Consequentemente, $x = 1$ é o ponto mínimo global de $f(x)$.

O crescimento estrito no intervalo infinito $[1, +\infty)$ implica que $f(x)$ não é periódica.

7. Concavidade e inflexão. Tomamos dois pontos arbitrários $1 \le x_1 < x_2$, definimos o ponto médio $x_0 = \frac{x_1 + x_2}{2}$ e o incremento $h = x_2 - x_0 = x_0 - x_1 > 0$, e usamos a grandeza $D_2 \equiv f(x_1) + f(x_2) - 2f(x_0)$, para avaliar a diferença entre o valor médio da secante $\frac{f(x_1)+f(x_2)}{2}$ e o valor da função no ponto médio $f(x_0)$.

Aproveitando a expressão encontrada para D_1, temos:

$$D_2 = f(x_1) + f(x_2) - 2f(x_0) = (f(x_2) - f(x_0)) - (f(x_0) - f(x_1))$$

$$=\sqrt{x_1^2 - 1} + \sqrt{x_2^2 - 1} - 2\sqrt{x_0^2 - 1} = \frac{(x_2 - x_0)(x_2 + x_0)}{\sqrt{x_2^2 - 1} + \sqrt{x_0^2 - 1}} - \frac{(x_0 - x_1)(x_0 + x_1)}{\sqrt{x_0^2 - 1} + \sqrt{x_1^2 - 1}}$$

$$= h\frac{(x_2 + x_0)(\sqrt{x_0^2 - 1} + \sqrt{x_1^2 - 1}) - (x_0 + x_1)(\sqrt{x_2^2 - 1} + \sqrt{x_0^2 - 1})}{(\sqrt{x_2^2 - 1} + \sqrt{x_0^2 - 1})(\sqrt{x_0^2 - 1} + \sqrt{x_1^2 - 1})}$$

$$=h\frac{(x_2 - x_1)\sqrt{x_0^2 - 1} + x_2\sqrt{x_1^2 - 1} - x_1\sqrt{x_2^2 - 1} + x_0(\sqrt{x_1^2 - 1} - \sqrt{x_2^2 - 1})}{(\sqrt{x_2^2 - 1} + \sqrt{x_0^2 - 1})(\sqrt{x_0^2 - 1} + \sqrt{x_1^2 - 1})}$$

$$= \frac{h}{(\sqrt{x_2^2 - 1} + \sqrt{x_0^2 - 1})(\sqrt{x_0^2 - 1} + \sqrt{x_1^2 - 1})}$$

$$\times \left[(x_2 - x_1)\sqrt{x_0^2 - 1} + \frac{x_2^2(x_1^2 - 1) - x_1^2(x_2^2 - 1)}{x_2\sqrt{x_1^2 - 1} + x_1\sqrt{x_2^2 - 1}} + \frac{x_0(x_1^2 - x_2^2)}{\sqrt{x_1^2 - 1} + \sqrt{x_2^2 - 1}}\right]$$

$$= \frac{2h^2}{(\sqrt{x_2^2 - 1} + \sqrt{x_0^2 - 1})(\sqrt{x_0^2 - 1} + \sqrt{x_1^2 - 1})}$$

$$\times \left[\sqrt{x_0^2 - 1} - \frac{x_2 + x_1}{x_2\sqrt{x_1^2 - 1} + x_1\sqrt{x_2^2 - 1}} - \frac{x_0(x_1 + x_2)}{\sqrt{x_1^2 - 1} + \sqrt{x_2^2 - 1}}\right].$$

Na última expressão, o primeiro fator sempre é positivo. Para avaliar o segundo fator (dentro dos colchetes), notamos que $x_1 > \sqrt{x_1^2 - 1}$, $x_2 > \sqrt{x_2^2 - 1}$, donde $\frac{x_1+x_2}{\sqrt{x_1^2-1}+\sqrt{x_2^2-1}} > 1$ e, portanto, $\sqrt{x_0^2 - 1} - x_0\frac{x_1+x_2}{\sqrt{x_1^2-1}+\sqrt{x_2^2-1}} < 0$, o que mostra que o segundo fator é negativo. Logo, $D_2 < 0$ e, consequentemente, $f(x)$ é côncova estritamente para baixo em $[1, +\infty)$.

6-7. Estendendo os resultados obtidos de acordo com a paridade da função, obtemos as seguintes propriedades de monotonia:
1) $f(x)$ decresce estritamente no intervalo $(-\infty, -1]$;
2) $f(x)$ cresce estritamente no intervalo $[1, +\infty)$.
Os pontos $x = \pm 1$ são mínimos globais (mas não locais) da função, e não há outros extremos locais ou globais.

Estendendo os resultados da concavidade, obtemos: $f(x)$ é côncava estritamente para baixo em $(-\infty, -1]$ e em $[1, +\infty)$. Consequentemente, não há pontos de inflexão.

8. Propriedades complementares. Para os valores bastante grandes de $|x|$ a função pode ser aproximada na forma $f(x) = \sqrt{x^2 - 1} \approx |x|$, donde segue que $f(x)$ tende a $+\infty$ quando $x \to \pm\infty$ e, consequentemente, não tem assíntota horizontal.

Em qualquer ponto $|x_0| > 1$ (interior ponto do domínio) a função é contínua, ou seja, $f(x) \to f(x_0)$ quando $x \to x_0$. Os dois pontos restantes do domínio $x_0 = \pm 1$ são os pontos de fronteira e podem ser aproximados somente de um dos lados do domínio: $x_0 = -1$ do lado esquerdo e $x_0 = 1$ do lado direito. Mesmo assim, a função é contínua nesses dois pontos, pois $f(x) \to f(-1) = -1$ quando $x \to -1^-$ e $f(x) \to f(1) = 1$ quando $x \to 1^+$. Todos os outros pontos, isto é, os pontos $|x_0| < 1$, são pontos exteriores do domínio $X = (-\infty, -1] \cup [1, +\infty)$ e não podem ser aproximados pelos pontos desse conjunto. Assim, nenhuma tendência infinita é observada em qualquer ponto e, portanto, a função não tem assíntotas verticais.

9. Usando propriedades investigadas, marcando alguns pontos importantes, como $P_1 = (-1, 0)$ e $P_2 = (1, 0)$ (interseções com Ox e mínimos globais) e $P_3 = (2, \sqrt{3})$ (um ponto com abscissa positiva), e aplicando a simetria em relação a Oy, construímos o esboço do gráfico mostrado na Fig.3.57.

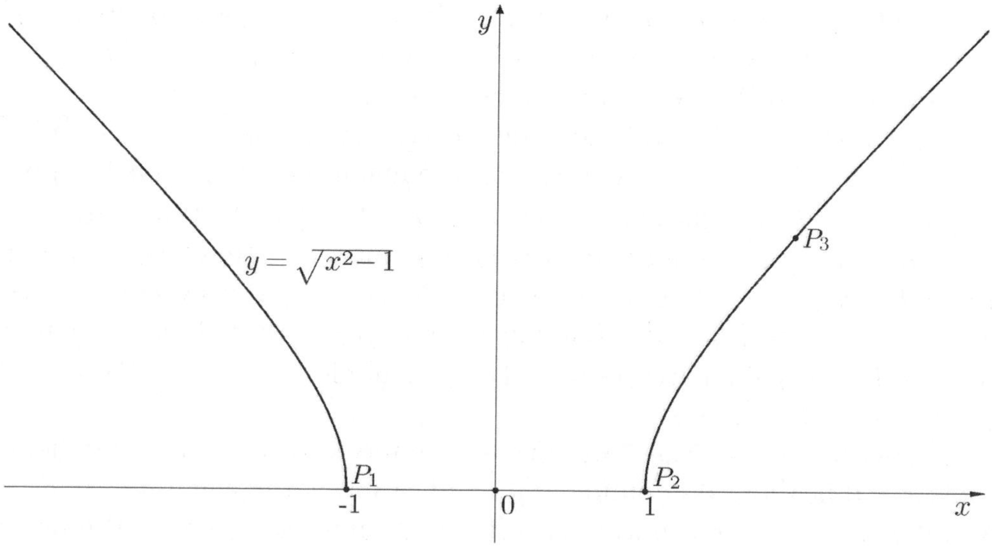

Figura 3.57 O gráfico da função $f(x) = \sqrt{x^2 - 1}$.

Notamos que uma outra maneira de investigar propriedades da função $f(x) = \sqrt{x^2 - 1}$ seria relacionar ela com a função $f(x) = \sqrt{x^2 + 1}$ do exercício A. Restringindo o domínio da última pelo intervalo $[0, +\infty)$, obtemos uma função bijetiva $y = f(x) = \sqrt{x^2+1} : [0,+\infty) \to [1,+\infty)$. Então, essa função admite a inversa $x = f^{(-1)}(y) : [1,+\infty) \to [0,+\infty)$, cuja fórmula é obtida resolvendo a equação $y = \sqrt{x^2+1}$ em relação a $x \geq 0$. A solução se encontra na forma $x = \sqrt{y^2-1}$ que é a função desse exercício com a variável independente y e o domínio restrito a $[1,+\infty)$. Deduzindo todas as propriedades da função $y = f^{(-1)}(x) = \sqrt{x^2-1} : [1,+\infty) \to [0,+\infty)$ a partir da relação entre a função direta e inversa, depois completamos o estudo da função $y = \sqrt{x^2-1}$ estendendo domínio a $X = (-\infty,-1] \cup [1,+\infty)$, de acordo com a paridade. Deixamos realizar os detalhes desse estudo para o leitor.

D. Estudo de $f(x) = x + \sqrt{x^2-1}$

1. Domínio e imagem. O argumento x^2-1 da raiz deve ser não negativo e, por isso, o domínio contém tais pontos que $|x| \geq 1$, ou seja, $X = (-\infty,-1] \cup [1,+\infty)$.

Faremos investigação da imagem separadamente nos intervalos $(-\infty,-1]$ e $[1,+\infty)$. No segundo, os valores da função satisfazem a desigualdade $y \geq 1$. Vamos mostrar que qualquer $y \in [1,+\infty)$ é o ponto da imagem da parte $[1,+\infty)$ do domínio, isto é, $f([1,+\infty)) = [1,+\infty)$. Realmente, resolvendo a equação $x + \sqrt{x^2-1} = y$, $y \geq 1$ em relação a $x \geq 1$, notamos, primeiro, que da própria equação segue que $y \geq x$. Então, $\sqrt{x^2-1} = y - x$, onde $y - x \geq 0$ e, por isso, podemos elevar os dois lados ao quadrado: $x^2 - 1 = y^2 - 2xy + x^2$ ou $2xy = y^2 + 1$. Isolando x, encontramos a solução no intervalo $[1,+\infty)$: $x = \frac{1}{2}(y + \frac{1}{y}) \geq 1$. Portanto, o intervalo $[1,+\infty)$ é a parte da imagem Y.

No intervalo $(-\infty,-1]$, a função pode ser reescrita na forma $y = x + \sqrt{x^2-1} = -|x| + \sqrt{x^2-1} = \frac{-1}{|x|+\sqrt{x^2-1}}$. O denominador é maior que ou igual a 1 e, por isso, os valores da função satisfazem a desigualdade $-1 \leq y < 0$. Tomamos qualquer $y \in [-1,0)$ e mostramos que ele pertence à imagem. Resolvendo a equação $x + \sqrt{x^2-1} = y$, $y \in [-1,0)$ em relação a $x \leq -1$, encontramos $\sqrt{x^2-1} = y - x \geq 0$, donde $x^2 - 1 = y^2 - 2xy + x^2$ e, finalmente, $x = \frac{1}{2}(y + \frac{1}{y}) \leq -1$. Logo, o intervalo $[-1,0)$ é a imagem da parte $(-\infty,-1]$ do domínio: $f((-\infty,-1]) = [-1,0)$. Assim, $Y = [-1,0) \cup [1,+\infty)$.

2. Interseção e sinal. Não tem pontos de interseção com o eixo Oy nem com Ox, pois $x = 0$ fica fora do domínio e $y = 0$ fica fora da imagem.

No intervalo $[1,+\infty)$ a função é positiva e no intervalo $(-\infty,-1]$ é negativa.

3. Limitação. A imagem $Y = [-1,0) \cup [1,+\infty)$ mostra que a função é limitada inferiormente e não é limitada superiormente.

4. Paridade. Como $f(-2) = -2 + \sqrt{3} \neq \pm(2+\sqrt{3}) = \pm f(2)$, então a função não é par nem ímpar.

5. Periodicidade. Deixamos a verificação de periodicidade para depois do estudo de monotonia.

6. Monotonia e extremos. Tomamos $x_1 < x_2$ e avaliamos a diferença $D_1 = f(x_2) - f(x_1)$:

$$D_1 = f(x_2) - f(x_1) = x_2 + \sqrt{x_2^2 - 1} - (x_1 + \sqrt{x_1^2 - 1})$$

$$= (x_2 - x_1) + \frac{(x_2 - x_1)(x_2 + x_1)}{\sqrt{x_2^2 - 1} + \sqrt{x_1^2 - 1}} = (x_2 - x_1)\left(1 + \frac{x_2 + x_1}{\sqrt{x_2^2 - 1} + \sqrt{x_1^2 - 1}}\right).$$

Se $x_2 \leq -1$, então $\frac{x_2+x_1}{\sqrt{x_2^2-1}+\sqrt{x_1^2-1}} = -\frac{|x_2|+|x_1|}{\sqrt{x_2^2-1}+\sqrt{x_1^2-1}} < -1$ e, portanto, $D_1 < 0$, isto é, $f(x)$ decresce estritamente em $(-\infty, -1]$. Se $1 \leq x_1$, então todos os termos dentro das parênteses são positivos e $D_1 > 0$, o que significa que $f(x)$ cresce estritamente em $[1, +\infty)$. Consequentemente, $x = -1$ é o mínimo global de $f(x)$ e não há outros extremos, globais ou locais. Notamos que $x = 1$ é o mínimo global no intervalo $[1, +\infty)$.

O crescimento estrito no intervalo infinito $[1, +\infty)$ implica que $f(x)$ não é periódica.

7. Concavidade e inflexão. Tomamos dois pontos arbitrários $x_1 < x_2$ pertencendo a um dos dois intervalos $(-\infty, -1]$ ou $[1, +\infty)$, definimos o ponto médio $x_0 = \frac{x_1+x_2}{2}$ e o incremento $h = x_2 - x_0 = x_0 - x_1 > 0$, e usamos a grandeza $D_2 \equiv f(x_1) + f(x_2) - 2f(x_0)$, para avaliar a diferença entre o valor médio da secante $\frac{f(x_1)+f(x_2)}{2}$ e o valor da função no ponto médio $f(x_0)$:

$$D_2 = f(x_1) + f(x_2) - 2f(x_0) = (f(x_2) - f(x_0)) - (f(x_0) - f(x_1))$$

$$= x_1 + \sqrt{x_1^2 - 1} + x_2 + \sqrt{x_2^2 - 1} - 2x_0 - 2\sqrt{x_0^2 - 1} = \sqrt{x_1^2 - 1} + \sqrt{x_2^2 - 1} - 2\sqrt{x_0^2 - 1}.$$

Chegamos então a mesma expressão encontrada no estudo da concavidade no Exercício C e, aproveitando os resultados daquele exercício, concluímos que $D_2 < 0$ tanto no intervalo $(-\infty, -1]$ como em $[1, +\infty)$. Portanto, $f(x)$ é côncava estritamente para baixo em $(-\infty, -1]$ e em $[1, +\infty)$. Consequentemente, não há pontos de inflexão.

8. Propriedades complementares.

Para os valores bastante grandes de x, a função tem a seguinte aproximação: $f(x) = x + \sqrt{x^2 - 1} \approx 2x$, donde segue que $f(x)$ tende a $+\infty$ quando $x \to +\infty$. Para os valores de x grandes por módulo e negativos, a aproximação vem na forma $f(x) = x + \sqrt{x^2 - 1} \approx x + |x| = 0$, o que mostra que $f(x)$ aproxima de 0 quando $x \to -\infty$. Portanto, a função possui assíntota horizontal $y = 0$ quando x tende a $-\infty$.

Em qualquer ponto $|x_0| > 1$ (interior ponto do domínio) a função é contínua, ou seja, $f(x) \to f(x_0)$ quando $x \to x_0$. Os dois pontos restantes do domínio

$x_0 = \pm 1$ são os pontos de fronteira e podem ser aproximados somente de um dos lados do domínio: $x_0 = -1$ do lado esquerdo e $x_0 = 1$ do lado direito. Mesmo assim, a função é contínua nesses dois pontos, pois $f(x) \to f(-1) = -1$ quando $x \to -1^-$ e $f(x) \to f(1) = 1$ quando $x \to 1^+$. Todos os outros pontos, isto é, os pontos $|x_0| < 1$, são pontos exteriores do domínio $X = (-\infty, -1] \cup [1, +\infty)$ e não podem ser aproximados pelos pontos desse conjunto. Assim, não existe tendência infinita em qualquer ponto e, portanto, a função não tem assíntotas verticais.

9. Com base nas propriedades investigadas e com marcação de alguns pontos importantes, como $P_1 = (-1, -1)$ (mínimo global) e $P_2 = (1, 1)$ (mínimo global no intervalo $[1, +\infty)$), construímos o esboço do gráfico mostrado na Fig.3.58.

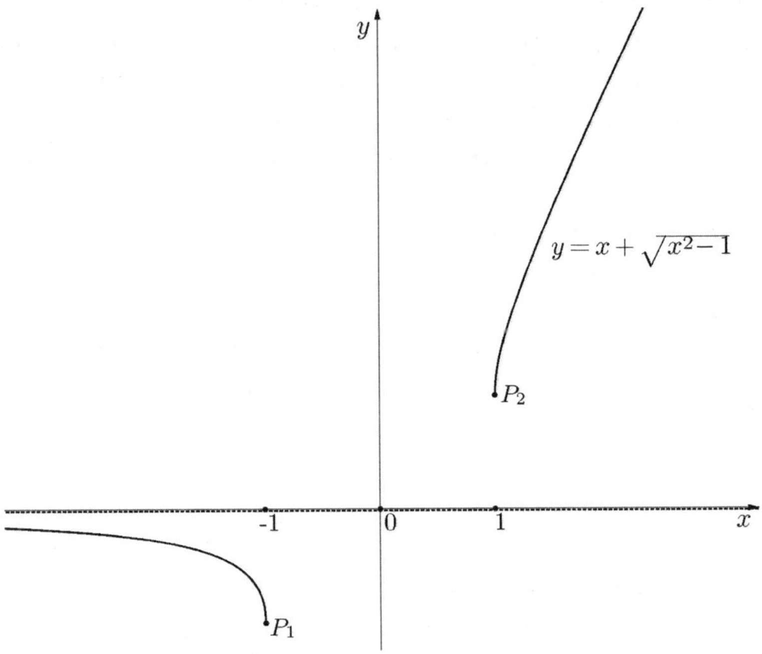

Figura 3.58 O gráfico da função $f(x) = x + \sqrt{x^2 - 1}$.

E. Estudo de $f(x) = \sqrt{x+4} - \sqrt{x}$

1. Domínio e imagem. Os argumentos $x + 4$ e x da raiz quadrada devem ser não negativos. A desigualdade $x \geq 0$ garante que $x + 4 \geq 0$ e, por isso, o domínio é $X = [0, +\infty)$.

Para determinar a imagem, representamos a função na forma $f(x) = \sqrt{x+4} - \sqrt{x} = \frac{4}{\sqrt{x+4}+\sqrt{x}}$, donde segue que os pontos da imagem Y devem satisfazer a restrição $0 < y \leq 2$. Vamos mostrar que todo o intervalo $(0, 2]$ representa a imagem da função. Tomamos qualquer y desse intervalo e resolvemos a equação

$\sqrt{x+4} - \sqrt{x} = y$ em relação a incógnita x. Primeiro, passamos uma das raízes para outro lado: $\sqrt{x+4} = y + \sqrt{x}$, depois, elevamos ao quadrado essa relação: $x + 4 = y^2 + 2y\sqrt{x} + x$ e simplificamos, isolando a raiz restante: $\sqrt{x} = \frac{1}{2y}(4 - y^2)$. Finalmente, elevamos mais uma vez ao quadrado e encontramos a solução $x = \left(\frac{1}{2y}(4 - y^2)\right)^2$ que pertence ao domínio $X = [0, +\infty)$. Portanto, $Y = (0, 2]$.

2. Interseção e sinal. O ponto de interseção com o eixo Oy é $P_0 = (0, 2)$. Não tem interseção com Ox, pois $y = 0$ fica fora da imagem. Como a imagem é $Y = (0, 2]$, a função tem valores positivos em todo o seu domínio.

3. Limitação. A imagem $Y = (0, 2]$ mostra que a função é limitada inferiormente e superiormente.

4. Paridade. Como o domínio não é simétrico em relação à origem, então a função não é par nem ímpar.

5. Periodicidade. Como o domínio é limitado à esquerda, a função não pode ser periódica.

6. Monotonia e extremos. Tomamos $0 \le x_1 < x_2$ e avaliamos a diferença $D_1 = f(x_2) - f(x_1)$:

$$D_1 = f(x_2) - f(x_1) = \sqrt{x_2 + 4} - \sqrt{x_2} - (\sqrt{x_1 + 4} - \sqrt{x_1})$$

$$= \frac{x_2 - x_1}{\sqrt{x_2+4} + \sqrt{x_1+4}} - \frac{x_2 - x_1}{\sqrt{x_2} + \sqrt{x_1}} = (x_2 - x_1)\left(\frac{1}{\sqrt{x_2+4} + \sqrt{x_1+4}} - \frac{1}{\sqrt{x_2} + \sqrt{x_1}}\right) < 0.$$

Então, $f(x)$ decresce estritamente em todo o seu domínio. Disso segue que $x = 0$ é o máximo global de $f(x)$ e não há outros extremos, globais ou locais.

7. Concavidade e inflexão. Tomamos dois pontos arbitrários $0 \le x_1 < x_2$, definimos o ponto médio $x_0 = \frac{x_1+x_2}{2}$ e o incremento $h = x_2 - x_0 = x_0 - x_1 > 0$, e usamos a grandeza $D_2 \equiv f(x_1) + f(x_2) - 2f(x_0)$, para avaliar a diferença entre o valor médio da secante $\frac{f(x_1)+f(x_2)}{2}$ e o valor da função no ponto médio $f(x_0)$. Aproveitando a expressão encontrada para D_1, obtemos:

$$D_2 = f(x_1) + f(x_2) - 2f(x_0) = (f(x_2) - f(x_0)) - (f(x_0) - f(x_1))$$

$$= \left(\sqrt{x_2+4} - \sqrt{x_2} - (\sqrt{x_0+4} - \sqrt{x_0})\right) - \left(\sqrt{x_0+4} - \sqrt{x_0} - (\sqrt{x_1+4} - \sqrt{x_1})\right)$$

$$= \left(\frac{x_2 - x_0}{\sqrt{x_2+4} + \sqrt{x_0+4}} - \frac{x_2 - x_0}{\sqrt{x_2} + \sqrt{x_0}}\right) - \left(\frac{x_0 - x_1}{\sqrt{x_0+4} + \sqrt{x_1+4}} - \frac{x_0 - x_1}{\sqrt{x_0} + \sqrt{x_1}}\right)$$

$$= h\left(\frac{\sqrt{x_1+4} - \sqrt{x_2+4}}{(\sqrt{x_2+4} + \sqrt{x_0+4})(\sqrt{x_0+4} + \sqrt{x_1+4})} + \frac{\sqrt{x_2} - \sqrt{x_1}}{(\sqrt{x_2} + \sqrt{x_0})(\sqrt{x_0} + \sqrt{x_1})}\right)$$

$$= 2h^2\left(\frac{1}{(\sqrt{x_2} + \sqrt{x_0})(\sqrt{x_0} + \sqrt{x_1})(\sqrt{x_2} + \sqrt{x_1})}\right.$$

$$- \frac{1}{(\sqrt{x_2+4}+\sqrt{x_0+4})(\sqrt{x_0+4}+\sqrt{x_1+4})(\sqrt{x_2+4}+\sqrt{x_1+4})}\Bigg) > 0.$$

Isso significa que a $f(x)$ é côncava estritamente para cima em todo o seu domínio. Consequentemente, não há pontos de inflexão.

8. Propriedades complementares. Para os valores bastante grandes de x, temos aproximação $f(x) = \sqrt{x+4} - \sqrt{x} \approx \sqrt{x} - \sqrt{x} = 0$, donde segue que a função converge a 0 quando $x \to +\infty$. Consequentemente, a reta $y = 0$ é assíntota horizontal.

Cada ponto $x_0 > 0$ é um ponto interior do domínio $X = [0, +\infty)$, e a função é contínua em cada um desses pontos pois $f(x) \to f(x_0)$ quando $x \to x_0$. O ponto restante do domínio $x_0 = 0$ pode ser aproximado pela direita e de novo $f(x) \to f(0) = 2$ quando $x \to 0^+$. Todos os demais pontos, isto é, os pontos $x_0 < 0$ são pontos exteriores do domínio e não podem ser aproximados pelos pontos de $X = [0, +\infty)$. Assim, nenhuma tendência infinita é observada em qualquer ponto e, portanto, a função não tem assíntotas verticais.

9. Com base nas propriedades investigadas e com marcação de alguns pontos importantes, como $P_0 = (0, 2)$ (interseção com Oy e máximo global) e $P_1 = (1, \sqrt{5} - 1)$ (um ponto com abscissa positiva), construímos o esboço do gráfico mostrado na Fig.3.59.

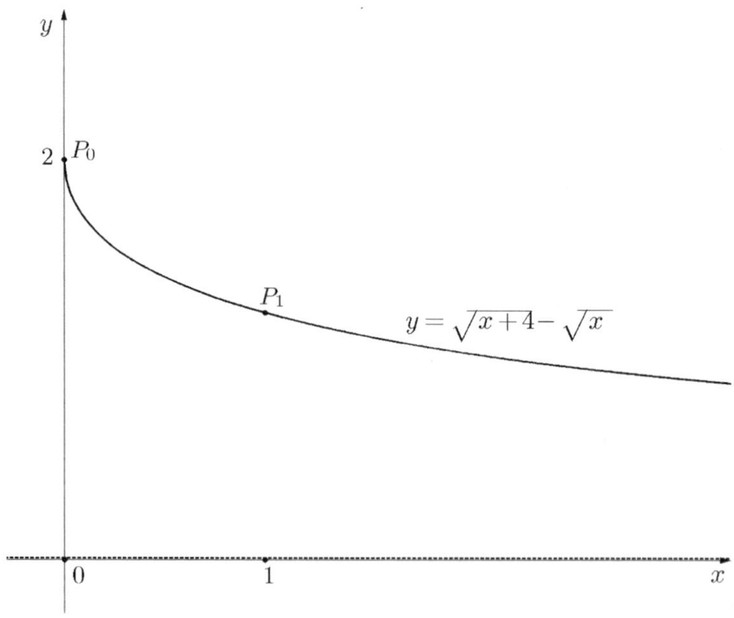

Figura 3.59 O gráfico da função $f(x) = \sqrt{x+4} - \sqrt{x}$.

Capítulo 4

Funções transcendentais: exponenciais, logarítmicas, trigonométricas

Nesse capítulo vamos investigar as funções transcendentais, divididas em dois grupos: primeiro, funções exponenciais e logarítmicas, e segundo, funções trigonométricas.

O esquema de estudo segue o padrão do Capítulo 3: dada a forma analítica (fórmula) de uma função, primeiro, identificamos o seu domínio e a imagem, logo determinamos se ela é limitada ou não, depois passamos as propriedades de simetria (paridade e periodicidade), em seguida, investigamos monotonia e extremos e, também, concavidade e inflexão, logo encontramos pontos de interseção com eixos de coordenados e avaliamos o sinal da função, depois analisamos as propriedades de injeção e sobrejeção, e finalizamos realizando construção do gráfico com base nas propriedades investigadas.

Relembre que nem todos esses passos são obrigatórios e executáveis para qualquer função elementar. Mesmo quando todos (ou vários) passos podem ser executados, a sua ordem não é rígida e, dependendo do tipo da função, pode ser mais vantajoso trocar a sequência de propriedades estudadas, porque algumas propriedades mais avançadas podem providenciar resultados sobre propriedades anteriores, mais simples para formulação.

1 Funções exponenciais e logarítmicas

1.1 Conceitos preliminares. Expoente real e suas propriedades

Expoente natural

Caso $a \in \mathbb{R}$ e $n \in \mathbb{N}$, a *expoente* a^n (chamada n-ésima *potência* de a) é definida pela fórmula $a^n = a \cdot \ldots \cdot a$ (a multiplicado por ele mesmo n vezes). Nessa operação, a é chamado de *base* e n de *expoente*.

Expoente inteira

Caso $a \neq 0$ e $n \in \mathbb{N}$, a expoente a^{-n} é definida pela fórmula $a^{-n} = \frac{1}{a^n}$; para qualquer $a \neq 0$, $a^0 = 1$ (a expressão 0^0 é indeterminada).

Há dois tipos de propriedades de potências: as propriedades de igualdade e as de comparação.

As propriedades principais de igualdade de potências inteiras são as seguintes: para quaisquer dois números reais $a \neq 0$ e $b \neq 0$, e quaisquer n e m inteiros, temos
1) $(ab)^n = a^n b^n$;
2) $(\frac{a}{b})^n = \frac{a^n}{b^n}$;
3) $a^n a^m = a^{n+m}$;
4) $\frac{a^n}{a^m} = a^{n-m}$;
5) $(a^n)^m = a^{nm}$.

As demonstrações seguem direto da definição de potência inteira e são elementares.

As propriedades principais de comparação são as seguintes: para quaisquer dois números inteiros n e m temos
1) se $a > 1$, então de $n > m$ segue $a^n > a^m$; em particular, $a^n > 1$ para $n > 0$, e $a^n < 1$ para $n < 0$;
2) se $0 < a < 1$, então de $n > m$ segue $a^n < a^m$; em particular, $a^n < 1$ para $n > 0$, e $a^m > 1$ para $m < 0$.
As demonstrações são simples e seguem da definição de potência inteira.

Raiz $\sqrt[n]{a}$ – expoente $\frac{1}{n}$, $n \in \mathbb{N}$

Para qualquer $a \in \mathbb{R}$ e $n = 2k-1, k \in \mathbb{N}$, a *n-ésima raiz* (ou *raiz de ordem n*) $\sqrt[n]{a}$ é tal número b que $b^n = a$. Para qualquer $a \geq 0$ e $n = 2k, k \in \mathbb{N}$, a n-ésima raiz $\sqrt[n]{a}$ é tal número $b \geq 0$ que $b^n = a$ (note que, nesse caso, o número negativo $-b$ também tem a propriedade que $(-b)^n = a$). Para $a < 0$ e $n = 2k, k \in \mathbb{N}$ a operação não está definida (não existe um número real cuja potência par vai dar o número negativo). Assim, para as raízes de ordem par tem duas restrições: elas são definidas somente para os números não negativos e o resultado da operação também deve ser um número não negativo. A raiz quadrada tem a notação simplificada $\sqrt{a}$. Se não tiver ambiguidade, a n-ésima raiz pode ser chamada simplesmente de raiz.

Conforme a definição, $(\sqrt[n]{a})^n = a$ em todos os casos quando a raiz está definida. Portanto, a mesma operação é denotada, naturalmente, pela potência com expoente $\frac{1}{n}$, $n \in \mathbb{N}$: $\sqrt[n]{a} \equiv a^{\frac{1}{n}}$. Então a propriedade da definição assume a forma $(a^{\frac{1}{n}})^n = a$ nos casos descritos na definição, a saber: se n é ímpar, então $a^{\frac{1}{n}}$ é tal número que $(a^{\frac{1}{n}})^n = a$ para qualquer a real; se n é par, então $a^{\frac{1}{n}}$ é tal número não negativo que $(a^{\frac{1}{n}})^n = a$ para qualquer $a \geq 0$. A potência $a^{\frac{1}{n}}$ não está definida no caso n par e $a < 0$.

Notamos que, na ordem invertida de expoentes $\frac{1}{n}$ e n, a propriedade análoga é válida nos mesmos casos. Realmente, se n é ímpar, então $(a^n)^{\frac{1}{n}} = a$ para qualquer $a \in \mathbb{R}$, porque a^n é a base da n-ésima raiz. Se n é par e $a \geq 0$, então temos a mesma igualdade $(a^n)^{\frac{1}{n}} = a$ pelas mesmas razões. No entanto, se n é par e $a < 0$, então, diferentemente de $(a^{\frac{1}{n}})^n$ que não tem sentido nesse caso, a operação $(a^n)^{\frac{1}{n}}$ está definida (uma vez que $a^n > 0$), mas o resultado não vai ser a e sim $-a$. Realmente, raiz de ordem par deve ser um número não negativo e, por isso, não pode ser a, mas $-a$ é o resultado correto, porque $-a > 0$ e $(-a)^n = a^n$ para n par. Juntando os resultados para n par, temos $(a^n)^{\frac{1}{n}} = |a|$ para qualquer $a \in \mathbb{R}$. Em particular, $\sqrt{a^2} = |a|$ para qualquer $a \in \mathbb{R}$.

Devido às restrições do argumento da raiz de ordem par (não existe raiz de um número negativo) e do seu resultado (deve ser um número não negativo), as propriedades de expoentes inteiras não são transmitidas diretamente para as expoentes fracionárias $\frac{1}{n}$, $n \in \mathbb{N}$. Realmente, os resultados diferentes que podem surgir para $(a^{\frac{1}{n}})^n$ e $(a^n)^{\frac{1}{n}}$ quando n é par (como acabamos de mostrar) já sugerem que para as raízes a situação é mais complicada. Exemplificando essa diferença, podemos tomar $a = -1$, $n = 2$ e temos que o número $((-1)^{\frac{1}{2}})^2 = (\sqrt{-1})^2$ não existe, enquanto $((-1)^2)^{\frac{1}{2}} = 1$. Isso invalida o uso das propriedades de expoentes inteiras no caso de raízes. Para a primeira propriedade, podemos chegar ao seguinte resultado absurdo: $1 = \sqrt{1} = \sqrt{(-1)\cdot(-1)} = \sqrt{-1}\cdot\sqrt{-1}$, onde a expressão do lado direito não existe. Usando a terceira propriedade, também podemos cair num resultado semelhante: $-1 = (-1)^1 = (-1)^{\frac{1}{2}+\frac{1}{2}} = (-1)^{\frac{1}{2}}\cdot(-1)^{\frac{1}{2}}$, onde a expressão do lado direito não existe. A aplicação da quinta propriedade a expoentes $\frac{1}{n}$, também pode levar ao resultado absurdo: $-1 = (-1)^1 = (-1)^{\frac{1}{2}\cdot 2} = ((-1)^{\frac{1}{2}})^2$ e a expressão do lado direito não existe, ou $-1 = (-1)^1 = (-1)^{2\cdot\frac{1}{2}} = ((-1)^2)^{\frac{1}{2}} = 1$ o que é uma afirmação falsa.

No entanto, as propriedades de expoentes inteiras podem ser extendidas às raízes, se consideramos somente bases positivas $a > 0$. Neste caso, as seguintes

três propriedades são mantidas:
1) $\sqrt[n]{ab} = \sqrt[n]{a}\sqrt[n]{b}$;
2) $\sqrt[n]{\frac{a}{b}} = \frac{\sqrt[n]{a}}{\sqrt[n]{b}}$;
3) $\sqrt[m]{\sqrt[n]{a}} = \sqrt[mn]{a}$.
As duas propriedades restantes envolvem as operações ainda não introduzidas para raízes e serão adicionadas quando vamos considerar expoentes racionais.

Expoente racional $a^p, p \in \mathbb{Q}$

Para quaisquer $a \in \mathbb{R}$ e $p = \frac{m}{n}, m \in \mathbb{Z}, n \in \mathbb{N}$, a potência a^p é deifinida pela fórmula $a^p = \sqrt[n]{a^m} = (\sqrt[n]{a})^m$ em todos os casos quando as operações envolvidas estão definidas e as duas expressões representam o mesmo resultado.

As condições da definição estão satisfeitas, em particular, quando a é um número real qualquer e n é impar, ou quando $a > 0$ e p é racional qualquer.

A restrição de base para validade das cinco propriedades de potências é herdada do caso das raízes. Se $a > 0, b > 0$, então para quaisquer $p, q \in \mathbb{Q}$ são válidas as seguintes propriedades:
1) $(ab)^p = a^p b^p$;
2) $(\frac{a}{b})^p = \frac{a^p}{b^p}$;
3) $a^p a^q = a^{p+q}$;
4) $\frac{a^p}{a^q} = a^{p-q}$;
5) $(a^p)^q = a^{pq}$.

Para expoentes racionais são válidas, também, as seguintes propriedades de comparação:
1) se $a > 1$, então de $p > q$ segue $a^p > a^q$, e vice-versa;
2) se $0 < a < 1$, então de $p > q$ segue $a^p < a^q$, e vice-versa.

Expoente real

Passando para expoentes reais, desde início supomos que a base a é positiva. Como as potências com expoentes racionais já foram definidas, vamos nos concentrar no caso quando a expoente x é um número irracional. É suficiente definir a^x quando x é positivo, porque, pela definição, $a^{-x} = \frac{1}{a^x}$.

Consideremos, primeiro, a situação quando $a > 1$. Tomamos qualquer número positivo irracional $x = x_0, x_1 \ldots x_n \ldots$ e consideramos várias aproximações racionais de x, superiores e inferiores. Podemos começar com $x_0 < x < x_0 + 1$, depois passamos para o primeiro dígito decimal $x_0 \leq x_0, x_1 < x < x_0, x_1 + 0,1 \leq x_0 + 1$, depois para o segundo $x_0 \leq x_0, x_1 \leq x_0, x_1 x_2 < x < x_0, x_1 x_2 + 0,01 \leq x_0, x_1 + 0,1 \leq x_0 + 1$, etc. Cada próxima aproximação fica mais perto de x que a anterior, tanto na aproximação superior como na inferior. Com isso, a n-ésima aproximação inferior $p_n = x_0, x_1 x_2 \ldots x_n$ satisfaz a desigualdade $p_{n-1} \leq p_n < x$, enquanto a n-ésima aproximação superior $q_n = x_0, x_1 x_2 \ldots x_n + 10^{-n}$ satisfaz a desigualdade $x < q_n \leq q_{n-1}$. De acordo com essas aproximações racionais de x, temos as aproximações correspondentes de a^x as quais, conforme a primeira propriedade de compração de potências racionais, satisfazem as desigualdades $a^{p_0} \leq \ldots \leq a^{p_{n-1}} \leq a^{p_n} \leq \ldots \leq a^{q_n} \leq a^{q_{n-1}} \leq \ldots \leq a^{q_0}$. Como a diferença entre p_n e q_n é igual a 10^{-n} e diminui com aumento de n, é natural de esperar que essas aproximações de potências ficam cada vez mais próximas de um único número que é chamado de a^x. Embora intuitivamente a existência e unicidade desse número possam parecer evidentes, a comprovação exata desse fato é baseada nos conceitos e resultados que ficam muito além do escopo deste texto.

Quando $0 < a < 1$, seguimos o mesmo esquema de aproximações, com a única diferença que as desigualdades para potências vão ter sinal invertido (de acordo com a segunda propriedade de comparação de potências racionais).

As propriedades de igualdade de potências reais são as mesmas do caso de potências racionais, a saber, se $a > 0, b > 0$, então para quaisquer $x, y \in \mathbb{R}$ são válidas as seguintes propriedades:
1) $(ab)^x = a^x b^x$;
2) $(\frac{a}{b})^x = \frac{a^x}{b^x}$;
3) $a^x a^y = a^{x+y}$;
4) $\frac{a^x}{a^y} = a^{x-y}$;
5) $(a^x)^y = a^{xy}$.

As propriedades de comparação também são mantidas. Para quaisquer x e y reais, temos os seguintes resultados:
1) se $a > 1$, então de $x > y$ segue $a^x > a^y$, e vice-versa;
2) se $0 < a < 1$, então de $x > y$ segue $a^x < a^y$, e vice-versa.

A comprovação dessas propriedades exige conhecimento de conceitos e resultados mais avançados que vão muito além do escopo deste texto.

1.2 Função exponencial

Definição de uma função exponencial. Uma função exponencial $y = f(x) = a^x$, onde a constante $a > 0$ é chamada de base e a variável x de expoente, é uma função com domínio $\mathbb{R}$ que a cada x real faz corresponder o único número $y = a^x$.

Antes de começar a investigação geral, descartamos o caso quando $a = 1$, porque então temos a situação singular e trivial de uma função constante $y = 1^x = 1, \forall x \in \mathbb{R}$, que já foi vista no Capítulo 3. A partir desse momento consideramos que $a \neq 1$.

Estudo de $y = a^x$

1. Domínio e imagem. Pela definição, o domínio é $X = \mathbb{R}$ (uma vez que a

operação de elevação de um número positivo numa potência está definida para qualquer potência real). Como qualquer número a^x, $a > 0$ é positivo (pela definição da potência), a imagem da função está contida em $(0, +\infty)$. Além disso, é pressuposto (sem demonstração) que a^x pode assumir qualquer valor positivo, o que significa que $Y = (0, +\infty)$.

2. Limitação. A imagem da função determina que a função é limitada inferiormente (por exemplo, pela constante $m = 0$) e não é limitada superiormente.

3. Monotonia e extremos. Se $a > 1$, então, pelas propriedades de potências, $a^{x_2} > a^{x_1}$ para quaisquer $x_2 > x_1$ e, portanto, a função cresce estritamente em todo o seu domínio $X = \mathbb{R}$. Se $0 < a < 1$, então, pelas propriedades de potências, $a^{x_2} < a^{x_1}$ para quaisquer $x_2 > x_1$ e, portanto, a função decresce estritamente em todo o seu domínio $X = \mathbb{R}$.

Alternativamente, podemos considerar a diferença dos valores da função. Tomando $x_1 < x_2$, temos $f(x_2) - f(x_1) = a^{x_2} - a^{x_1} = a^{x_1}(a^{x_2 - x_1} - 1)$, onde o primeiro fator é positivo e, por isso, o sinal de $f(x_2) - f(x_1)$ depende do segundo fator. Se $a > 1$, então, pelas propriedades de potências $a^t > 1$, $\forall t > 0$, ou seja, o segundo fator é positivo e, portanto, a função cresce estritamente em todo o seu domínio $X = \mathbb{R}$. Se $0 < a < 1$, então, pelas propriedades de potências $a^t < 1$, $\forall t > 0$, ou seja, o segundo fator é negativo e, portanto, a função decresce estritamente em todo o seu domínio $X = \mathbb{R}$.

Assim, qualquer ponto do domínio é o ponto de monotonia estrita (crescimento no caso $a > 1$ e decrescimento no caso $a < 1$) e, por isso, não existe extremo de qualquer tipo da função exponencial, seja global ou local, estrito ou não.

4. Paridade. A monotonia estrita da função exponencial em todo o seu domínio garante que a função não é par. Por outro lado, a positividade da imagem da função garante que ela não é ímpar.

5. Periodicidade. A monotonia estrita da função exponencial em todo o seu domínio garante que a função não repete nenhum dos seus valores, o que descarta a possibilidade de ela ser periódica.

6. Concavidade e pontos de inflexão. Para quaisquer dois pontos $x_1, x_2 \in \mathbb{R}$, é válida a desigualdade $f(x_1) + f(x_2) - 2f\left(\frac{x_1+x_2}{2}\right) = a^{x_1} + a^{x_2} - 2a^{\frac{x_1+x_2}{2}} = \left(a^{\frac{x_1}{2}} - a^{\frac{x_2}{2}}\right)^2 > 0$, o que mostra a concavidade para cima (no sentido estrito) em todo o domínio da função. Desse resultado segue imediatamente que não há pontos de inflexão.

7. Interseção e sinal. A interseção com o eixo Oy ocorre no ponto $(0, 1)$, mas não tem interseção com Ox (uma vez que a imagem contém só os valores positivos). Como já foi notado, a função sempre tem valores positivos.

8. A função $f(x) = a^x : X = \mathbb{R} \to Y = (0, +\infty)$ é bijetora. Realmente,

o fato de que a sua imagem é $Y = (0, +\infty)$ garante que ela é sobrejetora, e a propriedade de monotonia estrita em todo o domínio garante que ela é injetora. A função inversa da exponencial é chamada logarítmica e é analisada na próxima seção.

9. Com base nas propriedades já investigadas e marcando alguns pontos importantes, como $P = (0, 1)$ (interseção com Oy), podemos representar os gráficos de funções exponenciais nos dois casos distintos $a = e > 1$ e $0 < a = e^{-1} < 1$, como é mostrado na Fig.4.1.

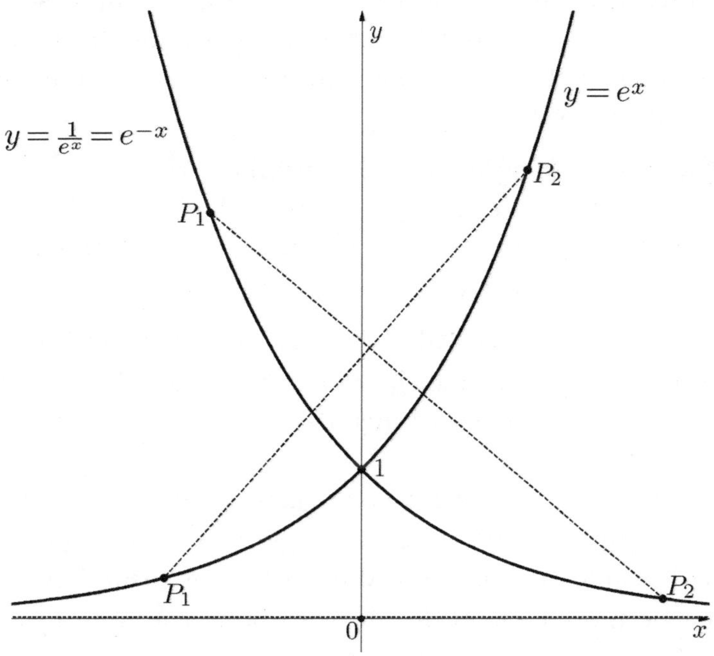

Figura 4.1 Gráficos de $y = e^x$ e $y = \left(\frac{1}{e}\right)^x$.

Propriedades complementares

O gráfico da função $f(x) = a^x$, $a > 1$ sugere que seus valores aumentam sem restrição quando x tende a $+\infty$ e aproximam de 0 pelos valores positivos quando x tende a $-\infty$. Realmente, qualquer que for $M > 0$ dado, sempre podemos resolver a equação $a^x = M$ e encontrar a solução $x_0 = \log_a M$. Então, usando o crescimento estrito de a^x, $a > 1$, concluímos que $a^x > M$ para todos $x > x_0$ e $a^x < M$ para todos $x < x_0$. Assim, para os valores bastante grandes do argumento, os valores da função superam qualquer constante dada previamente, o que significa que $f(x)$ tende a $+\infty$ quando x tende a $+\infty$. Por outro lado, para os valores bastante pequenos de x (grandes por módulo, mas negativos), os valores da função ficam menores que qualquer constante positiva, mantendo o sinal positivo, o que significa que $f(x)$ aproxima de 0 quando x tende a $-\infty$. Geometricamente, esses dois resultados significam que $f(x)$ não tem assíntota horizontal no $+\infty$, mas possui assíntota horizontal $y = 0$ no $-\infty$.

Adicionalmente, a função é contínua em todos os pontos do seu domínio, isto é, $f(x) \to f(x_0)$ quando $x \to x_0$. Assim, nenhuma tendência infinita nos pontos do domínio $X = \mathbb{R}$ é observada, o que significa que não há assíntotas verticais.

De modo semelhante, a função $f(x) = a^x$, $a < 1$ tende a $+\infty$ quando x tende a $-\infty$, e aproxima de 0 quando x tende a $+\infty$. Além disso, $f(x)$ aproxima de $f(x_0)$ quando $x \to x_0$. Geometricamente, isso quer dizer, que $f(x)$ possui assíntota horizontal $y = 0$ no $+\infty$, não tem assíntota horizontal no $-\infty$, e não tem nenhuma assíntota vertical.

Comparação entre funções exponenciais

Consideremos, primeiro, a situação quando $1 < a < b$. Nesse caso, das propriedades de potências segue que no intervalo $(0, +\infty)$ temos $y_a = a^x < b^x = y_b$. Além disso, para quaisquer $0 \leq x_1 < x_2$, temos $\frac{y_a(x_2)}{y_a(x_1)} = a^{x_2 - x_1} < b^{x_2 - x_1} = \frac{y_b(x_2)}{y_b(x_1)}$. Isso mostra que, no intervalo $(0, +\infty)$, o gráfico da função $y_b = b^x$ fica acima de e cresce mais rápido que $y_a = a^x$. No intervalo $(-\infty, 0)$ temos $y_a = a^x > b^x = y_b$, ou seja, o gráfico da função $y_b = b^x$ fica abaixo de $y_a = a^x$. Essa comparação é ilustrada na Fig.4.2.

Quando $0 < a < b < 1$, as relações entre as funções $y_a = a^x$ e $y_b = b^x$ são as seguintes: no intervalo $(0, +\infty)$ a função a^x é menor que b^x, enquanto no intervalo $(-\infty, 0)$ a função a^x é maior e decresce mais rápido que b^x. Isso segue das propriedades de potências ou de simples observação que $\left(\frac{1}{a}\right)^x = a^{-x}$, isto é, o gráfico de $\left(\frac{1}{a}\right)^x$ é obtido fazendo a reflexão do gráfico de a^x em torno do eixo Oy. A relação entre funções exponenciais no caso $0 < a < b < 1$ é mostrada na Fig.4.3.

Notamos que no ponto $x = 0$ os valores de todas as funções exponenciais a^x coincidem e são iguais a $y = 1$.

1.3 Função logarítmica

Definição de uma função logarítmica. Uma função logarítmica $y = \log_a x$ pode ser definida como a inversa à função $f(x) = a^x : \mathbb{R} \to (0, +\infty)$, onde o número $a > 0$, $a \neq 1$ é chamado de base.

Estudo de $y = \log_a x$

1. Domínio e imagem. Pela definição, o domínio da função $y = \log_a x$ é $X = (0, +\infty)$ (a imagem da função original $y = a^x$) e a imagem é $Y = \mathbb{R}$ (o

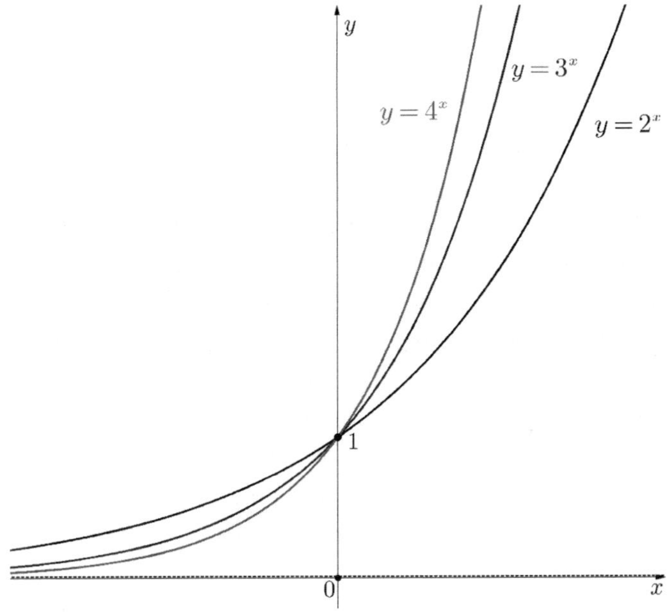

Figura 4.2 Gráficos de $y = 2^x$, $y = 3^x$ e $y = 4^x$.

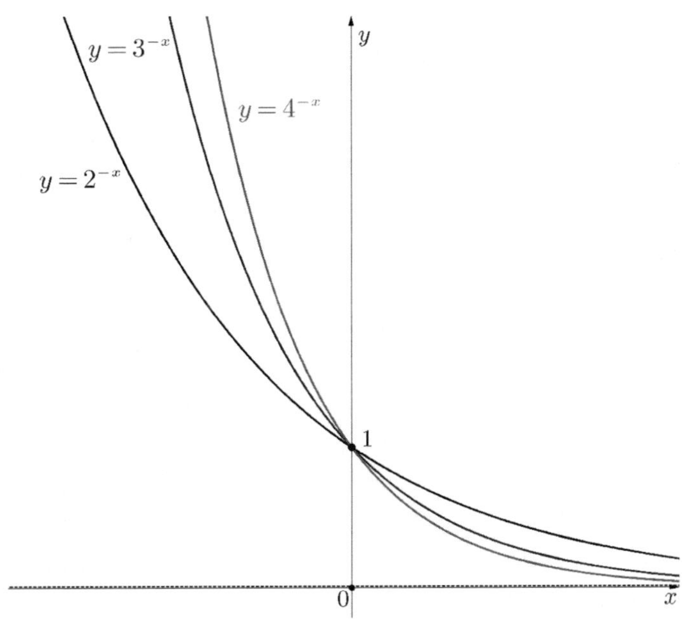

Figura 4.3 Gráficos de $y = \left(\frac{1}{2}\right)^x$, $y = \left(\frac{1}{3}\right)^x$ e $y = \left(\frac{1}{4}\right)^x$.

domínio da original).

2. Limitação. De acordo com a imagem, a função é ilimitada inferiormente e superiormente.

3. Paridade. A função não é par nem ímpar, uma vez que o seu domínio não é simétrico em relação a origem.

4. Periodicidade. A função não é periódica, porque o seu domínio é limitado à esquerda. (Outra razão da função não poder ser a periódica é que ela é definida como a inversa de uma função e, por isso, os seus valores não se repetem.)

5. Monotonia e extremos. Para $a > 1$, a função $y = a^x$ é crescente estritamente no seu domínio $\mathbb{R}$, e, portanto, pelo Teorema da monotonia da inversa (seção 12.4, Capítulo 2), concluímos que $y = \log_a x$, $a > 1$ é crescente estritamente em todo o seu domínio $X = (0, +\infty)$. Caso $a < 1$, a função $y = a^x$ é decrescente estritamente em $\mathbb{R}$, e, portanto, do mesmo Teorema da inversa segue que $y = \log_a x$, $a < 1$ é decrescente estritamente em todo o seu domínio $X = (0, +\infty)$.

Em ambos os casos, qualquer ponto $x > 0$ é o ponto de monotonia estrita e, por isso, não pode ser um extremo global ou local, estrito ou não.

6. Concavidade e pontos de inflexão. No caso $a > 1$, a função $y = a^x$ cresce estritamente e tem concavidade para cima no seu domínio $\mathbb{R}$, o que implica, pelo Teorema da concavidade da inversa (seção 12.4, Capítulo 2), que a função $y = \log_a x$, $a > 1$ é côncava para baixo no seu domínio $X = (0, +\infty)$. Se $a < 1$, então a função $y = a^x$ decresce estritamente mantendo a concavidade para cima em todo o seu domínio $\mathbb{R}$, o que implica, pelo mesmo teorema da inversa, que a função $y = \log_a x$, $a < 1$ é côncava para cima no seu domínio $X = (0, +\infty)$.

Desse resultado segue imediatamente que $y = \log_a x$ não tem pontos de inflexão.

7. Interseção e sinal. Não há interseção com o eixo Oy, uma vez que o domínio de $y = \log_a x$ é $X = (0, +\infty)$. O único ponto de interseção com Ox é $(1, 0)$. Caso $a > 1$, a função $\log_a x$ é negativa no intervalo $(0, 1)$ e positiva em $(1, +\infty)$. Caso $a < 1$, os sinais se invertem: $\log_a x > 0$, $\forall x \in (0, 1)$ e $\log_a x < 0$, $\forall x \in (1, +\infty)$.

8. A função $f(x) = \log_a x : X = (0, +\infty) \to Y = \mathbb{R}$ é bijetora e a sua inversa é $f^{-1}(x) = a^x : \mathbb{R} \to (0, +\infty)$.

9. Usando as propriedades investigadas e marcando alguns pontos importantes, como $P = (1, 0)$ (interseção com Ox), podemos construir o gráfico da função $y = \log_a x$ para qualquer $a > 0, a \neq 1$. Os gráficos para $a = e$, chamado de logaritmo natural (ou neperiano) e denotado por $y = \ln x$, e para $a = e^{-1}$ são mostrados na Fig.4.4.

Outra alternativa para obter os mesmos gráficos é aplicar o Teorema do gráfico da função inversa (seção 12.5, Capítulo 2) aos gráficos conhecidos de $y = e^x : \mathbb{R} \to$

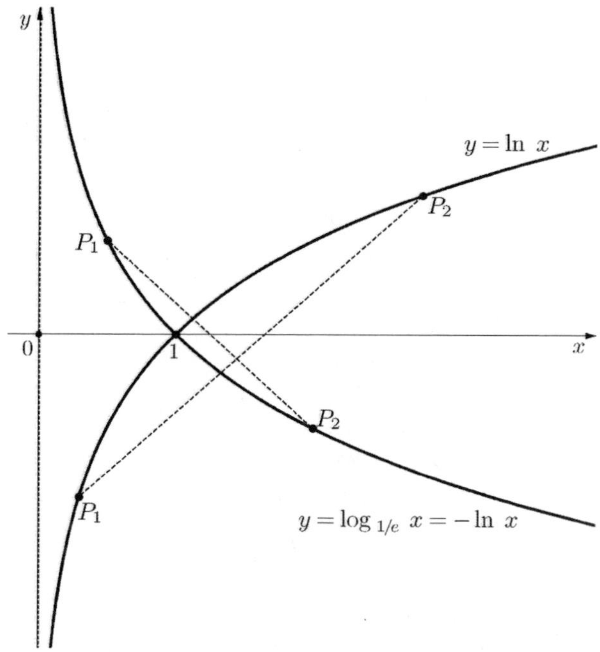

Figura 4.4 Gráficos de $y = \ln x = \log_e x$ e $y = \log_{1/e} x = -\ln x$.

$(0, +\infty)$ e $y = \left(\frac{1}{e}\right)^x : \mathbb{R} \to (0, +\infty)$. No caso de $y = \ln x$ a ilustração é dada na Fig.4.5.

Notamos que as propriedades de $y = \log_a x$, $a < 1$ podem ser deduzidas também das propriedades de $y = \log_a x$, $a > 1$, usando a fórmula $y = \log_{a^{-1}} x = -\log_a x$, $\forall x > 0$.

Propriedades complementares

O gráfico da função $f(x) = \log_a x$, $a > 1$ sugere que seus valores aumentam sem restrição quando x tende a $+\infty$ e diminuem sem restrição (aumentam por módulo sem restrição, mantendo valores negativos) quando x tende a 0 pelos valores positivos (contidos no domínio). Realmente, qualquer que for M dado, sempre podemos resolver a equação $\log_a x = M$ e encontrar a solução $x_0 = a^M$. Então, usando o crescimento estrito de $\log_a x$, $a > 1$, concluímos que $\log_a x > M$ para todos $x > x_0$ e $\log_a x < M$ para todos $x < x_0$. Assim, para os valores bastante grandes do argumento, os valores da função superam qualquer constante dada previamente, o que significa que $f(x)$ tende a $+\infty$ quando x tende a $+\infty$. Por outro lado, para os valores do argumento bastante pequenos por módulo e positivos, os valores da função ficam menores que qualquer constante, o que significa que $f(x)$ tende a $-\infty$ quando x tende a 0. Esses dois resultados

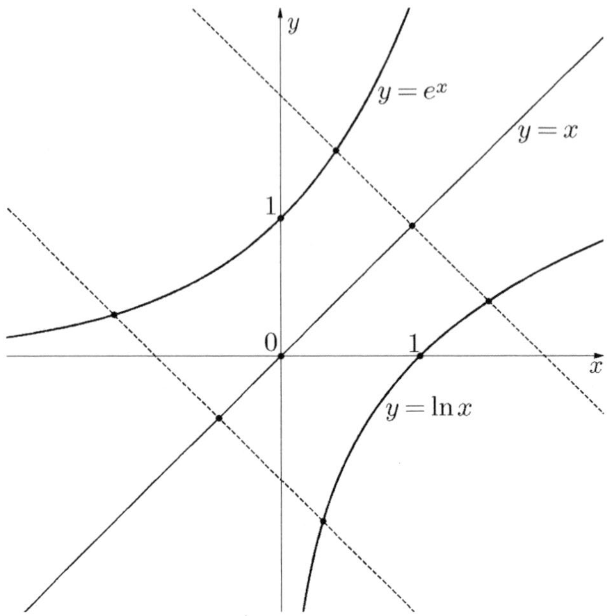

Figura 4.5 Construção do gráfico de $y = \ln x$ a partir do gráfico de $y = e^x$.

significam, geometricamente, que $f(x)$ não tem assíntota horizontal no $+\infty$, mas possui assíntota vertical $x = 0$.

Adicionalmente, a função é contínua em todos os pontos do seu domínio, isto é, $f(x) \to f(x_0)$ quando $x \to x_0 \in (0, +\infty)$. Portanto, nenhuma tendência infinita nos pontos do domínio $X = (0, +\infty)$ é observada, o que significa que não tem outras assíntotas verticais.

De modo semelhante, a função $f(x) = \log_a x$, $a < 1$ tende a $-\infty$ quando x tende a $+\infty$, tende a $+\infty$ quando x tende a 0 (pelos valores positivos), e aproxima de $f(x_0)$ quando $x \to x_0 \in (0, +\infty)$. Isso quer dizer, que $f(x)$ tem uma única assíntota vertical $x = 0$ e não tem nenhuma assíntota horizontal.

Comparação entre funções logarítmicas

A comparação entre funções logarítmicas $\log_a x$ e $\log_b x$ pode ser deduzida do resultado da comparação entre funções exponenciais a^x e b^x (apresentado na seção 1.2), para as quais as logarítmicas são inversas.

No caso $1 < a < b$, a comparação entre funções exponenciais a^x e b^x implica nos seguintes resultados: no intervalo $(0, 1)$ temos $\log_a x < \log_b x$, enquanto no intervalo $(1, +\infty)$ a desigualdade muda sentido, $\log_a x > \log_b x$; além disso, no intervalo $(1, +\infty)$ a função $\log_a x$ cresce mais rápido que $\log_b x$. Essa comparação é ilustrada na Fig.4.6.

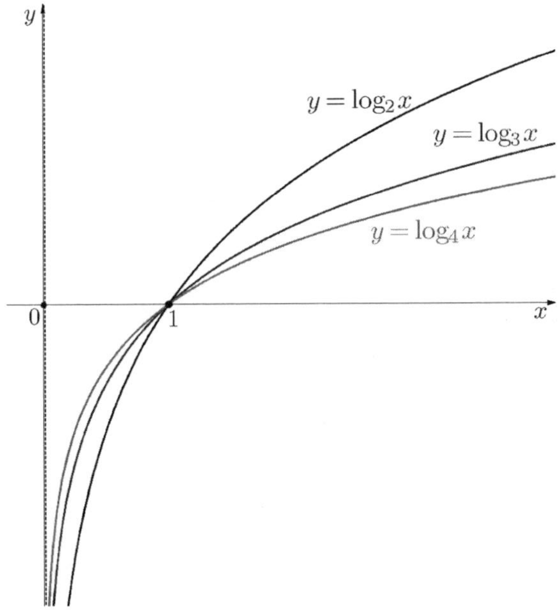

Figura 4.6 Gráficos de $y = \log_2 x$, $y = \log_3 x$ e $y = \log_4 x$.

Quando $0 < a < b < 1$, a comparação entre funções exponenciais leva às seguintes conclusões para as logarítmicas: no intervalo $(0, 1)$ temos $\log_a x < \log_b x$, enquanto no intervalo $(1, +\infty)$ a desigualdade muda sentido, $\log_a x > \log_b x$; além disso, no intervalo $(1, +\infty)$ a função $\log_a x$ decresce mais lentamente que $\log_b x$. A relação no caso $0 < a < b < 1$ segue também direto da observação que $\log_{1/a} x = -\log_a x$, isto é, o gráfico de $\log_{1/a} x$ é obtido refletindo o gráfico de $\log_a x$ em torno do eixo Ox. Essa comparação é ilustrada na Fig.4.7.

Notamos que no ponto $x = 1$ os valores de todas as funções logarítmicas $\log_a x$ coincidem e são iguais a $y = 0$.

2 Funções trigonométricas

2.1 Conceitos e resultados preliminares de trigonometria

Introdução de $\cos a$ **e** $\sin a$

Circunferências. O conjunto de todos os pontos no plano cartesiano cuja distância até o ponto fixo O é igual a r é chamado de *circunferência centrada em* O *e raio* r. Lembrando a fórmula da distância entre dois pontos no plano, concluímos imediatamente que a equação da circunferência tem a forma $(x-x_0)^2+(y-y_0)^2 =$

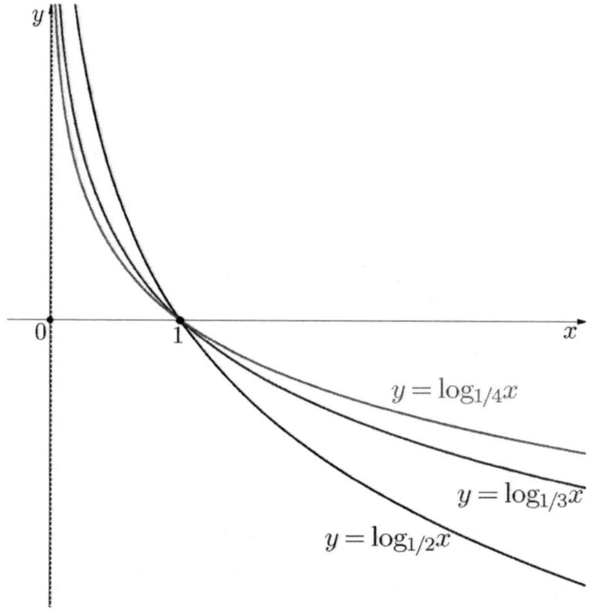

Figura 4.7 Gráficos de $y = \log_{1/2} x$, $y = \log_{1/3} x$ e $y = \log_{1/4} x$.

r^2, onde $O = (x_0, y_0)$ (veja Fig.4.8). Em particular, o conjunto de todos os pontos no plano cartesiano cuja distância até a origem é igual a 1 é chamado de circunferência unitária centrada na origem ou simplesmente *circunferência unitária* (nesse caso específico, $O = (0, 0)$ e $r = 1$). A equação da circunferência unitária é $x^2 + y^2 = 1$.

Ângulos e suas medidas. Um *ângulo* AOB consiste de dois raios OA e OB com o comum vértice O. A *medida de ângulo* AOB é o número de rotações em torno de O necessários para girar OA até a posição de OB (veja Fig.4.9).

Uma das unidades comuns de medida de ângulos é o *grau*, que representa $\frac{1}{360}$ de uma volta completa em torno do vértice O. Se um ângulo mede a graus então isso é denotado a^0. Outra unidade de medida, mais importante e natural em matemática, é o *radiano*. Um radiano é a medida adimensional de ângulo AOB que determina o arco (parte) da circunferência de raio r, contido entre os raios OA e OB, cujo comprimento é igual a r. Em outras palavras, a medida em radianos representa a razão entre o comprimento do arco da circunferência e o seu raio. Se um ângulo mede a radianos então isso é denotado $a\ rad$ ou simplesmente a. No caso de uma circunferência unitária, o ângulo entre os raios OA e OB tem a radianos se o comprimento do arco AB é igual a a. Mesmo sendo uma medida adimensional, muitas vezes o ângulo medido em radianos é denotado $a\ rad$ para distinguir da medida em graus.

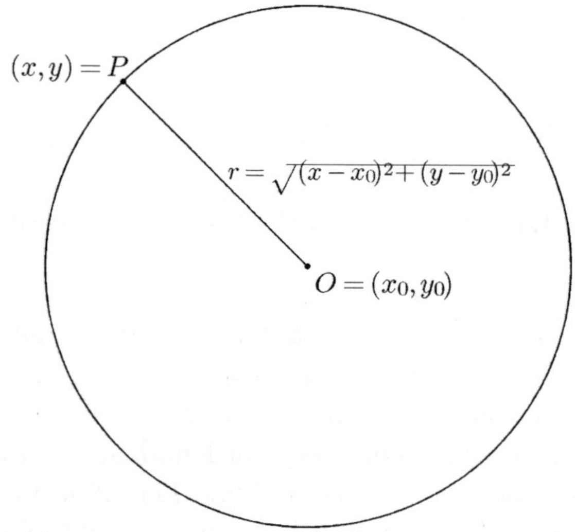

Figura 4.8 Circunferência de raio r centrada em O.

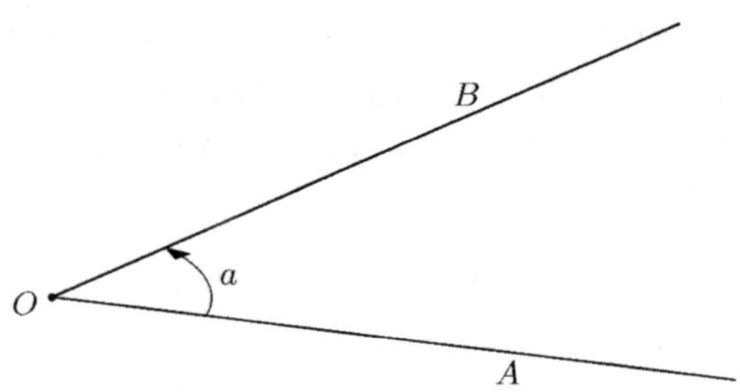

Figura 4.9 Ângulo AOB de medida a.

Como uma volta completa ao redor do ponto O corresponde a 360^0 e $2\pi\ rad$, é simples de deduzir a relação entre a medida em graus e radianos: $a^0 = \frac{\pi}{180} a\ rad$ ou $b\ rad = \frac{180}{\pi} b^0$.

De acordo com as definições dadas, o ângulo AOA mede 0^0 e $0\ rad$. Um ângulo AOB que forma uma reta tem a medida de 180^0 e $\pi\ rad$. Um ângulo reto é aquele que mede 90^0 e $\frac{\pi}{2}\ rad$. (Essas três situações são ilustradas na Fig.4.10.) Qualquer ângulo com medida $a \in (0, 90^0)$, ou equivalentemente $a \in (0, \frac{\pi}{2})$, é chamado agudo. Qualquer ângulo cuja medida $a \in (90^0, 180^0)$, ou equivalentemente $a \in (\frac{\pi}{2}, \pi)$, é chamado obtuso.

Circunferência unitária e ângulos em trigonometria

A partir desse momento, vamos considerar somente a circunferência unitária

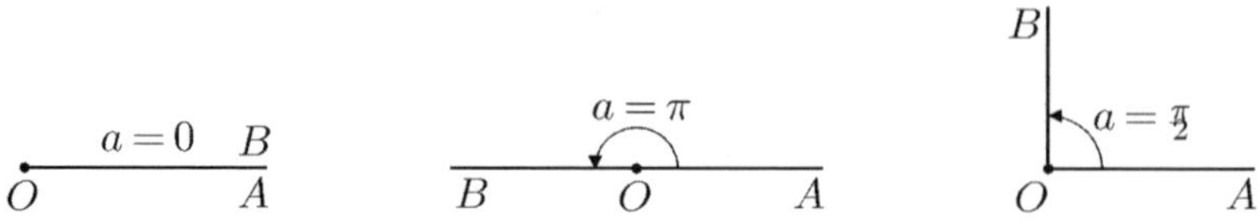

Figura 4.10 Ângulos AOB de diferentes medidas a.

centrada na origem e, portanto, vamos chamar ela simplesmente da circunferência unitária. Além disso, vamos fixar a posição do raio OA (chamado de raio ou lado inicial) que sempre vai coincidir com a parte positiva do eixo Ox (nesse caso, o ponto inicial de OA é a origem das coordenadas). Então o ângulo vai ser determinado pelo segundo raio OB (veja Fig.4.11). Notamos que qualquer raio OB tem um único ponto P de interseção com a circunferência unitária, e vice-versa, qualquer ponto P da circunferência unitária determina um único raio OB que passa por esse ponto. Portanto, a partir desse momento, podemos usar os pontos P da circunferência unitária para caracterizar raios OB os quais vamos denotar por OP. Como o único elemento não fixo que determina o ângulo é o raio OP, então o ângulo correspondente também vamos chamar de OP. A medida de ângulos usada em trigonometria é radianos e, portanto, não vamos especificar esse fato em notações.

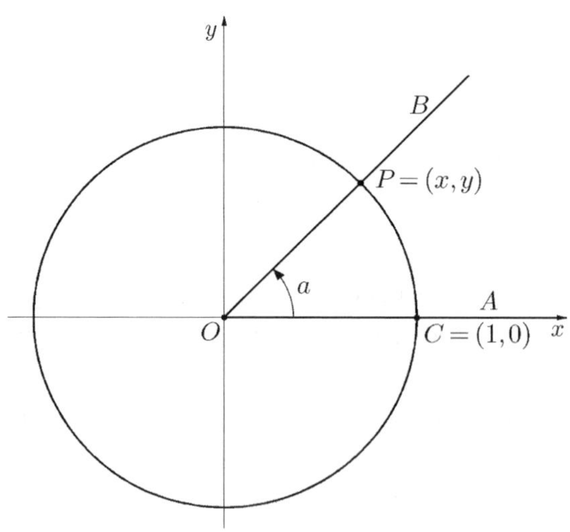

Figura 4.11 Circunferência unitária e ângulo correspondente AOB.

Mais uma especificidade dos ângulos em trigonometria é que os ângulos são direcionados, ou seja, é importante saber se o segundo raio OP é obtido a partir do raio inicial Ox usando rotação no sentido anti-horário (considerado positivo) ou horário. De acordo com isso, os ângulos também têm medidas positivas e negativas, dependendo se foram obtidos na rotação positiva ou negativa do raio inicial Ox (veja Fig.4.12). Por exemplo, o ângulo OP, $P = (-1, 0)$, que forma a reta coordenada Ox, pode corresponder tanto ao ângulo π como ao ângulo $-\pi$. O ângulo reto OP, $P = (0, 1)$, cujo segundo lado coincide com o sentido positivo do eixo Oy, pode corresponder tanto ao ângulo $\frac{\pi}{2}$ como ao ângulo $-\frac{3\pi}{2}$ (veja Fig.4.13).

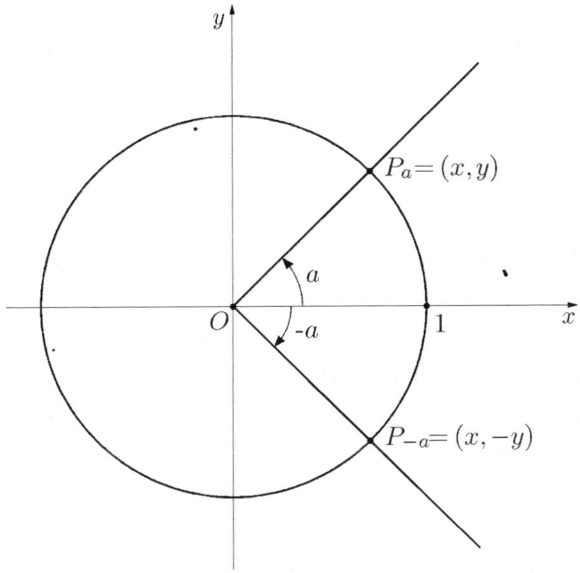

Figura 4.12 Ângulos direcionados na circunferência unitária.

De acordo com a especificação dos ângulos em trigonometria, o ângulo $a = OP$ determina unicamente o ponto P de interseção do raio OP com a circunferência unitária, mas a recíproca não é verdadeira. Realmente, acrescentando um número qualquer de rotações completas (em qualquer direção, positiva ou negativa) em torno da origem O a um ângulo já encontrado que corresponde ao ponto P, obtemos um outro ângulo que corresponde ao mesmo ponto P. Por exemplo, o ponto $P = (1, 0)$, que gera o raio $OP = Ox$, pode corresponder tanto ao ângulo 0 como ao ângulo 2π e também ao ângulo -2π, etc. O ponto $P = (-1, 0)$, que gera a parte negativa do eixo Ox, pode corresponder tanto ao ângulo π como ao ângulo $\pi + 2\pi$ e também ao ângulo $\pi - 2\pi$, etc. O ponto $P = (0, 1)$ do ângulo reto $a = \frac{\pi}{2}$ (que gera o sentido positivo do eixo Oy), pode ser obtido usando também os ângulos $\frac{\pi}{2} + 2\pi$ ou $\frac{\pi}{2} - 2\pi$, etc.

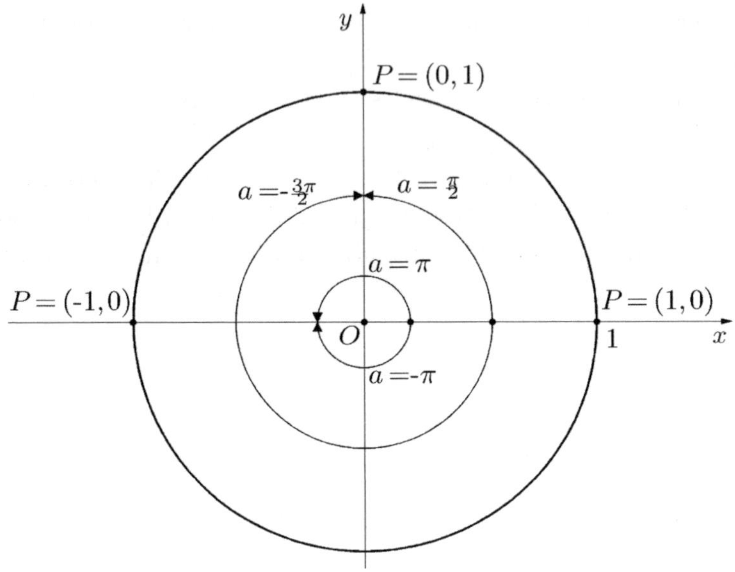

Figura 4.13 Ângulos positivos e negativos correspondentes ao mesmo ponto.

Definição e propriedades básicas de $\cos a$ **e** $\sin a$

Usando os conceitos preliminares definidos acima, podemos definir $\cos a$ e $\sin a$, *cosseno* e *seno* de qualquer ângulo a.

Definição de $\cos a$ **e** $\sin a$. Dado um ângulo a, que determina unicamente o ponto $P_a = (x_a, y_a)$ da circunferência unitária, chamamos de cosseno do ângulo a ($\cos a$) a abscissa do ponto P_a e de seno do ângulo a ($\sin a$) a ordenada do ponto P_a: $\cos a = x_a$, $\sin a = y_a$. (Veja a ilustração na Fig.4.14.)

De acordo com a definição, $\cos a$ e $\sin a$ estão definidos para qualquer ângulo a e sempre têm valores entre -1 e 1, uma vez que as coordenadas de pontos da circunferência unitária satisfazem a relação $x_a^2 + y_a^2 = 1$. Além disso, da última fórmula segue também a relação fundamental entre $\cos a$ e $\sin a$ chamada *identidade trigonométrica*: $\cos^2 a + \sin^2 a = 1$.

Segue também da definição que $\cos(a + 2k\pi) = \cos a$ e $\sin(a + 2k\pi) = \sin a$, $\forall k \in \mathbb{Z}$. Realmente, essas fórmulas são simplesmente a representação analítica do fato de que os ângulos obtidos com acréscimo de k voltas completas (no sentido positivo ou negativo), a partir do ângulo dado a, determinam o mesmo ponto P_a da circunferência unitária. Essa propriedade é chamada de 2π-*periodicidade*.

A próxima consequência da definição diz respeito ao sinal de $\cos a$ e $\sin a$. Ao ângulo $a = 0$ corresponde o ponto $P_a = (1, 0)$ e, consequentemente, $\cos a = 1$, $\sin a = 0$. A $a = \frac{\pi}{2}$ corresponde o ponto $P_a = (0, 1)$ e, portanto, $\cos a = 0$, $\sin a = 1$. O ângulo $a = \pi$ determina o ponto $P_a = (-1, 0)$ e, portanto,

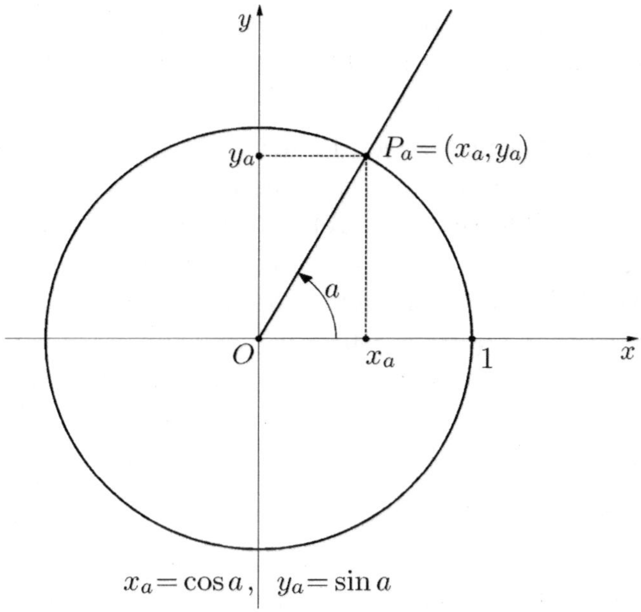

Figura 4.14 Definição de $\cos a$ e $\sin a$.

$\cos a = -1$, $\sin a = 0$. Finalmente, o ângulo $a = \frac{3\pi}{2}$ determina o ponto $P_a = (0, -1)$ e, portanto, $\cos a = 0$, $\sin a = -1$. Para os ângulos $a \in (0, \frac{\pi}{2})$, os pontos correspondentes P_a ficam no primeiro quadrante e, portanto, $\cos a > 0$, $\sin a > 0$. Para os ângulos $a \in (\frac{\pi}{2}, \pi)$, os pontos respectivos P_a ficam no segundo quadrante, onde $\cos a < 0$, $\sin a > 0$. Os ângulos $a \in (\pi, \frac{3\pi}{2})$ determinam os pontos no terceiro quadrante e, por isso, $\cos a < 0$, $\sin a < 0$. Finalmente, os ângulos $a \in (\frac{3\pi}{2}, 2\pi)$ determinam os pontos no quarto quadrante e, então, $\cos a > 0$, $\sin a < 0$.

Para finalizar o estudo do sinal, usamos 2π-periodicidade e obtemos os seguintes resultados:

1) $\cos a = 1$, $\sin a = 0$ quando $a = 2k\pi$;
2) $\cos a = 0$, $\sin a = 1$ quando $a = \frac{\pi}{2} + 2k\pi$;
3) $\cos a = -1$, $\sin a = 0$ quando $a = \pi + 2k\pi$;
4) $\cos a = 0$, $\sin a = -1$ quando $a = \frac{3\pi}{2} + 2k\pi$;
5) $\cos a > 0$, $\sin a > 0$ quando $a \in (0, \frac{\pi}{2}) + 2k\pi$;
6) $\cos a < 0$, $\sin a > 0$ quando $a \in (\frac{\pi}{2}, \pi) + 2k\pi$;
7) $\cos a < 0$, $\sin a < 0$ quando $a \in (\pi, \frac{3\pi}{2}) + 2k\pi$;
8) $\cos a > 0$, $\sin a < 0$ quando $a \in (\frac{3\pi}{2}, 2\pi) + 2k\pi$.

Aqui k é qualquer número inteiro.

Mais uma consequência da definição é a *paridade de* $\cos a$ e *imparidade de* $\sin a$. Realmente, medindo os ângulos a e $-a$ (do mésmo módulo, mas dos sentidos opostos), encontramos os pontos $P_a = (x_a, y_a)$ e $P_{-a} = (x_{-a}, y_{-a})$ que são simétricos em relação ao eixo Ox. Isso quer dizer que $\cos(-a) = x_{-a} = x_a = \cos a$ e $\sin(-a) = y_{-a} = -y_a = -\sin a$.

Outras fórmulas simples podem ser deduzidas a partir da definição. Por exemplo, medindo os ângulos a e $b = a + \pi$, encontramos os pontos $P_a = (x_a, y_a)$ e $P_b = (x_b, y_b)$ que são simétricos em relação à origem. Então, $\cos b = x_b = -x_a = -\cos a$ e $\sin b = y_b = -y_a = -\sin a$, ou seja, $\cos(a + \pi) = -\cos a$ e $\sin(a + \pi) = -\sin a$. Se usamos os ângulos a e $b = \pi - a$, encontramos os pontos $P_a = (x_a, y_a)$ e $P_b = (x_b, y_b)$ que são simétricos em relação ao eixo Oy (o segundo ângulo pode ser considerado como o ângulo $-a$ medido a partir da parte negativa do eixo Ox). Então, $\cos b = x_b = -x_a = -\cos a$ e $\sin b = y_b = y_a = \sin a$, ou seja, $\cos(\pi - a) = -\cos a$ e $\sin(\pi - a) = \sin a$.

Caracterização geométrica de $\cos a$ e $\sin a$

Consideremos separadamente a *interpretação geométrica de* $\cos a$ *e* $\sin a$ em cada um dos quadrantes do plano cartesiano. Para os ângulos $0 < a < \frac{\pi}{2}$, dentro do primeiro quadrante, consideremos o triângulo retângulo OP_aA, onde $A = (x_a, 0)$ é a projeção de P_a sobre o eixo Ox. O lado OA é chamado de lado (cateto) adjacente e o AP_a de oposto do ângulo a. Notemos que o comprimento do lado OA coincide com a abscissa de P_a (uma vez que A é a projeção de P_a na parte positiva de Ox) e o comprimento do lado AP_a é igual à ordenada de P_a (uma vez que $d(A, P_a) = d(O, (0, y_a))$ e a ordenada y_a é positiva). (Veja a ilustração na Fig.4.15.) Lembrando a definição de $\cos a$ e $\sin a$, concluímos então que $\cos a = x_a = d(O, A)$ e $\sin a = y_a = d(A, P_a)$. Observando ainda que a hipotenusa OP_a tem comprimento 1, podemos reescrever essas fórmulas na forma: $\cos a = \frac{d(O,A)}{d(O,P_a)}$ e $\sin a = \frac{d(A,P_a)}{d(O,P_a)}$, ou em palavras, $\cos a = \frac{\textit{lado adjacente}}{\textit{hipotenusa}}$ e $\sin a = \frac{\textit{lado oposto}}{\textit{hipotenusa}}$.

Como logo veremos, as mesmas relações não são mantidas nos outros quadrantes. Consideremos, por exemplo, o próximo intervalo de ângulos $\frac{\pi}{2} < a < \pi$, localizados no segundo quadrante. Construímos o triângulo retângulo OP_aA, onde $A = (x_a, 0)$ é a projeção de P_a sobre o eixo Ox, e introduzimos o ângulo interno b desse triângulo, suplementar a a: $b = \pi - a$ medido a partir da parte negativa do eixo Ox no sentido horário. Naturalmente, o lado OA é chamado de lado adjacente e o AP_a de oposto do ângulo b. Temos as seguintes relações entre os lados do triângulo e coordenadas de P_a: $d(O, A) = -x_a$ (uma vez que A é a projeção de P_a na parte negativa de Ox) e $d(A, P_a) = y_a$ (a ordenada dos pontos do segundo quadrante continua sendo positiva). (Veja a ilustração na Fig.4.16.) Lembrando a definição de $\cos a$ e $\sin a$, concluímos então que $\cos a = x_a = -d(O, A)$ e $\sin a = y_a = d(A, P_a)$. Levando em conta

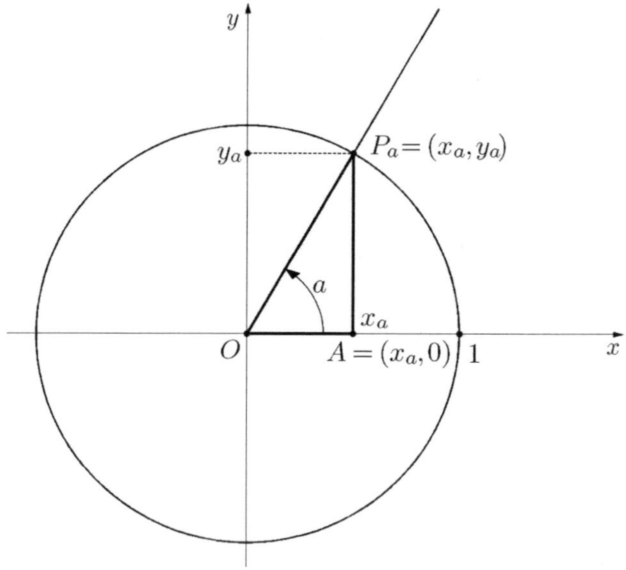

Figura 4.15 Caracterização geométrica de $\cos a$ e $\sin a$, *I* quadrante.

que $d(O, P_a) = 1$, temos: $\cos a = \frac{-d(O,A)}{d(O,P_a)}$ e $\sin a = \frac{d(A,P_a)}{d(O,P_a)}$, ou em palavras, $\cos a = \frac{-lado\ adjacente}{hipotenusa}$ e $\sin a = \frac{lado\ oposto}{hipotenusa}$. Comparando com as relações do primeiro quadrante, notamos que são envolvidos os lados do triângulo baseado no ângulo interno b (que é suplementar do original a) e que a relação do cosseno tem sinal oposto.

De modo semelhante, pode ser mostrado que para os ângulos $\pi < a < \frac{3\pi}{2}$, localizados no terceiro quadrante, são válidas as seguintes relações: $\cos a = \frac{-d(O,A)}{d(O,P_a)}$ e $\sin a = \frac{-d(A,P_a)}{d(O,P_a)}$, onde o triângulo retângulo OP_aA, com $A = (x_a, 0)$, é relacionado ao ângulo interno $b = a - \pi$ medido a partir da parte negativa do eixo Ox no sentido anti-horário. Em palavras, $\cos a = \frac{-lado\ adjacente}{hipotenusa}$ e $\sin a = \frac{-lado\ oposto}{hipotenusa}$. Analogamente, para os ângulos $\frac{3\pi}{2} < a < 2\pi$ do quarto quadrante, são válidas as seguintes relações: $\cos a = \frac{d(O,A)}{d(O,P_a)}$ e $\sin a = \frac{-d(A,P_a)}{d(O,P_a)}$, onde o triângulo retângulo OP_aA, com $A = (x_a, 0)$, tem o ângulo interno $b = 2\pi - a$ medido a partir da parte positiva do eixo Ox no sentido horário. Em palavras, $\cos a = \frac{lado\ adjacente}{hipotenusa}$ e $\sin a = \frac{-lado\ oposto}{hipotenusa}$.

Deixamos a dedução detalhada dessas últimas relações para o leitor.

Fórmula $\cos(a - b) = \cos a \cos b + \sin a \sin b$ **e resultados consequentes**

Vamos estabelecer a fórmula para *cosseno da diferença*: $\cos(a-b) = \cos a \cos b + \sin a \sin b$. Consideremos o ângulo a com o ponto respectivo P, e o ângulo b com o

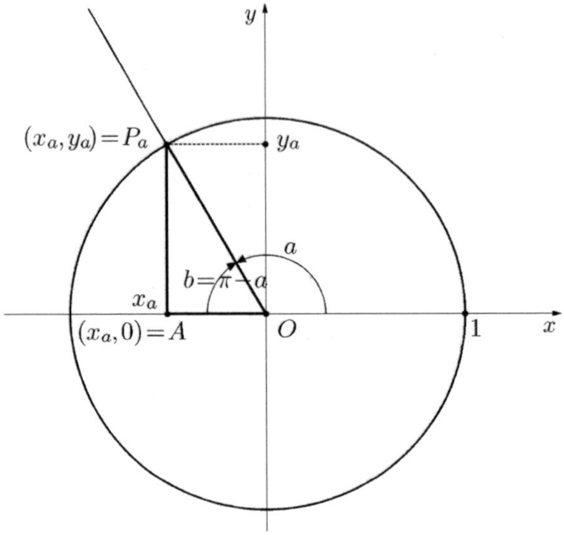

Figura 4.16 Caracterização geométrica de $\cos a$ e $\sin a$, II quadrante.

ponto respectivo Q. Supomos, sem perda de generalidade, que $a > b$ (caso contrário, é só renomear os ângulos e pontos). Consideremos também o ângulo $a-b$ com o ponto respectivo A. Como os ângulos COA ($C = (1,0)$) e QOP têm a mesma medida $a - b$, então os arcos respectivos também têm o mesmo comprimento e, consequentemente, as respectivas distâncias são iguais $d(C, A) = d(Q, P)$. (Veja a ilustração na Fig.4.17.)

A primeira distância se calcula pela fórmula $d^2(C, A) = (x_A - x_C)^2 + (y_A - y_C)^2 = (\cos(a-b)-1)^2+(\sin(a-b)-0)^2 = \cos^2(a-b)-2\cos(a-b)+1+\sin^2(a-b) = 2 - 2\cos(a - b)$. De modo análogo, para a segunda distância temos $d^2(Q, P) = (x_P - x_Q)^2 + (y_P - y_Q)^2 = (\cos a - \cos b)^2 + (\sin a - \sin b)^2 = \cos^2 a - 2\cos a \cos b + \cos^2 b + \sin^2 a - 2\sin a \sin b + \sin^2 b = 2 - 2\cos a \cos b - 2\sin a \sin b$. Da igualdade das duas distâncias segue então que $2-2\cos(a-b) = 2-2\cos a \cos b - 2\sin a \sin b$ ou, simplificando, $\cos(a - b) = \cos a \cos b + \sin a \sin b$.

Usando o ângulo $-b$ em vez de b na última fórmula, encontramos a fórmula para cosseno de soma: $\cos(a+b) = \cos(a-(-b)) = \cos a \cos(-b) + \sin a \sin(-b) = \cos a \cos b - \sin a \sin b$.

Especificando $a = b$ na última fórmula, temos $\cos 2a = \cos^2 a - \sin^2 a$ (cosseno do ângulo duplo).

Especificando $a = \frac{\pi}{2}$ na fórmula de $\cos(a-b)$, obtemos $\cos(\frac{\pi}{2}-b) = \cos\frac{\pi}{2}\cos b + \sin\frac{\pi}{2}\sin b = \sin b$. Usando nessa fórmula $b = \frac{\pi}{2} - a$, temos $\cos a = \sin(\frac{\pi}{2} - a)$.

Com ajuda dessas relações, encontramos as fórmulas para seno de diferença: $\sin(a-b) = \cos(\frac{\pi}{2}-(a-b)) = \cos((\frac{\pi}{2}-a)+b)) = \cos(\frac{\pi}{2}-a)\cos b - \sin(\frac{\pi}{2}-a)\sin b =$

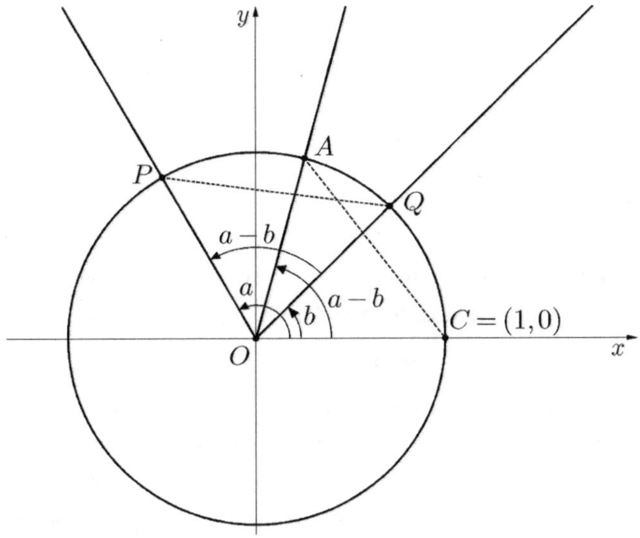

Figura 4.17 Ângulos a, b e $a - b$.

$\sin a \cos b - \cos a \sin b$. Usando o ângulo $-b$ em vez de b na última fórmula, encontramos a fórmula para seno de soma: $\sin(a+b) = \sin a \cos b + \cos a \sin b$.

Especificando $a = b$ na última fórmula, temos $\sin 2a = 2 \sin a \cos a$ (seno do ângulo duplo).

A partir das quatro fórmulas para cosseno e seno da soma e diferença, podemos deduzir as fórmulas para soma e diferença dos cosseno e seno. Somando as primeiras duas fórmulas temos $\cos(a-b) + \cos(a+b) = 2\cos a \cos b$. Introduzindo os ângulos $c = a - b$ e $d = a + b$, reescrevemos a mesma fórmula na forma $\cos c + \cos d = 2 \cos \frac{c+d}{2} \cos \frac{c-d}{2}$. Subtraindo a segunda fórmula da primeira, obtemos $\cos(a-b) - \cos(a+b) = 2 \sin a \sin b$, ou usando os ângulos $c = a-b$ e $d = a+b$, $\cos c - \cos d = -2 \sin \frac{c+d}{2} \sin \frac{c-d}{2}$. De maneira semelhante, somando e subtraindo as fórmulas para seno, obtemos as relações $\sin(a-b) + \sin(a+b) = 2 \sin a \cos b$ e $\sin(a-b) - \sin(a+b) = -2 \sin b \cos a$, ou $\sin c + \sin d = 2 \sin \frac{c+d}{2} \cos \frac{c-d}{2}$ e $\sin c - \sin d = 2 \sin \frac{c-d}{2} \cos \frac{c+d}{2}$.

Definição e propriedades básicas de $\tan a$ **e** $\cot a$

Definição de $\tan a$ **e** $\cot a$. Dado um ângulo a, que determina unicamente o ponto $P_a = (x_a, y_a)$ da circunferência unitária, chamamos de tangente do ângulo a ($\tan a$) o quociente $\frac{y_a}{x_a}$ e de cotangente ($\cot a$) o quociente invertido $\frac{x_a}{y_a}$, ou seja: $\tan a = \frac{y_a}{x_a} = \frac{\sin a}{\cos a}$ e $\cot a = \frac{x_a}{y_a} = \frac{\cos a}{\sin a}$.

De acordo com a definição, $\tan a$ está definido para todos os ângulos $a \neq \frac{\pi}{2} + k\pi$, $\forall k \in \mathbb{Z}$, que não anulam $\cos a$, e $\cot a$ está definido para todos os ângulos

$a \neq k\pi$, $\forall k \in \mathbb{Z}$, que não anulam $\sin a$. Além disso, segue direto da definição que $\tan a \cot a = 1$ para todos os ângulos para os quais tanto $\tan a$ como $\cot a$ estão definidos, isto é, para $a \neq \frac{k\pi}{2}$, $\forall k \in \mathbb{Z}$. Mais uma fórmula da relação entre $\tan a$ e $\cot a$ pode ser deduzida usando as propriedades de $\cos a$ e $\sin a$: $\tan(\frac{\pi}{2} - a) = \frac{\sin(\frac{\pi}{2}-a)}{\cos(\frac{\pi}{2}-a)} = \frac{\cos a}{\sin a} = \cot a$, $a \neq k\pi$, $\forall k \in \mathbb{Z}$, e analogamente $\cot(\frac{\pi}{2} - a) = \tan a$, $a \neq \frac{\pi}{2} + k\pi$, $\forall k \in \mathbb{Z}$.

Lembrando as propriedades de $\cos a$ e $\sin a$, podemos mostrar que $\tan a$ e $\cot a$ são *π-periódicas*. Realmente, $\tan(a + \pi) = \frac{\sin(a+\pi)}{\cos(a+\pi)} = \frac{-\sin a}{-\cos a} = \tan a$ e $\cot(a + \pi) = \frac{\cos(a+\pi)}{\sin(a+\pi)} = \frac{-\cos a}{-\sin a} = \cot a$.

Pela fórmula da definição, $\tan a$ se anula nos mesmos ângulos onde se anula $\sin a$, isto é, em $a = k\pi$, $\forall k \in \mathbb{Z}$ e $\cot a$ se anula nos mesmos ângulos onde se anula $\cos a$, isto é, em $a = \frac{\pi}{2} + k\pi$, $\forall k \in \mathbb{Z}$. Os valores de $\tan a$ e $\cot a$ são positivos quando $\cos a$ e $\sin a$ têm o mesmo sinal, o que ocorre para os ângulos $a \in (0, \frac{\pi}{2}) + k\pi$, $\forall k \in \mathbb{Z}$. Quando $\cos a$ e $\sin a$ têm sinal oposto, o que ocorre para os ângulos $a \in (-\frac{\pi}{2}, 0) + k\pi$, $\forall k \in \mathbb{Z}$, então $\tan a$ e $\cot a$ são negativos.

A *imparidade* de $\tan a$ e $\cot a$ também segue direto da fórmula da definição: $\tan(-a) = \frac{\sin(-a)}{\cos(-a)} = \frac{-\sin a}{\cos a} = -\tan a$ e $\cot(-a) = \frac{\cos(-a)}{\sin(-a)} = \frac{\cos a}{-\sin a} = -\cot a$.

Mais duas fórmulas simples podem ser deduzidas a partir da definição: $\tan(\pi - a) = \frac{\sin(\pi-a)}{\cos(\pi-a)} = \frac{\sin a}{-\cos a} = -\tan a$ e $\cot(\pi - a) = \frac{\cos(\pi-a)}{\sin(\pi-a)} = \frac{-\cos a}{\sin a} = -\cot a$.

Caracterização geométrica de $\tan a$ e $\cot a$

A *interpretação geométrica da definição de* $\tan a$ pode ser dada da seguinte maneira. Primeiro, levando em conta a π-periodicidade de $\tan a$, podemos nos restringir ao intervalo $(-\frac{\pi}{2}, \frac{\pi}{2})$ de variação do ângulo a (chamado do intervalo principal do ângulo de tangente). Construímos a reta auxiliar (chamada de reta de tangentes), que passa por ponto $C = (1, 0)$ paralelamente ao eixo Oy, e associamos a cada ponto P_a um único ponto $D = (x_d, y_d)$ obtido na interseção do mesmo raio OP_a com a reta auxiliar (veja a ilustração na Fig.4.18). Da construção segue que os triângulos OP_aA e ODC são semelhantes, porque têm ângulos iguais. Considerando, primeiro, o subintervalo $(0, \frac{\pi}{2})$ obtemos então $\tan a = \frac{y_a}{x_a} = \frac{d(A,P_a)}{d(O,A)} = \frac{d(C,D)}{d(O,C)} = d(C, D) = y_d$. No subintervalo $(-\frac{\pi}{2}, 0)$ temos $\tan a = \frac{y_a}{x_a} = \frac{-d(A,P_a)}{d(O,A)} = \frac{-d(C,D)}{d(O,C)} = -d(C, D) = y_d$. Finalmente, para o ângulo $a = 0$ temos $\tan 0 = 0 = d(C, D) = y_d$. Juntando os resultados, para qualquer $a \in (-\frac{\pi}{2}, \frac{\pi}{2})$, chegamos a fórmula $\tan a = y_d$. (Veja a ilustração na Fig.4.18.)

Essa interpretação geométrica permite estabelecer a relação entre $\tan a$ e a distância até o ponto D na reta de tangentes e, também, revelar na forma mais clara a variação dos valores da tangente. De fato, como a cada ponto P_a corresponde um único ponto D e vice-versa, então a qualquer ponto D da reta auxiliar

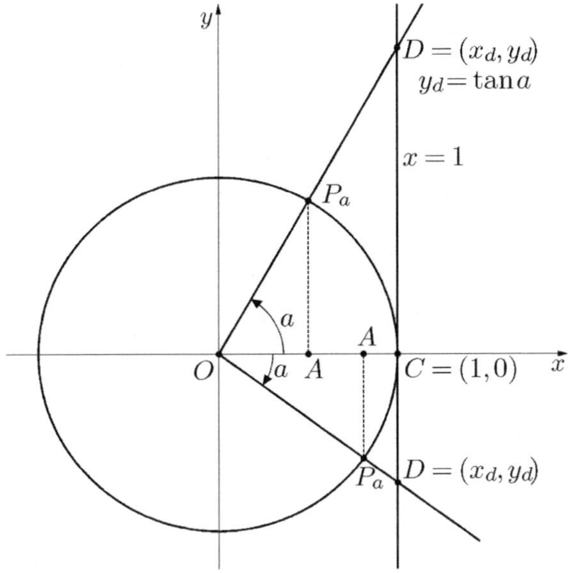

Figura 4.18 Definição geométrica de $\tan a$.

corresponde um único ângulo $a \in (-\frac{\pi}{2}, \frac{\pi}{2})$ tal que $\tan a = y_d$. Levando em consideração que a ordenada y_d pode assumir qualquer valor real, concluímos que $\tan a$ assume todos os valores reais quando $a \in (-\frac{\pi}{2}, \frac{\pi}{2})$.

De maneira semelhante, podemos efetuar a *interpretação geométrica de* $\cot a$, introduzindo a reta de cotangentes que passa por ponto $B = (0, 1)$ paralelamente ao eixo Ox. Restringindo-se pelo intervalo $(0, \pi)$ de variação do ângulo a, podemos associar a cada ponto P_a um único ponto D obtido na interseção do mesmo raio OP_a com a reta de cotangentes (veja a ilustração na Fig.4.19). Então, devido à semelhança de triângulos OP_aA e ODB, obtemos que $\cot a = d(B, D) = x_d$ quando $a \in (0, \frac{\pi}{2})$ e $\cot a = -d(B, D) = x_d$ quando $a \in (\frac{\pi}{2}, \pi)$. Isso permite revelar que $\cot a$ assume todos os valores reais. (Veja a ilustração na Fig.4.19.)

2.2 Função $\sin x$

Definição de $\sin x$. A *função seno* $f(x) = \sin x$ é a regra que para cada $x \in \mathbb{R}$ relaciona um único número $f(x) = \sin x$.

Estudo de $y = \sin x$.

1. Domínio e imagem. Pela definição da função, o domínio é $X = \mathbb{R}$ (a operação $\sin x$ está definida para qualquer x real). Pela definição de seno, os valores de $\sin x$ sempre ficam no intervalo $[-1, 1]$ e quando x percorre ângulos de $[-\frac{\pi}{2}, \frac{\pi}{2}]$, os valores de $\sin x$ assumem todos os números em $[-1, 1]$. Logo, quando

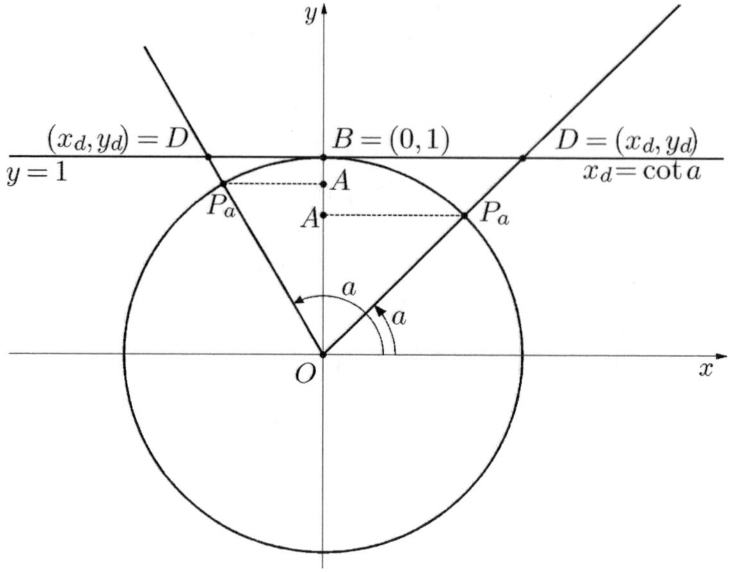

Figura 4.19 Definição geométrica de $\cot a$.

o domínio é $\mathbb{R}$, a imagem da função é $Y = [-1, 1]$.

2. Limitação. Da especificação da imagem Y segue que a função é limitada. A cota inferior pode ser $m = -1$, que é o valor mínimo da função, e a superior $M = 1$, que é o valor máximo.

3. Paridade. Da definição de seno, segue que $\sin(-x) = -\sin x$, $\forall x \in \mathbb{R}$, isto é, $y = \sin x$ é uma função ímpar.

4. Periodicidade. Da definição de seno, segue que $\sin(x + 2\pi) = \sin x$, $\forall x \in \mathbb{R}$, isto é, $y = \sin x$ é uma função periódica. Além disso, 2π é o seu período mínimo. Para ver que não tem período menor que 2π, basta observar que o seu valor máximo, igual a 1, a função atinge somente nos pontos $x_k = \frac{\pi}{2} + 2k\pi$, $\forall k \in \mathbb{Z}$, e a distância mínima entre dois desses pontos é 2π.

5. Interseção e sinal. A interseção com o eixo Oy ocorre no ponto $(0, 0)$, que também é o ponto de interseção com Ox. Além disso, todos os pontos $x_k = k\pi$, $\forall k \in \mathbb{Z}$ são pontos de interseção com Ox. Nos intervalos $(0, \pi) + 2k\pi$, $\forall k \in \mathbb{Z}$, a função tem valores positivos, enquanto nos intervalos $(\pi, 2\pi) + 2k\pi$, $\forall k \in \mathbb{Z}$ ela tem valores negativos.

6. Monotonia e extremos.

Lembrando a definição de $\sin x$ como a ordenada do ponto P de interseção de raio central de ângulo α com a circunferência unitária, notamos que o aumento do ângulo α de $-\frac{\pi}{2}$ (quando o raio central coincide com o sentido negativo do eixo Oy) até $\frac{\pi}{2}$ (quando o raio central coincide com o sentido positivo do eixo

Oy) provoca a "subida" do ponto P da posição $P_1 = (0, -1)$ até $P_2 = (0, 1)$, ou seja, a ordenada desse ponto aumenta de -1 até 1. Em termos das propriedades da função, isso significa que $\sin x$ é estritamente crescente no intervalo $[-\frac{\pi}{2}, \frac{\pi}{2}]$ aumentando seus valores de -1 até 1. No próximo intervalo de variação do ângulo α, de $\frac{\pi}{2}$ até $\frac{3\pi}{2}$ (quando o raio volta a coincidir com o sentido negativo de Oy), o aumento do ângulo leva a "descida" do ponto P da posição $P_2 = (0, 1)$ até $P_1 = (0, -1)$, ou seja, a ordenada desse ponto diminui de 1 até -1. Em termos das propriedades da função, isso significa que $\sin x$ é estritamente decrescente no intervalo $[\frac{\pi}{2}, \frac{3\pi}{2}]$, diminuindo seus valores de 1 até -1. A ilustração se encontra na Fig.4.20.

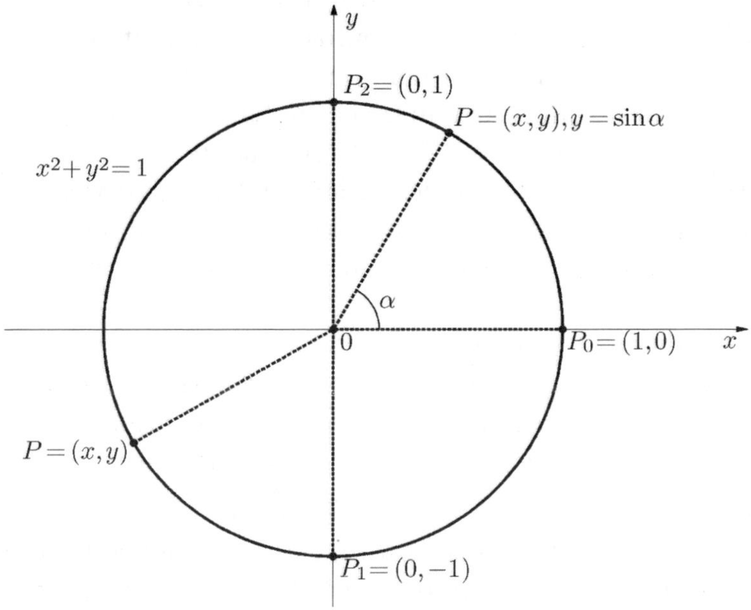

Figura 4.20 Monotonia de $y = \sin x$ a partir da sua definição na circunferência unitária.

De modo alternativo, podemos chegar ao mesmo resultado, considerando a diferença dos valores da função. Para quaisquer dois pontos temos $\sin x_2 - \sin x_1 = 2\sin\frac{x_2-x_1}{2}\cos\frac{x_2+x_1}{2}$. Usando essa fórmula trigonométrica, mostramos, primeiro, que a função $\sin x$ cresce estritamente no intervalo $[-\frac{\pi}{2}, \frac{\pi}{2}]$. Para isso, tomamos dois pontos $-\frac{\pi}{2} \leq x_1 < x_2 \leq \frac{\pi}{2}$ e notamos que $0 < \frac{x_2-x_1}{2} \leq \frac{\pi}{2}$, o que implica em $\sin\frac{x_2-x_1}{2} > 0$, e, ao mesmo tempo, $-\frac{\pi}{2} < \frac{x_2+x_1}{2} < \frac{\pi}{2}$, o que garante que $\cos\frac{x_2+x_1}{2} > 0$. Então, $\sin x_2 - \sin x_1 > 0$ e, pela definição, a função $\sin x$ é estritamente crescente em $[-\frac{\pi}{2}, \frac{\pi}{2}]$. Usando a mesma fórmula, podemos provar que $\sin x$ decresce estritamente no intervalo $[\frac{\pi}{2}, \frac{3\pi}{2}]$. Realmente, para dois pontos

$\frac{\pi}{2} \le x_1 < x_2 \le \frac{3\pi}{2}$ temos $0 < \frac{x_2-x_1}{2} \le \frac{\pi}{2}$ o que implica em $\sin\frac{x_2-x_1}{2} > 0$, e, ao mesmo tempo, $\frac{\pi}{2} < \frac{x_2+x_1}{2} < \frac{3\pi}{2}$, o que garante que $\cos\frac{x_2+x_1}{2} < 0$. Então, $\sin x_2 - \sin x_1 < 0$ e, pela definição, a função $\sin x$ é estritamente decrescente em $[\frac{\pi}{2}, \frac{3\pi}{2}]$.

Desses resultados e de 2π-periodicidade de $\sin x$ segue que a função $\sin x$ não é monótona no seu domínio, mas é estritamente crescente em cada intervalo $[-\frac{\pi}{2}, \frac{\pi}{2}] + 2k\pi$ e estritamente decrescente em cada intervalo $[\frac{\pi}{2}, \frac{3\pi}{2}] + 2k\pi$, $\forall k \in \mathbb{Z}$.

Concluímos, também, que qualquer ponto dos intervalos $(-\frac{\pi}{2}, \frac{\pi}{2}) + 2k\pi$ e $(\frac{\pi}{2}, \frac{3\pi}{2}) + 2k\pi$, $\forall k \in \mathbb{Z}$ é o ponto de monotonia estrita e, portanto, não é ponto extremo global ou local, estrito ou não. Restam então os pontos $x_k = \frac{\pi}{2} + 2k\pi$, $\forall k \in \mathbb{Z}$ e $x_n = \frac{3\pi}{2} + 2n\pi$, $\forall n \in \mathbb{Z}$. Como $\sin x_k = 1, \forall k \in \mathbb{Z}$, o que é maior valor que seno pode assumir, então todos os pontos x_k são máximos globais (não estritos) em todo o domínio. Ao mesmo tempo, nos intervalos $(-\frac{\pi}{2}, \frac{\pi}{2})$ e $(\frac{\pi}{2}, \frac{3\pi}{2})$ temos $\sin x < 1$, o que mostra que $\frac{\pi}{2}$ é o máximo global estrito no intervalo $(-\frac{\pi}{2}, \frac{3\pi}{2})$ (também, em $(-\pi, 2\pi)$ e em $(-\frac{3\pi}{2}, \frac{5\pi}{2})$). Consequentemente, o ponto $\frac{\pi}{2}$ é o máximo local estrito. Devido a 2π-periodicidade, o mesmo é válido para todos os pontos x_k. De maneira análoga, cada um dos pontos x_n é o mínimo global (não estrito) em todo o domínio, mínimo global estrito no intervalo $(-\frac{\pi}{2}, \frac{7\pi}{2}) + 2n\pi$ e mínimo local estrito.

7. Concavidade e pontos de inflexão.

Para quaisquer dois pontos $x_1 < x_2 \in \mathbb{R}$, é válida a seguinte representação para o dobro da diferença entre os valores da secante e da função no ponto médio: $2D_2 = f(x_1) + f(x_2) - 2f\left(\frac{x_1+x_2}{2}\right) = \sin x_1 + \sin x_2 - 2\sin\frac{x_1+x_2}{2} = 2\sin\frac{x_1+x_2}{2}\cos\frac{x_1-x_2}{2} - 2\sin\frac{x_1+x_2}{2} = 2\sin\frac{x_1+x_2}{2}\left(\cos\frac{x_1-x_2}{2} - 1\right)$. O segundo fator sempre é não positivo e, portanto, o sinal da expressão depende do primeiro fator. Vamos verificar para os quais ângulos x_1 e x_2 esse fator é positivo. Lembrando que seno tem valores positivos no intervalo $(0, \pi)$, procuramos o intervalo de variação de x_1, x_2 para garantir que $0 < \frac{x_1+x_2}{2} < \pi$. Obviamente, isso ocorre quando $0 \le x_1 < x_2 \le \pi$. Nesse caso, $0 < \frac{x_1+x_2}{2} < \pi$, o que garante que $\sin\frac{x_1+x_2}{2} > 0$ e, ao mesmo tempo, $0 < \frac{x_2-x_1}{2} \le \frac{\pi}{2}$, donde segue que o segundo fator é negativo. Portanto, $D_2 < 0$ e a concavidade é estrita voltada para baixo no intervalo $[0, \pi]$.

De maneira semelhante, escolhemos a próxima variação dos ângulos $\pi \le x_1 < x_2 \le 2\pi$ que garante que $\sin\frac{x_1+x_2}{2} < 0$ porque $\pi < \frac{x_1+x_2}{2} < 2\pi$. Ao mesmo tempo, $0 < \frac{x_2-x_1}{2} \le \frac{\pi}{2}$, donde segue que o segundo fator é negativo. Portanto, $D_2 > 0$, o que significa que no intervalo $[\pi, 2\pi]$ a função tem concavidade estrita para cima.

Aplicando 2π-periodicidade, concluímos que $\sin x$ é côncova estritamente para baixo nos intervalos $[0, \pi] + 2k\pi$, $\forall k \in \mathbb{Z}$ e estritamente para cima nos intervalos $[\pi, 2\pi] + 2n\pi$, $\forall n \in \mathbb{Z}$.

Como a função muda o tipo da concavidade nos pontos $x_k = k\pi$, $\forall k \in \mathbb{Z}$, então todos esses pontos são pontos de inflexão.

8. A função $f(x) = \sin x : X = \mathbb{R} \to Y = [-1, 1]$ é sobrejetora, mas não é injetora. Notamos que em qualquer intervalo onde a função não é monótona, ela repete seus valores. Portanto, para obter uma injetora, temos que escolher um intervalo de monotonia de $\sin x$. A escolha tradicional é o intervalo $[-\frac{\pi}{2}, \frac{\pi}{2}]$ de crescimento estrito. Com essa restrição do domínio, a função $f(x) = \sin x : X = [-\frac{\pi}{2}, \frac{\pi}{2}] \to Y = [-1, 1]$ é bijetora e, portanto, admite a inversa que é chamada de arco-seno: $f^{-1}(x) = \arcsin x : [-1, 1] \to [-\frac{\pi}{2}, \frac{\pi}{2}]$. A função inversa será analisada numa das próximas seções.

9. Com base nas propriedades investigadas e marcando alguns pontos importantes, podemos representar o gráfico de $f(x) = \sin x$ como é mostrado na Fig.4.21.

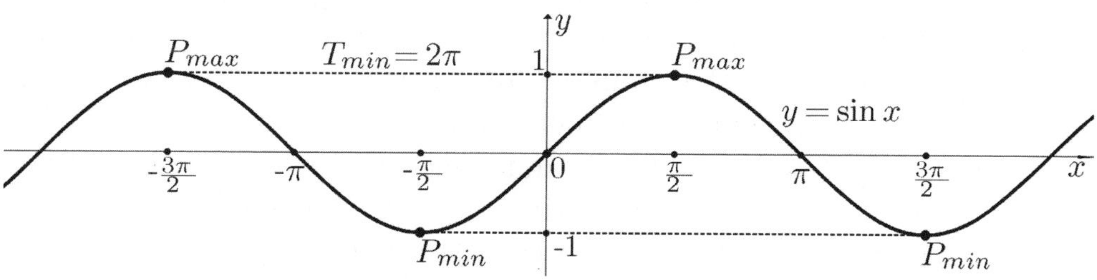

Figura 4.21 Gráfico de $y = \sin x$.

Propriedades complementares

A função $f(x) = \sin x$ sempre mantém os valores entre -1 e 1, o que mostra que ela não tem assíntotas verticais. Quando x tende a $+\infty$, a função não aproxima nenhum valor específico, o que significa que não existe assíntota horizontal nessa tendência. (Realmente, tendendo x a $+\infty$ pelo caminho $x_k = k\pi$, $k \in \mathbb{N}$, mantemos os valores da função nulos, mas usando o caminho $x_n = \frac{\pi}{2} + 2n\pi$, $n \in \mathbb{N}$, temos todos os valores da função iguais a 1.) O mesmo ocorre quando x tende a $-\infty$. Assim, a função $f(x) = \sin x$ não tem assíntotas.

2.3 Função $\cos x$

Definição de $\cos x$. A *função cosseno* $f(x) = \cos x$ é a regra que para cada $x \in \mathbb{R}$ relaciona um único número $f(x) = \cos x$.

Estudo de $y = \cos x$

Todas as propriedades da função cosseno podem ser deduzidas da mesma maneira, como as propriedades da função $\sin x$ da seção anterior. De modo alternativo, as propriedades de cosseno podem ser obtidas das propriedades respectivas de seno usando a fórmula trigonométrica $\cos x = \sin(x + \frac{\pi}{2})$, o que significa, geometricamente, que o gráfico de $\cos x$ é obtido via translação do gráfico de $\sin x$ em $\frac{\pi}{2}$ unidades para esquerda. Para diversificar os métodos de investigação, aplicamos abaixo essa relação entre cosseno e seno.

1. Domínio e imagem. O domínio de $\cos x$ é $X = \mathbb{R}$ e a imagem da função é $[-1, 1]$.

2. Limitação. A função é limitada com a cota inferior $m = -1$, que é o valor mínimo da função, e a superior $M = 1$, que é o valor máximo.

3. Paridade. A função é par, uma vez que $\cos(-x) = \sin(\frac{\pi}{2} - x) = \sin\frac{\pi}{2}\cos x - \cos\frac{\pi}{2}\sin x = 1 \cdot \cos x + 0 = \cos x$, $\forall x \in \mathbb{R}$.

4. Periodicidade. $\cos x$ é uma função periódica com o período mínimo 2π: $\cos(x + 2\pi) = \sin(x + \frac{\pi}{2} + 2\pi) = \sin(x + \frac{\pi}{2}) = \cos x$, $\forall x \in \mathbb{R}$.

5. Interseção e sinal. A interseção com o eixo Oy ocorre no ponto $(0, 1)$. Os pontos de interseção com Ox são $x_k = \frac{\pi}{2} + k\pi$, $\forall k \in \mathbb{Z}$. Nos intervalos $(-\frac{\pi}{2}, \frac{\pi}{2}) + 2k\pi$, $\forall k \in \mathbb{Z}$ a função tem valores positivos, enquanto nos intervalos $(\frac{\pi}{2}, \frac{3\pi}{2}) + 2k\pi$, $\forall k \in \mathbb{Z}$ ela tem valores negativos.

6. Monotonia e extremos. Lembrando que $\sin x$ é estritamente crescente em cada intervalo $[-\frac{\pi}{2}, \frac{\pi}{2}] + 2k\pi$ e estritamente decrescente em cada intervalo $[\frac{\pi}{2}, \frac{3\pi}{2}] + 2k\pi$, $\forall k \in \mathbb{Z}$, concluímos que $\cos x$ é estritamente crescente em cada intervalo $[-\pi, 0] + 2k\pi$ e estritamente decrescente em cada intervalo $[0, \pi] + 2k\pi$, $\forall k \in \mathbb{Z}$.

Lembramos também que para função $\sin x$ cada um dos pontos $x_k = \frac{\pi}{2} + 2k\pi$, $\forall k \in \mathbb{Z}$ é o máximo global (não estrito) em todo o domínio, máximo global estrito no intervalo $(-\frac{3\pi}{2}, \frac{5\pi}{2}) + 2k\pi$ e máximo local estrito; que cada um dos pontos $x_n = \frac{3\pi}{2} + 2n\pi$, $\forall n \in \mathbb{Z}$ é o mínimo global (não estrito) em todo o domínio, mínimo global estrito no intervalo $(-\frac{\pi}{2}, \frac{7\pi}{2}) + 2n\pi$ e mínimo local estrito. Disso segue que para função $\cos x$ cada um dos pontos $x_k = 2k\pi$, $\forall k \in \mathbb{Z}$ é o máximo global (não estrito) em todo o domínio, máximo global estrito no intervalo $(-2\pi, 2\pi) + 2k\pi$ e máximo local estrito; também, que cada um dos pontos $x_n = \pi + 2n\pi$, $\forall n \in \mathbb{Z}$ é o mínimo global (não estrito) em todo o domínio, mínimo global estrito no intervalo $(-\pi, 3\pi) + 2n\pi$ e mínimo local estrito.

7. Concavidade e pontos de inflexão. Lembrando que $\sin x$ é côncova estritamente para baixo nos intervalos $[0, \pi] + 2k\pi$, $\forall k \in \mathbb{Z}$ e estritamente para cima nos intervalos $[\pi, 2\pi] + 2n\pi$, $\forall n \in \mathbb{Z}$, concluímos que $\cos x$ é côncova estritamente para baixo nos intervalos $[-\frac{\pi}{2}, \frac{\pi}{2}] + 2k\pi$, $\forall k \in \mathbb{Z}$ e estritamente para cima nos intervalos $[\frac{\pi}{2}, \frac{3\pi}{2}] + 2n\pi$, $\forall n \in \mathbb{Z}$.

Correspondentemente, os pontos de inflexão de $\cos x$ são $x_k = \frac{\pi}{2} + k\pi$, $\forall k \in \mathbb{Z}$.

8. A função $f(x) = \cos x : X = \mathbb{R} \to Y = [-1, 1]$ é sobrejetora, mas não é injetora. Reduzindo o seu domínio até o intervalo $[0, \pi]$, obtemos a função

bijetora $f(x) = \cos x : X = [0, \pi] \to Y = [-1, 1]$, cuja inversa é chamada de arco-cosseno: $f^{-1}(x) = \arccos x : [-1, 1] \to [0, \pi]$. Essa inversa será analisada numa das próximas seções.

9. Deslocando o gráfico de $f(x) = \sin x$ em $\frac{\pi}{2}$ unidades para esquerda, obtemos o gráfico de $f(x) = \cos x$, como é mostrado na Fig.4.22.

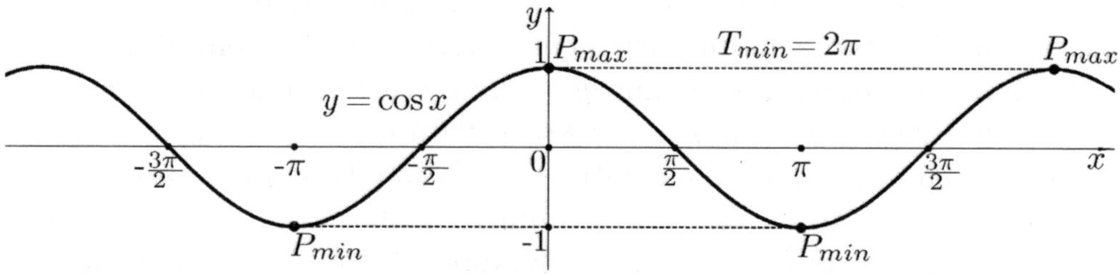

Figura 4.22 Gráfico de $y = \cos x$.

Notamos mais uma vez que todas as propriedades de cosseno podem ser investigadas realizando o mesmo estudo feito para a função seno. Deixamos essa tarefa a cargo do leitor.

Propriedades complementares

A função $f(x) = \cos x$ sempre mantém os valores entre -1 e 1, o que mostra que ela não tem assíntotas verticais. Quando x tende a $+\infty$, a função não aproxima nenhum valor específico, o que significa que não existe assíntota horizontal nessa tendência. (Realmente, tendendo x a $+\infty$ pelo caminho $x_n = \frac{\pi}{2} + n\pi$, $n \in \mathbb{N}$, mantemos os valores da função nulos, mas usando o caminho $x_k = 2k\pi$, $k \in \mathbb{N}$, temos todos os valores da função iguais a 1.) O mesmo ocorre quando x tende a $-\infty$. Assim, a função $f(x) = \cos x$ não tem assíntotas.

2.4 Função $\arcsin x$

Definição da função $\arcsin x$. A função $y = \arcsin x$ é usualmente definida como a inversa à função $f(x) = \sin x : [-\frac{\pi}{2}, \frac{\pi}{2}] \to [-1, 1]$.

Estudo de $y = \arcsin x$

1. Domínio e imagem. Pela definição, o domínio da função $y = \arcsin x$ é $X = [-1, 1]$ (a imagem da função original $y = \sin x$) e a imagem é $Y = [-\frac{\pi}{2}, \frac{\pi}{2}]$ (o domínio da original).

2. Limitação. Da forma da imagem da função segue que a função é limitada com a cota inferior $m = -\frac{\pi}{2}$, o valor mínimo da função, e a superior $M = \frac{\pi}{2}$, o valor máximo da função.

3. Paridade. A função $\arcsin x$ é ímpar, porque a original é ímpar (lembre o Teorema da imparidade da inversa, seção 12.4 do Capítulo 2).

4. Periodicidade. A função não é periódica porque o seu domínio é limitado. (Outra razão da função não poder ser a periódica é que ela é definida como a inversa de uma função e, por isso, os seus valores não se repetem.)

5. Interseção e sinal. A interseção com os eixos Oy e Ox ocorre num único ponto $(0,0)$. Como $y = \sin x$ transforma $[-\frac{\pi}{2}, 0)$ em $[-1,0)$ e $(0, \frac{\pi}{2}]$ em $(0,1]$, a inversa $y = \arcsin x$ tem sinal negativo em $[-1,0)$ e positivo em $(0,1]$.

6. Monotonia e extremos. Como $y = \sin x$ cresce estritamente no domínio $[-\frac{\pi}{2}, \frac{\pi}{2}]$, a sua inversa $y = \arcsin x$ cresce estritamente no seu domínio $[-1,1]$ (lembre o Teorema da monotonia da inversa, seção 12.4 do Capítulo 2). Consequentemente, o ponto $x_1 = -1$ é o mínimo global estrito de $\arcsin x$, onde $\arcsin(-1) = -\frac{\pi}{2}$, e o ponto $x_2 = 1$ é o máximo global estrito de $\arcsin x$, onde $\arcsin 1 = \frac{\pi}{2}$. Notamos que x_1 e x_2 não são extremos locais, porque não existe uma vizinhança desses pontos contida no domínio da função.

Qualquer ponto diferente de x_1 e x_2 é um ponto de crescimento estrito e ponto interno do intervalo $[-1,1]$, e por isso, não pode ser um extremo global ou local, estrito ou não.

7. Concavidade e pontos de inflexão. Aplicando o Teorema da concavidade da inversa (seção 12.4 do Capítulo 2), obtemos os seguintes resultados. No subintervalo $[-\frac{\pi}{2}, 0]$, a função $y = \sin x$ cresce estritamente e é côncava para cima, o que implica em concavidade para baixo da função $y = \arcsin x$ no subintervalo $[-1,0]$. No subintervalo $[0, \frac{\pi}{2}]$, a função $y = \sin x$ continua crescendo estritamente mas é côncava para baixo, o que resulta em concavidade para cima da função $y = \arcsin x$ no subintervalo $[0,1]$. Consequentemente, $x = 0$ é o ponto de inflexão de $\arcsin x$.

8. A função $f(x) = \arcsin x : X = [-1,1] \to Y = [-\frac{\pi}{2}, \frac{\pi}{2}]$ é bijetora e a sua inversa é $f(x) = \sin x : [-\frac{\pi}{2}, \frac{\pi}{2}] \to [-1,1]$.

9. O gráfico da função $y = \arcsin x$ pode ser obtido aplicando o Teorema do gráfico da função inversa (veja seção 12.5 do Capítulo 2), o que é ilustrado na Fig.4.23.

De modo alternativo, o mesmo gráfico pode ser construído usando as propriedades investigadas da função $y = \arcsin x$.

Propriedades complementares

Os valores da função $f(x) = \arcsin x$ são mantidos entre $-\frac{\pi}{2}$ e $\frac{\pi}{2}$, garantindo que ela não tem assíntotas verticais. Ao mesmo tempo, a função não tem assíntotas horizontais, porque o seu domínio é o intervalo limitado $X = [-1,1]$ e, por isso, os valores de x não podem tender a $+\infty$ ou $-\infty$. Assim, a função $f(x) = \arcsin x$ não tem assíntotas.

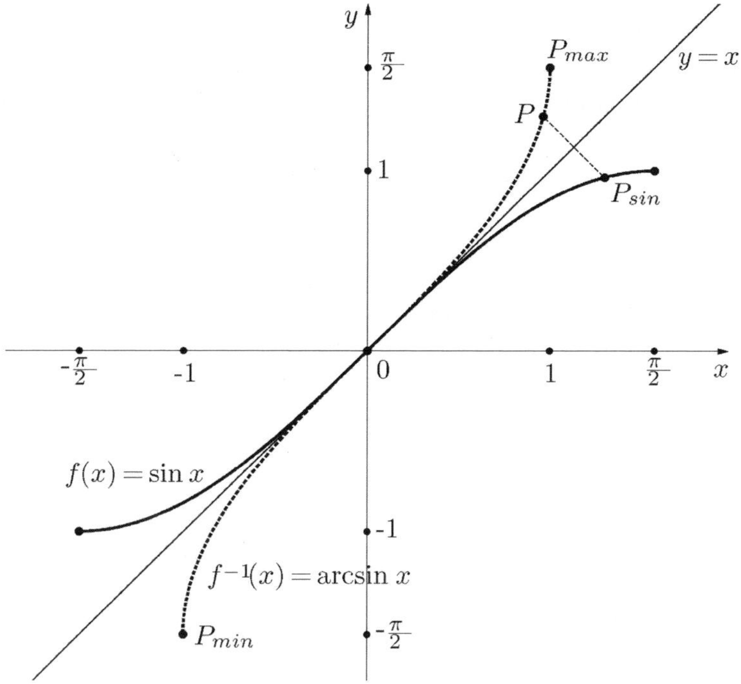

Figura 4.23 Gráfico de $y\!=\!\arcsin x$ simétrico ao de $y\!=\!\sin x$ em relação a $y\!=\!x$.

2.5 Função $\arccos x$

Definição da função $\arccos x$. A função $y = \arccos x$ é usualmente definida como a inversa à função $f(x) = \cos x : [0, \pi] \to [-1, 1]$.

Estudo de $y = \arccos x$

O estudo dessa função pode ser realizado da mesma maneira como o de $y = \arcsin x$, com base nas propriedades da função original $\cos x : [0, \pi] \to [-1, 1]$ e usando os teoremas sobre propriedades de funções inversas (seção 12.4 do Capítulo 2). Portanto, deixamos o estudo analítico da função $y = \arccos x$ para o leitor e representamos a seguir somente a lista das propriedades principais da função $y = \arccos x$ e o seu gráfico (veja Fig.4.24).

1. O domínio é $X = [-1, 1]$ e a imagem é $Y = [0, \pi]$.

2. A função é limitada com a cota inferior $m = 0$ e a superior $M = \pi$.

3-4. A função não é par nem ímpar e não é periódica.

5. A interseção com o eixo Oy ocorre no ponto $(0, \frac{\pi}{2})$ e com Ox no ponto $(1, 0)$. Todos os valores da função são positivos, exceto no ponto 1 onde ela se anula.

6. A função é estritamente decrescente em todo o seu domínio, assumindo o

máximo global estrito em $x = -1$ e o mínimo global estrito em $x = 1$. Não há extremos locais.

7. Concavidade para cima ocorre no intervalo $[-1, 0]$ e para baixo – em $[0, 1]$, sendo $x = 0$ o ponto de inflexão.

8. A função $f(x) = \arccos x : X = [-1, 1] \to Y = [0, \pi]$ é bijetora e a sua inversa é $f(x) = \cos x : [0, \pi] \to [-1, 1]$.

9. O gráfico da função $y = \arcsin x$ é mostrado na Fig.4.24.

Propriedades complementares

A função $f(x) = \arccos x$ não tem assíntotas.

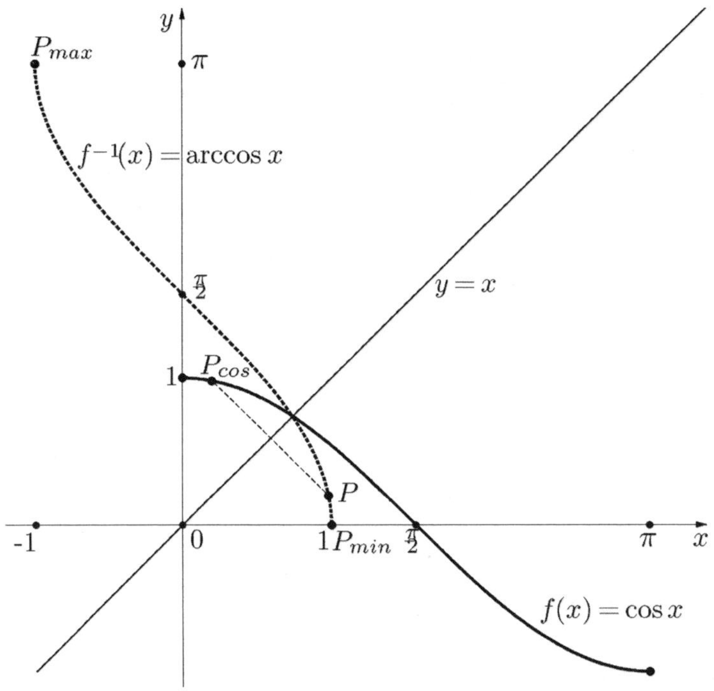

Figura 4.24 Gráfico de $y = \arccos x$ simétrico ao de $y = \cos x$ em relação a $y = x$.

2.6 Função $\tan x$

Definição de $\tan x$. A *função tangente* $f(x) = \tan x$ é definida pela fórmula $\tan x = \frac{\sin x}{\cos x}$.

Estudo de $y = \tan x$

1. Domínio e imagem. A fórmula $\tan x = \frac{\sin x}{\cos x}$ tem validade para qualquer x que não anula $\cos x$, ou seja, o domínio é $X = \mathbb{R} \backslash \{x_k = \frac{\pi}{2} + k\pi, \forall k \in \mathbb{Z}\}$. Quando

x aproxima de $\frac{\pi}{2}$ pelos valores menores, então o numerador tende a 1 enquanto o denominador tende a 0 pelos valores positivos. Isso significa que os valores da função tendem a $+\infty$ e podem superar qualquer constante dada previamente. Da mesma maneira, quando x aproxima de $\frac{\pi}{2}$ pelos valores maiores, então o numerador tende a 1 enquanto o denominador tende a 0 pelos valores negativos. Isso quer dizer que os valores da função tendem a $-\infty$ e podem ficar menores que qualquer constante dada previamente. Pode ser demonstrado que a imagem de $\tan x$ é $Y = \mathbb{R}$: a comprovação disso se encontra na definição geométrica da tangente representada na Fig.4.18 na seção 2.1.

2. Limitação. Do estudo da imagem da função segue que a função é ilimitada tanto inferiormente como superiormente.

3. Paridade. De propriedade de seno e cosseno, segue que $\tan(-x) = \frac{\sin(-x)}{\cos(-x)} = \frac{-\sin x}{\cos x} = -\tan x$, $\forall x \in X$, isto é, $y = \tan x$ é uma função ímpar.

4. Periodicidade. De propriedade de seno e cosseno, segue que $\tan(x+\pi) = \frac{\sin(x+\pi)}{\cos(x+\pi)} = \frac{-\sin x}{-\cos x} = \tan x$, $\forall x \in X$, isto é, $y = \tan x$ é uma função periódica com período π. Além disso, π é o seu período mínimo, uma vez que a função se anula somente nos pontos $x_k = k\pi$, $\forall k \in \mathbb{Z}$, e a distância mínima entre dois pontos desse conjunto é π. (O fato de que π é o período mínimo pode ser demonstrado também com o uso da monotonia da função, que será investigada logo a seguir.)

5. Interseção e sinal. A interseção com o eixo Oy ocorre no ponto $(0,0)$, que também é o ponto de interseção com Ox. Além disso, todos os pontos $x_k = k\pi$, $\forall k \in \mathbb{Z}$ são pontos de interseção com Ox. A função é negativa em cada intervalo $(-\frac{\pi}{2}, 0) + k\pi$, $\forall k \in \mathbb{Z}$ e positiva em cada intervalo $(0, \frac{\pi}{2}) + k\pi$, $\forall k \in \mathbb{Z}$.

6. Monotonia e extremos.

Escolhemos um intervalo "natural"(sem "furos", com o comprimento igual ao período mínimo) $(-\frac{\pi}{2}, \frac{\pi}{2})$ do domínio da função e para quaisquer dois pontos $-\frac{\pi}{2} < x_1 < x_2 < \frac{\pi}{2}$, usando fórmulas trigonométricas, obtemos $D_1 = \tan x_2 - \tan x_1 = \frac{\sin x_2}{\cos x_2} - \frac{\sin x_1}{\cos x_1} = \frac{\sin x_2 \cos x_1 - \sin x_1 \cos x_2}{\cos x_2 \cos x_1} = \frac{\sin(x_2 - x_1)}{\cos x_2 \cos x_1}$. Para $x_1, x_2 \in (-\frac{\pi}{2}, \frac{\pi}{2})$ temos $\cos x_2 > 0$, $\cos x_1 > 0$ e então o denominador é positivo. Além disso, $0 < x_2 - x_1 < \pi$ e, portanto, $\sin(x_2 - x_1) > 0$. Logo, $D_1 > 0$ e a função é crescente estritamente no intervalo $(-\frac{\pi}{2}, \frac{\pi}{2})$.

Estendendo esse resultado pela π-periodicidade, concluímos que $\tan x$ é estritamente crescente em cada um dos intervalos $(-\frac{\pi}{2}, \frac{\pi}{2}) + k\pi$, $\forall k \in \mathbb{Z}$. Embora a união de todos esses intervalos represente o domínio, isso não quer dizer que a função cresce em todo o domínio nem mesmo em qualquer par desses intervalos. Por exemplo, tomando dois intervalos subsequentes $(-\frac{\pi}{2}, \frac{\pi}{2})$ e $(\frac{\pi}{2}, \frac{3\pi}{2})$, basta tomar os pontos $x_1 = \frac{\pi}{4}$ do primeiro e $x_2 = \frac{3\pi}{4}$ para obter $\tan\frac{\pi}{4} = 1 > -1 = \tan\frac{3\pi}{4}$ e, então, se certificar que na união desses dois intervalos a função não é crescente.

Concluímos, também, que qualquer ponto dos intervalos $(-\frac{\pi}{2}, \frac{\pi}{2}) + k\pi$, $\forall k \in \mathbb{Z}$

é o ponto de crescimento estrito e, portanto, não é ponto extremo global ou local, estrito ou não. Os pontos restantes estão fora do domínio e, consequentemente, não há pontos extremos globais ou locais, estritos ou não.

(Note que o fato de $\tan x$ ser crescente estritamente num intervalo do comprimento π elimina possibilidade dessa função ter um período menor que π.)

7. Concavidade e pontos de inflexão.

Escolhemos de novo um intervalo natural $(-\frac{\pi}{2}, \frac{\pi}{2})$ do domínio e consideremos os pontos $-\frac{\pi}{2} < x_1 < x_2 < \frac{\pi}{2}$ com o ponto médio $x_0 = \frac{x_1+x_2}{2}$ e o incremento $h = x_2 - x_0 = x_0 - x_1 > 0$. Aproveitando a fórmula deduzida para D_1, obtemos $2D_2 = \tan x_2 + \tan x_1 - 2\tan x_0 = (\tan x_2 - \tan x_0) - (\tan x_0 - \tan x_1) = \frac{\sin(x_2-x_0)}{\cos x_2 \cos x_0} - \frac{\sin(x_0-x_1)}{\cos x_0 \cos x_1} = \sin h \frac{\cos x_1 - \cos x_2}{\cos x_2 \cos x_1 \cos x_0}$. Como $x_1, x_0, x_2 \in (-\frac{\pi}{2}, \frac{\pi}{2})$ e $h \in (0, \frac{\pi}{2})$, o denominador e o fator $\sin h$ são positivos. Então, o sinal da expressão depende da diferença $\cos x_1 - \cos x_2$ que não mantém o mesmo sinal em todo o intervalo $(-\frac{\pi}{2}, \frac{\pi}{2})$. Portanto, dividimos o intervalo $(-\frac{\pi}{2}, \frac{\pi}{2})$ em dois subintervalos $(-\frac{\pi}{2}, 0]$ e $[0, \frac{\pi}{2})$. No primeiro, $\cos x_1 < \cos x_2$ e, por isso, $D_2 < 0$ o que significa a concavidade estrita para baixo. No segundo, $\cos x_1 > \cos x_2$ e, então, $D_2 > 0$, ou seja, temos a concavidade estrita para cima. Assim, $\tan x$ é côncava estritamente para baixo no intervalo $(-\frac{\pi}{2}, 0]$ e estritamente para cima em $[0, \frac{\pi}{2})$. Em consequência, o ponto 0 é o ponto de inflexão.

Estendendo esse resultado devido a π-periodicidade, concluímos que $\tan x$ é côncava estritamente para baixo em cada um dos intervalos $(-\frac{\pi}{2}, 0] + k\pi$, $\forall k \in \mathbb{Z}$ e estritamente para cima em cada intervalo $[0, \frac{\pi}{2}) + k\pi$, $\forall k \in \mathbb{Z}$. Os pontos $k\pi$, $\forall k \in \mathbb{Z}$ são pontos de inflexão. (Os pontos $\frac{\pi}{2} + k\pi$, $\forall k \in \mathbb{Z}$ são excluídos do domínio e, por isso, não são pontos de inflexão, embora a função tenha concavidade diferente à esquerda e à direita desses pontos.)

8. A função $f(x) = \tan x : X = \mathbb{R} \backslash \{x_k = \frac{\pi}{2} + k\pi, \forall k \in \mathbb{Z}\} \to Y = \mathbb{R}$ é sobrejetora, mas não é injetora. Notamos que em qualquer intervalo de comprimento maior que π a função repete seus valores. Portanto, para obter uma injetora, temos que escolher um intervalo de comprimento, no máximo π. A escolha tradicional é o intervalo $(-\frac{\pi}{2}, \frac{\pi}{2})$ onde $\tan x$ é estritamente crescente, o que garante a propriedade de injeção. Com essa restrição do domínio, a função $f(x) = \tan x : X = (-\frac{\pi}{2}, \frac{\pi}{2}) \to Y = \mathbb{R}$ é bijetora e, portanto, admite a inversa que é chamada de arco-tangente: $f^{-1}(x) = \arctan x : \mathbb{R} \to (-\frac{\pi}{2}, \frac{\pi}{2})$. A função inversa será analisada na seção 2.8.

9. Com base nas propriedades investigadas podemos representar o gráfico de $f(x) = \tan x$ como é mostrado na Fig.4.25.

Propriedades complementares

A função $f(x) = \tan x$ tende a $+\infty$ quando x aproxima de $\frac{\pi}{2} + k\pi$, $\forall k \in \mathbb{Z}$ à

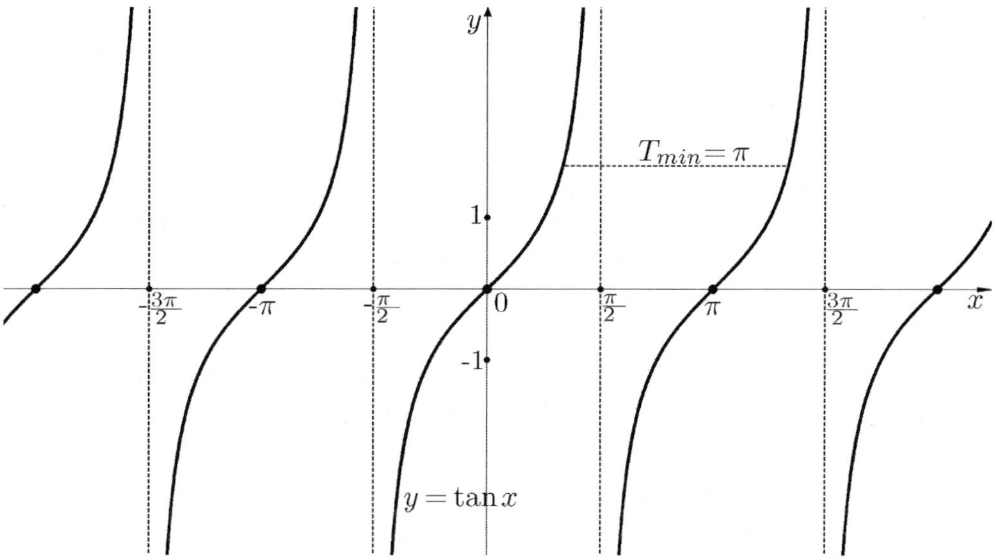

Figura 4.25 Gráfico de $y = \tan x$.

esquerda e tende a $-\infty$ quando x aproxima qualquer um desses pontos à direita. Logo, todas as retas $x = \frac{\pi}{2} + k\pi$, $\forall k \in \mathbb{Z}$ são assíntotas verticais. Nos demais pontos, ou seja, em qualquer ponto do seu domínio, a função é contínua, o que significa que $f(x)$ aproxima de $f(x_0)$ quando x tende a x_0. Portanto, não tem outras assíntotas verticais.

Quando x tende a $+\infty$, a função não aproxima nenhum valor específico: usando, por exemplo, o caminho $x_k = k\pi$, $k \in \mathbb{N}$, temos todos os valores da função nulos, enquanto pelo caminho $x_n = \frac{\pi}{4} + n\pi$, $n \in \mathbb{N}$ a função sempre mantém o valor 1. Isso significa que não existe assíntota horizontal nessa tendência. O mesmo ocorre quando x tende a $-\infty$.

2.7 Função $\cot x$

Definição de $\cot x$. A *função cotangente* $f(x) = \cot x$ é definida pela fórmula $\cot x = \frac{\cos x}{\sin x}$.

Estudo de $y = \cot x$

O estudo da função $\cot x$ se realiza da mesma maneira como o de $\tan x$. Outra maneira, geométrica, é utilizar a relação $\cot x = -\tan(x + \frac{\pi}{2})$, que envolve transformações elementares de gráficos e propriedades respectivas das duas funções, o que foi aplicado várias vezes nos estudos anteriores. Portanto, daremos a seguir só uma lista de propriedades dessa função, deixando a elaboração de detalhes para o leitor.

1. Domínio e imagem. O domínio é $X = \mathbb{R}\backslash\{x_k = k\pi, \forall k \in \mathbb{Z}\}$ e a imagem é $Y = \mathbb{R}$.

2. Limitação. A função é ilimitada tanto inferiormente como superiormente.

3. Paridade. A função é ímpar.

4. Periodicidade. A função é π-periódica, sendo π o seu período mínimo.

5. Interseção e sinal. Não tem interseção com o eixo Oy. Todos os pontos $x_k = \frac{\pi}{2} + k\pi$, $\forall k \in \mathbb{Z}$ são pontos de interseção com Ox. A função é positiva em cada intervalo $(0, \frac{\pi}{2}) + k\pi$, $\forall k \in \mathbb{Z}$ e negativa em cada intervalo $(\frac{\pi}{2}, \pi) + k\pi$, $\forall k \in \mathbb{Z}$.

6. Monotonia e extremos. A função $\cot x$ é estritamente decrescente em cada um dos intervalos $(0, \pi) + k\pi$, $\forall k \in \mathbb{Z}$ e ela não tem extremos de qualquer tipo.

7. Concavidade e pontos de inflexão. A função é côncava estritamente para cima em cada um dos intervalos $(0, \frac{\pi}{2}] + k\pi$, $\forall k \in \mathbb{Z}$ e estritamente para baixo em cada intervalo $[\frac{\pi}{2}, \pi) + k\pi$, $\forall k \in \mathbb{Z}$. Os pontos $\frac{\pi}{2} + k\pi$, $\forall k \in \mathbb{Z}$ são pontos de inflexão.

8. A função $f(x) = \cot x : X = \mathbb{R}\backslash\{x_k = k\pi, \forall k \in \mathbb{Z}\} \to Y = \mathbb{R}$ é sobrejetora, mas não é injetora. Com restrição do domínio, a função $f(x) = \cot x : X = (0, \pi) \to Y = \mathbb{R}$ é bijetora e, portanto, admite a inversa que é chamada de arcocotangente: $f^{-1}(x) = \operatorname{arccot} x : \mathbb{R} \to (0, \pi)$. A função inversa será analisada numa das próximas seções.

9. O gráfico de $f(x) = \cot x$ é mostrado na Fig.4.26.

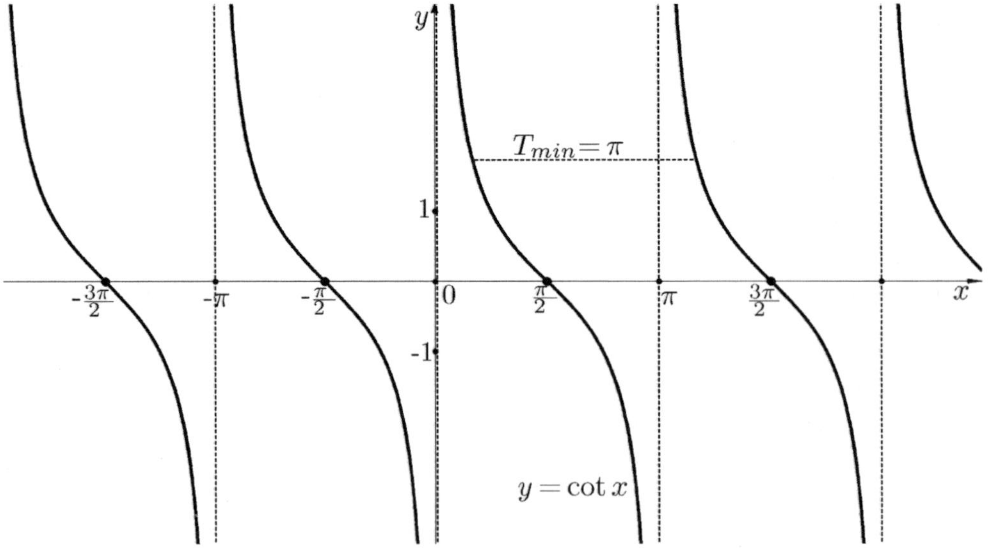

Figura 4.26 Gráfico de $y = \cot x$.

Propriedades complementares

A função $f(x) = \cot x$ tende a $+\infty$ quando x aproxima de $k\pi$, $\forall k \in \mathbb{Z}$ à direita e tende a $-\infty$ quando x aproxima qualquer um desses pontos à esquerda. Logo, todas as retas $x = k\pi$, $\forall k \in \mathbb{Z}$ são assíntotas verticais. Nos demais pontos, ou seja, em qualquer ponto do seu domínio, a função é contínua, o que significa que $f(x)$ aproxima de $f(x_0)$ quando x tende a x_0. Portanto, a função não tem outras assíntotas verticais.

Quando x tende a $+\infty$, a função não aproxima nenhum valor específico: usando, o caminho $x_k = \frac{\pi}{2} + k\pi$, $k \in \mathbb{N}$, temos todos os valores da função nulos, enquanto pelo caminho $x_n = \frac{\pi}{4} + n\pi$, $n \in \mathbb{N}$ a função sempre mantém o valor 1. Isso significa que não existe assíntota horizontal nessa tendência. O mesmo ocorre quando x tende a $-\infty$.

2.8 Função $\arctan x$

Definição da função $\arctan x$. A função $y = \arctan x$ é usualmente definida como a inversa à função $f(x) = \tan x : (-\frac{\pi}{2}, \frac{\pi}{2}) \to \mathbb{R}$.

Estudo de $y = \arctan x$

1. Domínio e imagem. Pela definição, o domínio da função $y = \arctan x$ é $X = \mathbb{R}$ (a imagem da função original $y = \tan x$) e a imagem é $Y = (-\frac{\pi}{2}, \frac{\pi}{2})$ (o domínio da original).

2. Limitação. Da forma da imagem da função segue que a função é limitada com a cota inferior $m = -\frac{\pi}{2}$ e a superior $M = \frac{\pi}{2}$. Notamos que a cota inferior e a superior não são valores da função: $-\frac{\pi}{2} < f(x) < \frac{\pi}{2}$, $\forall x \in \mathbb{R}$.

3. Paridade. A função $\arctan x$ é ímpar, porque a original é ímpar (lembre o Teorema da imparidade da inversa, seção 12.4 do Capítulo 2).

4. Periodicidade. A função não é periódica, porque ela é definida como a inversa de uma função e, por isso, os seus valores não se repetem.

5. Interseção e sinal. A interseção com os eixos Oy e Ox ocorre num único ponto $(0,0)$. Como $y = \tan x$ transforma $(-\frac{\pi}{2}, 0)$ em $(-\infty, 0)$ e $(0, \frac{\pi}{2})$ em $(0, \infty)$, a inversa $y = \arctan x$ tem sinal negativo em $(-\infty, 0)$ e positivo em $(0, \infty)$.

6. Monotonia e extremos. Como $y = \tan x$ cresce estritamente no domínio $(-\frac{\pi}{2}, \frac{\pi}{2})$, a sua inversa $y = \arctan x$ cresce estritamente no seu domínio $\mathbb{R}$ (lembre o Teorema da monotonia da inversa, seção 12.4 do Capítulo 2). Consequentemente, todos os pontos do domínio são pontos de crescimento estrito e, portanto, não há extremos de qualquer tipo.

7. Concavidade e pontos de inflexão. Aplicando o Teorema da concavidade da inversa (seção 12.4 do Capítulo 2), obtemos os seguintes resultados. No subintervalo $(-\frac{\pi}{2}, 0]$, a função $y = \tan x$ cresce estritamente e é côncava para baixo,

o que implica em concavidade para cima da função $y = \arctan x$ no subintervalo $(-\infty, 0]$. No subintervalo $[0, \frac{\pi}{2})$, a função $y = \tan x$ continua crescendo estritamente mas é côncava para cima, o que resulta em concavidade para baixo da função $y = \arctan x$ no subintervalo $[0, +\infty)$. Consequentemente, $x = 0$ é o ponto de inflexão de $\arctan x$.

8. A função $f(x) = \arctan x : X = \mathbb{R} \to Y = (-\frac{\pi}{2}, \frac{\pi}{2})$ é bijetora e a sua inversa é $f(x) = \tan x : (-\frac{\pi}{2}, \frac{\pi}{2}) \to \mathbb{R}$.

9. O gráfico da função $y = \arctan x$ pode ser obtido aplicando o Teorema do gráfico da função inversa (veja seção 12.5 do Capítulo 2), o que é ilustrado na Fig.4.27.

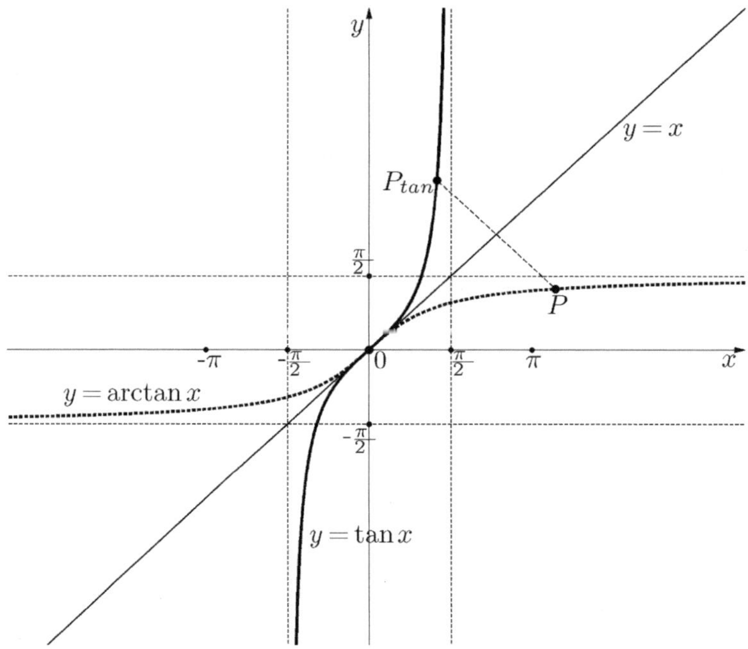

Figura 4.27 Gráfico de $y = \arctan x$ simétrico ao de $y = \tan x$ em relação a $y = x$.

De modo alternativo, o mesmo gráfico pode ser construído usando as propriedades investigadas da função $y = \arctan x$.

Propriedades complementares

Pela sua definição como inversa a $f(x) = \tan x$, a função $f(x) = \arctan x$ aproxima $\frac{\pi}{2}$ (pelos valores menores) quando x tende a $+\infty$, e aproxima $-\frac{\pi}{2}$ (pelos valores maiores) quando x tende a $-\infty$. Então, $y = \frac{\pi}{2}$ e $y = -\frac{\pi}{2}$ são assíntotas horizontais. Como a função é contínua em todos os pontos do seu domínio, isto é,

$f(x) \to f(x_0)$ quando $x \to x_0 \in \mathbb{R}$, então não existe nenhuma tendência infinita nos pontos do seu domínio e, portanto, não há assíntotas verticais.

2.9 Função $\operatorname{arccot} x$

Definição da função $\operatorname{arccot} x$. A função $y = \operatorname{arccot} x$ é usualmente definida como a inversa à função $f(x) = \cot x : (0, \pi) \to \mathbb{R}$.

Estudo de $y = \operatorname{arccot} x$

O estudo dessa função pode ser realizado da mesma maneira como o de $y = \arctan x$, com base nas propriedades da função original $\cot x$ e usando os teoremas sobre propriedades de funções inversas (seção 12.4 do Capítulo 2). Deixamos essa tarefa para o leitor e representamos somente o gráfico da função $y = \operatorname{arccot} x$ na Fig.4.28.

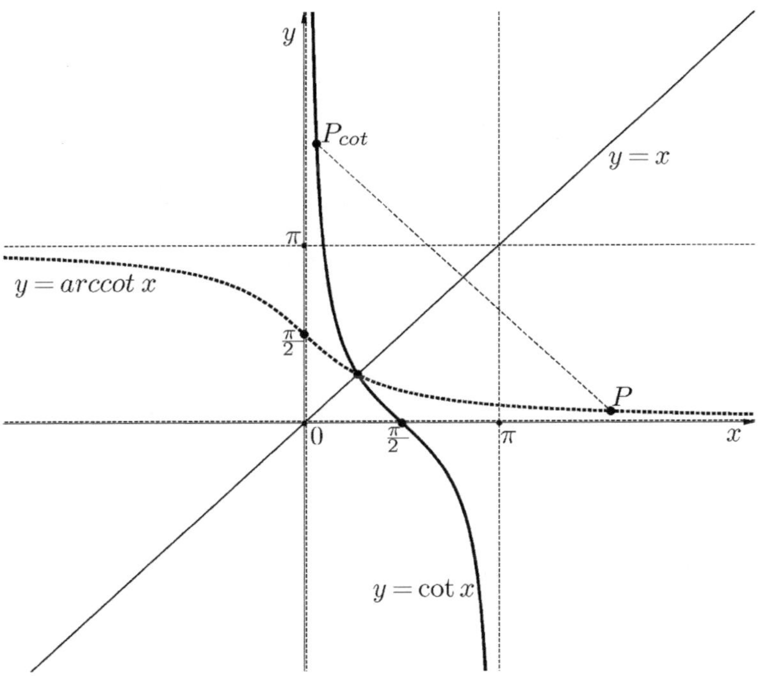

Figura 4.28 Gráfico de $y = \operatorname{arccot} x$ simétrico ao de $y = \cot x$ em relação a $y = x$.

3 Exemplos de estudo de funções transcendentais

Em alguns casos o estudo de funções pode ser feito tanto do modo analítico como do modo geométrico (no segundo caso, usando transformações elementares de gráficos). Aqui focamos na abordagem analítica que pode ser aplicada tanto a funções mais simples como a funções mais complicadas.

3.1 Estudo de funções exponenciais

Estudo de $f(x) = 2 \cdot 10^{3x}$

1. Domínio e imagem. Pela definição de potências, o domínio é $X = \mathbb{R}$ (uma vez que a operação de elevação de 10 numa potência está definida para qualquer expoente real). A imagem da função está contida em $(0, +\infty)$, porque $2 \cdot 10^{3x} > 0$ para qualquer $x \in \mathbb{R}$. Além disso, pode ser demonstrado que $f(x) = 2 \cdot 10^{3x}$ pode assumir qualquer valor positivo. Realmente, tomemos qualquer $y_0 > 0$ e consideremos a equação $f(x) = 2 \cdot 10^{3x} = y_0$. Ela pode ser reescrita como $10^{3x} = \frac{y_0}{2}$ e, usando a inversa, resolvemo-la na forma $3x = \log_{10} \frac{y_0}{2}$, donde encontramos a única solução $x_0 = \frac{1}{3} \log_{10} \frac{y_0}{2}$. Assim, para qualquer $y_0 > 0$ existe exatamente um ponto x_0 do domínio tal que $f(x_0) = y_0$, o que significa que a imagem é $Y = (0, +\infty)$.

2. Limitação. Da especificação da imagem da função segue que a função é limitada inferiormente (por exemplo, pela constante $m = 0$) e não é limitada superiormente.

3. Monotonia e extremos. Pelas propriedades de potências, temos $2 \cdot 10^{3x_2} > 2 \cdot 10^{3x_1}$ para quaisquer $x_2 > x_1$ e, portanto, a função cresce estritamente em todo o seu domínio $X = \mathbb{R}$.

Dessa maneira, qualquer ponto do domínio é o ponto de crescimento estrito e, por isso, não existe extremo da função $2 \cdot 10^{3x}$ seja global ou local, estrito ou não.

4. Paridade. O crescimento estrito da função $2 \cdot 10^{3x}$ em todo o seu domínio garante que a função não é par. Por outro lado, a positividade da imagem da função garante que ela não é ímpar.

5. Periodicidade. O crescimento estrito da função em todo o seu domínio garante que ela não repete nenhum dos seus valores, o que descarta a possibilidade de ela ser periódica.

6. Concavidade e pontos de inflexão. Para quaisquer dois pontos $x_1, x_2 \in \mathbb{R}$, é válida a desigualdade $f(x_1) + f(x_2) - 2f\left(\frac{x_1+x_2}{2}\right) = 2 \cdot 10^{3x_1} + 2 \cdot 10^{3x_2} - 2 \cdot 2 \cdot 10^{3\frac{x_1+x_2}{2}} = 2\left(10^{\frac{3x_1}{2}} - 10^{\frac{3x_2}{2}}\right)^2 > 0$, o que mostra a concavidade para cima (no sentido estrito) em todo o domínio da função. Desse resultado segue imediatamente

que não há pontos de inflexão.

7. Interseção e sinal. A interseção com o eixo Oy ocorre no ponto $(0, 2)$, mas não tem interseção com Ox, porque a função tem somente valores positivos.

8. A função $f(x) = 2 \cdot 10^{3x} : X = \mathbb{R} \to Y = (0, +\infty)$ é bijetora. Realmente, o fato de que a sua imagem é $Y = (0, +\infty)$ garante que ela é sobrejetora, e a propriedade de crescimento estrito em todo o domínio garante que ela é injetora. A função inversa é a logarítmica $f^{-1}(x) = \frac{1}{3} \log_{10} \frac{x}{2} : (0, +\infty) \to \mathbb{R}$.

9. Com base nas propriedades investigadas construímos o gráfico de $f(x) = 2 \cdot 10^{3x}$ na forma mostrada na Fig.4.29.

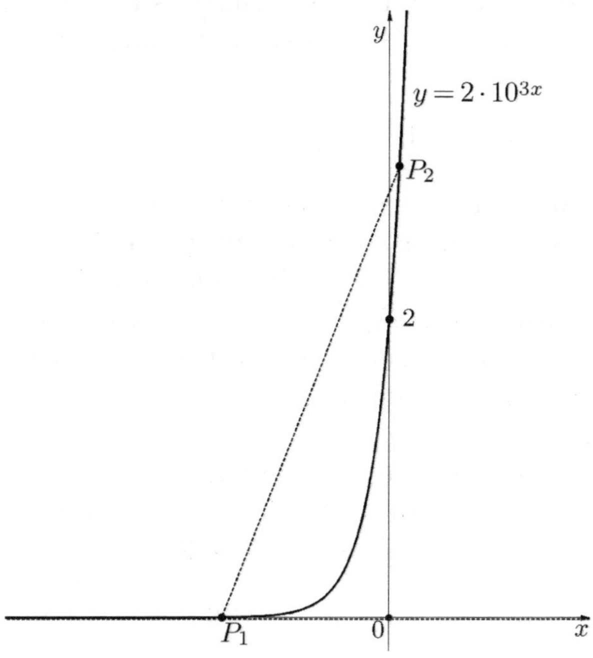

Figura 4.29 O gráfico da função $f(x) = 2 \cdot 10^{3x}$.

Propriedades complementares

O gráfico da função $f(x) = 2 \cdot 10^{3x}$ sugere que seus valores aumentam sem restrição quando x tende a $+\infty$ e aproximam de 0 pelos valores positivos quando x tende a $-\infty$. Realmente, qualquer que for $M > 0$ dado, sempre podemos resolver a equação $f(x) = 2 \cdot 10^{3x} = M$ e encontrar a solução $x_0 = \frac{1}{3} \log_{10} \frac{M}{2}$. Então, usando o crescimento estrito de $f(x) = 2 \cdot 10^{3x}$, concluímos que $2 \cdot 10^{3x} > M$ para todos $x > x_0$ e $2 \cdot 10^{3x} < M$ para todos $x < x_0$. Assim, para os valores bastante grandes do argumento, os valores da função superam qualquer constante dada previamente, o que significa que $2 \cdot 10^{3x}$ tende a $+\infty$ quando x tende a $+\infty$. Por outro lado, para os valores bastante pequenos de x (grandes por módulo, mas negativos), os valores da função ficam menores que qualquer constante positiva, mantendo o sinal positivo, o que significa que $2 \cdot 10^{3x}$ aproxima de 0 quando x tende a $-\infty$. Esses dois resultados significam que $f(x)$ não tem assíntota horizontal em $+\infty$, mas possui assíntota horizontal $y = 0$ em $-\infty$.

Adicionalmente, a função é contínua em todos os pontos do seu domínio, isto é, $f(x) \to f(x_0)$ quando $x \to x_0$. Assim, nenhuma tendência infinita nos pontos do domínio $X = \mathbb{R}$ é observada, o que significa que não há assíntotas verticais.

Outra maneira de determinar as propriedades da função $f(x) = 2 \cdot 10^{3x}$ e encontrar o seu gráfico é realizar as transformações geométricas elementares que levam de $g(x) = 10^x$ a $f(x) = 2 \cdot 10^{3x}$. A seguinte cadeia de transformações pode ser usada:

$$g(x) = 10^x \to h(x) = 10^{3x} = g(3x) \to f(x) = 2 \cdot 10^{3x} = 2h(x).$$

Geometricamente, a primeira transformação é a contração horizontal de 3 vezes do gráfico de $g(x) = 10^x$. Com isso, todas as propriedades de 10^x estão mantidas: assim como $g(x) = 10^x$, a função $h(x) = 10^{3x}$ tem o domínio $X = \mathbb{R}$ e a imagem $Y = (0, +\infty)$, não é periódica, não é par nem ímpar, é estritamente crescente e côncova para cima em todo o seu domínio, não tem extremos nem pontos de inflexão. No entanto, o crescimento de $h(x)$ ocorre 3 vezes mais rápido que o da função $g(x)$. A segunda transformação é a extensão vertical de 2 vezes do gráfico de $h(x) = 10^{3x}$. De novo, todas as propriedades de 10^{3x} estão mantidas, mas o crescimento de $f(x)$ ocorre 2 vezes mais rápido que o de $h(x)$.

Veja as transformações de gráficos na Fig.4.30.

Estudo de $f(x) = 2 - 5e^{-x/3} = 2 - 5\left(\frac{1}{e}\right)^{x/3}$

1. Domínio e imagem. Pela definição, o domínio é $X = \mathbb{R}$ (uma vez que a operação de elevação de e numa potência está definida para qualquer expoente real). A imagem da função $e^{-x/3}$ é o conjunto $(0, +\infty)$, donde segue que a imagem de $-5e^{-x/3}$ é o conjunto $(-\infty, 0)$ e, portanto, a imagem de $f(x)$ é $Y = (-\infty, 2)$.

2. Limitação. Da especificação da imagem da função segue que a função é limitada superiormente (por exemplo, pela constante $M = 2$) e não é limitada inferiormente.

3. Monotonia e extremos. Pelas propriedades de potências, temos $f(x_2) - f(x_1) = (2 - 5e^{-x_2/3}) - (2 - 5e^{-x_1/3}) = -5e^{-x_2/3}(1 - e^{(x_2 - x_1)/3})$. Para quaisquer $x_2 > x_1$ temos $\frac{x_2 - x_1}{3} > 0$ e então, pelas propriedades de potências, $e^{(x_2 - x_1)/3} > 1$. Assim, o fator -5 é negativo, o segundo fator é positivo e o terceiro é negativo, o que significa que $f(x_2) - f(x_1) > 0$ e portanto, a função cresce estritamente em todo o seu domínio $X = \mathbb{R}$.

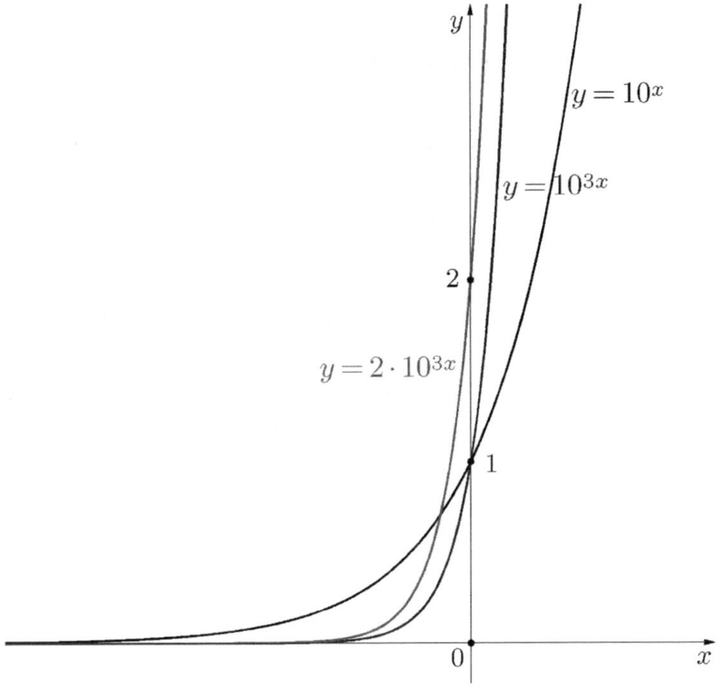

Figura 4.30 Transformação de $g(x) = 10^x$ a $f(x) = 2 \cdot 10^{3x}$.

Logo, qualquer ponto do domínio é o ponto de crescimento estrito e, por isso, não existe extremo da função $f(x)$ de qualquer tipo.

4. Paridade. O crescimento estrito da função em todo o seu domínio garante que a função não é par. Por outro lado, a limitação superior e ilimitação inferior da imagem implica que a função não é ímpar.

5. Periodicidade. O crescimento estrito da função em todo o seu domínio garante que ela não repete nenhum dos seus valores, o que descarta a possibilidade de ela ser periódica.

6. Concavidade e pontos de inflexão. Para quaisquer dois pontos $x_1, x_2 \in \mathbb{R}$, temos $f(x_1) + f(x_2) - 2f\left(\frac{x_1+x_2}{2}\right) = (2 - 5e^{-x_1/3}) + (2 - 5e^{-x_2/3}) - 2(2 - 5e^{-(x_1+x_2)/6}) = -5\left(e^{-x_1/6} - e^{-x_2/6}\right)^2 < 0$, o que mostra a concavidade para baixo (no sentido estrito) em todo o domínio da função. Desse resultado segue imediatamente que não há pontos de inflexão.

7. Interseção e sinal. A interseção com o eixo Oy ocorre no ponto $(0, -3)$, e a interseção com Ox – no ponto $\left(-3\ln\frac{2}{5}, 0\right)$. Devido ao crescimento estrito, a função é negativa quando $x < -3\ln\frac{2}{5}$ e positiva quando $x > -3\ln\frac{2}{5}$.

8. A função $f(x) = 2-5e^{-x/3} : X = \mathbb{R} \to Y = (-\infty, 2)$ é bijetora. Realmente,

o fato de que a sua imagem é $Y = (-\infty, 2)$ garante que ela é sobrejetora, e a propriedade de crescimento estrito em todo o domínio garante que ela é injetora. A função inversa é a logarítmica $f^{-1}(x) = -3\ln\frac{2-x}{5} : (-\infty, 2) \to \mathbb{R}$.

9. Com base nas propriedades investigadas construímos o gráfico de $f(x) = 2 - 5e^{-x/3}$ na forma mostrada na Fig.4.31.

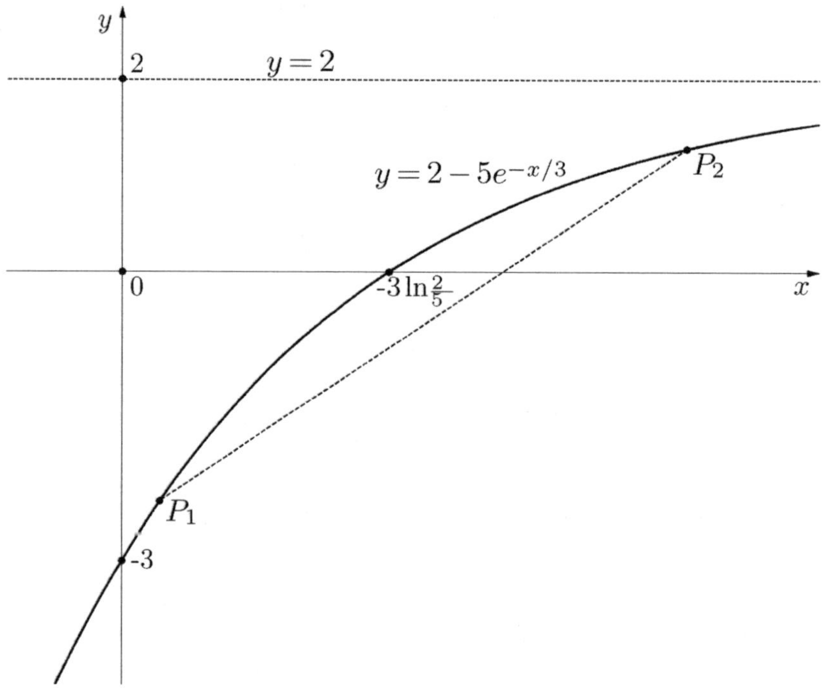

Figura 4.31 O gráfico da função $f(x) = 2 - 5e^{-x/3}$.

Propriedades complementares

O gráfico da função $f(x) = 2 - 5e^{-x/3}$ sugere que seus valores diminuem sem restrição quando x tende a $-\infty$ e aproximam de 2 pelos valores menores que 2 quando x tende a $+\infty$. Realmente, qualquer que for $M \in Y = (-\infty, 2)$ dado, sempre podemos resolver a equação $f(x) = 2 - 5e^{-x/3} = M$ e encontrar a solução $x_0 = -3\ln\frac{2-M}{5}$. Então, usando o crescimento estrito de $f(x) = 2 - 5e^{-x/3}$, concluímos que $2 - 5e^{-x/3} > M$ para todos $x > x_0$ e $2 - 5e^{-x/3} < M$ para todos $x < x_0$. Assim, para os valores de x negativos e bastante grandes por módulo, os valores da função ficam menores que qualquer constante $M \in (-\infty, 2)$, inclusive qualquer constante negativa, o que significa que $f(x)$ tende a $-\infty$ quando x tende a $-\infty$. Por outro lado, para os valores bastante grandes do argumento, $f(x)$ supera valor de qualquer constante $M < 2$, o que, junto com o crescimento da função, significa que $f(x)$ aproxima de 2 quando x tende a $+\infty$ pelos valores menores que 2. Consequentemente, a reta $y = 2$ é assíntota horizontal de $f(x)$ quando $x \to +\infty$.

Adicionalmente, a função é contínua em todos os pontos do seu domínio, isto é, $f(x) \to f(x_0)$ quando $x \to x_0$. Assim, nenhuma tendência infinita nos pontos do domínio $X = \mathbb{R}$ é observada, o que significa que não há assíntotas verticais.

Outra maneira de determinar as propriedades da função $f(x) = 2 - 5e^{-x/3}$ e encontrar o seu gráfico é realizar as transformações geométricas elementares que levam de $y = e^x$ a $y = 2 - 5e^{-x/3}$. Deixamos essa tarefa a cargo do leitor.

3.2 Estudo de funções logarítmicas

Estudo de $f(x) = \frac{1}{3}\log_2(5x-1)$

1. Domínio e imagem. Pela definição, o logaritmo é definido para os valores positivos do argumento. Logo, temos a restrição $5x - 1 > 0$ o que dá o domínio $X = (\frac{1}{5}, +\infty)$. Como $5x-1$ assume todos os valores do intervalo $(0, +\infty)$ quando x varia em $(\frac{1}{5}, +\infty)$, a imagem da função são todos os reais: $Y = \mathbb{R}$.

2. Limitação. Da especificação da imagem da função segue que a função é ilimitada inferiormente e superiormente.

3. Monotonia e extremos. Tomando $\frac{1}{5} < x_1 < x_2$, representamos a diferença dos valores na forma $f(x_2) - f(x_1) = \frac{1}{3}[\log_2(5x_2 - 1) - \log_2(5x_1 - 1)] = \frac{1}{3}\log_2\frac{5x_2-1}{5x_1-1}$. Como $\frac{1}{5} < x_1 < x_2$, então $0 < 5x_1 - 1 < 5x_2 - 1$, e consequentemente, $\frac{5x_2-1}{5x_1-1} > 1$. Logo, $\log_2\frac{5x_2-1}{5x_1-1} > 0$ e a função cresce estritamente em todo o seu domínio. Disso segue que qualquer ponto do domínio é o ponto de crescimento estrito e, por isso, não existe extremo da função $\frac{1}{3}\log_2(5x-1)$ seja global ou local, estrito ou não.

4. Paridade. Como o domínio da função não é simétrico em relação à origem, a função não pode ser par nem ímpar.

5. Periodicidade. O crescimento estrito da função em todo o seu domínio garante que ela não repete nenhum dos seus valores, o que descarta a possibilidade de ela ser periódica.

6. Concavidade e pontos de inflexão. Para quaisquer dois pontos $x_1, x_2 \in (\frac{1}{5}, +\infty)$, é válida a seguinte representação para $2D_2 = f(x_1) + f(x_2) - 2f\left(\frac{x_1+x_2}{2}\right)$:

$$2D_2 = \frac{1}{3}\left[\log_2(5x_1-1) + \log_2(5x_2-1) - 2\log_2\left(5^{\frac{x_1+x_2}{2}} - 1\right)\right] = \frac{1}{3}\log_2\frac{(5x_1-1)(5x_2-1)}{\left(5^{\frac{x_1+x_2}{2}} - 1\right)^2}.$$

Vamos avaliar o valor do argumento $t \equiv \frac{(5x_1-1)(5x_2-1)}{\left(5^{\frac{x_1+x_2}{2}}-1\right)^2}$ do último logaritmo. Podemos mostrar que $(5x_1-1)(5x_2-1) < \left(5\frac{x_1+x_2}{2} - 1\right)^2$. Realmente, essa desigualdade equivale a $4(25x_1x_2 - 5x_1 - 5x_2 + 1) < (5(x_1 + x_2) - 2)^2$, a qual, em sua vez, se simplifica à forma $4x_1x_2 < (x_1 + x_2)^2$, que pode ser escrita como a desigualdade $0 < (x_1 - x_2)^2$ verdadeira para quaisquer $x_1 \neq x_2$. Então, $0 < t < 1$ e, consequentemente, $f(x_1) + f(x_2) - 2f\left(\frac{x_1+x_2}{2}\right) = \frac{1}{3}\log_2 t < 0$, o que significa que a função é côncava estritamente para baixo em todo o seu domínio. Desse resultado segue imediatamente que não há pontos de inflexão.

7. Interseção e sinal. Não há interseção com o eixo Oy, uma vez que o domínio não inclui o ponto $x = 0$. A interseção com Ox ocorre no ponto $(\frac{2}{5}, 0)$. Devido ao crescimento estrito, a função tem sinal negativo para $x < \frac{2}{5}$ e positivo para $x > \frac{2}{5}$.

8. A função $f(x) = \frac{1}{3}\log_2(5x - 1) : X = (\frac{1}{5}, +\infty) \to Y = \mathbb{R}$ é bijetora. Realmente, o fato de que a sua imagem é $Y = \mathbb{R}$ garante que ela é sobrejetora, e a propriedade de crescimento estrito em todo o domínio garante que ela é injetora. A função inversa é a exponencial $f^{-1}(x) = \frac{1}{5}(2^{3x} + 1) : \mathbb{R} \to (\frac{1}{5}, +\infty)$.

9. Com base nas propriedades investigadas construímos o gráfico de $f(x) = \frac{1}{3}\log_2(5x - 1)$ na forma mostrada na Fig.4.32.

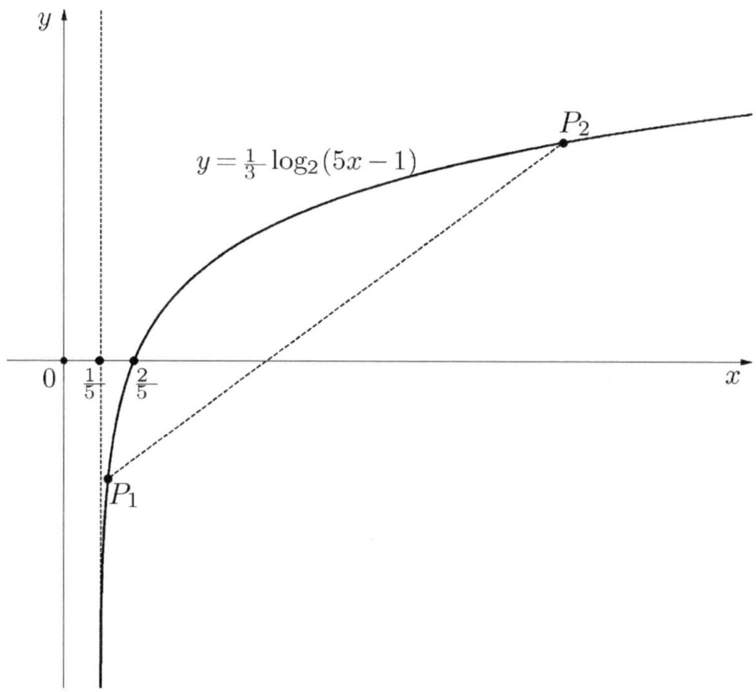

Figura 4.32 O gráfico da função $f(x) = \frac{1}{3}\log_2(5x - 1)$.

Propriedades complementares

O gráfico da função $f(x) = \frac{1}{3}\log_2(5x-1)$ sugere que seus valores aumentam sem restrição quando x tende a $+\infty$ e tendem a $-\infty$ quando x aproxima de $\frac{1}{5}$ (pelos valores maiores que $\frac{1}{5}$). Realmente, qualquer que for M dado, sempre podemos resolver a equação $f(x) = \frac{1}{3}\log_2(5x-1) = M$ e encontrar a solução $x_0 = \frac{1}{5}\left(2^{3M}+1\right) > \frac{1}{5}$. Então, usando o crescimento estrito de $f(x)$, concluímos que $\frac{1}{3}\log_2(5x-1) > M$ para todos $x > x_0$ e $\frac{1}{3}\log_2(5x-1) < M$ para todos $x < x_0$. Assim, para os valores bastante grandes do argumento, os valores da função superam qualquer constante dada previamente, o que significa que $f(x)$ tende a $+\infty$ quando x tende a $+\infty$. Por outro lado, quando x tende a $\frac{1}{5}^+$, os valores da função ficam menores do que qualquer constante, isto é, $f(x)$ tende a $-\infty$. Esses dois resultados significam que $f(x)$ não tem assíntota horizontal, mas possui assíntota vertical $x = \frac{1}{5}$.

Adicionalmente, a função é contínua em todos os pontos do seu domínio, isto é, $f(x) \to f(x_0)$ quando $x \to x_0 \in X$. Assim, nenhuma tendência infinita nos pontos do domínio $X = (\frac{1}{5}, +\infty)$ é observada, o que significa que não há outras assíntotas verticais (além de $x = \frac{1}{5}$).

Outra maneira de determinar as propriedades da função $f(x) = \frac{1}{3}\log_2(5x-1)$ e encontrar o seu gráfico é via realização de transformações geométricas elementares que levam de $g(x) = \log_2 x$ a $f(x) = \frac{1}{3}\log_2(5x-1)$. A seguinte cadeia de transformações pode ser usada:

$$g(x) = \log_2 x \to g_1(x) = \log_2(5x) = g(5x) \to g_2(x) = \log_2(5x-1) = g_1(x - \frac{1}{5})$$

$$\to f(x) = \frac{1}{3}\log_2(5x-1) = \frac{1}{3}g_2(x).$$

Geometricamente, a primeira transformação é a contração horizontal de 5 vezes do gráfico de $g(x) = \log_2 x$. Com isso, todas as propriedades de $\log_2 x$ estão mantidas: assim como $g(x)$, a função $g_1(x)$ tem o domínio $X_1 = (0, +\infty)$ e a imagem $Y_1 = \mathbb{R}$, não é periódica, não é par nem ímpar, é estritamente crescente e côncova para baixo em todo o seu domínio, não tem extremos nem pontos de inflexão. A segunda transformação é o desclocamento do gráfico de $g_1(x)$ em $\frac{1}{5}$ unidades para direita. As propriedades de $g_2(x)$ coincidem com as de $g_1(x)$, exceto que o domínio se torna $X_2 = (\frac{1}{5}, +\infty)$. A terceira transformação é a contração vertical de 3 vezes do gráfico de $g_2(x)$. De novo, todas as propriedades de $g_2(x)$ estão mantidas, mas o crescimento de $f(x)$ ocorre 3 vezes mais lentamente que o de $g_2(x)$.

Estudo de $f(x) = 1 - \log_{1/10}(4 - 2x)$

1. Domínio e imagem. Pela definição, o logaritmo é definido para os valores positivos do argumento, ou seja, para $4 - 2x > 0$, e então $X = (-\infty, 2)$. Como $4 - 2x$ assume todos os valores do intervalo $(0, +\infty)$ quando x varia em $(-\infty, 2)$, a imagem da função são todos os reais: $Y = \mathbb{R}$.

2. Limitação. Da especificação da imagem da função segue que a função é ilimitada inferiormente e superiormente.

3. Monotonia e extremos. Tomando $x_1 < x_2 < 2$, representamos a diferença dos valores da função na forma

$$f(x_2) - f(x_1) = (1 - \log_{1/10}(4 - 2x_2)) - (1 - \log_{1/10}(4 - 2x_1)) = \log_{1/10} \frac{4 - 2x_1}{4 - 2x_2}.$$

Como $x_1 < x_2 < 2$, então $\frac{4-2x_1}{4-2x_2} > 1$. Logo, $\log_{1/10} \frac{4-2x_1}{4-2x_2} < 0$ e a função decresce estritamente em todo o seu domínio. Disso segue que qualquer ponto do domínio é o ponto de decrescimento estrito e, por isso, não existe extremo da função $f(x)$ seja global ou local, estrito ou não.

4. Paridade. Como o domínio da função não é simétrico em relação à origem, a função não pode ser par nem ímpar.

5. Periodicidade. O decrescimento estrito da função em todo o seu domínio garante que ela não repete nenhum dos seus valores, o que descarta a possibilidade de ela ser periódica.

6. Concavidade e pontos de inflexão. Para quaisquer dois pontos $x_1, x_2 \in (-\infty, 2)$, é válida a seguinte representação:

$$f(x_1) + f(x_2) - 2f\left(\frac{x_1 + x_2}{2}\right) = [1 - \log_{1/10}(4 - 2x_1)]$$

$$+[1 - \log_{1/10}(4 - 2x_2)] - 2[1 - \log_{1/10}(4 - (x_1 + x_2))] = \log_{1/10} \frac{(4 - (x_1 + x_2))^2}{(4 - 2x_1)(4 - 2x_2)}.$$

Vamos avaliar o valor do argumento $t \equiv \frac{(4-(x_1+x_2))^2}{(4-2x_1)(4-2x_2)}$ do último logaritmo. Podemos mostrar que $(4 - 2x_1)(4 - 2x_2) < (4 - (x_1 + x_2))^2$. Realmente, essa desigualdade equivale a $16 - 8(x_1 + x_2) + 4x_1x_2 < 16 - 8(x_1 + x_2) + (x_1 + x_2)^2$, a qual, em sua vez, se simplifica à forma $4x_1x_2 < (x_1 + x_2)^2$, que pode ser escrita como a desigualdade $0 < (x_1 - x_2)^2$ verdadeira para quaisquer $x_1 \neq x_2$. Então, $t > 1$ e, consequentemente, $f(x_1) + f(x_2) - 2f\left(\frac{x_1+x_2}{2}\right) = \log_{1/10} t < 0$, o que significa que a função é côncava estritamente para baixo em todo o seu domínio. Desse resultado segue imediatamente que não há pontos de inflexão.

7. Interseção e sinal. A interseção com o eixo Oy ocorre no ponto $(0, y_e)$, onde $y_e = 1 - \log_{1/10} 4$, e a interseção com Ox ocorre no ponto $(x_e, 0)$, onde $x_e = \frac{4-\frac{1}{10}}{2}$

se encontra da equação $4 - 2x = \frac{1}{10}$. Devido ao decrescimento estrito, a função tem sinal positivo para os valores $x < x_e$ e negativo para $x > x_e$.

8. A função $f(x) = 1 - \log_{1/10}(4 - 2x) : X = (-\infty, 2) \to Y = \mathbb{R}$ é bijetora. Realmente, o fato de que a sua imagem é $Y = \mathbb{R}$ garante que ela é sobrejetora, e a propriedade de decrescimento estrito em todo o domínio garante que ela é injetora. A função inversa é a exponencial $f^{-1}(x) = 2 - \frac{1}{2}\left(\frac{1}{10}\right)^{1-x} : \mathbb{R} \to (-\infty, 2)$.

9. Com base nas propriedades investigadas construímos o gráfico de $f(x) = 1 - \log_{1/10}(4 - 2x)$ na forma mostrada na Fig.4.33.

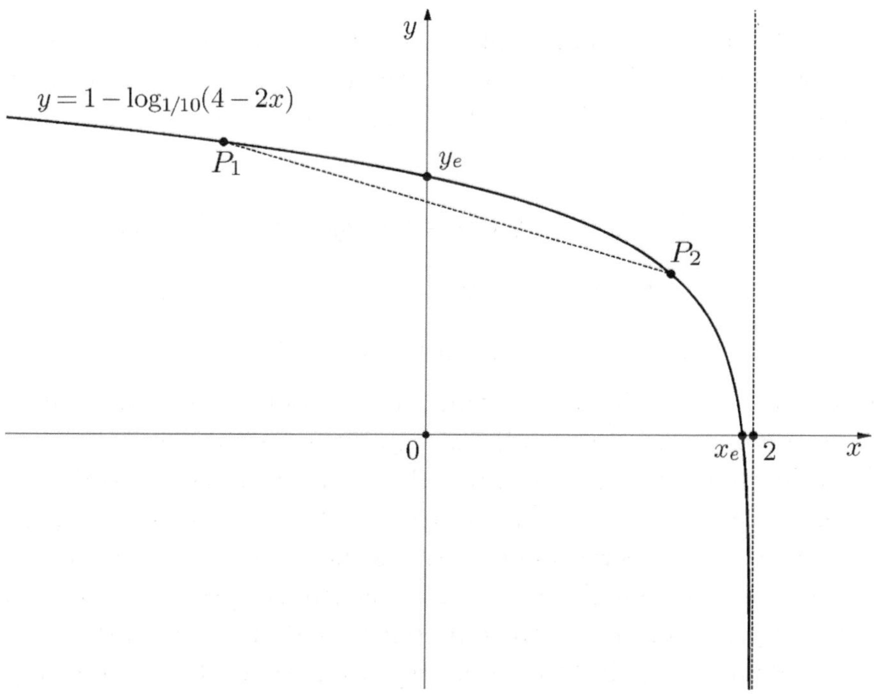

Figura 4.33 O gráfico da função $f(x) = 1 - \log_{1/10}(4 - 2x)$.

Propriedades complementares

O gráfico da função $f(x) = 1 - \log_{1/10}(4 - 2x)$ sugere que seus valores aumentam sem restrição quando x tende a $-\infty$ e tendem a $-\infty$ quando x aproxima de 2 (pelos valores menores que 2). Realmente, qualquer que for M dado, sempre podemos resolver a equação $f(x) = 1 - \log_{1/10}(4 - 2x) = M$ e encontrar a solução $x_0 = 2 - \frac{1}{2}\left(\frac{1}{10}\right)^{1-M} < 2$. Então, usando o decrescimento estrito de $f(x)$, concluímos que $f(x) > M$ para todos $x < x_0$ e $f(x) < M$ para todos $x > x_0$. Assim, para os valores negativos e bastante grandes por modulo do argumento x, os valores da função superam qualquer constante dada previamente, o que significa que $f(x)$ tende a $+\infty$ quando x tende a $-\infty$. Por outro lado, quando x tende a 2^- os valores da função ficam menores que qualquer constante, isto é, $f(x)$ tende a $-\infty$. Esses dois resultados significam que $f(x)$ não tem assíntota horizontal, mas possui assíntota vertical $x = 2$.

Adicionalmente, a função é contínua em todos os pontos do seu domínio, isto é, $f(x) \to f(x_0)$ quando $x \to x_0 \in X$. Assim, nenhuma tendência infinita nos pontos do domínio $X = (-\infty, 2)$ é observada, o que significa que não há assíntotas verticais nos pontos do domínio (sendo $x = 2$ a única assíntota vertical).

Outra maneira de determinar as propriedades da função $f(x) = 1 - \log_{1/10}(4 - 2x)$ e encontrar o seu gráfico é via transformações geométricas elementares que levam de $g(x) = \log_{1/10} x$ a $f(x) = 1 - \log_{1/10}(4 - 2x)$. A seguinte cadeia de transformações pode ser usada:

$$g(x) = \log_{1/10} x \to g_1(x) = \log_{1/10}(-2x) = g(-2x)$$

$$\to g_2(x) = \log_{1/10}(4 - 2x) = g_1(x - 2) \to g_3(x) = -\log_{1/10}(4 - 2x) = -g_2(x)$$

$$\to f(x) = 1 - \log_{1/10}(4 - 2x) = 1 + g_3(x).$$

Geometricamente, a primeira transformação é a contração horizontal de 2 vezes do gráfico de $g(x)$ com posterior reflexão em relação ao eixo Oy. Com isso, as propriedades de $g(x)$ são transformadas da seguinte maneira: o domínio $X_g = (0, +\infty)$ de $g(x)$ passa para $X_1 = (-\infty, 0)$ de $g_1(x)$; a imagem continua sendo a mesma $Y_g = Y_1 = \mathbb{R}$; o decrescimento estrito no intervalo $X_g = (0, +\infty)$ passa para crescimento de $g_1(x)$ em $X_1 = (-\infty, 0)$; as propriedades de não periodicidade e não paridade continuam as mesmas; a concavidade para cima de $g(x)$ em todo o seu domínio é mantida pela função $g_1(x)$; assim como $g(x)$, a função $g_1(x)$ não tem extremos nem pontos de inflexão.

A segunda transformação é a translação horizontal de 2 unidades no sentido positivo de Ox. Com isso, a função $g_2(x)$ tem as seguintes propriedades: o domínio $X_1 = (-\infty, 0)$ de $g_1(x)$ passa para $X_2 = (-\infty, 2)$ de $g_2(x)$; a imagem continua sendo a mesma $Y_1 = Y_2 = \mathbb{R}$; o crescimento estrito de $g_1(x)$ no intervalo $X_1 = (-\infty, 0)$ passa para o crescimento de $g_2(x)$ em $X_2 = (-\infty, 2)$; as propriedades de não periodicidade e não paridade continuam as mesmas; a concavidade para cima de $g_1(x)$ é mantida pela função $g_2(x)$; assim como $g_1(x)$, a função $g_2(x)$ não tem extremos nem pontos de inflexão.

A terceira transformação é a reflexão em torno do eixo Ox. Com isso, a função $g_3(x)$ tem as seguintes propriedades: o domínio e a imagem de $g_2(x)$ e de $g_3(x)$ são os mesmos $X_2 = X_3 = (-\infty, 2)$ e $Y_2 = Y_3 = \mathbb{R}$; o crescimento estrito de $g_2(x)$

passa para o decrescimento de $g_3(x)$; as propriedades de não periodicidade e não paridade continuam as mesmas; a concavidade para cima de $g_2(x)$ se transforma em concavidade para baixo de $g_3(x)$; as duas funções não têm extremos nem pontos de inflexão.

A última transformação é a translação de 1 unidade para cima. Com isso, a função $f(x)$ assume as seguintes propriedades: o domínio e a imagem de $g_3(x)$ e de $f(x)$ são os mesmos $X_3 = X_f = (-\infty, 2)$ e $Y_3 = Y_f = \mathbb{R}$; o decrescimento estrito de $g_3(x)$ é mantido pela $f(x)$, assim como a concavidade para baixo; $f(x)$ continua sem periodicidade e paridade, também, sem extremos e pontos de inflexão.

Veja as transformações elementares de gráficos na Fig.4.34.

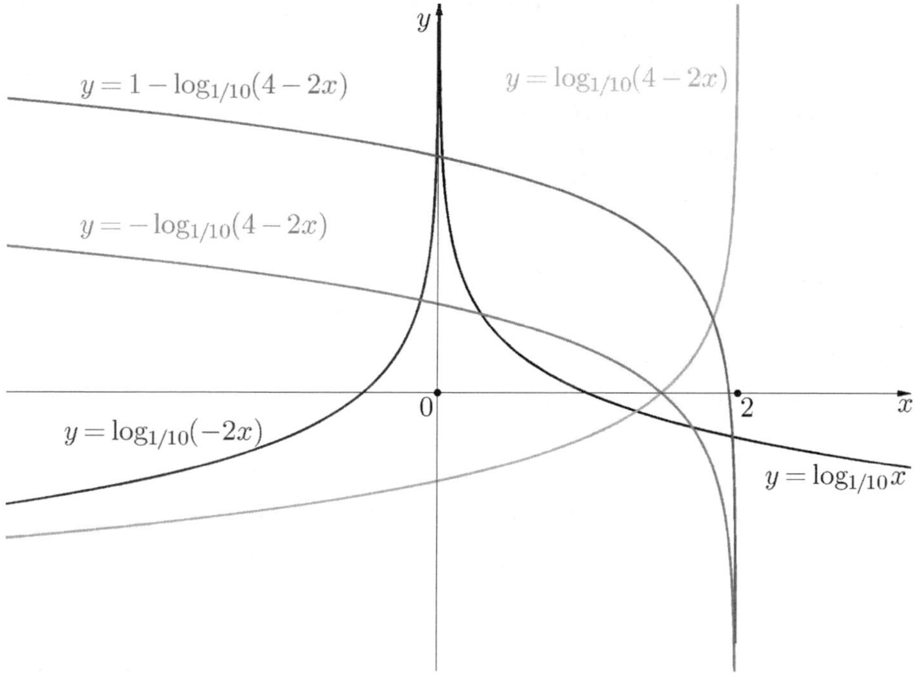

Figura 4.34 Transformações de $g(x) = \log_{1/10} x$ a $f(x) = 1 - \log_{1/10}(4 - 2x)$.

3.3 Estudo de funções trigonométricas

Estudo de $y = 2\sin\left(3x + \frac{\pi}{6}\right)$

1. Domínio e imagem. Pela definição de seno, o domínio é $X = \mathbb{R}$ (a operação $\sin x$ está definida para qualquer argumento real) e os valores de $\sin t$ sempre ficam no intervalo $[-1, 1]$. Note também que quando $t = 3x + \frac{\pi}{6}$ percorre ângulos de $[-\frac{\pi}{2}, \frac{\pi}{2}]$, isto é, x varia no intervalo $[-\frac{2\pi}{9}, \frac{\pi}{9}]$, os valores de $\sin t$ assumem todos

os números em $[-1,1]$ e, portanto, $f(x)=2\sin\left(3x+\frac{\pi}{6}\right)$ assume todos os valores em $[-2,2]$. Logo, quando o domínio é $\mathbb{R}$, a imagem da função é $[-2,2]$.

2. Limitação. Do estudo da imagem da função segue que a função é limitada. A cota inferior pode ser $m=-2$, que é o valor mínimo da função, e a superior $M=2$, que é o valor máximo.

3. Paridade. Embora $\sin t$ é uma função ímpar, a função em consideração não é par nem ímpar, o que pode ser mostrado, comparando os valores nos pontos $x_1=\frac{\pi}{18}$ e $x_2=-x_1=-\frac{\pi}{18}$: $f(-x_1)=2\sin\left(-\frac{\pi}{6}+\frac{\pi}{6}\right)=0\neq\pm\sqrt{3}=\pm2\sin\left(\frac{\pi}{6}+\frac{\pi}{6}\right)=\pm f(x_1)$.

4. Periodicidade. A função $\sin t$ é 2π-periódica: $\sin(t+2\pi)=\sin t$, o que implica em $\frac{2\pi}{3}$-periodicidade da função $f(x)$. Isso segue das propriedades de funções periódicas (veja seção 4.5 do Capítulo 2): primeiro, se $g(x)$ é periódica com o período mínimo T_g, então $g_1(x)=g(x+c)$, $c=constante$ também é periódica com o mesmo período mínimo $T_1=T_g$; segundo, se $g_1(x)$ é periódica com o período mínimo T_1, então $g_2(x)=g_1(ax)$, $a=constante\neq0$ é periódica com o período mínimo $T_2=\frac{T_1}{|a|}$; terceiro, se $g_2(x)$ é periódica com o período mínimo T_2, então $f(x)=Cg_2(x)$, $C=constante\neq0$ é periódica com o mesmo período mínimo $T=T_2$. Para a função dada $f(x)=2\sin 3\left(x+\frac{\pi}{18}\right)$, temos que especificar $g(x)=\sin x$, $T_g=2\pi$, $a=3$, $c=\frac{\pi}{18}$ e $C=2$.

Certamente, o mesmo resultado pode ser demonstrado usando a definição da periodicidade e propriedades da função $\sin x$.

5. Interseção e sinal. A interseção com o eixo Oy ocorre no ponto $(0,1)$. Os pontos de interseção com Ox se encontram da resolução da equação $2\sin\left(3x+\frac{\pi}{6}\right)=0$. Lembrando que as soluções de $\sin t=0$ são os pontos $t_k=k\pi,\forall k\in\mathbb{Z}$, concluímos que $3x+\frac{\pi}{6}=k\pi,\forall k\in\mathbb{Z}$ e, portanto, $x_k=-\frac{\pi}{18}+k\frac{\pi}{3},\forall k\in\mathbb{Z}$ são zeros de $f(x)$, ou seja, os pontos de interseção com Ox são $P_k=(x_k,0),k\in\mathbb{Z}$. Nos intervalos $(-\frac{\pi}{18},-\frac{\pi}{18}+\frac{\pi}{3})+2k\frac{\pi}{3}$, $\forall k\in\mathbb{Z}$ a função tem valores positivos, enquanto nos intervalos $(-\frac{\pi}{18}+\frac{\pi}{3},-\frac{\pi}{18}+\frac{2\pi}{3})+2k\frac{\pi}{3}$, $\forall k\in\mathbb{Z}$ ela tem valores negativos.

6. Monotonia e extremos.

Para quaisquer dois pontos temos $f(x_2)-f(x_1)=2\sin\left(3x_2+\frac{\pi}{6}\right)-2\sin\left(3x_1+\frac{\pi}{6}\right)=2\sin t_2-2\sin t_1=4\sin\frac{t_2-t_1}{2}\cos\frac{t_2+t_1}{2}$, onde $t_1=3x_1+\frac{\pi}{6}$, $t_2=3x_2+\frac{\pi}{6}$. Escolhendo $-\frac{\pi}{2}\leq t_1<t_2\leq\frac{\pi}{2}$, temos $0<\frac{t_2-t_1}{2}\leq\frac{\pi}{2}$ e $-\frac{\pi}{2}<\frac{t_2+t_1}{2}<\frac{\pi}{2}$. A primeira desigualdade dupla garante que $\sin\frac{t_2-t_1}{2}>0$ e a segunda – que $\cos\frac{t_2+t_1}{2}>0$. Logo, $f(x_2)-f(x_1)>0$ e a função cresce estritamente. Resta transformar as restrições de t para as condições de x: $-\frac{\pi}{2}\leq t_1=3x_1+\frac{\pi}{6}$ equivale a $-\frac{\pi}{18}-\frac{\pi}{6}\leq x_1$; $t_2=3x_2+\frac{\pi}{6}\leq\frac{\pi}{2}$ equivale a $x_2\leq-\frac{\pi}{18}+\frac{\pi}{6}$; juntando todas as peças, obtemos $-\frac{\pi}{18}-\frac{\pi}{6}\leq x_1<x_2\leq-\frac{\pi}{18}+\frac{\pi}{6}$. Assim, no intervalo $\left[-\frac{\pi}{18}-\frac{\pi}{6},-\frac{\pi}{18}+\frac{\pi}{6}\right]$ a função $f(x)$ cresce estritamente. De modo análogo, pode ser provado que no

intervalo $\left[-\frac{\pi}{18}+\frac{\pi}{6},-\frac{\pi}{18}+\frac{\pi}{2},\right]$ a função decresce estritamente. Estendendo esse resultado pela $\frac{2\pi}{3}$ periodicidade, concluímos que $f(x)$ cresce em todos os intervalos $\left[-\frac{\pi}{18}-\frac{\pi}{6},-\frac{\pi}{18}+\frac{\pi}{6}\right]+k\frac{2\pi}{3}$, $\forall k\in\mathbb{Z}$ e decresce em $\left[-\frac{\pi}{18}+\frac{\pi}{6},-\frac{\pi}{18}+\frac{\pi}{2},\right]+k\frac{2\pi}{3}$, $\forall k\in\mathbb{Z}$.

Assim, qualquer ponto de cada um dos intervalos $\left(-\frac{\pi}{18}-\frac{\pi}{6},-\frac{\pi}{18}+\frac{\pi}{6}\right)+k\frac{2\pi}{3}$ e $\left(-\frac{\pi}{18}+\frac{\pi}{6},-\frac{\pi}{18}+\frac{\pi}{2}\right)+k\frac{2\pi}{3}$, $\forall k\in\mathbb{Z}$ é o ponto de monotonia estrita e, portanto, não pode ser extremo de qualquer tipo. Restam então os pontos $x_k=-\frac{\pi}{18}+\frac{\pi}{6}+k\frac{2\pi}{3}$, $\forall k\in\mathbb{Z}$ e $x_n=-\frac{\pi}{18}+\frac{\pi}{2}+n\frac{2\pi}{3}$, $\forall n\in\mathbb{Z}$. Os primeiros são os pontos máximos, tanto locais (estritos) como globais (não estritos): os locais – porque $f(x)$ cresce estritamente numa vizinhança esquerda desses pontos e decresce estritamente em sua vizinhança direita; os globais, porque nesses pontos $f(x)$ assume seu valor máximo da imagem – $f(x_k)=2$, $\forall k\in\mathbb{Z}$. Da mesma maneira, os pontos x_n são os pontos mínimos, tanto locais (estritos) como globais (não estritos).

7. Concavidade e pontos de inflexão. Usando de novo o parâmetro $t=3x+\frac{\pi}{6}$, para quaisquer dois pontos $x_1,x_2\in\mathbb{R}$ obtemos $2D_2=f(x_1)+f(x_2)-2f\left(\frac{x_1+x_2}{2}\right)=2\sin t_1+2\sin t_2-4\sin\frac{t_1+t_2}{2}=4\sin\frac{t_1+t_2}{2}\cos\frac{t_1-t_2}{2}-4\sin\frac{t_1+t_2}{2}=4\sin\frac{t_1+t_2}{2}\left(\cos\frac{t_1-t_2}{2}-1\right)$. O segundo fator sempre é não positivo e, portanto, o sinal da expressão depende do primeiro fator. Se escolhemos $0\le t_1<t_2\le\pi$, então $0<\frac{t_1+t_2}{2}<\pi$, o que garante que $\sin\frac{t_1+t_2}{2}>0$ e, ao mesmo tempo, $0<\frac{t_2-t_1}{2}\le\frac{\pi}{2}$, donde segue que o segundo fator é negativo. Portanto, $D_2<0$ e $f(x)$ tem concavidade voltada estritamente para baixo. Traduzindo a desigualdade de t_1,t_2 para x_1,x_2, temos $0\le 3x_1+\frac{\pi}{6}<3x_2+\frac{\pi}{6}\le\pi$ ou $-\frac{\pi}{18}\le x_1<x_2\le\frac{\pi}{3}-\frac{\pi}{18}$, ou seja, $f(x)$ é côncova estritamente para baixo no intervalo $\left[-\frac{\pi}{18},\frac{\pi}{3}-\frac{\pi}{18}\right]$. De maneira semelhante, escolhendo $\pi\le t_1<t_2\le 2\pi$ temos $\sin\frac{t_1+t_2}{2}<0$ porque $\pi<\frac{t_1+t_2}{2}<2\pi$ e, ao mesmo tempo, o segundo fator é negativo porque $0<\frac{t_2-t_1}{2}\le\frac{\pi}{2}$. Então, $D_2>0$ e $f(x)$ tem concavidade voltada estritamente para cima. Em termos de x a condição correspondente é $\frac{\pi}{3}-\frac{\pi}{18}\le x_1<x_2\le\frac{2\pi}{3}-\frac{\pi}{18}$.

Aplicando $\frac{2\pi}{3}$-periodicidade, concluímos que $f(x)$ é côncova estritamente para baixo nos intervalos $\left[-\frac{\pi}{18},\frac{\pi}{3}-\frac{\pi}{18}\right]+k\frac{2\pi}{3}$, $\forall k\in\mathbb{Z}$ e estritamente para cima nos intervalos $\left[\frac{\pi}{3}-\frac{\pi}{18},\frac{2\pi}{3}-\frac{\pi}{18}\right]+n\frac{2\pi}{3}$, $\forall n\in\mathbb{Z}$. Como a função muda o tipo da concavidade nos pontos $x_k=-\frac{\pi}{18}+k\frac{\pi}{3}$, $\forall k\in\mathbb{Z}$, todos esses pontos são pontos de inflexão.

8. A função $f(x)=2\sin\left(3x+\frac{\pi}{6}\right):X=\mathbb{R}\to Y=[-2,2]$ é sobrejetora (porque $Y=[-2,2]$ é a sua imagem), mas não é injetora. Notamos que em qualquer intervalo onde a função não é monótona, ela repete seus valores. Portanto, para obter uma injetora, temos que escolher um intervalo de monotonia de $f(x)$. Uma das escolhas é o intervalo $X_f=\left[-\frac{\pi}{18}-\frac{\pi}{6},-\frac{\pi}{18}+\frac{\pi}{6}\right]$ de crescimento estrito. Com

essa restrição do domínio, a função $f(x) = 2\sin\left(3x + \frac{\pi}{6}\right) : X_f \to Y = [-2, 2]$ se torna bijetora e, portanto, admite a inversa : $f^{-1}(x) : [-2, 2] \to X_f$. Ao intervalo X_f corresponde o intervalo $T_f = \left[-\frac{\pi}{2}, \frac{\pi}{2}\right]$ da variável $t = 3x + \frac{\pi}{6}$ e, por isso, a inversa pode ser representada na forma $f^{-1}(x) = -\frac{\pi}{18} + \frac{1}{3}\arcsin\frac{x}{2}$.

9. Com base nas propriedades investigadas podemos representar o gráfico de $f(x) = 2\sin\left(3x + \frac{\pi}{6}\right)$ como é mostrado na Fig.4.35.

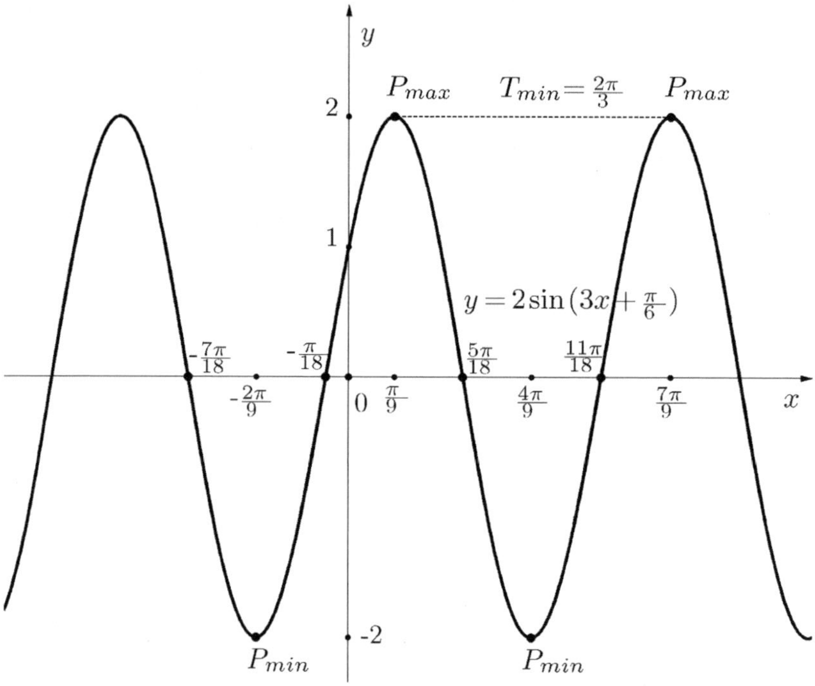

Figura 4.35 Gráfico de $y = 2\sin\left(3x + \frac{\pi}{6}\right)$.

Propriedades complementares

A função $f(x) = 2\sin\left(3x + \frac{\pi}{6}\right)$ mantém todos seus valores no intervalo $[-2, 2]$, o que mostra que ela não tem assíntotas verticais. Quando x tende a $+\infty$, a função não aproxima nenhum valor específico, o que significa que não existe assíntota horizontal nessa tendência. (Realmente, tendendo x a $+\infty$ pelo caminho $x_k = 2k\pi$, $k \in \mathbb{N}$, mantemos os valores da função iguais a 1, mas usando o caminho $x_n = -\frac{\pi}{18} + n\frac{\pi}{3}, \forall n \in \mathbb{N}$, temos todos os valores da função nulos.) O mesmo ocorre quando x tende a $-\infty$. Assim, a função $f(x)$ não tem assíntotas horizontais.

Outra maneira de determinar as propriedades de $f(x) = 2\sin\left(3x + \frac{\pi}{6}\right)$ e encontrar o seu gráfico é usando transformações geométricas elementares que levam de $g(x) = \sin x$ a $f(x) = 2\sin\left(3x + \frac{\pi}{6}\right)$. A seguinte cadeia de transformações pode ser construída:

$$g(x) = \sin x \to g_1(x) = \sin 3x = g(3x) \to g_2(x) = \sin\left(3x + \frac{\pi}{6}\right) = g_1(x + \frac{\pi}{18})$$

$$\to f(x) = 2\sin\left(3x + \frac{\pi}{6}\right) = 2g_2(x).$$

Geometricamente, a primeira transformação é a contração horizontal de 3 vezes do gráfico de $g(x)$. Com isso, as propriedades de $g(x)$ são transformadas da seguinte maneira. O domínio $X_g = \mathbb{R}$ e a imagem $Y_g = [-1, 1]$ são mantidos: $X_1 = \mathbb{R}$ e $Y_1 = [-1, 1]$. A periodicidade passa de ter o período $\frac{2\pi}{3}$ e a função $g_1(x)$ continua sendo ímpar. O crescimento estrito nos intervalos $C_g = \left[-\frac{\pi}{2}, \frac{\pi}{2}\right] + 2k\pi$, $\forall k \in \mathbb{Z}$ passa a ser o crescimento estrito nos intervalos $C_1 = \left[-\frac{\pi}{6}, \frac{\pi}{6}\right] + k\frac{2\pi}{3}$, $\forall k \in \mathbb{Z}$, enquanto o decrescimento estrito nos intervalos $D_g = \left[\frac{\pi}{2}, \frac{3\pi}{2}\right] + 2k\pi$, $\forall k \in \mathbb{Z}$ vira o decrescimento estrito nos intervalos $D_1 = \left[\frac{\pi}{6}, \frac{\pi}{2}\right] + k\frac{2\pi}{3}$, $\forall k \in \mathbb{Z}$; naturalmente a velocidade de crescimento/decrescimento em cada um dos intervalos especificados, aumenta comparando com $g(x)$. Os máximos $a_g = \frac{\pi}{2} + 2k\pi$ e mínimos $b_g = -\frac{\pi}{2} + 2k\pi$, $\forall k \in \mathbb{Z}$ da função $g(x)$ se transferem para os máximos $a_1 = \frac{\pi}{6} + k\frac{2\pi}{3}$ e mínimos $b_1 = -\frac{\pi}{6} + k\frac{2\pi}{3}$, $\forall k \in \mathbb{Z}$ de $g_1(x)$. Os intervalos de concavidade para cima $A_g = [-\pi, 0] + 2k\pi$ e para baixo $B_g = [0, \pi] + 2k\pi$, $\forall k \in \mathbb{Z}$ da função $g(x)$ se tornam $A_1 = \left[-\frac{\pi}{3}, 0\right] + k\frac{2\pi}{3}$ e $B_1 = \left[0, \frac{\pi}{3}\right] + k\frac{2\pi}{3}$, $\forall k \in \mathbb{Z}$ para função $g_1(x)$. Os pontos de inflexão $c_g = k\pi$, $\forall k \in \mathbb{Z}$ da função $g(x)$ se transferem para $c_1 = k\frac{\pi}{3}$, $\forall k \in \mathbb{Z}$ de $g_1(x)$.

A seguinte transformação é a translação horizontal de $\frac{\pi}{18}$ unidades para esquerda. Isso leva às seguintes propriedades da função $g_2(x)$. O domínio e a imagem são mantidos: $X_2 = \mathbb{R}$ e $Y_2 = [-1, 1]$, assim como a periodicidade do período $\frac{2\pi}{3}$. Mas a imparidade se perde com deslocamento do centro de simetria 0 para $-\frac{\pi}{18}$. A função $g_2(x)$ passa a ser crescente nos intervalos $C_2 = \left[-\frac{\pi}{6} - \frac{\pi}{18}, \frac{\pi}{6} - \frac{\pi}{18}\right] + k\frac{2\pi}{3}$ e decrescente nos intervalos $D_2 = \left[\frac{\pi}{6} - \frac{\pi}{18}, \frac{\pi}{2} - \frac{\pi}{18}\right] + k\frac{2\pi}{3}$, $\forall k \in \mathbb{Z}$. Os máximos e mínimos de $g_2(x)$ são $a_2 = \frac{\pi}{6} - \frac{\pi}{18} + k\frac{2\pi}{3}$ e $b_2 = -\frac{\pi}{6} - \frac{\pi}{18} + k\frac{2\pi}{3}$, $\forall k \in \mathbb{Z}$, respectivamente. Os intervalos de concavidade de $g_2(x)$ são $A_2 = \left[-\frac{\pi}{3} - \frac{\pi}{18}, -\frac{\pi}{18}\right] + k\frac{2\pi}{3}$ para cima e $B_2 = \left[-\frac{\pi}{18}, \frac{\pi}{3} - \frac{\pi}{18}\right] + k\frac{2\pi}{3}$ para baixo, $\forall k \in \mathbb{Z}$. Os pontos de inflexão de $g_2(x)$ são $c_2 = -\frac{\pi}{18} + k\frac{\pi}{3}$, $\forall k \in \mathbb{Z}$.

A terceira (última) transformação é a extensão vertical de 2 unidades. Isso resulta nas seguintes propriedades da função $f(x)$. O domínio é mantido o mesmo $X_f = \mathbb{R}$, mas a imagem passa a ser $Y_f = [-2, 2]$. A função $f(x)$ continua sendo periódica com período $\frac{2\pi}{3}$ e não par nem ímpar. O crescimento e decrescimento estrito acontece nos mesmos intervalos da função $g_2(x)$: $C_f = C_2 = \left[-\frac{\pi}{6} - \frac{\pi}{18}, \frac{\pi}{6} - \frac{\pi}{18}\right] + k\frac{2\pi}{3}$ e $D_f = D_2 = \left[\frac{\pi}{6} - \frac{\pi}{18}, \frac{\pi}{2} - \frac{\pi}{18}\right] + k\frac{2\pi}{3}$, respectivamente, $\forall k \in \mathbb{Z}$, mas tanto crescimento como decrescimento se faz duas vezes mais rápido. Os máximos e mínimos de $g_2(x)$ são alcançados nos mesmos pontos $a_f = a_2 = \frac{\pi}{6} - \frac{\pi}{18} + k\frac{2\pi}{3}$ e $b_f = b_2 = -\frac{\pi}{6} - \frac{\pi}{18} + k\frac{2\pi}{3}$, $\forall k \in \mathbb{Z}$, mas os valores da função mudam de 1 para 2 nos máximos e de -1 para -2 nos mínimos. Os intervalos de concavidade de $g_2(x)$ são mantidos para $f(x)$: em $A_f = A_2 = \left[-\frac{\pi}{3} - \frac{\pi}{18}, -\frac{\pi}{18}\right] + k\frac{2\pi}{3}$ tem concavidade para cima e em $B_f = B_2 = \left[-\frac{\pi}{18}, \frac{\pi}{3} - \frac{\pi}{18}\right] + k\frac{2\pi}{3}$ para baixo, $\forall k \in \mathbb{Z}$. Os pontos de inflexão de $f(x)$ e $g_2(x)$ também coincidem $c_f = c_2 = -\frac{\pi}{18} + k\frac{\pi}{3}$, $\forall k \in \mathbb{Z}$.

Veja as transformações de gráficos na Fig.4.36.

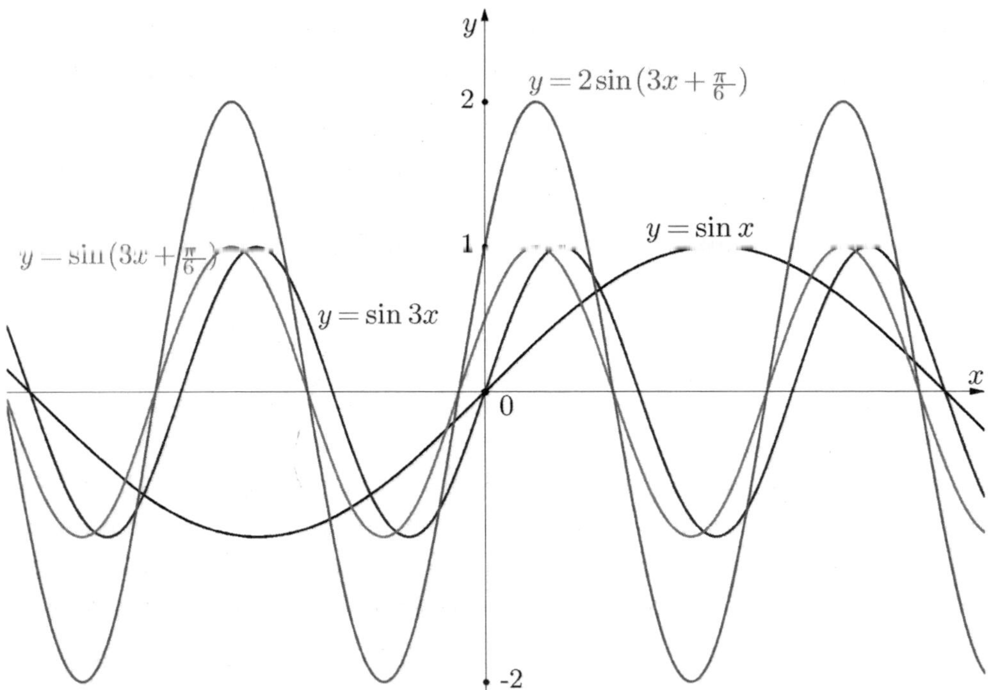

Figura 4.36 Transformações elementares de $g(x) = \sin x$ a $f(x) = 2\sin\left(3x + \frac{\pi}{6}\right)$.

Estudo de $y = \frac{1}{2}\arccos(2 - 4x) - \frac{\pi}{4}$

1. Domínio e imagem. Lembremos que o domínio da função $\arccos t$ é o intervalo $[-1, 1]$. Isso significa que os valores de x devem satisfazer a desigualdade dupla $-1 \leq t = 2 - 4x \leq 1$, o que resulta em $\frac{1}{4} \leq x \leq \frac{3}{4}$, ou seja, o domínio é

$X = \left[\frac{1}{4}, \frac{3}{4}\right]$. De modo analogo, lembrando que a imagem de $\arccos t$ é o intervalo $[0, \pi]$, deduzimos que a imagem de $\frac{1}{2}\arccos t - \frac{\pi}{4}$ é $Y = \left[-\frac{\pi}{4}, \frac{\pi}{4}\right]$.

2. Limitação. Do estudo da imagem da função segue que a função é limitada com a cota inferior $m = -\frac{\pi}{4}$ e a superior $M = \frac{\pi}{4}$, sendo a primeira o valor mínimo da função e a segunda o valor máximo.

3. Paridade. A função não é par nem ímpar, uma vez que o seu domínio não é simétrico em relação a origem.

4. Periodicidade. A função não é periódica, pois o seu domínio é um conjunto limitado.

5. Interseção e sinal. Não há interseção com o eixo Oy, uma vez que o ponto 0 fica fora do domínio. Para encontrar o ponto de interseção com Ox, resolvemos a equação $y = \frac{1}{2}\arccos(2-4x) - \frac{\pi}{4} = 0$, isto é, $\arccos(2-4x) = \frac{\pi}{2}$. Lembramos que $\arccos t$ assume valor $\frac{\pi}{2}$ num único ponto $t = 0$, o que leva à relação $2-4x = 0$ cuja solução é $x = \frac{1}{2}$. Assim, o ponto de interseção com Ox é $P = \left(\frac{1}{2}, 0\right)$.

O sinal da função vai ser mais simples de determinar depois do estudo da sua monotonia.

6. Monotonia e extremos.

Tomamos quaisquer dois pontos $x_1 < x_2$ do domínio da função e, usando a propriedade de decrescimento estrito de $\arccos t$, estabelecemos a seguinte cadeia de implicações: de $x_1 < x_2$ segue $2-4x_1 > 2-4x_2$, donde (devido ao decrescimento de arcccosseno) temos $\arccos(2-4x_1) < \arccos(2-4x_2)$; logo $f(x_1) < f(x_2)$, o que mostra o crescimento estrito de $f(x)$ em todo o seu domínio.

Desse resultado seguem imediatamente algumas conclusões adicionais importantes. Primeiro, o mínimo global estrito da função é o ponto $P_{min} = \left(\frac{1}{4}, -\frac{\pi}{4}\right)$ e o máximo global estrito é $P_{max} = \left(\frac{3}{4}, \frac{\pi}{4}\right)$ (os valores mínimo e máximo da função já foram determinados quando estabelecemos a sua imagem, mas não foi sabido em quais pontos do domínio esses extremos estão atingíveis e se eles são estritos ou não). Segundo, a função não tem extremos locais, pois qualquer ponto do intervalo $\left(\frac{1}{4}, \frac{3}{4}\right)$ é o ponto de crescimento estrito, e os dois pontos restantes, $\frac{1}{4}$ e $\frac{3}{4}$, são extremidades do intervalo do domínio. Terceiro, agora fica fácil de determinar o sinal da função: como $f(x)$ se anula no ponto $\frac{1}{2}$ e cresce estritamente no seu domínio, então no intervalo $\left[\frac{1}{4}, \frac{1}{2}\right)$ a função é negativa e no intervalo $\left(\frac{1}{2}, \frac{3}{4}\right]$ ela é positiva.

7. Concavidade e pontos de inflexão.

Para quaisquer dois pontos x_1, x_2 do domínio $X = \left[\frac{1}{4}, \frac{3}{4}\right]$ temos

$$2D_2 = f(x_1) + f(x_2) - 2f\left(\frac{x_1 + x_2}{2}\right) = \left[\frac{1}{2}\arccos(2-4x_1) - \frac{\pi}{4}\right]$$

$$+\left[\frac{1}{2}\arccos\left(2-4x_2\right)-\frac{\pi}{4}\right]-2\cdot\left[\frac{1}{2}\arccos\left(2-4\frac{x_1+x_2}{2}\right)-\frac{\pi}{4}\right]$$
$$=\frac{1}{2}\left[\arccos\left(2-4x_1\right)+\arccos\left(2-4x_2\right)-2\arccos\left(2-4\frac{x_1+x_2}{2}\right)\right].$$

Usando mais uma vez a variável $t=(2-4x)\in[-1,1]$, reescrevemos a expressão dentro dos colchetes na forma $4D_2=\arccos t_1+\arccos t_2-2\arccos\left(\frac{t_1+t_2}{2}\right)$ e notamos que essa é a mesma expressão que determina o tipo de concavidade da função $\arccos t$. Lembrando que $\arccos t$ é côncava estritamente para cima no intervalo $[-1,0]$, concluímos que $D_2>0$ para quaisquer $t_1\neq t_2$ desse intervalo. A desigualdade $t\geq-1$ equivale a $2-4x\geq-1$ ou $x\leq\frac{3}{4}$ e a desigualdade $t\leq 0$ equivale a $2-4x\leq 0$ ou $x\geq\frac{1}{2}$. Então, para quaisquer $x_1\neq x_2$ do intervalo $\left[\frac{1}{2},\frac{3}{4}\right]$ temos $D_2>0$, o que significa que $f(x)$ é côncava estritamente para cima no intervalo $\left[\frac{1}{2},\frac{3}{4}\right]$. De maneira análoga, usando a informação que $\arccos t$ é côncava estritamente para baixo no intervalo $[0,1]$, temos que $D_2<0$ para quaisquer $t_1\neq t_2$ desse intervalo. A desigualdade dupla $0\leq t\leq 1$ equivale a $\frac{1}{4}\leq x\leq\frac{1}{2}$, o que significa que $D_2<0$ para quaisquer $x_1\neq x_2$ do intervalo $\left[\frac{1}{4},\frac{1}{2}\right]$, ou seja, $f(x)$ é côncava para baixo no intervalo $\left[\frac{1}{4},\frac{1}{2}\right]$.

Como a função muda o tipo da concavidade no ponto $\frac{1}{2}$ (que pertence ao domínio), esse é o ponto de inflexão.

8. A função $f(x)=\frac{1}{2}\arccos\left(2-4x\right)-\frac{\pi}{4}: X=\left[\frac{1}{4},\frac{3}{4}\right]\to Y=\left[-\frac{\pi}{4},\frac{\pi}{4}\right]$ é bijetora e admite a inversa $f^{-1}(x)=\frac{1}{4}\left[2-\cos\left(2x+\frac{\pi}{2}\right)\right]:\left[-\frac{\pi}{4},\frac{\pi}{4}\right]\to\left[\frac{1}{4},\frac{3}{4}\right]$.

9. Com base nas propriedades investigadas podemos construir o gráfico mostrado na Fig.4.37.

Outra maneira de determinar as propriedades da função $f(x)=\frac{1}{2}\arccos(2-4x)-\frac{\pi}{4}$ e encontrar o seu gráfico é via transformações geométricas elementares que levam de $g(x)=\arccos x$ a $f(x)=\frac{1}{2}\arccos(2-4x)-\frac{\pi}{4}$. A seguinte cadeia de transformações pode ser usada:

$$g(x)=\arccos x\to g_1(x)=\arccos(-4x)=g(-4x)\to$$
$$g_2(x)=\arccos\left(2-4x\right)=g_1(x-\frac{1}{2})\to g_3(x)=\frac{1}{2}\arccos\left(2-4x\right)=\frac{1}{2}g_2(x)$$
$$\to f(x)=\frac{1}{2}\arccos(2-4x)-\frac{\pi}{4}=g_3(x)-\frac{\pi}{4}.$$

As transformações de gráficos podem ser vistas na Fig.4.38. Deixamos a cargo do leitor especificar a modificação de propriedades de funções de acordo com cada transformação.

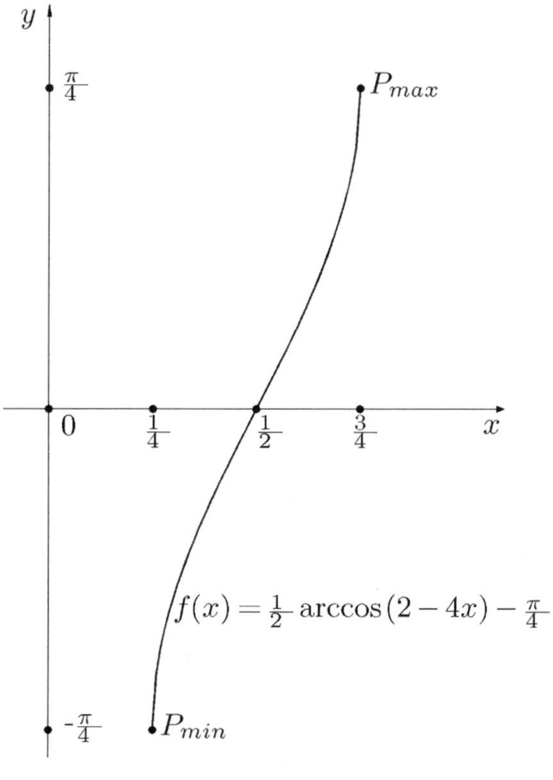

Figura 4.37 Gráfico de $f(x) = \frac{1}{2}\arccos(2-4x) - \frac{\pi}{4}$.

Estudo de $y = 2\cot\left(\frac{\pi}{4} - \frac{x}{3}\right)$

1. Domínio e imagem. A fórmula $f(x) = 2\cot\left(\frac{\pi}{4} - \frac{x}{3}\right)$ tem validade para qualquer x que não anula $\sin\left(\frac{\pi}{4} - \frac{x}{3}\right)$, ou seja, temos que excluir os pontos $\frac{\pi}{4} - \frac{x}{3} = k\pi$, $\forall k \in \mathbb{Z}$ ou $x = \frac{3\pi}{4} + 3k\pi$, $\forall k \in \mathbb{Z}$. Assim, o domínio fica $X = \mathbb{R}\backslash\{x_k = \frac{3\pi}{4} + 3k\pi, \forall k \in \mathbb{Z}\}$. Quando x aproxima de $\frac{3\pi}{4}$ pelos valores menores, então o argumento da cotangente $t = \frac{\pi}{4} - \frac{x}{3}$ aproxima de 0 pelos valores positivos e, portanto, $y = 2\cot t$ tende a $+\infty$. De maneira análoga, quando x aproxima de $\frac{3\pi}{4}$ pelos valores maiores, então o argumento $t = \frac{\pi}{4} - \frac{x}{3}$ aproxima de 0 pelos valores negativos e, portanto, $y = 2\cot t$ tende a $-\infty$. Além disso, quando x varia no intervalo $\left(-\frac{9\pi}{4}, \frac{3\pi}{4}\right)$, a variável $t = \frac{\pi}{4} - \frac{x}{3}$ assume todos os valores do intervalo $(0, \pi)$. Lembrando que a imagem de $\cot t$ é $\mathbb{R}$, concluímos que a imagem da função dada é $Y = \mathbb{R}$.

2. Limitação. Do estudo da imagem da função segue que a função é ilimitada tanto inferiormente como superiormente.

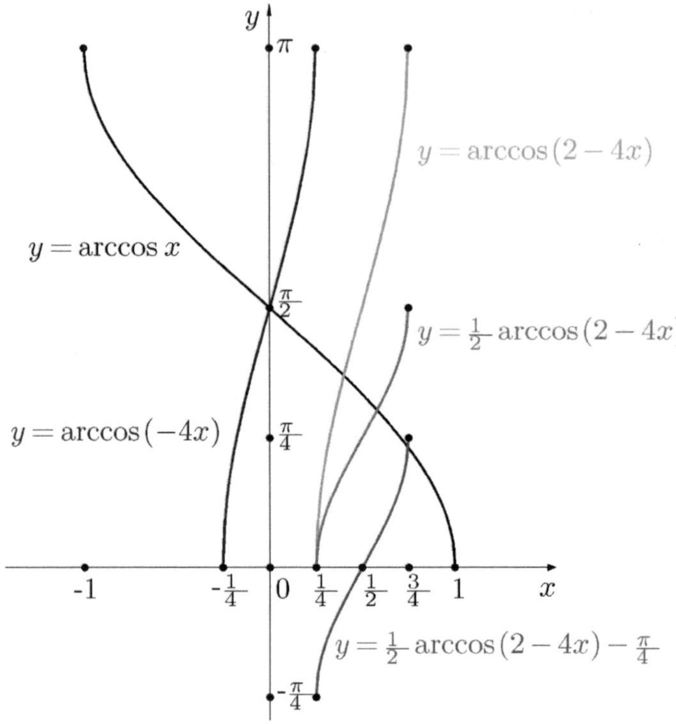

Figura 4.38 Transformações de $g(x) = \arccos x$ a $f(x) = \frac{1}{2}\arccos(2-4x) - \frac{\pi}{4}$.

3. Paridade. A função $f(x)$ não é par nem ímpar, uma vez que o seu domínio não é simétrico em relação à origem (por exemplo, o ponto $\frac{3\pi}{4}$ não faz parte do domínio, mas $-\frac{3\pi}{4}$ faz).

4. Periodicidade. Para estabelecer a periodicidade de $f(x)$ podemos aplicar as seguintes propriedades gerais de funções periódicas (seção 4.5 do Capítulo 2): primeiro, se $f(x)$ é uma função periódica de período mínimo T, então $f(x+c)$, $c = \textit{constante}$ também é função periódica do período mínimo T; segundo, se $f(x)$ é uma função periódica de período mínimo T, então $f(ax)$, $a = \textit{constante} \neq 0$ é função periódica do período mínimo $\frac{T}{|a|}$; e terceiro, se $f(x)$ é uma função periódica de período mínimo T, então $Cf(x)$, $C = \textit{constante} \neq 0$ também é função periódica do período mínimo T. Usando para a função dada $f(x) = 2\cot\frac{1}{3}\left(\frac{3\pi}{4} - x\right)$, as constantes $a = -\frac{1}{3}$, $c = -\frac{3\pi}{4}$, $C = 2$ e lembrando que $\cot t$ é uma função periódica de período mínimo π, concluímos que $f(x)$ também é periódica com o período mínimo 3π.

5. Interseção e sinal. A interseção com o eixo Oy ocorre no ponto $(0, 2)$. Para encontrar os pontos de interseção com Ox, temos que resolver a equação

$2\cot\left(\frac{\pi}{4}-\frac{x}{3}\right)=0$. Usando a variável auxiliar $t=\frac{\pi}{4}-\frac{x}{3}$ reescrevemos a equação na forma $\cot t=0$ e lembramos que os zeros de $\cot t$ são $t_k=\frac{\pi}{2}+k\pi$, $\forall k\in\mathbb{Z}$. Então temos $\frac{\pi}{4}-\frac{x_k}{3}=\frac{\pi}{2}+k\pi$ ou $x_k=-\frac{3\pi}{4}+3k\pi$, $\forall k\in\mathbb{Z}$. Assim, os pontos de interseção com Ox são $P_k=(x_k,0)$, $\forall k\in\mathbb{Z}$.

Deixamos a determinação do sinal da função para depois do estudo de monotonia.

6. Monotonia e extremos.

Usamos de novo a variável auxiliar $t=\frac{\pi}{4}-\frac{x}{3}$ e aplicamos as propriedades de monotonia da função $\cot t$. Escolhemos um intervalo principal $(-\frac{9\pi}{4},\frac{3\pi}{4})$ (a parte do domínio sem "furos", de comprimento 3π igual ao período mínimo) e consideramos quaisquer dois pontos $x_1<x_2$ desse intervalo. A condição $-\frac{9\pi}{4}<x_1<x_2<\frac{3\pi}{4}$ equivale a $\pi>t_1=\frac{\pi}{4}-\frac{x_1}{3}>t_2=\frac{\pi}{4}-\frac{x_2}{3}>0$. Como $\cot t$ é estritamente decrescente em $(0,\pi)$, então $\cot t_1<\cot t_2$ e, consequentemente, $f(x_1)<f(x_2)$, ou seja, $f(x)$ cresce estritamente no intervalo $(-\frac{9\pi}{4},\frac{3\pi}{4})$.

Estendendo esse resultado pela 3π-periodicidade, concluímos que $f(x)$ é estritamente crescente em cada um dos intervalos $(-\frac{9\pi}{4},\frac{3\pi}{4})+3k\pi$, $\forall k\in\mathbb{Z}$. Notamos que isso não implica em crescimento em todo o domínio ou em qualquer união desses intervalos (embora a união de todos esses intervalos represente o domínio). Como qualquer ponto dos intervalos $(-\frac{9\pi}{4},\frac{3\pi}{4})+3k\pi$, $\forall k\in\mathbb{Z}$ é o ponto de crescimento estrito e a união desses intervalos representa todo o domínio, então não há extremos globais ou locais, estritos ou não.

Lembrando que no intervalo principal $(-\frac{9\pi}{4},\frac{3\pi}{4})$ existe um único zero $x=-\frac{3\pi}{4}$ de $f(x)$, e levando em conta o crescimento estrito nesse intervalo, concluímos que $f(x)$ é negativa no intervalo $(-\frac{9\pi}{4},-\frac{3\pi}{4})$ e positiva em $(-\frac{3\pi}{4},\frac{3\pi}{4})$. Então, conforme 3π-periodicidade, $f(x)$ é negativa nos intervalos $(-\frac{9\pi}{4},-\frac{3\pi}{4})+3k\pi$ e positiva em $(-\frac{3\pi}{4},\frac{3\pi}{4})+3k\pi$, $\forall k\in\mathbb{Z}$.

Notamos também que o fato de $f(x)$ ser crescente estritamente num intervalo do comprimento 3π elimina possibilidade dessa função ter um período menor que 3π (isso já foi estabelecido antes usando as propriedades de funções periódicas).

7. Concavidade e pontos de inflexão.

Seguimos a mesma linha de raciocínio do estudo de monotonia. Escolhemos a metade esquerda $(-\frac{9\pi}{4},-\frac{3\pi}{4}]$ do intervalo principal e conferimos que a desigualdade $-\frac{9\pi}{4}<x_1<x_2<-\frac{3\pi}{4}$ equivale a $\pi>t_1=\frac{\pi}{4}-\frac{x_1}{3}>t_2=\frac{\pi}{4}-\frac{x_2}{3}>\frac{\pi}{2}$. Como $\cot t$ é côncava para baixo no intervalo $[\frac{\pi}{2},\pi)$, então $f(x)$ tem o mesmo tipo de concavidade no intervalo $(-\frac{9\pi}{4},-\frac{3\pi}{4}]$. Da mesma maneira pode ser visto que na metade direita $[-\frac{3\pi}{4},\frac{3\pi}{4})$ do intervalo principal, $f(x)$ é concava para cima. Em consequência, o ponto $-\frac{3\pi}{4}$ é o ponto de inflexão.

Finalmente, aplicando 3π periodicidade, concluímos que $f(x)$ é côncava para baixo nos intervalos $(-\frac{9\pi}{4},-\frac{3\pi}{4}]+3k\pi$, para cima nos intervalos $[-\frac{3\pi}{4},\frac{3\pi}{4})+3k\pi$

e tem pontos de inflexão $-\frac{3\pi}{4}+3k\pi$, $\forall k\in\mathbb{Z}$.

8. A função $f(x): X=\mathbb{R}\backslash\{x_k=\frac{3\pi}{4}+3k\pi, \forall k\in\mathbb{Z}\}\to Y=\mathbb{R}$ é sobrejetora, mas não é injetora. Notamos que em qualquer intervalo de comprimento maior que 3π a função repete seus valores. Portanto, para obter uma injetora, temos que escolher um intervalo de comprimento, no máximo 3π. Como $f(x)$ é estritamente crescente no intervalo principal $(-\frac{9\pi}{4},\frac{3\pi}{4})$, ela é injetora nesse intervalo e, portanto, admite a inversa. Lembrando que o intervalo principal corresponde ao intervalo $(0,\pi)$ de variação de variável $t=\frac{\pi}{4}-\frac{x}{3}$ e que a inversa de $\cot t$, $t\in(0,\pi)$ é arco-cotangente, podemos expressar a inversa de $f(x): X=(-\frac{9\pi}{4},\frac{3\pi}{4})\to Y=\mathbb{R}$ na forma $f^{-1}(x)=\frac{3\pi}{4}-3\operatorname{arccot}\frac{x}{2}:\mathbb{R}\to(-\frac{9\pi}{4},\frac{3\pi}{4})$.

9. Com base nas propriedades investigadas podemos representar o gráfico de $f(x)=2\cot\left(\frac{\pi}{4}-\frac{x}{3}\right)$ como é mostrado na Fig.4.39.

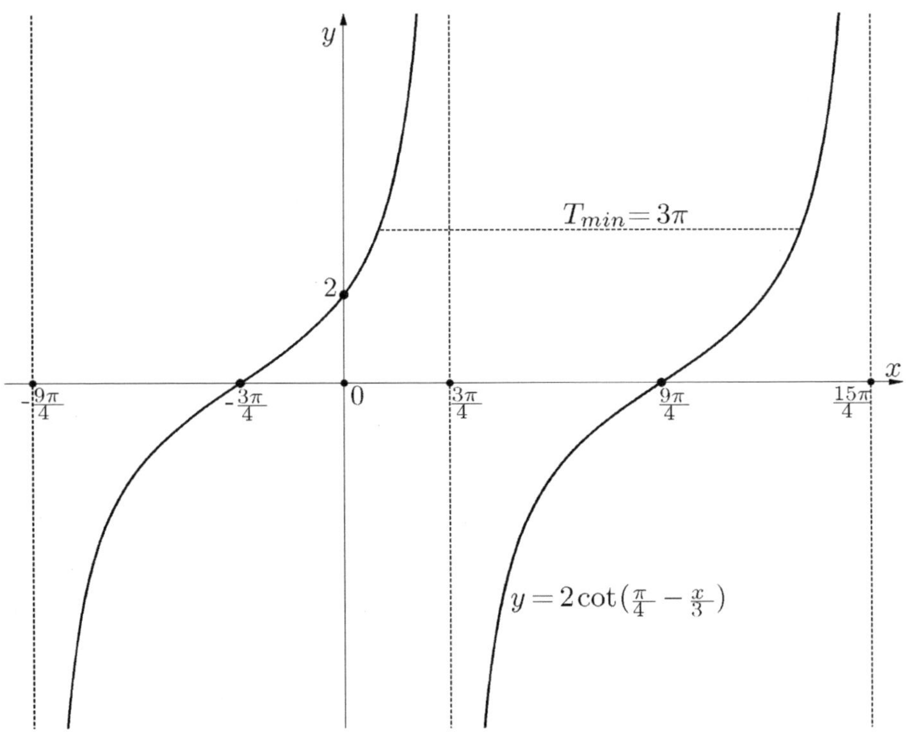

Figura 4.39 Gráfico de $y=2\cot\left(\frac{\pi}{4}-\frac{x}{3}\right)$.

Propriedades complementares

A função $f(x)=2\cot\left(\frac{\pi}{4}-\frac{x}{3}\right)$ tende a $+\infty$ quando x aproxima de $\frac{3\pi}{4}+3k\pi$, $\forall k\in\mathbb{Z}$ à esquerda e tende a $-\infty$ quando x aproxima qualquer um desses pontos à direita. Logo, todas as retas $x=\frac{3\pi}{4}+3k\pi$, $\forall k\in\mathbb{Z}$ são assíntotas verticais. Nos demais pontos, ou seja, em qualquer ponto do seu domínio, a função é contínua e, portanto, não tem outras assíntotas verticais.

Quando x tende a $+\infty$, a função não aproxima nenhum valor específico: usando, por exemplo, o caminho $x_k = -\frac{3\pi}{4} + 3k\pi$, $k \in \mathbb{N}$, temos todos os valores da função nulos, enquanto pelo caminho $x_n = 3n\pi$, $n \in \mathbb{N}$ a função sempre mantém o valor 2. Isso significa que não existe assíntota horizontal nessa tendência. O mesmo ocorre quando x tende a $-\infty$.

Outra maneira de determinar as propriedades da função $f(x)=2\cot\left(\frac{\pi}{4}-\frac{x}{3}\right)$ e encontrar o seu gráfico é usando as transformações geométricas elementares que levam de $g(x) = \cot x$ a $f(x) = 2\cot\left(\frac{\pi}{4} - \frac{x}{3}\right)$. Deixamos essa tarefa a cargo do leitor.

Exercícios

Estudo de funções exponenciais

A. Estudo de $f(x) = 1 - 2^{3x}$

1. Domínio e imagem. Todas as operações são realizáveis para qualquer x real e, por isso, o domínio é $X = \mathbb{R}$.

Lembrando que $2^{3x} > 0$, $\forall x$, segue que $y = 1 - 2^{3x} < 1$. Vamos verificar se qualquer número do intervalo $(-\infty, 1)$ é elemento da imagem. Resolvendo a equação $1 - 2^{3x} = y$, $y < 1$, temos $2^{3x} = 1 - y$, donde $3x = \log_2(1 - y)$ ou $x = \frac{1}{3}\log_2(1 - y)$. Assim, para qualquer $y < 1$ encontramos x real tal que $f(x) = y$, o que significa que a imagem é $Y = (-\infty, 1)$.

2. Limitação. Como a imagem é $Y = (-\infty, 1)$, a função é ilimitada inferiormente e limitada superiormente.

3. Interseção e sinal. Deixamos a especificação dessas propriedades para depois do estudo de monotonia.

4. Paridade. Comparando os valores $f(-1) = 1 - 2^{-3}$ e $f(1) = 1 - 2^3$, concluímos que a função não é par nem impar.

5. Periodicidade. Deixamos a verificação de periodicidade para depois de estudo de monotonia.

6. Monotonia e extremos.

Tomamos $x_1 < x_2$ e, usando propriedades de expoentes, concluímos que $2^{3x_1} < 2^{3x_2}$ e então $1 - 2^{3x_1} > 1 - 2^{3x_2}$, o que mostra que a função decresce estritamente em $\mathbb{R}$. Disso segue imediatamente que não há extremos de qualquer tipo.

Outra implicância direta da monotonia é que do decrescimento estrito no intervalo infinito $(-\infty, +\infty)$ segue que $f(x)$ não é periódica.

Além disso, é simples de especificar o sinal da função. O ponto de interseção com o eixo Oy e com Ox é $P_0 = (0, 0)$ e, como função decresce estritamente, no intervalo $(-\infty, 0)$ ela tem sinal positivo, e no intervalo $(0, +\infty)$ negativo.

7. Concavidade e inflexão. Tomamos dois pontos arbitrários $x_1 < x_2$, e avaliamos a grandeza $2D_2 \equiv f(x_1) + f(x_2) - 2f(\frac{x_1+x_2}{2})$:

$$2D_2 = (1 - 2^{3x_1}) + (1 - 2^{3x_2}) - 2(1 - 2^{3(x_1+x_2)/2})$$

$$= 2 \cdot 2^{3(x_1+x_2)/2} - 2^{3x_1} - 2^{3x_2} = -\left(2^{3x_1/2} - 2^{3x_2/2}\right)^2 < 0.$$

Logo, a função tem concavidade estrita para baixo em todo o seu domínio $(-\infty, +\infty)$.

8. Propriedades complementares.

Quando $x \to -\infty$, a função tende a 1, o que significa que $y = 1$ é assíntota horizontal. Quando $x \to +\infty$, a função tende a $-\infty$.

Em qualquer ponto do domínio a função é contínua, isto é, $f(x) \to f(x_0)$ quando $x \to x_0$. Assim, nenhuma tendência infinita nos pontos do domínio $X = \mathbb{R}$ é observada, o que significa que não há assíntotas verticais.

9. Com base nas propriedades investigadas e com marcação de alguns pontos importantes, como $P_0 = (0,0)$ (interseção com Oy e Ox), $P_1 = (-\frac{1}{3}, \frac{1}{2})$ (um ponto de abscissa negativa) e $P_2 = (\frac{1}{3}, -1)$ (um ponto de abscissa positiva), construímos esboço do gráfico mostrado na Fig.4.40.

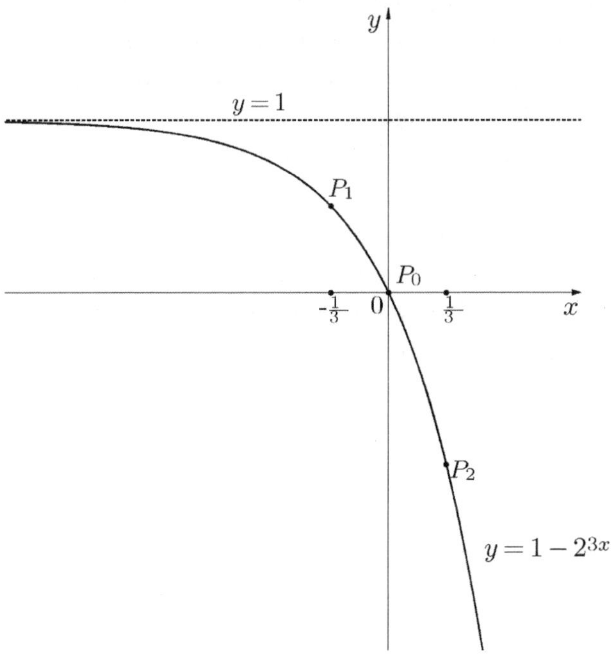

Figura 4.40 O gráfico da função $f(x) = 1 - 2^{3x}$.

B. Estudo de $f(x) = 1 - 2^{-3|x|}$

1. Domínio. Todas as operações são realizáveis para qualquer x real e, por isso, o domínio é $X = \mathbb{R}$.

1-8. As propriedades restantes podem ser deduzidas da relação entre essa função e a anterior $g(x) = 1 - 2^{3x}$. Realmente, a função $f(x) = 1 - 2^{-3|x|}$ é par, pois $f(-x) = 1 - 2^{-3|-x|} = 1 - 2^{-3|x|} = f(x)$, $\forall x \in \mathbb{R}$, e na parte $(-\infty, 0]$ do domínio ela coincide com $g(x)$. Então, estendendo as propriedades já investigadas de $g(x)$ do intervalo $(-\infty, 0]$ para $(0, +\infty)$, de acordo com a paridade de $f(x)$, obtemos todas as propriedades da última. Listamos essas propriedades a seguir:

1) a imagem da função é $Y = [0, 1)$;

2) a função é limitada com a cota inferior $m = 0$ e a superior $M = 1$, respectivamente;

3) o ponto de interseção com Oy e Ox é a origem; para qualquer $x \neq 0$ a função assume os valores positivos;
4) a função é par, como já foi mostrado;
5) a função não é periódica;
6) $f(x)$ decresce estritamente em $(-\infty, 0]$ e cresce estritamente em $[0, +\infty)$; logo, $P_0 = (0,0)$ é o mínimo local e global (ambos no sentido estrito) da função;
7) $f(x)$ tem concavidade estrita para baixo em $(-\infty, 0]$ e também em $[0, +\infty)$; no entanto, não é côncova para baixo em $(-\infty, +\infty)$, o que mostra o exemplo com os pontos $x_1 = -1$ e $x_2 = 1$ para os quais $2D_2 = f(x_1) + f(x_2) - 2f(\frac{x_1+x_2}{2}) = f(-1) + f(1) - 2f(0) = 2(1 - 2^{-3}) > 0$; não tem pontos de inflexão;
8) quando $x \to \pm\infty$, a função tende a 1, o que significa que $y = 1$ é assíntota horizontal; em qualquer ponto do domínio a função é contínua, e, portanto, não há assíntotas verticais.

9. Usando propriedades investigadas, marcando alguns pontos importantes, como $P_0 = (0,0)$ (interseção com Oy e Ox, e também mínimo local e global) e $P_1 = (-1, \frac{7}{8})$ (um ponto de abscissa negativa), e aplicando a paridade, construímos esboço do gráfico mostrado na Fig.4.41.

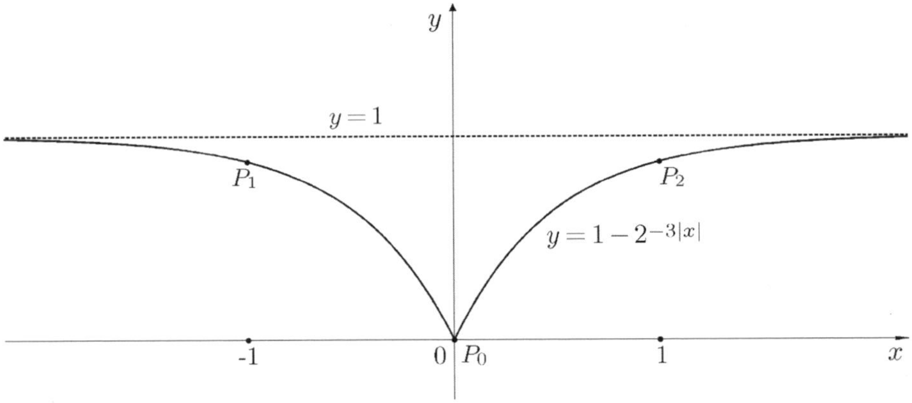

Figura 4.41 O gráfico da função $f(x) = 1 - 2^{-3|x|}$.

C. Estudo de $f(x) = 2^{3x^2} - 4$

1. Domínio e imagem. Todas as operações são realizáveis para qualquer x real e, por isso, o domínio é $X = \mathbb{R}$.

Como $3x^2 \geq 0$, $\forall x \in \mathbb{R}$, então $2^{3x^2} \geq 1$ e $2^{3x^2} - 4 \geq -3$, $\forall x$. Tomando qualquer $y \geq -3$, reescrevemos a equação $2^{3x^2} - 4 = y$ na forma $3x^2 = \log_2(y+4)$, onde a parte direita é não negativa, e por isso, a última relação tem a solução $x = \pm\sqrt{\frac{1}{3}\log_2(y+4)}$, o que significa que $Y = [-3, +\infty)$ é a imagem da função.

2. Limitação. Como a imagem é $Y = [-3, +\infty)$, a função é limitada inferiormente e ilimitada superiormente.

3. Interseção e sinal. O ponto de interseção com Oy é $P_0 = (0, -3)$. As abscissas de pontos de interseção com Ox encontramos substituindo $y = 0$ na solução para x: $x = \pm\sqrt{\frac{1}{3}\log_2(0+4)} = \pm\sqrt{\frac{2}{3}}$. Deixamos a especificação do sinal para depois do estudo de monotonia.

4. Paridade. É simples ver que a função é par: $f(-x) = 2^{3(-x)^2} - 4 = 2^{3x^2} - 4 = f(x)$, $\forall x \in \mathbb{R}$. Logo, a investigação de monotonia e extremos pode ser realizada, primeiramente, no intervalo $[0, +\infty)$, com posterior extensão ao domínio completo usando a simetria da função em relação ao eixo Oy.

5. Periodicidade. Verificamos a periodicidade depois de estudo de monotonia.

6. Monotonia e extremos.

Tomamos $0 \le x_1 < x_2$ e temos $3x_1^2 < 3x_2^2$, donde, pelas propriedades de expoentes, $2^{3x_1^2} - 4 < 2^{3x_2^2} - 4$, isto é, a função cresce estritamente em $[0, +\infty)$.

Estendendo esse resultado de acordo com a paridade da função, obtemos as seguintes propriedades de monotonia e extremos:
1) $f(x)$ decresce estritamente no intervalo $(-\infty, 0]$;
2) $f(x)$ cresce estritamente no intervalo $[0, +\infty)$.
Consequentemente, o ponto $P_0 = (0, -3)$ é o mínimo local e global (ambos no sentido estrito) da função.

De crescimento estrito no intervalo $[0, +\infty)$ de comprimento infinito segue que $f(x)$ não é periódica.

Além disso, é simples de especificar o sinal da função. Os dois pontos de interseção com o eixo Ox são $P_1 = (-\sqrt{\frac{2}{3}}, 0)$ e $P_2 = (\sqrt{\frac{2}{3}}, 0)$. Como $f(x)$ decresce estritamente em $(-\infty, 0]$ e cresce estritamente em $[0, +\infty)$, os valores da função são positivos quando $x < -\sqrt{\frac{2}{3}}$ e quando $x > \sqrt{\frac{2}{3}}$, e negativos quando $-\sqrt{\frac{2}{3}} < x < \sqrt{\frac{2}{3}}$.

7. Concavidade e inflexão. Tomamos dois pontos arbitrários $x_1 < x_2$, e avaliamos a grandeza $2D_2 \equiv f(x_1) + f(x_2) - 2f(\frac{x_1+x_2}{2})$:

$$2D_2 = 2^{3x_1^2} + 2^{3x_2^2} - 2 \cdot 2^{3(\frac{x_1+x_2}{2})^2} \ge 2^{3x_1^2} + 2^{3x_2^2} - 2 \cdot 2^{3\frac{x_1^2+x_2^2}{2}} = \left(2^{3\frac{x_1^2}{2}} - 2^{3\frac{x_2^2}{2}}\right)^2 > 0.$$

(A primeira desigualdade nessa cadeia é a consequência da avaliação $(x_1+x_2)^2 \le 2(x_1^2+x_2^2)$.) Logo, a função tem concavidade estrita para cima em $\mathbb{R}$ e, portanto, não possui pontos de inflexão.

8. Propriedades complementares.

Quando $x \to \pm\infty$, a função tende a $+\infty$, e, portanto, não há assíntotas horizontais.

Em qualquer ponto do domínio a função é contínua, isto é, $f(x) \to f(x_0)$ quando $x \to x_0$. Assim, nenhuma tendência infinita nos pontos do domínio $X = \mathbb{R}$ é observada, o que significa que não há assíntotas verticais.

9. Finalmente, com base nas propriedades investigadas e com marcação de alguns pontos importantes, como $P_0 = (0, -3)$ (interseção com Oy e o mínimo local e global), $P_1 = (-\sqrt{\frac{2}{3}}, 0)$ e $P_2 = (\sqrt{\frac{2}{3}}, 0)$ (interseção com Ox), construímos esboço do gráfico mostrado na Fig.4.42.

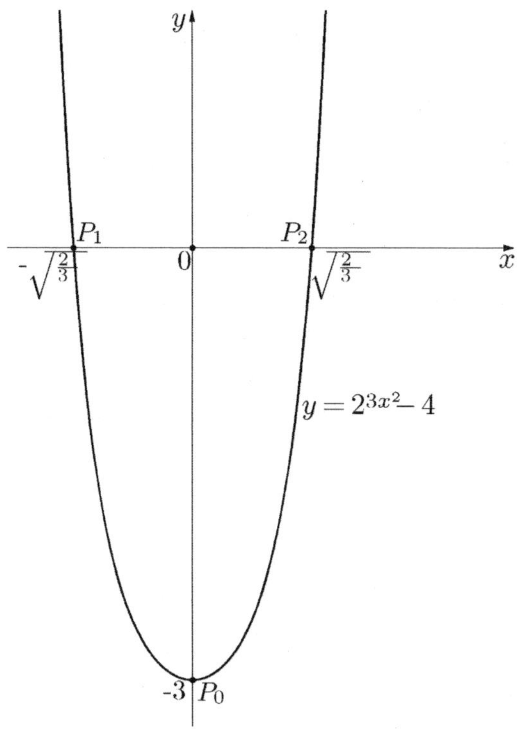

Figura 4.42 O gráfico da função $f(x) = 2^{3x^2} - 4$.

Estudo de funções logarítmicas

A. Estudo de $f(x) = 1 - \log_5(x^2 + 1)$

1. Domínio e imagem. O argumento do logaritmo é positivo para qualquer x e, sem outras restrições para realização de operações, o domínio é $X = \mathbb{R}$.

Como $x^2+1 \geq 1, \forall x \in \mathbb{R}$, então $\log_5(x^2+1) \geq 0$ e $1-\log_5(x^2+1) \leq 1, \forall x$. Isso mostra que a imagem Y está contida no intervalo $(-\infty, 1]$. Tomando qualquer $y \leq 1$, reescrevemos a equação $1-\log_5(x^2+1) = y$ na forma $\log_5(x^2+1) = 1-y$ e, aplicando exponencial, $x^2+1 = 5^{1-y}$ ou $x^2 = 5^{1-y} - 1$. Para $y \leq 1$ a parte direita é não negativa e, portanto, existe a solução $x = \pm\sqrt{5^{1-y} - 1}$, o que significa que $Y = (-\infty, 1]$ é a imagem da função.

2. Limitação. Como a imagem é $Y = (-\infty, 1]$, a função é ilimitada inferiormente e limitada superiormente.

3. Interseção e sinal. O ponto de interseção com Oy é $P_0 = (0, 1)$. As abscissas de pontos de interseção com Ox encontramos substituindo $y = 0$ na solução para x: $x = \pm\sqrt{5^{1-0} - 1} = \pm 2$. Deixamos a especificação do sinal para depois do estudo de monotonia.

4. Paridade. É simples ver que a função é par: $f(-x) = 1 - \log_5((-x)^2 + 1) = 1 - \log_5(x^2 + 1) = f(x)$, $\forall x \in \mathbb{R}$. Logo, a investigação de monotonia e extremos pode ser realizada, primeiramente, no intervalo $[0, +\infty)$, com posterior extensão ao domínio completo usando a simetria da função.

5. Periodicidade. Deixamos a verificação de periodicidade para depois de estudo de monotonia.

6. Monotonia e extremos.

Tomamos $0 \leq x_1 < x_2$ e temos $x_1^2 + 1 < x_2^2 + 1$, donde, pelas propriedades de logaritmos, segue que $\log_5(x_1^2 + 1) < \log_5(x_2^2 + 1)$ e, consequentemente, $1 - \log_5(x_1^2 + 1) > 1 - \log_5(x_2^2 + 1)$, isto é, a função decresce estritamente em $[0, +\infty)$.

Estendendo esse resultado de acordo com a paridade da função, obtemos as seguintes propriedades de monotonia e extremos:
1) $f(x)$ cresce estritamente no intervalo $(-\infty, 0]$;
2) $f(x)$ decresce estritamente no intervalo $[0, +\infty)$.
Consequentemente, o ponto $P_0 = (0, 1)$ é o máximo local e global (estrito) da função.

De decrescimento estrito no intervalo $[0, +\infty)$ de comprimento infinito segue que $f(x)$ não é periódica.

Além disso, é simples de especificar o sinal da função. Os dois pontos de interseção com o eixo Ox são $P_1 = (-2, 0)$ e $P_2 = (2, 0)$. Como $f(x)$ cresce estritamente em $(-\infty, 0]$, ela assume valores negativos em $(-\infty, -2)$ e positivos em $(-2, 0]$. Como $f(x)$ decresce estritamente em $[0, +\infty)$, ela assume valores positivos em $[0, 2)$ e negativos em $(2, +\infty)$.

7. Concavidade e inflexão.

Tomamos dois pontos arbitrários $x_1 < x_2$, e avaliamos a grandeza $2D_2 \equiv f(x_1) + f(x_2) - 2f(x_0)$, onde $x_0 = \frac{x_1 + x_2}{2}$:

$$2D_2 = (1 - \log_5(x_1^2 + 1)) + (1 - \log_5(x_2^2 + 1)) - 2 \cdot \left[1 - \log_5(x_0^2 + 1)\right]$$

$$= \log_5 \frac{(x_0^2 + 1)^2}{(x_1^2 + 1)(x_2^2 + 1)}.$$

Para avaliar o argumento do último logaritmo, consideramos a seguinte grandeza A:

$$A = (x_0^2+1)^2 - (x_1^2+1)(x_2^2+1)$$

$$= x_0^4 + 2x_0^2 - x_1^2x_2^2 - x_1^2 - x_2^2 = \left(\frac{x_1+x_2}{2}\right)^4 + 2\left(\frac{x_1+x_2}{2}\right)^2 - x_1^2x_2^2 - x_1^2 - x_2^2$$

$$= \left(\left(\frac{x_1+x_2}{2}\right)^2 - x_1x_2\right)\left(\left(\frac{x_1+x_2}{2}\right)^2 + x_1x_2\right) + \frac{1}{2}\left(x_1^2 + 2x_1x_2 + x_2^2 - 2x_1^2 - 2x_2^2\right)$$

$$= \frac{(x_1-x_2)^2}{4}\left(\left(\frac{x_1+x_2}{2}\right)^2 + x_1x_2\right) - \frac{(x_1-x_2)^2}{2} = \frac{(x_1-x_2)^2}{4}\left(\left(\frac{x_1+x_2}{2}\right)^2 + x_1x_2 - 2\right).$$

Temos duas situações diferentes:
1) se $x_1, x_2 \in [-1,1]$, então $\left(\frac{x_1+x_2}{2}\right)^2 < 1$ e $x_1x_2 < 1$, o que implica em $A < 0$; logo, $\frac{(x_0^2+1)^2}{(x_1^2+1)(x_2^2+1)} < 1$ e então $D_2 < 0$, o que siginifica a concavidade estrita para baixo em $[-1,1]$;
2) se $x_1, x_2 \in (-\infty,-1]$ ou $x_1, x_2 \in [1,+\infty)$, então $\left(\frac{x_1+x_2}{2}\right)^2 > 1$ e $x_1x_2 > 1$, o que implica em $A > 0$; logo, $\frac{(x_0^2+1)^2}{(x_1^2+1)(x_2^2+1)} > 1$ e então $D_2 > 0$, o que siginifica a concavidade estrita para cima em $(-\infty,-1]$ e em $[1,+\infty)$.
Consequentemente, os pontos $P_3 = (-1, 1-\log_5 2)$ e $P_4 = (1, 1-\log_5 2)$ são pontos de inflexão.

8. Propriedades complementares.

Quando $x \to \pm\infty$, a função tende a $-\infty$, e, portanto, não há assíntotas horizontais.

Em qualquer ponto do domínio a função é contínua, isto é, $f(x) \to f(x_0)$ quando $x \to x_0$. Assim, nenhuma tendência infinita nos pontos do domínio $X = \mathbb{R}$ é observada, o que significa que não há assíntotas verticais.

9. Finalmente, com base nas propriedades investigadas e com marcação de alguns pontos importantes, como $P_0 = (0,1)$ (interseção com Oy e o máximo local e global), $P_1 = (-2,0)$ e $P_2 = (2,0)$ (interseção com Ox), $P_3 = (-1, 1-\log_5 2)$ e $P_4 = (1, 1-\log_5 2)$ (pontos de inflexão), construímos esboço do gráfico mostrado na Fig.4.43.

B. Estudo de $f(x) = \log_3(|x|-1) - 1$

1. Domínio e imagem. O argumento do logaritmo deve ser positivo, o que leva a desigualdade $|x| > 1$. Sem outras restrições para realização de operações, o domínio é $X = (-\infty,-1) \cup (1,+\infty)$.

Resolvendo a equação $\log_3(|x|-1) - 1 = y$, $\forall y \in \mathbb{R}$, encontramos $|x| = 3^{y+1} + 1 > 1$. Como a parte direita é positiva, temos duas soluções $x = \pm(3^{y+1}+1) \in X$ para qualquer y real. Isso significa que $Y = \mathbb{R}$ é a imagem da função.

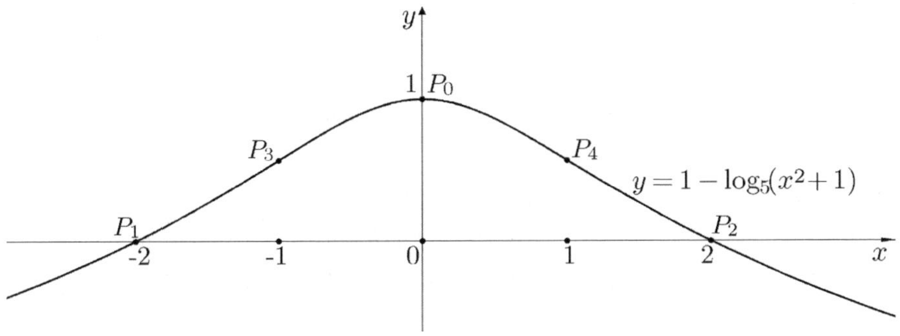

Figura 4.43 O gráfico da função $f(x) = 1 - \log_5(x^2 + 1)$.

2. Limitação. Como a imagem é $Y = \mathbb{R}$, a função é ilimitada inferiormente e superiormente.

3. Interseção e sinal. O ponto $x = 0$ não pertence ao domínio e, por isso, não há interseção do gráfico com o eixo Oy. As abscissas de pontos de interseção com Ox encontramos substituindo $y = 0$ na solução para x: $x = \pm(3^{0+1} + 1) = \pm 4$. Deixamos a especificação do sinal para depois do estudo de monotonia.

4. Paridade. Evidentemente, a função é par: $f(-x) = \log_3(|-x| - 1) - 1 = \log_3(|x|-1)-1 = f(x), \forall x \in X$. Logo, a investigação de monotonia e concavidade pode ser realizada, primeiramente, no intervalo $(1, +\infty)$, com posterior extensão ao domínio completo usando a simetria da função.

5. Periodicidade. Verificamos a periodicidade depois de estudo de monotonia.

6. Monotonia.

Para quaisquer $1 < x_1 < x_2$ temos $f(x_2) - f(x_1) = \log_3(|x_2| - 1) - \log_3(|x_1| - 1) = \log_3 \frac{|x_2|-1}{|x_1|-1} > 0$, pois $\frac{|x_2|-1}{|x_1|-1} > 1$. Logo, a função cresce estritamente em $(1, +\infty)$.

De crescimento estrito no intervalo de comprimento infinito segue que $f(x)$ não é periódica.

7. Concavidade.

Para quaisquer $1 < x_1 < x_2$, avaliamos a grandeza $2D_2 \equiv f(x_1) + f(x_2) - 2f(x_0)$, onde $x_0 = \frac{x_1+x_2}{2}$:

$$2D_2 = \log_3(|x_2| - 1) + \log_3(|x_1| - 1) - 2\log_3(|x_0| - 1) = \log_3 \frac{(|x_1| - 1)(|x_2| - 1)}{(|x_0| - 1)^2}.$$

Para avaliar o argumento do último logaritmo, consideramos a grandeza $A = (|x_1| - 1)(|x_2| - 1) - (|x_0| - 1)^2$ (notamos que $|x_0| = x_0, |x_1| = x_1, |x_2| = x_2$ quando $1 < x_1 < x_2$):

$$A = (x_1 - 1)(x_2 - 1) - (x_0 - 1)^2 = x_1x_2 - x_1 - x_2 - x_0^2 + 2x_0$$

$$= x_1x_2 - x_1 - x_2 - \left(\frac{x_1 + x_2}{2}\right)^2 + 2\frac{x_1 + x_2}{2} = -\frac{(x_1 - x_2)^2}{4} < 0.$$

Logo, $\frac{(|x_1|-1)(|x_2|-1)}{(|x_0|-1)^2} < 1$ e então $D_2 < 0$, o que indica a concavidade estrita para baixo em $(1, +\infty)$.

6-7. Monotonia e extremos, concavidade e inflexão.

Estendendo os resultados obtidos de acordo com a paridade da função, obtemos as seguintes propriedades de monotonia, extremos, concavidade e inflexão. Em relação à monotonia:

1) $f(x)$ decresce estritamente no intervalo $(-\infty, -1)$;
2) $f(x)$ cresce estritamente no intervalo $(1, +\infty)$.

Como todos os pontos do domínio são pontos interiores de um dos dois intervalos de monotonia, não há extremos locais nem globais.

Em relação à concavidade:

1) $f(x)$ é côncava estritamente para baixo no intervalo $(-\infty, -1)$;
2) $f(x)$ é côncava estritamente para baixo no intervalo $(1, +\infty)$.

Não há pontos de inflexão.

Além disso, é simples de especificar o sinal da função. Os dois pontos de interseção com o eixo Ox são $P_1 = (-4, 0)$ e $P_2 = (4, 0)$. Como $f(x)$ decresce estritamente em $(-\infty, -1)$, ela assume valores positivos em $(-\infty, -4)$ e negativos em $(-4, -1)$. Como $f(x)$ cresce estritamente em $(1, +\infty)$, ela assume valores negativos em $(1, 4)$ e positivos em $(4, +\infty)$.

8. Propriedades complementares.

Quando $x \to \pm\infty$, a função tende a $+\infty$, e, portanto, não há assíntotas horizontais.

Em qualquer ponto do domínio a função é contínua, isto é, $f(x) \to f(x_0)$ quando $x \to x_0$. Assim, nenhuma tendência infinita nos pontos do domínio X é observada, o que significa que nenhum desses pontos gera uma assíntota vertical. Mas quando $x \to -1^-$, então $f(x) \to -\infty$, o que mostra que $x = -1$ é assíntota vertical. Da mesma maneira, quando $x \to 1^+$, então $f(x) \to -\infty$, o que mostra que $x = 1$ é a segunda assíntota vertical.

9. Usando as propriedades investigadas, marcando alguns pontos importantes, como $P_1 = (-4, 0)$ e $P_2 = (4, 0)$ (interseção com Ox), e aplicando a simetria em relação ao eixo Oy, construímos esboço do gráfico mostrado na Fig.4.44.

C. Estudo de $f(x) = \log_2(4 - |x|) - 1$

1. Domínio e imagem. O argumento do logaritmo deve ser positivo, o que leva à desigualdade $|x| < 4$. Sem outras restrições para realização de operações, o domínio é $X = (-4, 4)$.

Resolvendo a equação $\log_2(4 - |x|) - 1 = y$, em relação a x, encontramos

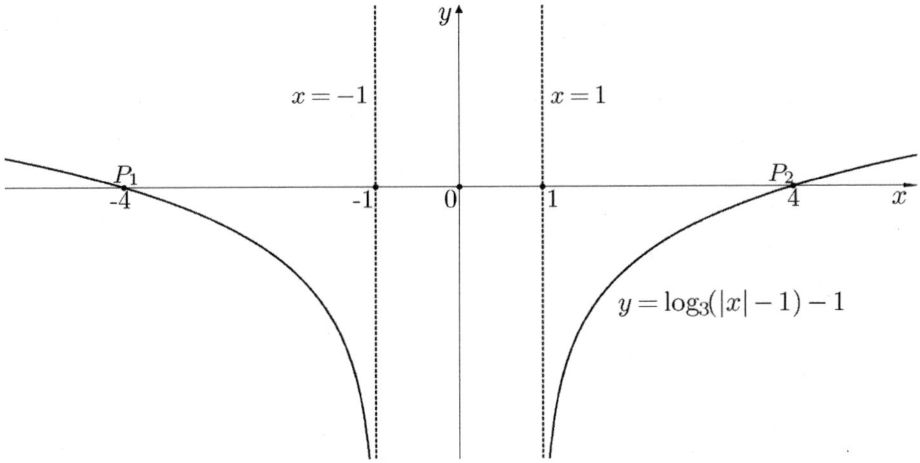

Figura 4.44 O gráfico da função $f(x) = \log_3(|x| - 1) - 1$.

$|x| = 4 - 2^{y+1}$. Essa equação tem soluções somente quando a parte direita é não negativa, donde segue a restrição para valores de y: $2^{y+1} \leq 4$ ou $y + 1 \leq 2$. Logo, a imagem da função é $Y = (-\infty, 1]$.

2. Limitação. Como a imagem é $Y = (-\infty, 1]$, a função é ilimitada inferiormente e limitada superiormente.

3. Interseção e sinal. A interseção com Oy ocorre no ponto $P_0 = (0, 1)$. As abscissas de pontos de interseção com Ox encontramos substituindo $y = 0$ na relação para x: $|x| = 4 - 2^{0+1} = 2$, donde $x = \pm 2$. Deixamos a especificação do sinal para depois do estudo de monotonia.

4. Paridade. Evidentemente, a função é par: $f(-x) = \log_2(4 - |-x|) - 1 = \log_2(4 - |x|) - 1 = f(x)$, $\forall x \in X$. Logo, a investigação de monotonia e extremos pode ser realizada, primeiramente, no intervalo $[0, 4)$, com posterior extensão ao domínio completo usando a simetria da função.

5. Periodicidade. Como o domínio da função é limitado (tanto à esquerda como à direita), a função não pode ser periódica.

6. Monotonia e extremos.

Para quaisquer $0 \leq x_1 < x_2 < 4$ temos $f(x_2) - f(x_1) = \log_2(4 - |x_2|) - \log_2(4 - |x_1|) = \log_2 \frac{4-|x_2|}{4-|x_1|} < 0$, pois $\frac{4-|x_2|}{4-|x_1|} < 1$. Logo, a função decresce estritamente em $[0, 4)$.

Estendendo esse resultado de acordo com a paridade da função, obtemos as seguintes propriedades de monotonia e extremos:
1) $f(x)$ cresce estritamente no intervalo $(-4, 0]$;
2) $f(x)$ decresce estritamente no intervalo $[0, 4)$.

Consequentemente, o ponto $P_0 = (0,1)$ é o máximo local e global (estrito) de $f(x)$.

Além disso, é simples de especificar o sinal da função. Os dois pontos de interseção com o eixo Ox são $P_1 = (-2,0)$ e $P_2 = (2,0)$. Como $f(x)$ cresce estritamente em $(-4,0]$, ela assume valores negativos em $(-4,-2)$ e positivos em $(-2,0]$. Como $f(x)$ decresce estritamente em $[0,4)$, ela assume valores positivos em $[0,2)$ e negativos em $(2,4)$.

7. Concavidade e inflexão.

Para quaisquer $-4 < x_1 < x_2 < 4$, avaliamos a grandeza $2D_2 \equiv f(x_1) + f(x_2) - 2f(x_0)$, onde $x_0 = \frac{x_1+x_2}{2}$:

$$2D_2 = \log_2(4-|x_1|) + \log_2(4-|x_2|) - 2\log_2(4-|x_0|) = \log_2 \frac{(4-|x_1|)(4-|x_2|)}{(4-|x_0|)^2}.$$

Tendo em vista que $|x_0| = \frac{|x_1+x_2|}{2} \le \frac{|x_1|+|x_2|}{2} < 4$, donde $4-|x_0| \ge 4-\frac{|x_1|+|x_2|}{2} > 0$, podemos continuar a avaliação de D_2 assim:

$$2D_2 = \log_2 \frac{(4-|x_1|)(4-|x_2|)}{(4-|x_0|)^2} \le \log_2 \frac{(4-|x_1|)(4-|x_2|)}{\left(4-\frac{|x_1|+|x_2|}{2}\right)^2}.$$

Para avaliar o argumento do último logaritmo, consideramos a seguinte grandeza A:

$$A = (4-|x_1|)(4-|x_2|) - \left(4 - \frac{|x_1|+|x_2|}{2}\right)^2$$

$$= 16 - 4|x_1| - 4|x_2| + |x_1||x_2| - \left[16 - 4|x_1| - 4|x_2| + \left(\frac{|x_1|+|x_2|}{2}\right)^2\right]$$

$$= |x_1||x_2| - \left(\frac{|x_1|+|x_2|}{2}\right)^2 = -\left(\frac{|x_1|-|x_2|}{2}\right)^2 < 0.$$

Logo, $\frac{(4-|x_1|)(4-|x_2|)}{\left(4-\frac{|x_1|+|x_2|}{2}\right)^2} < 1$ e então $D_2 < 0$, o que indica a concavidade estrita para baixo em $(-4,4)$. Como a função mantém a mesma concavidade em todo o seu domínio, não há pontos de inflexão.

8. Propriedades complementares.

A tendência de x a $\pm\infty$ não pode ser realizada, uma vez que o domínio é intervalo limitado $(-4,4)$. Logo, não há assíntotas horizontais.

Em qualquer ponto do domínio a função é contínua, isto é, $f(x) \to f(x_0)$ quando $x \to x_0$. Assim, nenhuma tendência infinita nos pontos do domínio

$X = (-4, 4)$ é observada, o que significa que nenhum desses pontos gera uma assíntota vertical. Mas quando $x \to -4^+$ e $x \to 4^-$, a função tende a $-\infty$, o que mostra que $x = -4$ e $x = 4$ são assíntotas verticais.

9. Usando as propriedades investigadas, marcando alguns pontos importantes, como $P_0 = (0, 1)$ (interseção com Oy e o máximo local e global), $P_1 = (-2, 0)$ e $P_2 = (2, 0)$ (interseção com Ox), e aplicando a simetria em relação ao eixo Oy, construímos esboço do gráfico mostrado na Fig.4.45.

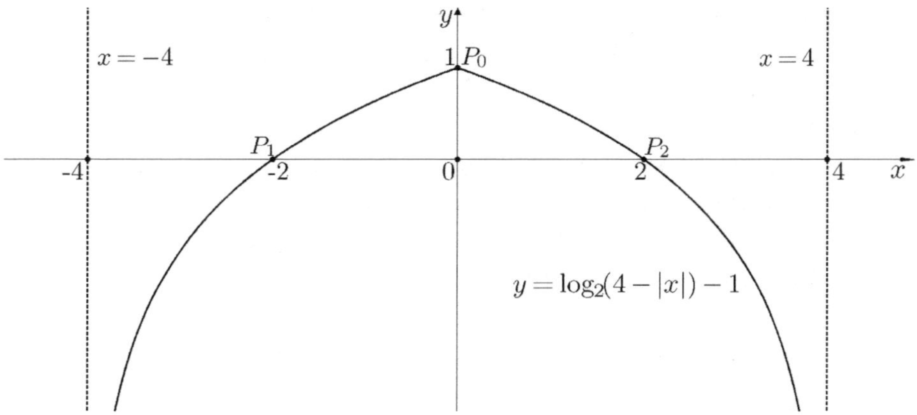

Figura 4.45 O gráfico da função $f(x) = \log_2(4 - |x|) - 1$.

Estudo de funções trigonométricas

A. Estudo de $f(x) = \tan x + \cot x$

1. Domínio e imagem. Para determinar o domínio, temos que retirar do conjunto dos reais todos os pontos onde $\tan x$ e $\cot x$ não estão definidas. Então obtemos $X = \mathbb{R} \backslash \{x_k = \frac{k\pi}{2}, \forall k \in \mathbb{Z}\}$.

Para determinar a imagem, representamos a função na forma $f(x) = \tan x + \cot x = \frac{\sin x}{\cos x} + \frac{\cos x}{\sin x} = \frac{1}{\sin x \cos x} = \frac{2}{\sin 2x}$. Como a imagem de $\sin 2x$ é $[-1, 1]$, o quociente $\frac{2}{\sin 2x}$ assume todos os valores maiores ou iguais por módulo que 2 e, portanto, $Y = (-\infty, -2] \cup [2, +\infty)$ é a imagem da função.

2. Limitação. Como a imagem é $Y = (-\infty, -2] \cup [2, +\infty)$, a função é ilimitada inferiormente e superiormente.

3. Interseção e sinal. O ponto $x = 0$ fica fora do domínio e, por isso, não há interseção com Oy. Por outro lado, a equação $\frac{2}{\sin 2x} = 0$ não tem soluções e, portanto, não há interseções com Ox. Deixamos a especificação do sinal para depois do estudo de simetrias.

4. Paridade. A função é ímpar uma vez que $\tan x$ e $\cot x$ são funções ímpares.

5. Periodicidade. As funções $\tan x$ e $\cot x$ têm período mínimo π, o que implica em π-periodicidade da função dada. O fato de que π é o período mínimo de $f(x)$ segue da representação $f(x) = \frac{2}{\sin 2x}$, onde $\sin 2x$ é a função com o período mínimo π.

Agora voltamos ao estudo do sinal da função. Consideremos o conjunto $(-\frac{\pi}{2}, 0) \cup (0, \frac{\pi}{2})$ do comprimento π (os pontos $-\frac{\pi}{2}, 0, \frac{\pi}{2}$ estão excluídos, porque não pertencem ao domínio). Da fórmula $f(x) = \frac{2}{\sin 2x}$ segue imediatamente que $f(x) < 0$ quando $x \in (-\frac{\pi}{2}, 0)$ e $f(x) > 0$ quando $x \in (0, \frac{\pi}{2})$. Utilizando π-periodicidade de $f(x)$ concluímos então que $f(x) < 0$ quando $x \in (-\frac{\pi}{2}, 0) + k\pi$, $\forall k \in \mathbb{Z}$ e $f(x) > 0$ quando $x \in (0, \frac{\pi}{2}) + k\pi$, $\forall k \in \mathbb{Z}$.

6. Monotonia e extremos.

Devido à imparidade e π-periodicidade, a investigação de monotonia e extremos pode ser realizada, primeiramente, no intervalo $(0, \frac{\pi}{2})$, com posterior extensão ao domínio completo usando as duas simetrias da função.

Tomamos $0 < x_1 < x_2 < \frac{\pi}{2}$ e obtemos

$$D_1 = f(x_2) - f(x_1) = \frac{2}{\sin 2x_2} - \frac{2}{\sin 2x_1} = 2\frac{\sin 2x_1 - \sin 2x_2}{\sin 2x_1 \sin 2x_2}$$

$$= \frac{4\sin(x_1 - x_2)}{\sin 2x_1 \sin 2x_2} \cos(x_1 + x_2).$$

O primeiro fator (o quociente) é negativo, porque $\sin(x_1 - x_2) < 0$ para $-\frac{\pi}{2} < x_1 - x_2 < 0$ e $\sin t > 0$ para qualquer t em $(0, \pi)$. Logo, o sinal depende do segundo fator. Se $0 < x_1 < x_2 \leq \frac{\pi}{4}$, então $0 < x_1 + x_2 < \frac{\pi}{2}$ e $\cos(x_1 + x_2) > 0$, o que em $D_1 < 0$ e, então, temos decrescimento estrito de $f(x)$. Se $\frac{\pi}{4} \leq x_1 < x_2 < \frac{\pi}{2}$, então $\frac{\pi}{2} < x_1 + x_2 < \pi$ e $\cos(x_1 + x_2) < 0$, o que resulta em $D_1 > 0$ e crescimento estrito de $f(x)$. Consequentemente, o ponto $x = \frac{\pi}{4}$ é o mínimo local estrito da função.

De acordo com a imparidade, a função cresce estritamente em $(-\frac{\pi}{2}, -\frac{\pi}{4}]$ e decresce estritamente em $[-\frac{\pi}{4}, 0)$, tendo máximo local estrito em $x = -\frac{\pi}{4}$.

Finalmente, aplicando π-periodicidade, chegamos ao seguinte resultado:
1) $f(x)$ cresce estritamente em cada um dos intervalos $(-\frac{\pi}{2}, -\frac{\pi}{4}] + k\pi$, $\forall k \in \mathbb{Z}$;
2) $f(x)$ decresce estritamente em cada um dos intervalos $[-\frac{\pi}{4}, 0) + k\pi$, $\forall k \in \mathbb{Z}$;
3) $f(x)$ decresce estritamente em cada um dos intervalos $(0, \frac{\pi}{4}] + k\pi$, $\forall k \in \mathbb{Z}$;
4) $f(x)$ cresce estritamente em cada um dos intervalos $[\frac{\pi}{4}, \frac{\pi}{2}) + k\pi$, $\forall k \in \mathbb{Z}$.
Consequentemente, os pontos $x_k = \frac{\pi}{4} + k\pi$, $\forall k \in \mathbb{Z}$ são mínimos locais estritos e $x_n = -\frac{\pi}{4} + n\pi$, $\forall n \in \mathbb{Z}$ são máximos locais estritos.

7. Concavidade e inflexão.

De novo, analisemos, primeiro, a concavidade no intervalo $(0, \frac{\pi}{2})$ e depois estendemos os resultados usando as duas simetrias da função.

Tomamos dois pontos arbitrários $0 < x_1 < x_2 < \frac{\pi}{2}$, definimos $x_0 = \frac{x_1+x_2}{2}$ e $h = x_2 - x_0 = x_0 - x_1$ e avaliamos a grandeza $2D_2 \equiv f(x_1) + f(x_2) - 2f(x_0)$, usando a fórmula de D_1:

$$2D_2 = f(x_2) - f(x_0) - (f(x_0) - f(x_1)) = \frac{2}{\sin 2x_2} - \frac{2}{\sin 2x_0} - \left(\frac{2}{\sin 2x_0} - \frac{2}{\sin 2x_1}\right)$$

$$= \frac{4\sin(x_0 - x_2)}{\sin 2x_0 \sin 2x_2}\cos(x_0 + x_2) - \frac{4\sin(x_1 - x_0)}{\sin 2x_1 \sin 2x_0}\cos(x_1 + x_0)$$

$$= \frac{-4\sin h}{\sin 2x_0 \sin 2x_2 \sin 2x_1}\left[\sin 2x_1 \cos(x_0 + x_2) - \sin 2x_2 \cos(x_1 + x_0)\right].$$

A expressão em colchetes podemos representar na forma

$$A \equiv \sin 2x_1 \cos(x_0 + x_2) - \sin 2x_2 \cos(x_1 + x_0)$$

$$= \frac{1}{2}\left[\sin(2x_1 + x_0 + x_2) + \sin(2x_1 - x_0 - x_2) - \sin(2x_2 + x_0 + x_1) - \sin(2x_2 - x_0 - x_1)\right]$$

$$= \sin\frac{x_1 - x_2}{2}\cos\frac{3x_1 + 3x_2 + 2x_0}{2} + \sin\frac{3x_1 - 3x_2}{2}\cos\frac{x_1 + x_2 - 2x_0}{2}$$

$$= -\sin h \cos 4x_0 - \sin 3h \cos 0 = -\sin h \cos 4x_0 - \sin 3h.$$

O último termo ainda podemos representar na forma

$$\sin 3h = \sin(h + 2h) = \sin h \cos 2h + \cos h \sin 2h$$

$$= \sin h(\cos 2h + 2\cos^2 h) = \sin h(1 + 2\cos 2h)$$

e substituindo em A, temos

$$A = -\sin h(1 + 2\cos 2h + \cos 4x_0).$$

Então,

$$2D_2 = \frac{4\sin^2 h}{\sin 2x_0 \sin 2x_2 \sin 2x_1}\left[2\cos 2h + 1 + \cos 4x_0\right].$$

O denominador do quociente é positivo e, portanto, todo o quociente é positivo. Como $0 < 2h < \frac{\pi}{2}$, então $\cos 2h > 0$ e, junto com $1 + \cos 4x_0 \geq 0$, isso garante que a expressão em colchetes é positiva. Logo, $D_2 > 0$ e $f(x)$ é estritamente côncava para cima em $(0, \frac{\pi}{2})$.

Usando a imparidade e π-periodicidade, obtemos o seguinte resultado:
1) $f(x)$ é estritamente côncava para cima em $(0, \frac{\pi}{2}) + k\pi$, $\forall k \in \mathbb{Z}$;
2) $f(x)$ é estritamente côncava para baixo em $(-\frac{\pi}{2}, 0) + k\pi$, $\forall k \in \mathbb{Z}$.
Não há pontos de inflexão (os pontos $x_k = \frac{k\pi}{2}, \forall k \in \mathbb{Z}$ estão fora do domínio).

8. Propriedades complementares.

A função não tem assíntotas horizontais, porque usando diferentes caminhos de tendência de x a infinito, obtemos resultados distintos: se tomar $x_k = \frac{\pi}{4} + k\pi, \forall k \in \mathbb{Z}$, então $f(x_k) = 2 \underset{k \to \pm\infty}{\to} 2$, mas para $x_n = -\frac{\pi}{4} + n\pi, \forall n \in \mathbb{Z}$, temos $f(x_n) = -2 \underset{n \to \pm\infty}{\to} -2$.

Em qualquer ponto do domínio a função $f(x) = \frac{2}{\sin 2x}$ é contínua, isto é, $f(x) \to f(x_0)$ quando $x \to x_0$. Assim, nenhuma tendência infinita nos pontos do domínio é observada, o que significa que nesses pontos não há assíntotas verticais.

Resta considerar os pontos $x_k = \frac{k\pi}{2}, \forall k \in \mathbb{Z}$. Vamos considerar um desses pontos, por exemplo, $x = 0$. Se x aproxima 0 pela direita, então $\sin 2x$ aproxima de 0 pelos valores positivos e, logo, $f(x) = \frac{2}{\sin 2x} \underset{x \to 0^+}{\to} +\infty$. Se x aproxima 0 pela esquerda, então $\sin 2x$ aproxima de 0 pelos valores negativos e, logo, $f(x) = \frac{2}{\sin 2x} \underset{x \to 0^-}{\to} -\infty$. Portanto, $x = 0$ é a assíntota vertical. O mesmo é válido para todos os pontos $x_k = \frac{k\pi}{2}, \forall k \in \mathbb{Z}$, e todas as retas $x_k = \frac{k\pi}{2}, \forall k \in \mathbb{Z}$ são assíntotas verticais.

9. Com base nas propriedades investigadas e com marcação de alguns pontos importantes, como $P_k = (\frac{\pi}{4} + k\pi, 2)$, $\forall k \in \mathbb{Z}$ (mínimos locais) e $Q_n = (-\frac{\pi}{4} + n\pi, -2)$, $\forall n \in \mathbb{Z}$ (máximos locais), e com ajuda ainda das propriedades de simetria, construímos esboço do gráfico mostrado na Fig.4.46.

B. Estudo de $f(x) = \tan^2 x$

1. Domínio e imagem. O domínio X inclui todos os pontos onde $\tan x$ está definida, ou seja, $X = \mathbb{R} \backslash \{x_k = \frac{\pi}{2} + k\pi, \forall k \in \mathbb{Z}\}$.

A elevação ao quadrado já garante que todos os valores da função são não negativos. Tomamos agora qualquer $y \geq 0$ e resolvemos a equação $\tan^2 x = y$, primeiro, tirando a raiz quadrada $\tan x = \pm\sqrt{y}$, e segundo, restringindo x ao intervalo $[0, \frac{\pi}{2})$ e aplicando a inversa da tangente: $x = \arctan\sqrt{y}$. Então, a equação $\tan^2 x = y$, tem soluções para qualquer $y \geq 0$, o que significa que a imagem é $Y = [0, +\infty)$.

2. Limitação. Como a imagem é $Y = [0, +\infty)$, a função é limitada inferiormente e ilimitada superiormente.

3. Interseção e sinal. A interseção com Oy ocorre no ponto $(0, 0)$, que também é ponto de interseção com Ox. Resolvendo a equação $\tan^2 x = 0$, encontramos todas as abscissas dos pontos de interseção com Ox: $x_k = k\pi$, $\forall k \in \mathbb{Z}$. Exceto esses pontos, a função tem sinal positivo em todo o seu domínio.

4. Paridade. A função é par: $\tan^2(-x) = \tan^2 x$, $\forall x \in X$.

5. Periodicidade. A π-periodicidade de $\tan x$ implica em π-periodicidade da função dada. Para mostrar que π é o seu período mínimo, notamos que no

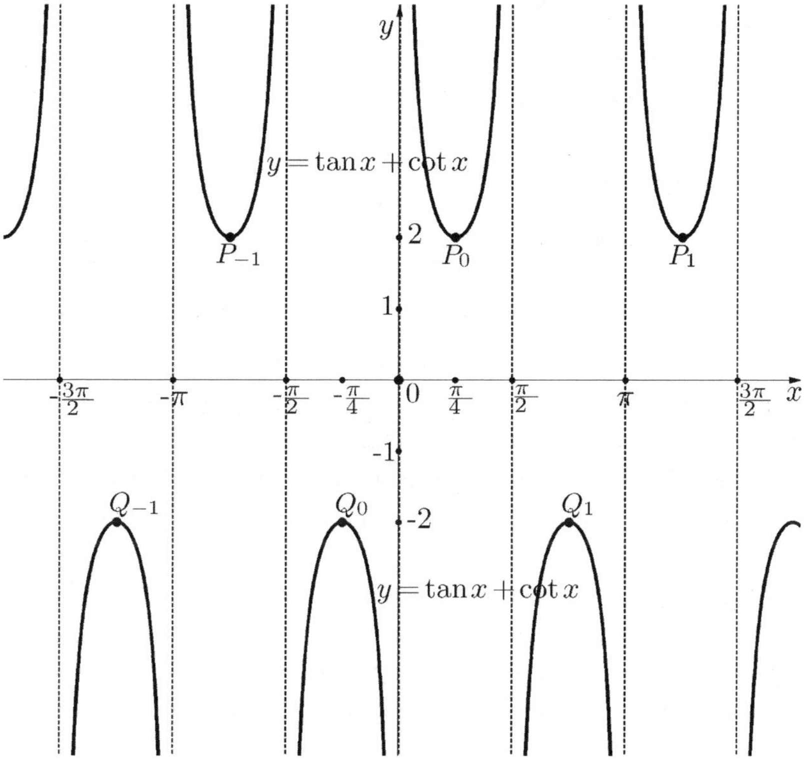

Figura 4.46 O gráfico da função $f(x) = \tan x + \cot x$.

intervalo $(-\frac{\pi}{2}, \frac{\pi}{2})$ do comprimento π (os pontos $-\frac{\pi}{2}$ e $\frac{\pi}{2}$ são excluídos porque não pertencem ao domínio), a função assume valor 0 somente no ponto $x = 0$.

6. Monotonia e extremos.

Devido à paridade e π-periodicidade, a investigação de monotonia e extremos pode ser realizada, primeiramente, no intervalo $[0, \frac{\pi}{2})$, com posterior extensão ao domínio completo, usando as duas simetrias da função.

A função $\tan x$ é estritamente crescente e não negativa em $[0, \frac{\pi}{2})$. Logo, $f(x) = \tan^2 x$ é estritamente crescente em $[0, \frac{\pi}{2})$.

Usando a paridade, concluímos que $f(x)$ decresce estritamente em $(-\frac{\pi}{2}, 0]$ e que $x = 0$ é o seu mínimo local (e global, porque a função assume somente valores não negativos).

Juntando π-periodicidade, chegamos ao seguinte resultado:
1) $f(x)$ decresce estritamente em cada um dos intervalos $(-\frac{\pi}{2}, 0] + k\pi$, $\forall k \in \mathbb{Z}$;
2) $f(x)$ cresce estritamente em cada um dos intervalos $[0, \frac{\pi}{2}) + k\pi$, $\forall k \in \mathbb{Z}$.
Os pontos $x_k = k\pi$, $\forall k \in \mathbb{Z}$ são mínimos locais estritos (e mínimos globais não estritos).

7. Concavidade e inflexão.

De novo, analisemos, primeiro, a concavidade no intervalo $[0, \frac{\pi}{2})$ e depois estendemos os resultados usando as duas simetrias da função.

Tomamos dois pontos arbitrários $0 \leq x_1 < x_2 < \frac{\pi}{2}$ com o ponto médio $x_0 = \frac{x_1+x_2}{2}$ e avaliamos a grandeza $2D_2 \equiv f(x_1) + f(x_2) - 2f(x_0)$:

$$2D_2 = f(x_2) - f(x_0) - (f(x_0) - f(x_1)) = \tan^2 x_2 - \tan^2 x_0 - \left(\tan^2 x_0 - \tan^2 x_1\right)$$

$$= (\tan x_2 - \tan x_0)(\tan x_2 + \tan x_0) - (\tan x_0 - \tan x_1)(\tan x_0 + \tan x_1).$$

A função $\tan x$ cresce estritamente, é não negativa e côncava estritamente para cima em $[0, \frac{\pi}{2})$. A sua concavidade estrita para cima garante que $\tan x_2 + \tan x_1 - 2\tan x_0 > 0$, donde $\tan x_2 - \tan x_0 > \tan x_0 - \tan x_1$. O crescimento estrito garante que $\tan x_2 > \tan x_1$, e consequentemente, $\tan x_2 + \tan x_0 > \tan x_0 + \tan x_1$. Portanto, os fatores do primeiro termo em $2D_2$ são maiores que os correspondentes fatores do segundo termo. Além disso, todos os fatores são positivos, e portanto, $2D_2 > 0$, ou seja, $f(x)$ é côncava estritamente para cima em $[0, \frac{\pi}{2})$.

Da paridade da função segue que $f(x)$ também é côncava estritamente para cima em $(-\frac{\pi}{2}, 0]$. Levando ainda em conta que $x = 0$ é o ponto mínimo local, podemos concluir que $f(x)$ é côncava estritamente para cima em todo o intervalo $(-\frac{\pi}{2}, \frac{\pi}{2})$.

Finalmente, a aplicação da π-periodicidade permite concluir que $f(x)$ é côncava estritamente para cima em cada intervalo $(-\frac{\pi}{2}, \frac{\pi}{2}) + k\pi$, $\forall k \in \mathbb{Z}$ e que não há pontos de inflexão (os pontos $x_k = \frac{\pi}{2} + k\pi, \forall k \in \mathbb{Z}$ estão fora do domínio).

8. Propriedades complementares.

A função não tem assíntotas horizontais, porque usando diferentes caminhos de tendência de x a infinito, obtemos resultados distintos: se tomar $x_k = k\pi, \forall k \in \mathbb{Z}$, então $f(x_k) = 0 \underset{k \to \pm\infty}{\to} 0$, mas para $x_n = \frac{\pi}{4} + n\pi, \forall n \in \mathbb{Z}$, temos $f(x_n) = 1 \underset{n \to \pm\infty}{\to} 1$.

Em qualquer ponto do domínio a função $f(x) = \tan^2 x$ é contínua, isto é, $f(x) \to f(x_0)$ quando $x \to x_0$. Assim, nenhuma tendência infinita nos pontos do domínio é observada, o que significa que nesses pontos não há assíntotas verticais.

Resta considerar os pontos $x_k = \frac{\pi}{2} + k\pi, \forall k \in \mathbb{Z}$. Vamos considerar um desses pontos, por exemplo, $x = \frac{\pi}{2}$. Se x aproxima $\frac{\pi}{2}$ pela direita, então $\tan^2 x$ tende a $+\infty$. O mesmo acontece quando x aproxima $\frac{\pi}{2}$ pela esquerda. Portanto, $x = \frac{\pi}{2}$ é a assíntota vertical. O comportamento semelhante se observa em todos os pontos $x_k = \frac{\pi}{2} + k\pi, \forall k \in \mathbb{Z}$. Como consequência, todas as retas $x_k = \frac{\pi}{2} + k\pi, \forall k \in \mathbb{Z}$ são assíntotas verticais.

9. Usando as propriedades investigadas, marcando alguns pontos importantes, como $P_k = (k\pi, 0)$, $\forall k \in \mathbb{Z}$ (mínimos locais estritos e mínimos globais) e $Q_n =$

$(\frac{\pi}{4}+n\pi,1)$, $\forall n\in\mathbb{Z}$ (pontos adicionais), e aplicando as propriedades de simetria, construímos o esboço do gráfico mostrado na Fig.4.47.

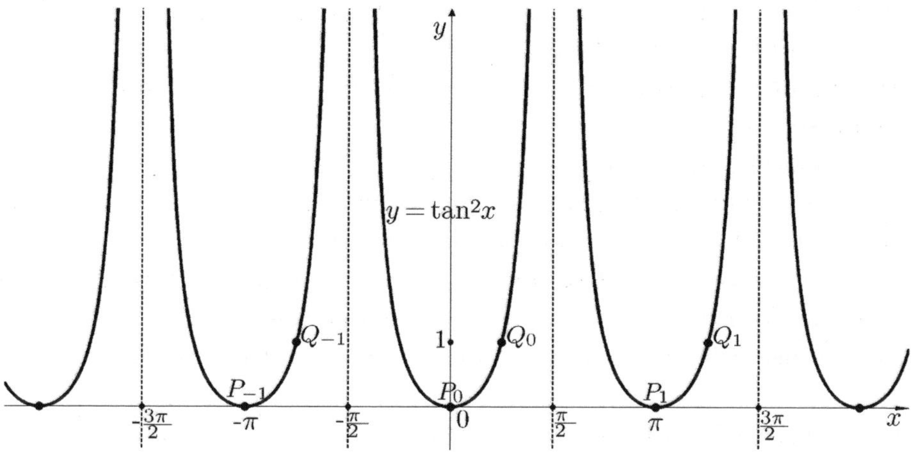

Figura 4.47 O gráfico da função $f(x)=\tan^2 x$.

C. Estudo de $f(x)=\arctan x^2$.

1. Domínio e imagem. O domínio de $\arctan x$ é o conjunto de todos os reais. Portanto, o domínio de $\arctan x^2$ também é $X=\mathbb{R}$.

Recordamos que $\arctan t\in[0,\frac{\pi}{2})$, $\forall t\geq 0$ e, por isso, a função assume somente os valores entre 0 e $\frac{\pi}{2}$. Vamos tomar qualquer $y\in[0,\frac{\pi}{2})$ e resolvemos a equação $\arctan x^2=y$. Primeiro, usando a função inversa, obtemos $x^2=\tan y$ e, isolando x na última, encontramos $x=\pm\sqrt{\tan y}$ (note que $\tan y\geq 0$, pois $y\in[0,\frac{\pi}{2})$). Como a equação tem soluções, então a imagem da função é $Y=[0,\frac{\pi}{2})$.

2. Limitação. Como a imagem é $Y=[0,\frac{\pi}{2})$, a função é limitada inferiormente e superiormente.

3. Interseção e sinal. A interseção com Oy ocorre no ponto $(0,0)$, que também é ponto de interseção com Ox. Como a equação $\arctan x^2=0$ tem a única solução $x=0$, a origem é o único ponto de interseção com Ox. Exceto o ponto $x=0$ onde a função se anula, todos outros valores da função são positivos.

4. Paridade. A função é par: $f(-x)=\arctan(-x)^2=\arctan x^2=f(x)$, $\forall x\in\mathbb{R}$.

5. Periodicidade. Deixamos a investigação de periodicidade depois do estudo de monotonia.

6. Monotonia e extremos.

Devido à paridade, é suficiente investigar monotonia no intervalo $[0,+\infty)$, completando depois o estudo pela simetria da função.

Para quaisquer dois pontos $0 \le x_1 < x_2 < +\infty$ temos $x_1^2 < x_2^2$ e, devido ao crescimento estrito de arco-tangente, $\arctan x_1^2 < \arctan x_2^2$, isto é, $f(x)$ cresce estritamente em $[0, +\infty)$.

Da paridade da função segue então que $f(x)$ decresce estritamente em $(-\infty, 0]$. Logo, $x = 0$ é mínimo estrito local e global.

Do crescimento estrito no intervalo infinito $[0, +\infty)$ segue também que a função não pode ser periódica.

7. Concavidade e inflexão.

De novo, analisemos, primeiro, a concavidade no intervalo $[0, +\infty)$, e depois estendemos os resultados usando a paridade da função.

Tomamos dois pontos arbitrários $0 \le x_1 < x_2$, denotamos ponto médio $x_0 = \frac{x_1+x_2}{2}$ e incremento $h = x_2 - x_0 = x_0 - x_1$, e avaliamos a grandeza $2D_2 \equiv f(x_1) + f(x_2) - 2f(x_0)$, usando a fórmula trigonométrica $\arctan a - \arctan b = \arctan \frac{a-b}{1+ab}$:

$$2D_2 = f(x_2) - f(x_0) - (f(x_0) - f(x_1)) = \arctan x_2^2 - \arctan x_0^2 - \left(\arctan x_0^2 - \arctan x_1^2\right)$$

$$= \arctan \frac{x_2^2 - x_0^2}{1+x_2^2x_0^2} - \arctan \frac{x_0^2 - x_1^2}{1+x_1^2x_0^2} = \arctan \frac{\frac{x_2^2-x_0^2}{1+x_2^2x_0^2} - \frac{x_0^2-x_1^2}{1+x_1^2x_0^2}}{1 + \frac{x_2^2-x_0^2}{1+x_2^2x_0^2} \cdot \frac{x_0^2-x_1^2}{1+x_1^2x_0^2}} \equiv \arctan \frac{A}{B}.$$

Como $0 \le x_1 < x_0 < x_2$, então $B > 0$. Para avaliar A usamos a seguinte representação:

$$A = \frac{x_2^2 - x_0^2}{1+x_2^2x_0^2} - \frac{x_0^2 - x_1^2}{1+x_1^2x_0^2} = \frac{h}{(1+x_2^2x_0^2)(1+x_1^2x_0^2)}\left[(x_2 + x_0)(1 + x_1^2x_0^2) - (x_1 + x_0)(1 + x_2^2x_0^2)\right]$$

$$\equiv \frac{h}{(1 + x_2^2x_0^2)(1 + x_1^2x_0^2)} C.$$

Ainda simplificamos C a forma:

$$C = x_2 + x_0 + x_2x_1^2x_0^2 + x_1^2x_0^3 - x_1 - x_0 - x_1x_2^2x_0^2 - x_2^2x_0^3$$

$$= (x_2 - x_1) + x_1x_2x_0^2(x_1 - x_2) + x_0^3(x_1 - x_2)(x_1 + x_2) = 2h(1 - x_1x_2x_0^2 - 2x_0^4).$$

Se $x_2 \le \frac{1}{\sqrt[4]{3}}$, então $1 - x_1x_2x_0^2 - 2x_0^4 > 0$, donde $C > 0$ e, portanto, $A > 0$ e $D_2 > 0$, o que significa concavidade estrita para cima. Se $x_1 \ge \frac{1}{\sqrt[4]{3}}$, então $1 - x_1x_2x_0^2 - 2x_0^4 < 0$, donde $C < 0$ e, portanto, $A < 0$ e $D_2 < 0$, o que significa concavidade estrita para baixo.

Da paridade da função e do fato que $x = 0$ é o ponto mínimo local seguem as seguintes conclusões:

1) $f(x)$ é côncava estritamente para baixo em $(-\infty, -\frac{1}{\sqrt[4]{3}}]$;

2) $f(x)$ é côncava estritamente para cima em $[-\frac{1}{\sqrt[4]{3}}, \frac{1}{\sqrt[4]{3}}]$;
3) $f(x)$ é côncava estritamente para baixo em $[\frac{1}{\sqrt[4]{3}}, +\infty)$.
Consequentemente, os pontos $x = \pm\frac{1}{\sqrt[4]{3}}$ são os de inflexão.

8. Propriedades complementares.

Quando $x \to \pm\infty$, temos $x^2 \to +\infty$ e, portanto, $\arctan x^2$ tende a $\frac{\pi}{2}$ pelos valores menores que $\frac{\pi}{2}$. Isso significa que $y = \frac{\pi}{2}$ é assíntota horizontal.

Não há assíntotas verticais, porque a imagem da função é limitada.

9. Com base nas propriedades investigadas, com marcação de alguns pontos importantes, como $P_0 = (0,0)$ (interseção com os eixos de coordenadas e mínimo global e local) e $P_1 = (-\frac{1}{\sqrt[4]{3}}, \frac{\pi}{6})$ e $P_2 = (\frac{1}{\sqrt[4]{3}}, \frac{\pi}{6})$, (pontos de inflexão), e usando a simetria em relação ao eixo Oy, construímos esboço do gráfico mostrado na Fig.4.48.

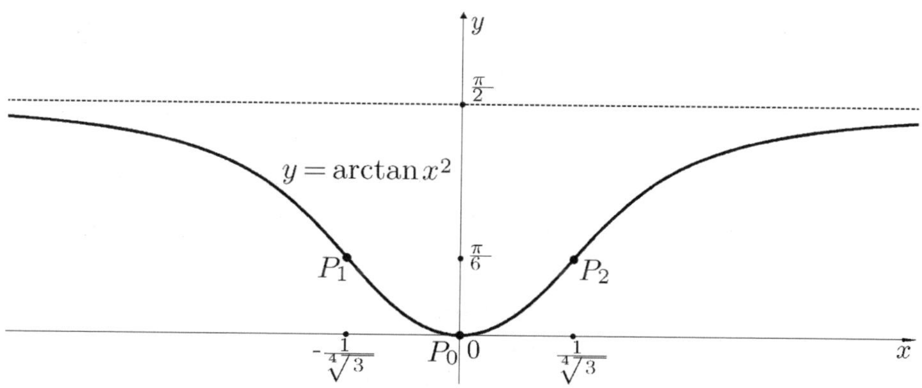

Figura 4.48 O gráfico da função $f(x) = \arctan x^2$.

D. Estudo de $f(x) = \sin 2x - 2\sin x$

1. Domínio e imagem. O domínio dessa função é $X = \mathbb{R}$.

A imagem está contida no intervalo $[-3, 3]$ e a melhor precisão dela vamos fazer depois de estudo de monotonia e extremos.

2. Limitação. Como a imagem está contida no intervalo $[-3, 3]$, a função é limitada.

3. Interseção e sinal. A interseção com Oy ocorre no ponto $(0,0)$, que também é ponto de interseção com Ox. Resolvendo a equação $\sin 2x - 2\sin x = 2\sin x(\cos x - 1) = 0$, temos duas opções: primeiro, $\sin x = 0$, cujas soluções são $x_n = n\pi$, $\forall n \in \mathbb{Z}$, e segundo, $\cos x = 1$, cujas soluções $x_k = 2k\pi$, $\forall k \in \mathbb{Z}$ fazem parte do primeiro conjunto. Assim, a interseção com Ox, ocorre nos pontos $(n\pi, 0)$, $\forall n \in \mathbb{Z}$. Representando a função na forma $f(x) = 2\sin x(\cos x - 1)$, notamos que o fator $\cos x - 1 < 0$ em todos os pontos a menos que $x_k = 2k\pi$, $\forall k \in \mathbb{Z}$,

onde ele se anula. Por isso, o sinal depende do primeiro fator. Se $x \in (0,\pi)+2n\pi$, $\forall n \in \mathbb{Z}$, então $\sin x > 0$ e $f(x) < 0$. Se $x \in (\pi, 2\pi)+2n\pi$, $\forall n \in \mathbb{Z}$, então $\sin x < 0$ e $f(x) > 0$.

4. Paridade. A função é ímpar uma vez que representa a diferença de duas funções ímpares.

5. Periodicidade. As funções $\sin 2x$ e $2\sin x$ são 2π-periódicas e, portanto, $f(x)$ também é. Deixamos a comprovação que 2π é o seu períiodo mínimo para depois de estudo de monotonia e extremos.

6. Monotonia e extremos.

Devido à imparidade e 2π-periodicidade, é suficiente investigar monotonia no intervalo $[0,\pi]$ e depois completar o estudo usando as duas simetrias da função.

Tomamos $0 \le x_1 < x_2 \le \pi$, definimos $x_0 = \frac{x_1+x_2}{2}$ e $h = x_2 - x_0 = x_0 - x_1$ e obtemos

$$D_1 = f(x_2) - f(x_1) = \sin 2x_2 - 2\sin x_2 - (\sin 2x_1 - 2\sin x_1)$$

$$=2\sin(x_2-x_1)\cos(x_2+x_1) - 4\sin\frac{x_2-x_1}{2}\cos\frac{x_2+x_1}{2} = 4\sin h(\cos h\cos 2x_0 - \cos x_0)$$

$$=4\sin h(\cos h(2\cos^2 x_0 - 1) - \cos x_0) = 4\sin h(2\cos h\cos^2 x_0 - \cos x_0 - \cos h).$$

Consideremos a equação $2\cos^2 t - \cos t - 1 = 0$. Primeiro, resolvendo a equaçao quadrática, encontramos $\cos t = \frac{1\pm 3}{4}$, isto é, $\cos t = 1$ e $\cos t = -\frac{1}{2}$. As soluções da primeira são $t_k = 2k\pi, \forall k \in \mathbb{Z}$, e da segunda $t_n = \pm\frac{2\pi}{3} + 2n\pi, \forall n \in \mathbb{Z}$. Dessas soluções somente duas pertencem ao intervalo $[0,\pi]$: $t=0$ e $t = \frac{2\pi}{3}$.

Dividimos agora $[0,\pi]$ em dois subintervalos $[0,\frac{2\pi}{3}]$ e $[\frac{2\pi}{3},\pi]$. No primeiro subintervalo temos

$$A = \cos h\cos 2x_0 - \cos x_0 = \frac{1}{2}\cos(h+2x_0) + \frac{1}{2}\cos(h-2x_0) - \cos x_0$$

$$= \frac{1}{2}\cos(x_2 - x_0 + 2x_0) + \frac{1}{2}\cos(2x_0 - x_0 + x_1) - \cos x_0$$

$$=\frac{1}{2}\cos(x_2+x_0) + \frac{1}{2}\cos(x_1+x_0) - \cos x_0 = \frac{1}{2}(\cos(x_2+x_0) - \cos x_0) + \frac{1}{2}(\cos(x_1+x_0) - \cos x_0)$$

$$= -\sin(\frac{x_2}{2}+x_0)\sin\frac{x_2}{2} - \sin(\frac{x_1}{2}+x_0)\sin\frac{x_1}{2}.$$

Como $0 \le \frac{x_1}{2} < \frac{x_2}{2} \le \frac{\pi}{3}$ e $0 < \frac{x_1}{2} + x_0 < \frac{x_2}{2} + x_0 < \pi$, todos os quatro senos são positivos e, portanto, $A < 0$ e, então, $D_1 < 0$, o que significa que $f(x)$ decresce estritamente em $[0,\frac{2\pi}{3}]$.

No segundo subintervalo temos

$$A = \cos h\cos 2x_0 - \cos x_0 = -\sin(\frac{x_2}{2}+x_0)\sin\frac{x_2}{2} - \sin(\frac{x_1}{2}+x_0)\sin\frac{x_1}{2},$$

onde os argumentos dos senos satisfazem as avaliações $\frac{\pi}{3} \leq \frac{x_1}{2} < \frac{x_2}{2} \leq \frac{\pi}{2}$, o que implica em $\sin\frac{x_1}{2} > 0, \sin\frac{x_2}{2} > 0$, e $\pi < \frac{x_1}{2} + x_0 < \frac{x_2}{2} + x_0 < \frac{3\pi}{2}$, e então $\sin(\frac{x_1}{2} + x_0) < 0, \sin(\frac{x_2}{2} + x_0) < 0$. Logo, $A > 0$ e, portanto, $D_1 > 0$, o que indica que $f(x)$ cresce estritamente em $[\frac{2\pi}{3}, \pi]$.

A imparidade da função garante que $f(x)$ cresce estritamente em $[-\pi, -\frac{2\pi}{3}]$ e decresce estritamente em $[-\frac{2\pi}{3}, 0]$.

Finalmente, aplicando 2π-periodicidade, chegamos ao seguinte resultado:
1) $f(x)$ decresce estritamente em cada um dos intervalos $[-\frac{2\pi}{3}, \frac{2\pi}{3}] + 2k\pi$, $\forall k \in \mathbb{Z}$;
2) $f(x)$ cresce estritamente em cada um dos intervalos $[-\frac{4\pi}{3}, -\frac{2\pi}{3}] + 2k\pi$, $\forall k \in \mathbb{Z}$.
Consequentemente, os pontos $x_k = \frac{2\pi}{3} + 2k\pi$, $\forall k \in \mathbb{Z}$ são mínimos locais estritos e globais não estritos e os pontos $x_n = -\frac{2\pi}{3} + 2n\pi$, $\forall n \in \mathbb{Z}$ são máximos locais estritos e globais não estritos. Os valores correspondentes da função são $f_{min} = f(x_k) = -\frac{\sqrt{3}}{2} - 2\frac{\sqrt{3}}{2} = -\frac{3\sqrt{3}}{2}$ e $f_{max} = f(x_n) = \frac{\sqrt{3}}{2} + 2\frac{\sqrt{3}}{2} = \frac{3\sqrt{3}}{2}$.

Sabendo extremos globais, podemos precisar a imagem: $Y = [-\frac{3\sqrt{3}}{2}, \frac{3\sqrt{3}}{2}]$.

Como a distância entre dois mínimos (e dois máximos) mais próximos é 2π, isso comprova que 2π é o período mínimo da função.

7. Concavidade e inflexão.

De novo, analisemos, primeiro, a concavidade no intervalo $[0, \pi]$ e depois estendemos os resultados usando as duas simetrias da função.

Tomamos dois pontos arbitrários $0 \leq x_1 < x_2 \leq \pi$, definimos $x_0 = \frac{x_1+x_2}{2}$ e $h = x_2 - x_0 = x_0 - x_1$ e avaliamos a grandeza $2D_2 \equiv f(x_1) + f(x_2) - 2f(x_0)$, usando a fórmula de D_1:

$$2D_2 = f(x_2) - f(x_0) - (f(x_0) - f(x_1)) = 2\sin(x_2 - x_0)\cos(x_2 + x_0)$$

$$-4\sin\frac{x_2-x_0}{2}\cos\frac{x_2+x_0}{2} - \left(2\sin(x_0-x_1)\cos(x_0+x_1) - 4\sin\frac{x_0-x_1}{2}\cos\frac{x_0+x_1}{2}\right)$$

$$= 4\sin\frac{h}{2}\left(\cos\frac{h}{2}\cos(x_2+x_0) - \cos\frac{x_2+x_0}{2} - \cos\frac{h}{2}\cos(x_0+x_1) + \cos\frac{x_0+x_1}{2}\right)$$

$$= 4\sin\frac{h}{2}\left(\cos\frac{h}{2}\cdot 2\sin\frac{x_2+x_1+2x_0}{2}\sin\frac{x_1-x_2}{2} + 2\sin\frac{x_1+x_2+2x_0}{4}\sin\frac{x_2-x_1}{4}\right)$$

$$= 8\sin\frac{h}{2}\left(-\cos\frac{h}{2}\sin 2x_0 \cdot 2\sin\frac{h}{2}\cos\frac{h}{2} + \sin x_0 \cdot \sin\frac{h}{2}\right)$$

$$= 8\sin^2\frac{h}{2}\sin x_0\left(1 - 4\cos^2\frac{h}{2}\cos x_0\right).$$

Os dois primeiros fatores são positivos e sinal depende do último fator. A equação $1 - 4\cos x = 0$ tem uma única raiz $x = \arccos\frac{1}{4}$ pertencendo ao intervalo $[0, \pi]$. Consideremos separadamente os subintervalos $[0, \arccos\frac{1}{4}]$ e $[\arccos\frac{1}{4}, \pi]$.

No subintervalo $[0, \arccos\frac{1}{4}]$, o último fator (a expressão dentro das parênteses) podemos escrever na forma

$$1 - 4\cos^2\frac{h}{2}\cos x_0 = 1 - 2(1+\cos h)\cos x_0 = 1 - 2\cos x_0 - 2\cos h\cos x_0$$

$$= 1 - 2\cos x_0 - \cos(h+x_0) - \cos(h-x_0) = 1 - 2\cos x_0 - \cos x_2 - \cos x_1.$$

Como $\cos x_0 > \frac{1}{4}$, $\cos x_1 > \frac{1}{4}$ e $\cos x_2 \geq \frac{1}{4}$, então a última expressão é negativa e, portanto, $D_2 < 0$, o que mostra a concavidade estrita para baixo em $[0, \arccos\frac{1}{4}]$.

No intervalo $[\arccos\frac{1}{4}, \pi]$, temos $\cos x_0 < \frac{1}{4}$ e, portanto, $1 - 4\cos^2\frac{h}{2}\cos x_0 > 0$, o que resulta em $D_2 > 0$ e, consequentemente, a função tem a concavidade estrita para cima em $[\arccos\frac{1}{4}, \pi]$.

Usando a imparidade, concluímos que $f(x)$ é côncava estritamente para baixo em $[-\pi, -\arccos\frac{1}{4}]$ e estritamente para cima em $[-\arccos\frac{1}{4}, 0]$.

Finalmente, aplicando 2π-periodicidade, chegamos ao seguinte resultado sobre a concavidade estrita:

1) $f(x)$ é côncava para baixo em cada um dos intervalos $[-\pi, -\arccos\frac{1}{4}] + 2k\pi$, $\forall k \in \mathbb{Z}$;

2) $f(x)$ é côncava para cima em cada um dos intervalos $[-\arccos\frac{1}{4}, 0] + 2k\pi$, $\forall k \in \mathbb{Z}$;

3) $f(x)$ é côncava para baixo em cada um dos intervalos $[0, \arccos\frac{1}{4}] + 2k\pi$, $\forall k \in \mathbb{Z}$;

4) $f(x)$ é côncava para cima em cada um dos intervalos $[\arccos\frac{1}{4}, \pi] + 2k\pi$, $\forall k \in \mathbb{Z}$.

Consequentemente, os pontos $x_k = k\pi, \forall k \in \mathbb{Z}$ e $x_n = \pm\arccos\frac{1}{4} + 2n\pi, \forall n \in \mathbb{Z}$ são pontos de inflexão.

8. Propriedades complementares.

A função não tem assíntotas horizontais, porque usando diferentes caminhos de tendência de x a infinito, obtemos resultados distintos: se tomar $x_k = k\pi, \forall k \in \mathbb{Z}$, então $f(x_k) = 0 \underset{k\to\pm\infty}{\rightarrow} 0$, mas para $x_n = -\frac{2\pi}{3} + 2n\pi, \forall n \in \mathbb{Z}$, temos $f(x_n) = \frac{3\sqrt{3}}{2} \underset{n\to\pm\infty}{\rightarrow} \frac{3\sqrt{3}}{2}$.

Não há assíntotas verticais, porque a imagem da função é limitada.

9. Usando as propriedades investigadas, marcando alguns pontos importantes no intervalo $[-\pi, \pi]$, como $P_0 = (0,0)$ (interseção com Oy e Ox), $P_1 = (-\pi, 0)$ e $P_2 = (\pi, 0)$ (interseção com Ox), $P_{max} = (-\frac{2\pi}{3}, \frac{3\sqrt{3}}{2})$ e $P_{min} = (\frac{2\pi}{3}, -\frac{3\sqrt{3}}{2})$ (extremos locais estritos e globais), $Q_1 = P_1$, $Q_2 = (-\arccos\frac{1}{4}, \frac{3\sqrt{15}}{8})$, $Q_3 = P_0$, $Q_4 = (\arccos\frac{1}{4}, -\frac{3\sqrt{15}}{8})$ e $Q_5 = P_2$ (pontos de inflexão), e aproveitando as simetrias da função, construímos o esboço do gráfico mostrado na Fig.4.49.

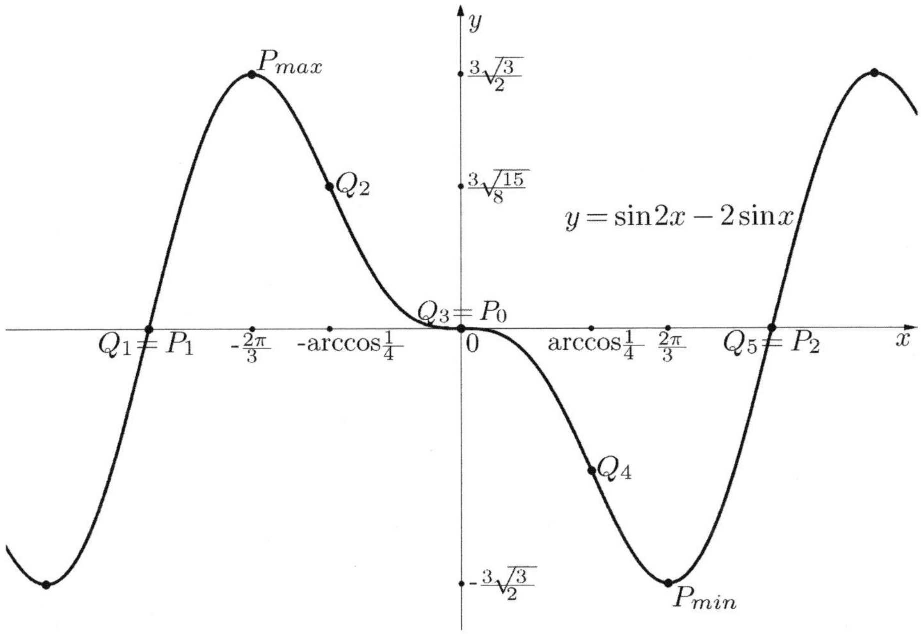

Figura 4.49 O gráfico da função $f(x) = \sin 2x - 2\sin x$.

Índice remissivo

Impressão e Acabamento
Bartiragráfica
(011) 4393-2911